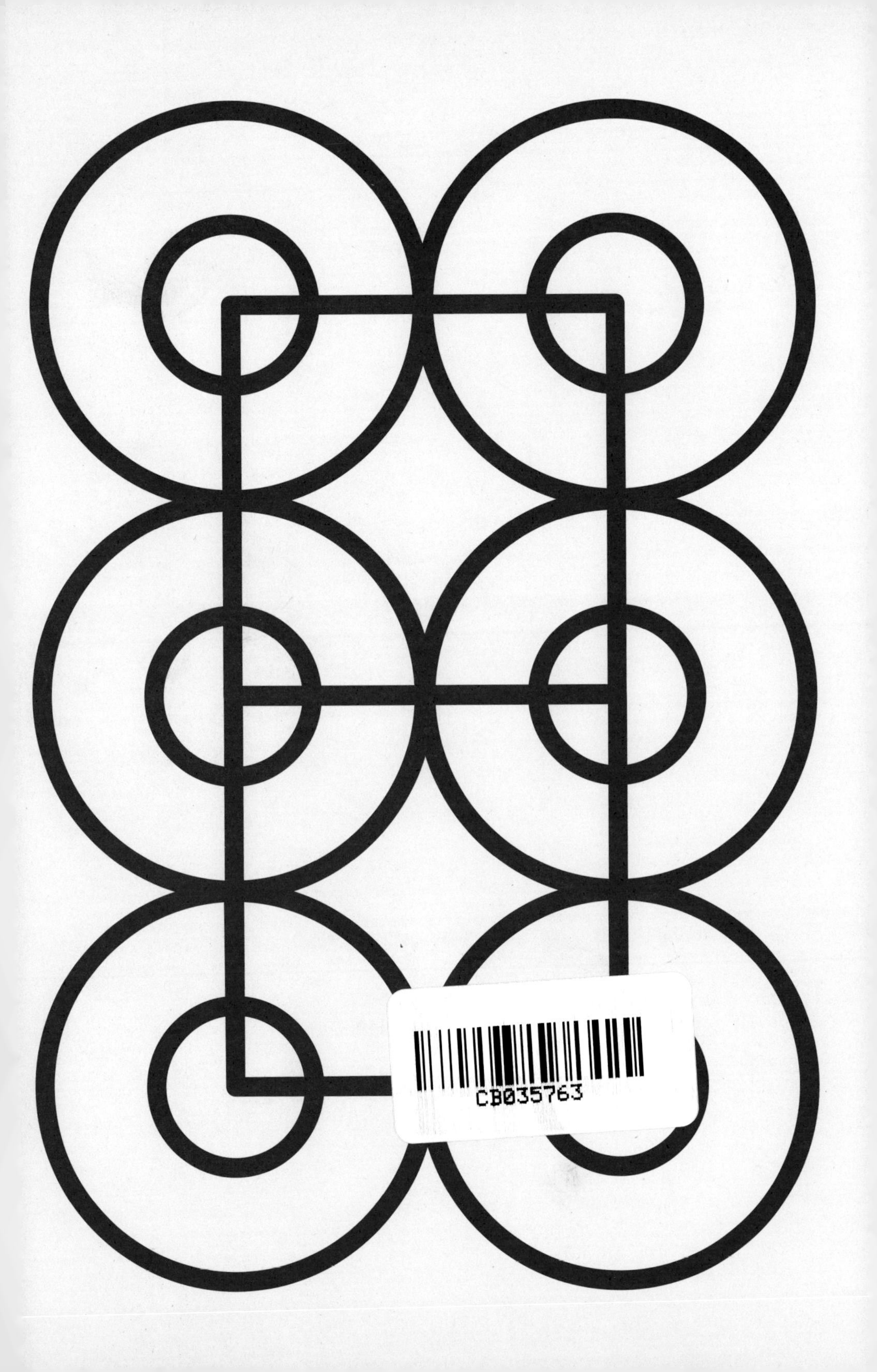

A SOCIEDADE EM REDE

A ERA DA INFORMAÇÃO:
ECONOMIA, SOCIEDADE E CULTURA
VOLUME 1

MANUEL CASTELLS

Tradução
Roneide Venancio Majer

Prefácio
Fernando Henrique Cardoso

28ª edição

Paz & Terra
Rio de Janeiro
2025

Título original em inglês: *The Rise of the Network Society: The Information Age: Economy, Society and Culture*, volume I, 2nd Edition with a New Preface.

Editora Paz & Terra.
Rua Argentina, 171, 3º andar – São Cristóvão
Rio de Janeiro, RJ – 20921-380
http://www.record.com.br

Seja um leitor preferencial Record.
Cadastre- se e receba informações sobre nossos lançamentos e nossas promoções.

Atendimento e venda direta ao leitor:
sac@record.com.br

Texto revisado segundo o Acordo Ortográfico da Língua Portuguesa de 1990.

CIP-BRASIL. CATALOGAÇÃO NA PUBLICAÇÃO
SINDICATO NACIONAL DOS EDITORES DE LIVROS, RJ

C 344s Castells, Manuel, 1942
28ª ed. A sociedade em rede / Manuel Castells; tradução Roneide Venancio Majer. – 28ª edição, revista e ampliada. – Rio de Janeiro: Paz & Terra, 2025.
(A era da informação: economia, sociedade e cultura; v. 1)

Inclui bibliografia e índice remissivo
ISBN 978- 85- 7753- 036- 6

1. Tecnologia da informação – Aspectos sociais. 2. Tecnologia da informação – Aspectos econômicos. 3. Sociedade da informação. 4. Redes de informação. 5. Tecnologia e civilização.

CDD 303.483
99- 0358 CDU 316.422.44

Impresso no Brasil
2025

Para Emma Kiselyova-Castells,
cujo amor, trabalho e apoio foram decisivos
para a existência deste livro

Sumário

Prefácio à edição de 2010 de *A sociedade em rede*

Vivemos em tempos confusos, como muitas vezes é o caso em períodos de transição entre diferentes formas de sociedade. Isso acontece porque as categorias intelectuais que usamos para compreender o que acontece à nossa volta foram cunhadas em circunstâncias diferentes e dificilmente podem dar conta do que é novo referindo-se ao passado. Afirmo que, por volta do final do segundo milênio da Era Cristã, várias transformações sociais, tecnológicas, econômicas e culturais importantes se uniram para dar origem a uma nova forma de sociedade, a sociedade em rede, cuja análise é proposta neste volume.

A urgência de uma nova abordagem para que compreendamos o tipo de economia, cultura e sociedade em que vivemos é intensificada pelas crises e conflitos que caracterizaram a primeira década do século XXI. A crise financeira global; as mudanças drásticas nos mercados de negócios e mão de obra, resultado de uma nova divisão de trabalho internacional; o crescimento irrefreável da economia criminosa global; a exclusão social e cultural de grandes segmentos da população do planeta das redes globais que acumulam conhecimento, riqueza e poder; a reação dos descontentes sob a forma do fundamentalismo religioso; o recrudescimento de divisões nacionais, étnicas e territoriais, prenunciando a negação do outro e, portanto, o recurso à violência em ampla escala como forma de protesto e dominação; a crise ambiental simbolizada pela mudança climática; a crescente incapacidade das instituições políticas baseadas no Estado-nação em lidar com os problemas globais e as demandas locais: tudo isso são expressões diversas de um processo de mudança multidimensional e estrutural que se dá em meio a agonia e incerteza. Estes são, de fato, tempos conturbados.

A sensação de desorientação é exacerbada por mudanças radicais no âmbito da comunicação, derivadas da revolução tecnológica nesse campo. A passagem dos meios de comunicação de massa tradicionais para um sistema de redes horizontais de comunicação organizadas em torno da internet e da comunicação sem fio introduziu uma multiplicidade de padrões de comunicação na base de uma transformação cultural fundamental à medida que a virtualidade se torna uma dimensão essencial da nossa realidade. A construção de uma nova cultura baseada na comunicação multimodal e no processamento digital de informações cria um hiato geracional entre aqueles que nasceram antes da Era da Internet (1969) e aqueles que cresceram em um mundo digital.

Estes são alguns dos temas abordados na trilogia da qual este livro é o primeiro volume, publicado em 1996 (1ª edição) e 2002 (6ª edição) no Brasil. O livro não contém previsões, pois sempre mantenho distância, como pesquisador, dos riscos dúbios da futurologia. Todavia, identifiquei algumas tendências que já estavam presentes e podiam ser observadas nas últimas duas décadas do século passado e tentei dar sentido ao seu significado usando procedimentos-padrão das ciências sociais. O resultado foi a descoberta de uma nova estrutura social que estava se formando, que conceituei como a sociedade em rede por ser constituída por redes em todas as dimensões fundamentais da organização e da prática social. Além disso, embora as redes sejam uma antiga forma de organização na experiência humana, as tecnologias digitais de formação de redes, características da Era da Informação, alimentaram as redes sociais e organizacionais, possibilitando sua infinita expansão e reconfiguração, superando as limitações tradicionais dos modelos organizacionais de formação de redes quanto à gestão da complexidade de redes acima de uma certa dimensão. Como as redes não param nas fronteiras do Estado-nação, a sociedade em rede se constituiu como um sistema global, prenunciando a nova forma de globalização característica do nosso tempo. No entanto, embora tudo e todos no planeta sentissem os efeitos daquela nova estrutura social, as redes globais incluíam algumas pessoas e territórios e excluíam outros, induzindo, assim, uma geografia de desigualdade social, econômica e tecnológica. Em uma transformação paralela, movimentos sociais e estratégias geopolíticas se tornaram em grande parte globais a fim de agir sobre as fontes globais de poder, ao passo que as instituições do Estado-Nação, herdadas da Era Moderna e da sociedade industrial, foram gradualmente perdendo sua capacidade de controlar e regular os fluxos globais de riqueza e informação. A ironia histórica é que os Estados-nação estavam entre os agentes mais ativos da globalização ao tentar tirar proveito de mercados irrestritos e fluxos livres de capital e tecnologia.

Estudando empiricamente os contornos desses arranjos sociais e organizacionais em escala global, acabei obtendo uma série de análises específicas de diferentes dimensões da sociedade em rede que pareciam ser coerentes e que, juntas, forneciam um quadro interpretativo de acontecimentos e tendências que, à primeira vista, pareciam dissociados.

Portanto, embora não apresente uma teoria formal e sistemática da sociedade, este volume, e esta trilogia, propõe novos conceitos e uma nova perspectiva teórica para a compreensão de tendências que caracterizam a estrutura e a dinâmica das nossas sociedades no mundo do século XXI.

A relevância de uma teoria social, além do conjunto de provas reunidas para respaldar assuntos específicos, deriva, em última instância, da sua capacidade de explicar a evolução social, tanto na sociedade em geral como em algumas de suas dimensões, ou de, pelo menos, gerar uma interpretação mais fértil do que os arcabouços analíticos alternativos usados para estudar os determinantes e as consequências da ação humana no tempo e no espaço da análise. Vista a partir dessa perspectiva, a primeira década do século XXI oferece um terreno de observação privilegiado para aferirmos o valor explanatório das fundamentadas hipóteses apresentadas nas páginas deste livro há mais de dez anos. Mais uma vez, não se trata de verificar previsões, pois nenhuma foi feita, mas de avaliar a precisão da identificação inicial de grandes tendências sociais cujo desenvolvimento constituiu o tecido de nossas vidas neste período histórico. O objetivo não é justificar o autor da análise (ele não sente essa necessidade), mas usar ulteriormente as ferramentas conceituais que proporcionaram uma visão sintética do processo de transformação do nosso mundo. Ou então descartar aqueles conceitos que não foram muito úteis para a compreensão de nossas perspectivas, dramas e dilemas.

Permita-me examinar algumas das principais evoluções da década passada relacionando-as às análises apresentadas neste livro. Vou me concentrar naquelas tendências que se referem à análise estrutural apresentada neste volume, deixando para os novos prefácios dos volumes II e III a tarefa de realizar uma tarefa semelhante em relação aos temas tratados naqueles tomos.

I

A crise financeira global que explodiu por volta do final de 2008 e deixou a economia global em queda livre foi a consequência direta da dinâmica específica dessa economia global, como analisada no capítulo 2 deste volume. Resultou de uma combinação de seis fatores. Primeiro, a transformação tecnológica do mundo financeiro que serviu de base para a constituição de um mercado financeiro voltado às redes globais de computadores, e dotou as instituições financeiras da capacidade computacional para operar modelos matemáticos avançados. Esses modelos eram julgados capazes de gerir a crescente complexidade do sistema financeiro, operando globalmente mercados financeiros interdependentes por meio de transações eletrônicas realizadas com a velocidade de um raio. Segundo, a liberalização e desregulamentação das instituições e mercados financeiros, permitindo um fluxo quase livre de capital em todo o mundo e assoberbando a capacidade regulatória das instituições nacionais. Terceiro, a securitização de toda organização, atividade ou ativo econômico, tornando a avaliação financeira o critério mais importante para a estimação do valor de empresas, governos e até mesmo de economias como um todo. Além disso, novas tecnologias financeiras possibilitaram a invenção de vários produtos financeiros exóticos à medida que derivativos, futuros, opções e seguros securitizados (como *swaps* de crédito inadimplente) se tornavam cada vez mais complexos e interligados, virtualizando o capital e eliminando qualquer aspecto de transparência nos mercados, o que tornou os procedimentos contábeis sem sentido. Quarto, o desequilíbrio entre acúmulo de capital em países em vias de industrialização, como a China e os países produtores de petróleo, e o capital tomado emprestado pelas economias mais ricas, como os Estados Unidos, acarretou uma onda de empréstimos de risco a uma multidão de consumidores acostumados a viver no limiar da dívida, expondo os provedores de empréstimos a um risco muito superior a suas capacidades financeiras. Quinto, como os mercados financeiros só funcionam parcialmente segundo a lógica da oferta e da demanda e são em grande parte moldados por "turbulências de informação", como analisado neste volume, a crise das hipotecas que começou em 2007 nos Estados Unidos após a explosão da bolha do mercado imobiliário reverberou por todo o sistema financeiro global. De fato, embora um colapso semelhante do mercado imobiliário do Japão no início da década de 1990 tenha afetado gravemente a economia daquele país, seu impacto foi limitado no resto do mundo por causa da interpenetração muito menor dos mercados financeiros e de valores mobiliários. Por fim, mas não menos importante, a carência de supervisão adequada nas transações com valores mobiliários e nas práticas financeiras possibilitou que corretores ousados inflassem a economia e suas bonificações pessoais por meio de práticas de empréstimo cada vez mais arriscadas.

O paradoxo é que a crise foi fermentada nos caldeirões da nova economia, uma economia definida por um aumento substancial da produtividade gerado pela inovação tecnológica, pela formação de redes e pelos níveis educacionais mais altos da mão de obra, como analisado nos capítulos 2 e 3 deste volume e como observei posteriormente, durante a década de 2000, em outras obras. De fato, se nos concentrarmos nos Estados Unidos, onde a crise teve início, veremos que, entre 1998 e 2008, o crescimento cumulativo da produtividade chegou a quase 30%. Todavia, por causa de políticas gerenciais míopes e gananciosas, os salários reais só subiram 2% durante a década e, na verdade, a remuneração semanal dos trabalhadores formados no ensino superior caiu 6% entre 2003 e 2008. Ainda assim, os preços dos imóveis dispararam na década de 2000 e as instituições provedoras de empréstimos alimentaram esse frenesi fornecendo hipotecas, respaldadas em última instância por instituições federais, àqueles mesmos trabalhadores cujos salários estavam estagnados ou em retração. A ideia era a de que os aumentos de produtividade acabariam por chegar aos salários à medida que os benefícios do crescimento fossem sendo lentamente decantados até a base dos trabalhadores. Isso nunca aconteceu porque as empresas financeiras e imobiliárias colheram os benefícios da economia produtiva, induzindo uma bolha insustentável. A cota de lucro do setor de serviços financeiros passou de 10% na década de 1980 para 40% em 2007, e o valor de suas ações, de 6% para 23%, ao passo que o setor corresponde a apenas 5% do emprego no setor privado. Em suma, os benefícios bastante reais da nova economia foram apropriados pelo mercado de valores mobiliários e usados para gerar uma massa muito maior de capital virtual que multiplicou seu valor por meio de empréstimos a consumidores/tomadores de empréstimos ávidos. Além disso, a expansão da economia global, com a ascensão da China, Índia, Brasil e Rússia, além de outras economias em vias de industrialização, para a vanguarda do crescimento capitalista aumentou o risco de colapso financeiro com o empréstimo do capital acumulado nesses países para os Estados Unidos e outros mercados a fim de sustentar a solvência e a capacidade de importação dessas economias e, ao mesmo tempo, tirar proveito das taxas favoráveis de empréstimo. O gasto militar maciço do governo dos EUA para financiar suas aventuras no Iraque também foi financiado por meio de dívida, tanto que países asiáticos agora possuem uma grande porcentagem dos Títulos do Tesouro Americano, entrelaçando de maneira decisiva a política fiscal dos EUA e da Ásia/Pacífico. Embora a inflação tenha sido mantida relativamente sob controle em todos os países da OCDE por causa do significativo aumento da produtividade, houve, como propus em minha análise, uma ampliação do hiato entre a escala de provimento de empréstimos e a capacidade tanto dos consumidores quanto das instituições de saldá-los. A taxa de endividamento em relação à renda disponível das famílias nos Estados Unidos subiu de 3% em 1998 para 130% em 2008. Por conseguinte, o percentual de mora nas hipotecas de baixo risco subiu de 2,5% em 1998 para 118% em 2008.

Todavia, ninguém podia fazer muita coisa a respeito porque o mercado financeiro global havia fugido do controle de qualquer investidor, governo ou agência reguladora e havia se tornado o que, neste livro, chamei de um "autômato global" que impõe sua lógica à economia e à sociedade em geral, inclusive aos seus próprios criadores. Assim, uma crise financeira de proporções sem precedentes acontece em todo o mundo no exato momento em que escrevo estas palavras, pondo fim, de forma dramática, ao mito do mercado autorregulado, questionando a relevância de algumas teorias econômicas tradicionais e fazendo com que governos e empresas tentem freneticamente domar o autômato selvagem que deu marcha a ré e devorou diariamente dezenas de milhares de empregos (no sentido de vidas familiares). Há uma busca urgente de remédios estabilizadores, mas temo que, ao procurar soluções nas fórmulas dos cursos básicos de economia, ficaremos perdidos no mundo escuro resultante da incapacidade de regular um novo tipo de economia regido por novas condições tecnológicas. É por isso que a investigação sobre a estrutura em rede da nossa economia global poderá nos ajudar a projetar estratégias e políticas adequadas às realidades do nosso tempo.

II

Trabalho e emprego foram transformados. Porém, em contraste com as distopias e utopias previstas por profetas do apocalipse ou evangelistas da nova era econômica, a relação entre a tecnologia e a quantidade e a qualidade dos empregos seguiu o padrão complexo de interação delineado no capítulo 4 deste volume. Em geral, e de acordo com a experiência histórica de revoluções tecnológicas anteriores, a mudança tecnológica não destruiu o emprego como um todo, pois algumas ocupações foram gradualmente sendo retiradas e outras foram induzidas em maior número. Em termos gerais, no perfil ocupacional da força de trabalho, houve um aumento das habilidades e do nível educacional exigidos. Por outro lado, globalizando o processo de produção de bens e serviços, milhares de empregos, especialmente na indústria, foram eliminados nas economias avançadas devido à automação ou ao deslocamento da produção para países recém-industrializados. Consequentemente, centenas de milhares de empregos na indústria foram criados naqueles países, de forma que, levando em consideração todos os aspectos, há mais empregos na indústria do que nunca no mundo como um todo. No entanto, essa criação de empregos e o aumento do nível educacional da mão de obra não resultaram em uma grande melhoria dos padrões de vida no mundo industrializado. Isso se dá porque o nível de remuneração para a maioria dos trabalhadores não acompanhou o aumento da produtividade e do lucro, ao mesmo tempo que a provisão de serviços sociais, em especial de saúde, foi dificultada pelo aumento desenfreado dos custos de assistência médica e pela limitação dos benefícios sociais no setor privado. Somente a entrada maciça de mulheres no mercado de trabalho impediu uma queda no padrão de vida da maioria das famílias. Essa feminização da força de trabalho afetou substancialmente as bases econômicas do patriarcado e abriu um caminho para a ascensão da consciência feminina documentada no segundo volume da minha trilogia e em alguns dos meus escritos mais recentes. A imigração continua a desempenhar um papel significativo em economias e sociedades de todo o mundo à medida que a mão de obra gravita em torno de oportunidades de trabalho. O resultado é maior multietnicidade e multiculturalismo em quase toda parte. A globalização também modifica os mercados de trabalho e posiciona o multiculturalismo na vanguarda da dinâmica social. No entanto, como documentado neste volume, a imigração não é um fenômeno tão difuso quanto costuma ser percebido pelas populações nativas que muitas vezes se sentem "invadidas". Embora haja quase 250 milhões de migrantes no mundo, trata-se de uma fração da força de trabalho que afeta diferentes países em diferentes proporções. Todavia a concentração de imigrantes no centro das maiores áreas metropolitanas do mundo amplia sua visibilidade e o potencial para tensões sociais. Na maioria dos casos, a multietnicidade das sociedades em todo o mundo é confundida com imigração. Na verdade, a imigração está aumentando, apesar do crescimento do desemprego e da intensificação dos controles nas fronteiras, porque o desenvolvimento desigual de um mundo interdependente e as redes de conectividade entre sociedades (inclusive a internet) oferecem maiores possibilidades para a expansão do "transnacionalismo de baixo para cima", segundo a terminologia de alguns analistas da nova imigração.

As principais tendências da nova estrutura da mão de obra observadas na última década seguiram as linhas identificadas no capítulo 4 deste livro. Há, por um lado, uma crescente flexibilização da mão de obra, ou seja, a redução da proporção da força de trabalho com empregos de longo prazo e carreiras previsíveis à medida que novas gerações, em sua maioria contratadas por causa de sua flexibilidade, substituem uma mão de obra mais velha que tem direito à segurança no emprego em empresas de grande porte. Consultores empresariais e empresários do setor de serviços substituíram operários do setor automotivo e corretores de seguros. Por outro lado, houve, paralelamente, um crescimento das ocupações que exigem alto nível educacional e dos empregos de baixa qualificação, com um poder de barganha muito diferente no mercado de trabalho. Exagerando a terminologia para chamar a atenção do leitor, chamei esses dois tipos de trabalhadores de "mão de obra autoprogramável" e "mão de obra genérica". De fato, houve uma tendência a aumentar a autonomia de decisão dos trabalhadores com alto nível educacional, que se tornaram os ativos mais valiosos de suas empresas. Eles muitas vezes são chamados de "talento". Por outro lado, os trabalhadores genéricos, enquanto executores de instruções, continuaram a proliferar, pois muitas tarefas servis dificilmente podem ser automatizadas e muitos trabalhadores, especialmente jovens, mulheres e imigrantes, estão dispostos a aceitar qualquer condição para a obtenção de um emprego. Essa estrutura dual do mercado de trabalho está relacionada às condições estruturais de uma economia do conhecimento que cresce no contexto de uma grande economia de serviços de baixa qualificação e é a origem da crescente desigualdade observada na maioria das sociedades.

As tecnologias de informação e comunicação tiveram um forte efeito na transformação dos mercados e dos processos de trabalho. No entanto esses efeitos foram substancialmente mediados pelas estratégias das empresas e pelas políticas governamentais. Assim, quando o apoio popular aos sindicatos trabalhistas faz com que as empresas concordem com a segurança no emprego em troca de aumentos de salário moderados, os empregos estáveis são protegidos, mas a criação de postos de trabalho míngua porque a tecnologia é usada para substituir mão de obra por automação. Por outro lado, quando têm carta branca nas práticas de contratação, as empresas tendem a conseguir seu padrão ideal de força de trabalho: talento atraído com altos salários, mordomias e um certo grau de autonomia em troca de dedicação à empresa; automação e *off-shoring* da força de trabalho principal; e terceirização de serviços de baixo nível (como limpeza e manutenção) para fornecedores especializados em uma mão de obra com baixa remuneração. Portanto, há um grande espectro de variações na transformação da mão de obra na nova economia, dependendo do nível de desenvolvimento e do ambiente institucional. No mundo em desenvolvimento, a economia informal representa um componente fundamental do mercado de trabalho. Nas economias avançadas, o setor privado de serviços se torna o refúgio do emprego para uma fatia cada vez maior da força de trabalho expulsa dos tradicionais setores de produção de bens. E o empreendedorismo e a inovação continuam a prosperar nas margens dos setores empresariais da economia, aumentando o número de trabalhadores autônomos à medida que a tecnologia possibilita o controle dos meios de produção de serviços baseados no conhecimento, desde a impressora de pequenas dimensões até os serviços on-line. Em suma, a estrutura ocupacional das nossas sociedades foi realmente transformada pelas novas tecnologias. Porém os processos e formas dessa transformação foram o resultado da interação entre mudança tecnológica, ambiente institucional e evolução das relações entre capital e trabalho em cada contexto social específico.

III

Talvez a mudança social mais aparente que esteja acontecendo desde o início das pesquisas para este livro tenha sido a **transformação da comunicação**, uma tendência que analisei no capítulo 5 deste volume. Como a revolução nas tecnologias de comunicação se intensificou nos últimos anos, e como a comunicação consciente é a característica que distingue os humanos, é evidente que foi nessa área que a sociedade sofreu sua modificação mais profunda.

As redes de computadores, os softwares de código aberto (inclusive protocolos de internet) e o rápido desenvolvimento da capacidade de comutação e transmissão digital nas redes de telecomunicação acarretaram à expansão da internet após a sua privatização na década de 1990 e à generalização do seu uso em todos os campos de atividade. Na verdade, a internet é uma tecnologia antiga: foi usada pela primeira vez em 1969. Mas se difundiu em larga escala vinte anos mais tarde por causa de vários fatores: mudanças regulatórias; maior largura de banda nas telecomunicações; difusão dos computadores pessoais; softwares de fácil uso que simplificavam o upload, o acesso e a comunicação de conteúdo (começando com o servidor e o navegador World Wide Web projetados por Tim Berners-Lee em 1990) e o rápido crescimento da demanda social por organização em rede de qualquer coisa, suscitada tanto pelas necessidades do mundo empresarial quanto pelo desejo do público de criar suas próprias redes de comunicação. Consequentemente, o número de usuários de internet no planeta passou de menos de 40 milhões em 1995 para cerca de 1,5 bilhão em 2009. Em 2009, as taxas de penetração alcançaram mais de 60% na maioria dos países desenvolvidos e estavam crescendo rapidamente nos países em desenvolvimento. A penetração global da internet em 2008 ainda estava em cerca de um quinto da população do planeta, e menos de 10% dos usuários de internet tinham acesso a banda larga. Todavia, desde 2000, a exclusão digital, medida em termos de acesso, está diminuindo. O coeficiente de acesso à internet nos países da OCDE e nos países em desenvolvimento caiu de 80,6:1 em 1997 para 5,8:1 em 2007. Em 2005, o número de novos usuários de internet nos países em desenvolvimento foi quase o dobro do número de novos usuários nos países da OCDE. A China é o país com o crescimento mais rápido do número de usuários de internet, embora a taxa de penetração tenha permanecido abaixo de 20% em 2008. Em julho de 2008, o número de usuários de internet na China chegou a 253 milhões, superando os Estados Unidos, que tem cerca de 223 milhões de usuários. Os países da OCDE como um todo tinham uma taxa de penetração de aproximadamente 65% da população em 2007. Além disso, em vista da enorme disparidade de uso da internet entre pessoas com mais de 60 e menos de 30 anos de idade, a proporção de usuários sem dúvida chegará quase ao ponto de saturação nos países desenvolvidos e aumentará substancialmente em todo o mundo à medida que a minha geração for desaparecendo.

A partir da década de 1990, outra revolução nas comunicações aconteceu em todo o mundo: a explosão da comunicação sem fio, com uma capacidade crescente de conectividade e largura de banda em gerações sucessivas de telefones celulares. Essa foi a tecnologia de difusão mais rápida da história da comunicação. Em 1991, havia cerca de 16 milhões de contratos de serviços telefônicos sem fio no mundo. Em julho de 2008, os contratos haviam ultrapassado 3,4 bilhões, ou cerca de 52% da população mundial. Usando um fator conservador de multiplicação de usuários, podemos calcular com segurança que mais de 60% das pessoas neste planeta têm acesso à comunicação sem fio em 2009, mesmo que ela seja altamente restrita por questões de renda e pela implantação desigual da infraestrutura de comunicação. De fato, estudos na China, na América Latina e na África mostraram que os pobres dão grande prioridade às suas necessidades de comunicação e usam uma proporção substancial de seus magros orçamentos para satisfazê-las. Nos países desenvolvidos, a taxa de penetração dos contratos de comunicação sem fio varia de 82,4% (nos EUA) a 113% (Itália ou Espanha) e está chegando ao ponto de saturação. Todavia, também em países como a Argentina, há mais contratos de telefonia celular do que pessoas.

Na década de 2000, testemunhamos a crescente convergência tecnológica entre internet, comunicação sem fio e várias aplicações que distribuem capacidade comunicativa pelas redes sem fio, multiplicando, assim, os pontos de acesso à internet. Isso é especialmente importante para o mundo em desenvolvimento porque a taxa de crescimento de penetração da internet caiu devido à escassez de linhas telefônicas fixas. No novo modelo de telecomunicação, a comunicação sem fio se tornou a forma predominante de comunicação em toda parte, especialmente nos países em desenvolvimento. O ano de 2002 foi o primeiro em que o número de usuários de telefones celulares ultrapassou o de usuários de telefonia fixa em todo o mundo. Assim, a capacidade de se conectar à internet por meio de um dispositivo sem fio se torna o fator crítico para uma nova onda de difusão da internet no planeta. Isso depende muito da construção de infraestrutura sem fio, de novos protocolos para a internet sem fio e da difusão de capacidade avançada de banda larga.

A internet, a World Wide Web e a comunicação sem fio não são mídias no sentido tradicional. São, antes, os meios para a comunicação interativa. No entanto as fronteiras entre meios de comunicação de massa e todas as outras formas de comunicação estão perdendo a nitidez. O e-mail é predominantemente uma forma de comunicação entre duas pessoas, mesmo quando levamos em consideração o uso dos recursos de envio de cópia e mala-direta. Mas a internet é muito mais ampla do que isso. A World Wide Web é uma rede de comunicação usada para postar e trocar documentos. Esses documentos podem ser texto, áudio, vídeo, *software*; literalmente qualquer coisa que possa ser digitalizada. Como um volume considerável de provas demonstrou, a internet, e sua variada gama de aplicações, é a base da comunicação em nossas vidas, para trabalho, conexões pessoais, informações, entretenimento, serviços públicos, política e religião. A internet é cada vez mais usada para acessar os meios de comunicação de massa (televisão, rádio, jornais), bem como qualquer forma de produto cultural ou informativo digitalizado (filmes, música, revistas, livros, artigos de jornal, bases de dados). A internet já transformou a televisão. Os adolescentes entrevistados por pesquisadores do Annenberg Center for the Digital Future da University of Southern California (USC) nem entendem o conceito de assistir a televisão no horário determinado por outra pessoa. Eles assistem a programas inteiros de televisão na tela de seu computador e, cada vez mais, em dispositivos portáteis. Portanto, a televisão continua sendo o principal meio de comunicação de massa, por enquanto, mas sua difusão e seu formato estão sendo transformados à medida que sua recepção vai se tornando individualizada. Um fenômeno semelhante está acontecendo com a imprensa. Em todo o mundo, os usuários de internet com menos de trinta anos de idade predominantemente leem o jornal on-line. Portanto, embora o jornal continue a ser um meio de comunicação de massa, sua plataforma de difusão muda. Ainda não há um modelo de negócios claro para o jornalismo on-line. Porém a internet e as tecnologias digitais transformaram o processo de trabalho dos jornais e dos meios de comunicação de massa em geral. Os jornais se transformaram em organizações estruturadas internamente em rede e conectadas globalmente a redes de informação na internet. Além disso, os componentes on-line dos jornais induziram a formação de redes e a sinergia com outras organizações de notícias e mídia. As redações nos jornais, rádios e televisões foram transformadas pela digitalização das notícias e por seu implacável processamento global/local. Então, a comunicação de massa no sentido tradicional agora também é comunicação baseada na internet, tanto em sua produção quanto em sua difusão.

Além disso, a combinação de notícias on-line com blogs interativos e e-mails, e também com *feeds* Really Simple Syndication (RSS) de outros documentos na internet, transformou os jornais em um componente de uma forma diferente de comunicação: *a autocomunicação em massa*. Essa forma de comunicação surgiu com o desenvolvimento das chamadas Web 2.0 e Web 3.0, ou o aglomerado de tecnologias, dispositivos e aplicações que dão suporte à proliferação de espaços sociais na internet graças ao aumento da capacidade da largura de banda, à difusão de softwares de código aberto e à melhoria da parte gráfica e da interface dos computadores, inclusive a interação com avatares em espaços virtuais tridimensionais. O desenvolvimento de redes horizontais de comunicação interativa que conectam o local e o global no momento escolhido intensificou o ritmo e ampliou o espectro da tendência que identifiquei há mais de uma década: a formação de um sistema de comunicação digital multimodal e multicanal que integra todas as formas de mídia. Além disso, o poder de comunicação e processamento de informações da internet está sendo distribuído em todas as áreas da vida social, assim como a rede e o motor elétricos distribuíram energia no processo de formação da sociedade industrial. À medida que se apropriaram de novas formas de comunicação, as pessoas construíram seus próprios sistemas de comunicação em massa, via SMS, blogs, *vlogs*, *podcasts*, *wikis* e coisas do gênero. O compartilhamento de arquivos e as redes *peer-to-peer* (p2p) tornam possível a circulação, mistura e reformatação de qualquer conteúdo digital. Novas formas de autocomunicação em massa surgiram da engenhosidade de jovens usuários que se transformaram em produtores. Um exemplo é o YouTube, um site de compartilhamento de vídeos no qual usuários individuais, organizações, empresas e governos podem fazer o *upload* do seu próprio conteúdo em vídeo. Em julho de 2007, o YouTube lançou 18 sites associados, específicos para cada país, e um site projetado especialmente para usuários de telefones celulares. Isso transformou o YouTube no maior meio de comunicação de massa do mundo. Sites que emulam o YouTube estão proliferando na internet, e incluem o Ifilm.com, o revver.com, e o Grouper.com. O Tudou.com é um dos sites de hospedagem de vídeos com crescimento mais rápido e mais populares da China. O *streaming* de vídeo é uma forma cada vez mais comum de consumo e produção de mídia. Um estudo do Pew Internet and American Life Project revelou que, em dezembro de 2007, 48% dos usuários americanos consumiam regularmente vídeos on-line; um ano antes eram 33%. Essa tendência era mais pronunciada para os usuários com menos de trinta anos de idade, dos quais 70% visitavam sites de vídeos on-line.

Portanto, o YouTube e outros sites com conteúdo gerado pelos usuários são meios de comunicação de massa. No entanto são diferentes dos meios de comunicação de massa tradicionais. Qualquer um pode postar um vídeo no YouTube, com algumas restrições. E o usuário seleciona o vídeo que quer ver e comentar a partir de uma enorme lista de possibilidades. Obviamente, há pressões em relação à liberdade de expressão no YouTube, especialmente sob a forma de ameaças legais por causa de violações de direitos autorais e de censura governamental de conteúdo político em situações de crise.

As redes horizontais de comunicação construídas em torno das iniciativas, interesses e desejos das pessoas são multimodais e incorporam muitos tipos de documentos, desde fotografias (hospedadas por sites como o Photobucket.com) e projetos cooperativos de grande escala como a Wikipédia (a enciclopédia de código aberto), até músicas, filmes (redes p2p baseadas em software gratuito como o Kazaa) e redes de ativismo social/político/religioso que combinam fóruns baseados na internet ao envio global de vídeo, áudio e texto. Assim, como me disse o analista Jeffrey Cole, os adolescentes que têm a capacidade de gerar conteúdo e distribuí-lo na internet "não ligam mais para 15 minutos de fama, mas para 15 megabytes".

Os espaços sociais na internet, dando prosseguimento à tradição pioneira das comunidades virtuais da década de 1980 e superando as míopes formas comerciais iniciais do espaço social introduzidas pela AOL, multiplicaram seu conteúdo e dispararam em número para formar uma sociedade virtual diversificada e difusa. O MySpace continuava sendo o site de interação social mais bem-sucedido até o início de 2009, embora seja frequentado em grande parte por uma população de usuários jovens. Mas outros formatos, como o Facebook, expandiram as formas da sociabilidade para redes de relacionamentos entre pessoas identificadas de todas as idades. Para centenas de milhões de usuários de internet com menos de 30 anos de idade, as comunidades on-line se tornaram uma dimensão fundamental da vida cotidiana que continua a crescer em toda parte, inclusive na China e nos países em desenvolvimento. O ritmo do seu crescimento só diminuiu por causa de limitações de largura de banda e renda. Com a perspectiva da expansão da infraestrutura e da queda nos preços das comunicações, não é uma previsão, mas uma observação, dizer que as comunidades on-line estão se desenvolvendo rapidamente não como um mundo virtual, mas como uma virtualidade real integrada a outras formas de interação em uma vida cotidiana cada vez mais híbrida. Uma nova geração de softwares sociais possibilitou a explosão de jogos interativos para computadores e videogames, hoje uma indústria global multibilionária. No dia do seu lançamento, em setembro de 2007, as vendas do *Halo 3*, da Sony, chegaram a 170 milhões de dólares, mais do que a bilheteria de fim de semana de qualquer filme hollywoodiano até aquele momento. A maior comunidade de um jogo on-line, World of Warcraft (WOW), que corresponde a pouco mais da metade do setor de Jogos On-line em Massa (Massive Multiplayer Online Game — MMOG), chegou a dez milhões de membros ativos (dos quais mais da metade reside na Ásia) em 2008. Se os meios de comunicação se baseiam em grande parte em entretenimento, então, essa nova forma de entretenimento, baseada totalmente na internet e em softwares, *é* agora um importante componente do sistema midiático.

As novas tecnologias também estão fomentando o desenvolvimento de *espaços sociais de realidade virtual* que combinam sociabilidade e experimentação com jogos de interpretação de personagens. O de maior sucesso é o Second Life.* Para muitos observadores, a tendência mais interessante entre as comunidades do Second Life é sua incapacidade de criar a Utopia, mesmo na ausência de limitações institucionais ou espaciais. Os residentes do Second Life reproduziram algumas características da nossa sociedade, inclusive muitos de seus problemas, como agressão e estupro. Além disso, o Second Life é de propriedade da Linden Corporation e os imóveis virtuais logo se tornaram um negócio rentável, a ponto de o Fisco americano, o Internal Revenue Service, ter começado a desenvolver esquemas para tributar os dólares Linden que podem ser convertidos em dólares americanos. Porém esse espaço virtual tem uma tal capacidade comunicativa que certas universidades estabeleceram *campi* no Second Life; também existem algumas experiências para usá-los como uma plataforma educacional; bancos virtuais surgem e vão à falência de acordo com as altas e baixas dos mercados americanos; manifestações políticas e até confrontos violentos entre esquerdistas e direitistas acontecem em cidades virtuais e as notícias dentro do Second Life chegam ao mundo real por meio de um atento exército de correspondentes.

A comunicação sem fio se tornou a plataforma de difusão favorita de muitos tipos de produtos digitalizados, incluindo jogos, música, imagens e notícias, além de mensagens instantâneas que cobrem toda a gama de atividades humanas, desde redes

* Au (2008).

pessoais de apoio até tarefas profissionais e mobilizações políticas. Assim, a matriz da comunicação eletrônica se sobrepõe a tudo o que fazemos, em qualquer lugar e a qualquer momento. Estudos mostram que a maioria das ligações e mensagens de telefones celulares têm origem em casa, no trabalho e na escola, os locais onde, em geral, as pessoas têm à disposição uma linha telefônica fixa. A principal característica da comunicação sem fio não é a mobilidade, mas a conectividade perpétua, como foi documentado por vários estudos, inclusive o meu.

Há uma grande interpenetração entre os meios de comunicação de massa tradicionais e as redes de comunicação baseadas na internet. As mídias tradicionais estão usando blogs e redes interativas para distribuir seu conteúdo e interagir com a audiência, misturando modos de comunicação verticais e horizontais. No entanto existem muitos exemplos em que as mídias tradicionais, como a TV a cabo, são alimentadas pela produção autônoma de conteúdo usando a capacidade digital para produzir e distribuir muitas variedades de conteúdo. Assim, a crescente interação entre redes verticais e horizontais de comunicação não significa que a mídia tradicional está dominando as formas novas e autônomas de geração e distribuição de conteúdo. Significa que há um processo de convergência que gera uma nova realidade midiática cujos contornos e efeitos serão, em última instância, decididos pelas lutas políticas e comerciais à medida que os donos das redes de telecomunicação se posicionarem para controlar o acesso e o tráfego em favor de seus parceiros de negócios e de seus clientes favoritos.

O crescente interesse da mídia empresarial por formas de comunicação baseadas na internet indica a importância da ascensão de uma nova forma de comunicação social, que conceituei como *autocomunicação de massa*. Trata-se de comunicação de massa porque alcança potencialmente uma audiência global através de redes p2p e conexões de internet. É multimodal, pois a digitalização do conteúdo e os avançados softwares sociais, muitas vezes baseados em programas de código aberto que podem ser baixados gratuitamente, permite a reformatação de qualquer conteúdo para praticamente qualquer outra configuração, com as redes sem fio sendo usadas cada vez mais para sua distribuição. Também conta com *conteúdo autogerado, emissão autodirigida e recepção autosselecionada* por muitas pessoas que se comunicam com outras tantas. Trata-se de uma nova área da comunicação e, em última instância, de uma nova mídia que tem uma espinha dorsal formada por redes de computadores cuja linguagem é digital e cujos transmissores interagem e estão distribuídos globalmente. É verdade, a mídia, mesmo uma mídia tão revolucionária quanto essa, não determina o conteúdo e o efeito de suas mensagens. Mas possibilita diversidade ilimitada e autonomia de produção na maioria dos fluxos de comunicação que constroem significado na cabeça das pessoas. É por isso que, observando há mais de uma década as tendências emergentes do que agora assumiu a forma de uma revolução na comunicação, apresentei, na primeira edição deste livro, a hipótese de que uma nova cultura estava se formando, a *cultura da virtualidade real*, na qual redes digitalizadas de comunicação multimodal passaram a incluir de tal maneira todas as expressões culturais e pessoais a ponto de terem transformado a virtualidade em uma dimensão fundamental da nossa realidade.

IV

Em última instância, todas as grandes mudanças sociais são caracterizadas por **uma transformação do tempo e do espaço na experiência humana**. Portanto, neste volume, ocupei-me dessa análise, propondo uma construção teórica com base nas pesquisas disponíveis sobre esse tema. Mais de uma década depois, pode ser significativo avaliar a relevância dessa construção à luz da evolução das formas espaciais de sociedades ao redor do mundo e do surgimento de novas percepções do tempo a partir do ponto de vista da prática social.

Vamos começar com o espaço. Neste volume, propus uma teoria de urbanismo na Era da Informação baseada na distinção entre o espaço dos lugares e o espaço dos fluxos. Essa conceituação foi amplamente discutida, embora nem sempre compreendida, provavelmente devido à obscuridade da minha formulação. Minha abordagem simplesmente afirma, como na perspectiva das ciências naturais, que o espaço não é uma realidade tangível. Trata-se de um conceito construído com base na experiência. Assim, o espaço na sociedade não é a mesma coisa que o espaço na astrofísica ou na mecânica quântica. Se olharmos para o espaço como uma forma e uma prática social, ele tem sido, ao longo da história, o suporte material da simultaneidade na prática social. Ou seja, o espaço define o quadro temporal das relações sociais. É por isso que as cidades nasceram da concentração de funções de comando e controle, da coordenação, da troca de bens e serviços, da vida social diversa e interativa. Na verdade, as cidades são, desde a sua aparição, sistemas de comunicação, aumentando as chances de comunicação por meio da contiguidade física. Chamo o espaço dos lugares de *espaço de contiguidade*. Por outro lado, práticas sociais como práticas de comunicação também aconteciam a distância por meio de transporte e mensagens. Com o advento de tecnologias de comunicação operadas eletricamente, como, por exemplo, o telégrafo e o telefone, uma certa simultaneidade foi introduzida nas relações sociais a distância. Mas foi o desenvolvimento da comunicação digital baseada na microeletrônica, das redes avançadas de telecomunicação, dos sistemas de informação e do transporte computadorizado que transformou a espacialidade da interação social com a introdução da simultaneidade, ou de qualquer outro quadro temporal, nas práticas sociais, a despeito da localização dos atores engajados no processo de comunicação. Essa nova forma de espacialidade é o que conceituei como *espaço dos fluxos*: o suporte material de práticas sociais simultâneas comunicadas a distância. Isso envolve a produção, transmissão e processamento de fluxos de informação. Também depende do desenvolvimento de localidades como nós dessas redes de comunicação e da conectividade de atividades localizadas nesses nós por meio de redes de transporte rápido operadas por fluxos de informação. Essa perspectiva analítica pode contribuir para o entendimento da transformação extraordinária das formas espaciais que estão acontecendo em todo o mundo.

De fato, desde a primeira publicação deste volume, a proporção da população mundial que vive em áreas urbanas ultrapassou a marca de mais de 50%. Assim, em vez do fim das cidades, previsto por futurologistas diante das condições avançadas das telecomunicações que tornariam a concentração espacial de pessoas e atividades desnecessária, vemos a maior onda de urbanização da historia da humanidade. Dois terços da população do planeta serão urbanos até 2030, e três quartos até a metade do século, de acordo com uma simples extrapolação do crescimento da população urbana atual. Tecnologias avançadas de comunicação permitiram uma maior concentração de população em um pequeno número de áreas no planeta, de onde o resto do mundo pode ser alcançado por meio de redes de computadores em comunicação remota e sistemas de transporte rápido. Todavia a forma urbana da sociedade em rede é historicamente diferente da experiência passada. O processo global de urbanização que estamos vivenciando no início do século XXI é caracterizado pela formação de uma nova arquitetura espacial constituída de redes globais que conectam grandes regiões metropolitanas e suas áreas de influência. Além disso, os arranjos territoriais do processo de formação de redes se estendem para a estrutura intrametropolitana, de forma que o nosso entendimento da urbanização contemporânea, como sugerido neste volume, deve começar com o estudo dessa dinâmica de formação de redes tanto nos territórios que estão incluídos nas redes quanto nas localidades excluídas da lógica dominante da integração espacial global. Uma linha de pesquisa conduzida nas últimas duas décadas em todo o mundo, liderada por Peter Hall, William Mitchell, Michael Dear, Allen Scott, Anna Lee Saxenian, Peter Taylor, Amy Glasmeier, Jennifer Wolch, Stephen Graham, Saskia Sassen, François Ascher, Guido Martinotti e Doreen Massey, entre outros, mostrou a íntima interação entre a transformação tecnológica da sociedade e a evolução de suas formas espaciais. A característica mais importante desse processo acelerado de urbanização global é que estamos vendo o surgimento de uma nova forma espacial que chamo de *região metropolitana* para indicar que, embora essa unidade espacial seja metropolitana, não se trata de uma área metropolitana porque, geralmente, nela estão incluídas várias áreas. A região metropolitana surge de dois processos entrelaçados: ampla descentralização das grandes cidades para áreas adjacentes e interconexão das pequenas cidades preexistentes cujos territórios se tornam integrados por meio de novas capacidades de comunicação. Esse modelo de urbanização é, ao mesmo tempo, velho e novo. A região metropolitana não é apenas uma forma espacial de dimensão sem precedentes em termos de concentração de população e atividades. Trata-se de uma nova forma porque inclui na mesma unidade espacial áreas urbanizadas e terras agrícolas, espaço aberto e áreas residenciais com altíssima densidade populacional: há várias cidades em um interior descontínuo. Trata-se de uma metrópole com vários centros que não corresponde à separação tradicional entre cidades centrais e seus subúrbios. Há núcleos de vários tamanhos e diferente importância funcional distribuídos ao longo de uma vasta extensão territorial que acompanha linhas de transporte. Às vezes, como nas regiões metropolitanas europeias, mas também na Califórnia ou em Nova York/Nova Jersey, esses centros são cidades preexistentes incorporadas à região metropolitana por redes de ferrovias ou rodovias expressas suplementadas por redes avançadas de telecomunicação e redes de computadores. Às vezes, a cidade central ainda é o núcleo urbano, como em Londres, Paris ou Barcelona. Porém, muitas vezes, não há centros urbanos claramente dominantes. Por exemplo, a maior cidade na Área da Baía de San Francisco não é San Francisco, mas San José, a capital do Vale do Silício. No entanto, San Francisco continua a ser o principal lugar para serviços avançados, enquanto a parte leste da baía inclui uma grande universidade (Berkeley) e um *hub* global de biotecnologia (Emeryville). Em outros casos, como em Atlanta ou Xangai, os novos centros (North Atlanta, Pudong) são induzidos pelo rápido crescimento de novos serviços empresariais na região metropolitana. Em todos os casos, a região metropolitana é constituída por uma estrutura com vários centros (com diferentes hierarquias entre eles), descentralização de atividades, residências, serviços com uso misto do terreno e um limite indefinido de funcionalidade que estende o território da cidade sem nome a qualquer lugar atingido por sua rede. No início do século XXI, as regiões metropolitanas são uma forma urbana universal. Nos Estados Unidos, em 2005, o Urban Land Institute definiu dez áreas de megalópoles que abrigam 68% da população americana. No entanto, as maiores regiões metropolitanas do mundo estão na Ásia. A maior de todas, que identifiquei na primeira edição deste livro, é uma região frouxamente conectada que se estende de Hong Kong a Guangzhou (Cantão), incorporando todas as aldeias manufatureiras do Pearl River Delta, a florescente cidade de Shenzhen, na fronteira de Hong Kong, e as áreas adjacentes de Zhuhai e Macau, cada qual com uma economia e um sistema de governo diferentes, totalmente independente dos outros componentes dessa região metropolitana da China Meridional, que tem uma população de aproximadamente sessenta milhões de pessoas. Isso prefigura o futuro de megalópole da China. Essas regiões metropolitanas constituem o coração da nova China cada vez mais globalizada, a potência industrial do mundo no século XXI. Essas "cidades" não são mais cidades, não apenas conceitualmente, mas também institucional e culturalmente. Em alguns casos, elas não têm um nome. Por exemplo, Los Angeles não é o nome apropriado para a forma espacial atual da qual ela é apenas um componente, pois a unidade espacial relevante compreende toda a Metrópole do Sul da Califórnia, que se estende de Santa Bárbara a San Diego e Tijuana, do outro lado da fronteira, em um padrão de paisagem continuamente urbanizada ao longo da costa que se estende por cerca de 160 quilômetros para o interior. Essa é a região metropolitana indefinida onde vinte milhões de pessoas trabalham, vivem, se deslocam e se comunicam usando uma rede de rodovias expressas, cobertura midiática, canais de TV a cabo e redes fixas e sem fio de telecomunicações ao mesmo tempo que se reentrincheiram no sistema político das localidades de um território fragmentado e identificam suas próprias culturas em termos de etnia, idade e redes sociais autodefinidas. A chamada *Southland*, na terminologia da mídia local, tem uma unidade funcional e econômica, mas não tem uma identidade institucional ou cultural.

Na Europa, Peter Hall e Kathy Pain identificaram a dinâmica da metrópole policêntrica nas oito maiores regiões da Europa por eles estudada.* O que encontraram foi a persistência da centralidade urbana no núcleo da região, apesar da articulação entre vários centros urbanos. A estrutura espacial geral é policêntrica e hierárquica ao mesmo tempo. O processo de assentamento residencial se estendeu para além dos subúrbios, que, em muitos casos, se tornaram áreas densas, às vezes dominadas por prédios altos. As atividades econômicas se descentralizaram ao longo de linhas de transporte, de maneira que há uma mistura de atividades nas áreas externas, ao passo que funções de centralidade urbana são desempenhadas a partir de vários centros e subcentros. A noção de expansão residencial suburbana como uma forma predominante está desatualizada. A expansão residencial suburbana observada pelos estudos urbanísticos nos Estados Unidos nas décadas de 1960 e 1970 não é mais o padrão predominante, nem mesmo nas áreas metropolitanas americanas. Hoje, observamos uma centralidade distribuída e um processo multifuncional de descentralização espacial. A principal característica é a difusão e a formação de redes de população e atividades na região metropolitana, junto com o crescimento de diferentes centros interconectados segundo uma hierarquia de funções especializadas. Por que isso? Quais são as razões para a formação dessas regiões metropolitanas?

A principal característica espacial da sociedade em rede é a conexão em rede entre o local e o global. A arquitetura global de redes globais conecta seletivamente os lugares, de acordo com seu valor relativo para a rede. Pesquisas urbanísticas recentes, como as de Peter Taylor e dos pesquisadores da Loughborough University, demonstram a importância da lógica de formação de redes globais para a concentração de atividades e população nas regiões metropolitanas. Isso não significa apenas que essas regiões estão conectadas globalmente, mas que as redes globais, e o valor que elas processam, precisam operar a partir de nós na rede. Os centros financeiros em Londres, Tóquio ou Nova York não produziram um mercado financeiro global constituído de redes de computadores em comunicação remota e sistemas de informação. O mercado financeiro global reestruturou e reforçou os lugares, velhos e novos, de onde os fluxos globais de capital são geridos. Não se trata de cidades globais, mas de redes globais que estruturam e mudam áreas específicas de algumas cidades por meio de suas conexões. Afinal, boa parte de Nova York (por exemplo, Queens), Tóquio (por exemplo, Kunitachi) e Londres (tanto Hampstead quanto Brixton) é muito local, exceto por suas populações de imi-

* Hall e Pain (2006).

grantes. As funções globais de certas áreas de certas cidades são determinadas por sua conexão às redes globais de criação de valor, transações financeiras, funções gerenciais ou de outro tipo. A partir desses pontos nodais, através da operação de serviços avançados, se expande a base econômica e infraestrutural da região metropolitana. Assim, é a dinâmica mutante das redes, e de cada rede específica, que explica a conexão com certos lugares, e não os lugares que explicam a evolução das redes. Os pontos de conexão nessa arquitetura global de redes são os lugares que atraem riqueza, poder, cultura, inovação e pessoas, inovadoras ou não. Para se tornarem nós das redes globais, esses lugares precisam de uma infraestrutura multidimensional de conectividade: transporte multimodal via ar, mar e terra; redes de comunicação; redes de computadores; sistemas avançados de informação e toda a infraestrutura de serviços acessórios (de contabilidade a segurança, hotéis e entretenimento) necessários para o funcionamento do nó. Cada uma dessas infraestruturas precisa ser servida por pessoal altamente capacitado cujas necessidades devem ser satisfeitas por trabalhadores do setor de serviços. Esses são os ingredientes para o crescimento da região metropolitana. Locais de conhecimento e redes de comunicação são os atrativos espaciais da economia da informação, como os locais onde havia recursos naturais e as redes de distribuição de energia determinaram a geografia da economia industrial. E isso vale para Londres, Bombaim, São Paulo ou Johannesburgo. Cada país tem seu(s) grande(s) nó(s) que o conecta(m) a redes globais estratégicas. Esses nós são a base da formação de regiões metropolitanas que determinam a estrutura espacial local/global de cada país por meio de sua formação interna e multiestratificada de redes. Fora desses pontos de criação de valor em rede, ficam os espaços de exclusão, ou, tomando emprestado o conceito de Dear e Wolch,* as "paisagens de desespero", tanto intrametropolitanas quanto rurais.

Por que essas redes globais conectadas através de nós precisam aterrissar em algumas regiões metropolitanas específicas? Por que o processamento de operações altamente abstratas não pode se libertar das restrições espaciais? Aqui, faço referência à análise clássica de Saskia Sassen sobre a formação da cidade global como uma forma urbana específica.** O que é importante na localização de serviços avançados é a microrrede dos processos decisórios de alto nível, baseada em relacionamentos presenciais, conectada a uma macrorrede de implementação de decisões que se baseia em redes de comunicação eletrônica. Em outras palavras, encontros presenciais para o fechamento de acordos financeiros ou políticos ainda são indispensáveis, especialmente quando as discussões devem proceder com absoluta discrição, como no caso de decisões que fornecem uma vantagem competitiva. Nas decisões quanto ao lugar das funções gerenciais de grandes empresas, o fator intangível ainda é o acesso a microrredes localizadas em certos lugares seletos, no que chamei de "ambientes". Podem

* Dear e Wolch (1987).
** Sassen (1991).

ser ambientes financeiros (por exemplo, Nova York, Londres e Tóquio), mas também podem ser ambientes tecnológicos, como o Vale do Silício ou outros centros de inovação tecnológica mundo afora, ou ambientes de produção de mídia, como Los Angeles e Nova York. Os principais processos de inovação e tomada de decisões acontecem em contatos presenciais e ainda requerem um espaço de lugares compartilhado e bem conectado por meio de sua articulação com o espaço de fluxos.

O que é fundamentalmente novo é que esses nós interagem globalmente, instantaneamente ou em momentos escolhidos. Assim, a rede de implementação de decisões é uma macrorrede global eletrônica, ao passo que a rede de tomada de decisões e de geração de iniciativas, ideias e inovação é uma microrrede operada por comunicação presencial concentrada em certos lugares. Essa arquitetura espacial explica simultaneamente a concentração de alguns lugares metropolitanos e a difusão em rede: o espaço dos lugares e o espaço dos fluxos. Uma vez que esse mecanismo é identificado, todo o resto pode ser explicado: a concentração de serviços acessórios; a infraestrutura de comunicação que se desenvolve em um lugar, mas não em outros; a atração de talento; boas condições de vida para os criadores de valor; a atratividade para os seus serviçais imigrantes e assim por diante.

As infraestruturas de comunicação são componentes decisivos, mas não a origem, do processo de megametropolização. A infraestrutura de comunicação se desenvolve porque há algo a ser comunicado. É a necessidade funcional que chama o desenvolvimento das infraestruturas. Os locais de criação de valor oferecem maiores oportunidades e melhores serviços, e essa oferta atrai profissionais talentosos e inovadores. E, como ali há dinheiro, há também um mercado florescente, bem como atividades culturais, instituições educacionais e serviços de assistência médica melhores, portanto, há empregos, que ainda são a maior fonte de crescimento urbano. Como empregos são globalmente atraentes, essas regiões metropolitanas também se tornam *hubs* de imigração. Desenvolvem locais multiétnicos e estabelecem conexões globais não apenas no nível de interações funcionais e econômicas, mas também no nível das relações interpessoais — as redes de culturas e as redes de pessoas, capturadas analiticamente pelo conceito de transnacionalismo de baixo para cima. Na base do processo de metropolização está a capacidade de concentrar a produção de serviços, finanças, tecnologia, mercado e pessoas. Isso cria economias de escala, como em formas anteriores de urbanização, bem como economias de sinergia, que são as mais importantes hoje em dia. Economias espaciais de sinergia significam que o fato de estar em um lugar de possível interação com parceiros valiosos cria a possibilidade de agregar valor como resultado da inovação gerada por essa interação. As economias de escala podem ser transformadas pelas tecnologias de informação e comunicação em sua lógica espacial. Redes eletrônicas permitem a formação de linhas de montagem globais. A produção de software pode ser espacialmente distribuída e coordenada por redes de comunicação. Por outro lado, as economias de sinergia ainda exigem a concentração espacial de interação interpessoal porque a comunicação opera em uma banda muito mais larga do que na comunicação digital a distância. É por isso que as pesquisas científicas ainda são concentradas em *campi* ao redor do mundo enquanto, ao mesmo tempo, esses *campi* não podem operar sem estar ligados à grande rede mundial da ciência.

Bem, a observação estrategicamente mais importante para uma análise em termos de redes espaciais é a de que essas redes globais não têm a mesma geografia; geralmente, não compartilham os mesmos nós. A rede de inovação na tecnologia de comunicação e informação, da qual o Vale do Silício é um importante nó, não é igual à rede de finanças, a não ser pelo fato de a rede de capital de risco ter se originado dentro da indústria de alta tecnologia. Agências políticas constroem, nacional e internacionalmente, seus próprios locais espaciais e suas próprias redes de poder. A rede global de pesquisa científica não se sobrepõe às redes de inovação tecnológica. É por isso que tantas pessoas ficam surpresas com o fracasso de projetos cujo objetivo é desenvolver outros Vales do Silício em torno de uma nova universidade. A criatividade artística também tem sua própria rede, que muda constantemente, dependendo dos campos artísticos e dos movimentos da moda. A economia criminosa global (que corresponde a 5% do PIB mundial) está construída sobre suas próprias redes específicas, com nós que geralmente não coincidem com os das finanças ou da inovação tecnológica. A gestão do narcotráfico inclui lugares como Cáli, Cidade do México, Tijuana, Miami, Bangkok, Cabul ou Amsterdã, em sua maioria, nós secundários de outras importantes redes. Portanto, há uma multiestratificação das redes globais nas principais atividades estratégicas que estruturam e desestruturam o planeta. Quando essas redes multiestratificadas se sobrepõem em algum nó, quando há um nó que pertence a diferentes redes, pode haver duas consequências. Primeiro, as economias de sinergia entre essas diferentes redes acontecem naquele nó: entre mercados financeiros e empresas de mídia ou entre a pesquisa acadêmica e a inovação e o desenvolvimento tecnológico ou entre política e mídia. Além disso, como essas redes multiestratificadas aterrissam em locais específicos, e muitas redes compartilham um nó nesses locais, essas localidades se tornam meganós: tornam-se nós de comutação para todo o sistema global, conectando várias redes. Londres e Nova York são casos típicos dessa vantagem nodal múltipla. Boston não atinge o mesmo nível porque, apesar de ser o nó dominante em pesquisa acadêmica e um importante nó em inovação tecnológica (especialmente em biotecnologia), é apenas um nó secundário nas redes financeiras e é subsidiária para outros nós em várias dimensões importantes de riqueza e poder. Este também é outro motivo pelo qual, na China, há uma diferenciação clara entre Pequim e Xangai em termos dos nós e dos papéis diferentes que as duas cidades desempenham na arquitetura global: Pequim se concentra no que é político, financeiro, científico e tecnológico, Xangai se especializa em redes financeiras e comércio global. Esses meganós são a dimensão urbana das redes globais multiestratificadas. Para entender a dinâmica e o significado do nó, precisamos começar pela análise das redes, de cada uma delas, e da interação que é facilitada por sua convergência espacial. No entanto, cada meganó se torna um ponto de atração de capital, mão de obra e inovação. É aqui que surgem as contradições. Um meganó atrai recursos e acumula oportunidades para aumentar a riqueza e o poder. Ao mesmo tempo, como raramente tem a existência institucional ou a capacidade política de tomar decisões autônomas como uma região metropolitana, o meganó dificilmente consegue implementar políticas relativas às necessidades locais. Na ausência de demandas sociais ativas e movimentos sociais, o meganó impõe a lógica do global em detrimento do local. O resultado desse processo é a coexistência de dinamismo e marginalidade metropolitana, expressos no crescimento dramático de assentamentos abusivos em todo o mundo e na persistência da esqualidez urbana nas *banlieues* de Paris ou nas *inner cities* americanas. Existe uma contradição crescente entre o espaço dos fluxos e o espaço dos lugares. Esses meganós concentram cada vez mais riqueza, poder e inovação no planeta. Ao mesmo tempo, poucas pessoas no mundo se identificam com a cultura global e cosmopolita que povoa as redes globais e se torna o objeto de culto das elites dos meganós. De maneira contrastante, a maioria das pessoas sente uma forte identidade regional ou local. Por isso as redes globais integram certas dimensões da vida humana e excluem outras. A relação contraditória entre significado e poder se manifesta através de uma crescente dissociação entre o que conceituei como espaço dos fluxos e espaço dos lugares. Embora haja lugares no espaço dos fluxos e fluxos no espaço dos lugares, o significado cultural e social é definido em termos de lugar, ao passo que funcionalidade, riqueza e poder são definidos em termos de fluxo. Essa é a contradição fundamental que emerge do nosso mundo globalizado, urbanizado e organizado em redes: em um mundo construído em torno da lógica do espaço dos fluxos, as pessoas ganham a vida no espaço dos lugares.

V

Os seres humanos vivenciam o tempo de diferentes maneiras, dependendo de como suas vidas são estruturadas e praticadas. Ao longo da história, o tempo foi definido por uma sequência de práticas e percepções. No entanto, os intervalos e o ritmo dessa sequência eram muito diferentes, dependendo da organização social, da tecnologia, da cultura e da condição biológica da população.

A organização do tempo foi uma marca do poder soberano de reis e sacerdotes. Para as pessoas comuns, o tempo era estabelecido pela recorrência do Sol e da Lua, pelos ciclos agrícolas e pelas estações, que traziam para sua percepção um padrão regular de sequenciamento. Os relógios solares ofereciam um nível de medida, desde que estivesse fazendo sol, mas a fragmentação do tempo em unidades pequenas, precisas e contábeis, como horas e minutos, teve de esperar o advento da tecnologia mecânica. Além disso, enquanto não havia a necessidade de tal precisão, a sequência do tempo era vagamente percebida, como nas sociedades da Idade Média, para as quais as feiras marcavam a conjunção de produção agrícola e comércio, sociabilidade e festividade. Celebrações religiosas, muitas vezes associadas ao ciclo agrícola, também forneciam referências em uma acumulação indeterminada de experiências que não ia muito além da distinção entre dia e noite e da hora das refeições, para aqueles que podiam comer mais de uma vez por dia. Tudo mudou com a invenção do relógio e a era industrial. A produção foi organizada em torno do controle do tempo, aperfeiçoado em última instância nas fábricas tayloristas de Henry Ford e Vladimir Ilitch. A jornada de trabalho definia o tempo da vida. A definição estrita de tempo se tornou uma importante ferramenta para disciplinar a sociedade, pois o ritmo de tudo era contado e avaliado, e as pessoas lutavam para obter seu próprio tempo fora da sua jornada de trabalho.

Com o capitalismo, tempo virou dinheiro à medida que a taxa de giro do capital se tornou uma forma importantíssima de obtenção de lucro. Quanto mais rápido você conseguisse obter seu retorno e reinvestisse o capital, maior seria o lucro. As finanças passaram a ser construídas em torno da venda de tempo monetizado. O crédito se baseava em tempo. A velocidade se tornou essencial nas transações financeiras. Quanto mais o capitalismo se globalizava, mais as diferenças de fuso horário possibilitavam a proliferação de mercados financeiros independentes para garantir a movimentação do capital o tempo todo. Assim, uma nova forma de tempo surgiu nos mercados financeiros, caracterizada pela compressão do tempo em frações de segundo em transações financeiras com o uso de computadores poderosos e redes avançadas de telecomunicação. Além disso, o futuro era colonizado, empacotado e vendido sob forma de apostas em valorizações futuras e como opções entre diferentes cenários futuros. O tempo como sequência foi substituído por diferentes trajetórias de tempo imaginado às quais eram atribuídos valores de mercado. Houve uma tendência inexorável rumo à aniquilação do tempo como uma sequência ordenada, seja por meio da compressão até o seu limite ou pelo ofuscamento da sequência entre diferentes formas de acontecimentos futuros. O tempo do relógio da era industrial está sendo gradualmente substituído pelo que conceituei como *tempo atemporal*: o tipo de tempo que acontece quando há uma perturbação sistêmica na ordem sequencial das práticas sociais desempenhadas no âmbito de um determinado contexto, como a sociedade em rede.

Encontrei pela primeira vez os traços do tempo atemporal ao analisar as operações das redes financeiras. Mas ele também apareceu em uma ampla gama de áreas sociais, toda vez que a sequência temporal era cancelada ou ofuscada. Podemos ver isso na tentativa de controlar o relógio biológico do corpo humano por meio da capacidade da ciência médica de permitir que uma mulher conceba uma criança na idade que escolher, superando os limites de sua idade fértil biologicamente programada. Ou no trabalho profissional, com o fim de percursos previsíveis de carreira, o desenvolvimento de tempo flexível e o fim da separação entre jornada de trabalho, tempo pessoal e tempo familiar, como na penetração de todo o tempo/espaço por dispositivos de comunicação sem fio que confundem diferentes práticas em um quadro temporal simultâneo por meio do hábito maciço da realização simultânea de múltiplas tarefas. A tentativa de aniquilar o tempo também está presente em nossa vida cotidiana: todo mundo corre para fazer mais coisas em menos tempo, em uma tendência que foi analisada como a aceleração do tempo. Essa prática social difundida é a consequência da organização de toda a nossa vida em torno de unidades de tempo que determinam o que podemos fazer dentro de limites cronológicos em espaços separados. Para trabalhar em tempo integral, pegar as crianças na escola (em um horário diferente, muitas vezes incompatível), fazer compras, tomar conta das tarefas domésticas e gerenciar várias tarefas burocráticas das quais dependem a vida cotidiana, tentamos estar presentes pontualmente em todos os lugares usando a tecnologia (transporte rápido, telefonemas durante o deslocamento) e nos adaptando à corrida frenética da vida cotidiana. Como as organizações continuam a se basear no relógio, mas as pessoas estão flexibilizando cada vez mais seu tempo e se deslocando entre diferentes regimes temporais, a realização simultânea de múltiplas tarefas por meio da aceleração proporcionada pela tecnologia resume a tendência para atingir o tempo atemporal: a prática social cujo objetivo é negar a sequência para nos instalar na simultaneidade perene e na ubiquidade simultânea. Por que as pessoas correm o tempo todo? Porque elas podem vencer suas restrições temporais, ou pelo menos é isso que elas acham. Porque a disponibilidade de novas tecnologias de comunicação e transporte as estimula a correr atrás da miragem da transcendência do tempo.

Nós também mudamos com a tecnologia, assim como as potências tecnológicas dominantes, cansadas da hesitação de seus cidadãos em participar de guerras longas e caras, almejavam travar o que chamei de "Guerras Instantâneas", usando bombas e mísseis inteligentes controlados a distância para infligir danos insuportáveis ao inimigo, forçando-o, assim, a uma rendição rápida. É claro, esses esquemas não funcionaram como planejado, como as guerras no Iraque e no Afeganistão dolorosamente demonstraram. Mas existia, e ainda existe, o projeto de comprimir o tempo de guerra usando tecnologia militar organizada eletronicamente em rede. O tempo atemporal é isso: não se trata da única forma de tempo, mas é o tempo do poder na sociedade em rede, assim como foi o tempo dos poderosos quando eles estabeleceram o calendário, inclusive o ano que marcou o início do tempo na Antiguidade. O que nos leva à questão da dimensão temporal do contrapoder. E, de maneira mais geral, a questão mais ampla das formas alternativas de concepção de tempo na nossa sociedade.

Apesar de ser o tempo das funções dominantes e dos atores sociais poderosos na sociedade em rede, o tempo atemporal coexiste com o tempo biológico, quando o ritmo do corpo determina a sequência de vida e morte, e com o tempo do relógio, pois uma ampla maioria da humanidade ainda está acorrentada aos campos e ainda é obrigada a se dirigir a linhas de montagem industriais. O tempo é uma forma social e as sociedades são constituídas por diferentes formas resultantes de várias camadas de organização social que se misturam nos períodos de transição histórica, como a transição da sociedade industrial de base nacional para a sociedade em rede global.

Assim, diferentes formas sociais coexistentes em uma sociedade induzem diferentes formas temporais presentes simultaneamente nas práticas das pessoas.

No entanto, existem formas alternativas de concepção e prática do tempo ligadas a projetos alternativos de organização da sociedade. A expressão alternativa do tempo mais importante que identifiquei neste livro é o que chamei, usando um conceito de Scott Lash e John Urry,* de "tempo glacial". Trata-se de um tempo em câmera lenta que a percepção humana atribui à evolução do planeta. É um tempo sequencial, mas que se move tão lentamente, na percepção de nossa breve vida, que nos parece ser eterno. E, de fato, é, pois só podemos seguir a sequência planetária quando voltamos a nos unir à natureza na eternidade. Essa é a concepção de tempo presente no movimento ambiental quando os ativistas declaram solidariedade intergeracional. Nossa tentativa de evitar a piora do aquecimento global é uma prática compartilhada com os netos dos nossos netos: uma prática que precisamos adotar para desfazer o que as gerações anteriores fizeram, e o que ainda estamos fazendo, negligenciando totalmente o planeta dos nossos filhos. Quando o tempo é percebido e construído nesses termos, uma nova forma de sequência surge na prática social, confrontando diretamente a tentativa suicida de aniquilar o tempo na corrida louca para aproveitar cada segundo da nossa vida, na ilusão de que aproveitamos a vida ao máximo correndo atrás implacavelmente do prazer instantâneo das nossas fantasias ou saltando os nossos minutos na tentativa de nos desvencilhar do labirinto de um frenesi autogerado. O tempo atemporal e o tempo glacial corporificam a luta fundamental que está sendo travada na sociedade em rede entre a domesticação das forças tecnológicas desencadeadas pela engenhosidade humana e nossa submissão coletiva ao autômato que fugiu do controle de seus criadores.

As tendências observadas na última década parecem respaldar a relevância dessa análise da transformação do tempo, por mais abstrata que ela pareça. O processo de globalização acelerou o ritmo de produção, gestão e distribuição de bens e serviços em todo o planeta, medindo produtividade e concorrência por meio da redução do tempo ao menor nível possível. Os mercados financeiros globais inventaram derivativos negociados com base no tempo que saíram de controle e ameaçaram destruir a economia que deveriam alimentar. A intensificação da exploração dos recursos naturais e a recusa em planejar seu uso renovável ao longo do tempo encurtaram o horizonte temporal da nossa existência como espécie e, ao mesmo tempo, aumentaram nossa expectativa de vida como indivíduos. A realidade virtual que domina nossa experiência cancelou a noção de tempo, pois vivemos no mundo sempre presente dos nossos avatares.

E, embora carestias e catástrofes nos façam lembrar da nossa vulnerabilidade ao tempo biológico, os extraordinários avanços da engenharia genética estão induzindo os seres humanos à ilusão de controle do corpo e regeneração das células, empurrando, assim, para um futuro infinito o limite temporal supremo da nossa existência: a morte.

---

* Lash e Urry (1990).

Na última década, a luta pelo tempo preparou o terreno para o conflito fundamental da nossa sociedade: uma nova cultura da natureza contra a cultura da aniquilação do tempo, que equivale ao cancelamento da aventura humana.

VI

Teoria e pesquisa só servem se têm a capacidade de dar sentido à observação de seu objeto de estudo. O valor da pesquisa social não deriva apenas da sua coerência, mas também da sua relevância. Não se trata de um discurso, mas de uma investigação. É por esse motivo que, ao longo deste livro, com todas as suas limitações, há uma tentativa constante de relacionar a identificação de uma série de processos sociais e formas organizacionais com seu papel na constituição de uma nova forma de sociedade: a sociedade em rede. A investigação contínua da evolução social na última década gera uma série de descobertas que se relacionam diretamente com a análise apresentada neste livro. Embora eu não tenha previsto nada, e continuarei a não fazê-lo, acredito que exista alguma conexão entre os fenômenos que considerei os componentes fundamentais da sociedade em rede e as tendências e formas sociais que caracterizam nosso mundo no final da primeira década do século XXI. A revolução tecnológica, com seus dois principais campos inter-relacionados, as tecnologias de comunicação baseadas em microeletrônica e a engenharia genética, continuou a aumentar de ritmo, transformando a base material de nossas vidas. As redes se tornaram a forma organizacional predominante de todos os campos da atividade humana. A globalização se intensificou e se diversificou. As tecnologias de comunicação construíram a virtualidade como uma dimensão fundamental da nossa realidade. O espaço dos fluxos sobrepujou a lógica do espaço dos lugares, prenunciando uma arquitetura espacial global de megacidades interconectadas enquanto as pessoas continuam a achar significado em lugares e a criar suas próprias redes no espaço dos fluxos. O tempo atemporal se espalha como um manto de ausência de significado à medida que a consciência ambiental global aumenta em defesa do tempo glacial como uma prática compartilhada com nossos netos. Existe um eco claro entre as principais questões da nossa sociedade e as análises escritas há uma década no livro que você está prestes a ler. Se você acha que a abordagem que propus, apesar de todas as suas falhas óbvias, está relacionada à sua experiência, esse é todo o consolo de que este autor necessita para desvanecer em paz.

Manuel Castells
Santa Monica, Califórnia
Março de 2009

Tradução
Marcelo Lino

Prefácio

Fernando Henrique Cardoso

Para os que, como eu, já conhecem e admiram de longa data o trabalho de Manuel Castells, não há nenhuma surpresa na abrangência de visão ou no volume de informações apresentado nesta sua nova obra, que será, sem dúvida, um marco nos esforços intelectuais para a compreensão de nossa época e seus desafios. Encontramos, aqui, a mesma riqueza de análise, a mesma precisão conceitual, ancorada em uma utilização inteligente de dados empíricos e de descrição de processos históricos.

Entre os maiores méritos de Castells está o de não fazer concessões à compartimentalização do saber. Aceita e encara de frente aquilo que é talvez o desafio maior de toda análise social: o de encontrar os conceitos que permitam entender a maneira pela qual os diversos níveis de experiência humana, processos econômicos, tecnológicos, culturais e políticos interagem para conformar, em um determinado momento histórico, uma estrutura social específica. Há aí uma preocupação de interdisciplinaridade (talvez fosse mais apropriado falar de uma paixão da interdisciplinaridade) que faz lembrar a facilidade com que Weber transitava, por exemplo, da história econômica para a sociologia das religiões e vice-versa. Não é por acaso que outros, como Anthony Giddens, já compararam o esforço atual de Castells ao *tour de force* weberiano no clássico *Economia e sociedade*.

É precisamente por aceitar o desafio de uma análise abrangente e multissetorial que o texto de Castells, além de ganhar em densidade acadêmica, se torna especialmente relevante para os que devem tomar decisões práticas na condução de assuntos de governo.

De fato, a decisão política impõe aos que a tomam um imperativo incontornável de interdisciplinaridade. Nada é mais alheio ao mundo da política do que a unilateralidade, a visão parcial, o universal abstrato. Os que são responsáveis por decisões sabem que o economicismo é tão mau conselheiro quanto o voluntarismo político ou qualquer outro viés reducionista da experiência humana. É indispensável um enfoque capaz de agregar as diversas dimensões.

É nesse sentido que se constrói o itinerário da investigação de Castells neste livro. Encontra no paradigma tecnológico baseado na informação os princípios organizadores de um novo "modo de desenvolvimento", que não se substitui ao modo de produção capitalista, mas lhe dá nova face e contribui de forma decisiva para definir os traços distintivos das sociedades do final do século XX. A análise se desdobra na identificação de uma nova estrutura social, marcada pela presença e o funcionamento de um sistema de redes interligadas.

Essa intuição central, construída em torno da noção do "informacionalismo", dá a Castells a chave para refinar (e criticar) a tradição de pensamento sobre o "pós-industrialismo" e para iluminar, em novos ângulos, alguns dos problemas centrais de nosso tempo, como a oposição entre homogeneização social (consequência da globalização dos padrões de interação organizados em redes que desconhecem fronteiras e nacionalidades) e diversidade cultural, as transformações estruturais do emprego e a sua consequência para a vulnerabilidade da mão de obra, as novas práticas empresariais ou a nova divisão internacional do trabalho, que se revela ao mesmo tempo um mecanismo de inclusão e de exclusão social.

A partir dessa base, Castells encontra um novo veio para a reflexão sobre o tema da globalização, a situação dos Estados nacionais e a sua capacidade de atuar para a promoção do desenvolvimento. Os dois volumes seguintes *O poder da identidade* e *Fim de milênio*, cuja edição brasileira virá em breve, ampliam o escopo da análise, trazendo à tona as consequências do novo paradigma econômico-tecnológico para as instituições sociais e políticas, assim como para o devir histórico nesse final de século.

Castells nos adverte, no fundo, de que é preciso levar a sério as mudanças introduzidas em nosso padrão de sociabilidade em razão das transformações tecnológicas e econômicas que fazem com que a relação dos indivíduos e da própria sociedade com o processo de inovação técnica tenha sofrido alterações consideráveis.

E essas alterações são-nos mostradas e explicadas com o talento de quem sabe combinar a elaboração teórica mais abstrata com a descrição de situações e fatos específicos que ilustram e dão o sentido mais pleno da teoria. Essa combinação assegura a Castells uma sensibilidade para os aspectos menos óbvios, mas não por isso menos importantes, dos deslocamentos e transformações da sociabilidade contemporânea.

Isso é evidente, por exemplo, na sua análise da maneira pela qual o novo formato de organização social — *a sociedade em rede*, baseada no paradigma econômico-tecnológico da informação se traduz, não apenas em novas práticas sociais, mas em alterações da própria vivência do espaço e do tempo como parâmetros da experiência social. Apresentam-se, aí, as ideias de um "espaço de fluxos" e de um "tempo intemporal", que dão a Castells a moldura para uma aguçada fenomenologia da vida social no final do século XX, na qual adquirem novo sentido realidades aparentemente tão díspares como a arquitetura pós-moderna, a telefonia móvel ou as operações em tempo real no mercado financeiro internacional.

A análise de Castells desenha, assim, os contornos de uma sociedade globalizada e centrada no uso e aplicação da informação e na qual a divisão do trabalho se efetua, não tanto segundo jurisdições territoriais (embora isso também continue a ocorrer), mas sobretudo segundo um padrão complexo de redes interligadas. É nessa sociedade que vivemos e ela é a que devemos conhecer se quisermos que nossa ação seja ao mesmo tempo relevante e responsável.

Não deixa de chamar a atenção o fato de que um livro dedicado a descrever e analisar uma morfologia social enraizada na centralidade da informação e do conhecimento seja, ele próprio, tão rico em informações e tão versátil em seu processamento. Aprende-se muito lendo os relatos de Castells sobre os processos que levaram à afirmação daquilo que ele identifica como um novo paradigma. O volume é alentado porque, insistiria o autor, a informação é central. Mas o seu caráter quase enciclopédico não exclui o prazer da leitura, reforçado pela organização cristalina do argumento e alimentado pela riqueza das descrições históricas.

Este é, sem dúvida, o ponto de partida de uma contribuição notável à ciência social de nosso tempo. Juntamente com os dois volumes que se seguirão em breve, servirá como ponto de referência obrigatório na discussão sobre as tendências de transformação social no século XXI e, não menos, no esforço de identificação de novas modalidades de atuação política, inspiradas nas realidades de nosso tempo e capazes de responder aos seus desafios.

Agradecimentos 2000

O volume que o leitor tem em mãos é uma edição substancialmente revista deste livro, publicado pela primeira vez em novembro de 1996. A versão atual foi elaborada e escrita no segundo semestre de 1999. Pretende integrar acontecimentos tecnológicos, econômicos e sociais que aconteceram em fins da década de 1990, que em geral confirmam os diagnósticos e prognósticos apresentados na primeira edição. Não modifiquei os principais elementos da análise geral, principalmente, porque acredito que a argumentação central ainda se mantém conforme apresentada, mas também porque todos os livros pertencem a sua época, e precisam ser superados pelo desenvolvimento e pela retificação das ideias que contêm, quando o ambiente social e as pesquisas acrescentam informações e conhecimentos novos. Além disso, ao atualizar algumas das informações, corrigi alguns erros e tentei esclarecer, bem como fortalecer, a argumentação, sempre que possível.

Ao fazê-lo, aproveitei muitos comentários, críticas e contribuições do mundo inteiro, em geral expressos de maneira construtiva e cooperativa. Não posso fazer justiça à riqueza do debate que este livro engendrou, para grande surpresa minha. Só quero expressar minha gratidão sincera aos leitores, aos resenhadores e aos críticos, que empenharam seu tempo pensando nas questões analisadas nestas páginas. Não posso afirmar que tomei conhecimento de todos os comentários e de todas as discussões, em diversos países e em línguas que não entendo. Porém, ao agradecer às instituições e aos indivíduos que, com seus comentários e com os debates que organizaram, me ajudaram a compreender melhor as questões de que tratei neste livro, também quero agradecer a todos os leitores, e comentadores, onde quer que estejam e quem quer que sejam.

Em primeiro lugar, eu gostaria de expressar minha gratidão a inúmeros resenhadores cujas ideias foram fundamentais para minha própria compreensão e pela retificação de alguns elementos da minha pesquisa. Entre eles estão: Anthony Giddens, Alain Touraine, Anthony Smith, Peter Hall, Benjamin Barber, Roger-Pol Droit, Chris Freeman, Krishan Kumar, Stephen Jones, Frank Webster, Sophie Watson, Stephen Cisler, Felix Stalder, David Lyon, Craig Calhoun, Jeffrey Henderson, Zygmunt Bauman, Jay Ogilvy, Cliff Barney, Mark Williams, Alberto Melucci, Anthony Orum, Tim Jordan, Rowan Ireland, Janet Abu-Lughod, Charles Tilly, Mary Kaldor, Anne Marie Guillemard, Bernard Benhamou, Jose E. Rodriguez Ibanez, Ramon Ramos, Jose Felix

Tezanos, Sven-Eric Liedman, Markku Willennius, Andres Ortega, Alberto Catena e Emilio de Ipola. Quero agradecer em especial aos três colegas que organizaram as primeiras apresentações deste livro, inaugurando, assim, o debate: Michael Burawoy em Berkeley, Bob Catterall em Oxford e Ida Susser em Nova York.

Também sou grato às inúmeras instituições acadêmicas que me convidaram, entre 1996 e 2000, para submeter a pesquisa apresentada neste livro à crítica acadêmica e, principalmente, a todas as pessoas que compareceram às minhas palestras e seminários, e contribuíram com seus comentários pertinentes.

O livro foi apresentado e debatido, em ordem cronológica, nas seguintes universidades: University of California em Berkeley; Oxford University; City University de Nova York, Graduate Center; Consejo Superior de Investigaciones Científicas, Barcelona; Universidad de Sevilla; Universidad de Oviedo; Universitat Autonoma de Barcelona; Institute of Economics, Russian Academy of Sciences, Novosibirsk; The Netherlands Design Institute, Amsterdam; Cambridge University; University College, Londres; SITRA-Helsinki; Stanford University; Harvard University; Cité des Sciences et de l'Industrie, Paris; Tate Gallery, Londres; Universidad de Buenos Aires; Universidad de San Simon, Cochabamba; Universidad de San Andres, La Paz; Centre Européen des Recoversions et Mutations, Luxembourg; University of California em Davis; Universidade Federal do Rio de Janeiro; Universidade de São Paulo; Programa de Naciones Unidas para el Desarrollo, Santiago do Chile; University of California em San Diego; Higher School of Economics, Moscou; e Duke University. Também quero agradecer às muitas outras instituições que me convidaram para compartilhar meu trabalho com elas nesses quatro anos, embora eu não tenha podido corresponder a sua gentileza.

Dedico menção especial ao meu amigo e colega Martin Carnoy da Stanford University por considerar nossa contínua interação intelectual importantíssima para o desenvolvimento e a retificação de minhas ideias. Sua contribuição na revisão do capítulo 4 (sobre trabalho e emprego) do volume I foi essencial. Também os meus amigos e colegas de Barcelona, Marina Subirats e Jordi Borja, foram, assim como durante a maior parte da minha vida, fontes de inspiração e de críticas construtivas.

Também quero agradecer à minha família, principal fonte da minha força.

Em primeiro lugar, à minha esposa, Emma Kiselyova, pelo apoio, pelo amor e pela inteligência, e paciência, em meio ao período mais árduo para nós dois, por sua determinação em me manter concentrado no assunto, e não na fama. À minha filha, Nuria, que, durante esses anos, conseguiu dar apoio ao pai a distância, enquanto produzia uma tese de doutorado e gerava um segundo filho. À minha irmã, Irene, que nunca deixou de ser minha consciência crítica. À minha filha adotiva, Lena, que enriqueceu minha vida com carinho e sensibilidade. Ao meu genro, Jose del Rocio Millan, e ao meu cunhado, Jose Bailo, com quem passei muitas horas conversando sobre nosso trabalho e nossa vida. E, por último, mas decerto não menos importante, à fonte de alegria da minha vida, meus netos Clara, Gabriel e Sasha.

Também quero agradecer à minha revisora, Sue Ashton, cuja contribuição foi essencial para dar ordem e clareza ao livro, tanto na primeira quanto na segunda edição. Também quero agradecer ao pessoal de produção, promoção e editorial da minha editora, Blackwell, e especialmente a Louise Spencely, Lorna Berrett, Sarah Falkus, Jill Landeryou, Karen Gibson, Nicola Boulton, Joanna Pyke e seus colegas. Seus empenhos pessoais neste livro ultrapassaram muito as normas do profissionalismo no mundo editorial.

Quanto aos meus médicos, personagens principais dos agradecimentos da minha trilogia, deram continuidade a seu trabalho excepcional, mantendo-me em pleno curso durante esses anos tão importantes. Gostaria de reiterar minha gratidão aos doutores Peter Carroll e James Davis, ambos do Medical Center da University of California em San Francisco.

Por fim, quero expressar minha profunda e genuína surpresa com o interesse gerado no mundo inteiro por este livro tão acadêmico, não só nos círculos universitários, mas também na imprensa, e entre o público em geral. Sei que isso não tem tanta relação com a qualidade do livro quanto com a importância fundamental das questões que tentei analisar: estamos vivendo num mundo novo, e precisamos de novo entendimento. Poder contribuir, com toda modéstia, no processo de construção de tal entendimento é minha única ambição, e a verdadeira motivação para prosseguir no trabalho de que me encarreguei, enquanto minhas forças o permitirem.

Janeiro de 2000
Berkeley, Califórnia

O autor e os editores agradecem a permissão das seguintes editoras para a reprodução de material protegido por direitos autorais:

The Association of American Geographers: Fig. 6.1 "Maior crescimento absoluto dos fluxos da informação, 1982 e 1990", dados da Federal Express, elaborada por R. L Michelson e J. O. Wheeler, "The flow of information in a global economy: the role of the American urban system in 1990", *Annals of the Association of American Geographers*, 84:1. Copyright © 1994 The Association of American Geographers, Washington D.C.

The Association of American Geographers: Fig. 6.2 "*Exportação da informação dos EUA para os principais centros e regiões do mundo*", dados da Federal Express, 1990, elaborada por R. L. Michelson e J. O. Wheeler, "The flow of information in a global economy: the role of the American urban system in 1990", *Annals of the Association of American Geographers*, 84: 1. Copyright © 1994 The Association of American Geographers, Washington DC.

Business Week: Tabela 2.10 "*Valorização de ações, 1995-1999: as ações que mais se valorizaram segundo a Standard & Poor 500*", Bloomberg Financial Markets, compilada por *Business Week*. Copyright © 1999 McGraw Hill, Nova York.

University of California: Fig. 4.9 "*Percentagem de californianos com idade para trabalhar contratados em empregos 'tradicionais', 1999*". Copyright © 1999 University of California e The Field Institute, San Francisco.

University of California: Fig. 4.10 "*Distribuição dos californianos com idade para trabalhar por situação de emprego 'tradicional' e permanência no emprego, 1999*". Copyright © 1999 University of California e The Field Institute, San Francisco.

University of California Library: Fig. 4.11 "*O mercado de trabalho japonês no período pós-guerra*", Yuko Aoyama, "Locational strategies of Japanese multinational corporations in electronics." Tese de doutorado da University of California, elaborada com informações da Agência de Planejamento Econômico do Japão, *Gaikokujin rodosha to shakai no shinro*, 1989, p. 99, fig. 4.1.

CEPII-OFCE: Tabela 2.3 "*Evolução da produtividade dos setores de negócios (% média do índice de crescimento anual)*", base de dados do modelo MIMOSA. Copyright © CEPII-OFCE.

CEPII-OFCE: Tabela 2.4 "*Evolução da produtividade em setores não abertos ao livre mercado (% média do índice de crescimento anual)*", base de dados do modelo MIMOSA. Copyright © CEPII-OFCE.

The Chinese University Press: Fig. 6.5 "*Representação diagramática dos principais nós e elos na região urbana de Pearl River Delta*", elaborada por E. Woo, "Urban Development", in Y. M. Yeung e D. K. Y. Chu, *Guandong: Survey of a Province Undergoing Rapid Change*. Copyright © 1994 Chinese University Press, Hong Kong.

Tabela 4.29 extraída de Lawrence Mishel, Jared Bernstein e John Schmitt, e Economic Policy Institute, *The State of Working America 1998-1999*. Copyright © 1999 Cornell University. Usado com permissão da editora, Cornell University Press.

Defence Research Establishment Ottawa: Fig. 7.3 "*Óbitos resultantes de guerras em relação à população mundial, por década, 1720-2000*", G. D. Kaye, D. A. Grant e E. J. Emond, *Major Armed Conflicts: a Compendium of Interstate and Intrastate Conflict, 1720 to 1985*, Report to National Defense, Canadá. Copyright © 1985 Operational Research and Analysis Establishment, Ottawa.

Economic Policy Institute: Fig. 4.8 "*Emprego no ramo da mão de obra temporária nos Estados Unidos, 1982-1997*", análise de Lawrence Mishel, Jared Bernstein e John Schmitt dos dados do Bureau of Labor Statistics, *The State of Working America 1998-99*. Copyright © Cornell University Press/Economic Policy Institute, Ithaca e Londres.

The Economist: Fig. 2.2 "*Estimativa de evolução da produtividade nos Estados Unidos, 1972-1999 (produção por hora)*", Bureau of Labor Statistics, elaborada por Robert Gordon in "The new economy: work in progress", in *The Economist*, pp. 21-4. Copyright © 1999 The Economist, Londres (24 de julho). Reimpressa com permissão da editora.

The Economist: Fig. 2.9 "*Pagamentos de dividendos em declínio*", in "Shares without the other bit", in *The Economist*, p. 135. Copyright © The Economist, Londres (20 de novembro). Reimpressa com permissão da editora.

The Economist: Fig. 5.1 "*Vendas de mídia dos principais grupos de mídia em 1998*", relatórios das empresas: Veronis, Suhler and Associates; Zenith Media; Warburg Dillon Read; elaborada por *The Economist*, 1, p. 62. Copyright © 1999 The Economist, Londres (11 de dezembro). Reimpressa com permissão da editora.

The Economist: Fig. 5.2 "*Alianças estratégicas entre grupos de média na Europa, 1999*", Warburg Dillon Read, elaborada por *The Economist*, 1, p. 62. Copyright © 1999 The Economist, Londres (11 de dezembro). Reimpressa com permissão da editora.

Harvard University Press: Fig. 4.3 "*Índice de crescimento do emprego, por região, 1973-1999*"; foi publicada uma versão anterior desta figura em *Sustainable Flexibility*, OCDE/GD (97)48; elaborada por Martin Carnoy in *Sustaining the New Economy: Work, Family and Community in the Information Age*, Cambridge, Mass.: Harvard University Press, Copyright © 2000 de Russell Sage Foundation.

Harvard University Press: Fig. 4.4 "*Trabalhadores em meio expediente na força de trabalho empregada nos países da OCDE, 1993-1998*", foi publicada uma versão anterior desta figura em *Sustainable Flexibility*, OCDE/GD (97) 48; elaborada por Martin Carnoy in *Sustaining the New Economy: Work, Family and Community in the Information Age*, Cambridge, Mass.: Harvard University Press, Copyright © 2000 de Russell Sage Foundation.

Harvard University Press: Fig. 4.5 "*Trabalhadores autônomos na força de trabalho empregada nos países da OCDE, 1983-1993*", foi publicada uma versão anterior desta figura em *Sustainable Flexibility*, OCDE/GD (97) 48; elaborada por Martin Carnoy in *Sustaining the New Economy: Work, Family and Community in the Information Age*, Cambridge, Mass.: Harvard University Press, Copyright © 2000 de Russell Sage Foundation.

Harvard University Press: Fig. 4.6 "*Trabalhadores temporários na força de trabalho empregada nos países da OCDE, 1983-1997*", foi publicada uma versão anterior desta figura em *Sustainable Flexibility*, OCDE/GD (97) 48; elaborada por Martin Carnoy in *Sustaining the New Economy: Work, Family and Community in the Information Age*, Cambridge, Mass.: Harvard University Press, Copyright © 2000 de Russell Sage Foundation.

Harvard University Press: Fig. 4.7 "*Formas de emprego fora do padrão na força de trabalho empregada nos países da OCDE, 1983-1994*", foi publicada uma versão anterior desta figura em *Sustainable Flexibility*, OCDE/GD (97) 48; elaborada por Martin Carnoy in *Sustaining the New Economy: Work, Family and Community in the Information Age*, Cambridge, Mass.: Harvard University Press, Copyright © 2000 de Russell Sage Foundation.

Harvard University Press: Fig. 4.12 "*Crescimento anual da produtividade, do emprego e das remunerações nos países da OCDE, 1984-1998*", dados da OCDE, compilados e elaborados por Martin Carnoy in *Sustaining the New Economy: Work, Family and Community in the Information Age*, Cambridge, Mass.: Harvard University Press, Copyright © 2000 de Russell Sage Foundation.

Harvard University Press: Fig. 7.1 "*Taxa de participação da força de trabalho (%) para homens de 55-64 anos de idade, em oito países, 1970-1998*", A. M. Guillemard, "Travailleurs vieillissants et marché du travail en Europe", *Travail et emploi*, setembro de 1993, e Martin Carnoy in *Sustaining the New Economy: Work, Family and Community in the Information Age*, Cambridge, Mass.: Harvard University Press, Copyright © 2000 de Russell Sage Foundation.

Harvard University Press: Tabela 4.23 "*Emprego na indústria por países e regiões principais, 1970-1997 (milhares)*", International Labor Office, *Statistical Yearbook*, 1986, 1988, 1994, 1995, 1996, 1997; OCDE, *Labour Force Statistics, 1977-1997* (Paris: OCDE,

1998); OCDE, *Main Economic Indicators: Historical Statistics, 1962-1991* (Paris: OCDE, 1993), compilada e elaborada por Martin Carnoy in *Sustaining the New Economy: Work, Family and Community in the Information Age*, Cambridge, Mass.: Harvard University Press, Copyright © 2000 de Russell Sage Foundation.

Harvard University Press: Tabela 4.24 "*Fatias de emprego por ramo/ocupação e grupo étnico/gênero de todos os trabalhadores dos Estados Unidos, 1960-1998* (%)", US Department of Commerce, Bureau of the Census, *1 Percent Sample, US Population Census, 1960, 1970*, compilada por Martin Carnoy in *Sustaining the New Economy: Work, Family and Community in the Information Age*, Cambridge, Mass.: Harvard University Press, Copyright © 2000 de Russell Sage Foundation.

Harvard University Press: Tabela 4.25 "*Gastos com tecnologia da informação por trabalhador (1987-1994), aumento do índice de emprego (1987-1994), e índice de desemprego (1995) por país*", oriunda de OCDE, *Information Technology Outlook, 1995* (Paris: OCDE, 1996, fig. 2.1); crescimento do emprego da OCDE, *Labour Force Statistics, 1974-1994*; índices de desemprego da OCDE, *Employment Outlook* (julho de 1996), compilada e elaborada por Martin Carnoy in *Sustaining the New Economy: Work, Family and Community in the Information Age*, Cambridge, Mass.: Harvard University Press, Copyright © 2000 de Russell Sage Foundation.

Harvard University Press: Tabela 4.26 "*Linhas telefônicas principais por empregado (1986 e 1993) e servidores de internet por 1.000 habitantes (janeiro de 1996) por país*", *ITU Statistical Yearbook, 1995*, pp. 270-5; Sam Paltridge, "How competition helps the internet", OCDE *Observer*, nº 201 (ago.-set.) 1996, p. 201; OCDE, *Information Technology.*

Outlook, 1995, fig. 3.5, compilada e elaborada por Martin Carnoy in *Sustaining the New Economy: Work, Family and Community in the Information Age* (no prelo), Cambridge, Mass.: Harvard University Press, Copyright © 2000 de Russell Sage Foundation.

Harvard University Press: Tabela 4.27 "*Índices de empregos de homens e mulheres, 15-64 anos de idade, 1973-1998* (%)", OCDE, *Employment Outlook* (julho de 1996, tabela A); OCDE, *Employment Outlook* (junho de 1999, tabela B), compilada por Martin Carnoy in *Sustaining the New Economy: Work, Family and Community in the Information Age*, Cambridge, Mass.: Harvard University Press, Copyright © 2000 de Russell Sage Foundation.

Humboldt-Universität zu Berlin: Tabela 7.2 "*Horas potenciais de trabalho, 1950-1985*", K. Schuldt, "Soziale und okonomische Gestaltung der Elemente der Lebensarbeitzeit der Werktätigen", tese não publicada, p. 43. Copyright © 1990 Humboldt-Universität zu Berlin, Berlim.

Iwanami Shoten Publishers: Tabela 4.28 "Percentagem de trabalhadores do sistema Chuki Koyo das empresas japonesas", Masami Nomura, *Syushin Koyo*. Copyright © 1994 Iwanami Shoten, Tóquio.

International Labour Organization: Fig. 4.2 "*Taxas totais de fertilidade para cidadãos do país e estrangeiros, países selecionados da OCDE*", SOPEMI/OCDE, elaborada por P. Stalker, *The Work of Strangers: a Survey of International Labour Migration*. Copyright © 1994 International Labour Organization, Genebra.

Kobe College: Fig. 7.2 "*Índice dos óbitos ocorridos em hospitais em relação ao total de óbitos (%), por ano, 1947-1987*", Koichiri Kuroda, "Medicalization of death: changes in site of death in Japan after World War Two", trabalho de pesquisa não publicado, 1990, Department of Inter-cultural Studies, Kobe College, Hyogo.

MIT Press: Fig. 6.11 "*Barcelona: Paseo de Gracia*", Allan Jacobs, *Great Streets*. Copyright © 1993 MIT Press, Cambridge, MA.

MIT Press: Fig. 6.12 "*Irvine, Califórnia: complexo empresarial*", Allan Jacobs, *Great Streets*. Copyright © 1993 MIT Press, Cambridge, MA.

Notisum AB: Tabela 7.3 "*Duração e redução do tempo de serviço, 1970-1987*", L. O. Pettersson, "Arbetstider i tolv Lander", *Statens offentliga utrednigar*, 53. Copyright © 1989 Notisum AB, Frölunda.

OCDE. Tabela 2.2 "*Produtividade no setor de negócios*" in *Economic Outlook*, junho. Copyright © 1995 OCDE, Paris.

Polity Press: Tabela 2.6 "*Transações internacionais em obrigações e ações, 1970-1996*", FMI 1997, *World Economic Outlook. Globalization: Challenges and Opportunities*, Washington, DC, p. 60, compilada por David Held, Anthony McGrew, David Goldblatt e Jonathan Perraton, *Global Transformations*, p. 224. Copyright © 1999 Polity/Stanford University Press, Cambridge. Reimpressa com permissão da editora.

Polity Press: Tabela 2.7 "*Ativos e passivos estrangeiros como porcentual do total de ativos e passivos dos bancos comerciais em países selecionados, 1960-1997*", oriunda de FMI, *International Financial Statistics Yearbook* (vários anos), elaborada por David Held, Anthony McGrew, David Goldblatt e Jonathan Perraton, *Global Transformations*, p. 227. Copyright © 1999 Polity/Stanford University Press, Cambridge. Reimpressa com permissão da editora.

Polity Press: Tabela 2.8 "*Direção das exportações mundiais, 1965-1995* (*percentagem do total mundial*)", oriunda de FMI, *Direction of Trade Statistics Yearbook* (vários anos), elaborada por David Held, Anthony McGrew, David Goldblatt e Jonathan Perraton, *Global Transformations*, p. 172. Copyright © 1999 Polity/Stanford University Press, Cambridge. Reimpressa com permissão da editora.

Polity Press: Tabela 2.9 "*Matrizes de grupos empresariais e filiais estrangeiras por área e país*", UNCTAD, 1997 (*World Investment Report: Transnational Corporations, Market Structure and Competition Policy*), 1998, compilada por David Held, Anthony McGrew, David Goldblatt e Jonathan Perraton, *Global Transformations*, p. 245. Copyright © 1999 Polity/Stanford University Press, Cambridge. Reimpressa com permissão da editora.

Population Council: Tabela 4.22 "*População de origem estrangeira residente na Europa Ocidental, 1950-1990*", H. Fassmann e R. Münz, "Patterns and trends of international migration in Western Europe", *Population and Development Review*, 18: 3. Copyright © 1992 Population Council, Nova York.

Routledge: Fig. 2.8 "*Parcela de crescimento do setor de alta tecnologia nos Estados Unidos, 1986-1998*", US Commerce Department, elaborada por Michael J. Mandel em seu artigo "Meeting the challenge of the new economy", em *Blueprint*, Winter, edição *online*. Copyright © 1999 Routledge, Londres.

Statistics Bureau and Statistics Center: Tabela 4.17 "*Japão: distribuição do emprego por categoria profissional, 1955-1990*", *Statistical Yearbook of Japan*. Copyright © 1991 Statistics Bureau and Statistics Center, Tóquio. Reimpresso com permissão da editora.

Fizemos o possível para localizar os proprietários dos direitos autorais. Caso haja notificação, os editores terão prazer em retificar quaisquer erros ou omissões da lista acima na primeira oportunidade.

Agradecimentos 1996

A elaboração deste livro levou doze anos, pois minha pesquisa e redação tentavam alcançar um objeto de estudo que se expandia mais rapidamente que minha capacidade de trabalho. O fato de eu ter conseguido chegar a alguma forma de conclusão, apesar de conjetural, resulta da cooperação, ajuda e apoio de várias pessoas e instituições.

Minha primeira e mais profunda expressão de gratidão vai para Emma Kiselyova, que colaborou de forma decisiva na obtenção de informações para vários capítulos e que ajudou na elaboração do livro, assegurando o acesso a línguas que não conheço, comentando, avaliando e aconselhando durante o desenvolvimento de todo o manuscrito.

Também quero agradecer aos organizadores destes quatro fóruns excepcionais em que as principais ideias do livro foram discutidas em profundidade, e devidamente retificadas, em 1994-5, no estágio final de sua elaboração: a sessão especial sobre este livro no Encontro da Associação Antropológica Norte-Americana, de 1994, organizada por Ida Susser; o Colóquio do Departamento de Sociologia, em Berkeley, organizado por Loic Wacquant; o seminário internacional sobre as novas tendências mundiais organizado em Brasília por ocasião da posse de Fernando Henrique Cardoso como presidente do Brasil; e a série de seminários sobre o livro, na Universidade Hitotsubashi em Tóquio, organizada por Shujiro Yazawa.

Vários colegas de diversos países fizeram uma leitura cuidadosa dos rascunhos de todo o livro ou de capítulos específicos e gastaram tempo considerável em comentários que levaram a revisões extensas e substanciais do texto. Os erros que restaram no livro são totalmente meus. Muitas contribuições positivas são deles. Quero agradecer o esforço dos colegas Stephen S. Cohen, Martin Carnoy, Alain Touraine, Anthony Giddens, Daniel Bell, Jesus Leal, Shujiro Yazawa, Peter Hall, Chu-joe Hsia, You-tien Hsing, François Bar, Michael Borrus, Harley Shaiken, Claude Fischer, Nicole Woolsey-Biggart, Bennett Harrison, Anne Marie Guillemard, Richard Nelson, Loic Wacquant, Ida Susser, Fernando Calderon, Roberto Laserna, Alejandro Foxley, John Urry, Guy Benveniste, Katherine Burlen, Vicente Navarro, Dieter Ernst, Padmanabha Gopinath, Franz Lehner, Julia Trilling, Robert Benson, David Lyon e Melvin Kranzberg.

Durante os últimos doze anos, diversas instituições serviram de base para este trabalho. Em primeiro lugar, minha residência intelectual, a Universidade da Califórnia em Berkeley e, mais especificamente, as unidades acadêmicas onde trabalhei:

Departamento de Planejamento Regional e Urbano, Departamento de Sociologia, Centro de Estudos sobre a Europa Ocidental, Instituto de Desenvolvimento Urbano e Regional, Mesa-Redonda de Berkeley sobre a Economia Internacional. Todos me ajudaram e contribuíram para a pesquisa com apoio material e institucional e proporcionando o ambiente adequado para pensar, imaginar, ousar, investigar, discutir e escrever. Uma parte fundamental deste ambiente e, portanto, de minha compreensão do mundo é a inteligência e abertura de meus alunos de pós-graduação com quem tive a felicidade de interagir. Alguns deles foram muito prestativos como auxiliares de pesquisa cuja contribuição para esta obra também deve ser reconhecida: You-tien Hsing, Roberto Laserna, Yuko Aoyama, Chris Benner e Sandra Moog. Gostaria, ainda, de agradecer a valiosa assistência de pesquisa recebida de Kekuei Hasegawa da Universidade Hitotsubashi.

Outras instituições de vários países também deram grande apoio à condução da pesquisa apresentada neste livro. Ao mencioná-las, estendo minha gratidão a seus diretores, bem como a muitos colegas dessas instituições que me passaram ensinamentos sobre o que escrevi nesta obra. São elas: Instituto de Sociologia de Nuevas Tecnologias, Universidad Autónoma de Madrid; Instituto Internacional de Estudos sobre o Trabalho, Organização Internacional do Trabalho, Genebra; Associação Sociológica Soviética (posteriormente Russa); Instituto de Economia e Engenharia Industrial; Sucursal Siberiana da Academia de Ciências da URSS (posteriormente da Rússia); Universidad Mayor de San Simon, Cochabamba, Bolívia; Instituto de Investigaciónes Sociales, Universidad Nacional Autónoma de Mexico; Centro de Estudos Urbanos, Universidade de Hong Kong; Centro de Estudos Avançados, Universidade Nacional de Cingapura; Instituto de Tecnologia e Economia Internacional, o Conselho de Estado, Pequim; Universidade Nacional de Taiwan, Taipei; o Instituto Coreano de Pesquisa sobre Assentamento Humano, Seul; e Faculdade de Estudos Sociais, Universidade Hitotsubashi, Tóquio.

Reservo um agradecimento especial para John Davey, diretor editorial da Blackwell, cuja interação intelectual e crítica construtiva têm representado uma contribuição preciosa para o desenvolvimento de meu trabalho há mais de vinte anos, ajudando-me em situações aparentemente sem saída e sempre me relembrando de que livros são feitos para comunicar ideias, e não para imprimir palavras.

Por último, mas não menos importante, quero agradecer a meus médicos, dr. Lawrence Werboff e Dr. James Davis, ambos da Universidade da Califórnia e do Hospital Mount Zion em San Francisco, cuja assistência e profissionalismo me deram tempo e energia para terminar este e talvez outros trabalhos.

Março de 1996
Berkeley, Califórnia

Figuras

Tabelas

Prólogo
A Rede e o Ser

"Você me acha um homem lido, instruído?"
"Com certeza", respondeu Zi-gong. "Não é?"
"De jeito nenhum", replicou Confúcio.
"Simplesmente consegui achar o fio da meada."

Sima Qian, Confúcio*

No fim do segundo milênio da Era Cristã, vários acontecimentos de importância histórica transformaram o cenário social da vida humana. Uma revolução tecnológica concentrada nas tecnologias da informação começou a remodelar a base material da sociedade em ritmo acelerado. Economias por todo o mundo passaram a manter interdependência global, apresentando uma nova forma de relação entre a economia, o Estado e a sociedade em um sistema de geometria variável. O colapso do estatismo soviético e o subsequente fim do movimento comunista internacional enfraqueceram, por enquanto, o desafio histórico ao capitalismo, salvaram as esquerdas políticas (e a teoria marxista) da atração fatal do marxismo-leninismo, decretaram o fim da Guerra Fria, reduziram o risco de holocausto nuclear e alteraram fundamentalmente a geopolítica global. O próprio capitalismo passa por um processo de profunda reestruturação caracterizado por maior flexibilidade de gerenciamento; descentralização das empresas e sua organização em redes tanto internamente quanto em suas relações com outras empresas; considerável fortalecimento do papel do capital *vis-à-vis* o trabalho, com o declínio concomitante da influência dos movimentos de trabalhadores; individualização e diversificação cada vez maior das relações de trabalho; incorporação maciça das mulheres na força de trabalho remunerada, geralmente em condições discriminatórias; intervenção estatal para desregular os mercados de forma seletiva e desfazer o Estado do bem-estar social com diferentes intensidades e orientações, dependendo da natureza das forças e instituições políticas de cada sociedade; aumento da concorrência econômica global em um contexto

* Mencionado em Sima Qian (145-*c.* 89 a.C.), "Confucius", *in* Hu Shi, *The Development of Logical Methods in Ancient China*, (Xangai: Oriental Book Company, 1922), citado em Qian (1985: 125).

de progressiva diferenciação dos cenários geográficos e culturais para a acumulação e a gestão de capital. Em consequência dessa revisão geral, ainda em curso, do sistema capitalista, testemunhamos a integração global dos mercados financeiros; o desenvolvimento da região do Pacífico asiático como o novo centro industrial global dominante; a difícil unificação econômica da Europa; o surgimento de uma economia regional na América do Norte; a diversificação, depois desintegração, do ex-Terceiro Mundo; a transformação gradual da Rússia e da antiga área de influência soviética nas economias de mercado; a incorporação de preciosos segmentos de economias do mundo inteiro em um sistema interdependente que funciona como uma unidade em tempo real. Devido a essas tendências, houve também a acentuação de um desenvolvimento desigual, desta vez não apenas entre o Norte e o Sul, mas entre os segmentos e territórios dinâmicos das sociedades em todos os lugares e aqueles que correm o risco de tornar-se irrelevantes sob a perspectiva da lógica do sistema. Na verdade, observamos a liberação paralela de forças produtivas consideráveis da revolução informacional e a consolidação de buracos negros de miséria humana na economia global, quer em Burkina Faso, South Bronx, Kamagasaki, Chiapas, quer em La Courneuve.

Simultaneamente, as atividades criminosas e organizações ao estilo da máfia de todo o mundo também se tornaram globais e informacionais, propiciando os meios para o encorajamento de hiperatividade mental e desejo proibido, juntamente com toda e qualquer forma de negócio ilícito procurado por nossas sociedades, de armas sofisticadas à carne humana. Além disso, um novo sistema de comunicação que fala cada vez mais uma língua universal digital tanto está promovendo a integração global da produção e distribuição de palavras, sons e imagens de nossa cultura como personalizando-os ao gosto das identidades e humores dos indivíduos. As redes interativas de computadores estão crescendo exponencialmente, criando novas formas e canais de comunicação, moldando a vida e, ao mesmo tempo, sendo moldadas por ela.

As mudanças sociais são tão drásticas quanto os processos de transformação tecnológica e econômica. Apesar de todas as dificuldades do processo de transformação da condição feminina, o patriarcalismo foi atacado e enfraquecido em várias sociedades. Desse modo, os relacionamentos entre os sexos tornaram-se, na maior parte do mundo, um domínio de disputas, em vez de uma esfera de reprodução cultural. Houve uma redefinição fundamental das relações entre mulheres, homens e crianças e, consequentemente, da família, sexualidade e personalidade. A consciência ambiental permeou as instituições da sociedade, e seus valores ganharam apelo político a preço de serem refutados e manipulados na prática diária das empresas e burocracias. Os sistemas políticos estão mergulhados em uma crise estrutural de legitimidade, periodicamente arrasados por escândalos, com dependência total de cobertura da mídia e de liderança personalizada e cada vez mais isolados dos cidadãos. Os movimentos sociais tendem a ser fragmentados, locais, com objetivo único e efêmeros, encolhidos em seus mundos interiores ou brilhando por apenas um instante em torno de um símbolo da mídia. Nesse mundo de mudanças confusas e incontroladas, as pessoas tendem a reagrupar-se em torno de identidades primárias: religiosas, étnicas, territoriais, nacionais. O fundamentalismo religioso — cristão, islâmico, judeu, hindu e até budista (o que parece uma contradição de termos) — provavelmente é a maior força de segurança pessoal e mobilização coletiva nestes tempos conturbados. Em um mundo de fluxos globais de riqueza, poder e imagens, a busca da identidade, coletiva ou individual, atribuída ou construída, torna-se a fonte básica de significado social. Essa tendência não é nova, uma vez que a identidade e, em especial, a identidade religiosa e étnica têm sido a base do significado desde os primórdios da sociedade humana. No entanto, a identidade está se tornando a principal e, às vezes, única fonte de significado em um período histórico caracterizado pela ampla desestruturação das organizações, deslegitimação das instituições, enfraquecimento de importantes movimentos sociais e expressões culturais efêmeras. Cada vez mais, as pessoas organizam seu significado não em torno do que fazem, mas com base no que elas são ou acreditam que são. Enquanto isso, as redes globais de intercâmbios instrumentais conectam e desconectam indivíduos, grupos, regiões e até países, de acordo com sua pertinência na realização dos objetivos processados na rede, em um fluxo contínuo de decisões estratégicas. Segue-se uma divisão fundamental entre o instrumentalismo universal abstrato e as identidades particularistas historicamente enraizadas. *Nossas sociedades estão cada vez mais estruturadas em uma oposição bipolar entre a Rede e o Ser.*

Nessa condição de esquizofrenia estrutural entre a função e o significado, os padrões de comunicação social ficam sob tensão crescente. E quando a comunicação se rompe, quando já não existe comunicação nem mesmo de forma conflituosa (como seria o caso de lutas sociais ou oposição política), surge uma alienação entre os grupos sociais e indivíduos que passam a considerar o outro um estranho, finalmente uma ameaça. Nesse processo, a fragmentação social se propaga, à medida que as identidades se tornam mais específicas e cada vez mais difíceis de compartilhar. A sociedade informacional, em sua manifestação global, é também o mundo de *Aum Shinrikyo* (seita Verdade Suprema), da milícia norte-americana, das ambições teocráticas islâmicas/cristãs e do genocídio recíproco de hutus e tutsis.

Perplexos ante a dimensão e a abrangência da transformação histórica, a cultura e o pensamento de nossos tempos frequentemente adotam um novo milenarismo. Profetas da tecnologia pregam a nova era, extrapolando para a organização e as tendências sociais a mal compreendida lógica dos computadores e do DNA. A teoria e a cultura pós-modernas celebram o fim da história e, de certa forma, o fim da razão, renunciando a nossa capacidade de entender e encontrar sentido até no que não tem sentido. A suposição implícita é a aceitação da total individualização do comportamento e da impotência da sociedade ante seu destino.

O projeto inspirador deste livro nada contra correntes de destruição e contesta várias formas de niilismo intelectual, ceticismo social e descrença política. Acredito na racionalidade e na possibilidade de recorrer à razão sem idolatrar sua deusa. Acredito nas oportunidades de ação social significativa e de política transformadora, sem necessariamente derivar para as corredeiras fatais de utopias absolutas. Acredito no poder libertador da identidade sem aceitar a necessidade de sua individualização ou de sua captura pelo fundamentalismo. E proponho a hipótese de que todas as maiores tendências de mudanças em nosso mundo novo e confuso são afins e que podemos entender seu inter-relacionamento. E acredito, sim, apesar de uma longa tradição de eventuais erros intelectuais trágicos, que observar, analisar e teorizar é um modo de ajudar a construir um mundo diferente e melhor. Não oferecendo as respostas — elas serão específicas de cada sociedade e descobertas pelos próprios agentes sociais —, mas suscitando algumas perguntas pertinentes. Este livro gostaria de ser uma contribuição modesta ao necessário esforço analítico coletivo, já em curso em muitos horizontes, com o objetivo de compreender nosso novo mundo, com base nos dados disponíveis e em teoria exploratória.

Para dar os primeiros passos nessa direção, devemos levar a tecnologia a sério, utilizando-a como ponto de partida desta investigação; precisamos localizar o processo de transformação tecnológica revolucionária no contexto social em que ele ocorre e pelo qual está sendo moldado; e devemos nos lembrar de que a busca da identidade é tão poderosa quanto a transformação econômica e tecnológica no registro da nova história. Depois partiremos na nossa jornada intelectual por um itinerário que nos levará a inúmeros domínios e transporá várias culturas e contextos institucionais, visto que o entendimento de uma transformação global requer a perspectiva mais global possível, dentro dos limites óbvios da experiência e conhecimentos do autor.

Tecnologia, sociedade e transformação histórica

Devido a sua penetrabilidade em todas as esferas da atividade humana, a revolução da tecnologia da informação será meu ponto inicial para analisar a complexidade da nova economia, sociedade e cultura em formação. Essa opção metodológica não sugere que novas formas e processos sociais surgem em consequência de transformação tecnológica. É claro que a tecnologia não determina a sociedade.[1] Nem a sociedade escreve o curso da transformação tecnológica, uma vez que muitos fatores, inclusive criatividade e iniciativa empreendedora, intervêm no processo de descoberta científica, inovação tecnológica e aplicações sociais, de forma que o resultado final depende de um complexo padrão interativo.[2] Na verdade, o dilema do determinismo tecnológico é, provavelmente, um problema infundado,[3] dado que a tecnologia *é* a sociedade, e a sociedade não pode ser entendida ou representada sem suas ferramentas tecnológicas.[4] Assim, quando na década de 1970 um novo paradigma tecnológico, organizado com base na tecnologia da informação, veio a ser constituído, principalmente nos Estados

Unidos (ver capítulo 1), foi um segmento específico da sociedade norte-americana, em interação com a economia global e a geopolítica mundial, que concretizou um novo estilo de produção, comunicação, gerenciamento e vida. É provável que o fato de a constituição desse paradigma ter ocorrido nos EUA e, em certa medida, na Califórnia e nos anos 1970, tenha tido grandes consequências para as formas e a evolução das novas tecnologias da informação. Por exemplo, apesar do papel decisivo do financiamento militar e dos mercados nos primeiros estágios da indústria eletrônica, da década de 1940 à de 1960, o grande progresso tecnológico que se deu no início dos anos 1970 pode, de certa forma, ser relacionado à cultura da liberdade, inovação individual e iniciativa empreendedora oriunda da cultura dos *campi* norte-americanos da década de 1960. Não tanto em termos de sua política, visto que o Vale do Silício sempre foi um firme baluarte do voto conservador, e a maior parte dos inovadores era metapolítica, exceto no que dizia respeito a afastar-se dos valores sociais representados por padrões convencionais de comportamento na sociedade em geral e no mundo dos negócios. A ênfase nos dispositivos personalizados, na interatividade, na formação de redes e na busca incansável de novas descobertas tecnológicas, mesmo quando não faziam muito sentido comercial, não combinava com a tradição, de certa forma cautelosa, do mundo corporativo. Meio inconscientemente,[5] a revolução da tecnologia da informação difundiu pela cultura mais significativa de nossas sociedades o espírito libertário dos movimentos dos anos 1960. No entanto, logo que se propagaram e foram apropriadas por diferentes países, várias culturas, organizações diversas e diferentes objetivos, as novas tecnologias da informação explodiram em todos os tipos de aplicações e usos que, por sua vez, produziram inovação tecnológica, acelerando a velocidade e ampliando o escopo das transformações tecnológicas, bem como diversificando suas fontes.[6] Um exemplo nos ajudará a entender a importância das consequências sociais involuntárias da tecnologia.[7]

Como se sabe, a internet originou-se de um esquema ousado, imaginado na década de 1960 pelos guerreiros tecnológicos da Agência de Projetos de Pesquisa Avançada do Departamento de Defesa dos Estados Unidos (a mítica Darpa) para impedir a tomada ou destruição do sistema norte-americano de comunicações pelos soviéticos, em caso de guerra nuclear. De certa forma, foi o equivalente eletrônico das táticas maoístas de dispersão das forças de guerrilha, por um vasto território, para enfrentar o poder de um inimigo versátil e conhecedor do terreno. O resultado foi uma arquitetura de rede que, como queriam seus inventores, não pode ser controlada a partir de nenhum centro e é composta por milhares de redes de computadores autônomas com inúmeras maneiras de conexão, contornando barreiras eletrônicas. Em última análise, a Arpanet, rede estabelecida pelo Departamento de Defesa dos EUA, tornou-se a base de uma rede de comunicação horizontal global composta de milhares de redes de computadores (cujo número de usuários superou os trezentos milhões no ano 2000, comparados aos menos de vinte milhões em 1996, e em expansão veloz). Essa rede foi apropriada por indivíduos e grupos no mundo inteiro e com todos os tipos de objetivos, bem diferentes das preocupações de uma extinta Guerra Fria. Na verdade, foi pela internet que o subcomandante Marcos, líder dos zapatistas de Chiapas, comunicou-se com o mundo e com a mídia, do interior da floresta Lacandon. E a internet teve papel instrumental no crescimento da seita chinesa Falun Gong, que desafiou o partido comunista da China em 1999, bem como na organização e na difusão do protesto contra a Organização Mundial do Comércio em Seattle, em dezembro de 1999.

Entretanto, embora não determine a tecnologia, a sociedade pode sufocar seu desenvolvimento principalmente por intermédio do Estado. Ou então, também principalmente pela intervenção estatal, a sociedade pode entrar num processo acelerado de modernização tecnológica capaz de mudar o destino das economias, do poder militar e do bem-estar social em poucos anos. Sem dúvida, a habilidade ou inabilidade de as sociedades dominarem a tecnologia e, em especial, aquelas tecnologias que são estrategicamente decisivas em cada período histórico, traça seu destino a ponto de podermos dizer que, embora não determine a evolução histórica e a transformação social, a tecnologia (ou sua falta) incorpora a capacidade de transformação das sociedades, bem como os usos que as sociedades, sempre em um processo conflituoso, decidem dar ao seu potencial tecnológico.[8]

Assim, por volta de 1400, quando o renascimento europeu estava plantando as sementes intelectuais da transformação tecnológica que dominaria o planeta três séculos depois, a China era a civilização mais avançada em tecnologia no mundo, segundo Mokyr.[9] Inventos importantes haviam ocorrido na China séculos antes, até um milênio e meio antes daquela época, como o caso dos altos-fornos que permitiam a fundição de ferro, no ano 200 a.C. Também, Su Sung introduziu a clepsidra em 1086 d.C., superando a precisão da medida dos relógios mecânicos europeus da mesma época. O arado de ferro surgiu no século VI e foi adaptado ao cultivo de arroz em campos molhados dois séculos depois. No setor têxtil, a roca apareceu simultaneamente ao Ocidente, no século XIII, mas progrediu com mais rapidez na China devido a uma antiga tradição de equipamentos de tecelagem sofisticados: teares de esticar foram usados nos tempos dos Han para a tecelagem de seda. A adoção da energia hídrica foi paralela à da Europa: no século VIII os chineses usavam martelos hidráulicos automáticos; em 1280 houve uma grande difusão da roda-d'água. Os navios chineses puderam fazer viagens com mais facilidade antes que os europeus: os chineses inventaram a bússola por volta do ano 960 d.C., e seus velhos navios eram os mais avançados do mundo no final do século XIV, possibilitando longas viagens marítimas. No setor militar, além de inventarem a pólvora, os chineses desenvolveram uma indústria química capaz de fornecer poderosos explosivos. Também a besta e uma espécie de catapulta foram usadas pelos exércitos chineses antes dos europeus. Em medicina, técnicas como a acupuntura davam resultados extraordinários que apenas recentemente foram reconhecidos em todo o mundo. E, claro, a primeira revolução no processamento da informação foi chinesa: o papel e a imprensa foram inventados na China. O papel foi introduzido nesse país mil anos antes que no Ocidente, e a imprensa provavelmente começou no final do século VII. Nas palavras de Jones: "A China esteve a ponto de se industrializar no final do século XIV."[10] Mas, como isso não ocorreu, houve uma mudança na história mundial. Quando, em 1842, as Guerras do Ópio motivaram as imposições coloniais da Grã-Bretanha, a China percebeu, tarde demais, que o isolamento não conseguia proteger o Império do Meio das consequências maléficas resultantes da inferioridade tecnológica. Desde então, a China levou mais de um século para começar a recuperar-se desse desvio catastrófico de sua trajetória histórica.

As explicações desse curso histórico tão surpreendente são numerosas e controversas. Neste prólogo não há espaço para um debate tão complexo. Mas, com base nas pesquisas e análises de historiadores como Needham, Qian, Jones, e Mokyr,[11] pode-se sugerir uma interpretação que talvez, em termos gerais, ajude no entendimento da interação entre sociedade, história e tecnologia. Na verdade, como destaca Mokyr, a maioria das hipóteses referentes a diferenças culturais (mesmo aquelas sem laivos de racismo implícito) não consegue explicar a diferença, não entre a China e a Europa, mas entre a China de 1300 e a de 1800. Por que uma cultura e um reino que lideraram o mundo por milhares de anos, de repente, têm sua tecnologia estagnada exatamente no momento em que a Europa embarca na era das descobertas e, em seguida, da Revolução Industrial?

Segundo Needham, em comparação aos valores ocidentais, a cultura chinesa tendia mais para uma relação harmoniosa entre o homem e a natureza, algo que poderia ser ameaçado por rápidas inovações tecnológicas. Ademais, Needham contesta o critério ocidental utilizado para medir o desenvolvimento tecnológico. Contudo, essa ênfase cultural numa abordagem holística do desenvolvimento não dificultou a inovação tecnológica por milênios nem impediu a deterioração ecológica resultante das obras de irrigação no sul da China, quando a conservação da natureza ficou subordinada à produção rural para alimentar uma população em crescimento. De fato, Wen-yuan Qian, em seu ótimo livro, contesta o entusiasmo um tanto excessivo de Needham pelas realizações da tecnologia tradicional chinesa, apesar de Qian também admirar o monumental trabalho desenvolvido por esse historiador ao longo de sua vida. Qian busca uma conexão analítica mais próxima entre o desenvolvimento da ciência na China e as características da civilização chinesa dominada pela dinâmica estatal. Mokyr também considera o Estado o fator crucial na explicação do atraso tecnológico chinês nos tempos modernos. Essa explicação pode ser proposta com base em três fatores: a inovação tecnológica ficou fundamentalmente nas mãos do Estado durante séculos; após 1400, o Estado chinês, sob as dinastias Ming e Qing, perdeu o interesse pela inovação tecnológica; e, em parte, pelo fato de estarem empenhados em servir ao Estado, as elites culturais e sociais enfocavam as artes, as humanidades e a autopromoção perante a burocracia imperial. Desse modo, o que parece ser mais importante é o papel do Estado e a mudança de orientação da política estatal. Por que um Estado que fora o maior engenheiro hidráulico da história e estabelecera um sistema de extensão rural para a melhoria de sua produtividade desde o período Han, repentinamente inibiria suas inovações tecnológicas, chegando a proibir a exploração geográfica e a abandonar a construção de grandes navios em 1430? A resposta óbvia é que não era o mesmo Estado, não apenas porque eram dinastias diferentes, mas porque a classe burocrática ficou mais profundamente enraizada na administração, graças a um período mais longo que o usual de dominação incontestada.

De acordo com Mokyr, parece que o fator determinante do conservadorismo tecnológico eram os temores dos governantes pelos impactos potencialmente destrutivos da transformação tecnológica sobre a estabilidade social. Inúmeras forças eram contrárias à difusão da tecnologia na China, como em outras sociedades, particularmente as guildas urbanas. Os burocratas satisfeitos com o *status quo* preocupavam-se com a possibilidade de desencadeamento de conflitos sociais, que poderiam unir-se a outras fontes latentes de oposição em uma sociedade mantida sob controle por muitos séculos. Até os dois esclarecidos déspotas manchus do século XVIII, K'ang Chi e Ch'ien Lung, centraram seus esforços na pacificação e na ordem, em vez de promover novo desenvolvimento. Ao contrário, a exploração do comércio e os contatos com estrangeiros, além do comércio controlado e a aquisição de armas, eram considerados — na melhor das hipóteses — desnecessários e — na pior — ameaçadores, em razão da incerteza envolvida. Um Estado burocrático, sem incentivo externo e com desencorajamentos internos à modernização tecnológica, optou pela mais prudente neutralidade, consequentemente interrompendo a trajetória tecnológica que a China seguira há séculos, talvez milênios, exatamente sob a orientação estatal. Sem dúvida, a discussão dos fatores que fundamentaram a dinâmica do Estado chinês sob as dinastias Ming e Qing não faz parte do escopo deste livro. O que importa a nossa pesquisa são dois ensinamentos dessa experiência fundamental da interrupção do desenvolvimento tecnológico: de um lado, o Estado pode ser, e sempre foi ao longo da história, na China e em outros países, a principal força de inovação tecnológica; de outro, exatamente por isso, quando o Estado afasta totalmente seus interesses do desenvolvimento tecnológico ou se torna incapaz de promovê-lo sob novas condições, um modelo estatista de inovação leva à estagnação por causa da esterilização da energia inovadora autônoma da sociedade para criar e aplicar tecnologia. O fato de que, após séculos, o Estado chinês pôde construir de outro modo uma base avançada em tecnologia nuclear, mísseis, lançamento de satélites e eletrônica[12] mais uma vez demonstra o vazio da interpretação predominantemente cultural de desenvolvimento e atraso tecnológico: a mesma cultura pode induzir trajetórias tecnológicas muito diferentes, dependendo do padrão de relacionamentos entre o Estado e a sociedade. Contudo a dependência exclusiva do Estado tem um preço, e o preço para a China foi atraso, fome, epidemias, dominação colonial e guerra civil até, pelo menos, meados do século XX.

Uma história contemporânea semelhante pode ser contada, e o será neste livro (no volume III), sobre a inabilidade do estatismo soviético para dominar a revolução da tecnologia da informação, desta maneira interrompendo sua capacidade produtiva e enfraquecendo seu poder militar. No entanto, não devemos saltar para a conclusão ideológica de que toda intervenção estatal é contraproducente ao desenvolvimento tecnológico, cultivando uma reverência a-histórica pela livre iniciativa empreendedora individual. O Japão é, obviamente, o contraexemplo, tanto à experiência histórica chinesa quanto à inabilidade do Estado soviético para adaptar-se à revolução na tecnologia da informação iniciada pelos norte-americanos.

O Japão passou por um período de isolamento histórico até mais profundo que o da China, sob o domínio do xogunato Tokugawa (estabelecido em 1603), entre 1636 e 1853, precisamente durante o período decisivo da formação de um sistema industrial no hemisfério ocidental. Portanto, embora na virada do século XVII os comerciantes japoneses estivessem comercializando em todo o Leste e Sudeste Asiático com embarcações modernas de até 700 toneladas, a construção de navios com mais de 50 toneladas foi proibida em 1635, e todos os portos japoneses, exceto Nagasaki, foram fechados a estrangeiros, enquanto o comércio se restringia à China, Coreia e Holanda.[13] O isolamento tecnológico não foi total durante esses dois séculos, e a inovação endógena permitiu que o Japão prosseguisse com mudanças incrementais em ritmo mais rápido que a China.[14] No entanto, como o nível tecnológico japonês era inferior ao da China, em meados do século XIX, o comodoro Perry com seus *kurobune* (navios pretos) conseguiu impor relações comerciais e diplomáticas a um país de tecnologia substancialmente inferior à do Ocidente. Mas, assim que a *Ishin Meiji* (Restauração Meiji), em 1868, criou as condições políticas para uma decisiva modernização liderada pelo Estado,[15] a tecnologia avançada japonesa progrediu a passos largos num curto espaço de tempo.[16] Apenas como ilustração significativa, por causa de sua atual importância estratégica, recordemos brevemente o extraordinário desenvolvimento da engenharia elétrica e das aplicações da comunicação no Japão no último quartel do século XIX.[17] De fato, o primeiro departamento independente de engenharia elétrica do mundo foi constituído em 1873 na recém-fundada Faculdade Imperial de Engenharia de Tóquio, sob a liderança de seu diretor, Henry Dyer, engenheiro mecânico escocês. Entre 1887 e 1892, um importante acadêmico em engenharia elétrica, o professor britânico William Ayrton, foi convidado para lecionar na faculdade, sendo fundamental na disseminação de conhecimentos à nova geração de engenheiros japoneses, de forma que, no final do século, a Agência de Telégrafos conseguiu substituir os estrangeiros de todos os seus departamentos técnicos. Buscou-se a transferência da tecnologia ocidental mediante vários mecanismos. Em 1873, a seção de máquinas da Agência de Telégrafos enviou um fabricante de relógio japonês, Tanaka Seisuke, à exposição "Máquinas Internacionais", em Viena, para obter informações sobre as máquinas. Cerca de dez anos depois, todos os aparelhos da Agência eram fabricados no Japão.

Com base nessa tecnologia, Tanaka Daikichi fundou, em 1882, uma fábrica de produtos elétricos, a Shibaura Works que, após sua aquisição pela Mitsui, passou a chamar-se Toshiba. Foram enviados engenheiros à Europa e aos Estados Unidos. E a Western Electric obteve permissão para produzir e comercializar no Japão, em 1899, em uma *joint venture* com industriais japoneses: o nome da empresa era NEC. Com essa base tecnológica, o Japão acelerou sua entrada na era da eletricidade e das comunicações para antes de 1914: em 1914, a produção total de energia alcançara 1.555.000 kw/hora, e três mil centrais telefônicas retransmitiam um bilhão de mensagens por ano. Foi, sem dúvida, simbólico que o presente do comodoro Perry ao xogum, em 1857, fosse um jogo de telégrafos norte-americanos, até então nunca vistos no Japão: a primeira linha telegráfica foi estabelecida em 1869, e, dez anos depois, o Japão estava conectado com o mundo inteiro através de uma rede transcontinental de informações, via Sibéria, operada pela Great Northern Telegraph Co., dirigida conjuntamente por engenheiros ocidentais e japoneses e transmitindo em inglês e japonês.

Em nossa discussão, admitiremos que todos já conheçam a história de como, sob orientação estratégica estatal, o Japão tornou-se grande participante internacional nas indústrias de tecnologia da informação, no último quartel do século XX.[18] É pertinente, para as ideias aqui apresentadas, destacar que isso ocorreu ao mesmo tempo que uma superpotência industrial e científica, a União Soviética, fracassou nessa importante transição tecnológica. Como as observações anteriores indicam, é óbvio que o desenvolvimento tecnológico japonês desde a década de 1960 não ocorreu em um vácuo histórico, mas estava enraizado numa tradição de décadas de excelência em engenharia. Mas o que interessa para o objetivo desta análise é enfatizar os resultados totalmente diferentes obtidos pela intervenção estatal (e por sua falta) nos casos da China e da União Soviética em comparação ao Japão, tanto no período Meiji como no período pós-Segunda Guerra Mundial. As características do Estado japonês nas raízes dos processos de modernização e de desenvolvimento são bastante conhecidas, tanto no caso da *Ishin Meiji*,[19] quanto do Estado desenvolvimentista contemporâneo,[20] e além disso sua apresentação nos afastaria muito do enfoque destas reflexões preliminares. O que deve ser guardado para o entendimento da relação entre a tecnologia e a sociedade é que o papel do Estado, seja interrompendo, seja promovendo, seja liderando a inovação tecnológica, é um fator decisivo no processo geral, à medida que expressa e organiza as forças sociais dominantes em um espaço e uma época determinados. Em grande parte, a tecnologia expressa a habilidade de uma sociedade para impulsionar seu domínio tecnológico por intermédio das instituições sociais, inclusive o Estado. O processo histórico em que esse desenvolvimento de forças produtivas ocorre assinala as características da tecnologia e seus entrelaçamentos com as relações sociais.

Não é diferente no caso da revolução tecnológica atual. Ela originou-se e difundiu-se, não por acaso, em um período histórico da reestruturação global do capitalismo, para o qual foi uma ferramenta básica. Portanto, a nova sociedade emergente desse processo de transformação é capitalista e também informacional, embora apresente variação histórica considerável nos diferentes países, conforme sua história, cultura, instituições e relação específica com o capitalismo global e a tecnologia informacional.

Informacionalismo, industrialismo, capitalismo, estatismo: modos de desenvolvimento e modos de produção

A revolução da tecnologia da informação foi essencial para a implementação de um importante processo de reestruturação do sistema capitalista a partir da década de 1980. No processo, o desenvolvimento e as manifestações dessa revolução tecnológica foram moldados pelas lógicas e interesses do capitalismo avançado, sem se limitarem às expressões desses interesses. O sistema alternativo de organização social presente em nosso período histórico, o estatismo, também tentou redefinir os meios de consecução de seus objetivos estruturais, embora preservasse a essência desses objetivos: ou seja, o espírito da reestruturação (ou *perestroyka*, na Rússia). Contudo a tentativa do estatismo soviético fracassou a ponto de haver o colapso de todo o sistema, em grande parte, em razão da incapacidade do estatismo para assimilar e usar os princípios do informacionalismo embutidos nas novas tecnologias da informação, como discutirei neste livro (volume III) com base em análise empírica. Aparentemente, o estatismo chinês foi bem-sucedido ao transformar-se num capitalismo liderado pelo Estado e ao integrar-se nas redes econômicas globais, aproximando-se mais do modelo estatal desenvolvimentista do capitalismo do Leste Asiático que do "socialismo com características chinesas" da ideologia oficial,[21] como também tentarei debater no volume III. Entretanto, é muito provável que o processo de transformação estrutural da China passará por importantes conflitos políticos e mudanças institucionais nos próximos anos. O colapso do estatismo (com raras exceções, por exemplo, Vietnã, Coreia do Norte, Cuba, que, no entanto, estão em processo de conexão com o capitalismo global) estabeleceu uma relação estreita entre o novo sistema capitalista global, moldado por sua *perestroyka* relativamente bem-sucedida e a emergência do informacionalismo como a nova base material, tecnológica da atividade econômica e da organização social. Mas ambos os processos (reestruturação capitalista, desenvolvimento do informacionalismo) são distintos e sua interação só poderá ser entendida se os separarmos para análise. Neste ponto de minha apresentação introdutória das principais ideias do livro, parece necessário propor algumas distinções e definições teóricas do capitalismo, estatismo, industrialismo e informacionalismo.

Já é tradição em teorias do pós-industrialismo e informacionalismo, começando com os trabalhos clássicos de Alain Touraine[22] e Daniel Bell,[23] situar a distinção entre pré-industrialismo, industrialismo e informacionalismo (ou pós-industrialismo) num eixo diferente daquele em que se opõem capitalismo e estatismo (ou coletivismo, segundo Bell). Embora as sociedades possam ser caracterizadas ao longo de dois eixos (de forma que tenhamos estatismo industrial, capitalismo industrial e assim por diante), é essencial para o entendimento da dinâmica social manter a distância analítica e a inter-relação empírica entre os modos de produção (capitalismo, estatismo) e os modos de desenvolvimento (industrialismo, informacionalismo). Para fundamentar essas distinções em uma base teórica, que esclarecerá as análises específicas apresentadas neste livro, é inevitável levar o leitor, por alguns parágrafos, aos domínios um tanto arcanos da teoria sociológica.

Este livro estuda o surgimento de uma nova estrutura social, manifestada sob várias formas conforme a diversidade de culturas e instituições em todo o planeta. Essa nova estrutura social está associada ao surgimento de um novo modo de desenvolvimento, o informacionalismo, historicamente moldado pela reestruturação do modo capitalista de produção, no final do século XX.

A perspectiva teórica que fundamenta essa abordagem postula que as sociedades são organizadas em processos estruturados por relações historicamente determinadas de *produção, experiência* e *poder. Produção* é a ação da humanidade sobre a matéria (natureza) para apropriar-se dela e transformá-la em seu benefício, obtendo um produto, consumindo (de forma irregular) parte dele e acumulando o excedente para investimento conforme os vários objetivos socialmente determinados. *Experiência* é a ação dos sujeitos humanos sobre si mesmos, determinada pela interação entre as identidades biológicas e culturais desses sujeitos em relação a seus ambientes sociais e naturais. É construída pela eterna busca de satisfação das necessidades e desejos humanos. *Poder* é aquela relação entre os sujeitos humanos que, com base na produção e na experiência, impõe a vontade de alguns sobre os outros pelo emprego potencial ou real de violência física ou simbólica. As instituições sociais são constituídas para impor o cumprimento das relações de poder existentes em cada período histórico, inclusive os controles, limites e contratos sociais conseguidos nas lutas pelo poder.

A produção é organizada em relações de classes que definem o processo pelo qual alguns sujeitos humanos, com base em sua posição no processo produtivo, decidem a divisão e os empregos do produto em relação ao consumo e ao investimento. A experiência é estruturada pelo sexo/relações entre os sexos, historicamente organizada em torno da família e, até agora, caracterizada pelo domínio dos homens sobre as mulheres. As relações familiares e a sexualidade estruturam a personalidade e moldam a interação simbólica.

O poder tem como base o Estado e seu monopólio institucionalizado da violência, embora o que Foucault chama de microfísica do poder, incorporada nas instituições e organizações, difunda-se em toda a sociedade, de locais de trabalho a hospitais, encerrando os sujeitos numa estrutura rigorosa de deveres formais e agressões informais.

A comunicação simbólica entre os seres humanos e o relacionamento entre esses e a natureza, com base na produção (e seu complemento, o consumo), experiência e poder, cristalizam-se ao longo da história em territórios específicos, e assim geram *culturas e identidades coletivas.*

A produção é um processo social complexo, porque cada um de seus elementos é diferenciado internamente. Assim, a humanidade como produtora coletiva inclui tanto o trabalho como os organizadores da produção, e o trabalho é muito diferenciado e estratificado de acordo com o papel de cada trabalhador no processo produtivo. A matéria abrange a natureza, a natureza modificada pelo homem, a natureza produzida pelo homem e a própria natureza humana, pois o desenrolar da história nos força a afastar-nos da distinção clássica entre humanidade e natureza, visto que a ação humana de milênios já incorporou o meio ambiente natural na sociedade, tornando-nos, de forma concreta e simbólica, parte inseparável desse meio ambiente. A relação entre a mão de obra e a matéria no processo de trabalho envolve o uso de meios de produção para agir sobre a matéria com base em energia, conhecimentos e informação. A tecnologia é a forma específica dessa relação.

O produto do processo produtivo é usado pela sociedade de duas formas: consumo e excedente. As estruturas sociais interagem com os processos produtivos determinando as regras para a apropriação, distribuição e uso do excedente. Essas regras constituem modos de produção, e esses modos definem as relações sociais de produção, determinando a existência de classes sociais, constituídas como tais mediante sua prática histórica. O princípio estrutural de apropriação e controle do excedente caracteriza um modo de produção. No século XX temos, essencialmente, dois modos predominantes de produção: o capitalismo e o estatismo. No capitalismo, a separação entre os produtores e seus meios de produção, a transformação do trabalho em *commodity* e a posse privada dos meios de produção, com base no controle do capital (excedente transformado em *commodity*), determinaram o princípio básico da apropriação e distribuição do excedente pelos capitalistas. Entretanto saber quem é (são) a(s) classe(s) capitalista(s) constitui um tema para a investigação social em cada contexto histórico, e não uma categoria abstrata. No estatismo, o controle do excedente é externo à esfera econômica: fica nas mãos dos detentores do poder estatal; vamos chamá-los de *apparatchiki* ou *lingdao.* O capitalismo visa a maximização de lucros, ou seja, o aumento do excedente apropriado pelo capital com base no controle privado sobre os meios de produção e circulação. O estatismo visa (visava?) à maximização do poder, ou seja, o aumento da capacidade militar e ideológica do aparato político para impor seus objetivos sobre um número maior de sujeitos e nos níveis mais profundos de seu consciente.

As relações sociais de produção e, portanto, o modo de produção determinam a apropriação e os usos do excedente. Uma questão à parte, embora fundamental, é o nível desse excedente determinado pela produtividade de um processo produtivo específico, ou seja, pelo índice do valor de cada unidade de produção em relação ao valor de cada unidade de insumos. Os próprios níveis de produtividade dependem da relação entre a mão de obra e a matéria, como uma função do uso dos meios de produção pela aplicação de energia e conhecimentos. Esse processo é caracterizado pelas relações técnicas de produção, que definem modos de desenvolvimento. Dessa forma, os modos de desenvolvimento são os procedimentos mediante os quais os trabalhadores atuam sobre a matéria para gerar o produto, em última análise, determinando o nível e a qualidade do excedente. Cada modo de desenvolvimento é definido pelo elemento fundamental à promoção da produtividade no processo produtivo. Assim, no modo agrário de desenvolvimento, a fonte do incremento de excedente resulta dos aumentos quantitativos da mão de obra e dos recursos naturais (em particular a terra) no processo produtivo, bem como da dotação natural desses recursos. No modo de desenvolvimento industrial, a principal fonte de produtividade reside na introdução de novas fontes de energia e na capacidade de descentralização do uso de energia ao longo dos processos produtivo e de circulação. No novo modo informacional de desenvolvimento, a fonte de produtividade acha-se na tecnologia de geração de conhecimentos, de processamento da informação e de comunicação de símbolos. Na verdade, conhecimento e informação são elementos cruciais em todos os modos de desenvolvimento, visto que o processo produtivo sempre se baseia em algum grau de conhecimento e no processamento da informação.[24] Contudo, o que é específico ao modo informacional de desenvolvimento é a ação de conhecimentos sobre os próprios conhecimentos como principal fonte de produtividade (ver capítulo 2). O processamento da informação é focalizado na melhoria da tecnologia do processamento da informação como fonte de produtividade, em um círculo virtuoso de interação entre as fontes de conhecimentos tecnológicos e a aplicação da tecnologia para melhorar a geração de conhecimentos e o processamento da informação: é por isso que, voltando à moda popular, chamo esse novo modo de desenvolvimento de informacional, constituído pelo surgimento de um novo paradigma tecnológico baseado na tecnologia da informação (ver capítulo 1).

Cada modo de desenvolvimento tem, também, um princípio de desempenho estruturalmente determinado que serve de base para a organização dos processos tecnológicos: o industrialismo é voltado para o crescimento da economia, isto é, para a maximização da produção; o informacionalismo visa o desenvolvimento tecnológico, ou seja, a acumulação de conhecimentos e maiores níveis de complexidade do processamento da informação. Embora graus mais altos de conhecimentos geralmente possam resultar em melhores níveis de produção por unidade de insumos, é a busca por conhecimentos e informação que caracteriza a função da produção tecnológica no informacionalismo.

Apesar de serem organizadas em paradigmas oriundos das esferas dominantes da sociedade (por exemplo, o processo produtivo, o complexo industrial-militar), a tecnologia e as relações técnicas de produção difundem-se por todo o conjunto de relações e estruturas sociais, penetrando no poder e na experiência e modificando-os.[25]

Dessa forma, os modos de desenvolvimento modelam toda a esfera de comportamento social, inclusive a comunicação simbólica. Como o informacionalismo baseia-se na tecnologia de conhecimentos e informação, há uma íntima ligação entre cultura e forças produtivas e entre espírito e matéria, no modo de desenvolvimento informacional. Portanto devemos esperar o surgimento de novas formas históricas de interação, controle e transformação social.

O informacionalismo e a perestroyka *capitalista*

Passando de categorias teóricas para a transformação histórica, o que importa de fato aos processos e formas sociais que compõem a carne viva das sociedades é a interação real entre os modos de produção e os de desenvolvimento, estabelecidos e defendidos pelos atores sociais, de formas imprevisíveis, na infraestrutura repressora da história passada e nas condições atuais de desenvolvimento tecnológico e econômico. Assim, o mundo e as sociedades teriam sido muito diferentes se Gorbachov tivesse conseguido sucesso com sua própria *perestroyka*, meta política difícil, mas não impossível. Ou se a região do Pacífico asiático não tivesse sido capaz de unir sua forma tradicional de organização econômica em redes de empresas às ferramentas da tecnologia da informação. Entretanto o fator histórico mais decisivo para a aceleração, encaminhamento e formação do paradigma da tecnologia da informação e para a indução de suas consequentes formas sociais foi/é o processo de reestruturação capitalista, empreendido desde os anos 1980, de modo que o novo sistema econômico e tecnológico pode ser adequadamente caracterizado como *capitalismo informacional*.

O modelo keynesiano de crescimento capitalista, que levou prosperidade econômica sem precedentes e estabilidade social à maior parte das economias de mercado durante quase três décadas após a Segunda Guerra Mundial, atingiu as próprias limitações no início da década de 1970, e sua crise manifestou-se sob a forma de inflação desenfreada.[26] Quando os aumentos do preço do petróleo em 1974 e 1979 ameaçavam desencadear uma espiral inflacionária incontrolável, governos e empresas engajaram-se em um processo de reestruturação mediante um método pragmático de tentativa e erro, que continuou durante a década de 1990. Mas, nessa década, houve um esforço mais decisivo a favor da desregulamentação, da privatização e do desmantelamento do contrato social entre capital e trabalho, que fundamentou a estabilidade do modelo de crescimento anterior. Em resumo, uma série de reformas, tanto no âmbito das instituições como do gerenciamento empresarial, visavam quatro objetivos principais: aprofundar a lógica capitalista de busca de lucro nas relações capital/trabalho; aumentar a produtividade do trabalho e do capital; globalizar a produção, circulação e mercados, aproveitando a oportunidade das condições mais vantajosas para a realização de lucros em todos os lugares; e direcionar o apoio estatal para ganhos de produtividade e competitividade das economias nacionais, frequentemente em detrimento da proteção social e das normas de interesse público. A inovação tecnológica e a transformação organizacional com enfoque na flexibilidade e na adaptabilidade foram absolutamente cruciais para garantir a velocidade e a eficiência da reestruturação. Pode-se afirmar que, sem a nova tecnologia da informação, o capitalismo global teria sido uma realidade muito limitada: o gerenciamento flexível teria sido limitado à redução de pessoal, e a nova rodada de gastos, tanto em bens de capital quanto em novos produtos para o consumidor, não teria sido suficiente para compensar a redução de gastos públicos. Portanto, o informacionalismo está ligado à expansão e ao rejuvenescimento do capitalismo, como o industrialismo estava ligado a sua constituição como modo de produção. Sem dúvida, o processo de reestruturação teve manifestações muito diferentes nas regiões e sociedades de todo o mundo, como analisarei rapidamente no capítulo 2: foi desviado de sua lógica fundamental pelo keynesianismo militar da administração Reagan, criando dificuldades ainda maiores para a economia norte-americana no fim da euforia artificialmente estimulada; foi um tanto limitado na Europa Ocidental em razão da resistência da sociedade ao desmantelamento do Estado do bem-estar social e à flexibilidade unilateral do mercado de trabalho, com a consequência do aumento do desemprego na União Europeia; foi absorvido no Japão sem mudanças drásticas, com ênfase na produtividade e competitividade baseada em tecnologia e cooperação em vez de aumentar a exploração, até que pressões internacionais forçaram o Japão a estabelecer sua produção no exterior e a ampliar o papel de um desprotegido mercado de trabalho secundário; e mergulhou as economias da África (exceto a África do Sul e Botsuana) e da América Latina (com exceção do Chile e da Colômbia) em uma grande recessão, nos anos 1980, quando as políticas do Fundo Monetário Internacional (FMI) cortaram o fornecimento de dinheiro e reduziram os salários e as importações para homogeneizar as condições da acumulação de capital global em todo o mundo. A reestruturação prosseguiu com base na derrota política das organizações de trabalhadores nos principais países capitalistas e na aceitação de uma disciplina econômica comum pelos países da Organização para Cooperação e Desenvolvimento Econômico (OCDE). Essa disciplina, embora imposta, quando necessário, pelo Bundesbank, o Federal Reserve Board (respectivamente, bancos centrais da Alemanha e dos EUA) e pelo FMI, na verdade, estava inscrita na integração dos mercados financeiros globais, ocorrida no início da década de 1980 com a ajuda das novas tecnologias da informação. Nas condições da integração financeira global, políticas monetárias nacionais autônomas tornaram-se literalmente inviáveis, uniformizando, portanto, os parâmetros econômicos básicos dos processos de reestruturação em todo o planeta.

Embora a reestruturação do capitalismo e a difusão do informacionalismo fossem processos inseparáveis em escala global, as sociedades agiram/reagiram a esses processos de formas diferentes, conforme a especificidade de sua história, cultura e instituições. Consequentemente, até certo ponto, seria impróprio referir-se a uma "sociedade informacional", o que implicaria a homogeneidade das formas sociais em todos os lugares sob o novo sistema. É óbvio que essa é uma proposição empírica e teoricamente indefensável. Poderíamos, entretanto, falar de uma "sociedade informacional" do mesmo modo que os sociólogos estão se referindo à existência de uma "sociedade industrial", marcada por características fundamentais comuns em seus sistemas sociotécnicos, a exemplo da formulação de Raymond Aron.[27] Mas com duas importantes ressalvas: por um lado, as sociedades informacionais, como existem atualmente, são capitalistas (diferentemente das sociedades industriais, algumas delas eram estatistas); por outro, devemos acentuar a diversidade cultural e institucional das sociedades informacionais. Desse modo, a exclusividade japonesa[28] ou as diferenças da Espanha[29] não vão desaparecer em um processo de não diferenciação cultural, nessa nova trajetória para a modernização universal, desta vez medida por índices de difusão de computadores. Nem a China, nem o Brasil serão fundidos no cadinho global do capitalismo informacional, ao continuarem seu caminho desenvolvimentista na alta velocidade do momento. Mas o Japão, tanto quanto a Espanha, a China, o Brasil e os EUA são e serão, ainda mais no futuro, sociedades informacionais, pois os principais processos de geração de conhecimentos, produtividade econômica, poder político/militar e a comunicação via mídia já estão profundamente transformados pelo paradigma informacional e conectados às redes globais de riqueza, poder e símbolos que funcionam sob essa lógica. Portanto, todas as sociedades são afetadas pelo capitalismo e informacionalismo, e muitas delas (certamente todas as sociedades importantes) já são informacionais,[30] embora de tipos diferentes, em diferentes cenários e com expressões culturais/institucionais específicas. Uma teoria da sociedade informacional, diferente de uma economia global/informacional, deverá estar sempre tão atenta à especificidade histórica/cultural quanto às semelhanças estruturais referentes a um paradigma econômico e tecnológico amplamente compartilhado. Quanto ao conteúdo real dessa estrutura social comum que poderia ser considerado a essência da nova sociedade informacional, receio não ser capaz de resumi-lo em um parágrafo: na verdade, a estrutura e os processos que caracterizam as sociedades informacionais constituem o tema deste livro.

O Ser na sociedade informacional

As novas tecnologias da informação estão integrando o mundo em redes globais de instrumentalidade. A comunicação mediada por computadores gera uma gama enorme de comunidades virtuais. Mas a tendência social e política característica da década de 1990 era a construção da ação social e das políticas em torno de identidades primárias — ou atribuídas, enraizadas na história e geografia, ou recém-construídas, em uma busca ansiosa por significado e espiritualidade. Os primeiros passos históricos das sociedades informacionais parecem caracterizá-las pela preeminência da identidade como seu princípio organizacional. Por identidade, entendo o processo pelo qual um ator social se reconhece e constrói significado principalmente com base em determinado atributo cultural ou conjunto de atributos, a ponto de excluir uma referência mais ampla a outras estruturas sociais. Afirmação de identidade não significa necessariamente incapacidade de relacionar-se com outras identidades (por exemplo, as mulheres ainda se relacionam com os homens), ou abarcar toda a sociedade sob essa identidade (por exemplo, o fundamentalismo religioso aspira converter todo mundo). Mas as relações sociais são definidas *vis-à-vis* as outras, com base nos atributos culturais que especificam a identidade. Por exemplo, Yoshino, em seu estudo sobre *nihonjiron* (ideias da singularidade japonesa), define claramente o nacionalismo cultural como "a meta de regenerar a comunidade nacional criando, preservando ou fortalecendo a identidade cultural de um povo quando se percebe que ela está faltando ou sendo ameaçada. O nacionalista cultural vê a nação como o produto de sua história e cultura exclusiva, e como uma solidariedade coletiva dotada de atributos exclusivos".[31] Calhoun, apesar de não concordar que o fenômeno fosse novo na história, também enfatizou o papel decisivo da identidade na definição da política na sociedade norte-americana contemporânea, especialmente no movimento feminino, movimento gay, movimento de direitos civis, movimentos "que buscavam não só vários objetivos instrumentais, mas a afirmação de identidades excluídas como boas para o público e importantes para a política".[32] Alain Touraine vai mais além, afirmando que "numa sociedade pós-industrial em que os serviços culturais substituíram os bens materiais no cerne da produção, *é a defesa da personalidade e cultura do sujeito contra a lógica dos aparatos e mercados que substitui a ideia de luta de classes*".[33] Portanto, de acordo com Calderon e Laserna, a questão principal, em um mundo caracterizado por globalização e fragmentação simultâneas, vem a ser esta: "Como combinar novas tecnologias e memória coletiva, ciência universal e culturas comunitárias, paixão e razão?"[34] Como, de fato! E por que observamos a tendência oposta em todo o mundo, ou seja, a distância crescente entre globalização e identidade, entre a Rede e o Ser?

Raymond Barglow, em seu ótimo ensaio sobre o assunto, sob a perspectiva da psicanálise social, aponta o fato paradoxal de que, embora aumentem a capacidade humana de organização e integração, ao mesmo tempo os sistemas de informação e a formação de redes subvertem o conceito ocidental tradicional de um sujeito separado, independente: "A mudança histórica das tecnologias mecânicas para as tecnologias da informação ajuda a subverter as noções de soberania e autossuficiência que serviam de âncora ideológica à identidade individual desde que os filósofos gregos elaboraram o conceito, há mais de dois milênios. Em resumo, a tecnologia está ajudando a desfazer a visão do mundo por ela promovida no passado."[35] Continuando, Barglow apresenta uma comparação fascinante entre os sonhos clássicos relatados nos escritos de Freud e os sonhos de seus pacientes no ambiente de alta tecnologia de San Francisco dos anos 1990: "Imagem de uma cabeça... e suspenso atrás dela há um teclado de computador... sou essa cabeça programada!"[36] Esse sentimento de solidão absoluta é novo em comparação à representação clássica freudiana: "os sonhadores... expressam um sentido de solidão experimentado como existencial e inevitável, inerente à estrutura do mundo... Totalmente isolado, o ser sente-se irrecuperavelmente perdido."[37] Daí a busca de nova conectividade em identidade partilhada, reconstruída.

Embora inteligente, essa hipótese pode representar só uma parte da explicação. Por um lado, implicaria uma crise do ser limitado à concepção individualista ocidental, abalado pela conectividade. Mas a busca por nova identidade e nova espiritualidade também se encontra no Leste, apesar de haver um sentido mais forte de identidade coletiva e uma tradicional subordinação cultural do indivíduo à família. A repercussão da seita Verdade Suprema no Japão em 1995, especialmente entre as gerações jovens e bastante instruídas, poderia ser considerada um sintoma da crise dos padrões de identidade estabelecidos, aliada à necessidade desesperadora de construir um novo ser coletivo mediante a significativa mistura de espiritualidade, tecnologia avançada (produtos químicos, biologia, laser), conexões de negócios globais e a cultura da perdição milenarista.[38]

Por outro lado, elementos de uma estrutura interpretativa para explicar o poder crescente da identidade também devem ser encontrados num nível mais amplo, relacionados aos macroprocessos de transformação institucional que estão ligados, em grande medida, ao surgimento de um novo sistema global. Assim, correntes muito difundidas de racismo e xenofobia na Europa Ocidental podem ser relacionadas, como Alain Touraine[39] e Michel Wieviorka[40] sugeriram, a uma crise da identidade ao tornar-se uma abstração (o europeu), ao mesmo tempo que as sociedades europeias, embora vendo sua identidade obscurecida, descobriram nelas mesmas a existência duradoura de minorias étnicas (fato demográfico existente desde, pelo menos, a década de 1960). Ou, então, na Rússia e antiga União Soviética, o forte desenvolvimento do nacionalismo no período pós-comunista pode ser relacionado, como analisarei no volume III, ao vazio cultural criado por setenta anos de imposição de uma identidade ideológica excludente, em conjunto com a volta à identidade histórica primária (russa, georgiana), como a única fonte de significado após o colapso do historicamente frágil *sovetskii narod* (povo soviético).

O surgimento do fundamentalismo religioso também parece estar ligado tanto a uma tendência global como a uma crise institucional. Segundo a experiência histórica, sempre existiram ideias e crenças de todos os tipos à espera para eclodirem no momento certo.[41] É significativo que o fundamentalismo, quer islâmico, quer cristão, tenha se difundido (e continuará a expandir-se) por todo o mundo no momento histórico em que redes globais de riqueza e poder conectam pontos nodais e valorizam os indivíduos em todo o planeta, embora desconectem e excluam grandes segmentos das sociedades, regiões e até países inteiros. Por que a Argélia, uma das sociedades muçulmanas mais modernizadas, repentinamente passa a aceitar salvadores fundamentalistas, que se tornaram terroristas (como seus predecessores anticolonialistas) quando lhes foi negada a vitória nas eleições democráticas? Por que os ensinamentos tradicionalistas do papa João Paulo II encontraram eco incontestável entre as massas empobrecidas do Terceiro Mundo, de modo que o Vaticano pôde dar-se ao luxo de ignorar os protestos de uma minoria feminista de alguns países avançados, onde precisamente o progresso dos direitos reprodutivos contribui para a diminuição do número de almas a serem salvas? Parece haver uma lógica de excluir os agentes da exclusão, de redefinição dos critérios de valor e significado em um mundo em que há pouco espaço para os não iniciados em computadores, para os grupos que consomem menos e para os territórios não atualizados com a comunicação. Quando a Rede desliga o Ser, o Ser, individual ou coletivo, constrói seu significado sem a referência instrumental global: o processo de desconexão torna-se recíproco após a recusa, pelos excluídos, da lógica unilateral de dominação estrutural e exclusão social.

É esse o terreno a ser explorado, não apenas mostrado. As poucas ideias adiantadas neste prólogo sobre a manifestação paradoxal do ser na sociedade informacional só têm o objetivo de expor ao leitor a trajetória de minha investigação sem, no entanto, tirar conclusões antecipadas.

Algumas palavras sobre o método

Este não é um livro sobre livros. Embora contando com informações de vários tipos e com análises e relatos de múltiplas fontes, não pretendo discutir as teorias existentes sobre o pós-industrialismo ou a sociedade da informação. Já há disponibilidade de várias apresentações abrangentes e equilibradas dessas teorias,[42] bem como várias críticas,[43] inclusive as minhas.[44] Também não contribuirei, exceto quando necessário à discussão, para a "indústria caseira" criada na década de 1980 na teoria pós-moderna,[45] pois estou totalmente satisfeito com a excelente crítica elaborada por David Harvey sobre os fundamentos sociais e ideológicos da "pós-modernidade",[46] bem como com a análise sociológica das teorias pós-modernas feita por Scott Lash.[47] Certamente devo muitas ideias a vários autores, em especial, aos precursores do informacionalismo, Alain Touraine e Daniel Bell, bem como a Nicos Poulantzas, teórico marxista que percebeu as questões novas e pertinentes antes de sua morte em 1979.[48] E agradeço os conceitos tomados por empréstimo, quando os utilizo como ferramentas em minhas análises específicas. Mas tentei construir um discurso o mais autônomo e não redundante possível, integrando materiais e observações de várias fontes, sem submeter o leitor à penosa revisita ao emaranhado bibliográfico em que vivi (felizmente, entre outras atividades) nos últimos doze anos.

Do mesmo modo, embora usando uma quantidade significativa de fontes estatísticas e estudos empíricos, tentei minimizar o processamento de dados para simplificar um livro já bastante volumoso. Portanto, tendo a usar fontes de dados de grande aceitação entre os cientistas sociais (por exemplo: OCDE, ONU, Banco Mundial, estatísticas oficiais de governos, monografias bem-fundamentadas, fontes acadêmicas ou empresariais geralmente confiáveis), exceto quando tais fontes parecem estar incorretas (como as estatísticas do PIB soviético ou o relatório do Banco Mundial sobre políticas de ajuste na África). Estou a par das limitações de se emprestar credibilidade a informações nem sempre exatas, mas o leitor perceberá as muitas precauções tomadas neste texto, para geralmente tirar conclusões com base em tendências convergentes observadas em várias fontes, conforme uma metodologia de triangulação já com tradição entre historiadores, policiais e repórteres investigativos. Além disso, os dados, observações e referências apresentados neste livro, na verdade, não visam demonstrar, mas sugerir hipóteses, comprimindo as ideias em um *corpus* de observação selecionado segundo as questões da minha pesquisa mas, com certeza, não organizado em função de respostas preconcebidas. A metodologia seguida neste livro, cujas consequências específicas serão discutidas em cada capítulo, está a serviço do objetivo abrangente de seu empenho intelectual: propor alguns elementos de uma teoria transcultural exploratória da economia e da sociedade na Era da Informação, *no que se refere especificamente ao surgimento de uma nova estrutura social.* Minha análise é de grande escopo devido à penetrabilidade de seu objeto (informacionalismo) por todos os domínios sociais e expressões culturais. Mas, com certeza, não pretendo abordar toda a gama de temas e questões das sociedades contemporâneas, visto que escrever enciclopédias não é minha especialidade.

O livro é dividido em três partes que o editor, sabiamente, transformou em três volumes. São analiticamente inter-relacionados, mas foram organizados para leituras independentes. A única exceção a essa regra diz respeito à "Conclusão", no volume III, que é a conclusão de todo o livro e apresenta uma interpretação sintética de suas descobertas e ideias.

A divisão em três volumes, embora facilite a publicação e a leitura do livro, suscita alguns problemas na comunicação do conjunto de minha teoria. Na verdade, alguns tópicos cruciais que permeiam todos os temas tratados neste livro são apresentados no segundo volume. É, em especial, o caso da análise sobre as mulheres e o patriarcalismo, bem como as relações de poder e o Estado. Alerto o leitor para o fato de que não compartilho a visão tradicional de sociedade formada por níveis sobrepostos, com a tecnologia e a economia no subsolo, o poder no mezanino e a cultura na cobertura. Entretanto, por questão de clareza, sou forçado a uma apresentação sistemática e um tanto linear de tópicos que, embora relacionados entre si, não conseguirão integrar todos os elementos até que tenham sido discutidos com alguma profundidade nessa jornada intelectual para a qual o leitor é convidado. Este primeiro volume trata principalmente da lógica do que chamo de Rede, enquanto o segundo (*O poder da iden-*

tidade) analisa a formação do Ser e a interação entre a Rede e o Ser na crise de duas instituições centrais da sociedade: a família patriarcal e o Estado nacional. O terceiro volume (*Fim de milênio*) tenta interpretar as transformações históricas do final do século XX, resultantes das dinâmicas dos processos estudados nos dois primeiros volumes. É apenas no fim do terceiro volume que será proposta uma integração geral entre a teoria e a observação ligando as análises dos vários domínios, embora cada volume apresente uma conclusão que visa sintetizar as principais descobertas e ideias ali discutidas. Apesar de o volume III ser mais diretamente relacionado a processos específicos de transformação histórica nos vários contextos, ao longo de todo o livro esforcei-me por alcançar dois objetivos: fundamentar a análise na observação, sem reduzir a teorização ao comentário; diversificar o máximo possível minhas fontes culturais de observação *e de ideias*. Essa abordagem nasce de minha convicção de que entramos em um mundo realmente multicultural e interdependente, que só poderá ser entendido e transformado a partir de uma perspectiva múltipla que reúna identidade cultural, sistemas de redes globais e políticas multidimensionais.

Notas

1. Ver o interessante debate sobre o assunto em Smith e Marx (1994).
2. A tecnologia não determina a sociedade: incorpora-a. Mas a sociedade também não determina a inovação tecnológica: utiliza-a. Essa interação dialética entre a sociedade e a tecnologia está presente nas obras dos melhores historiadores, como Fernand Braudel.
3. Melvin Kranzberg, historiador clássico da tecnologia, combateu fortemente o falso dilema do determinismo tecnológico. Ver, por exemplo, seu discurso (1992) ao receber o título de membro honorário da NASTS (National Association for Science, Technology and Society).
4. Bijker *et al.* (1987).
5. Ainda está para ser escrita uma história social fascinante sobre os valores e visões pessoais de alguns dos principais inovadores da revolução nas tecnologias computacionais do Vale do Silício, da década de 1970. Mas algumas indicações parecem apontar para o fato de que eles realmente tentavam decifrar as tecnologias centralizadoras do mundo empresarial, tanto por convicção como pelo nicho de mercado. A título de elucidação, relembro o famoso anúncio da Apple Computers, em 1984, para lançar o Macintosh, em oposição explícita ao *Big Brother* (IBM) da mitologia orwelliana. Quanto ao caráter contracultural de muitos desses inovadores, mencionarei a história da vida do gênio criador do computador pessoal, Steve Wozniak: após abandonar a Apple, chateado pela sua transformação em empresa multinacional, gastou uma fortuna durante alguns anos subsidiando seus grupos de rock preferidos, antes de fundar outra empresa para desenvolver tecnologias a seu modo. Em um certo ponto, após ter criado o computador pessoal, Wozniak se deu conta de que não tinha educação formal em ciências da computação, então matriculou-se na Universidade da Califórnia, em Berkeley. Porém, para

evitar publicidade embaraçosa, usou outro nome.

6. Para informações selecionadas sobre a variação dos modelos de difusão da tecnologia da informação em diferentes contextos sociais e institucionais, ver, entre outros trabalhos: Bertazzoni *et al.* (1984), Guile (1985); Agence de L'Informatique (1986); Castells *et al.* (1986); Landau e Rosenberg (1986); Bianchi *et al.* (1988); Watanuki (1990); Freeman *et al.* (1991); Wang (1994).
7. Para uma discussão consciente e cautelosa sobre as relações entre a sociedade e a tecnologia, ver Fischer (1985).
8. Ver a análise apresentada em Castells (1988b); também Webster (1991).
9. Minha discussão sobre a interrupção do desenvolvimento tecnológico chinês conta, principalmente, com um capítulo extraordinário de Joel Mokyr (1990: 209-38) e também com um ótimo livro, embora controverso, de Qian (1985).
10. Jones (1981: 160), citado por Mokyr (1990: 219).
11. Needham (1954-88, 1969, 1981); Qian (1985); Jones (1988); Mokyr (1990).
12. Wang (1993).
13. Chida e Davies (1990).
14. Ito (1993).
15. Vários renomados estudiosos japoneses, e tendo a concordar com eles, acreditam que o melhor relato ocidental da Restauração Meiji e das raízes sociais da modernização japonesa é o de Norman (1940). Foi traduzido para o japonês e é muito lido nas universidades do Japão. Brilhante historiador, educado em Cambridge e Harvard, antes de integrar o corpo diplomático canadense, foi denunciado como comunista por Karl Wittfogel para a Comissão do senador McCarthy na década de 1950 e, depois, submetido a pressão constante das agências ocidentais de informações. Nomeado embaixador canadense para o Egito, Norman suicidou-se no Cairo, em 1957. Sobre sua contribuição realmente excepcional para o entendimento do Estado japonês, ver Dower (1975); para uma perspectiva diferente, ver Beasley (1990).
16. Kamatani (1988); Matsumoto e Sinclair (1994).
17. Uchida (1991).
18. Ito (1994); *Japan Informatization Processing Center* (1994); para uma perspectiva ocidental, ver Forester (1993).
19. Ver Norman (1940) e Dower (1975); ver também Allen (1981a).
20. Johnson (1995).
21. Nolan e Furen (1990); Hsing (1996).
22. Touraine (1969).
23. Bell (1976). A primeira edição é de 1973, mas todas as citações são da edição de 1976, que inclui um novo e importante "Prefácio 1976".
24. Para maior clareza deste livro, acho necessário dar uma definição de conhecimento e informação, mesmo que essa atitude intelectualmente satisfatória introduza algo de arbitrário no discurso, como sabem os cientistas sociais que já enfrentaram esse problema. Não tenho nenhum motivo convincente para aperfeiçoar a definição de *conhecimento* dada por Daniel Bell (1976: 175). "Conhecimento: um conjunto de declarações organizadas sobre fatos ou ideias, apresentando um julgamento ponderado ou resultado experimental que é transmitido a outros por intermédio de algum meio de comunicação, de alguma forma sistemática. Assim, diferencio conhecimento de notícias e entretenimen-

to." Quanto a *informação*, alguns autores conhecidos na área, como Machlup, simplesmente definem informação como a comunicação de conhecimentos (ver Machlup 1962: 15). Mas, como afirma Bell, essa definição de conhecimento empregada por Machlup parece muito ampla. Portanto, eu voltaria à definição operacional de informação proposta por Porat em seu trabalho clássico (1977: 2): "Informação são dados que foram organizados e comunicados."

25. Quando a inovação tecnológica não se difunde na sociedade devido a obstáculos institucionais a essa difusão, ocorre atraso tecnológico em razão da falta do necessário *feedback* social/cultural às instituições de inovação e aos próprios inovadores. Esse é o ensinamento básico extraído dessas importantes experiências, como a da China dos Qing ou a da União Soviética. Para a União Soviética, ver volume III. Para a China, ver Qian (1985) e Mokyr (1990).
26. Alguns anos atrás, apresentei minha interpretação das causas da crise econômica mundial dos anos 1970, bem como uma sugestão de prognóstico dos caminhos para a reestruturação capitalista. Apesar da infraestrutura teórica muito rígida que justapus à análise empírica, a meu ver, os principais pontos tratados naquele livro (escrito em 1977-8), inclusive a previsão do nome *Reaganomics* para a economia de Reagan, ainda são úteis ao entendimento das transformações qualitativas operadas no capitalismo durante as duas últimas décadas do século XX (ver Castells 1980).
27. Aron (1963).
28. Sobre a singularidade japonesa em uma perspectiva sociológica, ver Shoji (1990).
29. Sobre as raízes sociais das diferenças e semelhanças espanholas em relação a outros países, ver Zaldivar e Castells (1992).
30. Gostaria de fazer uma distinção analítica entre as noções de "sociedade da informação" e "sociedade informacional" com consequências similares para economia da informação e economia informacional. O termo sociedade da informação enfatiza o papel da informação na sociedade. Mas afirmo que informação, em seu sentido mais amplo, por exemplo, como comunicação de conhecimentos, foi crucial a todas as sociedades, inclusive à Europa medieval que era culturalmente estruturada e, até certo ponto, unificada pelo escolasticismo, ou seja, no geral uma infraestrutura intelectual (ver Southern 1995). Ao contrário, o termo informacional indica o atributo de uma forma específica de organização social em que a geração, o processamento e a transmissão da informação tornam-se as fontes fundamentais de produtividade e poder devido às novas condições tecnológicas surgidas nesse período histórico. Minha terminologia tenta estabelecer um paralelo com a distinção entre indústria e industrial. Uma sociedade industrial (conceito comum na tradição sociológica) não é apenas uma sociedade em que há indústrias, mas uma sociedade em que as formas sociais e tecnológicas de organização industrial permeiam todas as esferas de atividade, começando com as atividades predominantes localizadas no sistema econômico e na tecnologia militar e alcançando os objetos e hábitos da vida cotidiana. Meu emprego dos termos "sociedade informacional" e "economia informacional" tenta uma caracterização mais precisa das transformações atuais, além da sensata observação de que a informação e os conhecimentos são importantes para nossas sociedades. Porém o conteúdo real de "sociedade informacional" tem de ser determinado pela observação e análise. É exatamente esse o objetivo deste livro. Por exemplo, uma das características principais da sociedade informacional é a lógica de

sua estrutura básica em redes, o que explica o uso do conceito de "sociedade em rede", definido e especificado na conclusão deste volume. Contudo outros componentes da "sociedade informacional", como movimentos sociais ou o Estado, mostram características que vão além da lógica dos sistemas de redes, embora sejam muito influenciadas por essa lógica, típica da nova estrutura social. Dessa forma, "a sociedade em rede" não esgota todo o sentido de "sociedade informacional". Finalmente, por que, após todas essas definições precisas, mantive *A era da informação* como título geral do livro, sem incluir a Europa medieval em minha investigação? Títulos são dispositivos de comunicação. Devem ser agradáveis ao leitor, claros o suficiente para que ele possa imaginar qual o tema real do livro e, redigido de forma que não se afaste demais da estrutura de referência semântica. Portanto, em um mundo construído em torno das tecnologias da informação, sociedade da informação, informatização, infovia e coisas parecidas (todos os termos originaram-se no Japão nos meados dos anos 1960 — *johoka shakai*, em japonês — e foram transmitidos para o Ocidente em 1978 por Simon Nora e Alain Minc, com todo o seu exotismo), um título como *A era da informação* aponta diretamente as questões a serem levantadas, sem prejulgar as respostas.

31. Yoshino (1992: 1).
32. Calhoun (1994: 4).
33. Touraine (1994: 168; tradução de Castells; grifo do autor).
34. Calderon e Laserna (1994: 90; tradução de Castells).
35. Barglow (1994: 6).
36. Barglow (1994: 53).
37. Barglow (1994: 185).
38. Para as novas formas de revolta ligadas à identidade em oposição explícita à globalização, ver a análise exploratória realizada por Castells *et al.* (1996b).
39. Touraine (1991).
40. Wieviorka (1993).
41. Ver, por exemplo, Colas (1992); Kepel (1993).
42. Uma visão útil das teorias sociológicas sobre pós-industrialismo e informacionalismo é a de Lyon (1988). Para as origens intelectuais e terminológicas das noções de "sociedade da informação", ver Nora e Minc (1978) e Ito (1991a). Ver também Beniger (1986); Katz (1988); Williams (1988) e Salvaggio (1989).
43. Para uma visão crítica do pós-industrialismo, ver, entre outros, Woodward (1980); Roszak (1986); Lyon (1988); Shoji (1990); Touraine (1992). Para uma crítica cultural sobre a ênfase na tecnologia da informação por parte de nossa sociedade, ver Postman (1992).
44. Para minha crítica sobre o pós-industrialismo, ver Castells (1994, 1996).
45. Ver Lyon (1994); também Seidman e Wagner (1992).
46. Harvey (1990).
47. Lash (1990).
48. Poulantzas (1978: esp. 160-9).

1

A revolução da tecnologia da informação

Que revolução?

O "gradualismo", escreveu o paleontólogo Stephen J. Gould, "o conceito de que toda mudança deve ser suave, lenta e firme, nunca foi lido nas rochas. Representava uma tendência cultural comum, em parte uma resposta do liberalismo do século XIX a um mundo em revolução. Porém ele continua a colorir a nossa leitura supostamente objetiva da história da vida... A história da vida, como a vejo, é uma série de situações estáveis, pontuadas em intervalos raros por eventos importantes que ocorrem com grande rapidez e ajudam a estabelecer a próxima era estável".[1] Meu ponto de partida, e não estou sozinho nesta conjetura,[2] é que no final do século XX vivemos um desses raros intervalos na história. Um intervalo cuja característica é a transformação de nossa "cultura material"[3] pelos mecanismos de um novo paradigma tecnológico que se organiza em torno da tecnologia da informação.

Como tecnologia, entendo, em linha direta com Harvey Brooks e Daniel Bell, "o uso de conhecimentos científicos para especificar as vias de se fazerem as coisas de uma maneira *reproduzível*".[4] Entre as tecnologias da informação, incluo, como todos, o *conjunto convergente* de tecnologias em microeletrônica, computação (software e hardware), telecomunicações/radiodifusão, e optoeletrônica.[5] Além disso, diferentemente de alguns analistas, também incluo nos domínios da tecnologia da informação a engenharia genética e seu crescente conjunto de desenvolvimentos e aplicações.[6] Isso não se deve apenas ao fato de a engenharia genética concentrar-se na decodificação, manipulação e consequente reprogramação dos códigos de informação da matéria viva. Deve-se também ao fato de, nos anos 1990, a biologia, a eletrônica e a informática parecerem estar convergindo e interagindo em suas aplicações e materiais e, mais fundamentalmente, na abordagem conceitual, tópico merecedor de maior atenção ainda neste capítulo.[7] Ao redor deste núcleo de tecnologias da informação, definido em um sentido mais amplo, houve uma constelação de grandes avanços tecnológicos, nas duas últimas décadas do século XX, no que se refere a materiais avançados, fontes de energia, aplicações na medicina, técnicas de produção (já existentes ou potenciais, tais como a nanotecnologia) e tecnologia de transportes, entre outros.[8] Além disso, o processo atual de transformação tecnológica expande-se exponencialmente em razão de sua capacidade de criar uma interface entre campos tecnológicos mediante uma linguagem digital comum na qual a informação é gerada, armazenada, recuperada, processada e transmitida. Vivemos em um mundo que, segundo Nicholas Negroponte, se tornou digital.[9]

O exagero profético e a manipulação ideológica que caracteriza a maior parte dos discursos sobre a revolução da tecnologia da informação não deveriam levar-nos a cometer o erro de subestimar sua importância verdadeiramente fundamental. Esse é, como este livro tentará mostrar, no mínimo, um evento histórico da mesma importância da Revolução Industrial do século XVIII, induzindo um padrão de descontinuidade nas bases materiais da economia, sociedade e cultura. O registro histórico das revoluções tecnológicas, conforme foi compilado por Melvin Kranzberg e Carroll Pursell,[10] mostra que todas são caracterizadas por sua *pervasividade*, ou seja, por sua penetração em todos os domínios da atividade humana, não como fonte exógena de impacto, mas como o tecido em que essa atividade é exercida. Em outras palavras, *são voltadas para o processo*, além de induzir novos produtos. Por outro lado, diferentemente de qualquer outra revolução, *o cerne* da transformação que estamos vivendo na revolução atual refere-se às *tecnologias de processamento de informação e comunicação*.[11] A tecnologia da informação é para esta revolução o que as novas fontes de energia foram para as revoluções industriais sucessivas, do motor a vapor à eletricidade, aos combustíveis fósseis e até mesmo à energia nuclear, visto que a geração e a distribuição de energia foram o elemento principal na base da sociedade industrial. Porém essa afirmação sobre o papel preeminente da tecnologia da informação muitas vezes é confundida com a caracterização da revolução atual como sendo essencialmente dependente de novos conhecimentos e informação. Isso é verdade no caso do atual processo de transformação tecnológica, mas foi assim também com as revoluções tecnológicas anteriores, conforme mostraram os principais historiadores de tecnologia, como Melvin Kranzberg e Joel Mokyr.[12] A primeira Revolução Industrial, apesar de não se basear em ciência, apoiava-se em um amplo uso de informações, aplicando e desenvolvendo os conhecimentos preexistentes. E a segunda Revolução Industrial, depois de 1850, foi caracterizada pelo papel decisivo da ciência ao promover a inovação. De fato, laboratórios de P&D apareceram pela primeira vez na indústria química alemã nas últimas décadas do século XIX.[13]

O que caracteriza a atual revolução tecnológica não é a centralidade de conhecimentos e informação, mas a aplicação desses conhecimentos e dessa informação para a geração de conhecimentos e de dispositivos de processamento/comunicação da informação, em um ciclo de realimentação cumulativo entre a inovação e seu uso.[14] Uma ilustração pode esclarecer esta análise. Os usos das novas tecnologias de telecomunicações nas duas décadas passadas passaram por três estágios distintos: a automação de tarefas, as experiências de usos e a reconfiguração das aplicações.[15] Nos dois primeiros estágios, o progresso da inovação tecnológica baseou-se em aprender *usando*, de acordo com a terminologia de Rosenberg.[16] No terceiro estágio, os usuários aprenderam a tecnologia *fazendo*, o que acabou resultando na reconfiguração das redes e na descoberta de novas aplicações. O ciclo de realimentação entre a introdução de uma nova tecnologia, seus usos e seus desenvolvimentos em novos domínios torna-se muito mais rápido no novo paradigma tecnológico. Consequentemente, a difusão da tecnologia amplifica seu poder de forma infinita, à medida que os usuários apropriam-se dela e a redefinem. As novas tecnologias da informação não são simplesmente ferramentas a serem aplicadas, mas processos a serem desenvolvidos. Usuários e criadores podem tornar-se a mesma coisa. Dessa forma, os usuários podem assumir o controle da tecnologia como no caso da internet (ver posteriormente, ainda neste capítulo, e no capítulo 5). Há, por conseguinte, uma relação muito próxima entre os processos sociais de criação e manipulação de símbolos (a cultura da sociedade) e a capacidade de produzir e distribuir bens e serviços (as forças produtivas). Pela primeira vez na história, a mente humana é uma força direta de produção, não apenas um elemento decisivo no sistema produtivo.

Assim, computadores, sistemas de comunicação, decodificação e programação genética são todos amplificadores e extensões da mente humana. O que pensamos e como pensamos é expresso em bens, serviços, produção material e intelectual, sejam alimentos, moradia, sistemas de transporte e comunicação, mísseis, saúde, educação ou imagens. A integração crescente entre mentes e máquinas, inclusive a máquina de DNA, está anulando o que Bruce Mazlish chama de a "quarta descontinuidade"[17] (aquela entre seres humanos e máquinas), alterando fundamentalmente o modo pelo qual nascemos, vivemos, aprendemos, trabalhamos, produzimos, consumimos, sonhamos, lutamos ou morremos. Com certeza, os contextos culturais/institucionais e a ação social intencional interagem de forma decisiva com o novo sistema tecnológico, mas esse sistema tem sua própria lógica embutida, caracterizada pela capacidade de transformar todas as informações em um sistema comum de informação, processando-as em velocidade e capacidade cada vez maiores e com custo cada vez mais reduzido em uma rede de recuperação e distribuição potencialmente ubíqua.

Há um aspecto adicional que caracteriza a revolução da tecnologia da informação quando comparada a seus antecessores históricos. Mokyr[18] demonstrou que as revoluções tecnológicas ocorreram apenas em algumas sociedades e foram difundidas em uma área geográfica relativamente limitada, muitas vezes ocupando espaço e tempo isolados em comparação a outras regiões do planeta. Assim, embora os europeus tomassem emprestadas algumas descobertas feitas na China, por muitos séculos a China e o Japão adotaram pouca tecnologia europeia, restrita principalmente a aplicações militares. O contato entre civilizações de níveis tecnológicos diferentes frequentemente provocava a destruição da menos desenvolvida ou daquelas que quase não aplicavam seus conhecimentos à tecnologia bélica, como no caso das civilizações americanas, aniquiladas pelos conquistadores espanhóis, às vezes mediante guerras biológicas eventuais.[19] De sua origem na Europa Ocidental, a Revolução Industrial estendeu-se para a maior parte do globo durante os dois séculos seguintes. Mas sua expansão foi muito seletiva, e seu ritmo, bastante lento pelos padrões atuais de difusão tecnológica. Na verdade, até na Inglaterra em meados do século XIX, os setores que representavam a maioria da força de trabalho e, pelo menos, metade do PNB não foram afetados pelas novas tecnologias industriais.[20] Além disso, seu alcance planetário nas décadas seguintes teve, com bastante frequência, um caráter de dominação colonial, seja na Índia sob o Império Britânico, na América Latina sob a dependência comercial/industrial da Inglaterra e dos EUA, no desmembramento da África mediante o tratado de Berlim, ou na abertura do Japão e da China para o comércio exterior pelas armas dos navios ocidentais. Ao contrário, as novas tecnologias da informação difundiram-se pelo globo com a velocidade da luz em menos de duas décadas, entre meados dos anos 1970 e 1990, por meio de uma lógica que, a meu ver, é a característica dessa revolução tecnológica: a aplicação imediata no próprio desenvolvimento da tecnologia gerada, conectando o mundo através da tecnologia da informação.[21] Na verdade, há grandes áreas do mundo e consideráveis segmentos da população que estão desconectados do novo sistema tecnológico: essa é precisamente uma das discussões centrais deste livro. Além disso, a velocidade da difusão tecnológica é seletiva tanto social quanto funcionalmente. O fato de países e regiões apresentarem diferenças quanto ao momento oportuno de dotarem seu povo do acesso ao poder da tecnologia representa fonte crucial de desigualdade em nossa sociedade. As áreas desconectadas são cultural e espacialmente descontínuas: estão nas *inner cities* dos EUA ou nos *banlieues* da França, assim como nas favelas africanas e nas áreas rurais carentes chinesas e indianas. Mas atividades, grupos sociais e territórios dominantes por todo o globo estão conectados, na aurora do século XXI, em um novo sistema tecnológico que, como tal, começou a tomar forma somente na década de 1970.

Como ocorreu essa transformação fundamental em um período que representa apenas um instante histórico? Por que essa transformação está se difundindo por todo o mundo em ritmo tão intenso, ainda que irregular? Por que é uma "revolução"? Como nossa experiência sobre o novo está baseada em passado recente, penso que as respostas a essas questões básicas podem ser encontradas com a ajuda de uma rápida revisão histórica da Revolução Industrial, ainda presente em nossas instituições e, portanto, em nossa mente.

Lições da Revolução Industrial

Segundo os historiadores, houve pelo menos duas revoluções industriais: a primeira começou pouco antes dos últimos trinta anos do século XVIII, caracterizada por novas tecnologias como a máquina a vapor, a fiadeira, o processo Cort em metalurgia e, de forma mais geral, a substituição das ferramentas manuais pelas máquinas; a segunda, aproximadamente cem anos depois, destacou-se pelo desenvolvimento da eletricidade, do motor de combustão interna, de produtos químicos com base científica, da fundição eficiente de aço e pelo início das tecnologias de comunicação, com a difusão do telégrafo e a invenção do telefone. Entre as duas há continuidades fundamentais, assim como algumas diferenças cruciais. A principal é a importância decisiva de conhecimentos científicos para sustentar e guiar o desenvolvimento tecnológico após 1850.[22] É precisamente por causa das diferenças que os aspectos comuns a ambas podem oferecer subsídios preciosos para se entender a lógica das revoluções tecnológicas.

Primeiramente, em ambos os casos, testemunhamos o que Mokyr descreve como um período de "transformação tecnológica em aceleração e sem precedentes"[23] em comparação com os padrões históricos. Um conjunto de macroinvenções preparou o terreno para o surgimento de microinvenções nos campos da agropecuária, indústria e comunicações. A descontinuidade histórica fundamental irreversível foi introduzida na base material da espécie humana em um processo dependente do percurso, cuja lógica interna e sequencial foi pesquisada por Paul David e teorizada por Brian Arthur.[24] Foram, de fato, "revoluções" no sentido de que um grande aumento repentino e inesperado de aplicações tecnológicas transformou os processos de produção e distribuição, criou uma enxurrada de novos produtos e mudou de maneira decisiva a localização das riquezas e do poder no mundo, que, de repente, ficaram ao alcance dos países e elites capazes de comandar o novo sistema tecnológico. O lado escuro dessa aventura tecnológica é que ela estava irremediavelmente ligada a ambições imperialistas e conflitos interimperialistas.

Todavia, essa é precisamente a confirmação do caráter revolucionário das novas tecnologias industriais. A ascensão histórica do chamado Ocidente, limitando-se de fato à Inglaterra e a alguns países da Europa Ocidental, bem como à América do Norte e à Austrália, está fundamentalmente associada à superioridade tecnológica alcançada durante as duas Revoluções Industriais.[25] Nada na história universal cultural, científica, política ou militar antes da Revolução Industrial poderia explicar a indiscutível supremacia do "Ocidente" (anglo-saxônico/alemão com um toque francês) entre 1750 e 1940. A China mostrou-se uma cultura muito superior durante a maior parte da história pré-renascentista; a civilização muçulmana (tomando a liberdade de usar esse termo) dominou a maior parte do Mediterrâneo e exerceu grande influência na África e na Ásia durante toda a Idade Moderna; no geral, a África e a Ásia mantiveram-se organizadas em torno de centros políticos e culturais autônomos; a Rússia reinou com extremo isolamento em uma vasta área da Europa Oriental e Ásia; e o Império Espanhol, a retardatária cultura europeia da Revolução Industrial, foi a maior potência mundial por mais de dois séculos depois de 1492. A tecnologia, expressando condições sociais específicas, introduziu nova trajetória histórica na segunda metade do século XVIII.

Essa trajetória originou-se na Inglaterra, apesar de suas raízes intelectuais poderem ser encontradas por toda a Europa e no espírito renascentista das descobertas.[26] Na verdade, alguns historiadores insistem que os conhecimentos científicos necessários à primeira Revolução Industrial já estavam disponíveis cem anos antes, prontos para serem usados sob condições sociais maduras; ou, como afirmam outros, aguardando a engenhosidade técnica de inventores autodidatas, como Newcomen, Watt, Crompton ou Arkwright, capazes de transformar a tecnologia disponível, combinada com a experiência artesanal, em novas e decisivas tecnologias industriais.[27] Porém a segunda Revolução Industrial, mais dependente de novos conhecimentos científicos, mudou seu centro de gravidade para os EUA e a Alemanha, onde ocorreu a maior parte dos desenvolvimentos em produtos químicos, eletricidade e telefonia.[28] Historiadores têm feito uma análise meticulosa das condições sociais associadas às mudanças geográficas das inovações técnicas, muitas vezes enfocando as características dos sistemas educacionais e científicos ou a institucionalização dos direitos de propriedade. Porém a explicação contextual para a trajetória irregular da inovação tecnológica parece ser muito ampla e aberta a interpretações alternativas. Hall e Preston, ao analisarem a mudança geográfica da inovação tecnológica entre 1846 e 2003, mostram a importância de fontes *locais* de inovação, das quais Berlim, Nova York e Boston são coroadas como "centros mundiais de alta tecnologia industrial" entre 1880 e 1914, enquanto "Londres no mesmo período era uma sombra pálida de Berlim".[29] O motivo disso encontra-se na base territorial para a interação dos sistemas de descobertas e aplicações tecnológicas, isto é, nas propriedades sinérgicas do que é conhecido na literatura como "ambientes de inovação".[30]

Na verdade, as descobertas tecnológicas ocorreram em agrupamentos, interagindo entre si num processo de retornos cada vez maiores. Sejam quais forem as condições que determinaram esses agrupamentos, a principal lição que permanece é que *a inovação tecnológica não é uma ocorrência isolada.*[31] Ela reflete um determinado estágio de conhecimento; um ambiente institucional e industrial específico; uma certa disponibilidade de talentos para definir um problema técnico e resolvê-lo; uma mentalidade econômica para dar a essa aplicação uma boa relação custo/benefício; e uma rede de fabricantes e usuários capazes de comunicar suas experiências de modo cumulativo e aprender usando e fazendo. As elites aprendem fazendo e com isso modificam as aplicações da tecnologia, enquanto a maior parte das pessoas aprende usando e, assim, permanecem dentro dos limites do pacote da tecnologia. A interatividade dos sistemas de inovação tecnológica e sua dependência de certos "ambientes" propícios para trocas de ideias, problemas e soluções são aspectos importantíssimos que podem ser estendidos da experiência de revoluções passadas para a atual.[32]

Os efeitos positivos, a longo prazo, das novas tecnologias industriais no crescimento econômico, na qualidade de vida e na conquista humana da Natureza hostil (refletidos no aumento impressionante da expectativa de vida, que não tivera uma melhoria constante antes do século XVIII) são indiscutíveis nos registros históricos. Porém não vieram cedo, apesar da difusão da máquina a vapor e das novas máquinas e equipamentos. Mokyr relembra que

> no início, o consumo *per capita* e a qualidade de vida aumentaram pouco [no fim do séc. XVIII], mas as tecnologias de produção mudaram drasticamente várias indústrias e setores, preparando o caminho para o crescimento sustentado schumpeteriano na segunda metade do século XIX, quando o progresso tecnológico penetrou em indústrias não afetadas anteriormente.[33]

Essa estimativa crucial força-nos a avaliar os verdadeiros efeitos de grandes transformações tecnológicas à luz de uma defasagem no tempo em função das condições específicas de cada sociedade. Todavia os registros históricos parecem indicar que, em termos gerais, quanto mais próxima for a relação entre os locais de inovação, produção e utilização das novas tecnologias, mais rápida será a transformação das sociedades e maior será o retorno positivo das condições sociais sobre as condições gerais para favorecer futuras inovações. Assim, na Espanha, a Revolução Industrial difundiu-se de forma rápida na Catalunha, já no fim do século XVIII, mas alcançou uma velocidade bem menor no resto do país, particularmente em Madri e no Sul; apenas o País Basco e Astúrias tinham aderido ao processo de industrialização no final do século XIX.[34] As fronteiras da inovação industrial eram coincidentes em grande parte com áreas onde foi proibido comercializar com as colônias da América espanhola por cerca de dois séculos: embora as elites andaluzas e castelhanas, bem como a Coroa, pudessem viver de suas rendas norte-americanas, os catalães tinham de prover o próprio sustento através do comércio e da engenhosidade, enquanto eram submetidos à pressão de um Estado centralizador. Em parte como resultado dessa trajetória histórica, até a década de 1950 a Catalunha e o País Basco eram as únicas regiões totalmente industrializadas e as principais fontes de espíritos empreendedores e de inovação, em profundo contraste com as tendências do resto da Espanha. Assim, condições sociais específicas favorecem a inovação tecnológica, que alimenta a trilha do desenvolvimento econômico e as demais inovações. Contudo a reprodução dessas condições é tão cultural e institucional quanto econômica e tecnológica. A transformação de ambientes sociais e institucionais pode alterar o ritmo e a geografia do desenvolvimento tecnológico (por exemplo, o Japão depois da Restauração Meiji ou a Rússia durante um breve período sob o regime Stolypin), embora a história passada ostente uma inércia considerável.

Uma última lição importante das revoluções industriais, que considero pertinente a esta análise, gera controvérsia: apesar de ambas terem causado o surgimento de novas tecnologias que na verdade formaram e transformaram um sistema industrial em estágios sucessivos, no âmago dessas revoluções havia uma inovação fundamental em geração e distribuição de energia. R. J. Forbes, famoso historiador de tecnologia, afirma que "a invenção da máquina a vapor é o fator central na revolução industrial", seguida pela introdução de novos motores primários e motores primários móveis, com os quais "a força da máquina a vapor podia ser levada aonde fosse necessária e na extensão desejada".[35] E, embora insista no caráter multifacetado da Revolução Industrial, Mokyr também acha que "não obstante os protestos de alguns historiadores econômicos, a máquina a vapor é ainda amplamente considerada a invenção mais requintada da Revolução Industrial".[36] A eletricidade foi a força central da segunda revolução, apesar de outros avanços extraordinários como produtos químicos, aço, motor de combustão interna, telégrafo e telefonia. Isso porque, apenas mediante geração e distribuição de eletricidade, os outros campos puderam desenvolver suas aplicações e ser conectados entre si. Um caso em especial foi o do telégrafo elétrico que, utilizado experimentalmente durante a década de 1790 e em pleno uso desde 1837, só conseguiu desenvolver-se em uma rede de comunicação, conectando o mundo em larga escala, quando pôde contar com a difusão da eletricidade. O uso difundido da eletricidade a partir de 1870 mudou os transportes, telégrafos, iluminação e, não menos importante, o trabalho nas fábricas mediante a difusão de energia na forma de motores elétricos. Na verdade, embora as fábricas sejam associadas à primeira Revolução Industrial, por quase um século elas não foram concomitantes com o uso da máquina a vapor, bastante utilizada em pequenas oficinas artesanais, enquanto muitas fábricas grandes continuavam a usar fontes melhoradas de energia hidráulica (daí a razão de, por muito tempo, terem sido conhecidas como moinhos). Foi o motor elétrico que tanto tornou possível quanto induziu a organização do trabalho em larga escala nas fábricas industriais.[37] Nas palavras de R. J. Forbes (em 1958):

> Durante os últimos 250 anos, cinco novos motores primários importantes geraram aquilo que é frequentemente chamado de a Era das Máquinas. No século XVIII foi a máquina a vapor; no séc. XIX a turbina hidráulica, o motor de combustão interna e a turbina a vapor; no séc. XX a turbina de combustão. Historiadores sempre inventaram lemas que denotassem movimentos ou correntes históricas. Assim é com a "Revolução Industrial", título para um processo de desenvolvimento frequentemente descrito como tendo seu início no começo do século XVIII e estendendo-se por quase todo o século XIX. Foi um movimento lento, mas forjou mudanças tão profundas em sua combinação entre progresso material e deslocamento social que, no conjunto, talvez possam ser descritas como revolucionárias se consideradas no período de tempo abrangido por essas datas.[38]

Portanto, atuando no processo central de todos os processos — ou seja, a energia necessária para produzir, distribuir e comunicar —, as duas Revoluções Industriais difundiram-se por todo o sistema econômico e permearam todo o tecido social. Fontes móveis de energia barata e acessível expandiram e aumentaram a força do corpo humano, criando a base material para a continuação histórica de um movimento semelhante rumo à expansão da mente humana.

A SEQUÊNCIA HISTÓRICA DA REVOLUÇÃO DA TECNOLOGIA DA INFORMAÇÃO

A breve, porém intensa, história da revolução da tecnologia da informação foi contada tantas vezes nos últimos anos, que é desnecessário dar ao leitor um outro relato completo.[39] Além disso, devido ao ritmo acelerado dessa revolução, qualquer outro relato tornar-se-ia obsoleto, tanto que, entre o momento em que este livro está sendo escrito e o de sua leitura (digamos 18 meses), microchips terão dobrado seu desempenho a um determinado preço, de acordo com a geralmente aceita "lei de Moore".[40] Todavia considero útil para a análise nos lembrarmos dos principais eixos da transformação tecnológica em geração/processamento/transmissão da informação, colocando-os na sequência que se deslocou rumo à formação de um novo paradigma sociotécnico.[41] Este breve resumo me autorizará, posteriormente, a omitir referências sobre aspectos técnicos ao discutir sua interação específica com a economia, cultura e sociedade por todo o itinerário intelectual deste livro, exceto quando novos elementos de informação forem necessários.

Macromudanças da microengenharia: eletrônica e informação

Apesar de os antecessores industriais e científicos das tecnologias da informação com base em microeletrônica já poderem ser observados anos antes da década de 1940[42] (não menosprezando a invenção do telefone por Bell, em 1876, do rádio por Marconi, em 1898, e da válvula a vácuo por De Forest, em 1906), foi durante a Segunda Guerra Mundial e no período seguinte que se deram as principais descobertas tecnológicas em eletrônica: o primeiro computador programável e o transistor, fonte da microeletrônica, o verdadeiro cerne da revolução da tecnologia da informação no século XX.[43] Porém defendo que, de fato, só na década de 1970 as novas tecnologias da informação difundiram-se amplamente, acelerando seu desenvolvimento sinérgico e convergindo em um novo paradigma. Vamos reconstituir os estágios da inovação em três principais campos da tecnologia que, intimamente inter-relacionados, constituíram a história das tecnologias baseadas em eletrônica: microeletrônica, computadores e telecomunicações.

O transistor, inventado em 1947 na empresa Bell Laboratories em Murray Hill, no estado de Nova Jersey, pelos físicos Bardeen, Brattain e Shockley (ganhadores do Prêmio Nobel pela descoberta), possibilitou o processamento de impulsos elétricos em velocidade rápida e em modo binário de interrupção e amplificação, permitindo a codificação da lógica e da comunicação com e entre as máquinas: esses dispositivos têm o nome de semicondutores, mas as pessoas costumam chamá-los de chips (na verdade, agora constituídos de milhões de transistores). O primeiro passo na difusão do transistor foi dado em 1951, com a invenção do transistor de junção por Shockley. Porém sua fabricação e utilização em ampla escala exigiam novas tecnologias de produção e uso de material apropriado. A mudança para o silício, construindo, literalmente, a nova revolução na areia, foi pioneiramente realizada pela Texas Instruments (em Dallas) em 1954 (um feito facilitado pela contratação de Gordon Teal, em 1953, outro importante cientista da Bell Laboratories). A invenção do processo plano em 1959 pela empresa Fairchild Semiconductors (localizada no Vale do Silício) abriu a possibilidade de integração de componentes miniaturizados com precisão de fabricação.

Contudo o passo decisivo da microeletrônica foi dado em 1957: o circuito integrado (CI) foi inventado por Jack Kilby, engenheiro da Texas Instruments (que o patenteou) em parceria com Bob Noyce, um dos fundadores da Fairchild. Mas foi Noyce que fabricou CIs pela primeira vez, usando o processo plano. Essa iniciativa acionou uma explosão tecnológica: em apenas três anos, entre 1959 e 1962, os preços dos semicondutores caíram 85%, e nos dez anos seguintes a produção aumentou vinte vezes, sendo que 50% dela foi destinada a usos militares.[44] A título de comparação histórica, levou setenta anos (1780-1850) para que o preço do tecido de algodão caísse 85% na Inglaterra durante a Revolução Industrial.[45] Então, o movimento acelerou-se na década de 1960: à medida que a tecnologia de fabricação progredia e se conseguia melhorar o design dos chips com o auxílio de computadores, usando dispositivos microeletrônicos mais rápidos e mais avançados, o preço médio de um circuito integrado caiu de US$ 50 em 1962 para US$ 1 em 1971.

O avanço gigantesco na difusão da microeletrônica em todas as máquinas ocorreu em 1971 quando o engenheiro da Intel, Ted Hoff (também no Vale do Silício), inventou o microprocessador, que é o computador em um único chip. Assim, a capacidade de processar informações poderia ser instalada em todos os lugares. Começava a disputa pela capacidade de integração cada vez maior dos circuitos contidos em apenas um chip, e a tecnologia de produção e design sempre excedia os limites da integração antes considerada fisicamente impossível sem abandonar o uso do silício. Em meados dos anos 1990, as avaliações técnicas ainda previam entre dez e vinte anos de emprego satisfatório para os circuitos à base de silício, embora já se tivessem intensificado as pesquisas sobre materiais alternativos. O nível de integração tem progredido em ritmo bastante rápido nos últimos vinte anos. Embora detalhes técnicos não tenham vez neste livro, é pertinente à análise indicar a velocidade e a extensão da transformação tecnológica.

Como se sabe, a capacidade dos chips pode ser avaliada por uma combinação de três características: sua capacidade de integração, indicada pela menor largura das linhas de condução no interior do chip medida em mícrons (1 mícron = a milionésima parte de um metro); sua capacidade de memória, medida em bits: milhares (kbits) e milhões (megabits); e a velocidade do microprocessador medida em megahertz. Assim, o primeiro processador de 1971 foi produzido com linhas de aproximadamente 6,5 mícrons; em 1980 alcançou 4 mícrons; em 1987, 1 mícron; em 1995, o Pentium da Intel tinha um tamanho na faixa de 0,35 mícron; e as projeções já estavam em 0,25 mícron em 1999. Assim, enquanto em 1971 cabiam 2.300 transistores em um *chip* do tamanho da cabeça de uma tachinha, em 1993 cabiam 35 milhões. Em 1971, a capacidade de memória, indicada como memória DRAM (memória dinâmica de acesso aleatório), era de 1.024 bits; em 1980, 64.000; em 1987, 1.024.000; em 1993, 16.384.000; e, segundo as projeções, de 256.000.000 bits em 1999. No tocante à velocidade, em meados da década de 1990 os microprocessadores de 64 bits eram 550 vezes mais rápidos que o primeiro chip da Intel em 1972; e o número de MPUs dobra a cada 18 meses. As projeções para 2002 previram uma aceleração da tecnologia de microeletrônica na integração (chips de 0,18 mícron), na capacidade da memória DRAM (1.024 megabits) e na velocidade dos microprocessadores (até mais de 500 megahertz, comparados aos 150 de 1993). Ao combinar os surpreendentes desenvolvimentos em processamento paralelo, usando microprocessadores múltiplos (inclusive, no futuro, unindo-se microprocessadores múltiplos em apenas um chip), parece que o poder da microeletrônica ainda está sendo liberado, aumentando continuamente a capacidade da computação. Além disso, a miniaturização, a maior especialização e a queda dos preços dos chips de capacidade cada vez maior possibilitaram sua utilização em máquinas usadas em nossa rotina diária, de lava-louças e fornos de micro-ondas a automóveis, cujos instrumentos eletrônicos, nos modelos básicos dos anos 1990, alcançaram um valor mais alto que o próprio aço utilizado em sua fabricação.

Os computadores também foram concebidos pela mãe de todas as tecnologias, a Segunda Guerra Mundial, mas nasceram somente em 1946 na Filadélfia, se não considerarmos as ferramentas desenvolvidas com objetivos bélicos, como o Colossus britânico (1943) para decifrar códigos inimigos e o Z-3 alemão que, como dizem, foi criado em 1941 para auxiliar os cálculos das aeronaves.[46] Todavia os Aliados concentravam a maior parte de seus esforços em eletrônica nos programas de pesquisa do MIT (Instituto de Tecnologia de Massachusetts), e a verdadeira experiência da capacidade das calculadoras ocorreu na universidade da Pensilvânia com o patrocínio do exército norte-americano, onde Mauchly e Eckert desenvolveram o primeiro computador para uso geral, em 1946, o ENIAC (calculadora e integrador numérico eletrônico). Os historiadores lembram que o primeiro computador eletrônico pesava 30 toneladas, foi construído sobre estruturas metálicas com 2,75 m de altura, tinha 70 mil resistores e 18 mil válvulas a vácuo e ocupava a área de um ginásio esportivo. Quando ele foi acionado, seu consumo de energia foi tão alto que as luzes da Filadélfia piscaram.[47]

Porém a primeira versão comercial dessa máquina primitiva, o UNIVAC-1, desenvolvido em 1951 pela mesma equipe e depois com a marca Remington Rand, alcançou tremendo sucesso no processamento dos dados do Censo norte-americano de 1950. A IBM, também patrocinada por contratos militares e, em parte, contando com as pesquisas do MIT, superou suas restrições iniciais em relação à era do computador e entrou na disputa em 1953 com uma máquina de 701 válvulas. Em 1958, quando

Sperry Rand introduziu um computador de grande porte (mainframe) de segunda geração, a IBM logo deu sequência com seu modelo 7090. Mas foi apenas em 1964 que a IBM, com seu mainframe 360/370, conseguiu dominar a indústria de computadores, povoada por novas (Control Data, Digital) e antigas (Sperry, Honeywell, Burroughs, NCR) empresas fabricantes de máquinas comerciais. A maior parte dessas empresas estava decadente ou desaparecera na década de 1990: esta é a velocidade da "destruição criativa" schumpeteriana na indústria eletrônica. Na era antiga, ou seja, trinta anos antes da elaboração deste livro, a indústria se organizava em uma hierarquia bem-definida de mainframes, minicomputadores (na verdade, aparelhos ainda um tanto robustos) e terminais, com parte da informática especializada deixada para o mundo esotérico dos supercomputadores (uma troca de experiências sobre previsão do tempo e jogos de guerra), no qual o extraordinário talento de Seymour Cray reinou por certo tempo, apesar de sua falta de visão tecnológica.

A microeletrônica mudou tudo isso, causando uma "revolução dentro da revolução". O advento do microprocessador em 1971, com a capacidade de incluir um computador em um chip, pôs o mundo da eletrônica e, sem dúvida, o próprio mundo, de pernas para o ar. Em 1975, Ed Roberts, um engenheiro que criou uma pequena empresa fabricante de calculadoras, a MITS, em Albuquerque, Novo México, construiu uma "caixa de computação" com o inacreditável nome de Altair, inspirado em um personagem da série de TV *Jornada nas estrelas*, que era admirado pela filha do inventor. A máquina era um objeto primitivo, mas foi construída como um computador de pequena escala com um microprocessador. O Altair foi a base para o design do Apple I e, posteriormente, do Apple II. Este último foi o primeiro microcomputador de sucesso comercial, idealizado pelos jovens Steve Wozniak e Steve Jobs (após abandonarem os estudos regulares), na garagem da casa de seus pais, em Menlo Park, Vale do Silício, em uma saga verdadeiramente extraordinária que acabou se tornando uma lenda sobre o começo da Era da Informação. Lançada em 1976, com três sócios e um capital de US$ 91 mil, a Apple Computers alcançou em 1982 a marca de US$ 583 milhões em vendas, anunciando a era da difusão do computador. A reação da IBM foi rápida: em 1981, ela introduziu sua versão do microcomputador com um nome brilhante: Computador Pessoal (PC) que, na verdade, se tornou o nome genérico dos microcomputadores. Todavia, por não ter sido criado com base na tecnologia de propriedade da IBM, mas na tecnologia desenvolvida para a IBM por terceiros, ele ficou vulnerável à clonagem, que logo foi praticada em escala maciça, em especial, na Ásia. No entanto, embora acabasse determinando o fim do predomínio da IBM no negócio de PCs, o fato também difundiu o uso dos clones da IBM ao redor do mundo, disseminando um padrão comum, apesar da superioridade das máquinas da Apple. O Macintosh da Apple, lançado em 1984, foi o primeiro passo rumo aos computadores de fácil utilização, com a introdução da tecnologia baseada em ícones e interfaces com o usuário, desenvolvida originalmente pelo Centro de Pesquisas Palo Alto da Xerox.

Uma condição fundamental para a difusão dos microcomputadores foi preenchida com o desenvolvimento de um novo software adaptado a suas operações.[48] O software para PCs surgiu em meados dos anos 1970 a partir do entusiasmo gerado pelo Altair: dois jovens desistentes de Harvard, Bill Gates e Paul Allen, adaptaram o BASIC para operar a máquina Altair em 1976. Ao perceber o potencial, eles prosseguiram e fundaram a Microsoft (primeiro em Albuquerque e, dois anos depois, mudaram para Seattle onde moravam os pais de Bill Gates), o atual gigante em software, que transformou seu predomínio em software de sistemas operacionais no predomínio em software para o mercado de microcomputadores como um todo, que estava em crescimento exponencial.

Nos últimos vinte anos do século XX, o aumento da capacidade dos chips resultou em um aumento impressionante da capacidade dos microcomputadores. No início dos anos 1990, computadores de um só chip tinham a capacidade de processamento de um computador IBM de cinco anos antes. Além disso, desde meados da década de 1980, os microcomputadores não podem ser concebidos isoladamente: eles atuam em rede, com mobilidade cada vez maior, com base em computadores portáteis. Essa versatilidade extraordinária e a possibilidade de aumentar a memória e os recursos de processamento, ao compartilhar a capacidade computacional de uma rede eletrônica, mudaram decisivamente a era dos computadores nos anos 1990, ao transformar o processamento e armazenamento de dados centralizados em um sistema compartilhado e interativo de computadores em rede. Não foi apenas todo o sistema de tecnologia que mudou, mas também suas interações sociais e organizacionais. Assim, o custo médio do processamento da informação caiu de aproximadamente US$ 75 por cada milhão de operações em 1960, para menos de um centésimo de centavo de dólar em 1990.

É claro que essa capacidade de desenvolvimento de redes só se tornou possível graças aos importantes avanços tanto das telecomunicações quanto das tecnologias de integração de computadores em rede, ocorridos durante os anos 1970. Mas, ao mesmo tempo, tais mudanças somente foram possíveis após o surgimento de novos dispositivos microeletrônicos e o aumento da capacidade de computação, em uma impressionante ilustração das relações sinérgicas da revolução da tecnologia da informação.

As telecomunicações também foram revolucionadas pela combinação das tecnologias de "nós" (roteadores e comutadores eletrônicos) e novas conexões (tecnologias de transmissão). O primeiro comutador eletrônico produzido industrialmente, o ESS-1, foi introduzido pela Bell Laboratories, em 1969. Em meados dos anos 1970, os avanços da tecnologia em circuitos integrados possibilitaram a criação do comutador digital, aumentando a velocidade, potência e flexibilidade com economia de espaço, energia e trabalho, em comparação com os dispositivos analógicos. Embora, no início, a American Telephone and Telegraph (ATT), matriz da Bell Laboratories, estivesse relutante contra sua introdução devido à necessidade de amortização do investimento já feito em equipamentos analógicos, quando, em 1977, a Northern Telecom do

Canadá obteve uma fatia do mercado norte-americano por meio de sua liderança em comutadores digitais, as empresas da Bell entraram na concorrência e desencadearam um movimento semelhante ao redor do mundo.

Avanços importantes em optoeletrônica (transmissão por fibra ótica e laser) e a tecnologia de transmissão por pacotes digitais promoveram um aumento surpreendente da capacidade das linhas de transmissão. As IBNs (Redes de Banda Larga Integradas) vislumbradas na década de 1990 poderiam ultrapassar substancialmente as propostas revolucionárias dos anos 1970 de uma ISDN (rede digital de serviços integrados): enquanto a capacidade transportadora da ISDN através de fios de cobre ficava em torno de 144 mil bits, nos anos 1990, a da IBN, por fibras óticas, embora a preço mais alto, ficaria em torno de um quatrilhão de bits, se e quando pudesse ser operacionalizada. Para medir a velocidade da mudança, vamos recordar que, em 1956, os primeiros cabos telefônicos transatlânticos podiam transportar cinquenta circuitos de voz compactada; em 1995, os cabos de fibra ótica podiam transportar 85 mil desses circuitos. Essa capacidade de transmissão com base em optoeletrônica, combinada com arquiteturas avançadas de comutação e roteamento, como ATM (modo de transmissão assíncrono) e TCP/IP (protocolo de controle de transmissão/protocolo de interconexão), é a base da internet.

Formas diferentes de utilização do espectro de radiodifusão (transmissão tradicional, transmissão direta via satélite, micro-ondas, telefonia celular digital), assim como cabos coaxiais e fibras óticas, oferecem uma diversidade e versatilidade de tecnologias de transmissão, que estão sendo adaptadas a uma série de usos e possibilitam a comunicação ubíqua entre usuários de unidades móveis. Assim, a telefonia celular difundiu-se com grande força por todo o mundo nos anos 1990, literalmente invadindo a Ásia com pagers não sofisticados e a América Latina com telefones celulares, usados como símbolos de status. No ano 2000, já existiam tecnologias acessíveis para um aparelho pessoal de comunicação de cobertura universal, aguardando apenas a resolução de inúmeras questões técnicas, jurídicas e administrativas para chegar ao mercado. Cada grande avanço em um campo tecnológico específico amplifica os efeitos das tecnologias da informação conexas. A convergência de todas essas tecnologias eletrônicas no campo da comunicação interativa levou à criação da internet, talvez o mais revolucionário meio tecnológico da Era da Informação.

A criação da internet

A criação e o desenvolvimento da internet nas três últimas décadas do século XX foram consequência de uma fusão singular de estratégia militar, grande cooperação científica, iniciativa tecnológica e inovação contracultural.[49] A internet teve origem no trabalho de uma das mais inovadoras instituições de pesquisa do mundo:

a Agência de Projetos de Pesquisa Avançada (Arpa) do Departamento de Defesa dos EUA. Quando o lançamento do primeiro Sputnik, em fins da década de 1950, assustou os centros de alta tecnologia estadunidenses, a Arpa empreendeu inúmeras iniciativas ousadas, algumas das quais mudaram a história da tecnologia e anunciaram a chegada da Era da Informação em grande escala. Uma dessas estratégias, que desenvolvia um conceito criado por Paul Baran na Rand Corporation em 1960-4, foi criar um sistema de comunicação invulnerável a ataques nucleares. Com base na tecnologia de comunicação da troca de pacotes, o sistema tornava a rede independente de centros de comando e controle, para que a mensagem procurasse suas próprias rotas ao longo da rede, sendo remontada para voltar a ter sentido coerente em qualquer ponto da rede.

Quando, mais tarde, a tecnologia digital permitiu o empacotamento de todos os tipos de mensagens, inclusive de som, imagens e dados, criou-se uma rede que era capaz de comunicar seus nós sem usar centros de controles. A universalidade da linguagem digital e a pura lógica das redes do sistema de comunicação geraram as condições tecnológicas para a comunicação global horizontal.

A primeira rede de computadores, que se chamava Arpanet — em homenagem a seu poderoso patrocinador —, entrou em funcionamento em 1º de setembro de 1969, com seus quatro primeiros nós na Universidade da Califórnia em Los Angeles, no Stanford Research Institute, na Universidade da Califórnia em Santa Bárbara e na Universidade de Utah. Estava aberta aos centros de pesquisa que colaboravam com o Departamento de Defesa dos EUA, mas os cientistas começaram a usá-la para suas próprias comunicações, chegando a criar uma rede de mensagens entre entusiastas de ficção científica. A certa altura tornou-se difícil separar a pesquisa voltada para fins militares das comunicações científicas e das conversas pessoais. Assim, permitiu-se o acesso à rede de cientistas de todas as disciplinas e, em 1983, houve a divisão entre Arpanet, dedicada a fins científicos, e a Milnet, orientada diretamente às aplicações militares. A National Science Foundation também se envolveu na década de 1980 na criação de outra rede científica, a CSNET, e — em colaboração com a IBM — de mais uma rede para acadêmicos não científicos, a BITNET. Contudo todas as redes usavam a Arpanet como espinha dorsal do sistema de comunicação. A rede das redes que se formou durante a década de 1980 chamava-se ARPA-Internet, depois passou a chamar-se Internet, ainda sustentada pelo Departamento de Defesa e operada pela National Science Foundation. Tendo-se tornado tecnologicamente obsoleta depois de mais de vinte anos de serviços, a Arpanet encerrou as atividades em 28 de fevereiro de 1990. Em seguida, a NSFNET, operada pela National Science Foundation, assumiu o posto de espinha dorsal da internet. Contudo as pressões comerciais, o crescimento de redes de empresas privadas e de redes cooperativas sem fins lucrativos levaram ao encerramento dessa última espinha dorsal operada pelo governo em abril de 1995, prenunciando a privatização total da internet, quando inúmeras ramificações comerciais das redes regionais da NSF uniram forças para formar acordos colaborativos entre redes privadas. Uma vez privatizada, a internet não contava com nenhuma autoridade supervisora. Diversas instituições e mecanismos improvisados, criados durante todo o desenvolvimento da internet, assumiram alguma responsabilidade informal pela coordenação das configurações técnicas e pela corretagem de contratos de atribuição de endereços da internet. Em janeiro de 1992, numa iniciativa da National Science Foundation, foi outorgada à Internet Society, instituição sem fins lucrativos, a responsabilidade sobre as organizações coordenadoras já existentes, a Internet Activities Board e a Internet Engineering Task Force. Internacionalmente, a função principal de coordenação continuam sendo os acordos multilaterais de atribuição de endereços de domínios no mundo inteiro, assunto bem polêmico.[50] Apesar da criação, em 1998, de um novo órgão regulador com sede nos EUA (IANA/ICANN), em 1999 não existia nenhuma autoridade clara e indiscutível sobre a internet, tanto nos EUA quanto no resto do mundo — sinal das características anarquistas do novo meio de comunicação, tanto tecnológica quanto culturalmente.

Para que a rede pudesse sustentar o crescimento exponencial no volume de comunicações, era preciso aprimorar a tecnologia de transmissão. Na década de 1970, a Arpanet usava links de 56.000 bits por segundo. Em 1987, as linhas da rede transmitiam 1,5 milhão de bits por segundo. Por volta de 1992, a NSFNET, espinha dorsal da internet, operava com a velocidade de transmissão de 45 milhões de bits por segundo, capacidade suficiente para enviar 5.000 mensagens por segundo. Em 1995, a tecnologia de transmissão em gigabits estava no estágio prototípico, com capacidade equivalente à transmissão da Biblioteca do Congresso dos EUA em um minuto.

Contudo, a capacidade de transmissão não era suficiente para instituir uma teia mundial de comunicação. Era preciso que os computadores estivessem capacitados a conversar uns com os outros. O primeiro passo nessa direção foi a criação de um protocolo de comunicação que todos os tipos de redes pudessem usar — tarefa praticamente impossível no início da década de 1970. Em meados de 1973, Vinton Cerf e Robert Kahn, cientistas da computação que faziam pesquisa na Arpa, criaram a arquitetura fundamental da internet, desenvolvendo um trabalho com o fim de criar um protocolo de comunicação realizado por Kahn em sua empresa de pesquisas, a BBN. Convocaram uma reunião em Stanford, à qual compareceram pesquisadores da Arpa e de diversas universidades e centros de pesquisa — entre eles o PARC/Xerox, onde Robert Metcalfe estava trabalhando na tecnologia da comunicação de pacotes que levaria à criação das redes de área local (LAN). A cooperação tecnológica também contava com vários grupos europeus, em especial os dos pesquisadores franceses associados ao programa

Cyclades. Fundamentando-se no seminário de Stanford, Cerf, Metcalfe e Gerard Lelann (da Cyclades) especificaram um protocolo de transmissão que seria compatível com os pedidos de vários pesquisadores e das diversas redes existentes. Em 1978, Cerf, Postel (da UCLA) e Cohen (da USC) dividiram o protocolo em duas partes: servidor-a-servidor (TCP) e protocolo inter-redes (IP). O protocolo TCP/IP resultante tornou-se o padrão de comunicação entre computadores nos EUA em 1980. Sua flexibilidade permitia a adoção de uma estrutura de camadas múltiplas de links entre redes de computadores, o que demonstrou sua capacidade de adaptar-se a vários sistemas de comunicação e a uma diversidade de códigos. Em 1980, quando as concessionárias de telecomunicações, em especial as da Europa, impuseram outro protocolo de comunicação (x.25) como padrão internacional, o mundo aproximou-se bastante de se dividir em redes não comunicáveis. Não obstante, a capacidade do TCP/IP de adaptar-se à diversidade acabou por prevalecer. Com algumas adaptações (atribuir x.25 e TCP/IP a diversas camadas da rede de comunicações e, depois, definir links entre as camadas, e tornar complementares os dois protocolos), o TCP/IP conseguiu conquistar aceitação como padrão mais comum de protocolos de comunicação entre computadores. Desde então, os computadores estavam capacitados a decodificar entre si os pacotes de dados que trafegavam em alta velocidade pela internet. Ainda era necessária mais uma convergência tecnológica para que os computadores se comunicassem: a adaptação do TCP/IP ao UNIX, um sistema operacional que viabilizava o acesso de um computador a outro. O sistema UNIX foi inventado por Bell Laboratories em 1969, mas só passou a ser amplamente usado depois de 1983, quando os pesquisadores de Berkeley (também financiados pela ARPA) adaptaram o protocolo TCP/IP ao UNIX. Já que a nova versão do UNIX foi financiada por verba pública, o software tornou-se disponível só pelo preço de distribuição. O sistema de comunicação em rede nasceu em ampla escala na forma de redes de área local e redes regionais ligadas umas às outras, e começou a espalhar-se por toda parte onde houvesse linhas telefônicas e os computadores estivessem equipados com modems, equipamento de preço bastante baixo.

Por trás do desenvolvimento da internet havia redes científicas, institucionais e pessoais que transcendiam o Departamento de Defesa, a National Science Foundation, grandes universidades de pesquisa (em especial MIT, UCLA, Stanford, University of Southern California, Harvard, Universidade da Califórnia em Santa Bárbara e Universidade da Califórnia em Berkeley), e grupos de pesquisa especializados em tecnologia, tais como o Lincoln Laboratory do MIT, o SRI (antigo Stanford Research Institute), Palo Alto Research Corporation (financiado pela Xerox), Bell Laboratories da ATT, Rand Corporation e BBN (Bolt, Beranek & Newman). Os principais agentes tecnológicos nas décadas de 1960 e 1970 eram, entre outros, J. C. R. Licklider, Paul Baran, Douglas Engelbart (o inventor do mouse), Robert Taylor, Ivan Sutherland, Lawrence Roberts, Alex McKenzie, Robert Kahn, Alan Kay, Robert Thomas, Robert Metcalfe e um brilhante teórico da ciência da computação, Leonard Kleinrock, e seu séquito de alunos excelentes da pós-graduação da UCLA, que se tornariam algumas das cabeças fundamentais no projeto e no desenvolvimento da internet: Vinton Cerf, Stephen Crocker, Jon Postel, entre outros. Muitos desses cientistas da computação movimentavam-se entre essas instituições, criando um ambiente de inovações, cujas metas e cuja dinâmica se tornaram praticamente autônomas com relação à estratégia militar ou às conexões com supercomputadores. Eram cruzados tecnológicos, convictos de que estavam modificando o mundo, como acabaram mesmo fazendo.

Muitas das aplicações da internet tiveram origem em invenções inesperadas de seus usuários pioneiros, e levaram a costumes e a uma trajetória tecnológica que se tornariam características essenciais da internet. Assim, nos primeiros estágios da Arpanet, a argumentação em defesa das conexões entre computadores era a possibilidade da partilha de tempo por meio da computação remota, pois assim os recursos esparsos dos computadores poderiam ser totalmente utilizados em rede. Não obstante, a maioria dos usuários não precisava de tanta potência computacional, ou não estava disposta a reprogramar seus sistemas segundo os requisitos de comunicações. Porém o que realmente provocou muito entusiasmo foi a comunicação via correio eletrônico entre os participantes da rede — aplicativo criado por Ray Tomlinson na BBN que continua sendo o uso mais popular da comunicação entre computadores em todo o mundo.

Mas esse é apenas um lado da história. Em paralelo com o trabalho do Pentágono e dos grandes cientistas de criar uma rede universal de computadores com acesso público, dentro de normas de "uso aceitável", surgiu nos Estados Unidos uma contracultura de crescimento descontrolado, quase sempre de associação intelectual com os efeitos secundários dos movimentos da década de 1960 em sua versão mais libertária/utópica. O modem, elemento importante do sistema, foi uma das descobertas tecnológicas que surgiu dos pioneiros dessa contracultura, originalmente batizada de "the hackers", antes da conotação maligna que o termo veio a assumir. O modem para PCs foi inventado por dois estudantes de Chicago, Ward Christensen e Randy Suess, em 1978, quando estavam tentando descobrir um sistema para transferir programas entre microcomputadores via telefone para não serem obrigados a percorrer longos trajetos no inverno de Chicago.

Em 1979, divulgaram o protocolo *XModem*, que permitia a transferência direta de arquivos entre computadores, sem passar por um sistema principal. E divulgaram a tecnologia gratuitamente, pois sua finalidade era espalhar o máximo possível a capacidade de comunicação. As redes de computadores que não pertenciam à Arpanet (em seus primeiros estágios reservada às universidades científicas de elite) descobriram um meio de começar a se comunicar entre si por conta própria. Em 1979, três alunos da Duke University e da Universidade de Carolina do Norte, não inclusas na Arpanet, criaram uma versão modificada do protocolo UNIX que possibilitava a interligação de computadores via linha telefônica comum. Usaram-na para criar um fórum on-line de conversas sobre informática, a Usenet, que logo se tornou um dos primeiros sistemas de conversas eletrônicas em larga escala. Os inventores da Usenet News também divulgavam gratuitamente seu software num folheto distribuído nos congressos de usuários de UNIX. Em 1983, Tom Jennings criou um sistema para a publicação de quadros de avisos em PCs, por intermédio da instalação de um modem e de um software especial que permitia aos computadores se comunicarem com um PC equipado com essa tecnologia de interface. Essa foi a origem de uma das redes mais originais, de base, a Fidonet, que em 1990 já conectava 2.500 computadores nos EUA. Por ser barata, aberta e cooperativa, a Fidonet teve êxito principalmente nos países pobres, como a Rússia, em especial entre grupos da contracultura,[51] até que suas limitações tecnológicas e a expansão da internet levaram a maioria de seus usuários para a teia mundial compartilhada. Os sistemas de conferências, como o Well da área da Baía de San Francisco, reuniram os usuários de computador em redes de afinidades.

Ironicamente, esse método da contracultura de usar a tecnologia teve consequências semelhantes na estratégia de inspiração militar das redes horizontais: viabilizou os meios tecnológicos para qualquer pessoa com conhecimentos tecnológicos e um PC, o que logo iniciou uma progressão espetacular de força cada vez maior e preços cada vez mais baixos ao mesmo tempo. O advento da computação pessoal e a comunicabilidade das redes incentivaram a criação dos sistemas de quadros de avisos (*bulletin board systems* — BBS), primeiro nos Estados Unidos e depois no mundo inteiro. Os BBS não precisavam das redes sofisticadas de computadores, só de PCs, modems e linha telefônica. Assim, tornaram-se os fóruns eletrônicos de todos os tipos de interesses e afinidades, criando o que Howard Rheingold chamava de "comunidades virtuais".[52] Em fins da década de 1980, alguns milhões de usuários de computador já estavam usando as comunicações computadorizadas em redes cooperativas ou comerciais que não faziam parte da internet. Em geral, essas redes usavam protocolos que não eram compatíveis entre si, portanto adotaram os protocolos da internet, mudança que, na década de 1990, garantiu sua integração com a internet e, assim, a expansão da própria internet.

Contudo, por volta de 1990 os não iniciados ainda tinham dificuldade para usar a internet. A capacidade de transmissão de gráficos era muito limitada, e era dificílimo localizar e receber informações. Um novo salto tecnológico permitiu a difusão da internet na sociedade em geral: a criação de um novo aplicativo, a teia mundial (*world wide web* — WWW), que organizava o teor dos sítios da internet por informação, e não por localização, oferecendo aos usuários um sistema fácil de pesquisa para procurar as informações desejadas. A invenção da WWW deu-se na Europa, em 1990, no Centre Européen pour Recherche Nucleaire (CERN) em Genebra, um dos principais centros de pesquisas físicas do mundo. Foi inventada por um grupo de pesquisadores do CERN chefiado por Tim Berners-Lee e Robert Cailliau. Não montaram a pesquisa segundo a tradição da Arpanet, mas com a contribuição da cultura dos hackers da década de 1970. Basearam-se parcialmente no trabalho de Ted Nelson que, em seu panfleto de 1974, "Computer Lib", convocava o povo a usar o poder dos computadores em benefício próprio. Nelson imaginou um novo sistema de organizar informações que batizou de "hipertexto", fundamentado em remissões horizontais. A essa ideia pioneira, Berners-Lee e seus colegas acrescentaram novas tecnologias adaptadas do mundo da multimídia para oferecer uma linguagem audiovisual ao aplicativo. A equipe do CERN criou um formato para os documentos em hipertexto ao qual deram o nome de linguagem de marcação de hipertexto (*hypertext markup language* — HTML), dentro da tradição de flexibilidade da internet, para que os computadores pudessem adaptar suas linguagens específicas dentro desse formato compartilhado, acrescentando essa formatação ao protocolo TCP/IP. Também configuraram um protocolo de transferência de hipertexto (*hypertext transfer protocol* — HTTP) para orientar a comunicação entre programas navegadores e servidores de WWW; e criaram um formato padronizado de endereços, o localizador uniforme de recursos (*uniform resource locator* — URL), que combina informações sobre o protocolo do aplicativo e sobre o endereço do computador que contém as informações solicitadas. O URL também podia relacionar-se com uma série de protocolos de transferência, e não só o HTTP, o que facilitava a interface geral.

O CERN distribuiu o software WWW gratuitamente pela internet, e os primeiros sítios da *web* foram criados por grandes centros de pesquisa científica espalhados pelo mundo. Um desses centros foi o National Center for Supercomputer Applications (NCSA), na Universidade de Illinois, um dos mais antigos centros de supercomputadores. Devido ao declínio dos usos para essas máquinas, os pesquisadores do NCSA, assim como os da maioria dos outros centros de supercomputadores, estavam à procura de novas tarefas. Alguns membros das equipes também estavam à procura de tarefas, entre eles Marc Andreessen, estudante universitário que trabalhava no centro em meio expediente e recebia US$6,85 por hora. "Em fins de 1992, Marc, tecnicamente capacitado e morto de tédio, resolveu que era divertido tentar dar à *web* a face gráfica, rica em meios de comunicação que lhe faltava."[53] O resultado foi o navegador da web chamado Mosaic, criado para funcionar em computadores pessoais. Marc Andreessen e seu colaborador Eric Bina disponibilizaram o Mosaic gratuitamente na web do NCSA em novembro de 1993, e em abril de 1994 já havia alguns milhões de cópias em uso. Andreessen e sua equipe foram, então, procurados por um lendário empresário do Vale do Silício, Jim Clark, que estava entediado com a empresa que criara com tanto êxito, a Silicon Graphics. Juntos, fundaram outra empresa, a Netscape, que produziu e comercializou o primeiro navegador da internet digno de confiança, o Netscape Navigator, lançado em outubro de 1994.[54]

Logo surgiram novos navegadores, ou mecanismos de pesquisa, e o mundo inteiro abraçou a internet, criando uma verdadeira teia mundial.

Tecnologias de rede e a difusão da computação

Em fins da década de 1990, o poder de comunicação da internet, juntamente com os novos progressos em telecomunicações e computação provocaram mais uma grande mudança tecnológica, dos microcomputadores e dos mainframes descentralizados e autônomos à computação universal por meio da interconexão de dispositivos de processamento de dados, existentes em diversos formatos. Nesse novo sistema tecnológico, o poder de computação é distribuído numa rede montada ao redor de servidores da web que usam os mesmos protocolos da internet, e equipados com capacidade de acesso a servidores em megacomputadores, em geral diferenciados entre servidores de bases de dados e servidores de aplicativos.

Embora o novo sistema ainda estivesse em processo de formação enquanto eu escrevia este livro, os usuários já tinham acesso à rede com uma série de aparelhos especializados, de finalidade única, distribuídos em todos os setores da vida e das atividades em casa, no trabalho, em centros de compras e de entretenimento, em veículos de transporte público e, por fim, em qualquer lugar. Esses dispositivos, muitos deles portáteis, comunicam-se entre si, sem necessidade de sistema operacional próprio. Assim, o poder de processamento, os aplicativos e os dados ficam armazenados nos servidores da rede, e a inteligência da computação fica na própria rede: os sítios da web se comunicam entre si e têm à disposição o software necessário para conectar qualquer aparelho a uma rede universal de computadores. Novos softwares, como o Java (1995) e o Jini (1999) criados por Bill Joy na Sun Microsystems, permitiram que a rede se tornasse o verdadeiro sistema de processamento de dados. A lógica do funcionamento de redes, cujo símbolo é a internet, tornou-se aplicável a todos os tipos de atividades, a todos os contextos e a todos os locais que pudessem ser conectados eletronicamente. A ascensão da telefonia móvel, liderada pela Nokia e pela Ericsson em 1997, conseguia enviar dados a 384 kilobits por segundo e receber a 2 megabits por segundo, em comparação com a capacidade das linhas de cobre de transportar 64 kilobits de dados por segundo. Além disso, o extraordinário aumento da capacidade de transmissão com a tecnologia de comunicação em banda larga proporcionou a oportunidade de se usar a internet, ou tecnologias de comunicação semelhantes à internet, para transmitir voz, além de dados, por meio da troca de pacotes, o que revolucionou as telecomunicações e sua respectiva indústria. Segundo Vinton Cerf, "Hoje em dia é preciso passar por uma comutação de circuitos para obter uma troca de pacotes. No futuro, passaremos por uma troca de pacotes para obter uma comutação de circuitos".[55] Em outra previsão tecnológica, Cerf afirmou que "durante a segunda metade da próxima década — entre 2005 e 2010 — haverá um novo impulsionador (tecnológico): bilhões de aparelhos ligados à internet".[56] Por fim, então, a rede de comunicações será a troca de pacotes, com a transmissão de dados sendo a responsável pelo espantoso compartilhamento de tráfego, e a transmissão de voz será apenas um serviço especializado. Esse volume de tráfego de comunicações exigirá uma expansão gigantesca da capacidade, tanto transoceânica quanto local. A criação de uma nova infraestrutura global de telecomunicações com fibra óptica e transmissão digital estava bem encaminhada em fins do século, com a capacidade de transmissão dos cabos de fibra óptica aproximando-se dos 100 gigabits por segundo no ano 2000, em comparação com cerca de 5 gigabits em 1993.

O limite da tecnologia da informação na virada do milênio parecia ser a aplicação de métodos nanotecnológicos químicos ou biológicos à criação de chips. Assim, em julho de 1999, o periódico *Science* publicou os resultados do trabalho experimental do cientista da computação Phil Kuekes do laboratório da Hewlett-Packard em Palo Alto e do químico James Health da UCLA. Eles descobriram um modo de fazer transferências eletrônicas por meio de processos químicos, em vez de luz, encolhendo dessa forma os comutadores para o tamanho de uma molécula. Enquanto esses ultraminúsculos componentes ainda estão um pouco distantes do estágio operacional (pelo menos uma década), esse e outros programas experimentais parecem indicar que a eletrônica molecular é um caminho possível para a superação dos limites físicos do aumento de densidade dos chips de silício e, ao mesmo tempo, prenunciam uma era de computadores cem bilhões de vezes mais velozes do que o microprocessador Pentium: isso viabilizaria a compactação do poder de processamento de cem computadores de 1999 num espaço do tamanho de um grão de sal. Com base nessas tecnologias, os cientistas da computação preveem a possibilidade de ambientes de processamento nos quais bilhões de microscópicos aparelhos de processamento de dados se espalharão por toda parte "como os pigmentos da tinta de paredes". Se isso acontecer mesmo, então as redes de computadores serão, materialmente falando, a trama da nossa vida.[57]

O divisor tecnológico dos anos 1970

Esse sistema tecnológico, no qual estamos totalmente imersos na aurora do século XXI, surgiu nos anos 1970. Devido à importância de contextos históricos específicos das trajetórias tecnológicas e do modo particular de interação entre a tecnologia e a sociedade, convém recordarmos algumas datas associadas a descobertas básicas nas tecnologias da informação. Todas têm algo de essencial em comum: embora baseadas principalmente nos conhecimentos já existentes e desenvolvidas como uma extensão das tecnologias mais importantes, essas tecnologias representaram um salto qualitativo na difusão maciça da tecnologia em aplicações comerciais e civis, devido a sua acessibilidade e custo cada vez menor, com qualidade cada vez maior. Assim, o microprocessador, o principal dispositivo de difusão da microeletrônica, foi inventado em 1971 e começou a ser difundido em meados dos anos 1970. O microcomputador foi inventado em 1975, e o primeiro produto comercial de sucesso, o Apple II, foi introduzido em abril de 1977, por volta da mesma época em que a Microsoft começava a produzir sistemas operacionais para microcomputadores. A Xerox Alto, matriz de muitas tecnologias de software para os PCs dos anos 1990, foi desenvolvida nos laboratórios PARC em Palo Alto, em 1973. O primeiro comutador eletrônico industrial apareceu em 1969, e o comutador digital foi desenvolvido em meados dos anos 1970 e distribuído no comércio em 1977. A fibra ótica foi produzida em escala industrial pela primeira vez pela Corning Glass, no início da década de 1970. Além disso, em meados da mesma década, a Sony começou a produzir videocassetes comercialmente, com base em descobertas da década de 1960 nos EUA e na Inglaterra, que nunca alcançaram produção em massa. E, finalmente, mas não menos importante, foi em 1969 que a Arpa (Agência de Projetos de Pesquisa Avançada do Departamento de Defesa Norte-Americano) instalou uma nova e revolucionária rede eletrônica de comunicação que se desenvolveu durante os anos 1970 e veio a se tornar a internet. Ela foi extremamente favorecida pela invenção, por Cerf e Kahn em 1973, do TCP/IP, o protocolo de interconexão em rede que introduziu a tecnologia de "abertura", permitindo a conexão de diferentes tipos de rede. Acho que podemos dizer, sem exagero, que a revolução da tecnologia da informação propriamente dita nasceu na década de 1970, principalmente se nela incluirmos o surgimento e a difusão paralela da engenharia genética mais ou menos nas mesmas datas e locais, fato que merece, no mínimo, algumas linhas.

Tecnologias da vida

Embora a biotecnologia possa remontar a tabuletas de anotações babilônicas de 6000 a.C. sobre fermentação, e a revolução em microbiologia tenha ocorrido em 1953 com a descoberta científica da estrutura básica da vida, a hélice dupla de DNA, por Francis Crick e James Watson na Universidade de Cambridge, foi somente no início da década de 1970 que a combinação genética e a recombinação do DNA, base tecnológica da engenharia genética, possibilitaram a aplicação de conhecimentos cumulativos. Stanley Cohen, da Universidade de Stanford, e Herbert Boyer da Universidade da Califórnia, em San Francisco, são considerados os descobridores do método de clonagem genética em 1973, apesar de seu trabalho ter sido baseado na pesquisa de Paul Berg, de Stanford, ganhador do Prêmio Nobel. Em 1975, pesquisadores de Harvard isolaram o primeiro gene de mamíferos, a partir da hemoglobina de coelho, e, em 1977, o primeiro gene humano foi clonado.

Daí para a frente, houve uma corrida para a abertura de empresas comerciais, no geral subsidiárias de grandes universidades e centros hospitalares de pesquisa, concentrando-se no norte da Califórnia, Nova Inglaterra, Maryland, Virgínia, Carolina do Norte e San Diego. Jornalistas, investidores e ativistas sociais sofreram diferentes impactos ante as bizarras possibilidades abertas pela capacidade potencial de manipulação da vida, inclusive da vida humana. A Genentech no sul de San Francisco, a Cetus em Berkeley e a Biogen em Cambridge, Massachusetts, organizadas com a participação central de vencedores do Prêmio Nobel, foram algumas das primeiras empresas a usar as novas tecnologias genéticas para aplicações na medicina. Logo depois veio a agroindústria; e os micro-organismos, alguns dos quais alterados geneticamente, foram recebendo uma série de funções, que incluíram limpar a poluição muitas vezes causada pelas mesmas empresas e órgãos que vendiam os superorganismos. Porém dificuldades científicas, problemas técnicos e obstáculos legais, oriundos de justificadas preocupações éticas e de segurança, retardaram a louvada revolução biotecnológica durante a década de 1980. Um considerável valor em investimentos de capital de risco foi perdido, e algumas das empresas mais inovadoras, inclusive a Genentech, foram absorvidas por gigantes farmacêuticos (Hofman-La Roche, Merck) que, melhor que qualquer um, entenderam que não poderiam repetir a onerosa arrogância demonstrada pelas empresas estabelecidas de informática em relação às iniciativas inovadoras: adquirir empresas pequenas e inovadoras, juntamente com os préstimos de seus cientistas, tornou-se a principal política de segurança para multinacionais farmacêuticas e químicas, tanto para absorver os benefícios comerciais da revolução biológica como para controlar seu desenvolvimento. Seguiu-se uma desaceleração do ritmo, pelo menos, na difusão das aplicações.

Porém, no final da década de 1980 e durante os anos 1990, um grande impulso científico e uma nova geração de cientistas ousados e empreendedores revitalizaram a biotecnologia com um enfoque decisivo em engenharia genética, a tecnologia verdadeiramente revolucionária nesse campo. A clonagem genética entrou em um novo estágio quando, em 1988, Harvard patenteou um rato produzido pela engenharia genética, tirando, assim, os direitos autorais de vida das mãos de Deus e da Natureza. Nos sete anos seguintes, mais sete ratos também foram patenteados como formas de vida recém-criadas e identificados como propriedade de seus engenheiros. Em agosto de 1989, pesquisadores da Universidade de Michigan e Toronto descobriram o gene responsável pela fibrose cística, abrindo o caminho para a terapia genética. Em fevereiro de 1997, Wilmut e seus colaboradores, do Roslin Institute em Edimburgo, anunciaram a clonagem de uma ovelha, a que deram o nome de Dolly, realizada com o DNA de uma ovelha adulta. Em julho de 1998 a revista *Nature* publicou as descobertas de uma experiência possivelmente ainda mais importante: a pesquisa feita por dois biólogos da Universidade do Havaí, Yanagimachi e Wakayama, que realizaram a clonagem em massa de 22 camundongos, entre eles sete clones de clones, provando assim a possibilidade da produção sequencial de clones, em condições mais difíceis do que as da clonagem de ovelhas, pois os embriões de camundongos têm desenvolvimento muito mais rápido do que os de ovelhas. Também em 1998, os cientistas da Portland State University conseguiram clonar macacos adultos, embora sem conseguir reproduzir as condições da experiência.

Apesar de todo o sensacionalismo dos meios de comunicação — e das histórias de terror —, a clonagem humana não está nos planos de ninguém e, falando de maneira mais estrita, é, de fato, fisicamente impossível, pois os seres vivos formam sua personalidade e seu organismo em interação com o meio ambiente. A clonagem animal é economicamente ineficaz, pois, se praticada em massa, faria surgir a possibilidade de destruição total de todo o rebanho no caso de uma infecção — já que todos os animais de determinado tipo seriam vulneráveis ao mesmo agente letal. Surgem, porém, outras impossibilidades, em especial na pesquisa médica: a clonagem de órgãos humanos, e a clonagem em larga escala de animais criados pela engenharia genética para fins de experiências, e para a substituição de órgãos humanos. Ademais, em vez de substituir órgãos por meio de transplantes, as novas pesquisas biológicas, com potentes aplicações médicas e comerciais, visam induzir capacidades autorregeneradoras em seres humanos. Uma pesquisa de possíveis aplicações em andamento em fins da década de 1990 revelou os seguintes projetos, todos com estimativa de estar em operação entre os anos 2000 e 2010, todos relacionados com a indução de autorregeneração ou crescimento de órgãos, tecidos ou ossos no corpo humano por meio de manipulação biológica: bexiga, projeto da empresa Reprogenesis; aparelho urinário, da Integra Life Sciences; ossos do maxilar, da Osiris Therapeutics; células produtoras de insulina, em substituição da função do pâncreas, da BioHybrid Technologies; cartilagem, da ReGen Biologics; dentes, de uma série de empresas; nervos da medula, da Acorda; seios de cartilagem, da Reprogenesis; um coração humano completo, oriundo de proteínas geneticamente manipuladas já testado como capaz de produzir vasos sanguíneos, da Genentech; e regeneração do fígado, com base em tecidos nos quais são plantadas células hepáticas, da Human Organ Sciences.

O limite mais decisivo da pesquisa biológica e de suas aplicações é a terapia genética e a profilaxia genética em larga escala. Por trás desse progresso em potencial está o trabalho iniciado em 1990 pelo governo dos EUA de patrocinar e custear, em 1990, um programa de quinze anos de cooperação no valor de US$ 3 bilhões, coordenado por James Watson, reunindo alguns dos mais avançados grupos de pesquisa em microbiologia para mapear o genoma humano, isto é, para identificar e catalogar entre 60 mil e 80 mil genes que compõem o alfabeto da espécie humana.[58] Esperava-se que o mapa estivesse pronto em 2001, antecipadamente. Em abril de 2000, as equipes da Universidade da Califórnia reunidas num centro de pesquisas em Walnut Creek concluíram a sequência de três dos 23 cromossomos humanos. Mediante esse e outros esforços, um fluxo contínuo de genes humanos relacionados a várias doenças estão sendo identificados. Esse trabalho despertou reservas e críticas generalizadas nos campos da ética, da religião e do direito. Todavia, enquanto cientistas, juristas e estudiosos de ética debatem as consequências humanistas da engenharia genética, alguns pesquisadores transformados em empresários estão se apressando e estabelecendo mecanismos para o controle legal e financeiro do genoma humano. A tentativa mais ousada nesse sentido foi o projeto iniciado em 1990, em Rockville, Maryland, por dois cientistas, J. Craig Venter e William Haseltine, respectivamente, do Instituto Nacional da Saúde e de Harvard, na época. Usando a potência de supercomputadores, apenas em cinco anos eles determinaram a sequência de porções de aproximadamente 85% de todos os genes humanos, criando uma base de dados genéticos gigantesca.[59] Mais tarde, separaram-se e criaram duas empresas. Uma dessas empresas, a Celera Genomics de Venter, competia com o Projeto Genoma Humano para concluir a sequência no ano 2000. O problema é que ambos não sabem — e não saberão por um longo tempo — qual a função de cada porção genética ou onde ela está localizada: a base de dados engloba centenas de milhares de fragmentos genéticos com funções desconhecidas. Então, de que adianta tudo isso? Por um lado, as pesquisas enfocadas em genes específicos podem beneficiar-se (e, de fato, beneficiam-se) da utilização dos dados contidos nessas sequências. Mas, o que é mais importante e a principal razão do projeto, Craig e Haseltine estão tratando de patentear todos os seus dados de forma que, literalmente, algum dia eles poderão deter os direitos legais de uma grande quantidade de conhecimentos para a manipulação do genoma humano. A ameaça representada por esse avanço foi séria o suficiente para que — ao mesmo tempo que atraiu dezenas de milhões de dólares de investidores — a Merck, importante empresa farmacêutica, concedesse, em 1994, fundos substanciais à Universidade de Washington para prosseguir com a mesma sequência cega e publicar os dados. O objetivo foi impossibilitar qualquer controle privado sobre parcelas de conhecimentos que possam bloquear o desenvolvimento de produtos baseados em um futuro entendimento sistemático do genoma humano. E o Projeto Genoma Humano, mantido por verbas públicas, publicou seus resultados para evitar a propriedade privada dos conhecimentos genéticos.

Para o sociólogo, essas batalhas comerciais não representam apenas mais um exemplo da ambição humana. Elas sinalizam um ritmo acelerado na difusão e no aprofundamento da revolução genética.

O progresso da engenharia genética cria a possibilidade de ação com os genes, tornando a espécie humana capaz não apenas de controlar algumas doenças, mas de identificar predisposições biológicas e nelas intervir, portanto alterando potencialmente o destino genético.

Na década de 1990, os cientistas já sabiam identificar defeitos precisos em genes humanos específicos como fontes de diversas doenças. Isso propiciou a expansão do campo obviamente mais promissor da pesquisa médica, a terapia genética.[60] Mas os pesquisadores experimentais chegaram a um beco sem saída: como colocar um gene modificado com instruções para corrigir o gene defeituoso no lugar correto do corpo, mesmo quando sabiam onde estava o alvo. Em geral, os investigadores usavam vírus, ou cromossomos artificiais, mas o índice de êxito era baixíssimo. Assim, os pesquisadores médicos começaram a experimentar outras ferramentas, como os minúsculos glóbulos de gordura criados para transportar agentes supressores de tumores diretamente aos tumores cancerosos, tecnologia usada por empresas como a Valentis e Transgene. Alguns biólogos acham que essa mentalidade de engenharia (um alvo, um mensageiro, um impacto) não leva em consideração a complexidade da interação biológica, com os organismos vivos se adaptando a vários ambientes e alterando seu comportamento previsto.[61]

Se e quando a terapia genética começar a produzir resultados, a meta primordial da terapia médica genética é a prevenção; isto é, identificar defeitos genéticos no espermatozoide e nos óvulos humanos e agir como transportadores humanos, antes que apresentem a doença programada, eliminando assim a deficiência genética da mãe e do filho, enquanto ainda é tempo. Naturalmente essa perspectiva é tão promissora quanto perigosa. Lyon e Gorner concluem sua pesquisa bem equilibrada sobre os desenvolvimentos da engenharia genética humana com uma previsão e uma advertência:

> Em algumas gerações, poderíamos banir certas doenças mentais, diabetes, hipertensão ou quase qualquer outra enfermidade. Não devemos nos esquecer de que a qualidade das decisões tomadas dirá se as escolhas a serem feitas serão sábias e justas... O modo um tanto inglório pelo qual os cientistas e a elite dominante estão tratando os primeiros frutos da terapia genética é ominoso. Nós, humanos, atingimos um tal ponto de desenvolvimento intelectual que, relativamente logo, conseguiremos compreender a composição, função e dinâmica do genoma na maior parte de sua complexidade intimidante. Emocionalmente, porém, ainda somos primatas, com toda a bagagem comportamental pertinente. Talvez a melhor forma de terapia genética para nossa espécie fosse superar nossa herança inferior e aprender a aplicar os novos conhecimentos sábia e benignamente.[62]

Todas as indicações apontam para uma explosão de aplicações na virada do milênio, que desencadeará um debate fundamental na fronteira, atualmente obscura, entre a natureza e a sociedade.

O contexto social e a dinâmica da transformação tecnológica

Por que as descobertas das novas tecnologias da informação concentraram-se em um só lugar nos anos 1970 e, sobretudo, nos Estados Unidos? E quais são as consequências dessa concentração em determinado tempo e lugar para o desenvolvimento futuro das novas tecnologias e sua interação com as sociedades? Seria tentador relacionar a formação desse paradigma tecnológico diretamente às características de seu contexto social, em particular, se relembrarmos que, em meados da década de 1970, os EUA e o mundo capitalista foram sacudidos por uma grande crise econômica, exemplificada (mas não causada) pela crise do petróleo, em 1973-74. Essa motivou uma reestruturação drástica do sistema capitalista em escala global e, sem dúvida, induziu um novo modelo de acumulação em descontinuidade histórica com o capitalismo pós-Segunda Guerra Mundial, conforme propus no prólogo desta obra. O novo paradigma tecnológico foi uma resposta do sistema capitalista para superar suas contradições internas? Ou, alternativamente, terá sido uma forma de assegurar a superioridade militar sobre os rivais soviéticos, em resposta a seu desafio tecnológico na corrida espacial e nuclear? Nenhuma das explicações parece ser convincente. Embora haja coincidência histórica entre a concentração de novas tecnologias e a crise econômica da década de 1970, sua sincronia foi muito próxima, e o "ajuste tecnológico" teria sido demasiadamente rápido e mecânico quando comparado ao que aprendemos com as lições da Revolução Industrial e de outros processos históricos de transformação tecnológica: os caminhos seguidos pela indústria, economia e tecnologia são, apesar de relacionados, lentos e de interação descompassada. Quanto ao argumento militar, o choque causado pelo Sputnik (entre 1957-60) foi respondido em espécie pela explosão tecnológica dos anos 1960, não dos 1970; e o novo e importante impulso da tecnologia militar norte-americana foi dado em 1983 com o programa "Guerra nas Estrelas", que, na verdade, utilizava e expandia as tecnologias da prodigiosa década anterior. E embora a internet tenha tido origem nas pesquisas patrocinadas pelo Departamento de Defesa, só muito mais tarde veio a ser de fato usada em aplicações militares; mais ou menos na mesma época começou a se difundir em redes da contracultura.

De fato, parece que o surgimento de um novo sistema tecnológico na década de 1970 deve ser atribuído à dinâmica autônoma da descoberta e difusão tecnológica, inclusive aos efeitos sinérgicos entre todas as várias principais tecnologias. Assim, o microprocessador possibilitou o microcomputador; os avanços em telecomunicações, mencionados anteriormente, possibilitaram que os microcomputadores funcionassem em rede, aumentando assim seu poder e flexibilidade. As aplicações dessas tecnologias na indústria eletrônica ampliaram o potencial das novas tecnologias de fabricação e design na produção de semicondutores. Novos softwares foram estimulados pelo crescente mercado de microcomputadores que, por sua vez, explodiu com base nas novas aplicações e tecnologias de fácil utilização, nascidas da mente dos inventores de software. A ligação de computadores em rede expandiu-se com o uso de programas que viabilizaram uma teia mundial voltada para o usuário. E assim por diante.

O forte impulso tecnológico dos anos 1960 promovido pelo setor militar preparou a tecnologia norte-americana para o grande avanço. Mas a invenção do microprocessador por Ted Hoff, enquanto tentava atender ao pedido de uma empresa japonesa fabricante de calculadoras de mão em 1971, resultou dos conhecimentos e habilidades acumulados na Intel, em uma estreita interação com o meio de inovação criado desde 1950, no Vale do Silício. Em outras palavras, a primeira revolução em tecnologia da informação concentrou-se nos Estados Unidos e, até certo ponto, na Califórnia nos anos 1970, baseando-se nos progressos alcançados nas duas décadas anteriores e sob a influência de vários fatores institucionais, econômicos e culturais. Mas não se originou de qualquer necessidade preestabelecida. Foi mais o resultado de indução tecnológica que de determinação social. Todavia, uma vez que começou a existir como sistema com base na concentração descrita, o desenvolvimento dessa revolução, suas aplicações e, em última análise, seu conteúdo foram decisivamente delineados pelo contexto histórico em que se expandiu. Na verdade, na década de 1980, o capitalismo (especificamente: as principais empresas e governos dos países do G-7) passou por um processo substancial de reestruturação organizacional e econômica no qual a nova tecnologia da informação exerceu um papel fundamental e foi decisivamente moldada pelo papel que desempenhou. Por exemplo: o movimento empresarial que conduziu à desregulamentação e liberalização da década de 1980 foi decisivo na reorganização e crescimento das telecomunicações, sobretudo depois do desmembramento da ATT, em 1984. Por sua vez, a disponibilidade de novas redes de telecomunicação e de sistemas de informação preparou o terreno para a integração global dos mercados financeiros e a articulação segmentada da produção e do comércio mundial, como analisarei no capítulo 2.

Assim, até certo ponto, a disponibilidade de novas tecnologias constituídas como um sistema na década de 1970 foi uma base fundamental para o processo de reestruturação socioeconômica dos anos 1980. E a utilização dessas tecnologias na década de 1980 condicionou, em grande parte, seus usos e trajetórias na década de 1990. O surgimento da sociedade em rede, que tentarei analisar nos capítulos seguintes deste volume, não pode ser entendido sem a interação entre estas duas tendências relativamente autônomas: o desenvolvimento de novas tecnologias da informação e a tentativa da antiga sociedade de reaparelhar-se com o uso do poder da tecnologia para servir a tecnologia do poder. Contudo o resultado histórico dessa estratégia parcialmente consciente é muito indeterminado, visto que a interação da tecnologia e da sociedade depende de relações fortuitas entre um número excessivo de variáveis parcialmente independentes. Sem necessidade de render-se ao relativismo histórico, pode-se dizer que a revolução da tecnologia da informação dependeu cultural, histórica e espacialmente de um conjunto de circunstâncias muito específicas cujas características determinaram sua futura evolução.

Modelos, atores e locais da revolução da tecnologia da informação

Se a primeira Revolução Industrial foi britânica, a primeira revolução da tecnologia da informação foi norte-americana, com tendência californiana. Nos dois casos, cientistas e industriais de outros países tiveram um papel muito importante tanto na descoberta como na difusão das novas tecnologias. A França e a Alemanha foram fontes importantes de talentos e aplicações da Revolução Industrial. As descobertas científicas originadas na Inglaterra, França, Alemanha e Itália constituíram a base das novas tecnologias de eletrônica e biologia. A capacidade das empresas japonesas foi decisiva para a melhoria do processo de fabricação com base em eletrônica e para a penetração das tecnologias da informação na vida quotidiana mundial mediante uma série de produtos inovadores como videocassetes, fax, videogames e bips.[63] Na verdade, na década de 1980, as empresas japonesas atingiram o domínio da produção de semicondutores no mercado internacional, embora, em meados da década de 1990, as empresas norte-americanas já tivessem reassumido a liderança competitiva. O setor como um todo evoluiu rumo a interpenetração, alianças estratégicas e formação de redes entre empresas de diferentes países, como vou analisar no capítulo 3. Isso tornou a distinção por nacionalidade um pouco menos importante. As empresas, instituições e inovadores norte-americanos não só participaram do início da revolução da década de 1970 como também continuaram a representar um papel de liderança na sua expansão, posição que provavelmente se sustentará ao entrarmos no século XXI. Mas, sem dúvida, testemunharemos uma presença cada vez maior de empresas japonesas, chinesas, indianas e coreanas, assim como contribuições significativas da Europa em biotecnologia e telecomunicações.

Para entender as raízes sociais da revolução da tecnologia da informação nos Estados Unidos, além dos mitos que a cercam, farei um breve relato do processo de formação de sua fonte tecnológica mais notável: o Vale do Silício. Como já mencionei, foi no Vale do Silício que o circuito integrado, o microprocessador e o microcomputador, entre outras tecnologias importantes, foram desenvolvidos, e é lá que o coração das inovações eletrônicas bate há quarenta anos, mantido por aproximadamente 250 mil trabalhadores do setor de tecnologia da informação.[64] Além disso, toda a área da Baía de San Francisco (inclusive outros centros de inovação como Berkeley, Emeryville, condado Marin e a própria San Francisco) também participou do início da engenharia genética e é, na virada do século, um dos principais centros mundiais de software avançado, projetos e desenvolvimento na internet, engenharia genética e projetos de processamento de dados em multimídia.

O Vale do Silício (condado de Santa Clara, 48 km ao sul de San Francisco, entre Stanford e San Jose) foi transformado em meio de inovação pela convergência de vários fatores, atuando no mesmo local: novos conhecimentos tecnológicos; um grande grupo de engenheiros e cientistas talentosos das principais universidades da área; fundos generosos vindos de um mercado garantido e do Departamento de Defesa; a formação de uma rede eficiente de empresas de capital de risco; e, nos primeiros estágios, liderança institucional da Universidade de Stanford. Na verdade, a localização improvável da indústria eletrônica em uma charmosa área semirrural, ao norte da Califórnia, pode ser atribuída à instalação do Parque Industrial de Stanford pelo visionário diretor da Faculdade de Engenharia da Universidade de Stanford, Frederick Terman, em 1951. Ele, pessoalmente, patrocinara dois de seus pós-graduandos, William Hewlett e David Packard, para a criação de uma empresa de eletrônicos em 1938. A Segunda Guerra trouxe prosperidade à Hewlett-Packard e a outras empresas iniciantes no ramo da eletrônica. Portanto, elas foram os primeiros inquilinos de uma nova e privilegiada localidade onde somente as empresas que a Stanford julgasse inovadoras poderiam desfrutar do benefício de um aluguel irreal. Como o parque logo ficou lotado, novas empresas de eletrônica começaram a se estabelecer ao longo da rodovia 101, na direção de San Jose.

O acontecimento decisivo foi a mudança para Palo Alto, em 1955, de William Shockley, o inventor do transistor. Foi um desenvolvimento fortuito, embora mostre a inabilidade histórica das empresas do setor de eletrônica em se apossarem da revolucionária tecnologia da microeletrônica. Shockley havia solicitado o patrocínio de grandes empresas da costa leste, como a RCA e a Raytheon, para desenvolver a produção industrial de sua descoberta. Como não conseguiu, arranjou um emprego no Vale do Silício, numa subsidiária da Beckman Instruments, principalmente porque sua mãe morava em Palo Alto. Com o apoio da Beckman Instruments, decidiu criar a própria empresa ali, a Shockley Transistors, em 1956. Ele recrutou oito engenheiros jovens e brilhantes, em particular da Bell Laboratories, atraídos pela possibilidade de trabalhar com Shockley. Um deles, embora não fosse exatamente da Bell, era Bob Noyce. Em pouco tempo, esses profissionais ficaram desapontados. Enquanto aprendiam os fundamentos da microeletrônica de ponta com Shockley, os engenheiros também ficavam desgostosos com seu autoritarismo e teimosia que levaram a empresa a um beco sem saída. O que mais queriam, contra a decisão de Shockley, era trabalhar com silício, a rota mais promissora para a maior integração de transistores. Assim, depois de apenas um ano, eles deixaram Shockley (cuja empresa fracassou) e criaram (com a ajuda da Fairchild Cameras) a Fairchild Semiconductors, onde o processo plano e o circuito integrado foram inventados, nos dois anos seguintes. Enquanto Shockley, depois de sucessivos fracassos empresariais, acabou se refugiando no cargo de professor de Stanford em 1963, assim que descobriram o potencial tecnológico e comercial de seus conhecimentos, cada um dos brilhantes "Oito da Fairchild" deixou a Fairchild para montar a própria empresa. E seus recrutas fizeram o mesmo após algum tempo. Dessa forma, metade das 85 maiores empresas norte-americanas de semicondutores, inclusive as grandes fabricantes atuais como a Intel, Advanced Micro Devices, National Semiconductors, Signetics e assim por diante, é oriunda dessa cisão parcial da Fairchild.

Foi essa transferência de tecnologia de Shockley para a Fairchild e, depois, para uma rede de empresas criadas a partir dela que constituiu a fonte inicial de inovação, servindo de base para o Vale do Silício e a revolução da microeletrônica. De fato, em meados da década de 1950, os principais centros da eletrônica ainda não eram Stanford e Berkeley e sim o MIT, e isso refletiu na localização original da indústria eletrônica na Nova Inglaterra. Porém, assim que os conhecimentos se instalaram no Vale do Silício, o dinamismo de sua estrutura industrial e a contínua criação de novas empresas transformaram esse lugar no centro mundial da microeletrônica, no início da década de 1970. Anna Saxenian comparou o desenvolvimento dos complexos de eletrônica em duas áreas (Route 128 de Boston e Vale do Silício) e concluiu que o papel decisivo foi desempenhado pela organização social e industrial de empresas, promovendo ou impedindo a inovação.[65] Assim, enquanto empresas grandes e bem estabelecidas do leste eram rígidas (e arrogantes) demais para reequipar-se constantemente com base em novas fronteiras tecnológicas, o Vale do Silício continuou produzindo muitas novas empresas e praticando troca de experiência e difusão de conhecimentos por intermédio da rotatividade de profissionais e de cisões parciais. Conversas noturnas em bares e restaurantes, como o Walker's Wagon Wheel Bar e o Grill in the Mountain View, fizeram mais pela difusão da inovação tecnológica do que a maioria dos seminários de Stanford.

Conforme já expliquei em outro livro,[66] outro fator importante da formação do Vale do Silício foi a existência de uma rede de empresas de capital de risco desde o início.[67] O fator importante é que muitos dos primeiros investidores eram oriundos do ramo da eletrônica e tinham, portanto, conhecimentos acerca dos projetos tecnológicos e empresariais em que apostavam. Gene Kleinert, por exemplo, de uma das mais importantes empresas de capital de risco da década de 1960, a Kleinert, Perkins, and Partners, era um dos Oito da Fairchild. Em 1988, estimava-se que "o capital de risco representava cerca de metade dos investimentos em novos produtos e serviços associados ao ramo da informática e da comunicação".[68]

Processo semelhante ocorreu no desenvolvimento dos microcomputadores, que introduziram uma linha divisória histórica no uso da tecnologia da informação.[69] Em meados dos anos 1970, o Vale do Silício havia atraído dezenas de milhares de mentes jovens e brilhantes de todas as partes do mundo, marchando para a agitação da nova meca tecnológica em busca do talismã da invenção e da fortuna. Reuniam-se em clubes para a troca de ideias e informações sobre os avanços mais recentes. Um desses pontos de encontro era o Home Brew Computer Club, cujos jovens visionários (inclusive Bill Gates, Steve Jobs e Steve Wozniak) seguiriam adiante para criar aproximadamente 22 empresas nos anos seguintes, entre elas a Microsoft, Apple, Comenco e North Star. Foi no clube, lendo um artigo da *Popular Electronics* sobre a máquina Altair, de Ed Roberts, que Wozniak se inspirou para projetar o microcomputador Apple I, na sua garagem em Menlo Park, no verão de 1976. Steve Jobs percebeu o potencial e, juntos, eles fundaram a Apple, com um empréstimo no valor de US$ 91 mil de um executivo da Intel, Mike Markkula, que entrou como sócio. Aproximadamente na mesma época, Bill Gates fundou a Microsoft para fornecer sistemas operacionais a microcomputadores, embora tenha estabelecido sua empresa em Seattle, em 1978, para beneficiar-se dos contatos sociais de sua família.

Uma história muito parecida poderia ser contada a respeito do desenvolvimento da engenharia genética, com cientistas destacados das universidades de Stanford, San Francisco e Berkeley migrando para empresas localizadas, a princípio, na área da Baía de San Francisco. Também passariam por processos frequentes de cisão parcial, mantendo vínculos com cada *alma mater.*[70] Aconteceram processos muito semelhantes em Boston/Cambridge ao redor de Harvard-MIT, no triângulo da pesquisa em torno das universidades de Duke e da Carolina do Norte e, ainda mais importante, em Maryland em torno dos principais hospitais, dos institutos nacionais de pesquisa sobre saúde e da Universidade John Hopkins.

A conclusão a se tirar dessas histórias interessantes tem dois aspectos: o desenvolvimento da revolução da tecnologia da informação contribuiu para a formação dos meios de inovação em que as descobertas e as aplicações interagiam e eram testadas em um repetido processo de tentativa e erro: aprendia-se fazendo. Esses ambientes exigiam (e no início do século XXI ainda exigem, apesar da atuação on-line) a concentração espacial de centros de pesquisa, instituições de educação superior, empresas de tecnologia avançada, uma rede auxiliar de fornecedores, provendo bens e serviços e redes de empresas com capital de risco para financiar novos empreendimentos. Em segundo lugar, uma vez que um meio esteja consolidado, como o Vale do Silício na década de 1970, ele tende a gerar sua própria dinâmica e a atrair conhecimentos, investimentos e talentos de todas as partes do mundo. Na verdade, nos anos 1990, o Vale do Silício teve a vantagem da proliferação de empresas japonesas, taiwanesas, coreanas, indianas e europeias, e da chegada de milhares de engenheiros e especialistas em computação, principalmente da Índia e da China, para os quais uma presença ativa no Vale do Silício é a conexão mais produtiva às fontes de novas tecnologias e informações comerciais valiosas.[71] Além disso, devido ao seu posicionamento nas redes de inovação tecnológica, e também a sua interpretação empresarial implícita das regras da nova economia da informática, a área da Baía de San Francisco tem sido capaz de aderir a cada novo desenvolvimento. Na década de 1990, quando a internet foi privatizada e se tornou tecnologia comercial, o Vale do Silício também conseguiu capturar o novo ramo de atividades. As principais empresas de equipamentos para a internet (como a Cisco Systems), empresas de implantação de redes de computadores (como a Sun Microsystems), empresas de software (como a Oracle), e portais da internet (como o Yahoo!) começaram no Vale do Silício.[72] Ademais, a maioria das empresas novatas da internet que inauguraram o e-commerce e revolucionaram o comércio (como a Ebay) também estavam agrupadas no Vale do Silício. O surgimento da multimídia em meados da década de 1970 criou conexões comerciais e tecnológicas entre as capacidades de projetos para computadores das empresas do Vale do Silício e os estúdios de produção de imagens em Hollywood, logo apelidados de indústria "Siliwood". E em um canto obscuro de San Francisco (South of Market), artistas, projetistas gráficos e "desenvolvedores" de software reuniam-se na chamada "Sarjeta da Multimídia" que ameaça inundar nossos lares com imagens criadas em suas mentes exaltadas — ao mesmo tempo criando o mais dinâmico centro de projetos multimídia do mundo.[73]

Será que esse padrão social, cultural e espacial de inovação pode ser estendido para o mundo inteiro? Para responder essa pergunta, em 1988, meu colega Peter Hall e eu iniciamos uma viagem de vários anos ao redor do mundo para visitar e analisar alguns dos principais centros tecnológicos/científicos do planeta, da Califórnia ao Japão, da Nova Inglaterra à Velha Inglaterra, de Paris-Sud a Hsinchu-Tailândia, de Sofia-Antipolis a Akademgorodok, de Szelenograd a Daeduck, de Munique a Seul. Nossas conclusões[74] confirmam o papel decisivo desempenhado pelos meios de inovação no desenvolvimento da revolução da tecnologia da informação: concentração de conhecimentos científicos/tecnológicos, instituições, empresas e mão de obra qualificada são as forjas da inovação da Era da Informação. Porém esses meios não precisam reproduzir o padrão cultural, espacial, institucional e industrial do Vale do Silício ou de outros centros norte-americanos de inovação tecnológica, como o sul da Califórnia, Boston, Seattle ou Austin.

Nossa descoberta mais surpreendente é que as maiores áreas metropolitanas antigas do mundo industrializado são os principais centros de inovação e produção de tecnologia da informação, fora dos EUA. Na Europa, Paris-Sud constitui a maior concentração de produção de alta tecnologia e pesquisa, e o corredor M4 de Londres ainda é a localidade mais preeminente em eletrônica da Grã-Bretanha, em continuidade histórica com as fábricas de materiais bélicos a serviço da Coroa desde o século XIX. É claro que a conquista da superioridade de Munique sobre Berlim deveu-se à derrota alemã na Segunda Guerra Mundial, com a Siemens mudando-se deliberadamente de Berlim para a Bavária, antecipando a ocupação norte-americana daquela área. Tóquio-Yokohama continua a ser o centro do setor japonês de tecnologia da informação, apesar da descentralização de filiais operadas no programa Technopolis. Moscou-Szelenograd e São Petersburgo foram e são os centros de conhecimentos e da produção tecnológica soviética e russa, após o fracasso do sonho siberiano de Khruschev. Hsinchu é, na verdade, um satélite de Taipei; Daeduck nunca teve um papel significativo se comparado a Seul-Inchon, apesar de localizar-se na província onde nasceu o ditador Park; e Pequim e Xangai são e serão o centro do desenvolvimento tecnológico chinês. Pode-se dizer a mesma coisa da Cidade do México, no México, de São Paulo-Campinas, no Brasil, e de Buenos Aires, na Argentina. Nesse sentido, o enfraquecimento tecnológico de antigas metrópoles norte-americanas (Nova York-Nova Jersey, apesar de seu papel proeminente até a década de 1960; Chicago; Detroit; Filadélfia) é exceção em termos internacionais, vinculado à excepcionalidade norte-americana resultante de seu espírito desbravador e interminável escapismo das contradições de cidades construídas e sociedades constituídas. Por outro lado, seria intrigante explorar a relação entre essa excepcionalidade e a inquestionável superioridade norte-americana em uma revolução tecnológica caracterizada pela necessidade de rompimento de parâmetros mentais para estimular a criatividade.

Porém o caráter metropolitano da maioria dos locais da revolução da tecnologia da informação em todo o mundo parece indicar que o ingrediente crucial em seu desenvolvimento não é a novidade do cenário cultural e institucional, mas sua capacidade de gerar sinergia com base em conhecimentos e informação, diretamente relacionados à produção industrial e aplicações comerciais. A força cultural e empresarial da metrópole (antiga ou nova — afinal de contas, a área da Baía de San Francisco é uma metrópole de aproximadamente seis milhões de habitantes) faz dela o ambiente privilegiado dessa nova revolução tecnológica, desmistificando o conceito de inovação sem localidade geográfica na era da informação.

De forma similar, o modelo de empreendimentos da revolução da tecnologia da informação parece estar ofuscado pela ideologia. Os modelos de inovação tecnológica japonês, europeu e chinês não são apenas muito diferentes da experiência norte-americana como também essa importante experiência é frequentemente mal-entendida. Geralmente se reconhece que o papel do Estado é decisivo no Japão, onde grandes empresas foram orientadas e apoiadas pelo MITI (Ministério do Comércio Internacional e Indústria) durante muito tempo, chegando a se estender por boa parte da década de 1980, mediante uma série de audaciosos programas tecnológicos, em que alguns fracassaram (por exemplo, o Computador de Quinta Geração). Porém a maior parte desses programas ajudaram o Japão a transformar-se em uma superpotência tecnológica em apenas cerca de vinte anos, conforme foi documentado por Michael Borras.[75] Na experiência japonesa pode-se notar o papel muito modesto das universidades e nenhuma empresa iniciante e inovadora. O planejamento estratégico do MITI e a interface constante entre as *keiretsu* e o governo são elementos primordiais na explicação da façanha do Japão, que dominou a Europa e alcançou os EUA em vários segmentos das indústrias de tecnologia da informação. Uma história semelhante pode ser contada sobre a Coreia do Sul e Taiwan, apesar de, neste último caso, as multinacionais terem desempenhado um papel fundamental. As sólidas bases tecnológicas da China e da Índia estão diretamente relacionadas a seus complexos industriais militares, com patrocínio e orientação do Estado.

Também foi assim com a maioria das indústrias eletrônicas britânicas e francesas, centralizadas em telecomunicações e na indústria bélica até a década de 1980.[76] No último quartel do século XX, a União Europeia continuou com uma série de programas tecnológicos para acompanhar a concorrência internacional, apoiando sistematicamente os "campeões nacionais", mesmo com prejuízos ou resultados ínfimos. Na verdade, a única maneira de as empresas de tecnologia da informação europeias sobreviverem no campo tecnológico foi o uso de seus consideráveis recursos (uma parcela substancial vinda de verbas governamentais) para formar alianças com as empresas japonesas e norte-americanas que representam, cada vez mais, a fonte de seu know-how de tecnologia avançada no setor da informação.[77]

Mesmo nos EUA, sabe-se que os contratos militares e as iniciativas tecnológicas do Departamento de Defesa desempenharam papéis decisivos no estágio de formação da revolução da tecnologia da informação, ou seja, entre as décadas de 1940 e 1970. Até mesmo a principal fonte de descobertas em eletrônica, a Bell Laboratories, desempenhou o papel de um laboratório nacional: sua controladora (ATT) desfrutou de um monopólio de telecomunicações mantido pelo governo; parte significativa de suas verbas de pesquisa vinha do governo dos EUA; e, na verdade, desde 1956, a ATT era forçada pelo governo norte-americano a difundir as descobertas tecnológicas em domínio público em troca da manutenção do monopólio das telecomunicações públicas.[78] Instituições como o MIT, Harvard, Stanford, Berkeley, UCLA, Chicago, John Hopkins e laboratórios nacionais de armamentos tais como Livermore, Los Alamos, Sandia e Lincoln trabalharam com e para os órgãos do Departamento de Defesa em programas que conduziram a avanços fundamentais, desde os computadores da década de 1940 até a optoeletrônica e as tecnologias de inteligência artificial do programa "Guerra nas Estrelas" dos anos 1980. A Darpa (Agência de Projetos de Pesquisa Avançada do Departamento de Defesa) desempenhou, nos EUA, um papel não muito diferente do MITI no desenvolvimento tecnológico do Japão, incluindo o projeto e a verba inicial da internet.[79] Na verdade, na década de 1980, quando a administração Reagan, extremamente adepta do laissez-faire, sentiu a ferroada da concorrência japonesa, o Departamento de Defesa liberou uma verba para a SEMATECH, um consórcio de empresas norte-americanas de eletrônica, para patrocinar os onerosos custos de programas de P&D na indústria eletrônica, por razões de segurança nacional. E o governo federal também ajudou no esforço das grandes empresas no campo da microeletrônica, criando a MCC e ficando tanto a SEMATECH como a MCC localizadas em Austin, Texas.[80] Também, durante os decisivos anos 1950 e 1960, os contratos militares e o programa espacial representaram mercados essenciais para a indústria eletrônica, tanto para as grandes empresas contratadas no setor bélico, localizadas ao sul da Califórnia, quanto para as inovadoras recém-estabelecidas no Vale do Silício e na Nova Inglaterra.[81] Talvez elas não tivessem sobrevivido sem os financiamentos generosos e o mercado protegido de um governo norte-americano ansioso por recuperar a supremacia tecnológica sobre a União Soviética, estratégia que no final valeu a pena. A engenharia genética originou-se nos principais centros de pesquisa de universidades e hospitais, bem como nos institutos de pesquisa sobre saúde, contando, em grande parte, com financiamentos e patrocínio do governo.[82] Portanto, foi o Estado, e não o empreendedor de inovações em garagens, que iniciou a revolução da tecnologia da informação tanto nos Estados Unidos como em todo o mundo.[83]

Porém, sem esses empresários inovadores, como os que deram início ao Vale do Silício ou aos clones de PCs em Taiwan, a revolução da tecnologia da informação teria adquirido características muito diferentes e é improvável que tivesse evoluído para a forma de dispositivos tecnológicos flexíveis e descentralizados que se estão difundindo por todas as esferas da atividade humana. Sem dúvida, desde o início dos anos 1970, a inovação tecnológica tem sido essencialmente conduzida pelo mercado:[84] e os inovadores, enquanto ainda muitas vezes empregados por grandes empresas, em particular no Japão e na Europa, continuam a montar seus negócios nos Estados Unidos e, cada vez mais, em todo o mundo. Com isso, há um aumento da velocidade da inovação tecnológica e uma difusão mais rápida dessa inovação à medida que mentes talentosas, impulsionadas por paixão e ambição, vão fazendo pesquisas constantes no setor em busca de nichos de mercado em produtos e processos. *Na realidade, é mediante essa interface entre os programas de macropesquisa e grandes mercados desenvolvidos pelos governos, por um lado, e a inovação descentralizada estimulada por uma cultura de criatividade tecnológica e por modelos de sucessos pessoais rápidos, por outro, que as novas tecnologias da informação prosperam.* No processo, essas tecnologias agruparam-se em torno de redes de empresas, organizações e instituições para formar um novo paradigma sociotécnico.

O paradigma da tecnologia da informação

Nas palavras de Christopher Freeman:

> Um paradigma econômico e tecnológico é um agrupamento de inovações técnicas, organizacionais e administrativas inter-relacionadas cujas vantagens devem ser descobertas não apenas em uma nova gama de produtos e sistemas, mas também e sobretudo na dinâmica da estrutura dos custos relativos de todos os possíveis insumos para a produção. *Em cada novo paradigma, um insumo específico ou conjunto de insumos pode ser descrito como o "fator-chave" desse paradigma caracterizado pela queda dos custos relativos e pela disponibilidade universal.* A mudança contemporânea de paradigma pode ser vista como uma transferência de uma tecnologia baseada principalmente em insumos baratos de energia para uma *outra que se baseia predominantemente em insumos baratos de informação derivados do avanço da tecnologia em microeletrônica e telecomunicações.*[85]

O conceito de paradigma tecnológico, elaborado por Carlota Perez, Christopher Freeman e Giovanni Dosi, com a adaptação da análise clássica das revoluções científicas feita por Kuhn, ajuda a organizar a essência da transformação tecnológica atual à medida que ela interage com a economia e a sociedade.[86] Em vez de apenas aperfeiçoar a definição de modo a incluir os processos sociais além da economia, penso que seria útil destacar os aspectos centrais do paradigma da tecnologia da informação para que sirvam de guia em nossa futura jornada pelos caminhos da transformação social. No conjunto, esses aspectos representam a base material da sociedade da informação.

A primeira característica do novo paradigma é que a informação é sua matéria-prima: *são tecnologias para agir sobre a informação*, não apenas informação para agir sobre a tecnologia, como foi o caso das revoluções tecnológicas anteriores.

O segundo aspecto refere-se à *penetrabilidade dos efeitos das novas tecnologias*. Como a informação é uma parte integral de toda atividade humana, todos os processos de nossa existência individual e coletiva são diretamente moldados (embora, com certeza, não determinados) pelo novo meio tecnológico.

A terceira característica refere-se à *lógica de redes* em qualquer sistema ou conjunto de relações, usando essas novas tecnologias da informação. A morfologia da rede parece estar bem adaptada à crescente complexidade de interação e aos modelos imprevisíveis do desenvolvimento derivado do poder criativo dessa interação.[87] Essa configuração topológica, a rede, agora pode ser implementada materialmente em todos os tipos de processos e organizações graças a recentes tecnologias da informação. Sem elas, tal implementação seria bastante complicada. E essa lógica de redes, contudo, é necessária para estruturar o não estruturado, porém preservando a flexibilidade, pois o não estruturado é a força motriz da inovação na atividade humana.

Ademais, quando as redes se difundem, seu crescimento se torna exponencial, pois as vantagens de estar na rede crescem exponencialmente, graças ao número maior de conexões, e o custo cresce em padrão linear. Além disso, a penalidade por estar fora da rede aumenta com o crescimento da rede em razão do número em declínio de oportunidades de alcançar outros elementos fora da rede. O criador da tecnologia das redes de área local (LAN), Robert Metcalfe, propôs em 1973 uma fórmula matemática simples que demonstrava como o valor da rede é o quadrado do número de nós da rede. A fórmula é $V = n^{(n-1)}$, donde n é o número de nós da rede.

Em quarto lugar, referente ao sistema de redes, mas sendo um aspecto claramente distinto, o paradigma da tecnologia da informação é baseado na *flexibilidade*. Não apenas os processos são reversíveis, mas organizações e instituições podem ser modificadas, e até mesmo fundamentalmente alteradas, pela reorganização de seus componentes. O que distingue a configuração do novo paradigma tecnológico é sua capacidade de reconfiguração, um aspecto decisivo em uma sociedade caracterizada por constante mudança e fluidez organizacional. Tornou-se possível inverter as regras sem destruir a organização, porque a base material da organização pode ser reprogramada e reaparelhada.[88] Porém devemos evitar um julgamento de valores ligado a essa característica tecnológica. Isso porque a flexibilidade tanto pode ser uma força libertadora como também uma tendência repressiva, se os redefinidores das regras sempre forem os poderes constituídos. De acordo com Mulgan: "As redes são criadas não apenas para comunicar, mas para ganhar posições, para melhorar a comunicação."[89] Portanto, é essencial manter uma distância entre a avaliação do surgimento de novas formas e processos sociais, induzidos e facilitados por novas tecnologias, e a extrapolação das consequências potenciais desses avanços para a sociedade e as pessoas: só análises específicas e observação empírica conseguirão determinar as consequências da interação entre as novas tecnologias e as formas sociais emergentes. Mas também é essencial identificar a lógica embutida no novo paradigma tecnológico.

Então, uma quinta característica dessa revolução tecnológica é a crescente *convergência de tecnologias específicas para um sistema altamente integrado*, no qual trajetórias tecnológicas antigas ficam literalmente impossíveis de se distinguir em separado. Assim, a microeletrônica, as telecomunicações, a optoeletrônica e os computadores são todos integrados nos sistemas de informação. Ainda existe, e existirá por algum tempo, uma distinção comercial entre fabricantes de chips e desenvolvedores de software, por exemplo. Mas até mesmo essa diferenciação fica indefinida com a crescente integração de empresas em alianças estratégicas e projetos de cooperação, bem como pela incorporação de software também nos componentes dos chips. Além disso, em termos de sistemas tecnológicos, um elemento não pode ser imaginado sem o outro: os computadores são em grande parte determinados pela capacidade dos chips, e tanto o projeto quanto o processamento paralelo dos microcomputadores dependem da arquitetura do computador. As telecomunicações agora são apenas uma forma de processamento da informação; as tecnologias de transmissão e conexão estão, simultaneamente, cada vez mais diversificadas e integradas na mesma rede operada por computadores.[90] Conforme analisei anteriormente, o desenvolvimento da internet está invertendo a relação entre comutação de circuitos e troca de pacotes nas tecnologias da comunicação, para que a transmissão de dados se torne a forma de comunicação predominante e universal. E a transmissão de dados baseia-se nas instruções de codificação e decodificação contidas em programas.

A convergência tecnológica transforma-se em uma interdependência crescente entre as revoluções em biologia e microeletrônica, tanto em relação a materiais quanto a métodos. Assim, avanços decisivos em pesquisas biológicas, como a identificação dos genes humanos e segmentos do DNA humano, só conseguem seguir adiante por causa do grande poder da informática.[91] A nanotecnologia pode vir a permitir a inserção de minúsculos microprocessadores em órgãos de organismos vivos, inclusive dos seres humanos.[92] Por outro lado, o uso de materiais biológicos na microeletrônica, apesar de ainda muito distante de uma aplicação mais genérica, já estava em estágio experimental em fins da década de 1990. Em 1995, Leonard Adleman, um cientista da computação na Universidade do Sul da Califórnia, usou moléculas sintéticas de DNA e, com a ajuda de uma reação química, provocou seu funcionamento de acordo com a lógica combinatória do DNA, como um material básico para a computação.[93] Embora a pesquisa ainda tenha um longo caminho a percorrer rumo à integração material entre a biologia e a eletrônica, a lógica da biologia (a capacidade de autogerar sequências coerentes não programadas) está cada vez mais sendo introduzida nas máquinas.[94] Em 1999, Harold Abelson e seus colegas do laboratório de ciência da computação no MIT estavam tentando "alterar" a bactéria *E. coli* para que ela pudesse funcionar como circuito eletrônico, com a capacidade de se reproduzir. Estavam fazendo experiências com "computação amorfa", isto é, introduzindo circuitos em material biológico. Já que as células biológicas só computam enquanto estiverem vivas, essa tecnologia combinar-se-ia com a eletrônica molecular, comprimindo milhões ou bilhões desses comutadores biológicos em espaços minúsculos, com a aplicação em potencial de produzir "materiais inteligentes" de todos os tipos.[95]

Alguns experimentos da pesquisa avançada na interação entre seres humanos e computadores dependem do uso de interfaces cerebrais adaptáveis que reconheçam estados mentais em sinais on-line de eletroencefalogramas (EEG) espontâneos, com base na teoria da rede neural artificial. Assim, em 1999, no Centro de Pesquisas Conjuntas da União Europeia em Ispra, Itália, o cientista da computação Jose Millan e seus colegas conseguiram demonstrar experimentalmente que as pessoas que usassem um capacete compacto de EEG poderiam comunicar-se por meio do controle consciente dos pensamentos.[96] Seu método baseou-se num processo de aprendizado mútuo, por meio do qual o usuário e a interface cerebral se acoplam e se adaptam entre si. Por conseguinte, a rede neural aprende os padrões de EEG específico dos usuários enquanto os usuários aprendem a pensar de maneira a serem mais bem entendidos pela interface pessoal.

O atual processo de convergência entre diferentes campos tecnológicos no paradigma da informação resulta de sua lógica compartilhada na geração da informação. Essa lógica é mais aparente no funcionamento do DNA e na evolução natural e é, cada vez mais, reproduzida nos sistemas de informação mais avançados à medida que os chips, computadores e software alcançam novas fronteiras de velocidade, de capacidade de armazenamento e de flexibilidade no tratamento da informação oriunda de fontes múltiplas. Embora a reprodução do cérebro humano com seus bilhões de circuitos e insuperável capacidade de recombinação, a rigor, seja ficção científica, os limites da capacidade de informação dos computadores de hoje em dia estão sendo superados a cada mês.[97]

A partir da observação dessas mudanças extraordinárias em nossas máquinas e conhecimentos sobre a vida e com a ajuda de tais máquinas e conhecimentos, está havendo uma transformação tecnológica mais profunda: a das categorias segundo as quais pensamos todos os processos. Segundo as ideias propostas pelo historiador de tecnologia, Bruce Mazlish:

> É necessário reconhecer que a evolução biológica humana, agora melhor entendida em termos culturais, impõe à humanidade — a nós — a conscientização de que ferramentas e máquinas são inseparáveis da evolução da natureza humana. Também precisamos perceber que o desenvolvimento das máquinas, culminando com o com-

putador, mostra-nos, de forma inevitável, que as mesmas teorias úteis na explicação do funcionamento de dispositivos mecânicos também têm utilidade no entendimento do animal humano — e vice-versa, pois a compreensão do cérebro humano elucida a natureza da inteligência artificial.[98]

De uma perspectiva diferente, baseados nos discursos da moda nos anos 1980 sobre a "teoria do caos", na década de 1990 uma rede de cientistas e pesquisadores convergiam para uma abordagem epistemológica comum, identificada pela palavra "complexidade". Organizado em torno de seminários do Instituto Santa Fé, no Novo México (originalmente um clube de físicos altamente capacitados da empresa Los Alamos Laboratory e, logo após, contando com a participação de um grupo seleto de ganhadores do Prêmio Nobel e amigos), esse círculo intelectual tem como objetivo a comunicação do pensamento científico (inclusive ciências sociais) sob um novo paradigma. Seus membros procuram compreender o surgimento de estruturas auto-organizadas que criam complexidade a partir da simplicidade e ordem superior a partir do caos, mediante várias ordens de interatividade entre os elementos básicos na origem do processo.[99] Embora frequentemente descartado pela ciência tradicional como sendo uma proposição não comprovável, esse projeto é um exemplo do esforço realizado em diferentes ambientes no sentido de encontrar um terreno comum para a troca de experiências intelectuais entre a ciência e a tecnologia na Era da Informação. Porém essa abordagem parece impedir qualquer estrutura sistemática de integração. O pensamento da complexidade deve ser considerado mais um método para entender a diversidade do que uma metateoria unificada. Seu valor epistemológico pode ter-se originado do reconhecimento do caráter auto-organizador da Natureza e da sociedade. Não se pode afirmar que não haja regras, mas as regras são criadas e mudadas em um processo contínuo de ações deliberadas e interações exclusivas. Assim, em 1999 um jovem pesquisador do Santa Fe Institute, Duncan Watts, propôs uma análise formal da lógica dos sistemas de redes que fundamentava a formação de "pequenos mundos", isto é, o conjunto abrangente de conexões, na natureza e na sociedade, entre elementos que, mesmo quando não se comunicam diretamente, têm relação, de fato, por meio de uma curta cadeia de intermediários. Por exemplo, ele demonstra matematicamente que, se representarmos num gráfico os sistemas de relações, o essencial para a geração do fenômeno de um pequeno mundo (que é o símbolo da lógica dos sistemas de redes) é a presença de uma pequena fração de acessos globais de longa distância, o que contrai partes do gráfico que, de outra maneira, estariam distantes, embora a maioria dos acessos continuem locais, organizados em agrupamentos.[100] Isso representa com exatidão a lógica do sistema de redes de inovação locais/globais, conforme está documentado neste capítulo. A contribuição importante da escola de pensamento da teoria da complexidade é sua ênfase na dinâmica não linear como método mais proveitoso de entender o comportamento dos sistemas vivos, tanto na sociedade quanto na natureza. A maior parte do trabalho dos pesquisadores do Santa Fe Institute é de natureza matemática; não é uma análise empírica dos fenômenos naturais ou sociais. Mas há pesquisadores em inúmeros campos das ciências que usam a dinâmica não linear como princípio orientador com resultados científicos cada vez mais importantes. Fritjof Capra, físico teórico e ecologista de Berkeley, integrou muitos desses resultados no esboço de uma teoria coerente dos sistemas vivos numa série de livros, em especial seu notável *Web of Life*.[101] Ele ampliou o trabalho do ganhador do Prêmio Nobel Ilya Prigogine.

A teoria de Prigogine das estruturas dissipadoras demonstrou a dinâmica não linear da auto-organização dos ciclos químicos, e nos permitiu compreender o surgimento espontâneo de ordem como uma das características essenciais da vida. Capra demonstra como as pesquisas de vanguarda em áreas tão diferentes como o desenvolvimento das células, os sistemas econômicos globais (conforme representado pela polêmica teoria Gaia, e pelo modelo de simulação "Daisyworld" de Lovelock), a neurociência (conforme no trabalho de Gerald Edelman ou Oliver Sacks) e os estudos da origem da vida fundamentados na recém-nascida teoria das redes químicas são todas manifestações de uma perspectiva dinâmica não linear.[102] Os novos conceitos fundamentais, como os atratores, retratos de fases, propriedades emergentes, fractais, oferecem novas perspectivas para a compreensão das observações do comportamento em sistemas vivos, inclusive nos sistemas sociais — preparando assim o caminho de um elo teórico entre diversos campos das ciências; não os reduzindo a um conjunto de regras em comum, mas explicando os processos e os resultados provenientes das propriedades autogeradoras de sistemas vivos específicos. Brian Arthur, economista de Stanford que trabalha no Santa Fe Institute, aplicou a teoria da complexidade à teoria formal da economia, propondo conceitos como o dos mecanismos de autorreforço, da dependência da rota e das propriedades emergentes, e demonstrando sua importância para o entendimento das características da nova economia.[103]

Em resumo, o paradigma da tecnologia da informação não evolui para seu fechamento como um sistema, mas rumo à abertura como uma rede de acessos múltiplos. É forte e impositivo em sua materialidade, mas adaptável e aberto em seu desenvolvimento histórico. Abrangência, complexidade e disposição em forma de rede são seus principais atributos.

Assim, a dimensão social da revolução da tecnologia da informação parece destinada a cumprir a lei sobre a relação entre a tecnologia e a sociedade proposta algum tempo atrás por Melvin Kranzberg: "*A primeira lei de Kranzberg diz: A tecnologia não é nem boa, nem ruim e também não é neutra.*"[104] É uma força que provavelmente está, mais do que nunca, sob o atual paradigma tecnológico que penetra no âmago da vida e da mente.[105] Mas seu verdadeiro uso na esfera da ação social consciente e a complexa matriz de interação entre as forças tecnológicas liberadas por nossa espécie e a espécie em si são questões mais de investigação que de destino. Portanto, prosseguirei agora com essa investigação.

Notas

1. Gould (1980: 226).
2. Melvin Kranzberg, um dos principais historiadores de tecnologia, escreveu "A Era da Informação, na realidade, revolucionou os elementos técnicos da sociedade industrial" (1985: 42). Em relação a seus efeitos societais: "Embora possa ser evolucionária, no sentido de que nem todas as mudanças e benefícios aparecerão de uma hora para outra, seus efeitos sobre nossa sociedade serão revolucionários" (1985: 52). Seguindo a mesma linha de raciocínio, ver também, por exemplo: Norae Mine (1978); Dizard (1982); Perez (1983); Forester (1985); Darbon e Robin (1987); Stourdze (1987); Dosi *et al.* (1988b); Bishop e Waldholz (1990); Salomon (1992); Petrella (1993); Ministério dos Correios e Telecomunicações (Japão) (1995); Negroponte (1995).
3. Sobre a definição da tecnologia como "cultura material" que considero ser a perspectiva sociológica adequada, ver, especialmente, a discussão em Fischer (1992; 1-32): "Aqui, a tecnologia é semelhante ao conceito de cultura material."
4. Brooks (1971:13), de texto não publicado, citado com ênfase acrescentada por Bell (1976: 29).
5. Saxby (1990); Mulgan (1991).
6. Hall (1987); Marx (1989).
7. Para uma exposição estimulante e esclarecedora, embora deliberadamente controversa, da convergência entre a revolução biológica e a mais ampla revolução da tecnologia da informação, ver Kelly (1995).
8. Forester (1988); Edquist e Jacobsson (1989); Herman (1990); Drexler e Peterson (1991); Lincoln e Essin (1993); Dondero (1995); Lovins e Lovins (1995); Lyon e Gorner (1995).
9. Negroponte (1995).
10. Kranzberg e Pursell (1967).
11. O total entendimento da revolução tecnológica atual exigiria a discussão da especificidade das novas tecnologias da informação *vis-à-vis* seus predecessores históricos também de caráter revolucionário, como a descoberta da imprensa, na China, provavelmente no final do século VII e, na Europa, no século XV, tema clássico da literatura das comunicações. Não podendo abordar a questão nos limites deste livro, enfocado na dimensão sociológica da transformação tecnológica, gostaria de sugerir que o leitor prestasse atenção em alguns tópicos. As tecnologias da informação com base na eletrônica (inclusive a imprensa eletrônica) apresentam uma capacidade de armazenamento de memória e velocidade de combinação e transmissão de bits incomparáveis. Os textos eletrônicos permitem flexibilidade de feedback, interação e reconfiguração de texto muito maiores — como qualquer autor de processador de texto pode confirmar — e, desse modo, alteram o próprio processo de comunicação. A comunicação on-line, aliada à flexibilidade do texto, propicia programação de espaço/tempo ubíqua e assíncrona. Em relação aos efeitos sociais das tecnologias da informação, minha hipótese é que a profundidade de seu impacto é uma função da penetrabilidade da informação por toda a estrutura social. Assim, embora a imprensa tenha afetado as sociedades europeias de maneira substancial na Era Moderna, bem como, em menor medida, a China medieval, seus efeitos foram,

de certa forma, limitados devido ao analfabetismo generalizado da população e por causa da pouca intensidade da informação na estrutura produtiva. Então, ao educar seus cidadãos e promover a organização gradual da economia em torno de conhecimentos e informação, a sociedade industrial preparou o terreno para a capacitação da mente humana para quando as novas tecnologias da informação fossem disponibilizadas. Ver comentários históricos sobre esse início de revolução das tecnologias da informação em Boureau *et al.* (1989). Para alguns elementos do debate sobre a especificidade tecnológica da comunicação eletrônica, inclusive a visão de McLuhan, ver capítulo 5.

12. M. Kranzberg, "Prerequisites for industrialization", *in* Kranzberg e Pursell (1967: I. cap. 13); Mokyr (1990).
13. Ashton (1948); Clow e Clow (1952); Landes (1969); Mokyr (1990: 112).
14. Dizard (1982); Forester (1985); Hall e Preston (1988); Saxby (1990).
15. Bar (1990).
16. Rosenberg (1982); Bar (1992).
17. Mazlish (1993).
18. Mokyr (1990: 293, 209 ss.).
19. Ver, por exemplo, Thomas (1993).
20. Mokyr (1990: 83).
21. Pool (1990); Mulgan (1991).
22. Singer *et al.* (1958); Mokyr (1985). Porém, como o próprio Mokyr ressalta, na primeira Revolução Industrial na Grã-Bretanha, também havia uma interface entre ciência e tecnologia. Portanto, o aperfeiçoamento decisivo promovido por Watts na máquina a vapor projetada por Newcomen ocorreu em interação com seu amigo e protetor Joseph Black, professor de química da Universidade de Glasgow, onde, em 1757, Watts foi nomeado o "Criador de Instrumentos Matemáticos da Universidade" e conduziu seus próprios experimentos em um modelo da máquina de Newcomen (ver Dickinson, 1958). De fato, Ubbelohde (1958: 673) relata que "o condensador desenvolvido por Watts para a máquina a vapor, separado do cilindro em que o pistom se movimentava, era intimamente associado e inspirado nas pesquisas científicas de Joseph Black (1728-99), professor de química da Universidade de Glasglow".
23. Mokyr (1990: 82).
24. David (1975); David e Bunn (1988); Arthur (1989).
25. Rosenberg e Birdzell (1986).
26. Singer *et al.* (1957).
27. Rostow (1975); ver Jewkes *et al.* (1969) para a discussão e Singer *et al.* (1958) para dados históricos.
28. Mokyr (1990).
29. Hall e Preston (1988: 123).
30. A origem do conceito de "ambiente de inovação" pode ser buscada em Aydalot (1985). Também estava implícito no trabalho de Anderson (1985) e no de Arthur (1985). Mais ou menos na mesma época, Peter Hall e eu, em Berkeley, Roberto Camagni, em Milão, e Denis Maillat, em Lausanne, juntamente com o finado Philippe Aydalot por um breve período, começamos a desenvolver análises empíricas sobre os meios de inovação, tema que, com justiça, se tornou objeto de muitas pesquisas nos anos 1990.

31. A discussão específica das condições históricas para a concentração das inovações tecnológicas não pode ser feita nos limites deste capítulo. Reflexões úteis sobre o tema são encontradas em Gille (1978) e em Mokyr (1990). Ver também Mokyr (1990: 298).
32. Rosenberg (1976, 1982); Dosi (1988).
33. Mokyr (1990: 83).
34. Fontana (1988); Nadai e Carreras (1990).
35. Forbes (1958: 150).
36. Mokyr (1990: 84).
37. Jarvis (1958); Canby (1962); Hall e Preston (1988). Uma das primeiras especificações detalhadas de um telégrafo elétrico faz parte de uma carta assinada por C.M. e publicada na revista *Scots Magazine*, em 1753. Em 1795, o catalão Francisco de Salva propôs uma das primeiras experiências práticas com um sistema elétrico. Há relatos não confirmados de que, em 1798, foi construído um telégrafo monofilar entre Madri e Aranjuez (42 km), com base no esquema de Salva. No entanto foi apenas entre 1830-40 que o telégrafo elétrico foi estabelecido (William Coke na Inglaterra, Samuel Morse nos Estados Unidos), e, em 1851, instalou-se o primeiro cabo submarino, entre Dover e Calais (Garrat 1958); ver também Sharlin (1967); Mokyr (1990).
38. Forbes (1958: 148).
39. Um bom relato sobre as origens da revolução da tecnologia da informação, naturalmente suplantado pelos novos desenvolvimentos desde a década de 1980, é o de Braun e Macdonald (1982). Tom Forester conduziu o esforço mais sistemático para resumir os progressos dos primórdios da revolução da tecnologia da informação em uma série de livros (1980, 1985, 1987, 1989, 1993). Para bons relatos sobre as origens da engenharia genética, ver Elkington (1985) e Russell (1988). Ver uma história abalizada da computação em Ceruzzi (1998). Ver a história da internet em Abbate (1999) e Naughton (1999).
40. Uma "lei" aceita no setor de eletrônica creditada a Gordon Moore, presidente da Intel, a nova empresa no legendário Vale do Silício, hoje a maior do mundo e uma das mais rentáveis do setor de microeletrônica.
41. As informações relatadas neste capítulo são facilmente encontradas em jornais e revistas, e a maior parte foi extraída de minhas leituras das revistas *Business Week*, *The Economist*, *Wired* e *Scientific American* e dos jornais *New York Times*, *El Pais* e *San Francisco Chronicle*, que constituem a base de minhas informações diárias/semanais. Também usei subsídios de conversas ocasionais sobre assuntos relacionados à tecnologia com colegas e amigos de Berkeley e Stanford, conhecedores de eletrônica e biologia e familiarizados com fontes industriais. Não acho necessário fornecer referências detalhadas sobre esses tipos gerais de informações, exceto quando determinado dado ou citação for de difícil localização.
42. Ver Hall e Preston (1988); Mazlish (1993).
43. Penso que, a exemplo das revoluções industriais, haverá várias revoluções da tecnologia da informação, das quais a ocorrida na década de 1970 é apenas a primeira. Provavelmente a segunda, no início do século XXI, dará um papel mais importante à revolução biológica, em estreita interação com as novas tecnologias computacionais.
44. Braun e Macdonald (1982).
45. Mokyr (1990: 111).
46. Hall e Preston (1988).

47. Ver a descrição feita por Forester (1987).
48. Egan (1995).
49. Ver excelentes histórias da internet em Abbate (1999) e Naughton (1999). Ver também Hart *et al.* (1992). Sobre a contribuição da cultura "hacker" para o desenvolvimento da internet, ver Hafner e Markoff (1991); Naughton (1999); Himannen (2001).
50. *Conseil d'Etat* (1998).
51. Rohozinski (1998).
52. Rheingold (1993).
53. Reid (1997: 6).
54. Lewis (2000).
55. Cerf (1999).
56. Citado em *The Economist* (1997: 33).
57. Hall (1999a); Markoff (1999a, b).
58. Sobre os primórdios do desenvolvimento da biotecnologia e da engenharia genética, ver, por exemplo, Hall (1987); Teitelman (1989); Bishop e Waldholz (1990); Congresso Norte-americano, Departamento de Avaliação de Tecnologias (1991).
59. Ver *Business Week* (1995e).
60. *Business Week* (1999a: 94-104).
61. Capra (1999a); Sapolsky (2000).
62. Lyon e Gorner (1995: 567).
63. Forester (1993).
64. Sobre a história da formação do Vale do Silício, há dois livros úteis e de leitura fácil: Rogers e Larsen (1984) e Malone (1985).
65. Saxenian (1994).
66. Castells (1989: cap. 2).
67. Zook (2000c).
68. Kay (1990: 173).
69. Levy (1984); Egan (1995). Ver interessante estudo da interação complexa entre criatividade tecnológica e estratégias empresariais em Hiltzik (1999) sobre a experiência de um dos mais importantes centros de inovação do Vale do Silício, Xerox-PARC.
70. Blakely *et al.* (1988); Hall *et al.* (1988).
71. Saxenian (1999).
72. Reid (1997); Bronson (1999); Kaplan (1999); Lewis (2000); Zook (2000c).
73. Rosen *et al.* (1999).
74. Castells e Hall (1994).
75. Borrus (1988).
76. Hall *et al.* (1987).
77. Castells *et al.* (1991); Freeman *et al.* (1991).
78. Bar (1990).
79. Tirman (1984); Broad (1985); Stowsky (1992).
80. Borrus (1988); Gibson e Rogers (1994).
81. Roberts (1991).
82. Kenney (1986).
83. Ver as análises reunidas em Castells (1988b).
84. Banegas (1993).

85. C. Freeman, "Prefácio da Parte II", *in* Dosi *et al.* (1988a: 10).
86. Kuhn (1962); Perez (1983); Dosi *et al.* (1988a).
87. Kelly (1995: 25-7) faz uma análise eficaz das propriedades da lógica de redes em alguns parágrafos: "O Átomo é o passado. O símbolo da ciência para o próximo século é a Rede dinâmica... Enquanto o Átomo representa uma clara simplicidade, a Rede canaliza o poder confuso da complexidade... A única organização capaz de crescimento sem preconceitos e aprendizagem sem guias é a rede. Todas as outras topologias são restritivas. Um enxame de redes com acessos múltiplos e, portanto, sempre abertas de todos os lados. Na verdade, a rede é a organização menos estruturada da qual se pode dizer que não tem nenhuma estrutura... De fato, uma pluralidade de componentes realmente divergentes só pode manter-se coerente em uma rede. Nenhum outro esquema — cadeia, pirâmide, árvore, círculo, eixo — consegue conter uma verdadeira diversidade funcionando como um todo." Embora físicos e matemáticos possam contestar algumas dessas afirmações, a mensagem básica de Kelly é interessante: a convergência entre a topologia evolucionária da matéria viva, a natureza não estanque de uma sociedade cada vez mais complexa e a lógica interativa das tecnologias da informação.
88. Tuomi (1999).
89. Mulgan (1991: 21).
90. Williams (1991).
91. Bishop e Waldholz (1990); *Business Week* (1995e, 1999b).
92. Hall (1999b).
93. Allen (1995).
94. Ver, para uma análise das tendências, Kelly (1995); para uma perspectiva histórica sobre a convergência entre a mente e as máquinas, Mazlish (1994); para uma reflexão teórica, Levy (1994).
95. Markoff (1996).
96. Millan *et al.* (2000).
97. Ver a excelente análise em perspectiva de Gelernter (1991).
98. Mazlish (1993: 233).
99. A difusão da teoria do caos para uma grande audiência deveu-se, em grande parte, ao best seller de Gleick (1987); ver também Hall (1991). Para um relato claro e intrigante sobre a escola da "complexidade", ver Waldrop (1992). Também me baseio em conversas particulares com pesquisadores do Santa Fe Institute durante minha visita ao Instituto em novembro de 1998. Agradeço em especial a Brian Arthur por compartilhar suas ideias.
100. Watts (1999).
101. Capra (1996).
102. Capra (1999b).
103. Arthur (1998).
104. Kranzberg (1985: 50).
105. Para uma discussão fortuita e informativa dos recentes grandes avanços científicos e relativos à mente humana, ver Baumgartner e Payr (1995). Para uma interpretação mais contundente, ainda que controversa, feita por um dos fundadores da revolução genética, ver Crick (1994).

2

A nova economia: informacionalismo, globalização, funcionamento em rede

Uma nova economia surgiu em escala global no último quartel do século XX. Chamo-a de informacional, global e em rede para identificar suas características fundamentais e diferenciadas e enfatizar sua interligação. É *informacional* porque a produtividade e a competitividade de unidades ou agentes nessa economia (sejam empresas, regiões ou nações) dependem basicamente de sua capacidade de gerar, processar e aplicar de forma eficiente a informação baseada em conhecimentos. É *global* porque as principais atividades produtivas, o consumo e a circulação, assim como seus componentes (capital, trabalho, matéria-prima, administração, informação, tecnologia, mercados) estão organizados em escala global, diretamente ou mediante uma rede de conexões entre agentes econômicos. É *rede* porque, nas novas condições históricas, a produtividade é gerada, e a concorrência é feita em uma rede global de interação entre redes empresariais. Essa nova economia surgiu no último quartel do século XX porque a revolução da tecnologia da informação forneceu a base material indispensável para sua criação. É a conexão histórica entre a base de informações/conhecimentos da economia, seu alcance global, sua forma de organização em rede e a revolução da tecnologia da informação que cria um novo sistema econômico distinto, cujas estrutura e dinâmica explorarei neste capítulo.

Sem dúvida, informação e conhecimentos sempre foram elementos cruciais no crescimento da economia, e a evolução da tecnologia determinou em grande parte a capacidade produtiva da sociedade e os padrões de vida, bem como formas sociais de organização econômica.[1] Porém, como foi discutido no capítulo 1, estamos testemunhando um ponto de descontinuidade histórica. A emergência de um novo paradigma tecnológico organizado em torno de novas tecnologias da informação, mais flexíveis e poderosas, possibilita que a própria informação se torne o produto do processo produtivo. Sendo mais preciso: os produtos das novas indústrias de tecnologia da informação são dispositivos de processamento de informações ou o próprio processamento das informações.[2] Ao transformarem os processos de processamento da informação, as novas tecnologias da informação agem sobre todos os domínios da atividade humana e possibilitam o estabelecimento de conexões infinitas entre diferentes domínios, assim como entre os elementos e agentes de tais atividades. Surge uma economia em rede profundamente interdependente que se torna cada vez mais capaz de aplicar seu progresso em tecnologia, conhecimentos e administração na própria tecnologia, conhecimentos e administração. Um círculo tão virtuoso deve conduzir à maior produtividade e eficiência, considerando as condições corretas de transformações organizacionais e institucionais igualmente drásticas.[3] Neste capítulo, tentarei estimar a especificidade histórica da nova economia, delinear suas principais características e explorar a estrutura e a dinâmica de um sistema econômico mundial, emergente como uma forma transitória rumo ao modelo informacional de desenvolvimento que provavelmente caracterizará as futuras décadas.

Produtividade, competitividade e a economia informacional

O enigma da produtividade

A produtividade impulsiona o progresso econômico. Foi por meio do aumento da produção por unidade de insumo no tempo que a raça humana conseguiu dominar as forças da natureza e, no processo, moldou-se como cultura. Sem dúvida, o debate sobre as fontes de produtividade tem sido o ponto fundamental da economia política clássica, desde os fisiocratas até Marx, passando por Ricardo, e continuando na vanguarda de uma corrente de teoria econômica em extinção, ainda preocupada com a economia real.[4] Na verdade, os caminhos específicos do aumento de produtividade definem a estrutura e a dinâmica de um determinado sistema econômico. Se houver uma nova economia informacional, deveremos ser capazes de identificar as fontes de produtividade historicamente novas que distinguem essa economia. Mas assim que suscitamos essa questão fundamental sentimos a complexidade e a incerteza da resposta. Poucos temas econômicos são mais questionados e questionáveis que as fontes de produtividade e o crescimento de produtividade.[5]

Faz parte do ritual de discussões acadêmicas sobre a produtividade em economias avançadas começar com a referência ao trabalho pioneiro de Robert Solow (1956-7) e à função de produção agregada, proposta pelo autor em uma estrutura neoclássica ortodoxa para explicar as fontes e a evolução do crescimento de produtividade na economia norte-americana. Com base em seus cálculos, Solow sustentava que a produção bruta por trabalhador dobrou no setor privado não rural norte-americano entre 1909 e 1949, "com 87% do aumento atribuível a transformações tecnológicas e os 12% restantes ao maior uso de capital".[6] Um trabalho paralelo de Kendrick convergia para resultados semelhantes.[7] Porém, apesar de Solow ter interpretado suas descobertas como se fossem um reflexo da influência das transformações tecnológicas na produtividade, em termos estatísticos, o que ele demonstrou foi que o aumento da produção por hora de trabalho não era resultado de adição de mão de obra e apenas ligeiramente de adição de capital, mas vinha de outra fonte, expressa como um residual estatístico em sua equação da função de produção. A maioria das pesquisas econométricas sobre crescimento de produtividade, nas duas décadas posteriores ao trabalho pioneiro de

Solow, concentrou-se na explicação do "residual", descobrindo os fatores *ad hoc* que seriam responsáveis pela variação na evolução da produtividade, como fornecimento de energia, regulamentação governamental, nível de instrução da mão de obra e assim por diante, sem obter muito sucesso no esclarecimento desse misterioso "residual".[8] Economistas, sociólogos e historiadores econômicos, corroborando a intuição de Solow, não hesitaram em interpretar o "residual" como sendo correspondente a transformações tecnológicas. Nas elaborações mais precisas, "ciência e tecnologia" eram compreendidas em sentido amplo, ou seja, conhecimentos e informação, de modo que a tecnologia voltada para o gerenciamento foi considerada tão importante quanto o gerenciamento da tecnologia.[9] Um dos esforços mais elucidativos de pesquisa sistemática sobre a produtividade, desenvolvido por Richard Nelson,[10] começa com uma proposição muito difundida sobre o papel central da transformação tecnológica no crescimento de produtividade, relançando, portanto, a questão sobre as fontes de produtividade e transferindo a ênfase para as origens dessa transformação. Em outras palavras, a economia da tecnologia seria a estrutura explicativa para a análise das fontes de crescimento. Todavia essa perspectiva analítica intelectual pode, na verdade, complicar o assunto ainda mais. Isso porque uma corrente de pesquisas, em particular dos economistas da Unidade de Pesquisa de Ciência e Política da Universidade de Sussex,[11] demonstrou o papel fundamental do ambiente institucional e das trajetórias históricas na promoção e orientação da mudança tecnológica, dessa forma acabando por induzir o crescimento de produtividade. Portanto, afirmar que a produtividade gera crescimento econômico e que ela é uma função da transformação tecnológica equivale a dizer que as características da sociedade são os fatores cruciais subjacentes ao crescimento econômico, por seu impacto na inovação tecnológica.

Essa abordagem schumpeteriana sobre o crescimento da economia[12] suscita uma questão ainda mais básica a respeito da estrutura e da dinâmica da economia informacional: o que é historicamente novo em nossa economia? Qual sua especificidade *vis-à-vis* outros sistemas econômicos e, em especial, em relação à economia industrial?

A produtividade baseada em conhecimentos é específica da economia informacional?

Historiadores econômicos demonstraram o papel fundamental desempenhado pela tecnologia no crescimento da economia, via aumento da produtividade, durante toda a história e especialmente na era industrial.[13] A hipótese do papel decisivo da tecnologia como fonte de produtividade nas economias avançadas também parece conseguir abranger a maior parte da experiência passada de crescimento econômico, permeando diferentes tradições intelectuais em teoria econômica.

Além disso, a análise de Solow, usada muitas vezes por Bell e outros, como ponto de partida da discussão a favor do surgimento de uma economia pós-industrial, *está baseada em dados do período entre 1909 e 1949 da economia norte-americana, ou seja, o apogeu da economia industrial norte-americana.* Na verdade, em 1950 a proporção do emprego industrial nos EUA estava quase em seu pico (o ponto mais alto foi alcançado em 1960), de modo que, de acordo com o indicador mais geral do "industrialismo", os cálculos de Solow referiam-se ao processo de expansão da economia industrial.

Tabela 2.1
Taxa de produtividade: taxas de crescimento de produção por trabalhador (alteração da percentagem anual média por período)

País	1870-1913	1913-29	1929-50	1950-60	1960-9
Estados Unidos[a]	1,9	1,5	1,7	2,1	2,6
Japão[b]	—	—	—	6,7	9,5
Alemanha[a]	1,6	-0,2	1,2	6,0	4,6
França[c]	1,4	2,0	0,3	5,4	5,0
Itália[c]	0,8	1,5	1,0	4,5	6,4
Reino Unido	1,0	0,4	1,1	1,9	2,5
Canadá	1,7	0,7	2,0	2,1	2,2

[a] O ano inicial para o período de 1870-1913 é 1871.
[b] O ano inicial para 1950-60 é 1953.
[c] O ano inicial para 1950-60 é 1954.

Fonte: Estatísticas históricas dos EUA: desde os tempos coloniais até 1870, parte I, Série F1O-16.

Qual o significado analítico dessa observação? Se a explicação do crescimento de produtividade introduzida pela escola da função de produção agregada não for substancialmente diferente dos resultados da análise histórica da relação entre a tecnologia e o crescimento da economia por períodos mais longos, pelo menos para a economia industrial, quer dizer que não há nada de novo na economia "informacional"? Será que estamos apenas observando o estágio maduro do sistema econômico industrial cuja acumulação constante de capacidade produtiva libera a mão de obra da produção material direta em benefício das atividades de processamento da informação, como sugerido no trabalho pioneiro de Marc Porat?[14]

Para responder a essa questão, observemos a evolução do crescimento da produtividade a longo prazo nas economias de mercado avançadas (ver tabelas 2.1 para os países do chamado G-7 e 2.2 para os países da OCDE). Para a finalidade da minha análise, o que é relevante é a mudança de tendências entre *cinco* períodos: 1870-1950, 1950-73, 1973-9, 1979-93 e 1994-9.

Contudo, como a minha análise depende de fontes secundárias disponíveis, os dados entre períodos não são comparáveis. Primeiro vou analisar os dados de países selecionados, em diversos períodos, até 1993. Depois vou me concentrar nos EUA, no período entre 1994-9, pois foi nessa época e nesse país que parece ter-se manifestado a nova economia.

Tabela 2.2

Produtividade no setor de negócios (alterações de percentagens em taxas anuais)

	Produtividade total dos fatores[a]			Produtividade do trabalho[b]			Produtividade do capital		
	1960[c]-73	1973-9	1979-93[d]	1960[c]-73	1973-9	1979-93[d]	1960[c]-73	1973-9	1979-93[d]
Estados Unidos	1,6	−0,4	0,4	2,2	0	0,8	0,2	−1,3	−0,5
Japão	5,6	1,3	1,4	8,3	2,9	2,5	−2,6	−3,4	−1,9
Alemanha[e]	2,6	1,8	1,0	4,5	3,1	1,7	−1,4	−1,0	−0,6
França	3,7	1,6	1,2	5,3	2,9	2,2	0,6	−1,0	−0,7
Itália	4,4	2,0	1,0	6,3	2,9	1,8	0,4	0,3	−0,7
Reino Unido	2,6	0,6	1,4	3,9	1,5	2,0	−0,3	−1,5	0,2
Canadá	1,9	0,6	−0,3	2,9	1,5	1,0	0,1	−1,1	−2,8
Total dos países acima[f]	2,9	0,6	0,8	4,3	1,4	1,5	−0,5	−1,5	−0,8
Austrália	2,3	1,0	0,5	3,4	2,3	1,2	0,2	−1,5	−0,7
Áustria	3,3	1,2	0,7	5,8	3,2	1,7	−2,0	−3,1	−1,5
Bélgica	3,8	1,4	1,4	5,2	2,7	2,3	0,6	−1,9	−0,7
Dinamarca	2,3	0,9	1,3	3,9	2,4	2,3	−1,4	−2,6	−0,8
Finlândia	4,0	1,9	2,1	5,0	3,2	3,2	1,4	−1,6	−0,8
Grécia	3,1	0,9	−0,2	9,1	3,4	0,7	−8,8	−4,2	−2,1
Irlanda	3,6	3,0	3,3	4,8	4,1	4,1	−0,9	−1,2	0,2
Holanda	3,5	1,8	0,8	4,8	2,8	1,3	0,8	0	−0,2
Nova Zelândia	0,7	−2,1	0,4	1,6	−1,4	1,6	−0,7	−3,2	−1,4
Noruega[g]	2,3	1,4	0	3,8	2,5	1,3	0	−0,3	−1,9
Portugal	5,4	−0,2	1,6	7,4	0,5	2,4	−0,7	−2,5	−0,8
Espanha	3,2	0,9	1,6	6,0	3,2	2,9	−3,6	−5,0	−1,5
Suécia	2,0	0	0,8	3,7	1,4	1,7	−2,2	−3,2	−1,4
Suíça	2,0	−0,4	0,4	3,2	0,8	1,0	−1,4	−3,5	−1,3
Total dos países menores acima[f]	3,0	0,9	1,1	5,0	2,5	2,0	−1,5	−2,8	−1,1

cont.

	Produtividade total dos fatores[a]			Produtividade do trabalho[b]			Produtividade do capital		
	1960[c]-73	1973-9	1979-93[d]	1960[c]-73	1973-9	1979-93[d]	1960[c]-73	1973-9	1979-93[d]
Total dos países norte-americanos acima[f]	1,6	–0,4	0,4	2,3	0,1	0,9	0,2	–1,3	–0,7
Total dos países europeus acima	3,3	1,4	1,2	5,1	2,6	2,0	–0,7	–1,4	–0,7
Total dos países da OCDE acima[f]	2,9	0,6	0,9	4,4	1,6	1,6	–0,7	–1,7	0,9

[a] O crescimento da produtividade total dos fatores é igual à média ponderada do crescimento da produtividade do trabalho do capital. As médias dos períodos de amostragem da participação do capital e do trabalho foram usadas como pesos.
[b] Produção por indivíduo empregado.
[c] Ou primeiro ano disponível, isto é, 1961 para a Austrália, Grécia e Irlanda; 1962 para o Japão, Reino Unido e Nova Zelândia; 1964 para a Espanha; 1965 para a França e Suécia; 1966 para o Canadá e Noruega; e 1970 para a Bélgica e Holanda.
[d] Ou último ano disponível, isto é, 1991 para a Noruega e Suíça; 1992 para a Itália, Austrália, Áustria, Bélgica, Irlanda, Nova Zelândia, Portugal e Suécia; e 1994 para os EUA, Alemanha Ocidental e Dinamarca.
[e] Alemanha Ocidental.
[f] Os agregados foram calculados com base no PIB de 1992 para o setor de negócios, expresso nas paridades do poder aquisitivo de 1992.
[g] Setor de negócios territoriais (excluindo o naval e o de extração de petróleo e gás natural).

Fonte: OCRE, Economic Outlook, junho de 1995.

Como eu uso duas fontes estatísticas diferentes, não posso comparar os níveis das taxas de crescimento de produtividade entre os períodos anteriores e posteriores a 1969, mas podemos raciocinar sobre a evolução das taxas de crescimento dentro e entre os períodos para cada fonte.

De modo geral, houve uma taxa moderada de crescimento de produtividade no período de 1870-1950 (nunca ultrapassando 2% em nenhum país ou subperíodo, exceto no Canadá), uma alta taxa de crescimento durante o período de 1950-73 (sempre acima de 2%, com exceção do Reino Unido — RU), com o Japão na liderança; e uma taxa baixa de crescimento em 1973-93 (baixíssima para os EUA e o Canadá), sempre inferior a 2% da produtividade total dos fatores, exceto na Itália, nos anos 1970. Mesmo se levarmos em conta a especificidade de alguns países, o que parece claro é que *observamos uma tendência baixista do crescimento de produtividade, começando aproximadamente na mesma época em que a revolução da tecnologia da informação tomou forma no início da década de 1970.* As taxas de crescimento de produtividade mais altas ocorreram durante o período de 1950-73 quando as inovações tecnológicas industriais, reunidas como um sistema durante a Segunda Guerra Mundial, foram transformadas em um modelo dinâmico de crescimento econômico. Mas, no início dos anos 1970, o potencial de produtividade dessas tecnologias parecia estar exaurido, e as novas tecnologias da informação não pareciam reverter a desaceleração da produtividade pelas duas décadas seguintes.[15] Na verdade, nos Estados Unidos, o famoso "residual", após responder por cerca de 1,5 ponto no crescimento da produtividade anual durante os anos 1960, não deu nenhuma contribuição em 1972-92.[16] Em uma perspectiva comparativa, os cálculos do confiável Centre d'Etudes Prospectives et d'Informations Internationales[17] mostram uma redução geral do crescimento da produtividade total dos fatores nas principais economias de mercado, durante os anos 1970 e 1980. Até mesmo para o Japão, o papel do capital no crescimento da produtividade foi mais importante que a produtividade multifatorial no período de 1973-90. Esse declínio foi acentuado em todos os países, principalmente para atividades de serviços, onde os novos dispositivos de processamento da informação poderiam ser considerados responsáveis pelo aumento da produtividade, se a relação entre a tecnologia e a produtividade fosse simples e direta. Mas não é.

Portanto, no longo prazo[18] (reservando para o momento a observação das tendências em fins da década de 1990), houve um crescimento de produtividade moderado e constante com algumas baixas, no período de formação da economia industrial entre o fim do século XIX e a Segunda Guerra Mundial; uma aceleração do crescimento da produtividade no período maduro do industrialismo (1950-73); e uma desaceleração das taxas de crescimento de produtividade no período de 1973-93, apesar de um aumento significativo de insumos tecnológicos e aceleração no ritmo da transformação tecnológica. Então, por um lado, deveríamos expandir o debate sobre o papel central da tecnologia no crescimento econômico para os períodos históricos passados, pelo menos para as economias ocidentais na era industrial. Por outro lado, o ritmo do crescimento da produtividade em 1973-93 parece não variar simultaneamente com o compasso da transformação tecnológica. Isso poderia indicar a ausência de diferenças substanciais entre os sistemas "industrial" e "informacional" de crescimento econômico, pelo menos, com referência ao seu impacto diferencial no crescimento da produtividade, forçando-nos, assim, a reconsiderar a relevância teórica da distinção no todo. Porém, antes de me render ao enigma do desaparecimento do crescimento da produtividade no meio de uma das mais rápidas e abrangentes revoluções tecnológicas da história, devo antecipar algumas hipóteses que poderiam ajudar a desvendar o mistério. E vou ligar essas hipóteses a uma observação resumida das tendências de produtividade nos Estados Unidos em fins da década de 1990.

Primeiro, os historiadores econômicos afirmam que uma considerável defasagem de tempo entre a inovação tecnológica e a produtividade econômica é característica das revoluções tecnológicas passadas. Por exemplo, Paul David, analisando a difusão do motor elétrico, mostrou que, embora tivesse sido introduzido entre os anos 1880, seu impacto real na produtividade teve que esperar até a década de 1920.[19] Para que as novas descobertas tecnológicas possam difundir-se por toda a economia e, dessa forma, intensificar o crescimento da produtividade a taxas observáveis, a cultura e as instituições da sociedade, bem como as empresas e os fatores que interagem no processo produtivo precisam passar por mudanças substanciais. Essa afirmação genérica é bastante apropriada no caso de uma revolução tecnológica centralizada em conhecimentos e informação, incorporada em operações de processamento de símbolos necessariamente ligados à cultura da sociedade e à educação/qualificação de seu povo.

Tabela 2.3
Evolução da produtividade dos setores de negócios (taxa de crescimento anual médio, em %)

País	1973/60[a]	1979/73	1989/79[b]	1985/79	1989/85[b]
Produtividade total dos fatores					
EUA	2,2	0,4	0,9	0,6	1,4
Japão	3,2	1,5	1,6	1,5	1,6
Alemanha Ocidental	3,2	2,2	1,2	0,9	1,7
França	3,3	2,0	2,1	2,1	2,0
RU[c]	2,2	0,5	1,8	1,6	2,2
Produtividade do capital					
EUA	0,6	−1,1	−0,5	−1,0	0,7
Japão	−6,0	−4,1	−2,6	−2,3	−3,0
Alemanha Ocidental	−1,5	−1,3	−1,1	−1,8	0,0
França	−1,9	−2,5	−0,9	−1,8	0,4
RU[c]	−0,8	−1,7	0,3	−0,7	1,9
Produtividade do trabalho (produção por pessoa/hora)					
EUA	2,9	1,1	1,5	1,3	1,8
Japão	6,9	3,7	3,2	3,0	3,4

cont.

País	1973/60[a]	1979/73	1989/79[b]	1985/79	1989/85[b]
Alemanha Ocidental	5,6	4,1	2,4	2,3	2,5
França	5,6	3,9	3,3	3,7	2,7
RU[c]	3,5	1,5	2,5	2,6	2,4

[a] O período começa em 1970 no Japão, 1971 na França e 1966 nos EUA.
[b] O período termina em 1988 nos EUA.
[c] Para o RU, o fator trabalho é medido em número de trabalhadores, e não de horas trabalhadas.

Fonte: CEPII-OFCE, base de dados do modelo MIMOSA.

Se considerarmos o surgimento do novo paradigma tecnológico em meados dos anos 1970 e sua consolidação nos anos 1990, parece que a sociedade como um todo — empresas, instituições, organizações e povo — não teve tempo para processar as mudanças tecnológicas e decidir a respeito de suas aplicações. Portanto, o novo sistema econômico e tecnológico ainda não caracterizava economias nacionais inteiras nas décadas de 1970 e 1980 e não poderia estar refletido em uma medida tão sintética e agregada quanto a taxa de crescimento da produtividade de toda a economia até os anos 1990.

Contudo essa prudente perspectiva histórica requer especificidade social. Ou seja, por quê e como *essas* novas tecnologias tiveram que esperar para cumprir sua promessa de aumentar a produtividade? Quais são as condições desse aumento? Como elas diferem em função das características da tecnologia? Quais as diferenças da taxa de difusão da tecnologia e, consequentemente, de seu impacto na produtividade de vários setores? Essas diferenças tornam a produtividade global dependente do conjunto das diversas indústrias de cada país? Da mesma forma, o processo de maturação econômica das novas tecnologias pode ser acelerado ou retardado em países diferentes ou por políticas diferentes?

Tabela 2.4

Evolução da produtividade em setores não abertos ao livre mercado (taxa de crescimento anual médio, em %)

País	1973/60[a]	1979/73	1989/79[b]	1985/79	1989/85[b]
Produtividade total dos fatores					
EUA	1,9	0,6	−0,1	−0,1	0,0
Japão	0,1	0,3	−0,2	−0,1	−0,4
Alemanha Ocidental	1,4	0,9	0,7	0,0	1,6
França	2,4	0,6	1,6	1,6	1,7
RU[c]	1,3	−0,3	1,2	0,5	2,3
Produtividade do capital					
EUA	0,4	−0,6	−1,2	−1,4	−0,7
Japão	−7,9	−4,5	−5,3	−4,3	−6,7
Alemanha Ocidental	−2,4	−2,2	−1,6	−2,7	0,1

cont.

País	1973/60[a]	1979/73	1989/79[b]	1985/79	1989/85[b]
França	–1,7	–3,2	–0,6	–1,6	0,9
RU[c]	–1,1	–2,6	–0,1	–0,9	1,1
Produtividade do trabalho (produção por pessoa/hora)					
EUA	2,5	1,1	0,4	0,4	0,3
Japão	4,0	2,6	2,1	1,8	2,6
Alemanha Ocidental	4,3	3,2	2,4	2,1	2,8
França	4,7	2,7	2,8	3,3	2,1
RU[c]	2,2	0,5	1,5	1,0	2,3

[a] O período começa em 1970 no Japão, 1971 na França e 1966 nos EUA.
[b] O período termina em 1988 nos EUA.
[c] Para o RU, o fator trabalho é medido em número de trabalhadores, e não de horas trabalhadas.
Fonte: CEDII-OFCE, base de dados do modelo MIMOSA.

Em outras palavras, a defasagem no tempo entre a tecnologia e a produtividade não pode ser reduzida a uma caixa preta. Precisa ser especificada. Então, vamos fazer uma análise mais minuciosa da evolução diferencial da produtividade por países e setores nos últimos vinte anos, restringindo nossa observação às principais economias de mercado, para não perder o fio do raciocínio em detalhes empíricos excessivos (ver tabelas 2.3 e 2.4).

Uma observação fundamental é que a desaceleração da produtividade ocorreu sobretudo nos setores de serviços. E visto que esses setores são responsáveis pela maior parte dos empregos e do PNB, seu peso reflete-se estatisticamente na taxa de crescimento da produtividade global. Essa simples observação levanta dois problemas fundamentais. O primeiro refere-se à dificuldade de medir a produtividade em muitos setores de serviços,[20] em particular naqueles que geram a maior parte dos empregos em serviços: educação, saúde e governo. Há eternos paradoxos e exemplos de absurdos econômicos, em muitos dos índices usados para medir a produtividade desses serviços. Entretanto, mesmo considerando-se apenas o setor de negócios, os problemas de medição também são enormes. Por exemplo, nos EUA, de acordo com o Departamento de Estatísticas do Trabalho, o setor bancário aumentou sua produtividade em torno de 2% ao ano, na década de 1990. Mas esse cálculo parece estar subestimado, pois admite-se que o crescimento da produção real dos bancos e de outros serviços financeiros é igual ao aumento do número de horas trabalhadas no setor e, portanto, a produtividade do trabalho fica eliminada por hipótese.[21] Até desenvolvermos um método mais preciso de análise econômica de serviços, com o aparato estatístico correspondente, a mensuração da produtividade de muitos serviços estará sujeita a margens de erro consideráveis.

Segundo, sob a denominação de "serviços", agrupa-se uma grande variedade de atividades com pouca coisa em comum, exceto todas serem diferentes de agropecuária, setor extrativista, empresas de utilidade pública, construção e indústria. A categoria de "serviços" é uma noção residual negativa que causa confusão analítica, como discutirei com detalhes mais adiante (ver capítulo 4). Assim, quando analisamos setores específicos de serviços, observamos uma grande disparidade na evolução de sua produtividade nos últimos vinte anos. Segundo Quinn, um dos principais especialistas na área, as "análises iniciais (em meados da década de 1980) indicam que o valor agregado medido no setor de serviços é no mínimo tão alto quanto o da indústria".[22] Alguns setores de serviços nos EUA, como telecomunicações, transporte aéreo e ferrovias mostraram aumentos substanciais de produtividade, entre 4,5% e 6,8% ao ano no período de 1970-83. Comparativamente, a evolução da produtividade do trabalho em serviços mostra ampla disparidade entre os países, aumentando de forma muito mais rápida na França e na Alemanha que nos EUA e no RU, com o Japão em posição intermediária.[23] Isso indica que a evolução da produtividade dos serviços é em grande parte dependente da estrutura real dos serviços de cada país (por exemplo, um peso muito mais baixo do emprego no varejo na França e na Alemanha em comparação com os EUA e o Japão, nas décadas de 1970 e 1980).

De forma geral, a observação da produtividade estagnada no setor de serviços é contraintuitiva para observadores e gestores que estão testemunhando mudanças tão surpreendentes em tecnologia e métodos de trabalho administrativo por mais de uma década.[24] Na realidade, uma análise detalhada de métodos contábeis de produtividade econômica revela fontes consideráveis de erro de aferição. Uma das distorções mais importantes nos métodos de cálculo dos EUA refere-se à dificuldade de medir-se investimentos em P&D e software, importantes itens de investimento da nova economia, embora sejam classificados como "bens e serviços intermediários" e não apareçam na demanda final. Isso leva a uma queda da taxa real de crescimento tanto de produção como de produtividade. Uma fonte de distorção ainda mais importante é a dificuldade de se medirem os preços de muitos serviços em uma economia que se tornou tão diversificada e foi submetida a uma rápida mudança nos serviços prestados e nos bens produzidos.[25] Paul Krugman, entre outros, vem argumentando que as dificuldades de avaliação da produtividade não são novas, portanto, em geral, se todos os períodos tiverem igual inclinação para o erro, há desaceleração de produtividade. Contudo, existe realmente algo de novo no erro de contabilidade da produtividade quando se refere a uma economia na qual os "serviços" representam muito mais que dois terços do PIB, e os serviços de informática representam mais de 50% dos empregos, e quando é precisamente esse indistinto "setor de serviços" que temos problemas para avaliar com categorias estatísticas tradicionais. Em suma, talvez uma proporção significativa da misteriosa desaceleração de produtividade seja resultado da crescente inadequação de estatísticas econômicas ao captarem os movimentos da nova economia informacional, *exatamente devido ao amplo escopo de suas transformações sob o impacto da tecnologia da informação e das mudanças organizacionais conexas.*

Se for assim, a produtividade industrial, de mensuração relativamente mais fácil apesar de todos os seus problemas, deve fornecer um quadro diferente. E, de fato, é isso que observamos. Usando a base de dados do CEPII, para os Estados Unidos e o Japão, a produtividade multifatorial da indústria em 1979-89 cresceu a uma média anual de 3% e 4,1%, respectivamente, melhorando muito o desempenho de 1973-9 *e aumentando a produtividade em um ritmo mais rápido que durante a década de 1960.* O Reino Unido mostrou uma tendência semelhante, embora em ritmo um pouco mais lento que o crescimento da produtividade nos anos 1960. Já a Alemanha e a França mantiveram sua desaceleração do crescimento da produtividade industrial com aumento anual de 1,5% e 2,4%, respectivamente, em 1979-89, bem abaixo do desempenho anterior. Nos EUA na década de 1980, o crescimento da produtividade industrial acima do esperado também foi documentado pelo Departamento do Trabalho norte-americano, apesar de os períodos selecionados e os métodos usados fornecerem uma estimativa inferior à da base de dados do CEPII. De acordo com os cálculos, a produção por hora no setor industrial variou de um aumento anual de 3,3% em 1963-72 para 2,6% em 1972-8 e novamente 2,6% em 1978-87, queda não significativa. Os aumentos da produtividade industrial foram muito mais significativos nos EUA e no Japão nos setores que incluem a produção eletrônica. De acordo com a base de dados do CEPII, nesses setores a produtividade cresceu em torno de 1% ao ano em 1973-9, mas explodiu com 11% ao ano em 1979-87, respondendo pela maior parte do aumento total da produtividade industrial.[26] Enquanto o Japão mostrava tendências semelhantes, a França e a Alemanha experimentavam declínio da produtividade no setor de eletrônica, novamente como um provável resultado de uma defasagem tecnológica acumulada em tecnologias da informação em comparação com os EUA e o Japão.

Então, talvez, afinal de contas, a produtividade não estivesse desaparecendo nas décadas de 1980 e 1990, mas pudesse estar aumentando por vias parcialmente obscuras em círculos em expansão. A tecnologia e o gerenciamento da tecnologia, envolvendo mudanças organizacionais, pareciam estar se difundindo a partir da produção da tecnologia da informação, telecomunicações e serviços financeiros (as localidades originais da revolução tecnológica), alcançando em grande parte a atividade industrial e depois os serviços empresariais, para então, aos poucos, atingir as atividades de serviços diversos em que existe menos incentivo para a difusão da tecnologia e maior resistência a mudanças organizacionais. O estudo de seiscentas grandes empresas estadunidenses que Brynjolfsson fez em 1997, concentrado no impacto das estruturas organizacionais sobre a relação entre computadores e produtividade, oferece uma indicação da relação entre tecnologia, mudança organizacional e produtividade. No todo, Brynjolfsson descobriu que os investimentos na tecnologia da informação tinham correlação com produtividade maior. Mas as empresas diferiam muito em crescimento de produtividade, dependendo de seus métodos de administração: "O impressionante é que os usuários mais produtivos da TI costumam empregar uma combinação sinérgica de estratégia empresarial concentrada no cliente e estrutura organizacional descentralizada. As empresas que, pelo contrário, simplesmente enxertam novas tecnologias nas estruturas antigas (ou vice-versa) são muito menos produtivas."[27] Assim, a mudança organizacional, o treinamento de uma nova força de trabalho e o processo de aprender fazendo, que incentiva aplicações produtivas da tecnologia, devem acabar aparecendo nas estatísticas de produtividade — com a condição de que as categorias estatísticas sejam capazes de transmitir essas mudanças.

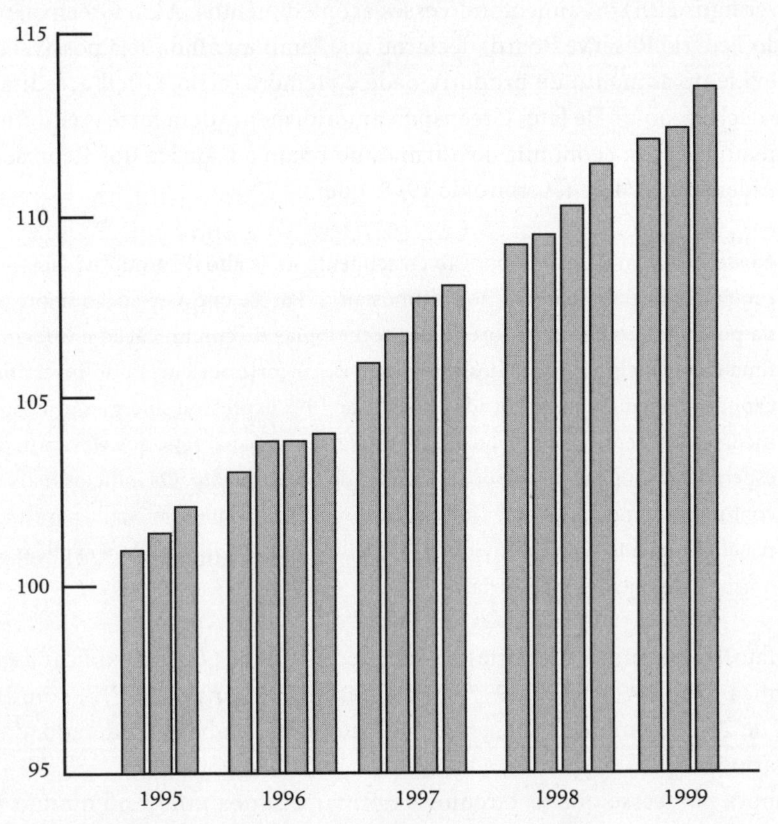

Figura 2.1 Crescimento da produtividade nos Estados Unidos, 1995-1999 (índice de produtividade por hora de todos os trabalhadores de atividades não agrícolas; 1992 = 100, ajustado sazonalmente).

Fonte: US *Bureau of Labor Statistics* conforme apresentado por Uchitelle (1999).

Por fim, em outubro de 1999, o Bureau of Economic Analysis do Departamento de Comércio dos EUA deu alguma atenção ao assunto, e alterou algumas de suas categorias de contabilidade. Além de alterar a base de cálculo da inflação, a mudança mais importante no que tange a avaliação de produtividade foi considerar investimentos, pela primeira vez, os gastos das empresas com software, que passou a fazer parte do PIB. Logo após essas mudanças, em 12 de novembro de 1999, o Departamento de Trabalho dos EUA divulgou novos cálculos de produtividade da mão de obra para o período de 1959-99. Segundo essas novas estatísticas, a produtividade dos EUA cresceu ao ritmo anual de 2,3% no período áureo de 1959-73 e caiu para entre 1,4% e 1,6% em 1973-95. Depois, do terceiro trimestre de 1995 até o terceiro trimestre de 1999, o crescimento da produtividade subiu para o índice anual de 2,6%, chegando ao índice de 4,2% no terceiro trimestre de 1999, o maior salto em dois anos (ver figura 2.1).[28] Comentando esses acontecimentos, Alan Greenspan, presidente do Federal Reserve Board, declarou que "embora ainda seja possível afirmar que o evidente aumento de produtividade é efêmero, acho difícil acreditar nesse tipo de declaração".[29] De fato, Greenspan anteriormente dera forte credibilidade ao surgimento da nova economia ao afirmar, no relato à Câmara dos Representantes estadunidense em 24 de fevereiro de 1998, que:

> Nosso país vem passando por um crescimento mais alto da produtividade — produção por hora trabalhada — nos últimos anos. Parece que a evolução impressionante da potência dos computadores e das tecnologias de comunicação e informação foi uma das principais forças dessa tendência... A forte aceleração do investimento de capital em tecnologias avançadas a partir de 1993 expressou sinergias de novas ideias, incorporadas em equipamentos novos cada vez mais baratos, que elevaram os lucros esperados e ampliaram as oportunidades de investimento. Os indícios mais recentes continuam compatíveis com a ideia de que o gasto de capital contribuiu para um notável restabelecimento da produtividade — e talvez maior do que podem explicar as forças normais dos ciclos empresariais.[30]

De fato, só um aumento substancial de produtividade poderia explicar a explosão econômica dos EUA em 1994-9: 3,3% de crescimento anual do PIB, com inflação abaixo de 2%, desemprego abaixo de 5% e aumento, embora moderado, da média dos salários reais.

Embora parecesse que os círculos empresariais, nos EUA e no mundo inteiro, abraçavam a ideia de uma nova economia, na forma que sugeri acima, alguns economistas acadêmicos respeitados (entre eles Solow, Krugman e Gordon) permaneciam céticos. Não obstante, até as provas estatísticas oferecidas em refutação da ideia do aumento significativo de produtividade, associadas à tecnologia da informação, parecem confirmar a nova tendência de crescimento da produtividade, com a condição de que os dados sejam interpretados numa perspectiva mais dinâmica. Portanto, o estudo mais citado em oposição ao aumento do crescimento de produtividade em fins da década de 1990 é o que foi publicado na internet em 1999 por um dos principais economistas da produtividade, Robert Gordon.[31] Conforme demonstrado na figura 2.2 e na tabela 2.5, Gordon observou uma elevação no crescimento da produtividade no período 1995-9, de uns 2,15% ao ano, o que quase dobrou o desempenho durante 1972-95. Contudo, ao decompor o aumento de produtividade em setores, ele descobriu que uma proporção espantosa do aumento de produtividade estava concentrado na fabricação de computadores, cuja produtividade subiu em 1995-9 à velocidade estonteante de 41,7% por ano. Embora a fabricação de computadores só represente 1,2% da produção dos EUA, o aumento de produtividade foi tão grande que aumentou o índice geral de produtividade, apesar do desempenho lento do resto do setor industrial, e de toda a economia.

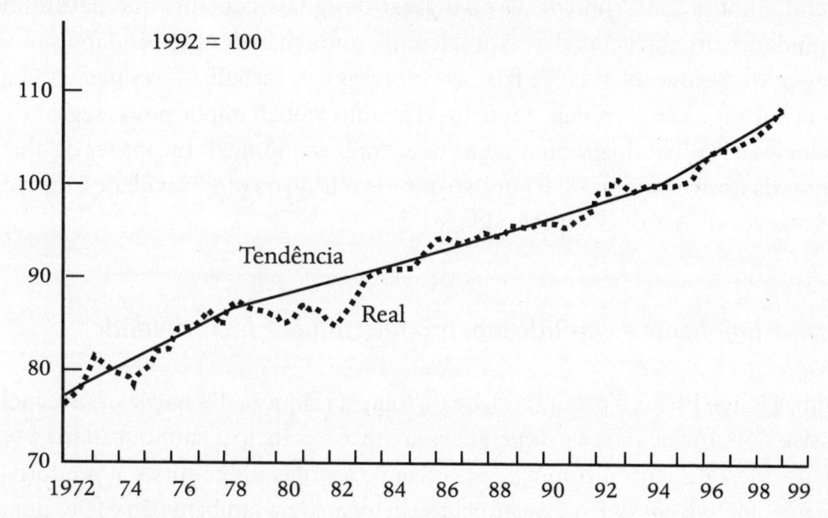

Figura 2.2 Estimativa de evolução de produtividade nos Estados Unidos, 1972-1999 (produtividade/por hora)

Fonte: *US Bureau of Labor Statistics* conforme elaborada por Gordon (1999).

Tabela 2.5
Evolução da produtividade dos EUA por setores industriais e períodos

Setor	Aumento percentual anual 1952-72	1972-95	1995-9
Empresa privada não agrícola	2,63	1,13	2,15
Industrial	2,56	2,58	4,58
Bens duráveis	2,32	3,05	6,78
Computadores	—	17,83	41,70
Não computadores	2,23	1,88	1,82
Descartáveis	2,96	2,03	2,05

Fonte: US *Bureau of Labor Statistics* conforme elaborada por Gordon (1999).

Numa perspectiva estática do crescimento econômico, a conclusão seria que só há um setor dinâmico na estrutura da economia ao redor da tecnologia da informação, ao passo que o resto da economia continua em seu crescimento lento. Mas sabemos, pela história[32] e pelo estudo de exemplos de indústrias e empresas na década de 1990,[33] que as aplicações das inovações tecnológicas chegam primeiro aos ramos de atividades que estão em sua fonte, depois se espalham para outros ramos. Portanto, o crescimento extraordinário de produtividade na indústria dos computadores pode, e deve, ser interpretado como formato do que está por vir, e não como um acidente anormal na paisagem plana da rotina econômica. Não há motivo por que esse potencial de produtividade, uma vez desencadeado por seus produtores, não se difunda na economia em geral, embora com cronologia e divulgação desiguais, contanto que, naturalmente, haja mudança organizacional e institucional, e que a mão de obra se adapte aos novos processos de produção. Mas, de fato, as empresas e os trabalhadores não terão muita escolha porque a concorrência, tanto local quanto global, impõe novas regras e novas tecnologias, eliminando gradualmente os agentes econômicos incapazes de obedecer às regras da nova economia.[34] É por isso que a evolução da produtividade é inseparável das novas condições de competitividade.

Informacionalismo e capitalismo, produtividade e lucratividade

Sim, a longo prazo, a produtividade é a fonte da riqueza das nações. E a tecnologia, inclusive a organizacional e a de gerenciamento, é o principal fator que induz à produtividade. Mas, de acordo com a perspectiva de agentes econômicos, a produtividade não é um objetivo em si. E o investimento em tecnologia também não é feito por causa da inovação tecnológica. Por isso, Richard Nelson, em um perspicaz trabalho tratando do assunto, considera que a nova agenda da teorização formal sobre o crescimento deveria programar estudos das relações entre transformação tecnológica, capacidades das empresas e instituições nacionais.[35] Empresas e nações (ou entidades políticas de diferentes níveis, tais como regiões ou a União Europeia) são os verdadeiros agentes do crescimento econômico. Não buscam tecnologia pela própria tecnologia ou aumento de produtividade para a melhora da humanidade. Comportam-se em um determinado contexto histórico, conforme as regras de um sistema econômico (o capitalismo informacional, como proposto anteriormente), que no final premiará ou castigará sua conduta. Assim, *as empresas estarão motivadas não pela produtividade, e sim pela lucratividade* e *pelo aumento do valor de suas ações*, para os quais a produtividade e a tecnologia podem ser meios importantes mas, com certeza, não os únicos. E as *instituições políticas*, moldadas por um conjunto maior de valores e interesses, *estarão voltadas, na esfera econômica, para a maximização da competitividade de suas economias. A lucratividade e a competitividade são os verdadeiros determinantes da inovação tecnológica e do crescimento da produtividade.* São suas dinâmicas históricas concretas que nos podem fornecer as pistas para o entendimento dos caprichos da produtividade.

Os anos 1970 foram, ao mesmo tempo, a época provável do nascimento da revolução da tecnologia da informação e uma linha divisória na evolução do capitalismo, conforme afirmei anteriormente. As empresas de todos os países reagiam ao declínio real da lucratividade ou o temiam e, por isso, adotavam novas estratégias.[36] Algumas delas, como a inovação tecnológica e a descentralização organizacional, embora essenciais em seu impacto potencial, tinham um horizonte de prazo relativamente longo. Mas as empresas procuravam resultados a curto prazo que fossem visíveis em sua contabilidade e, em relação às empresas norte-americanas, nos relatórios trimestrais. Para aumentar os lucros, em um determinado ambiente financeiro e com os preços ajustados pelo mercado, há quatro caminhos principais: reduzir os custos de produção (começando com custos de mão de obra); aumentar a produtividade; ampliar o mercado; e acelerar o giro do capital.

Com ênfases diferentes, dependendo das empresas ou países, todos esses caminhos foram utilizados durante as duas últimas décadas do século XX. Em todos, as novas tecnologias da informação foram instrumentos essenciais. Mas proponho a hipótese de que houve a implementação de uma estratégia anterior e com resultados mais imediatos: a ampliação de mercados e a luta por fatias de mercado. Isso porque aumentar a produtividade sem uma expansão anterior de demanda, ou o potencial para tanto, é arriscado demais do ponto de vista do investidor. É por isso que o setor de eletrônica norte-americano precisava desesperadamente dos mercados militares em seus primeiros anos até que os investimentos da inovação tecnológica pudessem valer a pena em uma ampla variedade de mercados. E é pelo mesmo motivo que as empresas japonesas e, depois, as coreanas valeram-se de um mercado protegido e um inteligente direcionamento para setores e segmentos setoriais em âmbito global como forma de estabelecer economias de escala para alcançar economias de escopo. A crise real dos anos 1970 não foi a dos preços do petróleo. Foi a da inabilidade do setor público para continuar a expansão de seus mercados e, dessa forma, a geração de empregos sem aumentar os impostos sobre o capital nem alimentar a inflação, mediante a oferta adicional de dinheiro e o endividamento público.[37] Embora as respostas a curto prazo para a crise de lucratividade enfocassem a redução de mão de obra e o desgaste salarial, o verdadeiro desafio para as empresas e para o capitalismo era encontrar novos mercados capazes de absorver uma crescente capacidade de produção de bens e serviços.[38] Foi essa a causa da grande expansão do comércio em relação à produção e, depois, a do investimento estrangeiro direto, nas duas últimas décadas do século XX, que se transformaram em propulsores do crescimento econômico em todo o mundo.[39] É verdade que o comércio mundial cresceu em ritmo menor nestes anos que durante a década de 1960 (devido a uma taxa mais baixa de crescimento econômico, no geral), mas o número crucial é a relação entre a expansão do comércio e o crescimento do PIB: em 1970-80, enquanto o PIB mundial cresceu 3,4% ao ano, as exportações tiveram um crescimento anual de 4%.

Em 1980-92, os números correspondentes eram 3% e 4,9%. Houve grande aceleração do comércio mundial, quando medido em valores, na segunda metade da década de 1980: crescimento anual médio de 12,3%. E, embora em 1993 tivesse experimentado uma queda, em 1993-5 o comércio mundial continuou a crescer em taxas superiores a 4%.[40] Para nove principais setores industriais considerados no modelo CEPII da economia mundial,[41] a proporção de produtos manufaturados comercializados internacionalmente na produção total do globo foi de 15,3% em 1973, 19,7% em 1980, 22,2% em 1988 e estimava-se que deveria alcançar 24,8% no ano 2000. No que diz respeito ao investimento estrangeiro direto, pesquisando o mundo à busca de melhores condições de produção e penetração no mercado, ver seção abaixo.

Para abrir novos mercados, conectando valiosos segmentos de mercado de cada país a uma rede global, o capital necessitou de extrema mobilidade, e as empresas precisaram de uma capacidade de informação extremamente maior. A estreita interação entre a desregulamentação dos mercados e as novas tecnologias da informação proporcionou essas condições. Os primeiros e mais diretos beneficiários dessa reestruturação foram os próprios atores da transformação econômica e tecnológica: empresas de alta tecnologia e empresas financeiras.[42] Possibilitada pelas novas tecnologias da informação a integração global dos mercados financeiros desde o início da década de 1980 teve um impacto tremendo na dissociação crescente entre o fluxo de capital e as economias nacionais. Assim, Chesnais mede o movimento da internacionalização do capital, calculando a percentagem sobre o PIB de operações internacionais em ações e obrigações:[43] em 1980, essa percentagem não superava 10% em nenhum país importante; em 1992, variava entre 72,2% do PIB (Japão) e 122,2% (França), com os EUA na marca de 109,3%. Conforme demonstrarei adiante, essa tendência se acelerou durante a década de 1990.

Ao estender seu alcance global, integrando mercados e maximizando vantagens comparativas de localização, o capital, os capitalistas e as empresas capitalistas como um todo aumentaram substancialmente sua lucratividade na última década e, em particular, nos anos 1990, recuperando, por enquanto, as precondições para investimento de que a economia capitalista depende.[44] Essa recapitalização do capitalismo pode explicar, até certo ponto, o progresso irregular da produtividade. Por toda a década de 1980, houve investimentos tecnológicos maciços na infraestrutura de comunicações/informação que possibilitaram os movimentos de desregulamentação de mercados e de globalização de capital. As empresas e os setores que foram afetados diretamente por essa transformação drástica (como microeletrônica, microcomputadores, telecomunicações, instituições financeiras) tiveram um grande crescimento de produtividade e de lucratividade.[45] Ao redor desse núcleo de novas empresas capitalistas dinâmicas globais e de redes auxiliares, camadas sucessivas de empresas e setores foram integradas ao novo sistema tecnológico ou gradualmente eliminadas. Assim, o movimento lento da produtividade em economias nacionais, considerado um todo, pode esconder tendências contraditórias de crescimento explosivo de produtividade nos principais setores, declínio das empresas obsoletas e persistência de atividades de serviços de baixa produtividade. Além disso, quanto mais esse dinâmico setor constituído em torno de empresas altamente lucrativas se torna globalizado para além das fronteiras, há menos sentido em se calcular a produtividade de "economias nacionais" ou de setores definidos dentro das fronteiras nacionais. Embora a maior parte do PIB e dos empregos da maioria dos países continue a depender de atividades mais voltadas para a economia interna que para o mercado global, na verdade é o que acontece com a concorrência nesses mercados globais — tanto na indústria como nas finanças, telecomunicações ou entretenimento — que determina a percentagem de riqueza apropriada pelas empresas e, em última análise, pelo povo de cada país.[46] É por isso que, juntamente com a busca da lucratividade como a motivação propulsora da empresa, a economia informacional também é moldada pelo interesse das instituições políticas em promover a competitividade dessas economias que elas supostamente representam.

Quanto à *competitividade,* é um conceito de difícil compreensão, na verdade controverso, que se tornou uma bandeira de luta para os governos e um campo de batalha para os economistas da vida real que se opõem aos elaboradores de modelos acadêmicos.[47] Eis uma definição razoável, dada por Stephen Cohen e seus colegas:

> A competitividade tem diferentes sentidos para as empresas e para a economia nacional. A competitividade de uma nação é o grau em que ela pode, sob condições de mercado livres e justas, produzir bens e serviços que atendam às exigências dos mercados internacionais e, ao mesmo tempo, aumentem a renda real de seus cidadãos. A competitividade na esfera nacional é baseada em um desempenho superior de produtividade pela economia e na capacidade da economia de transferir a produção para atividades de alta produtividade que, por sua vez, podem gerar altos níveis de salários reais.[48]

Naturalmente, visto que "condições de mercado livres e justas" pertencem a um mundo irreal, os órgãos políticos que agem na economia internacional buscam interpretar esse princípio de uma forma que maximize a vantagem competitiva das empresas sob sua jurisdição. A ênfase, aqui, está sobre a *posição relativa das economias nacionais perante outros países,* como uma força legitimadora importante para os governos.[49] No tocante às empresas, a competitividade significa simplesmente a capacidade de conquistar fatias do mercado. Deve-se salientar que isso não implica obrigatoriamente a eliminação da concorrência, já que o mercado em expansão pode abrir espaço para mais empresas — isso é, de fato, ocorrência muito comum. Contudo, aumentar a competitividade costuma gerar uma contracorrente darwiniana, e as melhores estratégias empresariais costumam ser recompensadas no mercado, ao passo que as empresas mais lentas desaparecem gradualmente num mundo cada vez mais competitivo que tem, de fato, vencedores e derrotados.

Portanto, a competitividade, de empresas e países, requer o fortalecimento de posição no mercado em expansão. Assim, o processo de expansão do mercado mundial realimenta o crescimento da produtividade, visto que as empresas precisam melhorar o desempenho quando encaram maior concorrência mundial ou disputam fatias de mercados internacionais. Dessa forma, um estudo de 1993, feito pelo McKinsey Global Institute, sobre a produtividade industrial nos EUA, Japão e Alemanha descobriu uma alta correlação entre um índice de globalização, medindo a exposição à concorrência internacional, e o desempenho relativo de produtividade de nove setores analisados nos três países.[50] Portanto, a via que conecta a tecnologia da informação, as mudanças organizacionais e o crescimento da produtividade passa, em grande parte, pela concorrência global. Foi desse modo que a busca da lucratividade pelas empresas e a mobilização das nações a favor da competitividade induziram arranjos variáveis na nova equação histórica entre a tecnologia e a produtividade. No processo, foi criada e moldada uma nova economia global.

A especificidade histórica do informacionalismo

Surge um quadro complexo referente ao processo de desenvolvimento histórico da nova economia informacional. Essa complexidade explica por que dados estatísticos altamente agregados não conseguem refletir diretamente a extensão e o ritmo da transformação econômica sob o impacto das transformações tecnológicas. A economia informacional é um sistema socioeconômico distinto em relação à economia industrial, mas não devido a diferenças nas fontes de crescimento de produtividade. Em ambos os casos, conhecimentos e processamento da informação são elementos decisivos para o crescimento econômico, como pode ser ilustrado pela história da indústria química com base científica[51] ou pela revolução administrativa que criou o fordismo.[52] *O que é característico é a consequente realização do potencial de produtividade contido na economia industrial madura em razão da mudança para um paradigma tecnológico baseado em tecnologias da informação.* O novo paradigma tecnológico mudou o escopo e a dinâmica da economia industrial, criando uma economia global e promovendo uma nova onda de concorrência entre os próprios agentes econômicos já existentes e também entre eles e uma legião de recém-chegados. Essa nova concorrência, praticada pelas empresas, mas condicionada pelo Estado, conduziu a transformações tecnológicas substanciais de processos e produtos que tornaram algumas empresas, setores e áreas mais produtivos. Contudo houve ao mesmo tempo uma destruição criativa em grandes segmentos da economia, afetando empresas, setores, regiões e países de forma desproporcional. Portanto, o resultado líquido do primeiro estágio da revolução informacional traduziu-se em vantagens e desvantagens para o progresso econômico. Além disso, a generalização da produção e da administração baseadas em conhecimentos para toda a esfera de processos econômicos em escala global requer transformações sociais, culturais e institucionais básicas que, se considerarmos o registro histórico de outras revoluções tecnológicas, levarão um certo tempo. É por isso que a economia é informacional, e não apenas baseada na informação, pois os atributos culturais e institucionais de todo o sistema social devem ser incluídos na implementação e difusão do novo paradigma tecnológico. A economia industrial também não se baseou apenas no uso de novas fontes de energia de produção, mas no surgimento de uma cultura industrial, caracterizada por uma nova divisão social e técnica do trabalho.

Assim, embora a economia informacional global seja distinta da economia industrial, ela não se opõe à lógica desta última. A primeira abrange a segunda mediante o aprofundamento tecnológico, incorporando conhecimentos e informação em todos os processos de produção material e distribuição, com base em um avanço gigantesco em alcance e escopo da esfera de circulação. Em outras palavras: à economia industrial restava tornar-se informacional e global ou, então, sucumbir. Um exemplo é o colapso surpreendente da sociedade hiperindustrial, a União Soviética, em razão de sua inabilidade estrutural para adequar-se ao paradigma informacional, buscando o crescimento em relativo isolamento do resto da comunidade econômica internacional (ver volume III, capítulo 1). Um argumento adicional para apoiar essa interpretação refere-se a trajetórias de desenvolvimento cada vez mais divergentes no Terceiro Mundo, na verdade destruindo a própria noção de Terceiro Mundo,[53] com base na capacidade diferenciada de países e agentes econômicos para aderir aos processos informacionais e competir na economia global.[54] Assim, a mudança do industrialismo para o informacionalismo não é o equivalente histórico da transição das economias baseadas na agropecuária para as industriais e não pode ser equiparada ao surgimento da economia de serviços. Há agropecuária informacional, indústria informacional e atividades de serviços informacionais que produzem e distribuem com base na informação e em conhecimentos incorporados no processo de trabalho pelo poder cada vez maior das tecnologias da informação. O que mudou não foi o tipo de atividades em que a humanidade está envolvida, mas sua capacidade tecnológica de utilizar, como força produtiva direta, aquilo que caracteriza nossa espécie como uma singularidade biológica: nossa capacidade superior de processar símbolos.

A economia global: estrutura, dinâmica e gênese

A economia informacional é global. A economia global é uma nova realidade histórica, diferente de uma economia mundial.[55] Segundo Fernand Braudel e Immanuel Wallerstein,[56] a economia mundial, ou seja, uma economia em que a acumulação de capital avança por todo o mundo, existe no Ocidente, no mínimo, desde o século

XVI. Uma economia global é algo diferente: é uma economia com capacidade de funcionar como uma unidade em tempo real, em escala planetária. Embora o modo capitalista de produção seja caracterizado por sua expansão contínua, sempre tentando superar limites temporais e espaciais, foi apenas no final do século XX que a economia mundial conseguiu tornar-se verdadeiramente global com base na nova infraestrutura, propiciada pelas tecnologias da informação e da comunicação, e com a ajuda decisiva das políticas de desregulamentação e da liberalização postas em prática pelos governos e pelas instituições internacionais.

Contudo, nem tudo é global na economia: de fato, a maior parte da produção, do emprego e das empresas é, e continuará, local e regional. Nas duas últimas décadas do século XX, o comércio internacional cresceu mais depressa que a produção, mas o setor doméstico da economia ainda representa a maior parte do PIB na maioria das economias. Os investimentos estrangeiros diretos aumentaram ainda mais rapidamente do que o comércio na década de 1990, mas ainda é uma fração do investimento direto total. Contudo, podemos afirmar que existe uma economia global, porque as economias de todo o mundo dependem do desempenho de seu núcleo globalizado. Esse núcleo globalizado contém os mercados financeiros, o comércio internacional, a produção transnacional e, até certo ponto, ciência e tecnologia, e mão de obra especializada. É por intermédio desses componentes estratégicos globalizados da economia que o sistema econômico se interliga globalmente. Assim, definirei de maneira mais precisa *a economia global como uma economia cujos componentes centrais têm a capacidade institucional, organizacional e tecnológica de trabalhar em unidade e em tempo real, ou em tempo escolhido, em escala planetária.* Farei um comentário sucinto das características principais dessa globalidade.

Tabela 2.6
Transações internacionais em obrigações e ações, 1970-1996 (percentagem do PIB)

	1970	1975	1980	1985	1990	1996[a]
EUA	2,8	4,2	9,0	35,1	89,0	151,5
Japão	—	1,5	7,7	63,0	120,0	82,8
Alemanha	3,3	5,1	7,5	33,4	57,3	196,8
França	—	—	8,4[b]	21,4	53,6	229,2
Itália	—	0,9	1,1	4,0	26,6	435,4
RU	—	—	—	367,5	690,1	—
Canadá	5,7	3,3	9,6	26,7	64,4	234,8

[a] Janeiro-setembro.
[b] 1982.

Fonte: FMI (1997:60), compilada por Held *et al.* (1999: tabela 4.16).

Mercados financeiros globais

Os mercados de capitais são globalmente interdependentes, e isso não é assunto de pouca importância na economia capitalista.[57] O capital é gerenciado 24 horas por dia em mercados financeiros globalmente integrados, funcionando em tempo real pela primeira vez na história: transações no valor de bilhões de dólares são feitas em questão de segundos, através de circuitos eletrônicos por todo o planeta. As novas tecnologias permitem que o capital seja transportado de um lado para o outro entre economias em curtíssimo prazo, de forma que o capital e, portanto, poupança e investimentos estão interconectados em todo o mundo, de bancos a fundos de pensão, bolsa de valores e câmbio. Os fluxos financeiros, portanto, tiveram um crescimento impressionante em volume, velocidade, complexidade e conectividade.

A tabela 2.6 fornece uma medida do crescimento fenomenal e da dimensão das transações internacionais de valores entre 1970 e 1996 nas principais economias de mercado: medidas como proporções do PIB, as transações internacionais aumentaram num fator de cerca de 54 para os EUA, 55 para o Japão e quase 60 para a Alemanha.

Tabela 2.7
Ativos e passivos estrangeiros como percentual do total de ativos e passivos dos bancos comerciais em países selecionados, 1960-1997

	1960	1970	1980	1990	1997
França					
Ativos	—	16,0	30,0	24,9	34,6
Passivos	—	17,0	22,0	28,6	32,7
Alemanha					
Ativos	2,4	8,7	9,7	16,3	18,2
Passivos	4,7	9,0	12,2	13,1	20,6
Japão					
Ativos	2,6	3,7	4,2	13,9	16,4
Passivos	3,6	3,1	7,3	19,4	11,8
Suécia					
Ativos	5,8	4,9	9,6	17,7	36,4
Passivos	2,8	3,8	15,0	45,0	41,9
Reino Unido					
Ativos	6,2	46,1	64,7	45,0	51,0
Passivos	13,9	49,7	67,5	49,3	51,6
Estados Unidos					
Ativos	1,4	2,2	11,0	5,6	3,8
Passivos	3,7	5,4	9,0	6,9	8,5

Fonte: Calculada com dados de FMI, *International Financial Statistics Yearbook* (vários anos) de Held *et al.* (1999: tabela 4.17).

A essa tendência das economias avançadas devemos acrescentar a integração dos ditos "mercados emergentes" (isto é, países em desenvolvimento e economias em transição) nos circuitos dos fluxos do capital global: o total dos fluxos financeiros para os países em desenvolvimento aumentou num fator de 7 entre 1960 e 1996. Os bancos aceleraram sua internacionalização na década de 1990 (conforme mostra a tabela 2.7). Em 1996, enquanto os investidores compravam ações e títulos de mercados emergentes por US$50 bilhões, os bancos fizeram empréstimos de US$76 milhões nesses mercados. A aquisição de ações estrangeiras feita por investidores de economias industrializadas aumentou num fator de 197 entre 1970 e 1997. Nos EUA, o investimento no exterior feito por fundos de pensão, de menos de 1% de seus ativos em 1980 para 17% em 1997. Na economia global, por volta de 1995, os fundos mútuos, os fundos de pensão e os investidores institucionais em geral controlavam US$20 trilhões; isto é, cerca de dez vezes mais que em 1980, e uma quantia equivalente a cerca de dois terços do PIB global daquela época. Entre 1983 e 1995, calculando-se os índices médios anuais de mudança, enquanto o PIB real do mundo crescia 3,4%, e o volume mundial de exportações aumentava 6%, a emissão total de títulos e empréstimos aumentou 8,2%, e os estoques totais de títulos e empréstimos em circulação aumentou 9,8%. Em consequência disso, em 1998 o total de estoques de empréstimos e títulos em circulação chegava a cerca de US$ 7,6 trilhões, cifra equivalente a mais de um quarto do PIB global.[58]

Um acontecimento essencial na globalização financeira é o volume impressionante do comércio de divisas, que condiciona o câmbio entre as moedas nacionais, solapando de maneira decisiva a autonomia dos governos nas políticas monetárias e fiscais. A rotatividade diária dos mercados de divisas ao redor do mundo em 1998 chegou a US$ 1,5 trilhão, o equivalente a mais de 110% do PIB do Reino Unido em 1998. Esse volume do mercado de divisas representou um aumento no valor do mercado global de divisas num fator de 8 entre 1986 e 1998. Esse aumento extraordinário em geral não tinha relação com o comércio internacional. A proporção entre a rotatividade real do câmbio e o volume de exportações no mundo subiu de 12:1 em 1979 para 60:1 em 1996, revelando assim a natureza predominantemente especulativa do câmbio de moedas.

A interdependência global dos mercados financeiros é resultante de cinco fatos principais. O primeiro fator é a desregulamentação dos mercados financeiros na maioria dos países e a liberalização das transações internacionais. Um momento decisivo desse processo de desregulamentação foi o chamado "Big Bang" da Cidade de Londres em 27 de outubro de 1987. Essa nova liberdade financeira permitiu que se mobilizasse capital de todas as fontes de qualquer lugar para ser investido em qualquer lugar. Nos EUA, entre 1980 e fins da década de 1990, os investimentos de fundos de pensão, fundos mútuos e investidores institucionais cresceram num fator de 10 e, em 1998, a capitalização da bolsa de valores nos EUA chegou a 140% do PIB.

O segundo elemento é a criação de uma infraestrutura tecnológica, que conta com telecomunicações avançadas, sistemas interativos de informações e computadores potentes, capazes de processamento em alta velocidade dos modelos necessários para lidar com a complexidade das transações. O terceiro fator de conectividade resulta da natureza dos novos produtos financeiros, tais como derivativos (futuros, opções, *swaps* e outros produtos complexos). Os derivativos são certificados sintéticos que quase sempre combinam os valores de ações, títulos, opções, *commodities* e moedas de vários países. Operam com base em modelos matemáticos. Recombinam valores ao redor do mundo e ao longo do tempo, gerando assim capitalização de mercado oriunda da capitalização de mercado. Algumas estimativas definem o valor de mercado dos derivativos negociados em 1997 em cerca de US$ 360 trilhões, o que resultaria em cerca de 12 vezes o valor do PIB global.[59] Ao juntar produtos negociados em diversos mercados, os derivativos unem o desempenho desses mercados a sua valorização de produto em qualquer mercado. Se o valor de um dos componentes de um derivativo (ex.: uma moeda) cai, a desvalorização pode ser transmitida a outros mercados por meio da desvalorização do derivativo, seja qual for o desempenho do mercado onde o derivativo é negociado. Contudo, essa desvalorização pode ser compensada pela reavalização de outro componente do derivativo. As proporções relativas e o tempo dos movimentos de valorização e desvalorização dos diversos componentes são bastante imprevisíveis. Em razão dessa complexidade dos derivativos, eles aumentam sua volatilidade nas redes financeiras globais.

Uma quarta fonte de integração dos mercados financeiros compreende movimentos especulativos de fluxos financeiros, movimentando-se rapidamente para dentro e para fora de determinado mercado, certificado ou moeda, para aproveitar diferenças em valorização ou evitar uma perda, assim ampliando tendências do mercado, em ambas as direções, e transmitindo esses movimentos aos mercados ao redor do mundo.[60] Nesse novo ambiente, as organizações financeiras originalmente configuradas para opor-se ao risco, tais como fundos de *hedge*, tornaram-se uma das principais ferramentas da integração global, da especulação e, em último recurso, de instabilidade financeira. Os fundos de *hedge*, em geral sujeitos a regulamentação suave, e quase sempre localizados fora do território dos principais mercados financeiros, administram o dinheiro de grandes investidores, inclusive bancos e investidores institucionais, na esperança de obter índices de retorno mais altos (ao preço de risco mais alto) do que os oferecidos pelo mercado dentro dos limites de um ambiente regulamentado. O capital e a influência financeira dos fundos de *hedge* elevaram-se muito na década de 1990. Entre 1990 e 1997 seus ativos se multiplicaram por 12 e, em fins da década de 1990, cerca de 3.500 fundos de *hedge* estavam administrando US$200 bilhões e utilizando esse capital para fazer empréstimos — e apostas — de quantias muito mais altas.[61]

Em quinto lugar, as firmas de avaliação do mercado, tais como Standard & Poor, ou Moody's, também são fortes elementos de interligação entre os mercados financeiros. Ao classificar os certificados, e às vezes economias nacionais em sua totalidade, segundo os padrões globais de confiabilidade, costumam ditar regras em comum aos mercados de todo o mundo. Suas classificações costumam disparar movimentos em certos mercados (ex.: Coreia do Sul em 1997) e, então, espalhar-se por outros mercados.[62]

Uma vez que os mercados de capitais e as moedas são interdependentes, as políticas monetárias, as taxas de juros e as economias de todas as partes também o são. Embora os principais centros empresariais forneçam os recursos humanos e instalações necessárias para gerenciar uma rede financeira global cada vez mais complexa,[63] é nas redes de informação que conectam esses centros que as verdadeiras operações de capital ocorrem. Os fluxos de capital tornam-se globais e, ao mesmo tempo, cada vez mais autônomos *vis-à-vis* o desempenho real das economias.[64]

Por fim, é o desempenho do capital nos mercados globalmente interdependentes que decide, em grande parte, o destino das economias em geral. Esse desempenho não depende inteiramente de normas econômicas. Os mercados financeiros são mercados, mas tão imperfeitos que só atendem parcialmente às leis da oferta e da procura. Os movimentos nos mercados financeiros são o resultado de uma combinação complexa de leis de mercado, estratégias empresariais, regulamentos de motivação política, maquinações de bancos centrais, ideologia de tecnocratas, psicologia de massa, manobras especulativas e informações turbulentas de diversas origens.[65] Os fluxos de capital resultantes, de e para certificados específicos, e mercados específicos, são transmitidos pelo mundo à velocidade da luz, embora o impacto dessas movimentações seja processado específica e imprevisivelmente por cada mercado. Investidores financeiros ousados tentam domesticar o tigre, prevendo tendências em seus modelos em computador e apostando numa série de hipóteses. Assim fazendo, geram capital de capital, e elevam exponencialmente o valor nominal (embora destruam ocasionalmente parte desse valor durante as "correções do mercado"). O resultado do processo é o aumento da concentração de valor, e geração de valor, na esfera financeira, numa rede global de fluxos de capital administrados por redes de sistemas de informática, e seus serviços auxiliares. A globalização dos mercados financeiros é a espinha dorsal da nova economia global.

Globalização dos mercados de bens e serviços: crescimento e transformação do comércio internacional

O comércio internacional é, historicamente, o elo principal entre as economias nacionais. Não obstante, sua importância relativa no processo atual de globalização é menor do que a da integração financeira e do que a da internacionalização dos investimentos e da produção internacionais diretas. Não obstante, o comércio ainda é um componente fundamental da nova economia global.[66] O comércio internacional cresceu substancialmente nos últimos trinta anos do século XX, tanto em volume quanto em percentagem do PIB, tanto para países desenvolvidos quanto para países em desenvolvimento (ver figura 2.3).

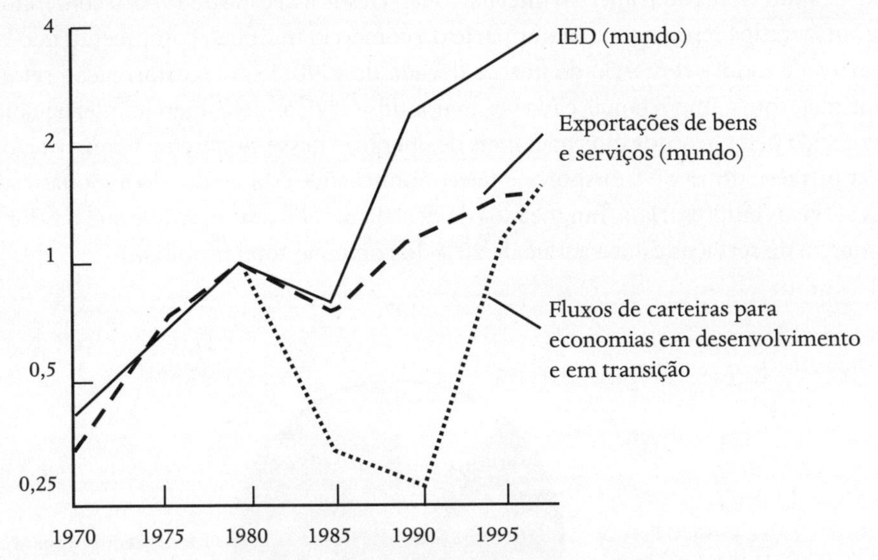

Figura 2.3 Crescimento do comércio e dos fluxos de capital, 1970-1995 (índice 1980 = 1)

Fonte: Dados do *World Bank* e do UNCTAD, elaborados por UNDP (1999).

Em países desenvolvidos, a percentagem de exportações sobre o PIB aumentou de 11,2% em 1913 para 23,1% em 1985, ao passo que o número respectivo para exportações era de 12,4% em 1880-1900 para 21,7% em 1985. Nos países em desenvolvimento não exportadores de petróleo, o valor das exportações sobre o PIB, em fins da década de 1990, chegou a cerca de 20%. Quando nos concentramos em países específicos e comparamos o valor das exportações sobre o PIB em 1913 e em 1997, os EUA demonstram um aumento de 4,1% para 11,4%; o Reino Unido, de 1,7% para 21%; o Japão, de 2,1% para 11%; a França, de 6,0% para 21,1%; e a Alemanha, de 12,2% para 23,7%. As estimativas gerais da proporção de exportações mundiais sobre produção mundial em 1997 variavam entre 18,6% e 21,8%. Nos Estados Unidos, de meados da década de 1980 até fins da década de 1990, a fatia de exportações mais importações no produto interno bruto aumentou de 18% para 24%.

A evolução do comércio internacional no último quartel do século XX caracterizou-se por quatro tendências principais: sua transformação setorial; sua diversificação relativa, com proporção cada vez maior de comércio se deslocando para países em desenvolvimento, embora com grandes diferenças entre países desenvolvidos; a interação entre a liberalização do comércio global e a regionalização da economia mundial; e a formação de uma rede de relações comerciais entre firmas, atravessando regiões e países. Juntas, essas tendências configuram a dimensão comercial da nova economia global. Examinemos cada uma delas.

O comércio de bens manufaturados representa o núcleo do comércio internacional não energético, em forte contraste com o predomínio de matérias-primas nos padrões anteriores do comércio internacional. Desde a década de 1960, o comércio de manufaturados representa a maior parte do comércio mundial, compreendendo três quartos de todo o comércio de fins da década de 1990. Essa transformação setorial continua, com a importância cada vez maior dos serviços no comércio internacional, favorecida pelos acordos internacionais de liberação desse comércio. A construção de uma infraestrutura de transporte e telecomunicações está ajudando a globalização dos serviços empresariais. Em meados da década de 1990, estimava-se que o valor do comércio de serviços estava acima de 20% do comércio total mundial.

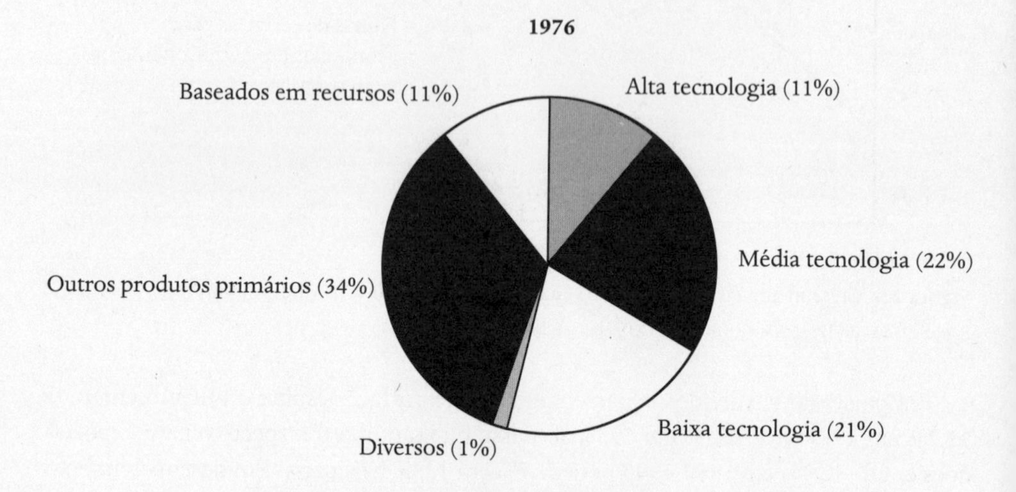

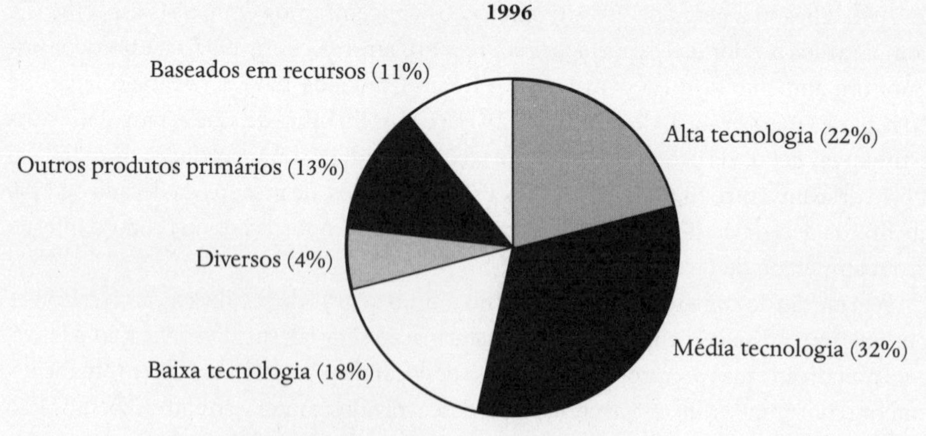

Figura 2.4 Comércio internacional de bens por nível de intensidade tecnológica, 1976/1996 (observar que os bens de média e alta tecnologia são os que requerem P&D intensivas conforme avaliadas por gastos em P&D)
Fonte: World Bank, World Development Report (1998).

Há uma transformação mais profunda na estrutura do comércio: o componente de conhecimentos dos bens e serviços se torna decisivo em questão de valor agregado. Assim, ao desequilíbrio comercial tradicional entre economias desenvolvidas e em desenvolvimento, resultante do intercâmbio desigual entre os manufaturados mais valorizados e as matérias-primas menos valorizadas, superpõe-se uma nova forma de desequilíbrio. É o comércio entre bens de alta e de baixa tecnologia, e entre serviços de altos conhecimentos e baixos conhecimentos, caracterizados por um padrão de distribuição desigual de conhecimentos e tecnologias entre os países e as regiões do mundo. De 1976 a 1996, a fatia de bens de alta e média tecnologias no comércio global aumentou consideravelmente, excedendo 50% (ver figura 2.4). Segue-se que a orientação para fora de uma economia não garante seu desenvolvimento. Tudo depende do valor daquilo que a economia é capaz de exportar. Assim, em um dos maiores paradoxos dos novos padrões de crescimento, a África subsaariana tem uma proporção exportação/PIB mais alta que a das economias desenvolvidas: 29% do PIB na década de 1990. Contudo, já que as exportações se concentram em matérias-primas de baixo valor, o processo de comércio desigual mantém em sua pobreza as economias africanas, ao passo que pequenas elites lucram pessoalmente com um comércio nacionalmente não lucrativo. Capacidade tecnológica, infraestrutura tecnológica, acesso aos conhecimentos e recursos humanos qualificadíssimos tornam-se fontes essenciais de competitividade na nova divisão internacional da mão de obra.[67]

Tabela 2.8
Direção das exportações mundiais, 1965-1995 (percentagem do total mundial)

	Entre economias desenvolvidas	Desenvolvidas e em desenvolvimento	Entre economias em desenvolvimento
1965	59,0	32,5	3,8
1970	62,1	30,6	3,3
1975	46,6	38,4	7,2
1980	44,8	39,0	9,0
1985	50,8	35,3	9,0
1990	55,3	33,4	9,6
1995	47,0	37,7	14,1

Os totais não somam 100 em razão do comércio com países do Comecon, países não classificados e erros.

Fonte: Calculada com dados do FMI, *Direction of Trade Statistics Yearbook* (diversos anos) de Held *et al.* (1999: tabela 3.6).

Paralelamente à expansão mundial do comércio internacional, tem havido uma tendência rumo à diversificação relativa das áreas de comércio (conforme demonstrado na tabela 2.8). Em 1965, as exportações entre economias desenvolvidas representavam 59% do total, mas em 1995 a proporção fora reduzida para 47%, enquanto a cifra correspondente às exportações entre economias desenvolvidas aumentou de

3,8% para 14,1%. Essa ampliação da base geográfica do comércio internacional deve ser qualificada, porém, por diversas ponderações. Em primeiro lugar, as economias desenvolvidas continuam sendo as parceiras invencíveis no comércio internacional: expandiram seu padrão de comércio na direção de economias em fase recente de industrialização, em vez de serem deslocadas pela concorrência. Em segundo lugar, embora a fatia dos países em desenvolvimento nas exportações de manufaturados tenha aumentado substancialmente, de 6% em 1965 para 20% em 1995, ainda restam 80% para os países desenvolvidos. Em terceiro lugar, o comércio de produtos de alto valor e alta tecnologia está quase totalmente dominado pelas economias desenvolvidas e concentrado no comércio intraindústrias entre economias desenvolvidas. Em quarto lugar, o comércio de serviços cada vez mais importante também se inclina a favor das economias desenvolvidas: em 1997, os países da OCDE representavam 70,1% do total da exportação de serviços, e 66,8% das importações de serviços. Em quinto lugar, as exportações manufaturadas de países em desenvolvimento estão concentradas em alguns países recém-industrializados e industrializados, principalmente no leste da Ásia, embora durante a década de 1990 as fatias de comércio mundial para a África e o Oriente Médio tenham-se estagnado, e a fatia da América Latina tenha permanecido a mesma. Não obstante, não se leva em conta a China nos cálculos da tabela 2.8 e suas exportações cresceram substancialmente, à média anual de mais ou menos 10% entre 1970 e 1997, contribuindo assim para um aumento na fatia geral dos países em desenvolvimento nas exportações mundiais bem acima da marca dos 20%. Ainda assim, as economias da OCDE ficaram com 71% do total mundial de exportações de bens e serviços em fins do século XX, enquanto representavam somente 19% da população mundial.[68]

Assim, a nova divisão internacional de mão de obra mantém o predomínio comercial dos países da OCDE, em especial no comércio de alto volume, por meio do aprofundamento tecnológico e do comércio de serviços. Por outro lado, abre novos canais de integração de economias em fase de industrialização nos padrões do comércio internacional, mas essa integração é muito desigual e extremamente seletiva. Apresenta um corte fundamental entre países, e regiões, que estavam tradicionalmente agrupados segundo a vaga noção de "O Sul".

Globalização versus *regionalização?*

Nas décadas de 1980 e 1990, a evolução do comércio internacional foi marcada pela tensão entre duas tendências evidentemente contraditórias: de um lado, a liberalização cada vez maior do comércio; de outro, uma série de projetos governamentais para a criação de blocos de comércio. A mais importante dessas áreas de comércio é a União Europeia, mas a tendência óbvia de regionalização da economia mundial estava presente em outras áreas do mundo, como exemplifica o Tratado de Livre Comércio da América do Norte (Nafta), o Mercosul e a Cooperação Econômica da Ásia e do Pacífico (APEC). Essas tendências, juntamente com o protecionismo persistente no mundo inteiro, em especial no leste e no sul da Ásia, levaram inúmeros observadores, eu entre eles, a propor a ideia de uma economia global regionalizada.[69] Isto é, um sistema global de áreas de comércio, com homogeneização cada vez maior de alfândegas dentro da área, ao mesmo tempo mantendo as barreiras comerciais com relação ao resto do mundo. Contudo um exame mais detido dos indícios, à luz dos acontecimentos de fins da década de 1990, questiona a tese de regionalização. Held e colegas, depois de analisar inúmeros estudos, concluem que "os indícios demonstram que a regionalização do comércio é complementar, e cresceu paralelamente, ao comércio inter-regional".[70] De fato, um estudo de Anderson e Norheim sobre os padrões de comércio mundial a partir da década de 1930 indica um crescimento igualmente igual do comércio entre e dentro de regiões. A intensidade do comércio inter-regional é, de fato, menos na Europa Ocidental do que na América ou na Ásia, o que solapa a importância da institucionalização no reforço do comércio intrarregional.[71] Outros estudos indicam um aumento na propensão ao comércio extrarregional na América e na Ásia, e uma propensão flutuante na Europa.[72]

Os acontecimentos da década de 1990 levam-nos a reexaminar mais profundamente a tese da regionalização. Em 1999, a União Europeia tornou-se, para todas as finalidades práticas, uma só economia, com alfândegas unificadas, uma só moeda e um Banco Central Europeu. A adoção do euro pela Inglaterra e pela Suécia parecia ser questão de tempo, para ajustar-se às exigências de suas políticas domésticas. Assim, parece inadequado continuar considerando a União Europeia um bloco comercial, já que o comércio intra-UE não é internacional, porém inter-regional, semelhante ao comércio inter-regional dentro dos Estados Unidos. Isso não significa o desaparecimento dos Estados europeus, como argumentarei no volume III. Mas formaram, juntos, uma nova forma de Estado, um Estado em rede, cuja característica principal é uma economia unificada, não apenas um bloco comercial.

Vamos agora tratar do Pacífico asiático. Frankel calculava que a maior parte do crescimento do comércio intra-asiático na década de 1980 ocorria em função dos altos índices de desenvolvimento econômico na área, aumentando sua participação na economia mundial, composta pela proximidade geográfica.[73] Cohen e Guerrieri, em sua revisão da análise de Frankel, diferenciaram dois períodos de comércio intra-asiático: 1970-85 e 1985-92.[74] No primeiro período, os países asiáticos exportaram predominantemente para o resto do mundo, em especial para a América do Norte e para a Europa. As importações intrarregionais na Ásia aumentaram de maneira constante durante esse período. Porém, dentro da Ásia, o Japão anunciou significativos superávits de comércio em relação aos vizinhos. Assim, o Japão teve superávit comercial com a América do Norte, a Europa e a Ásia, ao passo que os países asiáticos compensaram seu déficit com o Japão aumentando o superávit com a América e a Europa. No segundo período, o comércio intra-asiático aumentou substancialmente, de 32,5% das exportações asiáticas em 1985 para 39,8% em 1992. As importações intrarregionais chegaram a 45,1% de todas as importações asiáticas. Contudo, essa cifra agregada oculta uma assimetria importante: o Japão passou a importar menos da Ásia, ao passo que suas exportações para a Ásia aumentaram, em especial de produtos tecnológicos. O déficit comercial da Ásia com o Japão aumentou substancialmente durante o período. Assim como no primeiro período, para compensar seu déficit comercial com o Japão, os países asiáticos geraram superávits com os Estados Unidos e, em grau menor, com a Europa. As conclusões dessa análise foram de encontro à ideia de uma região pacífico-asiática integrada. Isso porque a dinâmica interna do comércio na região e o desequilíbrio entre o Japão e o resto da Ásia foram sustentados pela geração contínua de superávits comerciais com o resto do mundo, em especial com os Estados Unidos. O crescimento do comércio intra-asiático não alterou a dependência fundamental da região com relação ao desempenho de suas exportações no mercado mundial, especialmente em países não asiáticos. A recessão da economia japonesa na década de 1990 e a crise asiática de 1997-8 reforçaram ainda mais essa dependência dos mercados extrarregionais. Diante de uma demanda intrarregional em declínio, as economias asiáticas apostaram sua recuperação na melhoria do desempenho da exportação em mercados fora da região, para tornar-se mais competitivas, com êxito considerável, em especial para empresas de Taiwan, Cingapura e Coreia do Sul (ver volume III, capítulo 4). O ingresso da China como um dos principais exportadores (em especial para o mercado estadunidense) e a orientação cada vez mais externa da economia indiana alteraram o equilíbrio a favor de um padrão multidirecional de comércio nas economias asiáticas. Quanto à APEC, é apenas uma associação de consultoria, que trabalha em colaboração íntima com os Estados Unidos e a Organização Mundial do Comércio. A iniciativa mais notável da APEC, a declaração de Osaka, que proclamava a meta de livre comércio por todo o Pacífico até 2010, não pode ser interpretada como um passo rumo à integração regional, mas, pelo contrário, um projeto de integração total dos países do Pacífico no comércio global. Ademais, a integração institucional da área do Pacífico asiático depara-se com dificuldades geopolíticas insuperáveis. A ascensão da China ao posto de superpotência e as recordações duradouras do imperialismo japonês na Segunda Guerra Mundial tornam impensável um modelo de cooperação institucional semelhante ao da União Europeia entre as duas economias gigantescas da região, e entre elas e suas vizinhas, o que exclui a possibilidade de bloco do iene ou de uma união alfandegária no Pacífico asiático. Em resumo, o que observamos é uma integração cada vez maior do comércio do Pacífico asiático na economia global, em vez de uma implosão intrarregional no Pacífico.

Já nas Américas, a Nafta simplesmente institucionaliza a já existente interpenetração das três economias norte-americanas. A economia canadense tem sido, há muito tempo, uma região da economia estadunidense. A mudança significativa diz respeito ao México, depois que os EUA conseguiram baixar as barreiras tarifárias, principalmente para vantagem de empresas estadunidenses em ambos os lados da fronteira. Mas a liberalização do comércio exterior e o investimento no México já estavam em andamento na década de 1980, conforme exemplificado pelo programa das maquiladoras. Se acrescentarmos o movimento livre de capital e moedas, os fluxos maciços de mão de obra mexicana através da fronteira, e a formação de redes de produção extrafronteiras na manufatura e na agricultura, o que observamos é a formação de uma economia, a economia norte-americana, composta por EUA, Canadá e México, e não o surgimento de um bloco comercial.[75] As economias centro-americana e caribenha são, com exceção de Cuba no momento, satélites do bloco da Nafta, em continuidade histórica com sua dependência dos Estados Unidos.

O Mercosul (formado por Brasil, Argentina, Uruguai e Paraguai, com a Bolívia e o Chile em associação íntima na virada do século) é um projeto promissor para a integração econômica da América do Sul. Com um PIB combinado de US$1,2 trilhão em 1998, e um mercado em potencial de mais de 230 milhões de pessoas, é, de fato, o único caso que mais se aproxima da ideia de bloco comercial. Houve um processo gradual de unificação alfandegária dentro do Mercosul, levando a uma intensificação do comércio intra-Mercosul. Possíveis acordos futuros com os países do Pacto Andino poderiam expandir a aliança comercial a toda a América do Sul. Há, porém, graves obstáculos à consolidação do Mercosul. O mais importante é a necessidade de coordenar as políticas monetária e fiscal, que exigiriam a unificação das moedas dos países participantes. As graves tensões que surgiram em 1999 entre o Brasil e a Argentina demonstraram a fragilidade do acordo na ausência de um método coordenado de integração financeira na economia global. O aspecto mais significativo do desenvolvimento do Mercosul é, de fato, que ele indica a independência cada vez maior das economias sul-americanas em relação aos Estados Unidos. De fato, na década de 1990, as exportações do Mercosul para a União Europeia ultrapassaram as exportações para os Estados Unidos. Juntamente com os investimentos europeus cada vez maiores na América do Sul (em especial da Espanha), a consolidação do Mercosul poderia significar uma tendência rumo à integração multidirecional da América do Sul na economia global.

Embora os projetos de blocos comerciais tenham fracassado ou evoluído e se transformado em integração econômica total na década de 1990, a abertura do comércio global foi impulsionada por inúmeros passos institucionais rumo a sua liberalização. Depois da conclusão com êxito da Rodada Uruguai do GATT pelo Acordo de Marrocos em 1994, que levou a uma redução significativa das tarifas no mundo inteiro, foi criada uma nova Organização Mundial do Comércio (OMC) para funcionar como cão de guarda da ordem comercial liberal e mediadora dos litígios comerciais entre os parceiros comerciais. Os acordos multilaterais patrocinados pela OMC criaram uma nova estrutura para o comércio internacional, promovendo a integração global. Em fins da década de 1990, por iniciativa do governo dos Estados Unidos, a OMC concentrou suas atividades na liberalização do comércio de serviços, e em chegar a um acordo acerca dos aspectos relacionados a comércio de direitos de propriedade intelectual (TRIPS). Em ambos os campos, indicava a ligação estratégica entre o novo estádio da globalização e a economia informacional.

Portanto, em exame mais minucioso, a configuração da economia global na virada do século afasta-se muito da estrutura regionalizada cuja hipótese foi formulada no início da década de 1990. A União Europeia é uma economia, e não uma região. O Leste Europeu está no processo de tornar-se parte da União Europeia e, durante algum tempo, será, em essência, um apêndice da UE. A Rússia vai demorar muito para se recuperar de sua arrasadora transição para o capitalismo selvagem, e quando estiver finalmente apta a negociar com a economia global (além de seu papel atual de fornecedora de mercadorias primárias), vai fazê-lo impondo suas próprias condições. A Nafta e a América Central são, na verdade, complementos da economia dos EUA. O Mercosul é, por ora, um trabalho em andamento, sempre à mercê da mais recente mudança de humor presidencial do Brasil e da Argentina. As exportações do Chile se diversificam no mundo inteiro. É provável, portanto, que o mesmo aconteça com as exportações da Colômbia, da Bolívia e do Peru, em especial se conseguíssemos avaliar seu principal produto de exportação (que não é o café). Nessas condições parece que se questiona cada vez mais a dependência tradicional do comércio sul-americano aos Estados Unidos. Consequentemente, parece não existir uma "região das Américas", embora exista uma entidade EUA/Nafta e, evoluindo independentemente, o projeto do Mercosul. Não existe região do Pacífico asiático, embora exista um substancial comércio transpacífico (com os EUA em uma de suas pontas). A China e a Índia afirmam-se como economias autônomas, continentais, que estabelecem suas próprias conexões internacionais com as redes do comércio internacional. O Oriente Médio continua a manter seu papel limitado de fornecedor de petróleo, com pouca diversificação em suas economias domésticas. O norte da África está se tornando satélite da União Europeia, como uma espécie de freio da imigração incontrolável e indesejável dos países empobrecidos. E a África subsaariana, com a importante exceção da África do Sul, está sendo cada vez mais marginalizada na economia mundial, como analisarei no volume III. Assim, afinal, parece que há pouca regionalização na economia global, além do padrão costumeiro dos acordos e dos litígios comerciais entre a União Europeia, o Japão e os Estados Unidos. Aliás, as áreas de influência dessas três superpotências econômicas se superpõem cada vez mais. O Japão e a Europa fazem incursões substanciais na América Latina. Os EUA intensificam seu comércio com a Ásia e a Europa. O Japão expande o comércio com a Europa. E a China e a Índia são obrigadas a entrar na economia global com uma multiplicidade de parceiros comerciais. Em resumo, o processo de regionalização da economia global dissolveu-se, em grande parte, em favor de uma estrutura de padrões comerciais de diversas camadas, diversas redes, que não se pode apreender por intermédio das categorias de países como unidades de comércio e concorrência.

De fato, os mercados de mercadorias e serviços estão-se tornando cada vez mais globalizados. Mas as verdadeiras unidades de comércio não são países, porém empresas, e redes de empresas. Isso não significa que todas as empresas atuem mundialmente. Mas quer dizer que a meta estratégica das empresas, grandes e pequenas, é comercializar onde for possível em todo o mundo, tanto diretamente como por meio de suas conexões com redes que operam no mercado mundial. E, de fato, em grande parte graças às novas tecnologias da comunicação e dos transportes, existem canais e oportunidades para negócios em todo lugar. Entretanto, essa afirmação merece algumas ressalvas, pelo fato de que os mercados domésticos representam a maior parte do PIB na maioria dos países e que, nos países em desenvolvimento, as economias informais, voltadas principalmente para os mercados locais, constituem a maior parte dos empregos urbanos. Além disso, algumas grandes economias, por exemplo, o Japão, têm importantes segmentos (obras públicas, comércio varejista etc.) protegidos da concorrência mundial pelo governo e por isolamento cultural e institucional.[76] E os serviços públicos e instituições governamentais por todo o mundo, que representam entre um terço e mais da metade dos empregos em cada país, de forma geral estão e continuarão fora da concorrência internacional. No entanto, os segmentos e as empresas predominantes, núcleos estratégicos de todas as economias, estão profundamente conectados com o mercado mundial e seu destino é uma função de seu desempenho nesse mercado. Os setores e as empresas que produzem bens e serviços não negociáveis não podem ser entendidos isolados dos setores negociáveis. O dinamismo dos mercados internos depende, em última análise, da capacidade das empresas do país e das redes de empresas para competir globalmente.[77] Ademais, o comércio internacional não pode mais separar-se dos processos de produção transnacional de bens e serviços. Assim, o comércio internacional intraempresas talvez represente mais de um terço do total do comércio internacional.[78] E a internacionalização da produção, e das finanças, está entre as mais importantes fontes de crescimento no comércio internacional de serviços.[79]

O debate sobre a regionalização da economia global denota, contudo, uma questão importantíssima: o papel dos governos e das instituições internacionais no processo de globalização. As redes de empresas, negociando no mercado global, são apenas uma parte da história. Igualmente importantes são os atos das instituições públicas no patrocínio, na restrição e na formação do livre comércio, e no posicionamento dos governos em apoio a esses personagens econômicos cujos interesses representam. Não obstante, não se pode entender a complexidade da interação entre as estratégias governamentais e a concorrência comercial com as ideias simplistas de regionalização e blocos comerciais. Farei algumas sugestões acerca dessa teoria político-econômica da globalização depois de analisar outra camada de sua complexidade: a internacionalização em rede do núcleo do processo de produção.

A internacionalização da produção: grupos empresariais multinacionais e redes internacionais de produção

Durante a década de 1990, houve um processo acelerado de internacionalização de produção, da distribuição e da administração de bens e serviços. Esse processo compreendia três aspectos inter-relacionados: o aumento do investimento estrangeiro direto, o papel decisivo dos grupos empresariais multinacionais como produtores na economia global e a formação de redes internacionais de produção.

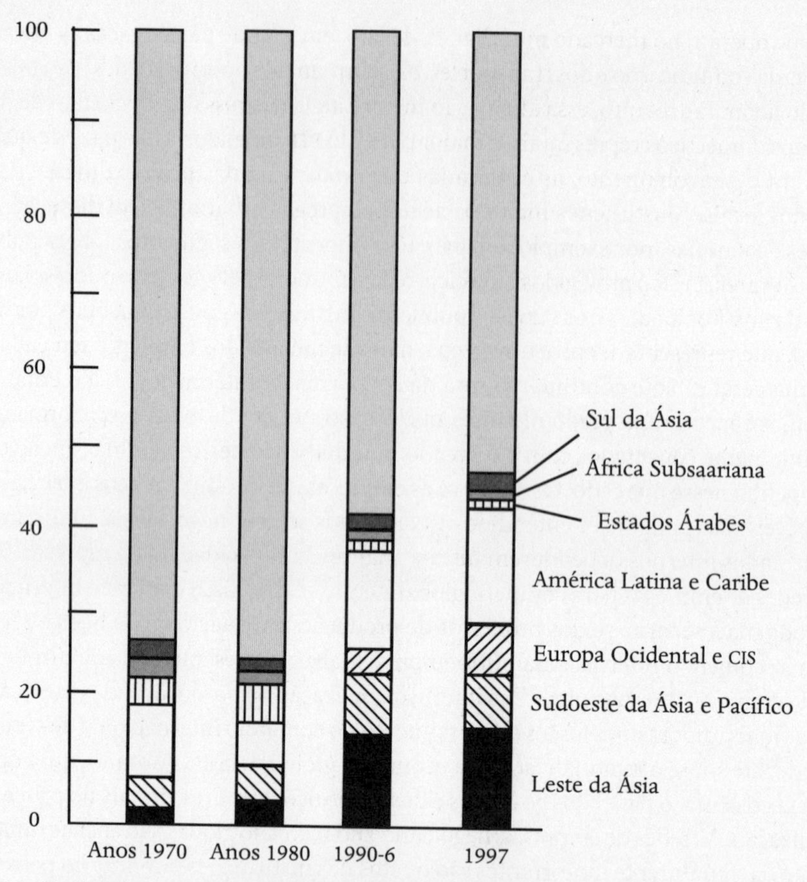

Figura 2.5 Total de investimentos estrangeiros (percentagem do total dos IED)

Fonte: Dados de UNCTAD (1999) elaborados por UNDP (1999).

Os investimentos estrangeiros diretos (IED) aumentaram quatro vezes entre 1980 e 1995, consideravelmente mais depressa do que a produção mundial e o comércio mundial (ver figura 2.4). Os IED dobraram sua fatia na formação do capital mundial de 2% na década de 1980 para 4% em meados da década de 1990. Em fins da década de 1990, os IED continuaram a aumentar mais ou menos à mesma velocidade do início da década de 1990. A maioria dos IED têm origem em alguns países da OCDE, embora o predomínio dos EUA no escoamento dos IED esteja em declínio (apesar de seu volume muito mais alto): a fatia dos EUA nos IED globais caiu de cerca de 50% na década de 1960 para cerca de 25% na década de 1990. Os outros investidores principais têm sede no Japão, na Alemanha, na Inglaterra, na França, na Holanda, na Suécia e na Suíça. A maioria das ações dos IED estão concentradas em economias desenvolvidas, ao contrário dos períodos históricos anteriores, e essa concentração cresceu com o passar do tempo: em 1960, as economias desenvolvidas representavam dois terços das ações dos IED; em fins da década de 1990, sua fatia crescera para três quartos. Contudo, o padrão dos fluxos dos IED (ao contrário das ações) diversifica-se cada vez mais, com os países em desenvolvimento recebendo uma fatia cada vez maior desses investimentos, embora ainda significativamente menor que a das economias desenvolvidas (ver figura 2.5). Alguns estudos demonstram que os fluxos dos IED, em fins da década de 1980, estavam menos concentrados do que o comércio internacional. Na década de 1990, os países em desenvolvimento aumentaram sua parcela de fluxos de IED para o exterior, embora ainda representassem menos de 10% das ações dos IED. Contudo, uma parcela menor dos IED mundiais ainda representa uma fatia significativa do total dos investimentos diretos nas economias em desenvolvimento. Assim, os padrões gerais dos IED na década de 1990 demonstraram a persistência da concentração da riqueza nas economias desenvolvidas e, por outro lado, a diversificação cada vez maior dos investimentos produtivos que acompanham a internacionalização da produção.[80]

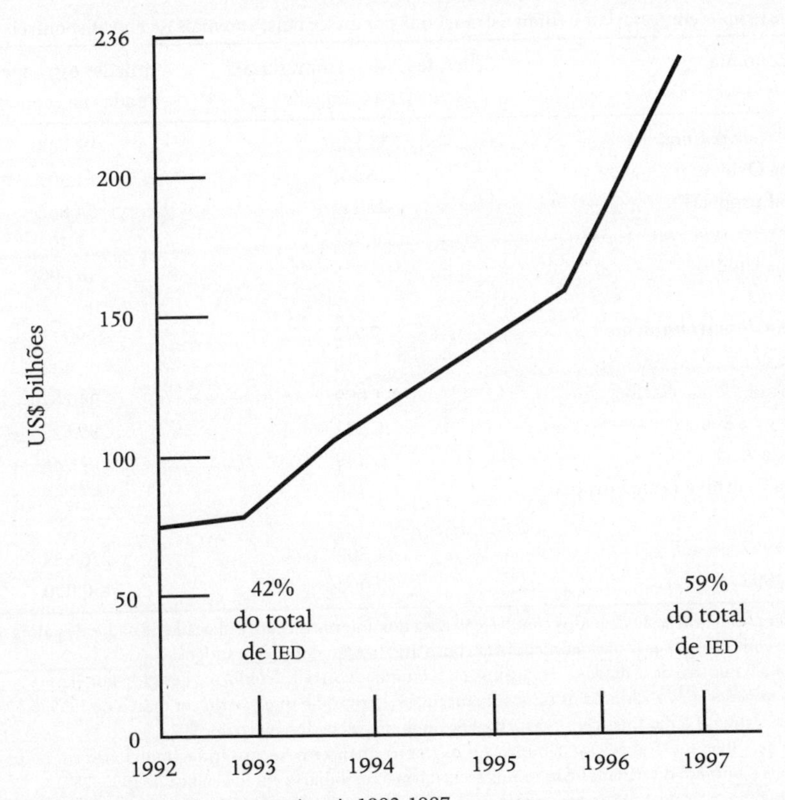

Figura 2.6 Fusões e aquisições internacionais 1992-1997

Fonte: Dados de UNCTAD (1998) elaborados por UNDP (1999).

Os IED estão associados à expansão das empresas multinacionais como principais produtoras da economia global. Os IED costumam assumir a forma de fusões e aquisições nas economias desenvolvidas e, cada vez mais, também no mundo em desenvolvimento.

O número anual de fusões e aquisições internacionais saltou de 42% do total dos IED em 1992 para 59% dos IED em 1997, chegando a um valor total de US$ 236 bilhões (ver figura 2.6). As multinacionais (MNC) são a principal fonte de IED. Os IED, porém, só representam 25% dos investimentos na produção internacional. As subsidiárias internacionais das MNC financiam seus investimentos com verbas de diversas fontes, entre elas empréstimos em mercados locais e internacionais, subsídios de governos e cofinanciamentos de empresas locais. As MNC, e suas redes vinculadas de produção, são o vetor da internacionalização da produção, da qual a expansão das IED é apenas uma manifestação. De fato, a expansão do comércio mundial é, em geral, resultado da produção das MNC, já que elas representam cerca de dois terços do comércio mundial, incluindo-se nessa fração um terço do comércio mundial entre filiais do mesmo grupo empresarial.

Tabela 2.9

Sedes de grupos empresariais e filiais estrangeiras por área e país, ano mais recente disponível (número)

Área/economia	Sedes de grupos empresariais com base no país	Afiliadas estrangeiras situadas na economia[a]
Países desenvolvidos	36.380	93.628
Europa Ocidental	26.161	61.902
União Europeia	22.111	54.862
Japão	3.967[b]	3.405[c]
Estados Unidos	3.470[d]	18.608[e]
Países em desenvolvimento	7.932	129.771
África	30	134
América Latina e Caribe	1.099	24.267
Sul, Leste e Sudeste da Ásia	6.242	99.522
Oeste da Ásia	449	1.948
Europa Central e Leste Europeu	196	53.260
Mundo 1997	44.508	276.659
Mundo 1998	53.000	450.000

Pode haver grande variação de dados com relação aos anos anteriores, com a chegada de dados de países não tratados antes, com as mudanças das definições, ou com a atualização dos dados antigos.

[a] Representa o número de afiliadas estrangeiras na economia mostrada, conforme definido por ela.

[b] Número de sedes, não incluindo os ramos financeiro, securitário e imobiliário em março de 1995 (3.695) mais o número de sedes no ramo financeiro, securitário e imobiliário em dezembro de 1992.

[c] Número de afiliadas estrangeiras, não inclusos os ramos financeiro, securitário e imobiliário em março de 1995 (3.121) mais o número de afiliadas e os ramos securitário e imobiliário em novembro de 1995 (284).

[d] Representa um total de 2.658 sedes de empresas não bancárias em 1994 e 89 sedes de bancos em 1989, com pelo menos uma afiliada estrangeira cujos ativos, vendas ou receita líquida ultrapassaram US$ 3 milhões, e 723 sedes não bancárias e bancárias em 1989 cujas afiliadas tinham ativos, vendas e receita líquida abaixo de US$ 3 milhões.

[e] Representa um total de 12.523 afiliadas bancárias e não bancárias em 1994, cujos ativos, vendas e receita líquida ultrapassaram US$ 1 milhão, e 5.551 afiliadas bancárias e não bancárias em 1992, com ativos, vendas e receita líquida inferior a US$ 1 milhão, e 534 afiliadas nos EUA que são instituições depositárias. Cada afiliada representa uma empresa estadunidense completamente consolidada, que pode consistir em diversas empresas menores.

Fonte: UNCTAD (1997, 1998), compilada por Held *et al.* (1999: tabela 5.3).

Caso se incluíssem no cálculo as redes de empresas ligadas a determinada MNC, a proporção de comércio intraempresas em rede aumentaria consideravelmente. Assim, uma grande fração do que avaliamos como comércio internacional é, de fato, avaliação de produção internacional dentro da mesma unidade de produção. Em 1998, havia cerca de 53 mil MNC, com 450 mil subsidiárias estrangeiras, e vendas globais de US$9,5 trilhões (que excediam o volume do comércio mundial). Representavam de 20 a 30% da produção mundial total, e entre 66% e 70% do comércio mundial (dependendo de diversas estimativas) (ver tabela 2.9). A composição setorial das MNC passou por transformação substancial na segunda metade do século XX. Até a década de 1950, a maioria dos IED estavam concentrados no setor primário. Mais ou menos em 1970, porém, os IED no setor primário só representavam 22,7% do total dos IED, ao contrário dos 45,2% no setor secundário, e dos 31,4% no setor terciário. Em 1994, era possível perceber uma nova estrutura de investimentos, quando os IED em serviços representavam a maioria dos IED (53,6%), enquanto o setor primário caiu para 8,7%, e a fatia de manufatura encolhera para 37,4%. Mesmo assim, as MNC representam a maioria das exportações manufaturadas mundiais. Com a liberalização do comércio de serviços, e as conclusões do acordo TRIPS de proteção aos direitos de propriedade intelectual, a predominância das MNC no comércio internacional de serviços, e em especial dos serviços administrativos avançados, parece estar garantida.[81] Assim como na manufatura, o aumento do comércio de serviços expressa, de fato, a expansão da produção internacional de bens e serviços, já que as multinacionais e suas subsidiárias precisam da infraestrutura dos serviços, necessária para funcionar globalmente.

Embora não haja dúvida de que as multinacionais constituem o núcleo da produção internacionalizada e, portanto, uma dimensão fundamental do processo de globalização, está menos claro o que elas sejam exatamente.[82] Inúmeros analistas questionam seu caráter multinacional, argumentando que são grupos empresariais nacionais com alcance global. Os grupos de empresas multinacionais têm sede, em sua grande maioria, nos países da OCDE. Ainda assim, em 1997 havia 7.932 multinacionais com sede em países em desenvolvimento, partindo das 3.800 que havia em fins da década de 1980, representando assim 18% do número total de 1997 (que era de 44.508). Ademais, se calcularmos, com base na tabela 2.9, com os valores de 1997, uma proporção simples entre empresas-mães localizadas em determinada área do mundo e afiliadas estrangeiras localizadas nessa área, obteremos algumas observações interessantes. Não há dúvida de que o índice é de 38,9 nas economias desenvolvidas, em comparação com 6,1 nos países em desenvolvimento, o que ilustra a distribuição assimétrica da força produtiva global, medida aproximada da dependência econômica. Porém mais reveladora é a comparação de proporções entre áreas desenvolvidas. O Japão (com o altíssimo índice de 116,5) exibe sua integração assimétrica nas redes de produção global. Por outro lado, os EUA, com índice de 18,7, parece sofrer penetração profunda de empresas estrangeiras. A Europa Ocidental está entre esses dois extremos, com índice de 40,3, exibindo o maior número de empresas-mães localizadas no próprio país, mas, ao mesmo tempo, também sendo a sede de 61.900 afiliadas estrangeiras (em comparação com as 18.600 dos EUA). Essa penetração recíproca das economias avançadas é confirmada pelo fato de que as ações de investimentos estrangeiros diretos nas economias mais avançadas cresceram substancialmente na década de 1990. Em outras palavras, as empresas dos EUA e da Europa Ocidental têm números cada vez maiores de subsidiárias em ambos os territórios; as empresas japonesas ampliaram seu padrão multilocal no mundo inteiro, ao passo que o Japão continua muito menos permeável a subsidiárias estrangeiras do que as outras áreas do mundo; as multinacionais localizadas nos países em desenvolvimento estão fazendo incursões no sistema global de produção, embora ainda em escala limitada. As empresas com sede nos países da OCDE estão presentes em todo o mundo em desenvolvimento: em fins da década de 1990, as MNC representavam cerca de 30% da manufatura doméstica na América Latina, entre 20% e 30% da produção particular total da China, 40% do valor agregado em manufatura na Malásia e 70% em Cingapura — porém só 10% da produção manufaturada da Coreia, 15% de Hong Kong e 20% de Taiwan.

Até que ponto essas empresas multinacionais são nacionais? Existe uma marca persistente de sua matriz nacional no pessoal do alto escalão, na cultura empresarial e na relação privilegiada com o governo de seu país-natal.[83] Contudo, há inúmeros fatores que configuram o caráter cada vez mais multinacional dessas empresas. As vendas e os lucros das afiliadas estrangeiras representam uma proporção substancial dos ganhos totais de cada empresa, em especial das empresas estadunidenses. O pessoal de alto nível não raro é recrutado tendo-se em mente sua familiaridade com cada ambiente específico. E os melhores talentos são promovidos dentro da cadeia de comando da empresa, seja qual for sua origem nacional, contribuindo assim para uma mistura multicultural cada vez maior nos mais altos escalões. Os contatos empresariais e políticos ainda são fundamentais, porém são específicos do contexto nacional onde a empresa opera. Assim, quanto maior a globalização da empresa, maior será seu espectro de contatos empresariais e conexões políticas, segundo as condições de cada país. Nesse sentido, são empresas multinacionais, e não transnacionais. Isto é, têm múltiplos vínculos nacionais, em vez de serem indiferentes à nacionalidade e aos contextos nacionais.[84]

Não obstante, a tendência crítica na evolução da produção global na década de 1990 é a transformação organizacional do processo de produção, inclusive a transformação das próprias empresas multinacionais. Cada vez mais, a produção global de bens e serviços não é realizada por empresas multinacionais, porém por redes transnacionais de produção, das quais as empresas multinacionais são componentes essenciais, porém componentes que não funcionariam sem o resto da rede.[85] Analisarei pormenorizadamente essa transformação organizacional no capítulo 3 deste volume. Mas tratarei do assunto aqui para oferecer um relato preciso da estrutura e do processo da nova economia global.

Além dos grupos de empresas multinacionais, empresas pequenas e médias em muitos países — com EUA (ex.: Vale do Silício), Hong Kong, Taiwan e norte da Itália hospedando os exemplos mais notáveis — formaram redes cooperativas, o que lhes permitiu tornarem-se competitivas no sistema globalizado de produção. Essas redes ligaram-se a grupos multinacionais, tornando-se subcontratadas recíprocas. Com maior frequência, as redes de empresas pequenas/médias se tornam subcontratadas de uma ou várias empresas grandes. Mas também há casos frequentes dessas redes que fazem acordos com multinacionais para obter acesso ao mercado, tecnologia, capacidade de administração ou nome de marca. Muitas dessas redes de empresas pequenas e médias também são transnacionais, por intermédio de acordos internacionais, conforme exemplificam os fabricantes de computadores taiwaneses e israelenses, ampliando suas redes até o Vale do Silício.[86]

Ademais, conforme argumentarei no capítulo 3, as multinacionais são, cada vez mais, redes internas descentralizadas, organizadas em unidades semiautônomas, segundo os países, os mercados, os métodos e os produtos. Cada uma dessas unidades se liga a outras unidades semiautônomas de outras multinacionais, na forma de alianças estratégicas *ad hoc*. E cada uma dessas alianças (na verdade, redes) é um nó de redes secundárias de pequenas e médias empresas. Essas redes de redes de produção têm uma geografia transnacional, que não é indiferenciada: cada função produtiva encontra local próprio (em termos de recursos, custos, qualidade e acesso ao mercado) e/ou se liga a uma nova empresa da rede que esteja no local apropriado.

Assim, os segmentos dominantes da maioria dos setores de produção (tanto bens, quanto serviços) estão organizados mundialmente em seus procedimentos operacionais reais, formando o que Robert Reich rotulou de "a rede global".[87] O processo produtivo incorpora componentes produzidos em vários locais diferentes, por diferentes empresas, e montados para atingir finalidades e mercados específicos em uma nova forma de produção e comercialização: produção em grande volume, flexível e sob encomenda. Essa rede não corresponde à ideia simplista de uma empresa global com unidades fornecedoras diferentes em todo o mundo. O novo sistema produtivo depende de uma combinação de alianças estratégicas e projetos de cooperação *ad hoc* entre empresas, unidades descentralizadas de cada empresa de grande porte e redes de pequenas e médias empresas que se conectam entre si e/ou com grandes empresas ou redes empresariais. Essas redes produtivas transnacionais operam sob duas configurações principais: na terminologia de Gereffi, cadeias produtivas controladas pelos produtores (em setores como o de automóveis, computadores, aeronaves, máquinas e equipamentos elétricos) e cadeias produtivas controladas pelos compradores (em setores como o de vestuário, calçados, brinquedos e utilidades domésticas).[88] O que é fundamental nessa estrutura industrial, bem ao estilo de uma teia, é que ela está disseminada pelos territórios em todo o globo e sua geometria muda constantemente no todo e em cada unidade individual. Nessa estrutura, o mais importante elemento para uma estratégia administrativa bem-sucedida é posicionar a empresa (ou determinado projeto industrial) na rede, de modo a ganhar vantagem competitiva para sua posição relativa. Consequentemente, a estrutura tende a reproduzir-se e manter sua expansão conforme a concorrência continua e, dessa forma, vai aprofundando o caráter global da economia. Para que a empresa opere em uma geometria de produção e distribuição tão variável, há necessidade de uma forma flexível de gerenciamento que depende da flexibilidade da própria empresa e do acesso a tecnologias de comunicação e produção adequadas a essa flexibilidade (ver capítulo 3). Um exemplo: para conseguir montar peças produzidas em fontes muito diferentes, é necessário contar, de um lado, com uma qualidade de precisão baseada em microeletrônica durante o processo de fabricação, de modo que as peças sejam compatíveis nos mínimos detalhes da especificação; de outro, com uma flexibilidade proporcionada por computadores que capacitem a fábrica a programar o escoamento da produção de acordo com o volume e as características personalizadas de cada pedido. Além disso, o gerenciamento dos estoques dependerá da existência de uma rede adequada de fornecedores treinados, cujo desempenho foi melhorado na última década pela nova capacidade tecnológica de ajustar a procura e a oferta on-line. Assim, a nova divisão internacional da mão de obra é, cada vez mais, intraempresas. Ou, mais precisamente, intrarredes de empresas. Essas redes produtivas transnacionais, ancoradas pelas empresas multinacionais, distribuídas pelo planeta de maneira desigual, dão forma ao padrão de produção global e, por fim, ao padrão do comércio internacional.

Produção informacional e globalização seletiva da ciência e da tecnologia

A produtividade e a competitividade na produção informacional baseiam-se na geração de conhecimentos e no processamento de dados. A geração de conhecimentos e a capacidade tecnológica são as ferramentas fundamentais para a concorrência entre empresas, organizações de todos os tipos e, por fim, países.[89] Assim, a geografia da ciência e da tecnologia deve surtir grande impacto sobre as sedes e as redes da economia global. De fato, observamos uma concentração extraordinária de ciência e tecnologia num número menor de países da OCDE. Em 1993, dez países compunham 84% da P&D global, e controlavam 95% das patentes estadunidenses das duas décadas anteriores. Em fins da década de 1990, os 20% da população mundial que vivem nos países de alta renda tinham à disposição 74% das linhas telefônicas, e representavam 93% dos usuários da internet.[90] Esse predomínio tecnológico ia de encontro à ideia de uma economia global baseada no saber, a não ser na forma de uma divisão hierárquica de mão de obra entre produtores baseados no saber, localizados em um pequeno número de "cidades e regiões globais" e o resto do mundo, composto de economias tecnologicamente dependentes. Não obstante, os padrões de interdependência tecnológica são mais complexos do que indicam as estatísticas da desigualdade geográfica.

Em primeiro lugar, as pesquisas elementares, principal fonte de conhecimentos, localizam-se, em proporção muito grande, em universidades de pesquisa e no sistema de pesquisas públicas ao redor do mundo (por exemplo, no Max Planck da Alemanha; no CNRS da França; na Academia de Ciências da Rússia; na Academia Sinica da China, e nas instituições dos EUA como o National Institute of Health, principais hospitais e programas de pesquisa patrocinados por instituições como a National Science Foundation e o Darpa do Departamento de Defesa. Isso significa que, com a importante exceção das pesquisas militares, o sistema fundamental de pesquisas é aberto e acessível. De fato, nos EUA, na década de 1990, mais de 50% dos títulos de PH.D. em ciências e engenharia foram conferidos a estrangeiros. Cerca de 47% desses doutorados acabaram ficando nos EUA, mas isso devido à incapacidade de seus países de origem atraí-los, e não por indicar a natureza fechada do sistema científico (assim, 88% dos doutorandos da China e 79% dos doutorandos da Índia ficaram nos EUA, mas só 13% do Japão e 11% da Coreia do Sul).[91] Ademais, o sistema de pesquisas acadêmicas é global. Depende da comunicação incessante entre os cientistas do mundo inteiro. A comunidade científica sempre foi, em grande parte, uma comunidade internacional, se não global, de acadêmicos, no Ocidente, desde os tempos da escolástica europeia. As ciências estão organizadas em campos específicos de pesquisa, estruturadas em redes de pesquisadores que interagem por intermédio de publicações, conferências, seminários e associações acadêmicas. Porém, além disso, as ciências contemporâneas caracterizam-se pela comunicação on-line como característica permanente de seu trabalho. De fato, a internet nasceu do casamento pervertido dos militares com a "big science", e seu desenvolvimento até o início da década de 1980 estava, em grande parte, confinado às redes de comunicação científica. Com a ampliação da internet na década de 1990, e a aceleração da velocidade e do âmbito das descobertas científicas, a internet e o correio eletrônico contribuíram para a formação de um sistema científico global. Nessa comunidade científica decerto há um viés favorável aos países e às instituições predominantes, pois o inglês é a língua internacional, e as instituições científicas dos EUA e da Europa Ocidental dominam de maneira abrangente o acesso às publicações, às verbas para pesquisas e aos cargos de prestígio. Contudo, dentro desses limites, existe uma rede científica global que, apesar de assimétrica, garante a comunicação e a difusão das descobertas e do saber. De fato, os sistemas acadêmicos, como o da União Soviética, que proibiam a comunicação em alguns campos de pesquisa (ex.: informática) pagaram o alto preço do atraso incontornável. Se não for global, a pesquisa científica da nossa era deixa de ser científica. Não obstante, embora as ciências sejam globais, a prática das ciências inclina-se para as questões definidas pelos países avançados, conforme assinalou Jeffrey Sachs.[92] A maioria das descobertas das pesquisas acabam difundindo-se por todas as redes planetárias de interação científicas, mas existe uma assimetria fundamental no tipo de temas escolhidos para pesquisa. Problemas que são fundamentais para os países em desenvolvimento, mas oferecem pouco interesse científico geral, ou não têm um mercado promissor, são negligenciados pelos programas de pesquisas dos países predominantes. Por exemplo, uma vacina eficaz contra a malária poderia salvar a vida de dezenas de milhões de pessoas, principalmente crianças, mas dedicam-se poucos recursos a um empenho persistente para sua descoberta, ou para divulgar no mundo inteiro os resultados dos tratamentos promissores, em geral patrocinados pela Organização Mundial de Saúde. Os medicamentos para o tratamento da aids criados no Ocidente são caros demais para uso na África, ao passo que cerca de 95% dos portadores do vírus HIV estão no mundo em desenvolvimento. As estratégias administrativas das empresas farmacêuticas multinacionais vêm bloqueando incessantemente as tentativas de produção mais barata de algumas dessas drogas, ou de descobrir drogas alternativas, pois controlam as patentes sobre as quais se baseiam a maioria das pesquisas. Por conseguinte, as ciências são globais, mas também reproduzem em sua dinâmica interna o processo de exclusão de um número significativo de pessoas, pois não trata de seus problemas específicos, ou não os trata de maneira que possa produzir resultados que levem à melhoria de suas condições de vida.

O desenvolvimento econômico e o desempenho competitivo não se baseiam na pesquisa fundamental, mas na ligação entre a pesquisa elementar e a pesquisa aplicada (o sistema P&D), e sua difusão entre organizações e indivíduos. A pesquisa acadêmica avançada e um bom sistema educacional são condições necessárias, porém não suficientes, para que os países, as empresas e os indivíduos ingressem no paradigma informacional. Assim, a globalização seletiva da ciência não estimula a globalização da tecnologia. O desenvolvimento tecnológico global precisa da conexão com a ciência, a tecnologia e o setor empresarial, bem como com as políticas nacionais e internacionais.[93] Existem mecanismos de difusão, com seus próprios vieses e restrições. As empresas multinacionais e suas redes de produção são, ao mesmo tempo, instrumentos de domínio tecnológico e canais de difusão tecnológica seletiva.[94] As empresas multinacionais representam a maioria esmagadora da P&D não pública e usam esses conhecimentos como bem fundamental para a concorrência, a penetração no mercado e o apoio governamental. Por um lado, em razão dos custos cada vez mais altos e da importância estratégica de P&D, as empresas realizam pesquisas em colaboração com outras empresas, com universidades e com instituições públicas de pesquisa (ex.: hospitais na pesquisa biomédica) do mundo inteiro. Ao fazê-lo, contribuem para criar e dar forma a uma rede horizontal de P&D que penetra nos setores e nos países. Ademais, para que as redes transnacionais de produção funcionem com eficácia, as multinacionais precisam repartir parte de seus conhecimentos com os parceiros, permitindo que empresas pequenas e médias aprimorem sua própria tecnologia e, em última análise, sua capacidade de desenvolver uma curva de aprendizado.[95] Existem alguns indícios da repercussão positiva da presença de afiliadas estrangeiras de multinacionais no sistema de produção dos países da OCDE no avanço tecnológico e na produtividade desses países.[96] Depois de pesquisar estudos sobre esse tema, Held e colegas concluíram que

> Embora faltem indícios sistemáticos, a pesquisa indica que, com o passar do tempo, a globalização da produção envolve um desacoplamento progressivo do desempenho econômico nacional do desempenho das MNCs com sede no país de origem. Ademais, esse processo parece pronunciado em indústrias de alta tecnologia, nas quais se pode esperar que os lucros da inovação sejam os mais elevados.[97]

Isso implicaria que as políticas nacionais de apoio ao desenvolvimento de alta tecnologia nos países mais desenvolvidos não asseguram obrigatoriamente vantagem comparativa para esses países. Por outro lado, nos países em desenvolvimento e nos países recém-industrializados, há necessidade de políticas nacionais que capacitem a mão de obra e as empresas locais a entrar em cooperação com redes transnacionais de produção e competir no mercado mundial. Esse foi, de fato, o caso dos países asiáticos recém-industrializados, onde as políticas tecnológicas governamentais foram um instrumento decisivo para o desenvolvimento (volume III, capítulo 4). O *World Development Report* de 1998 do Banco Mundial concluiu que, nas condições de uma infraestrutura e de um sistema educacional aprimorados, se observou na década de 1990 um processo de difusão global da tecnologia, embora dentro dos limites de um padrão bem seletivo de inclusão/exclusão, conforme analisarei adiante.

Assegurada a conexão tecnológica, o processo de geração e difusão de tecnologia se torna organizado ao redor de redes transnacionais de produção, em grande parte dependente da política governamental. Contudo o papel dos governos continua essencial no fornecimento dos recursos humanos (isto é, educação em todos os níveis) e infraestrutura tecnológica (em especial sistemas de comunicação e informática acessíveis, de baixo custo e de alta qualidade).

Para compreender como e por que a tecnologia se difunde na economia global, é importante levar em conta o caráter das novas tecnologias da informática. Por se basearem essencialmente nos conhecimentos armazenados/desenvolvidos na cabeça humana, têm o potencial extraordinário de difusão para além da fonte, contanto que encontrem a infraestrutura tecnológica, o ambiente organizacional e os recursos humanos a serem assimilados e desenvolvidos por meio do processo de aprender fazendo.[98] Essas são condições muito exigentes. Contudo, não excluem processos de atualização para retardatários, se esses "retardatários" desenvolverem rapidamente o ambiente apropriado. Foi exatamente isso que aconteceu nas décadas de 1960 e 1970 no Japão, na década do 1980 no Pacífico asiático e, em menor escala, na década de 1990 no Brasil e no Chile. Porém a experiência global da década de 1990 indica outro caminho de desenvolvimento tecnológico. Assim que as empresas e os indivíduos de todo o mundo tiveram acesso ao novo sistema tecnológico (por transferência de tecnologia ou adoção endógena de know-how tecnológico), associaram-se a produtores e mercados onde pudessem usar seus conhecimentos e negociar seus produtos. Sua projeção ultrapassou a base nacional, reforçando, assim, as redes de produção com base em multinacionais, enquanto, ao mesmo tempo, essas empresas e esses indivíduos aprenderam por intermédio de suas ligações com essas redes, e elaboraram suas próprias estratégias de concorrência. Assim, houve, ao mesmo tempo, um processo de concentração de know-how tecnológico nas redes transnacionais de produção, e uma difusão muito mais ampla desse know-how pelo mundo inteiro, enquanto a geografia das redes transnacionais de produção tornar-se-á cada vez mais complexa.

Ilustrarei esta análise com acontecimentos no Vale do Silício em fins da década de 1990. Aproveitando novas oportunidades de inovação incentivadas pela revolução da internet, o Vale do Silício fez crescer sua liderança tecnológica em informática em relação ao resto do mundo. Mas o Vale do Silício no ano 2000 é, social e etnicamente, um Vale do Silício completamente diferente do que era na década de 1970. Anna Lee Saxenian, a principal analista do Vale do Silício, indicou em seu estudo de 1999 o papel decisivo dos empresários imigrantes na nova face desse centro de alta tecnologia. Segundo Saxenian:

> Pesquisas recentes indicam que a migração de mão de obra especializada pode estar cedendo a um processo de circulação de mão de obra, no qual os imigrantes talentosos que estudam e trabalham nos EUA voltam para seus países de origem para neles aproveitar as promissoras oportunidades. E os avanços nas tecnologias de transportes e comunicações significam que mesmo quando esses imigrantes especializados optam por não voltar para casa, ainda desempenham um papel essencial de intermediários que unem as empresas nos EUA às de regiões geograficamente distantes.[99]

O estudo de Saxenian demonstra que já em 1990 30% da força de trabalho da alta tecnologia no Vale do Silício era estrangeira, concentrada principalmente em ocupações profissionais. Quando ocorreu uma nova onda de inovações na segunda metade da década de 1990, foram criados milhares de novas empresas de informática, muitas das quais por empreendedores estrangeiros. Executivos chineses e indianos dirigiam pelo menos 25% das empresas criadas no Vale do Silício entre 1980 e 1998, e 29% das empresas foram fundadas entre 1995 e 1998. Essas redes de alta tecnologia de empresários étnicos funcionam em mão dupla:

> Quando os imigrantes chineses e indianos especializados do Vale do Silício criam vínculos sociais e econômicos com seus países de origem, abrem, simultaneamente, os mercados, a manufatura e as especialidades técnicas em regiões em crescimento na Ásia para a comunidade empresarial mais ampla da Califórnia. As empresas agora procuram cada vez mais programadores talentosos na Índia. Enquanto isso, os complexos setores tecnológicos da Califórnia cada vez mais confiam na infraestrutura veloz e flexível de Taiwan para a fabricação de semicondutores e PCs, bem como em seus mercados de componentes de tecnologia avançada, que estão em rápida expansão.[100]

A conexão da Califórnia não se limita à Ásia. Dois alunos de Saxenian indicaram uma conexão de força semelhante entre o Vale do Silício e a explosão da indústria israelense do software, e uma presença significativa, embora ainda pequena, de engenheiros mexicanos no Vale do Silício.[101] Assim, o Vale do Silício cresceu com base nas redes tecnológicas e empresariais que incentivou no mundo inteiro. Em retribuição, as empresas criadas ao redor dessas redes atraíram talentos de todas as partes (porém principalmente da Índia e da China — em proporção justa à população mundial), que acabaram transformando o próprio Vale do Silício, e aumentaram a ligação tecnológica com seus países de origem. É claro que o Vale do Silício é um caso bem especial em razão de sua primazia nas inovações em informática. Não obstante, é provável que estudos em outras regiões de alta tecnologia das diversas partes do mundo demonstrem mecanismo semelhante, quando as redes se reforçam, atravessando fronteiras e atraindo know-how, que é o processo mais significativo de transferência de tecnologia e inovações da Era da Informação.

Em resumo, embora ainda haja uma concentração do estoque de ciência e tecnologia em poucos países, e regiões, os fluxos de know-how tecnológico se difundem cada vez mais pelo mundo, embora num padrão bem seletivo. Eles se concentram em redes de produção descentralizadas, multidirecionais, que se ligam a universidades e recursos de pesquisas ao redor do mundo. Esse padrão de geração de transferência de tecnologia contribui decisivamente com a globalização, pois reflete minuciosamente a estrutura e a dinâmica das redes transnacionais de produção, acrescentando novos núcleos a essas redes. O desenvolvimento desigual da ciência e da tecnologia deslocaliza a lógica da produção informacional de sua base nacional, e a desloca para redes globais, multilocalizadas.[102]

Mão de obra global?

Se a mão de obra é o fator decisivo da produção na economia informacional, e se a produção e a distribuição são cada vez mais organizadas globalmente, parece que devemos testemunhar um processo paralelo de globalização da mão de obra. Contudo o assunto é muito mais complicado. Por questão de coerência na estrutura deste volume, tratarei minuciosamente dessa questão no capítulo 4, ao analisar a transformação do trabalho e do emprego na sociedade em rede. Não obstante, para completar o panorama dos principais componentes da globalização, adiantarei aqui as principais conclusões, tomando a liberdade de encaminhar o leitor à seção correspondente no capítulo 4.

Existe um processo cada vez maior de globalização da mão de obra especializada. Isto é, não só da mão de obra especializadíssima, mas da mão de obra que vem sendo excepcionalmente requisitada no mundo inteiro e, portanto, não seguirá as regras normais das leis de imigração, do salário e das condições de trabalho. Esse é o caso da mão de obra profissional de alto nível: gerentes de nível superior, analistas financeiros, consultores de serviços avançados, cientistas e engenheiros, programadores de computador, biotecnólogos etc. Mas também é o caso de artistas, projetistas, atores, astros do esporte, gurus espirituais, consultores políticos e criminosos profissionais. Qualquer pessoa com capacidade de gerar um valor agregado excepcional em qualquer mercado goza da oportunidade de escolher emprego em qualquer lugar do mundo — e de ser convidado também. Essa fração da mão de obra especializada não chega a dezenas de milhões de pessoas, mas é decisiva para o desempenho das redes empresariais, das redes de notícias e das redes políticas e, em geral, o mercado da mão de obra mais valorizada está de fato se tornando globalizado.

Por outro lado, para as multidões do mundo, para os que não têm habilidades excepcionais, mas têm energia, ou desespero, para melhorar suas condições de vida, e lutar pelo futuro dos filhos, os dados são mistos. Em fins do século XX, estima-se que entre 130 e 145 milhões de pessoas estavam vivendo fora do próprio país, quando esse número era de apenas 84 milhões em 1975. Como esses números se referem à migração legalizada, o alto número de imigrantes não documentados talvez chegue a muitos milhões. Contudo o número total de imigrantes só alcança uma pequena fração da força de trabalho global. Uma porção significativa desses migrantes estava na África e no Oriente Médio (alguns cálculos chegam a cerca de quarenta milhões de migrantes em 1993). Na década de 1990, houve um aumento substancial na imigração nos Estados Unidos, no Canadá, na Austrália e, em menor quantidade, na Europa Ocidental. Também havia centenas de milhares de novos imigrantes em países que tiveram pouca imigração recentemente, como é o caso do Japão.[103] Uma parte substancial dessa imigração não está documentada. Contudo o nível de imigração na maioria dos países do Ocidente não excede níveis históricos, proporcionalmente à população nativa. Assim, parece que, juntamente com os fluxos cada vez maiores de imigração, o que está mesmo acontecendo, e provocando reações xenofóbicas, é a transformação da configuração étnica das sociedades ocidentais. Isso acontece especialmente na Europa Ocidental, onde muitos dos ditos imigrantes nasceram, de fato, em seu país de "imigração", mas eram considerados, em fins da década de 1990, cidadãos de segunda classe pelas barreiras à naturalização: a situação dos turcos na Alemanha e a dos coreanos no Japão, são exemplos do uso do rótulo "imigrante" como senha para designar as minorias discriminadas. Essa tendência de multietnicidade tanto na América do Norte quanto na Europa Ocidental se acelerará no século XX em consequência do índice mais baixo de natalidade da população nativa, e quando novas ondas de imigração forem incentivadas pelo desequilíbrio cada vez maior entre os países ricos e pobres.

Uma parte significativa da migração internacional é consequência de guerras e catástrofes, que deslocaram cerca de 24 milhões de refugiados na década de 1990, especialmente na África. Embora essa tendência não esteja obrigatoriamente ligada à globalização da mão de obra, movimenta milhões de pessoas ao redor do mundo, no rastro da globalização da miséria humana. Assim, conforme relata o Relatório de Desenvolvimento Humano de 1999 das Nações Unidas, "o mercado global da mão de obra integra-se cada vez mais para os capacitadíssimos — executivos de empresas, cientistas, artistas e muitos outros que formam a elite profissional global — com alta mobilidade e altos salários. Mas o mercado da mão de obra não especializada sofre muitas restrições das barreiras nacionais".[104] Embora o capital seja global, e as principais redes de produção sejam cada vez mais globalizadas, o maior contingente da mão de obra é local. Só a elite dos especializados, de grande importância estratégica, é realmente globalizada.

Não obstante, além dos movimentos de pessoas pelas fronteiras, existe uma interconexão cada vez maior entre os trabalhadores no país onde trabalham e o resto do mundo, por intermédio dos fluxos globais de produção, dinheiro (remessas), informações e cultura. A criação de redes globais de produção atinge trabalhadores do mundo inteiro. Os migrantes enviam dinheiro para casa. Os empresários afortunados em seu país de imigração quase sempre se tornam intermediários entre o país de origem e o país de residência. Com o passar do tempo, crescem as redes de familiares, amigos e conhecidos, e os sistemas avançados de comunicação e transporte permitem que milhões vivam entre um e outro país. Assim, o estudo do "transnacionalismo de baixo", na terminologia dos principais pesquisadores dessa área, Michael R. Smith e Luis E. Guarnizo,[105] revela uma rede global de mão de obra que vai além da ideia simplista de uma força de trabalho global — que, no sentido analítico estrito, não existe. Em resumo, embora a maior parte da mão de obra não seja globalizada, no mundo inteiro existe uma migração cada vez maior, o que aumenta a multietnicidade na maioria das sociedades desenvolvidas, aumentando o deslocamento da população internacional, e o surgimento de um conjunto de camadas múltiplas de conexões entre milhões de pessoas entre fronteiras e culturas.

A geometria da economia global: segmentos e redes

É indispensável mais uma classificação para a definição do perfil da economia global: ela não é uma economia planetária. Em outras palavras, a economia global não abarca todos os processos econômicos do planeta, não abrange todos os territórios e não inclui todas as atividades das pessoas, embora afete direta ou indiretamente a vida de toda a humanidade. Embora seus efeitos alcancem todo o planeta, sua operação e estrutura reais dizem respeito só a segmentos de estruturas econômicas, países e regiões, em proporções que variam conforme a posição particular de um país ou região na divisão internacional do trabalho.

Em meio a uma expansão substancial do comércio internacional, a fatia dos países menos desenvolvidos no valor das exportações mundiais caiu de 31,1% em 1950 para 21,2% em 1990. Embora a fatia dos países da OCDE nas exportações mundiais de bens e serviços tenha caído entre a década de 1970 e 1996, ainda representava mais de dois terços do total das exportações em fins da década de 1990 (ver figura 2.7). A maior parte do comércio internacional acontece dentro da área da OCDE. Os investimentos estrangeiros diretos seguem um padrão semelhante. Embora a fatia dos países da OCDE no total das IED seja significativamente menos do que na década de 1970, ainda representa quase 60%. Em 1997, os IED chegaram a US$400 bilhões, sete vezes mais do que o nível de 1970, mas 58% destinados a economias industriais avançadas, 37% a países em desenvolvimento e 5% a economias em transição do Leste Europeu. Ademais, os IED em países em desenvolvimento, embora tendo aumentado substancialmente na década de 1990, estão concentrados em poucos mercados: 80% foram para vinte países, com a parte do leão pertencendo à China e, bem distantes, o Brasil e o México. Surge um padrão semelhante de globalização seletiva nos mercados financeiros.

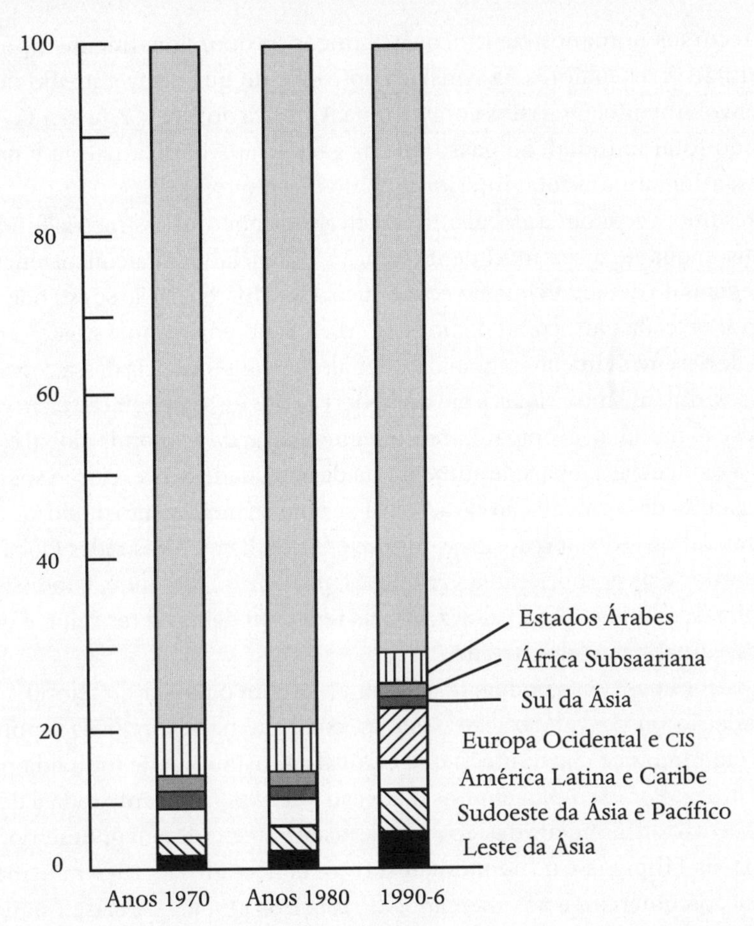

Figura 2.7 Participação nas exportações (percentagem do total das exportações de bens e serviços)

Fonte: Dados do *World Bank* (1999) elaborados por UNDP (1999).

Em 1996, 94% do portfólio e de outros fluxos de capitais de curto prazo destinados a países em desenvolvimento e economias em transição foram encaminhados a apenas vinte países. Só 25 países em desenvolvimento têm acesso aos mercados privados de títulos, empréstimos de bancos comerciais e participações acionárias. Apesar de toda a conversa sobre os mercados emergentes nas finanças globais, em 1998 eles só representavam 7% do valor total de capitalização do mercado, ao passo que representavam 85% da população mundial.[106] Com relação à produção, em 1988 os países da OCDE, juntamente com os quatro tigres asiáticos, representavam 72,8% das fábricas do mundo, proporção que diminuiu muito pouco na década de 1990. A concentração é ainda maior na produção de alto valor: em 1990, os países do G-7 representavam 90% das fábricas de alta tecnologia, e detinham 80,4% do poder de computação global.[107] Os dados coletados pela Unesco em 1990 indicavam que os recursos humanos científicos e técnicos, proporcionalmente à população, eram quinze vezes maiores na América do Norte do que o nível médio nos países em desenvolvimento. Os gastos com P&D na América do Norte representavam mais de 42% do total mundial, ao passo que os gastos na América Latina e na África, somados, atingiam um total inferior a 1% do mesmo total.[108]

Em resumo, a economia global está caracterizada por uma assimetria fundamental entre países, quanto a seu nível de integração, potencial para a concorrência e fatia dos benefícios do desenvolvimento econômico. Essa diferenciação se estende a regiões no interior de cada país, como demonstra Allen Scott em sua investigação de novos padrões de desenvolvimento regional desigual.[109] A consequência dessa concentração de recursos, dinamismo e riqueza em certos territórios é a segmentação cada vez maior da população mundial, acompanhando a segmentação da economia global e, por fim, levando a tendências globais de aumento da desigualdade e da exclusão social.

Esse padrão de segmentação caracteriza-se por um movimento duplo: de um lado, segmentos valiosos dos territórios e dos povos estão ligados nas redes globais de geração de valor e de apropriação das riquezas; por outro lado, tudo, e todos, que não tenha valor, segundo o que é valorizado nas redes, ou deixa de ter valor, é desligado das redes e, finalmente, descartado.

As posições nas redes podem transformar-se com o passar do tempo, por meio de reavaliação ou desvalorização. Isso faz com que países, regiões e populações estejam em mudança constante, o que equivale à instabilidade induzida pela própria estrutura. Por exemplo, em fins da década de 1980 e durante toda a década de 1990, os centros dinâmicos das economias asiáticas em desenvolvimento, como a Tailândia, as Filipinas e a Indonésia, estavam conectados a redes multinacionais de produção/comércio, e aos mercados financeiros globais. A crise financeira de 1997-8 destruiu grande parte das riquezas recém-conquistadas por esses países. Em fins de 1999, as economias asiáticas pareciam estar a caminho da recuperação. Porém uma parte substancial da manufatura, do mercado de propriedades, e do setor bancário desses países, e grande parte do emprego formal, fora exterminada pela crise. A pobreza e o desemprego aumentaram muitíssimo. Na Indonésia, aconteceu um processo de desindustrialização e desurbanização, quando milhões de pessoas voltaram ao interior, à procura de sobrevivência (ver volume III, capítulo 4). As consequências da crise asiática, da crise mexicana, da crise brasileira, da crise russa, demonstram o poder destrutivo da volatilidade na economia global. O novo sistema econômico é, ao mesmo tempo, bem dinâmico, seletivo, exclusionário e instável dentro de seus limites. Alimentado por novas tecnologias de comunicações e informática, as redes de capital, produção e comércio estão aptas a identificar fontes de geração de valor em qualquer parte do mundo, e vinculá-las. Contudo, embora os segmentos predominantes de todas as economias nacionais estejam ligados à rede global, segmentos de países, regiões, setores econômicos e sociedades locais estão desconectados dos processos de acumulação e consumo que caracterizam a economia informacional/global. Não afirmo que as sociedades desses setores "marginais" não estejam conectadas ao resto do sistema, visto que não há nenhum vácuo social. Mas sua lógica social e econômica baseia-se em mecanismos claramente distintos dos da economia informacional. Embora a economia informacional afete o mundo inteiro e, nesse sentido, seja global mesmo, a maior parte das pessoas do planeta não trabalha para a economia informacional/global nem compra seus produtos. Entretanto, todos os processos econômicos e sociais relacionam-se à lógica da estrutura dominante nessa economia. Como e por que essa conexão é operada, e quem e o que está conectado e desconectado ao longo do tempo constitui característica fundamental de nossas sociedades e requer uma análise específica e cuidadosa (ver volume III, capítulo 2).

A economia política da globalização: reestruturação capitalista, tecnologia da informação e políticas estatais

Surgiu uma economia global, no sentido preciso definido neste capítulo, nos últimos anos do século XX.[110] Resultou da reestruturação das empresas e dos mercados financeiros em consequência da crise da década de 1970. Expandiu-se utilizando novas tecnologias da informação e de comunicação. Tornou-se possível e, em grande parte, foi induzida por políticas governamentais deliberadas. A economia global não foi criada pelos mercados, mas pela interação entre mercados e governos e instituições financeiras agindo em nome dos mercados — ou de sua ideia do que devem ser os mercados.

Entre as estratégias empresariais para aumentar a produtividade, e aumentar a lucratividade, figuravam a procura de novos mercados e a internacionalização da produção. As novas indústrias manufatoras de alta tecnologia caracterizavam-se, desde o início, por sua divisão internacional da mão de obra (ver capítulo 6).

A presença muito maior de multinacionais estadunidenses na Europa e na Ásia gerou uma nova tendência de produção multilocal, que contribuiu para a expansão do comércio internacional. Na década de 1980, essa estratégia foi adotada também pelas multinacionais europeias e japonesas, estabelecendo uma teia de redes transnacionais de produção. Empresas do Japão, e dos países recém-industrializados do Pacífico asiático, basearam seu hipercrescimento nas exportações para os EUA e, em menor monta, para os mercados europeus (ver volume III, capítulo 4). Ao fazê-lo, contribuíram para a simulação de concorrência no comércio internacional, quando tanto os EUA quanto a Comunidade Europeia tomaram providências para reagir ao desafio do Pacífico a sua hegemonia econômica anteriormente incontestável. A Comunidade Europeia estendeu sua abrangência ao sul e ao norte da Europa e acelerou seu processo de integração econômica a fim de expandir seu mercado interno, ao mesmo tempo que apresentava uma frente alfandegária unificada em relação aos concorrentes japoneses e estadunidenses. Os EUA, com base em sua tecnologia superior e flexibilidade empresarial, aumentaram a pressão pela liberalização do comércio e pelos mercados abertos, ao mesmo tempo mantendo, como trunfo, suas próprias barreiras protecionistas.

Os mercados de capitais aumentaram sua circulação global com base no mercado dos eurodólares, *grosso modo* criado para permitir que as multinacionais estadunidenses emprestassem e recebessem empréstimos fora dos EUA, contornando as leis estadunidenses. Os fluxos financeiros se expandiram substancialmente na década de 1970 para reciclar os petrodólares dos países da OPEP e das empresas de petróleo. Desde a década de 1970, a maioria das economias da OCDE estavam em declínio, uma parcela substancial dos empréstimos foi concedida a países em desenvolvimento, quase sempre sem controles apropriados de empréstimo, propiciando assim, ao mesmo tempo, a expansão global dos mercados financeiros e a crise da dívida que estrangulou as economias da América Latina e da África durante a década de 1980. A subsequente reestruturação dos mercados financeiros de todo o mundo levou a uma explosão de fluxos financeiros internacionais, investimentos globais de instituições financeiras e a uma internacionalização completa das atividades bancárias, conforme documentado anteriormente. Em 1985, o Banco Mundial, que não conseguia atrair investimentos privados para "mercados do Terceiro Mundo", criou uma nova expressão: "mercados emergentes". Isso indicava uma nova era de integração financeira em todo o planeta, pois os investidores de todas as partes procuravam oportunidades de altos retornos, descontando o alto risco na esperança de apoio governamental em caso de crises para os bancos e as moedas. Estavam plantadas as sementes das crises financeiras da década de 1990 no México, na Ásia, na Rússia, no Brasil e em outros lugares.

A globalização econômica completa só poderia acontecer com base nas novas tecnologias da comunicação e da informação. Os sistemas avançados de computação permitiam que novos e potentes modelos matemáticos administrassem produtos financeiros complexos e realizassem transações em alta velocidade. Sistemas avançadíssimos de telecomunicações ligavam em tempo real os centros financeiros de todo o mundo. A administração on-line permitia que as empresas operassem no país inteiro e no mundo inteiro. A produção de artefatos microeletrônicos viabilizou a padronização de componentes e a personalização do produto final em grandes volumes, uma produção flexível, organizada em linha de montagem internacional. As redes transnacionais de produção de bens e serviços dependiam de um sistema interativo de comunicações e da transmissão de informações para garantir círculos de retorno, e gerar a coordenação de produção e distribuição descentralizadas. A informática foi essencial para o funcionamento de uma teia mundial de transporte rápido e de alta capacidade de bens e pessoas, estabelecida por transportes aéreos, linhas de navegação transoceânica, estradas de ferro e autoestradas. A carga multimodal de contêineres se tornou eficiente por intermédio de sistemas de informática que rastreavam e programavam as mercadorias e as rotas, bem como por sistemas automatizados de carga/descarga. Um vasto sistema de linhas aéreas e trens de alta velocidade, salões VIP nos aeroportos e serviços empresariais davam apoio a empresas em círculos ao redor do mundo; hotéis internacionais equipados com internet, e entretenimentos cosmopolitas, proporcionavam a infraestrutura da mobilidade administrativa. E, em fins da década de 1990, a internet tornou-se a espinha dorsal tecnológica do novo tipo de empresa global, a empresa em rede (ver capítulo 3).

Contudo nem a tecnologia nem a administração poderia ter desenvolvido a economia global sozinha. Os agentes decisivos da geração de uma nova economia global foram os governos e, em especial, os governos dos países mais ricos, o G-7, e suas instituições internacionais auxiliares, o Fundo Monetário Internacional, o Banco Mundial e a Organização Mundial do Comércio. Três políticas inter-relacionadas construíram os alicerces da globalização: a desregulamentação das atividades econômicas domésticas (que começou com os mercados financeiros); a liberalização do comércio e dos investimentos internacionais; e a privatização das empresas públicas (quase sempre vendidas a investidores estrangeiros). Essas políticas, iniciadas nos Estados Unidos em meados da década de 1970, e na Inglaterra no início da década de 1980, espalharam-se por toda a União Europeia na década de 1980 e se tornaram predominantes na maioria dos países do mundo, e padrão normal no sistema econômico internacional na década de 1990.[111]

Como e por que isso aconteceu é tema para os historiadores. Não obstante, alguns comentários sobre a gênese da economia global ajudariam a compreender seus contornos no século XXI. Embora se tenham adotado algumas medidas importantes na década de 1970 (por exemplo, nos EUA foram abolidos os controles do capital internacional, para todos os fins práticos, em 1974), houve dois períodos distintos de globalização capitaneada pelo governo. Para simplificar, vou diferenciar entre a década de 1980 e a de 1990. Na década de 1980, a chegada simultânea ao poder de conservadores convictos, defensores ideológicos do livre mercado nos Estados Unidos (Reagan, eleito em 1980) e na Inglaterra (Thatcher, eleita em 1979) indicou um momento decisivo. Nos Estados Unidos, foi inesperado. Na minha análise da repercussão da crise econômica da década de 1970 sobre a política estadunidense, publicada em 1976,[112] propus como alternativa possível o desenvolvimento da economia da oferta, e lhe dei um nome, com fins de ilustração: a política Reagan. Ambas as administrações pressionaram pela desregulamentação e pela liberalização das finanças e dos investimentos e, na Inglaterra, pela privatização das empresas estatais, gerando o modelo para o resto do mundo. A repercussão mais imediata foi sentida no setor das finanças. Nos EUA, o mercado de opções criado em Chicago em 1972 se expandiu rapidamente e, por fim, tornou-se um mercado de derivativos de produtos múltiplos. A Inglaterra aboliu os controles sobre a Bolsa de Valores em 1980, e o segundo mercado financeiro de futuros, depois de Chicago, foi criado em Londres em 1982. A França foi a próxima, criando sua própria bolsa de futuros, a MATIF, em 1986. A Alemanha permaneceu mais cautelosa com relação à desregulamentação financeira, embora os controles do capital internacional tenham sido eliminados em 1981. Os mercados financeiros asiáticos, em especial os de Hong Kong e Cingapura, aproveitaram-se de seu ambiente de regulamentações frouxas para atrair transações financeiras, conquistando fatias do mercado de ações de uma Tóquio mais regulamentada. A desregulamentação total dos mercados financeiros na cidade de Londres em outubro de 1987 foi o início de uma nova era da globalização financeira, apesar (ou em razão) da queda simultânea da bolsa de Nova York em outubro de 1987. Contudo a primeira rodada de políticas econômicas da oferta não funcionou completamente de acordo com as expectativas de seus ideólogos nos EUA e na Inglaterra em razão de uma contradição interna fundamental em sua postura: eram, ao mesmo tempo, nacionalistas e globalizantes. Em princípio, essas duas posições não são contraditórias sob a condição de políticas imperialistas — e, de fato, esse foi o caso da Inglaterra vitoriana, que é sempre apresentada como exemplo histórico de uma globalização anterior. Mas desta vez as condições eram outras: numa economia internacional policêntrica operada por redes transnacionais de produção, e com pessoas em sociedades nucleares relutantes em morrer pela glória de seus governos, a contradição se tornou insuperável, como vieram a descobrir as figuras políticas, Reagan e Thatcher. Prometendo reduzir o déficit orçamentário, Reagan na verdade criou o maior déficit federal em tempos de paz, em consequência de seu compromisso com um imenso acúmulo militar, enquanto reduzia os impostos dos ricos. Aberta aos mercados internacionais, porém não à Europa, Thatcher deparou-se com a opção de adotar a versão europeia da globalização — isto é, uma economia europeia unificada com moeda única — ou recolher-se à fortaleza Grã-Bretanha sem o poder de impor sua vontade ao mundo. Ela teve a oportunidade de fazer a escolha (embora estivesse claramente se inclinando para o isolacionismo). Seu próprio partido, convicto da necessidade histórica da União Europeia, e cansado da Dama de Ferro, induziu-a a uma aposentadoria precoce em 1990. Ademais, tanto nos EUA quanto na Inglaterra, a obsessão conservadora com o decréscimo do Estado de previdência social deparou-se com feroz resistência política e social, bem como com as realidades da inércia histórica, e as necessidades essenciais da sociedade. Assim, embora Reagan tenha conseguido privar milhares de crianças de seu café da manhã, e Thatcher tenha posto em risco a qualidade tradicional do sistema universitário inglês, em geral a maior parte do Estado de previdência social permaneceu intacta, apesar de limitado em sua expansão. Não obstante, tanto a economia inglesa quanto a estadunidense voltaram atrás em termos de lucratividade e produtividade, e o comércio internacional, os investimentos, as finanças se expandiram muito quando as empresas se aproveitaram das novas oportunidades oferecidas pela desordem da mão de obra organizada, e pela desregulamentação das atividades empresariais.

No continente europeu, um momento crítico foi a desventura da primeira administração socialista de Mitterrand, eleita em 1981. Ignorante de economia elementar, o político Mitterrand pensava que poderia reduzir a jornada de trabalho, aumentar os salários e os benefícios sociais, e cobrar tributos das empresas, numa economia europeia quase integrada, sem sofrer a reação dos mercados monetários. Seu governo foi obrigado a desvalorizar o franco e, dois anos depois, deu uma guinada completa nas políticas econômicas, seguindo o modelo da estabilidade monetária alemã. Esse caso francês influiu na cautelosa política econômica do novo governo socialista espanhol, eleito em outubro de 1982, que optou pela desregulamentação e pela liberalização controlada, passando assim a um meio-termo na política econômica. De fato, Felipe Gonzalez e Helmut Kohl tornaram-se fortes aliados na construção de uma Europa unificada ao redor dos princípios da economia liberal — temperada com compaixão e uma economia de mercado social. Devagar e sempre esse meio-termo (que, mais tarde, Giddens denominaria "terceira via") conquistou a maior parte da opinião pública e dos governos europeus. Na virada do século, 13 dos 15 países da União Europeia eram administrados por governos social-democráticos que, com diversos rótulos ideológicos, apoiavam essa estratégia pragmática.[113]

Contudo foi na década de 1990 que foram criadas as instituições e as regras da globalização, que se expandiram por todo o planeta. De fato, como escreve Ankie Hoogvelt, "os céticos no debate da globalização davam muita importância ao exercício contínuo, de fato em alguns casos obviamente aprimorado, da soberania e da regulamentação pelos governos nacionais. Não obstante, grande parte dessa regulamentação não resulta em mais do que regulamentação para a globalização".[114]

O mecanismo para levar o processo de globalização à maioria dos países do mundo era simples: pressão política por intermédio de atos diretos do governo ou de imposição pelo FMI/Banco Mundial/Organização Mundial do Comércio. Só depois que as economias fossem liberalizadas o capital global entraria nesses países. A administração Clinton foi, de fato, a verdadeira globalizadora política, em especial sob a liderança de Robert Rubin, ex-presidente da Goldman & Sachs, e braço de Wall Street. De fato, Clinton construiu sobre os alicerces deixados por Reagan, mas levou o projeto muito mais longe, transformando a abertura dos mercados de bens, serviços e capital, prioridade máxima de sua administração. Em matéria notável, o *New York Times* documentou em 1999 o empenho total da equipe de Clinton nessa direção, fazendo pressão direta sobre os governos do mundo inteiro, e instruindo o FMI para implantar essa estratégia da maneira mais rígida possível.[115] A meta era a unificação de todas as economias ao redor de um conjunto de regras homogêneas do jogo, para que o capital, os bens e os serviços pudessem fluir para dentro e para fora, conforme decidido pelos critérios dos mercados. Assim como no melhor dos mundos smithianos, todos acabariam se beneficiando disso, e o capitalismo global, alimentado pela tecnologia da informação, tornar-se-ia a fórmula mágica, que finalmente uniria a prosperidade, a democracia e, no fim da linha, um nível razoável de desigualdade e redução da pobreza.

Pode-se fundamentar o êxito dessa estratégia no mundo inteiro em seu ponto inicial: as crises econômicas eram gerais em muitas áreas. Na maioria dos países da América Latina e da África a primeira rodada da globalização financeira na década de 1980 havia arrasado as economias, impondo-lhes políticas rígidas para pagamento do débito. A Rússia e o Leste Europeu mal haviam iniciado uma transição árdua para a economia de mercado, o que significava, no geral, seu colapso econômico desde o início.[116] Mais tarde, a crise asiática de 1997-8 virou de cabeça para baixo as economias do Pacífico — quase sempre solapando seu estado de desenvolvimento. Na maioria dos casos, depois de tal crise, o FMI e o Banco Mundial vinham oferecer ajuda, porém com a condição de que os governos aceitassem as receitas de saúde econômica do FMI. Essas recomendações normativas (de fato, imposições) baseavam-se em pacotes prontos de políticas de ajuste, semelhantíssimos uns aos outros. Fosse qual fosse a situação específica de cada país, eram, de fato, produzidos em massa por economistas neoclássicos ortodoxos, principalmente da Universidade de Chicago, Harvard, e do MIT. Em fins da década de 1990, o FMI estava trabalhando e recomendando políticas de ajuste em mais de oitenta países do mundo. Até as grandes economias de países importantíssimos, como a Rússia, o México, a Indonésia ou o Brasil, dependiam da aprovação de suas políticas pelo FMI. A maior parte do mundo em desenvolvimento, bem como das economias em transição, se tornaram protetorados econômicos do FMI — que, no fim das contas, significava Departamento do Tesouro dos EUA. O poder do FMI era mais simbólico que financeiro. A ajuda do FMI sempre tinha a forma de dinheiro virtual, isto é, uma linha de crédito à qual os governos podiam recorrer em caso de emergência financeira. O crédito concedido pelo FMI significava credibilidade para os investidores. O país que perdesse a confiança do FMI se tornava um pária financeiro. A lógica era essa: se o país decidisse ficar fora do sistema (por exemplo, o Peru de Alan Garcia na década de 1980), era punido com o ostracismo financeiro — e fracassava, confirmando assim a profecia do FMI que promove a própria realização. Assim, poucos países ousaram resistir a esse "bem-vindo ao clube" condicional, ao contrário da alternativa da isolação dos fluxos globais de capital, tecnologia e comércio.

A Organização Mundial do Comércio, fundada em 1994, implantou uma lógica semelhante de comércio internacional. Para os países que optassem por uma estratégia de desenvolvimento externo, como as economias continentais da China e da Índia, o acesso a mercados abastados era essencial. Porém, para obter esse acesso, tinham de aderir às regras do comércio internacional. A adesão às regras significava, em geral, desmantelar gradualmente a proteção às indústrias que não eram competitivas em razão de sua chegada tardia à concorrência internacional. Mas a rejeição das regras era sancionada com sobretaxas rigorosas em mercados ricos, anulando assim a oportunidade de desenvolvimento por meio de ótimas fatias de mercado nos mercados onde está concentrada a riqueza. Assim, o relatório de 1999 do PNUD afirma:

> Um número cada vez maior de países em desenvolvimento adotou o comércio aberto, deslocando-se das políticas de substituição de importações. Por volta de 1997, a Índia havia reduzido suas sobretaxas de uma média de 82% em 1990 para 30%, o Brasil, de 25% em 1991 para 12%, e a China, de 43% em 1992 para 18%. Orientadas por tecnocratas, as mudanças tiveram forte apoio de financiamentos do Fundo Monetário Internacional e do Banco Mundial, o que fazia parte de uma abrangente reforma econômica e dos pacotes de liberalização. As condições para afiliação à OMC e à OCDE eram incentivos importantes. País após país passou por profunda liberalização unilateral, não só no comércio, mas nos investimentos estrangeiros diretos. Em 1991, por exemplo, 35 países fizeram mudanças em 82 regimes reguladores, em 80 deles na direção da liberalização ou da promoção de investimentos estrangeiros diretos. Em 1995, o ritmo se acelerou, com ainda mais países — 65 — alterando o regime, a maioria deles dando prosseguimento à tendência de liberalização.[117]

Em novembro de 1999, a China chegou a um acordo comercial com os Estados Unidos, para liberalizar suas leis de comércio e investimentos, abrindo assim o caminho para a afiliação da China à OMC, e aproximando mais a China das regras do regime capitalista global. Quanto mais países ingressam no clube, mais difícil é para os que estão fora do regime econômico liberal seguir seu próprio rumo. Assim, em último recurso, as trajetórias firmes de integração na economia global, com suas regras homogêneas, ampliam a rede, e as possibilidades de criação de redes de contatos para seus membros, ao mesmo tempo aumentando o custo de ficar fora da rede. Essa lógica autoampliável, induzida e imposta por governos e instituições internacionais de finanças e comércio, acabou unindo os segmentos dinâmicos da maioria dos países do mundo numa economia global aberta. Por que os governos abraçaram essa imposição de globalização, solapando assim seu próprio poder soberano? Se rejeitarmos as interpretações dogmáticas que reduziriam os governos ao papel de ser "o comitê executivo da burguesia", a questão é bem complexa. Requer distinguir entre quatro níveis de explicação: os interesses estratégicos percebidos de determinada nação-Estado; o contexto ideológico; os interesses políticos da liderança; e os interesses pessoais das pessoas no poder.

Com relação aos interesses do Estado, a resposta varia para cada Estado. A resposta é clara para o principal globalizador, o governo dos EUA: uma economia aberta e integrada é vantajosa para as empresas estadunidenses e para as empresas com sede nos Estados Unidos, portanto para a economia estadunidense. Isso se dá em razão da vantagem tecnológica, e da flexibilidade administrativa superior, de que gozam os EUA em comparação com o resto do mundo. Junto com a presença de longa data das multinacionais estadunidenses no mundo inteiro, e com a presença hegemônica dos EUA nas instituições internacionais de comércio e finanças, a globalização é primordial para aumentar a prosperidade econômica dos EUA, embora decerto não para todas as empresas, e não para todo o povo dos Estados Unidos. Esse interesse econômico estadunidense é algo de que Clinton e sua equipe econômica, especialmente Rubin, Summers e Tyson entendiam bem. Trabalharam com afinco para divulgar o evangelho liberal no mundo, aplicando a força econômica e política dos EUA quando necessário.

Para os governos europeus, o Tratado de Maastricht, comprometendo-os com a convergência econômica, e a unificação verdadeira em 1999, foi sua forma específica de adotar a globalização. Foi percebido como o único meio de cada governo competir num mundo cada vez mais dominado pela tecnologia estadunidense, a fabricação asiática e fluxos financeiros globais que arrasaram a estabilidade monetária europeia em 1992. Enfrentar a concorrência global com a força da União Europeia parecia ser a única chance de salvar a autonomia europeia e, ao mesmo tempo, prosperar no novo mundo. O Japão foi relutante em aceitar, mas, obrigado por uma recessão grave e duradoura, e uma profunda crise financeira, em fins da década de 1990 realizou uma série de reformas que abririam gradualmente a economia japonesa e alinhariam suas regras financeiras com os padrões globais (ver volume III, capítulo 4). A China e a Índia viram na abertura do comércio mundial a oportunidade de ingressar num processo de desenvolvimento e construir a base tecnológica e econômica para a renovação do poder nacional. O preço a pagar era uma abertura cautelosa ao comércio internacional, vinculando seu destino ao capitalismo global. Para os países de todo o mundo em processo de industrialização, a maioria deles com experiência recente em crise econômica e hiperinflação, o novo modelo de políticas públicas continha a promessa de um novo começo, e o significativo incentivo de apoio das principais potências mundiais. Para os reformadores que assumiram o poder nas economias de transição do Leste Europeu, a liberalização era primordial para o corte definitivo com o passado comunista. E muitos países em desenvolvimento espalhados pelo mundo nem tiveram de calcular seus interesses estratégicos: o FMI e o Banco Mundial decidiram por eles, como preço pelo reparo de suas economias arruinadas.

Os interesses dos Estados sempre são percebidos dentro de uma estrutura ideológica. E a estrutura da década de 1990 se constituiu ao redor do colapso do estatismo, e a crise de legitimidade do previdencialismo e do controle governamental durante a década de 1980. Mesmo nos países do Pacífico asiático o estado do desenvolvimento sofreu uma crise de legitimidade quando se tornou obstáculo para a democracia. Os ideólogos neoliberais (denominados "neoconservadores" nos EUA) saíram de seus armários no mundo inteiro e receberam na cruzada a adesão dos recém-convertidos, que lutavam por negar seu passado marxista, de *nouveaux philosophes* franceses a brilhantes romancistas latino-americanos. Quando o neoliberalismo tornou-se conhecido como nova ideologia, transbordou seu modelo Reagan/Thatcher de mentalidade estreita, para se moldar numa série de expressões adaptadas a culturas específicas; instituiu rapidamente uma nova hegemonia ideológica. No início da década de 1990, passou a constituir o que Ignacio Ramonet denominou *la pensée unique* ("o pensamento único"). Embora o atual debate ideológico fosse consideravelmente mais rico, superficialmente parecia que as instituições políticas do mundo inteiro haviam adotado um alicerce intelectual em comum; uma corrente intelectual não obrigatoriamente inspirada por Von Hayek e Fukuyama, porém decerto tributária de Adam Smith e Stuart Mill. Nesse contexto, esperava-se que os mercados livres realizassem milagres econômicos e institucionais, em especial quando acoplados às novas maravilhas tecnológicas prometidas pelos futurólogos.

O interesse político dos novos líderes que assumiram o governo em fins da década de 1980 e início da década de 1990 favorecia a opção da globalização. Por interesse político quero dizer ser eleito para o governo e permanecer nele. Na maioria dos casos, os novos líderes eram eleitos em consequência de uma economia em declínio, ou às vezes falida, e consolidavam o poder melhorando substancialmente o desempenho econômico do país. Esse foi o caso de Clinton em 1992 (ou, pelo menos, era o que diziam as estatísticas econômicas viciadas, para consternação de George Bush). Sua campanha presidencial bem-sucedida foi criada ao redor do lema "É a economia, idiota!", e a principal estratégia da política econômica de Clinton era maior desregulamentação e liberalização, doméstica e internacional, conforme exemplificado pela aprovação da Nafta em 1993. Embora não se possa acusar a política de Clinton de ser a causa do desempenho excepcional da economia dos EUA na década de 1990, Clinton e sua equipe ajudaram o dinamismo da nova economia ao sair do caminho das empresas privadas, e ao usar a influência dos EUA para abrir os mercados do mundo inteiro.

Cardoso foi inesperadamente eleito presidente do Brasil em 1994, com base no bem-sucedido Plano Real, de estabilização monetária, que havia implementado quando ministro da Fazenda, destruindo a inflação pela primeira vez na história do país. Para manter a inflação sob controle, ele teve de integrar o Brasil na economia global, facilitando a concorrência das empresas brasileiras. Essa meta, por sua vez, exigia estabilização financeira. Houve acontecimentos similares no México, com Salinas e Zedillo, reformadores econômicos dentro do PRI; com Menem na Argentina, invertendo o nacionalismo tradicional de seu partido peronista; com Fujimori no Peru, que surgiu do nada; com o novo governo democrático do Chile; e, muito antes, com Rajiv Gandhi na Índia, com Deng Xiao Ping e, mais tarde, Jiang Zemin e Zhu-Rongji na China, e com Felipe Gonzalez na Espanha.

Na Rússia, Yeltsin e sua sucessão infindável de equipes econômicas jogaram como carta única a integração da Rússia ao capitalismo global, e entregaram sua soberania econômica ao FMI e aos governos ocidentais. Na Europa Ocidental, na década de 1990, as políticas de ajuste impostas pelo Tratado de Maastricht esgotaram o capital político dos governos em exercício, e abriram o caminho para uma nova onda de reformas econômicas. Blair na Inglaterra, Romano Prodi e o Partito Democratico di Sinistra na Itália, e Schroeder na Alemanha, todos apostaram no aprimoramento da economia e na luta contra o desemprego, implantando políticas econômicas liberais, temperadas com inovadoras políticas sociais. Jospin na França seguiu uma política pragmática, sem os temas ideológicos do liberalismo, porém com uma convergência *de facto* com políticas da União Europeia voltadas para o mercado. A guinada irônica da história política é que os reformadores que implantaram a globalização, no mundo inteiro, provinham da esquerda em sua maioria, rompendo com o passado de defensores do controle governamental da economia. Seria um erro considerar isso uma prova de oportunismo político. Pelo contrário, foi realismo acerca dos novos acontecimentos econômicos e tecnológicos, e a percepção da maneira mais rápida de tirar as economias de sua estagnação relativa.

Depois de escolhida a opção pela liberalização/globalização da economia, os líderes políticos foram obrigados a procurar o pessoal apropriado para administrar essas políticas econômicas pós-keynesianas, sempre bem distantes das orientações tradicionais pró-governo das políticas de esquerda. Assim, Felipe Gonzalez assumiu o poder em outubro de 1982, em meio a uma grave crise econômica e social, nomeado como superministro da economia, um dos poucos socialistas com trânsito pessoal nos círculos conservadores das altas finanças espanholas. Os compromissos subsequentes do indicado configuraram uma classe completamente nova de tecnocratas neoliberais em todo o governo socialista espanhol, alguns deles recrutados nos círculos do FMI. Em outro exemplo desse processo, o presidente Cardoso do Brasil, quando se deparou com uma crise monetária sobre a qual estava perdendo o controle em janeiro de 1999, demitiu dois presidentes consecutivos do Banco Central em duas semanas e acabou nomeando o financista brasileiro que antes administrara o fundo de *hedge* de Soros para o Brasil, contando com sua capacidade de lidar com os especuladores dos mercados financeiros globais. Ele conseguiu, de fato, tranquilizar o tumulto financeiro, pelo menos durante algum tempo. Minha argumentação não é que o mundo financeiro controla os governos. Na verdade, é o contrário. Para que os governos administrem as economias no novo contexto global, precisam de pessoas com experiência na sobrevivência diária nesse admirável mundo novo econômico. Para cumprir com sua obrigação, esses especialistas em economia precisam de mais gente, que tenha qualificações, linguagem e valores semelhantes. Por terem os códigos de acesso à administração da nova economia, esse poder aumenta desproporcionalmente a sua atratividade política. Por conseguinte, criam uma relação simbólica com os líderes políticos que assumem o poder em razão da atratividade que exercem sobre os eleitores. Juntos, trabalham para melhorar seu fado por meio do desempenho na concorrência global — na esperança de que isso também beneficie seus acionistas, como os cidadãos passaram a ser denominados.

Há uma quarta camada de explicação acerca da atração fatal dos governos pela globalização econômica: os interesses particulares de pessoas em cargos com poder de decisão. Em geral, esse não é, em hipótese alguma, o fator mais importante da explicação das políticas governamentais rumo à globalização. E é fator desprezível em alguns casos de altos níveis de governo que pude observar pessoalmente — por exemplo, na presidência do Brasil em 1994-9. Contudo os interesses pessoais dos líderes políticos e/ou seu pessoal de alto escalão no processo de globalização exerceram influência na velocidade e no formato da globalização. Esses interesses pessoais assumem, primordialmente, a forma de riqueza pessoal cada vez maior, obtida por meio de dois canais principais. O primeiro consiste nas compensações financeiras, e nos compromissos lucrativos assumidos ao deixar o cargo governamental, conquistados em consequência da rede de contatos que criaram e/ou em agradecimento por decisões que ajudaram em transações comerciais. O segundo canal é, de maneira mais flagrante, a corrupção em suas diversas formas: subornos, aproveitar-se de informações internas em transações financeiras e aquisições de imóveis, participação em negócios de risco em troca de favores políticos etc. Decerto, os interesses comerciais particulares (lícitos ou ilícitos) dos funcionários políticos são história bem antiga, talvez uma constante com relação aos políticos na história registrada. Não obstante, minha argumentação aqui é mais específica: favorecem as políticas pró-globalização porque abre um mundo novo de oportunidades. Em muitos países em desenvolvimento é, de fato, o único jogo existente, já que o acesso ao país é o principal bem controlado pelas elites políticas, o que lhes permite participar das redes globais da riqueza. Por exemplo, não se pode entender a administração catastrófica da transição econômica russa sem levar em conta sua lógica predominante: a formação de uma oligarquia financeira protegida pelo governo, que recompensou pessoalmente muitos dos principais reformadores liberais russos (e foi decisiva na ajuda à reeleição de Yeltsin em 1996), em troca do privilégio de serem intermediários entre os ricos russos e o comércio e os investimentos globais — enquanto o FMI se fazia de cego, e usando o dinheiro dos contribuintes ocidentais para alimentar essa oligarquia liberal com bilhões de dólares. Podem-se documentar histórias semelhantes em toda a Ásia, a África e a América Latina. Mas também não estão ausentes da América do Norte e da Europa Ocidental. Por exemplo, em 1999, algumas semanas depois que o Parlamento Europeu obrigou toda a Comissão Europeia a se demitir, sob a forte suspeita de pequenos delitos, o ainda comissário de telecomunicação, o sr. Bangemann, foi indicado pela Telefónica da Espanha para um cargo especial de consultoria na empresa. Embora não houvesse acusações explícitas de corrupção, a opinião pública europeia ficou chocada ao saber da indicação do sr. Bangemann por uma empresa que se beneficiara muito com a desregulamentação das telecomunicações realizada durante o mandato de Bangemann. Esses exemplos simplesmente ilustram uma importante questão analítica: não se pode entender as decisões políticas num vácuo pessoal e social. São tomadas por pessoas que, além de representar governos, e ter interesses políticos, têm interesse pessoal num processo de globalização que se tornou uma fonte extraordinária de possíveis riquezas para as elites de todo o mundo.

Assim, a economia global foi constituída politicamente. A reestruturação das empresas, e as novas tecnologias da informação, embora fossem a fonte das tendências globalizadoras, não teria evoluído, por si só, rumo a uma economia global em rede sem as políticas de desregulamentação, privatização e liberalização do comércio e dos investimentos. Essas políticas foram decididas e implantadas pelos governos ao redor do mundo, e por instituições econômicas internacionais. É necessário ter uma perspectiva da economia política para entender o triunfo dos mercados sobre os governos: os próprios governos clamaram por uma vitória, numa tendência suicida histórica. Fizeram isso para preservar/aprimorar os interesses de seus Estados, dentro do contexto do surgimento de uma nova economia, e no novo ambiente ideológico que resultou do colapso do estatismo, da crise do previdencialismo e das contradições do Estado desenvolvimentista. Ao agir de maneira resoluta a favor da globalização (que às vezes desejava um rosto humano), os líderes políticos também procuravam seus interesses políticos, e quase sempre seus interesses pessoais, dentro de diversos graus de decoro. Não obstante, o fato de que a economia global foi politicamente induzida logo no início não quer dizer que possa ser politicamente desfeita, em seus dogmas principais. Pelo menos, não com tanta facilidade. Isso porque a economia global agora é uma rede de segmentos econômicos interconectados que, juntos, têm um papel decisivo na economia de cada país — e de muitas pessoas. Depois de constituída tal rede, qualquer nó que se desconecte é simplesmente ignorado, e os recursos (capital, informações, tecnologia, bens, serviços, mão de obra qualificada) continuam a fluir no resto da rede. Qualquer indivíduo que se afaste da economia global acarreta custos elevadíssimos: a devastação da economia em curto prazo e o bloqueio do acesso às fontes de desenvolvimento. Assim, dentro do sistema de valores do produtivismo/consumismo, não há alternativa individual para países, empresas ou pessoas. Se não houver um colapso total do mercado financeiro, ou debandada de pessoas que sigam valores completamente diferentes, o processo de globalização está configurado, e se acelera com o passar do tempo. Depois de constituída a economia global, é característica fundamental da nova economia.

A nova economia

A nova economia surgiu em local específico, na década de 1990, em espaço específico, os Estados Unidos, e ao redor/proveniente de ramos específicos, em especial da tecnologia da informação e das finanças, com a biotecnologia avultando-se no horizonte.[118] Foi em fins da década de 1990 que as sementes da revolução da tecnologia da informação, plantadas na década de 1970, pareceram frutificar numa onda de novos métodos e novos produtos, incentivando a produtividade e estimulando a concorrência econômica. Cada revolução tecnológica tem seu próprio ritmo de difusão em estruturas sociais e econômicas. Por motivos que serão definidos pelos historiadores, parece que essa revolução tecnológica específica exigiu cerca de um quarto de século para reequipar o mundo — período muito mais curto que o de suas predecessoras.

Por que os Estados Unidos? Parece que resultou de uma combinação de fatores tecnológicos, econômicos, culturais e institucionais, todos se reforçando entre si. Os EUA, e mais especificamente a Califórnia, foram o berço das descobertas e invenções mais revolucionárias da tecnologia da informação, e o local onde brotaram indústrias inteiras dessas inovações, conforme documentado no capítulo 1. Economicamente, o tamanho do mercado dos EUA, e sua posição predominante nas redes globais do capital e das mercadorias ao redor do mundo, oferecia espaço de sobra para as indústrias tecnologicamente inovadoras, permitindo-lhes que logo encontrassem oportunidades no mercado, atraíssem investimentos e recrutassem talentos do mundo inteiro. Culturalmente, o empreendedorismo, o individualismo, a flexibilidade e a multietnicidade foram os ingredientes principais tanto das novas indústrias quanto dos Estados Unidos. Institucionalmente, a reestruturação do capital, na forma de desregulamentação e liberalização das atividades econômicas, aconteceu mais cedo e mais depressa nos EUA do que no resto do mundo, o que facilitou a mobilidade do capital, difundiu a inovação oriunda do setor das pesquisas públicas (por exemplo, a internet, oriunda do Departamento de Defesa; a biotecnologia, oriunda dos institutos de saúde pública e dos hospitais sem fins lucrativos), e acabou com os principais monopólios (por exemplo, a desapropriação da ATT nas telecomunicações em 1984).

A nova economia tomou forma primeiro em dois ramos importantes que, além de inovar em produtos e métodos, também aplicaram essas invenções a si mesmos, incentivando assim o crescimento e a produtividade, e, por meio da concorrência, difundindo um novo modelo empresarial em grande parte da economia. Esses ramos foram (e serão por muito tempo) a tecnologia da informação e as finanças. Nos Estados Unidos, as indústrias de tecnologia da informação lideraram a investida na década de 1990 (ver figura 2.8).[119] Entre 1995 e 1998, o setor da tecnologia da informação, responsável por apenas 8% do PIB dos EUA, contribuiu, em média, com 35% do crescimento do PIB. O valor agregado por trabalhador das indústrias produtoras de tecnologia da informação cresceu à média anual de 10,4% na década de 1990, cerca de cinco vezes o índice de crescimento de toda a economia.[120] As projeções do Departamento de Comércio[121] indicam que por volta de 2006 quase 50% da força de trabalho estadunidense estará empregada em empresas que sejam produtoras ou grandes usuárias da tecnologia da informação.

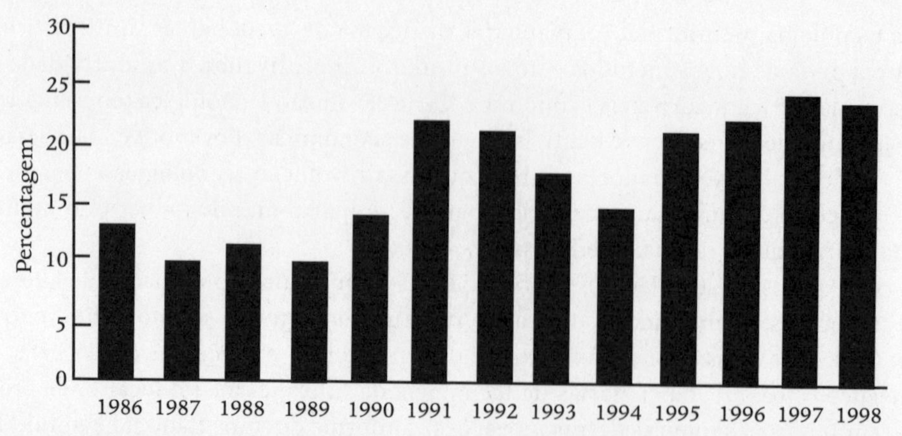

Figura 2.8 Parcela de crescimento do setor de alta tecnologia nos Estados Unidos, 1986-1998 (os números representam de quarto trimestre a quarto trimestre, exceto em 1998. Os gastos com alta tecnologia contêm principalmente os gastos empresariais e dos consumidores em equipamentos de tecnologia da informação e os gastos dos consumidores em serviços telefônicos, ajustados para as exportações e as importações de equipamentos de tecnologia da informação)

Fonte: Dados de *US Commerce Department* elaborados por Mandel (1999b).

No cerne das novas indústrias da tecnologia da informação estão, e estarão cada vez mais no século XXI, as empresas que tenham relação com a internet.[122] Em primeiro lugar, em razão de sua possível contundente influência sobre o modo de administração das empresas. Uma projeção bastante citada da Forrester Research em 1998 põe o valor esperado das transações comerciais eletrônicas em 2003 em cerca de US$1,3 trilhão, partindo dos US$43 bilhões de 1998. Porém, em segundo lugar, o ramo da internet também se tornou uma força importante em si, devido a seu crescimento exponencial em receita, emprego e valor de capitalização no mercado. Em 1998-9 a receita do ramo de atividades da internet aumentou em média 68%, chegando, em fins de 1999, ao total de mais de US$500 bilhões, superando em muito a receita dos principais ramos de atividades, como as telecomunicações (US$300 bilhões) e as linhas aéreas (US$355 bilhões). Extrapolando o mesmo índice de crescimento (hipótese plausível, a menos que haja uma grande crise financeira), os ramos de atividades relacionados com a internet nos EUA gerariam uma receita superior a US$1,2 trilhão em 2002. Nesse nível, alcançariam a receita gerada pelo gigantesco ramo da saúde, embora ainda provavelmente inferior à receita gerada pela economia global do crime (ver volume III, capítulo 3) — lembrete que põe em perspectiva nosso modelo de progresso.

Um exame mais minucioso desse ramo da internet nos ajudará a especificar os contornos da nova economia. Em 1999, podia-se classificar em quatro camadas o ramo estadunidense relacionado com a internet, segundo a útil tipologia proposta pela Universidade do Texas em Austin — o Center for Research in Electronic

Commerce (CREC) em seu relatório on-line de outubro de 1999.[123] Todos os dados são do primeiro trimestre de 1999, e os índices anuais de crescimento são calculados com os dados do primeiro trimestre de 1998. A primeira camada compreende empresas que oferecem infraestrutura para a internet, isto é, empresas de telecomunicações, provedores de serviços da internet, fornecedores de *backbone* para internet, empresas que provêm acesso final, e fabricantes de equipamentos de rede para usuários finais. Exemplos de empresas dessa camada são Compaq, Qwest, Corning, Mindspring (algumas das quais podem ter-se fundido, ou falido, quando este livro for publicado). Essa camada arrecadou, no trimestre, US$40 bilhões em receita, e estava crescendo atualmente 50% em receita e 39% em emprego. Registrou a mais alta renda por empregado no ramo, US$ 61.136. As dez primeiras empresas representavam 44% da receita.

A segunda camada é formada por empresas que criam aplicativos de infraestrutura para a internet, isto é, seus produtos são programas e serviços para transações via internet. Essa camada também conta com empresas de consultoria e prestação de serviços que criam, montam e mantêm sítios na internet, entre eles portais, comércio eletrônico e locais de entrega de áudio e vídeo. Entre as empresas dessa camada estão a Oracle, a Microsoft, a Netscape e a Adobe (mas vale lembrar que só me refiro à parte relativa à internet dessas empresas, e não ao software em geral). A receita trimestral dessa camada era cerca de US$20 bilhões, com um crescimento anual de 61% em receita e 38% em emprego. O número total de empregos em 1999 era de 560 mil (embora nem todos esses empregados, nesse caso, trabalhassem em empresas relacionadas com a internet). A receita por empregado era de quase US$40.000. As dez primeiras empresas dessa camada estavam entre as maiores empresas de produção de software e de consultoria, e representavam 43% da receita da camada.

A terceira camada contém um novo tipo de empresas que não geram receita direta de transações comerciais, porém de publicidade, contribuições de afiliação e comissões, pelos quais oferecem serviços gratuitos via internet. Algumas dessas empresas são provedoras de conteúdo, outras são intermediárias no mercado. Entre essas empresas há alguns nomes famosos, apesar do curto histórico: Yahoo!, eBay e E*Trade. Embora representassem o menor segmento do ramo, com receita de cerca de US$17 bilhões, estavam crescendo rapidamente em 1999, a 52% em receita e 25% em empregos, e eram grandes empregadores, com mais de meio milhão de empregados em fins de 1999. A receita por empregado era a mais baixa do ramo, a US$37.500, e o ramo era menos concentrado, com as dez primeiras empresas representando 23% da receita.

A quarta camada pode representar o futuro da internet, do ponto de vista de 1999. São empresas que realizam transações econômicas, tais como Amazon, eToys, Dell-Direct World ou The Street.com: seu tipo de comércio é o que normalmente se rotula de *e-commerce* (comércio eletrônico). Em 1998-9 esse segmento cresceu 127%

em receita e 78% em empregos, com receitas trimestrais de US$ 37,5 bilhões. Com base no índice composto de crescimento, isso se projetava numa receita anual de US$170 bilhões em 1999. A maior parte da receita da quarta camada ainda estava concentrada entre empresas de computadores. Não obstante, as dez primeiras empresas da camada representavam apenas 32% da receita, ao contrário da primeira e da segunda camadas, que eram mais capitalizadas. Lojas eletrônicas, bancos e financeiras estavam entrando nessa camada em grandes números.

Quanto à repercussão dos ramos de atividades da internet sobre a economia, os empregos relativos à internet nos EUA aumentaram de 1,6 milhão no primeiro trimestre de 1998 para 2,3 milhões no primeiro trimestre de 1999. O comércio eletrônico representava o setor que mais rapidamente crescia. A velocidade do crescimento do novo ramo não tinha precedente: um terço das 3.400 empresas pesquisadas em 1999 não existiam em 1996. Só essas novas empresas somavam mais de trezentos mil empregos. A proporção de receitas provenientes da internet em relação ao total das receitas empresariais aumentou de 10% em 1998 para 14% em 1999. O aumento da receita das indústrias da internet em 1999 estava projetado para representar US$200 bilhões — isso em comparação com o crescimento total em receita na economia dos EUA de cerca de US$340 bilhões.[124] Na virada do século, a economia da internet e os ramos da tecnologia da informação tinham-se tornado o núcleo da economia dos EUA — não só qualitativa, porém quantitativamente.

Parece que a bolsa de valores reconheceu essa tendência. O valor de capitalização na bolsa das empresas da internet subiu à estratosfera. Assim, em 1999, as 294 empresas que faziam mais negócios na internet tinham um valor de capitalização no mercado de US$18 bilhões. Era um valor trinta vezes maior que o valor médio de capitalização no mercado das 5.068 empresas da Nasdaq, a bolsa de valores da alta tecnologia. Em janeiro de 1999, uma matéria jornalística reveladora comparou o valor de capitalização no mercado de algumas dessas empresas da internet com o valor de alguns nomes lendários da era industrial.[125] Como ilustração do argumento aqui apresentado, vale informar quais são algumas dessas empresas. Assim, a America Online, com dez mil empregados e receita de US$68 milhões no quarto trimestre de 1998, foi avaliada em US$66,4 bilhões, quase o dobro do valor total das ações da General Motors (US$34,4 bilhões), apesar do fato de que a General Motors empregava seiscentos mil trabalhadores e declarava receita trimestral superior a US$800 milhões. A Yahoo!, com 673 empregados, estava avaliada em US$33,9 bilhões, apesar da magra receita trimestral de US$16,7 milhões, em comparação com a Boeing, que empregava 230 mil trabalhadores, com receita trimestral de US$347 milhões, contudo apenas um pouco mais valorizada do que a Yahoo!, com capitalização de mercado de US$35,8 bilhões. Apenas miragem de uma bolha financeira? Na verdade, o fato é mais complexo. Embora muitas ações da internet estivessem (e estejam) supervalorizadas demais, e sujeitas a correções periódicas na bolsa de valores, parece que a tendência geral de valorização reage a uma expectativa racional das novas fontes de desenvolvimento econômico. Ademais, ao fazê-lo, os investidores chamam atenção para o potencial das empresas da internet, o que atrai mais investimentos de capital, tanto em capital de risco quanto em ações. Em consequência disso, a indústria recebe grande quantidade de dinheiro, gozando assim de amplas oportunidades de inovação e empreendedorismo. Por conseguinte, mesmo que houvesse (e talvez ainda haja) uma bolha, era (e é) uma bolha produtiva, incentivando o crescimento econômico da "verdadeira" economia da internet, antes de estourar e, assim, desfazer os efeitos colaterais de sua espiral especulativa. Isso me leva à segunda fonte principal da transformação da economia: a própria indústria financeira.

O mundo financeiro foi transformado na década de 1990 pelas mudanças institucionais e pelas inovações tecnológicas. Em benefício da clareza, vou diferenciar alguns acontecimentos importantes que, na vida real, são entrelaçados. As raízes da transformação das finanças encontram-se na desregulamentação desse ramo e na liberalização das transações financeiras domésticas e internacionais durante as décadas de 1980 e 1990, primeiro nos EUA e na Inglaterra e depois, gradualmente, na maior parte do mundo.[126] O processo chegou ao ponto culminante em novembro de 1999, quando o presidente Clinton aboliu as barreiras institucionais à consolidação entre os diversos segmentos do ramo financeiro, regulamentadas nas décadas de 1930 e 1940 para evitar o tipo de crise financeira que levou à Grande Depressão de 1929. Do ano 2000 em diante, os bancos, as corretoras de ações e as empresas de seguros dos Estados Unidos podem operar em conjunto ou mesmo fundir as operações numa única empresa financeira. Já fazia alguns anos que a proliferação das operações bancárias internacionais e das empresas de investimentos — por exemplo, os fundos de *hedge* — já contornava muitas das restrições financeiras. E megafusões, como a fusão de Citicorp e Travelers, debochavam das leis. Contudo, ao oficializar a política de não intervenção federal, os EUA deram liberdade às empresas privadas de administrar dinheiro e títulos mobiliários de qualquer maneira que o mercado suportasse, sem nenhum limite além dos estabelecidos pela lei e pelos fóruns relacionados com o comércio em geral.

O setor financeiro aproveitou-se dessa liberdade recém-descoberta para se reinventar tecnológica e organizacionalmente. No mundo inteiro as grandes fusões entre empresas financeiras levaram à consolidação do setor em poucos megagrupos, capacitados para alcance global, que cobriam uma vasta gama de atividades financeiras, de maneira cada vez mais integrada (por exemplo, uma só agência com todos os tipos de serviços para clientes de varejo e investidores). Por outro lado, a tecnologia da informação alterou qualitativamente a maneira de realizar as transações financeiras. Computadores potentes e modelos matemáticos avançados permitiam projetos, rastreamento e prognósticos avançados de produtos financeiros cada vez mais complexos, funcionando tanto em tempo real quanto no futuro. As redes eletrônicas de comunicação e o uso generalizado da internet revolucionaram o comércio financeiro entre empresas, entre investidores e empresas, entre vendedores e compradores e, por fim, as bolsas de valores.[127]

Uma das principais consequências da transformação das finanças foi a integração global dos mercados financeiros, conforme analisamos anteriormente neste capítulo. Outro acontecimento importante foi o processo de desintermediação financeira, isto é, as relações diretas entre investidores e mercados de títulos, passando por cima das empresas tradicionais de corretagem, com base nas redes de comunicações eletrônicas (ECNs). Embora a tecnologia da internet fosse fundamental para que essa tendência tomasse forma, uma mudança institucional importante viabilizou o comércio eletrônico. Foi a criação da Nasdaq em 1971, na função de bolsa de valores eletrônica embutida em redes de computadores, sem um pregão central. Novas leis, com a finalidade de incentivar o comércio eletrônico na década de 1990, permitiram que as ECN enviassem as encomendas dos clientes ao sistema da Nasdaq e recebessem comissão quando a transação se realizasse. Um grande número de investidores entraram sozinhos na bolsa de valores, por intermédio do poder da tecnologia. Os conhecidos *day-traders,* cujos alvos de investimento favoritos eram ações de empresas da internet, foram os que realmente popularizaram o comércio eletrônico. Chamam-se *day-traders* porque costumam encerrar sua posição no fim do dia, já que operam com margens pequenas de mudança na valorização dos títulos, e não têm reservas financeiras. Assim, ficam até obter lucro suficiente, comprando e vendendo em transações de curtíssimo prazo — ou até terem perdas suficientes no dia.[128] Segundo a Securities Exchange Commission, os negócios on-line aumentaram de menos de 100 mil transações por dia em meados de 1996 para mais de meio milhão por dia em fins de 1999. Em 1999, nos EUA, as transações eletrônicas já eram usadas em cerca de 25% das transações feitas por investidores. Muitas empresas, inclusive algumas grandes corretoras de Wall Street, reposicionaram-se no novo mundo tecnológico, montando redes eletrônicas privativas de transações, tais como a Instinet. Essas redes não se sujeitavam às mesmas leis que Nasdaq ou a New York Stock Exchange. Por exemplo, permitem que os investidores realizem transações anônimas. As empresas de corretagem, lideradas pela Charles Schwab & Co., ingressaram ativamente no comércio eletrônico: em 1998, 14% dos títulos negociados nos EUA o foram on-line, aumento de 50% com relação a 1997. Em 1997 a corretagem on-line nos EUA tinha cerca de 9,7 milhões de contas, três vezes o número de 1997, com quase um trilhão de dólares em patrimônio de clientes — cifra que provavelmente encolherá no início do século XXI.

As transações eletrônicas se espalharam rapidamente de ações para títulos. Em novembro de 1999, o município de Pittsburgh aproveitou a oportunidade da desintermediação eletrônica para oferecer US$55 milhões em títulos municipais diretamente aos investidores institucionais pela internet, sem intermediação de Wall

Street. Foi a primeira vez em que títulos municipais foram vendidos diretamente em meio eletrônico. É provável que o ingresso do comércio eletrônico no mercado de títulos, um mercado de US$ 13,7 trilhões, transforme ainda mais os mercados financeiros. De fato, enquanto em 1995 só 0,6% dos títulos dos EUA fossem negociados eletronicamente, a parcela de negócios eletrônicos projetada para 2001 é de 37%, com a parcela de transações eletrônicas com títulos do governo dos EUA chegando a uma cifra ainda maior, 55%.[129]

Os mercados de ações do mundo inteiro adotaram as transações eletrônicas na segunda metade da década de 1990. O mercado alemão de futuros de títulos é controlado pela Eurex, uma rede eletrônica criada em 1990 com a fusão dos mercados alemão e suíço de derivativos. O mercado francês de futuros (MATIF) passou totalmente à operação eletrônica em 1998, e mais tarde a LIFFE de Londres fez o mesmo. Em fins de 1999, a Bolsa de Valores de Nova York estava preparando-se para criar seu próprio sistema de transações eletrônicas. E a venerável Chicago Board of Trade estava em tumulto, com a diretoria discutindo sobre como adaptar-se ao novo meio tecnológico depois que precisou ceder à Eurex sua posição de maior mercado de futuros e opções do mundo.[130]

Por que é importante a tecnologia das transações? Qual é sua repercussão no setor financeiro? Reduz os custos das transações (até 50% em fins da década de 1990 nos EUA), atraindo assim uma base muito mais ampla de investidores, e reduzindo os custos do comércio ativo. Também gera oportunidades de investimentos para milhões de investidores, que analisam os valores e aproveitam as oportunidades com base nas informações on-line. Há três consequências. Em primeiro lugar, há um aumento substancial na quantidade de valores negociados, tanto porque imobiliza poupanças à procura de retornos mais elevados, quanto porque acelera consideravelmente o índice de giro do capital. Em segundo lugar, as informações, e, portanto, as turbulências nas informações, se tornam fundamentais na movimentação do capital e, portanto, no valor dos títulos. Em terceiro lugar, a volatilidade financeira aumenta exponencialmente porque os padrões de investimentos se tornam descentralizados, os investidores entram e saem dos negócios com títulos e as tendências do mercado disparam reações quase imediatas. Ademais, o declínio dos mercados centrais e as regulamentações mais frouxas do comércio eletrônico dificultam o rastreamento das movimentações de capitais. O sigilo cada vez maior nos investimentos atrai grandes fontes de capital. Os pequenos investidores, porém, embora tendo acesso a informações on-line, não têm o mesmo acesso às informações que não são públicas às quais as grandes empresas ou os investidores institucionais têm. Por terem informações imperfeitas, esses investidores têm de reagir rapidamente a sinais indiretos de alterações nos valores dos títulos, aumentando a instabilidade do mercado. Assim, no mercado eletrônico financeiro há muitos investidores com uma série de estratégias contra a incerteza, que usam de rapidez e flexibilidade para compensar os baixos níveis de informação. O resultado geral é maior complexibilidade e maior volatilidade no mercado.

É no mercado financeiro que, como último recurso, o mercado atribui valor a qualquer atividade econômica — representada por ações, títulos ou qualquer outro tipo de patrimônio (inclusive derivativos). O valor das empresas, e, assim, sua capacidade de atrair investidores (ou de defender-se de outras firmas que queiram assumir o controle à força) dependem do juízo do mercado financeiro. Como se forma esse juízo? Quais são os critérios fundamentais da valorização do mercado? Esta é uma das questões mais complexas da teoria da nova economia e, decerto, não há consenso entre os especialistas financeiros. Contudo é a pedra fundamental da economia política da Era da Informática, porque somente se soubermos como se atribui valor às atividades econômicas é que poderemos entender as fontes do investimento, do crescimento e da estagnação. Ademais, o juízo de valor do desempenho de qualquer sistema econômico (capitalismo informático, no nosso caso) dependerá muito dos critérios que se acreditem serem os padrões para o julgamento de o que é valor. Decerto decepcionarei o leitor por nem ao menos tentar responder a essa pergunta fundamental: simplesmente não temos informações fidedignas suficientes para avaliá-la com rigor. Contudo arriscarei algumas ideias que podem ajudar a indicar um caminho para a investigação.

Sabemos que o capitalismo se baseia na procura incessante de lucros. Assim, a resposta à pergunta formulada acima deve ser simples: o mercado valoriza ações, e outros títulos, segundo a lucratividade da firma ou da atividade econômica. Contudo, nesse capitalismo da virada do milênio, não é isso que acontece. O exemplo citado com mais frequência é o das empresas relacionadas com a internet, com pouco ou nenhum lucro, não obstante publicando aumentos fenomenais no valor de suas ações (ver anteriormente). É verdade que muitas empresas iniciantes fracassam, afundando junto com seus investidores. Porém tanto os empresários quanto seus investidores quase sempre têm outras opções, e o fracasso só se traduz em catástrofe para uma minoria de investidores: afinal, a rotatividade de propriedade das ações da maioria das empresas em fins da década de 1990 nos EUA era de mais ou menos 100%; isto é, os acionistas possuíam ações por menos de um ano — o que tornava as perdas uma questão de momento errado, e não de mau julgamento da empresa. É claro que, a longo prazo, e para toda a economia, o crescimento decerto requer lucros para incentivar os investimentos. E o mercado usa os lucros como um dos padrões para aumento de valor. No geral, porém, a valorização de determinado título não tem relação direta com a lucratividade a curto prazo da empresa emitente. Uma forte indicação dessa ideia é a ausência de relação entre a distribuição de dividendos e o aumento do valor das ações. A proporção de empresas estadunidenses que pagavam dividendos diminuiu na década de 1990, até chegar a apenas uns 20% de todas as empresas (ver figura 2.9).

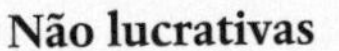
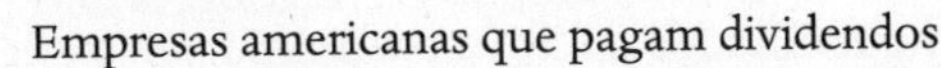
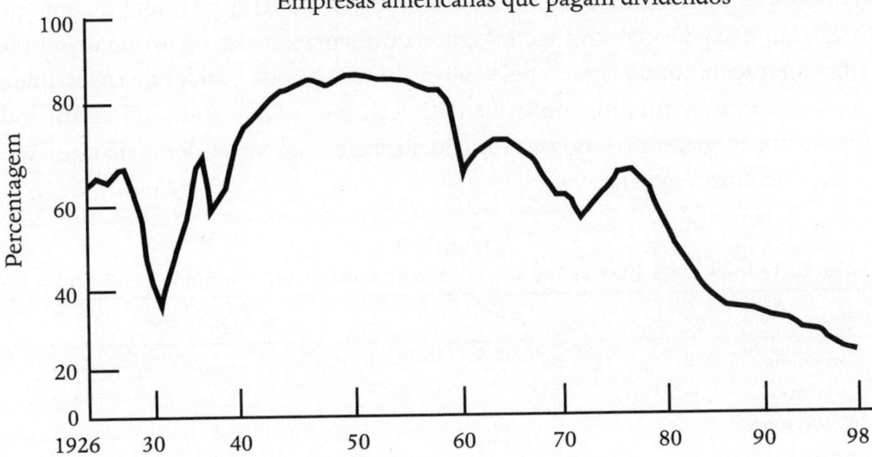

Figura 2.9 Pagamentos de dividendos em declínio

Fonte: *The Economist* (1999b).

Mesmo entre as empresas mais lucrativas, só um terço pagou dividendos, em comparação com quase dois terços na década de 1970. Segundo um estudo acadêmico de Eugene Fama e Kenneth French, parece que parte da explicação dessa mudança no comportamento empresarial tem relação com o ingresso de novas empresas no mercado financeiro, principalmente no setor da alta tecnologia, aproveitando as oportunidades oferecidas pela Nasdaq. De uma média anual de 115 novas empresas na listagem na década de 1970, o número aumentou para mais de 460 por ano, 85% delas na Nasdaq. Em meados da década de 1990, embora as sociedades anônimas tivessem retornos em direitos de propriedade de cerca de 11%, os retornos das empresas recém-chegadas à bolsa era de cerca de 3%. De fato, em 1997, apenas cerca de 50% das empresas novas no mercado de ações tiveram lucro.[131]

Então, enquanto lucros e dividendos ainda estão entre os critérios de valorização das empresas na bolsa de valores, parece que eles não são o fator preponderante. O que é, então? Duas ilustrações talvez ajudem a elaborar uma hipótese provisória.

Primeiro exemplo: Na supervalorizada economia estadunidense de fins da década de 1990, as dez ações que mais cresceram entre 1995 e 1999 todas tinham relação com o setor empresarial da tecnologia da informação, quer fossem computadores, chips, software, equipamento para a internet, armazenagem de dados, ou corretagem eletrônica (ver tabela 2.10). Embora essas empresas fossem lucrativas (principalmente a Microsoft), não tinham o melhor desempenho em termos de cálculos tradicionais de lucratividade, em comparação com as empresas de outros ramos. Não era seu desempenho em lucros que explicava a revalorização de suas ações em mais de 1.000

ou 2.000%, ou mesmo 9.000% em cinco anos. Suas características em comum são os atributos compartilhados da nova economia: seu papel fundamental como produtores e/ou usuários da nova tecnologia da informação, da organização em rede, da administração impulsionada pela inovação, altíssimos índices de investimento em P&D e/ou equipamentos de informática. E não esquecendo que eram todas empresas muito glamourosas com relação à imagem de formadoras de opinião no novo mundo empresarial.

Tabela 2.10
Valorização de ações, 1995-1999; as 500 ações que mais se valorizaram segundo a Standard & Poor

Empresa	% de aumento[a]
Dell Computers	9.402
Cisco Systems	2.356
Sun Microsystems	2.304
Qualcomm	1.646
Charles Schwab	1.634
EMC Corporation	1.233
Microsoft	1.168
Tellabs	1.036
Solectron	926
Intel	900

[a]Percentual de aumento em rendimentos totais durante os cinco anos encerrados em 31 de agosto de 1999.
Fonte: Bloomberg Financial Markets, compilada por *Business Week*.

Segundo exemplo: Em janeiro de 1999, as ações da Amazon.com valiam mais de US$25 bilhões. Nada mau para uma empresa com três anos de idade, cuja receita trimestral era de apenas US$45 milhões, e que ainda não dera lucro nenhum. Mais ou menos na mesma época, o valor total de todo o mercado de ações da Rússia era inferior à metade desse valor: US$12 bilhões no total. É ponto pacífico que essa foi uma época ruim para as ações russas (embora ainda melhor do que logo após a crise de desvalorização de agosto de 1998). Mesmo assim, porém, o fato de que a Amazon, uma empresa da internet de porte médio, valorizar-se mais que o dobro da economia russa é a observação significativa. Afinal, várias das empresas russas contidas nessa avaliação eram bem lucrativas, como parecem comprovar as dezenas de bilhões de dólares em capital exportadas da Rússia por algumas dessas empresas. Decerto a capitalização no mercado não é dinheiro no bolso, porque, ao tentar sacar esse dinheiro, destrói-se o valor das próprias ações que se estiver vendendo. Este é, precisamente, a questão da observação: no novo mundo financeiro o que gera valor no mercado só dura enquanto esse valor permanecer no mercado.

Na análise desses exemplos surge uma hipótese plausível. Parece que há dois fatores essenciais no processo de valorização: confiança e expectativas. Se não houver confiança no ambiente institucional no qual opera a geração de valor, nenhum desempenho em lucros, tecnologia ou valor de uso (por exemplo, recursos energéticos) se traduzirão em valor financeiro. Por outro lado, se houver confiança nas instituições subjacentes ao mercado, então as expectativas do possível valor futuro de uma futura ação aumentarão seu valor. No caso da Rússia, em 1999 não havia expectativa nem confiança para induzir valor. No caso da Amazon, apesar da perda de dinheiro, o ambiente institucional da nova economia (caracterizado essencialmente pela desregulamentação e pela desintermediação) conquistara a aprovação e a confiança dos investidores. E as expectativas eram muitas com relação à capacidade da pioneira das vendas via internet de ingressar no *e-commerce* de outros produtos além dos livros. É por isso que, para empresas que trazem consigo um sabor de "nova economia" com as virtudes tradicionais da lucratividade e da respeitabilidade empresarial, as recompensas são as mais altas, como demonstra o *primeiro exemplo*.

Mas como gerar expectativas? Parece que é um processo parcialmente subjetivo, que surge de uma visão vaga do futuro, alguns conhecimentos internos distribuídos on-line por gurus financeiros e "fofoqueiros" econômicos das firmas especializadas (como o Whisper.com), criação consciente de imagem e comportamento de rebanho. Tudo isso misturado por turbulências nas informações, geradas por acontecimentos geopolíticos ou econômicos (ou por sua interpretação), pela avaliação de empresas conceituadas, por declarações do Conselho de Governadores da Reserva Federal dos EUA, ou, simplesmente pelos humores pessoais dos principais participantes, como os presidentes dos Bancos Centrais ou os ministros da Fazenda. Isso para não dizer que todas as avaliações são subjetivas. Mas o desempenho das empresas — oferta e procura, indicadores macroeconômicos — interage com diversas fontes de informações num padrão cada vez mais imprevisível, no qual a valorização pode ser, no fim das contas, decidida por combinações aleatórias de uma multiplicidade de fatores que se recombinam em níveis cada vez maiores de complexidade, enquanto a velocidade e o volume das transações continuam a se acelerar.

É por isso que, como último recurso, os cálculos econômicos do mundo real (isto é, decisões sobre como investir o dinheiro) não levam em conta a lucratividade, mas o aumento esperado do valor financeiro. O valor esperado é a regra prática do investimento na nova economia. E, igualmente, o caso dos investidores particulares em transações eletrônicas, de investidores institucionais nos mercados financeiros globais ou das empresas iniciantes inovadoras que esperam lucrar com uma oferta pública inicial precoce, ou tornando-se atraente o suficiente para serem devoradas por um peixe grande do lago — por um preço.

De fato, devemos lembrar que o conceito de lucro (agora obviamente insuficiente, embora ainda necessário, para explicar investimento e valor na nova economia) sempre foi uma versão nobre de um instinto humano mais profundo e mais fundamental: ganância. Parece que agora a ganância é expressa de maneira mais direta na geração de valor por meio da expectativa de valor mais alto — alterando assim as regras do jogo sem alterar a natureza do jogo. Isso não é especulação, caso contrário todo capitalismo é especulativo, pois, dentro da lógica dele, a geração de valor não precisa estar contida na produção material. Vale tudo, dentro do estado de direito, contanto que se gere um excedente monetário, e que seja apropriado pelo investidor. Como e por que é gerado esse excedente monetário é questão de contexto e oportunidade. Essa declaração geral acerca do capitalismo é especialmente importante quando chegamos a um ponto no desenvolvimento histórico em que os alimentos e os bens de consumo são cada vez mais produzidos por máquinas — por uma fração do custo de, digamos, filmes ou educação superior. Existe um desacoplamento cada vez maior entre a produção material, no antigo sentido da era industrial, e a geração de valor. A geração de valor, no capitalismo informático, é, em essência, produto do mercado financeiro. Porém, para alcançar o mercado financeiro, e competir por um valor mais alto nele, empresas, instituições e indivíduos precisam realizar o duro trabalho da inovação, da produção, da administração e da criação de imagem em bens e serviços. Assim, embora o torvelinho de fatores que entram no processo de valorização seja, por fim, expresso em valor financeiro (sempre incerto), no decorrer do processo de chegar a esse juízo crítico, administradores e trabalhadores (isto é, pessoas) acabam produzindo e consumindo nosso mundo material — inclusive as imagens que lhe dão forma e o fabricam. A nova economia reúne a informática e sua tecnologia na geração de valor a partir da nossa crença no valor que geramos.

Existe um componente adicional e essencial na nova economia: as redes. A transformação organizacional da economia, bem como da sociedade em geral, é, como nos períodos anteriores de transição histórica, condição essencial para a reestruturação institucional e a inovação tecnológica anunciarem um novo mundo. Examinarei esse assunto de maneira mais minuciosa no próximo capítulo. Antes, porém, de iniciar um novo estágio da nossa viagem analítica, vou remodelar a argumentação apresentada neste capítulo. Em resumo: o que é a nova economia?

A nova economia é, decerto neste momento, uma economia capitalista. De fato, pela primeira vez na história, todo o planeta é capitalista ou dependente de sua ligação às redes capitalistas globais. Mas é um novo tipo de capitalismo, tecnológica, organizacional e institucionalmente distinto do capitalismo clássico (*laissez-faire*) e do capitalismo keynesiano.

Conforme o registro empírico (apesar de todos os problemas de avaliação) parece indicar na virada do milênio, a nova economia tem/terá por base um surto no crescimento da produtividade resultante da capacidade de se usar a nova tecnologia da informação para alimentar um sistema de produção fundamentado nos conhecimentos. Para que as novas fontes de produtividade dinamizem a economia, é necessário, porém, garantir a difusão de formas de organização e administração em rede por toda a economia — e as redes estão, de fato, se espalhando por toda a economia, extinguindo, por meio da concorrência, as formas rígidas anteriores de organização empresarial. Além disso, a impressionante expansão da base produtiva requer uma ampliação equivalente dos mercados, bem como novas fontes de capital e mão de obra. A globalização, ao expandir os mercados de maneira tão impressionante e explorar novas fontes de capital e mão de obra especializada, é uma característica indispensável da nova economia.

Cada um desses dois processos — isto é, o crescimento da produtividade com base em redes e a globalização com base em redes — é liderado por um setor específico: o setor da tecnologia da informação, cada vez mais organizado ao redor da internet, como fonte de novas tecnologias e *know-how* administrativo para toda a economia, e o setor financeiro como força motriz da formação de um mercado financeiro global eletronicamente conectado, a fonte suprema dos investimentos e da geração de valor para toda a economia. No decorrer do século XXI, é provável que a revolução da biologia se junte ao setor da tecnologia da informação na criação de novas empresas, no estímulo à produtividade (especialmente na assistência médica e na agricultura), e na revolução da mão de obra, aumentando o círculo virtuoso de inovação e geração de valor na nova economia.

Em condições de alta produtividade, inovação tecnológica, criação de redes e globalização, parece que a nova economia é capaz de induzir um período prolongado de grande crescimento econômico, inflação baixa e baixo desemprego nas economias capazes de se transformar completamente para essa nova modalidade de desenvolvimento. Contudo a nova economia não deixa de ter falhas e riscos. Sua expansão é muito desigual, em todo o planeta, e dentro dos países, conforme expõe este capítulo, e como será documentado neste livro (volume I, capítulo 4; volume III, capítulo 2). A nova economia afeta a tudo e a todos, mas é inclusiva e exclusiva ao mesmo tempo; os limites da inclusão variam em todas as sociedades, dependendo das instituições, das políticas e dos regulamentos. Por outro lado, a volatilidade financeira sistêmica traz consigo a possibilidade de repetidas crises financeiras com efeitos devastadores nas economias e nas sociedades.

Embora a nova economia tenha tido origem principalmente nos Estados Unidos, está se espalhando rapidamente na Europa, no Japão, no Pacífico asiático, e em áreas seletas em desenvolvimento ao redor do mundo, induzindo reestruturação, prosperidade e crise, num processo percebido sob o rótulo de globalização — e quase sempre temido e combatido por muita gente. Esse processo, de fato, na diversidade de suas manifestações, expressa uma grande mudança estrutural, enquanto as economias e as sociedades procuram seus caminhos específicos para realizar a transição para essa nova modalidade de desenvolvimento, o informacionalismo, do qual a criação de redes é atributo fundamental. Assim, agora passo a analisar o surgimento das redes como forma perfeita da nova economia.

Notas

1. Rosenberg e Birdzell (1986); Mokyr (1990).
2. Freeman (1982); Monk (1989).
3. Machlup (1980, 1982, 1984); Dosi *et al.* (1988b).
4. Nelson e Winter (1982); Boyer (1986); Dosi *et al.* (1988b); Nelson (1994); Arthur (1989, 1998); Krugman (1990); Nelson (1994).
5. Nelson (1981). Ver uma perspectiva mundial das fontes de crescimento da produtividade multifatorial em World Bank (1998).
6. Solow (1957: 32); ver também Solow (1956).
7. Kendrick (1961).
8. Ver, para os EUA, Jorgerson e Griliches (1967); Kendrick (1973); Denison (1974, 1979); Mansfield (1982); Baumol *et al.* (1989). Ver, para a França, Sautter (1978); Carre *et al.* (1984); Dubois (1985). Ver comparação internacional em Denison (1967) e Maddison (1984).
9. Bell (1976); Nelson (1981); Freeman (1982); Rosenberg (1982); Stonier (1983).
10. Nelson (1980, 1981, 1988, 1994) e Nelson e Winter (1982).
11. Dosi *et al.* (1988b).
12. Schumpeter (1939).
13. David (1975); Rosenberg (1976); Arthur (1986); Basalla (1988); Mokyr (1990).
14. Porat (1977).
15. Maddison (1984); Krugman (1994a).
16. Ver *Council of Economic Advisers* (1995).
17. *Centre d'Etudes Prospectives et d'lnformations Internationales* (CEPII), 1992. Contei com informações valiosas do relatório de 1992 sobre a economia mundial, preparado pelo CEPII com base no modelo MIMOSA, elaborado pelos pesquisadores desse importante centro de pesquisas econômicas ligado ao gabinete do primeiro-ministro francês. Embora tivesse sido produzida por esse centro de pesquisas e, portanto, não coincida inteiramente em periodização e estimativas com as várias fontes internacionais (OCDE, estatísticas do governo norte-americano etc.), a base de dados é um modelo confiável que me possibilita comparar tendências econômicas muito diferentes de todo o mundo e nos mesmos períodos sem nenhuma mudança, consequentemente aumentando a coerência e a comparabilidade. Contudo também senti necessidade de utilizar fontes adicionais de publicações de estatísticas-padrão, citadas quando necessário. Para uma apresentação das características desse modelo, ver CEPII-OFCE (1990).
18. Kindleberger (1964); Maddison (1984); Freeman (1986); Dosi *et al.* (1988b).
19. David (1989).
20. Ver o esforço interessante para medir a produtividade de serviços feito pelo McKinsey Global Institute (1992). Contudo foram enfocados apenas cinco setores de serviços de medição relativamente fácil.
21. *Council of Economic Advisers* (1995: 110).
22. Quinn (1987: 122-7).
23. CEPII (1992: 61).
24. *Business Week* (1995a: 86-96); Osterman (1999).
25. *Council of Economic Advisers* (1995: 110).

26. CEPII (1992). Ver tabelas 2.3 e 2.4 neste capítulo e CEPII (1992: 58-9). Os dados sobre produtividade industrial não coincidem com os do Departamento de Estatística do Trabalho (BLS) dos EUA devido a métodos diferentes de periodização e cálculos. Todavia, as tendências das duas fontes coincidem em não mostrar uma desaceleração no crescimento da produtividade industrial durante a década de 1980: segundo os dados do BLS houve estabilização das taxas de crescimento; de acordo com os dados do CEPII, as taxas de crescimento aumentaram.
27. Brynjolfsson (1997: 19).
28. Uchitelle (1999).
29. Citado em Stevenson (1999: C6).
30. Greenspan (1998).
31. Gordon (1999).
32. Rosenberg (1982); Rosenberg e Birdzell (1986); Hall e Preston (1988).
33. Hammer e Camphy (1993); Nonaka (1994); Saussois (1998); Tuomi (1999).
34. Shapiro e Varian (1999).
35. Nelson (1994: 41).
36. Aglietta (1976); Boyer (1986; 1988a); Boyer e Ralle (1986a).
37. A crítica feita pela escola monetarista sobre as fontes da inflação na economia norte-americana parece ser plausível. Ver Friedman (1968). Contudo foi omitido o fato de que as políticas de expansão monetária também foram responsáveis pelo crescimento econômico estável e sem precedentes dos anos 1950 e 1960. A esse respeito, ver minha análise em Castells (1980).
38. A antiga teoria do subconsumo, central nas economias marxistas, mas também nas políticas keynesianas, ainda é pertinente quando situada no novo contexto do capitalismo global. Sobre o tema, ver Castells e Tyson (1988).
39. Recomendo ao leitor a excelente descrição das transformações econômicas globais elaborada por Chesnais (1994).
40. GATT (1994); World Bank (1995).
41. CEPII (1992: modelo MIMOSA).
42. Schiller (1999).
43. Chesnais (1994: 209).
44. Para os EUA, uma boa medida de lucratividade para as empresas não financeiras é o lucro após a tributação por unidade de produção (quanto mais alto o índice, maior o lucro, é lógico). O índice permaneceu a 0,024 em 1959; caiu para 0,020 em 1970, e 0,017, em 1974; recuperou-se em 1978, atingindo 0,040, para declinar outra vez em 1980 (0,027). Depois, desde 1983 (0,048), manteve uma tendência altista que acelerou substancialmente durante a década de 1990: 1991, 0,061; 1992, 0,067; 1993, 0,073; terceiro trimestre de 1994, 0,080. Ver *Council of Economic Advisers* (1995: 291, tabela B-14).
45. CEPII (1992). A lucratividade estava alta desde os anos 1980 em eletrônica, telecomunicações e finanças como um todo. Porém a concorrência acirrada e os negócios financeiros arriscados causaram vários reveses e falências. Na verdade, sem a ajuda financeira do governo norte-americano a diversas associações de poupança e crédito, poderia ter havido uma séria possibilidade de um grande colapso financeiro.
46. O papel decisivo desempenhado pela concorrência global na prosperidade econômica da nação tem ampla aceitação em todo o globo, exceto nos EUA, onde em alguns círculos

de economistas e setores da opinião pública ainda persiste a convicção de que, como as exportações representam apenas cerca de 10% do PNB no início dos anos 1990, a saúde econômica do país depende essencialmente do mercado doméstico (ver Krugman 1994a). Embora o tamanho e a produtividade da economia norte-americana, de fato, a tornem muito mais autônoma que a de qualquer outro país do mundo, a ideia de aparente autoconfiança é uma ilusão perigosa que, na verdade, não é compartilhada pelas elites empresariais ou governamentais. Para discussão e dados referentes ao papel crucial da concorrência global na economia norte-americana, como para todas as economias do mundo, ver Cohen e Zysman (1987); Castells e Tyson (1989); Reich (1991); Thurow (1992); Carnoy *et al.* (1993b).

47. O debate sobre produtividade *versus* competitividade como segredos do crescimento econômico renovado alastrou-se pelos círculos acadêmicos e políticos norte-americanos na década de 1990. Paul Krugman, um dos economistas acadêmicos mais brilhantes dos EUA, desencadeou um debate inevitável com sua vigorosa crítica ao conceito de competitividade, infelizmente contaminada e prejudicada por atitudes inadequadas a um estudioso. Para uma amostra do debate, ver Krugman (1994b). Para uma resposta, Cohen (1994).
48. Cohen *et al.* (1985: 1).
49. Tyson e Zysman (1983).
50. McKinsey Global Institute (1993).
51. Hohenberg (1967).
52. Coriat (1990).
53. Harris (1987).
54. Katz (1987); Castells e Tyson (1988); Fajnzylber (1990); Kincaid e Portes (1994).
55. A melhor e mais abrangente análise da globalização é Held *et al.* (1999). Uma das principais fontes de dados e ideias é o Relatório de Desenvolvimento Humano das Nações Unidas elaborado pelo PNUD (1999). Uma reportagem jornalística bem documentada é a série do *The New York Times* "Global Contagion", publicada em fevereiro de 1999; Kristoff (1999); Kristoff e Sanger (1999); Kristoff e WuDunn (1999); Kristoff e Wyatt (1999). Grande parte dos dados usados na minha análise da globalização econômica provém de instituições internacionais, tais como a Organização das Nações Unidas, o FMI, o Banco Mundial, a Organização Mundial do Comércio e a OCDE. Muitas são mencionadas nas publicações citadas acima. Para simplificar, não relacionarei cada dado estatístico a sua fonte específica. Esta nota deve ser considerada referência genérica às fontes de dados. Também usei na análise geral que fundamenta esta seção: Chesnais (1994); Eichengreen (1996); Estefania (1996); Hoogvelt (1997); Sachs (1998a, b); Schoettle e Grant (1998); Soros (1998); Friedmann (1999); Schiller (1999); Giddens e Hutton (2000).
56. Braudel (1967); Wallerstein (1974).
57. Ver Khoury e Ghosh (1987); Chesnais (1994); Heavey (1994); Shirref (1994); Heavey (1994); *The Economist* (1995b); Canals (1997); Sachs (1998b, c); Soros (1998); Kristoff (1999); Kristoff e Wyatt (1999); Picciotto e Mayne (1999); Giddens e Hutton (2000); Zaloom (no prelo).
58. Held *et al.* (1999:203).
59. Kristoff e Wyatt (1999).
60. Soros (1998).
61. Kristoff e Wyatt (1999).

62. Kim (1998).
63. Sassen (1991).
64. Chesnais (1994); Lee *et al.* (1994).
65. Soros (1998); Zaloom.
66. Tyson (1992); Hockman e Kostecki (1995); Krugman (1995); Held *et al.* (1999: 476-92).
67. World Bank (1998).
68. PNUD (1999).
69. Castells (1993); Cohen (1993).
70. Held *et al.* (1999: 168).
71. Anderson e Norheim (1993).
72. Held *et al.* (1999: 168).
73. Frankel (1991).
74. Cohen e Guerrieri (1995).
75. Tardanico e Rosenberg (2000).
76. Tyson (1992).
77. Cohen (1990); BRIE (1992); Sandholtz *et al.* (1992); World Trade Organization (1997, 1998).
78. UNCTAD (1995).
79. Daniels (1993).
80. FMI (1997); PNUD (1999).
81. PNUD (1999).
82. Reich (1991); Carnoy (1993); Dunning (1993); UNCTAD (1993, 1994, 1995, 1997); Graham (1996); Dicken (1998); Held *et al.* (1999: 236-82).
83. Cohen (1990); Porter (1990).
84. Imai (1990a, b); Dunning (1993); Howell e Woods (1993); Strange (1996); Dicken (1998).
85. Henderson (1989); Coriat (1990); Gereffi e Wyman (1990); Sengenberger e Campbell (1992); Gereffi (1993); Borrus e Zysman (1997); Dunning (1997); Ernst (1997); Held *et al.* (1999: 259-70).
86. Adler (1999); Saxenian (1999).
87. Reich (1991).
88. Gereffi (1999).
89. Freeman (1982); Dosi *et al.* (1988b); Foray e Freeman (1992); World Bank (1998).
90. Sachs (1999); PNUD (1999).
91. Saxenian (1999).
92. Sachs (1999).
93. Foray (1999).
94. Archibugi e Michie (1997).
95. Geroski (1995); Tuomi (1999).
96. OCDE (1994d).
97. Held *et al.* (1999: 281).
98. Mowery e Rosenberg (1998).
99. Saxenian (1999: 3).
100. Saxenian (1999: 71).
101. Alarcon (1998); Adler (1999).
102. O pioneiro da análise das redes globais de meios inovadores, conforme exemplificado pelo Vale do Silício, foi o falecido Richard Gordon; ver Gordon (1994). Há uma discus-

são coletiva das importantes ideias intelectuais de Gordon no número especial "Competition and Change" do *Journal of Global Political Economy* (maio de 1998).

103. Campbell (1994); Stalker (1994, 1997); Massey *et al.* (1999); PNUD (1999).
104. PNUD (1999: 2).
105. Smith e Guarnizo (1998).
106. Os dados são do PNUD (1999); ver também Sengenberger e Campbell (1994); Hoogvelt (1997); Duarte (1998); PNUD (1998a, b); UNISDR (1998); *World Bank* (1998); Dupas (1999).
107. CEPII (1992).
108. US National Science Board (1991).
109. Scott (1998).
110. Encaminho o leitor à primeira edição deste volume, *A sociedade em rede* (1996), capítulo 2, seção sobre "A mais nova divisão internacional do trabalho", pp. 106-50, em que há um relato empírico do processo de globalização em diversas áreas do mundo durante a década de 1980 e o início da década de 1990. Essa seção foi apagada da atual edição a fim de aprofundar o foco analítico deste capítulo.
111. Ver Hutton (1995); Zaldivar (1995); Estefania (1996); Hill (1996); Hoogvelt (1997); Yergin e Stanislaw (1998); PNUD (1999).
112. Castells (1976).
113. Giddens (1998).
114. Hoogvelt (1997: 131).
115. Kristoff e Sanger (1999).
116. Castells e Kiselyova (1998).
117. PNUD (1999: 28).
118. Os dados apresentados nesta seção provêm de fontes estatísticas e foram publicados na imprensa do ramo. São, portanto, de domínio público e não considero necessário fornecer as fontes detalhadas de cada número, a não ser quando a importância do número requeira remissão.
119. Mandel (1999a, b).
120. *The Economist* (1999a).
121. US Commerce Department (1999a).
122. Tapscott (1998).
123. CREC (1999a).
124. CREC (1999b).
125. Barboza (1999a).
126. Estefania (1996); Soros (1998); Friedmann (1999).
127. Canals (1997); Zaloom (no prelo).
128. Klam (1999).
129. Gutner (1999).
130. Barboza (1999b).
131. *The Economist* (1999b).

3

A empresa em rede: a cultura, as instituições e as organizações da economia informacional

A economia informacional, como acontece com todas as formas de produção historicamente distintas, é caracterizada por cultura e instituições específicas. No entanto, cultura, nessa estrutura analítica, não deve ser considerada um conjunto de valores e crenças ligadas a uma determinada sociedade. O que caracteriza o desenvolvimento da economia informacional global é exatamente seu surgimento em contextos culturais/nacionais muito diferentes: na América do Norte, Europa Ocidental, Japão, "círculo da China", Rússia, América Latina e outros locais do planeta, exercendo influência em todos os países e levando a uma estrutura de referências multiculturais. Na verdade, as tentativas de propor uma teoria de "economia cultural" para representar os novos processos de desenvolvimento com base em filosofias e mentalidades (como o confucionismo), em especial na região do Pacífico asiático,[1] não resistem ao exame minucioso de pesquisa empírica.[2] Mas a diversidade de contextos culturais de onde surge e em que evolui a economia informacional não impede a existência de uma matriz comum de formas de organização nos processos produtivos e de consumo e distribuição. Sem esses sistemas organizacionais, nem a transformação tecnológica e as políticas estatais, nem as estratégias empresariais poderiam reunir-se em um novo sistema econômico. Afirmo, em companhia de um crescente número de estudiosos, que culturas manifestam-se fundamentalmente por meio de sua inserção nas instituições e organizações.[3] Por organizações, entendo os sistemas específicos de meios voltados para a execução de objetivos específicos. Por instituições, compreendo as organizações investidas de autoridade necessária para desempenhar tarefas específicas em nome da sociedade como um todo. A cultura que importa para a constituição e o desenvolvimento de um determinado sistema econômico é aquela que se concretiza nas lógicas organizacionais, mediante o conceito de Nicole Biggart: "Por lógicas organizacionais, refiro-me a um princípio legitimador elaborado em uma série de práticas sociais derivativas. Em outras palavras, lógicas organizacionais são as bases ideacionais para as relações das autoridades institucionalizadas."[4]

Minha tese é de que o surgimento da economia informacional global se caracteriza pelo desenvolvimento de uma nova lógica organizacional que está relacionada com o processo atual de transformação tecnológica, mas não depende dele. São a convergência e a interação entre um novo paradigma tecnológico e uma nova lógica organizacional que constituem o fundamento histórico da economia informacional. Contudo, essa lógica organizacional manifesta-se sob diferentes formas em vários contextos culturais e institucionais. Assim, neste capítulo tentarei explicar, ao mesmo tempo, as semelhanças dos sistemas organizacionais na economia informacional e sua variedade contextual. Além disso, examinarei a origem dessa nova forma organizacional e as condições de sua interação com o novo paradigma tecnológico.

Trajetórias organizacionais na reestruturação do capitalismo e na transição do industrialismo para o informacionalismo

A reestruturação econômica dos anos 1980 induziu várias estratégias reorganizacionais nas empresas comerciais.[5] Alguns analistas, particularmente Piore e Sabel, dizem que a crise econômica da década de 1970 resultou da exaustão do sistema de produção em massa, constituindo uma "segunda divisão industrial" na história do capitalismo.[6] Para outros, como Storper e Harrison,[7] a difusão de novas formas organizacionais, algumas já praticadas em alguns países ou empresas durante muitos anos, foi a resposta à crise de lucratividade do processo de acumulação de capital. Outros, a exemplo de Coriat,[8] sugerem uma evolução de longo prazo do "fordismo" ao "pós-fordismo", como expressão de uma "grandiosa transição", a transformação histórica das relações entre, de um lado, produção e produtividade e, de outro, consumo e concorrência. Outros ainda, como Tuomi,[9] salientam a inteligência organizacional, o aprendizado organizacional e a administração dos conhecimentos como elementos principais das novas empresas da Era da Informação. Mas, apesar da diversidade de abordagens, há coincidência em quatro pontos fundamentais da análise:

1. Quaisquer que sejam as causas e origens da transformação organizacional, houve, de meados dos anos 1970 em diante, uma divisão importante (industrial ou outra) na organização da produção e dos mercados na economia global.
2. As transformações organizacionais interagiram com a difusão da tecnologia da informação, mas em geral eram independentes e precederam essa difusão nas empresas comerciais.
3. O objetivo principal das transformações organizacionais em várias formas era lidar com a incerteza causada pelo ritmo veloz das mudanças no ambiente econômico, institucional e tecnológico da empresa, aumentando a flexibilidade em produção, gerenciamento e marketing.
4. Muitas transformações organizacionais visavam redefinir os processos de trabalho e as práticas de emprego, introduzindo o modelo da "produção enxuta"

com o objetivo de economizar mão de obra mediante a automação de trabalhos, eliminação de tarefas e supressão de camadas administrativas.

5. A administração dos conhecimentos e o processamento das informações são essenciais para o desempenho das organizações que operam na economia informacional global.

Contudo, essas interpretações abrangentes das principais transformações organizacionais nas duas últimas décadas mostram uma excessiva propensão a fundir em uma única tendência evolucionária vários processos de transformação que, de fato, são diferentes, embora inter-relacionados. Em análise paralela à noção de trajetórias tecnológicas,[10] proponho considerar o desenvolvimento de diferentes trajetórias organizacionais, ou seja, procedimentos de sistemas específicos de meios voltados para o aumento da produtividade e competitividade no novo paradigma tecnológico e na nova economia global. Na maioria dos casos, essas trajetórias evoluíram das formas organizacionais industriais, tais como a empresa verticalmente integrada e a pequena empresa comercial independente, incapazes de executar suas tarefas sob as novas condições estruturais de produção e mercados, tendência que se manifestou claramente na crise dos anos 1970. Em outros contextos culturais, surgiram novas formas organizacionais a partir das preexistentes, que haviam sido deixadas de lado pelo modelo clássico de organização industrial, para renascer nas exigências da nova economia e nas possibilidades oferecidas pelas novas tecnologias. Várias tendências organizacionais evoluíram do processo de reestruturação capitalista e transição industrial. Elas devem ser analisadas separadamente antes de propor sua convergência potencial em uma nova espécie de paradigma organizacional.

Da produção em massa à produção flexível

A primeira e mais abrangente tendência de evolução organizacional identificada, principalmente no trabalho pioneiro de Piore e Sabel, é a transição da produção em massa para a produção flexível, ou do "fordismo" ao "pós-fordismo", segundo a formulação de Coriat. O modelo de produção em massa fundamentou-se em ganhos de produtividade obtidos por economias de escala em um processo mecanizado de produção padronizada com base em linhas de montagem, sob as condições de controle de um grande mercado por uma *forma organizacional específica: a grande empresa estruturada nos princípios de integração vertical e na divisão social e técnica institucionalizada de trabalho.* Esses princípios estavam inseridos nos métodos de administração conhecidos como "taylorismo" e "organização científica do trabalho", adotados tanto por Henry Ford quanto por Lenin.

Quando a demanda de quantidade e qualidade tornou-se imprevisível; quando os mercados ficaram mundialmente diversificados e, portanto, difíceis de ser controlados; e quando o ritmo da transformação tecnológica tornou obsoletos os equipamentos de produção com objetivo único, o sistema de produção em massa ficou muito rígido e dispendioso para as características da nova economia. O sistema produtivo flexível surgiu como uma possível resposta para superar essa rigidez. Foi praticado e teorizado de duas formas diferentes: primeiro, como especialização flexível, na formulação de Piore e Sabel, com base na experiência das regiões industriais do norte da Itália, quando "a produção adapta-se à transformação contínua sem pretender controlá-la"[11] em um padrão de arte industrial ou produção personalizada. Práticas similares foram observadas por pesquisadores em empresas de serviços avançados, como as do setor bancário.[12]

No entanto, a prática de gerenciamento industrial nas décadas de 1980 e 1990 introduziu outra forma de flexibilidade: a flexibilidade dinâmica, na formulação de Coriat, ou a produção flexível em grande volume, na fórmula proposta por Cohen e Zysman, também demonstrada por Baran para caracterizar a transformação do setor de seguros.[13] Sistemas flexíveis de produção em grande volume, geralmente ligados a uma situação de demanda crescente de determinado produto, coordenam grande volume de produção, permitindo economias de escala e sistemas de produção personalizada reprogramável, captando economias de escopo. As novas tecnologias permitem a transformação das linhas de montagem típicas da grande empresa em unidades de produção de fácil programação que podem atender às variações do mercado (flexibilidade do produto) e das transformações tecnológicas (flexibilidade do processo).

A empresa de pequeno porte e a crise da empresa de grande porte: mito e realidade

A segunda tendência identificável, enfatizada pelos analistas nos últimos anos, é *a crise da grande empresa e a flexibilidade das pequenas e médias empresas como agentes de inovação e fontes de criação de empregos.*[14] Para alguns observadores, a crise da empresa de grande porte é consequência da crise da produção padronizada em massa, e o renascimento da produção artesanal personalizada e da especialização flexível é mais bem recebido pelas pequenas empresas.[15] Bennett Harrison é autor de uma crítica empírica devastadora dessa tese.[16] De acordo com sua análise baseada em dados dos Estados Unidos, Europa Ocidental e Japão, as empresas de grande porte continuam a concentrar uma proporção crescente de capital e de mercados em todas as principais economias; sua participação no nível de emprego não se alterou na década passada, exceto no RU; as empresas de pequeno e médio porte em geral continuam sob o controle financeiro, comercial e tecnológico das grandes. Harrison também afirma que as empresas pequenas são menos avançadas tecnologicamente e menos capazes de introduzir inovações tecnológicas no processo e no produto do que as empresas maiores. Ademais, com base no trabalho de vários pesquisadores italianos (Bianchi e Belussi, principalmente), o autor mostra como os arquétipos da especialização flexível, as empresas italianas das regiões industriais da Emilia Romagna no início dos anos 1990, experimentaram uma série de fusões e, ou passaram para o controle de grandes empresas, ou elas mesmas se tornaram grandes (por exemplo, a Benetton) ou, então, não foram capazes de acompanhar o ritmo da concorrência quando continuaram pequenas e fragmentadas, como na região de Prato.

Algumas dessas afirmações são controversas. Trabalhos de outros pesquisadores apontam para conclusões um tanto diferentes.[17] Por exemplo, o estudo de Schiatarella sobre as empresas italianas de pequeno porte sugere que os pequenos negócios superaram as grandes empresas em criação de empregos, margens de lucros, investimento *per capita*, transformação tecnológica, produtividade e valor agregado. O estudo de Friedman sobre a estrutura industrial japonesa até considera que exatamente essa densa rede de pequenas e médias empresas subcontratadas é que constitui a base da competitividade japonesa. Também, há alguns anos, os cálculos de Michael Teitz e colaboradores sobre os pequenos negócios da Califórnia apontaram para a constante vitalidade e o papel econômico crucial das empresas de pequeno porte.[18]

Na verdade, devemos separar a afirmação sobre a transferência do poder econômico e capacidade tecnológica da grande empresa para as pequenas (tendência que, segundo Harrison, não parece ser confirmada por comprovações empíricas) da afirmação sobre o declínio da grande empresa verticalmente integrada como um modelo organizacional. Piore e Sabel, sem dúvida, previram a possibilidade da sobrevivência do modelo corporativo por intermédio do que chamaram de "keynesianismo multinacional", ou seja, a expansão e conquistados mercados internacionais pelos conglomerados empresariais, contando com a crescente demanda de um mundo que se industrializa rapidamente. Mas para tanto, as empresas tiveram que mudar suas estruturas organizacionais. Algumas das mudanças implicaram o uso crescente da subcontratação de pequenas e médias empresas, cujas vitalidade e flexibilidade possibilitavam ganhos de produtividade e eficiência às grandes empresas, bem como à economia como um todo.[19]

Então, ao mesmo tempo, é verdade que as empresas de pequeno e médio portes parecem ser formas de organização bem adaptadas ao sistema produtivo flexível da economia informacional e também é certo que seu renovado dinamismo surge sob o controle das grandes empresas, as quais permanecem no centro da estrutura do poder econômico na nova economia global. Não estamos testemunhando o fim das poderosas empresas de grande porte, mas estamos, sem dúvida, observando a crise do modelo corporativo tradicional baseado na integração vertical e no gerenciamento funcional hierárquico: a "organização linha-staff" de rígida divisão técnica e social do trabalho dentro da empresa.

Toyotismo: cooperação gerentes-trabalhadores, mão de obra multifuncional, controle de qualidade total e redução de incertezas

Uma terceira evolução diz respeito a *novos métodos de gerenciamento,* a maior parte deles oriunda de empresas japonesas,[20] embora em alguns casos tivessem sido testados em outros contextos, como, por exemplo, no complexo Kalmar da Volvo, na Suécia.[21] O enorme sucesso em produtividade e competitividade obtido pelas companhias automobilísticas japonesas foi, em grande medida, atribuído a essa revolução administrativa, de forma que na literatura empresarial "toyotismo" opõe-se a "fordismo", como a nova fórmula de sucesso, adaptada à economia global e ao sistema produtivo flexível.[22] O modelo original japonês tem sido muito imitado por outras empresas, bem como transplantado pelas companhias japonesas para suas instalações do exterior, frequentemente levando a enorme melhoria no desempenho dessas empresas em comparação ao sistema industrial tradicional.[23] Alguns elementos desse modelo são bem-conhecidos:[24] sistema de fornecimento *kan-ban* (ou *just in time),* no qual os estoques são eliminados ou reduzidos substancialmente mediante entregas pelos fornecedores no local da produção, no exato momento da solicitação, e com as características específicas para a linha de produção; "controle de qualidade total" dos produtos ao longo do processo produtivo, visando um nível tendente a zero de defeitos e melhor utilização dos recursos; envolvimento dos trabalhadores no processo produtivo por meio de trabalho em equipe, iniciativa descentralizada, maior autonomia para a tomada de decisão no chão de fábrica, recompensa pelo desempenho das equipes e hierarquia administrativa horizontal, com poucos símbolos de status na vida diária da empresa.

Talvez a cultura tenha sido importante para a geração do "toyotismo" (principalmente o modelo de trabalho em equipe baseado na busca de consenso e na cooperação) mas, com certeza, não foi determinante para sua implementação. O modelo funciona igualmente bem nas empresas japonesas da Europa e Estados Unidos, e vários de seus elementos foram adotados com sucesso por fábricas norte-americanas (GM-Saturn) ou alemãs (Volkswagen). Na verdade, esse modelo foi aperfeiçoado pelos engenheiros da Toyota durante vinte anos após sua primeira introdução limitada, em 1948. Para poder generalizar o método a todo o sistema da fábrica, os engenheiros japoneses estudaram os procedimentos de controle para avaliação dos estoques das prateleiras empregados nos supermercados norte-americanos. Portanto, pode-se dizer que o *just in time* é, em certa medida, um método norte-americano de produção em massa, adaptado para o gerenciamento flexível, utilizando a especificidade das empresas japonesas, em particular, o relacionamento cooperativo entre os gerentes e os trabalhadores.

A estabilidade e complementaridade das relações entre a empresa principal e a rede de fornecedores são extremamente importantes para a implementação desse modelo: a Toyota mantém, no Japão, uma rede de três camadas de fornecedores que engloba milhares de empresas de tamanhos diferentes.[25] O grosso dos mercados da maioria dessas empresas é constituído de mercados cativos da Toyota, e pode-se dizer o mesmo das outras empresas de grande porte. Qual a diferença dessas características em relação à estrutura de divisões e departamentos de uma empresa verticalmente integrada? Sem dúvida, a maior parte dos principais fornecedores é controlada ou influenciada pelos empreendimentos financeiros, comerciais ou tecnológicos da matriz ou da *keiretsu* abrangente. Nessas condições, não estamos observando um sistema de produção planejado sob a premissa do controle relativo do mercado pela grande empresa? Assim, o que é importante nesse modelo é a desintegração vertical da produção em uma rede de empresas, processo que substitui a integração vertical de departamentos dentro da mesma estrutura empresarial. A rede permite maior diferenciação dos componentes de trabalho e capital da unidade de produção. Também é provável que gere maiores incentivos e mais responsabilidade, sem necessariamente alterar o padrão de concentração do poder industrial e da inovação tecnológica.

A execução do modelo também depende da ausência de grandes rupturas em todo o processo produtivo e de distribuição. Ou, em outras palavras, baseia-se na suposição dos "cinco zeros": nível zero de defeitos nas peças; dano zero nas máquinas; estoque zero; demora zero; burocracia zero. Esses desempenhos só poderão concretizar-se com base na ausência de interrupções de trabalho e controle total sobre os trabalhadores, fornecedores inteiramente confiáveis e adequada previsão de mercados. *O "toyotismo" é um sistema de gerenciamento mais destinado a reduzir incertezas que a estimular a adaptabilidade.* A flexibilidade está no processo, não no produto. Dessa forma, alguns analistas sugeriram que esse método poderia ser considerado uma extensão do fordismo,[26] mantendo os mesmos princípios de produção em massa, mas organizando o processo produtivo com base na iniciativa humana e na capacidade de *feedback* para eliminar desperdícios (de tempo, trabalho e recursos), ao mesmo tempo que mantém as características de produção próximas do plano comercial. Será que esse é realmente um sistema de gerenciamento bem indicado para o constante turbilhão da economia global? Ou, como Stephen Cohen o expressou para mim, "É tarde demais para o sistema *just in time?*".

De fato, a verdadeira natureza distintiva do toyotismo em relação ao fordismo não diz respeito às relações entre as empresas, mas entre os gerentes e os trabalhadores. Como afirmou Coriat no seminário internacional realizado em Tóquio sobre a questão "O gerenciamento japonês é o pós-fordismo?", sem dúvida, "não é nem pré, nem pós-fordismo, mas um modo original e novo de gerenciamento de processo de trabalho: a característica central e diferenciadora do método japonês foi abolir a função de trabalhadores profissionais especializados para torná-los especialistas multifuncionais".[27] O renomado economista japonês, Aoki, também aponta a organização do trabalho como a chave do sucesso das empresas japonesas:

> A principal diferença entre a empresa norte-americana e a japonesa pode ser resumida assim: a empresa norte-americana enfatiza a eficiência conseguida via grande especialização e profunda demarcação de função, ao passo que a empresa japonesa dá ênfase à capacidade de o grupo de trabalhadores lidar com as emergências locais anonimamente, o que se aprende fazendo e compartilhando conhecimentos no chão de fábrica.[28]

Sem dúvida, alguns dos mais importantes mecanismos organizacionais que fundamentam o aumento da produtividade nas empresas japonesas parecem ter sido ignorados pelos profissionais ocidentais especializados em gerenciamento. Assim, Ikujiro Nonaka,[29] com base em seus estudos das maiores empresas japonesas, propôs um modelo simples e inteligente para representar a geração de conhecimentos na empresa. O que ele chama de "empresa criadora de conhecimentos" baseia-se na interação organizacional entre os "conhecimentos explícitos" e os "conhecimentos tácitos" na fonte de inovação. Nonaka afirma que muitos dos conhecimentos acumulados na empresa provêm da experiência e não podem ser comunicados pelos trabalhadores em ambiente de procedimentos administrativos excessivamente formalizados. No entanto as fontes de inovação multiplicam-se quando as organizações conseguem estabelecer pontes para transformar conhecimentos tácitos em explícitos, explícitos em tácitos, tácitos em tácitos e explícitos em explícitos. Com isso, não apenas se comunica e aumenta a experiência dos trabalhadores para ampliar o conjunto formal de conhecimentos da empresa, mas também os conhecimentos gerados no mundo externo poderão ser incorporados nos hábitos tácitos dos trabalhadores, capacitando-os a usá-los por si mesmos e a melhorar o padrão de procedimentos. Em um sistema econômico em que a inovação é importantíssima, a habilidade organizacional em aumentar as fontes de todas as formas de conhecimentos torna-se a base da empresa inovadora. Esse processo organizacional, contudo, requer a participação intensa de todos os trabalhadores no processo de inovação, de forma que não guardem seus conhecimentos tácitos apenas para benefício próprio. Também exige estabilidade da força de trabalho na empresa, porque apenas dessa forma é racional que um indivíduo transfira seus conhecimentos para a empresa, e a empresa difunda conhecimentos explícitos entre seus trabalhadores. Assim, esse mecanismo aparentemente simples, cujos grandes efeitos no aumento da produtividade e qualidade são mostrados em vários estudos de casos, realmente envolve uma transformação profunda das relações entre os gerentes e os trabalhadores. Embora a tecnologia da informação não desempenhe um papel importante na "análise explícita" de Nonaka, em nossas conversas particulares concordamos que a comunicação on-line e a capacidade de armazenamento computadorizado tornaram-se ferramentas poderosas no desenvolvimento da complexidade dos elos organizacionais entre conhecimentos tácitos e explícitos. Mas essa forma de inovação precedeu o desenvolvimento das tecnologias da informação e, sem dúvida, representou nas duas últimas décadas os "conhecimentos tácitos" do sistema de gerenciamento japonês, extraídos da observação de profissionais estrangeiros especialistas em gerenciamento, mas verdadeiramente decisivos para a melhoria do desempenho das empresas japonesas.

Formação de redes entre empresas

Consideremos agora duas outras formas de flexibilidade organizacional na experiência internacional, caracterizada por conexões entre empresas: *o modelo de redes multidirecionais posto em prática por empresas de pequeno e médio portes* e *o modelo de licenciamento e subcontratação de produção sob o controle de uma grande empresa*. Descreverei rapidamente esses dois modelos organizacionais distintos que desempenharam papel considerável no crescimento econômico de vários países, nas duas últimas décadas.

Como disse, e segundo a afirmação de Bennett Harrison, pequenas e médias empresas muitas vezes ficam sob o controle de sistemas de subcontratação ou sob o domínio financeiro/tecnológico de empresas de grande porte. No entanto, também frequentemente, tomam a iniciativa de estabelecer relações em redes com várias empresas grandes e/ou com outras menores e médias, encontrando nichos de mercado e empreendimentos cooperativos. Além do clássico exemplo das regiões industriais italianas, vale lembrar as indústrias de Hong Kong. Como afirmei em meu livro com base no trabalho de Victor Sit e outros pesquisadores sobre o cenário de Hong Kong,[30] seu sucesso no setor de exportação baseou-se — por um longo período, entre o final dos anos 1950 e o início da década de 1980 — em redes de pequenos negócios domésticos, competindo na economia mundial. Mais de 85% das exportações de produtos manufaturados em Hong Kong até o início da década de 1980 eram fabricados em empresas familiares, 41% das quais eram pequenas empresas com menos de cinquenta trabalhadores. A maior parte delas não era subcontratada de empresas maiores, mas exportava por intermédio da rede de empresas importadoras/exportadoras de Hong Kong — também pequenas, também chinesas e também familiares — que chegavam a 14 mil no final dos anos 1970. Redes de produção e distribuição formavam-se, desapareciam e reapareciam com base nas variações do mercado internacional, por meio dos sinais transmitidos por intermediários flexíveis que frequentemente usavam uma rede de "espiões comerciais" nos principais mercados do mundo. Muitas vezes a mesma pessoa seria empresário ou trabalhador assalariado em diferentes épocas, de acordo com as circunstâncias do ciclo de negócios e de suas próprias necessidades familiares.

As exportações de Taiwan durante a década de 1960 também originavam-se principalmente em um sistema de pequenas e médias empresas, embora nesse caso as tradicionais companhias *trading* japonesas fossem as principais intermediárias.[31] Também, à medida que Hong Kong prosperava, muitas das empresas de pequeno porte fundiram-se, fizeram novos financiamentos e cresceram, às vezes ligando-se a grandes lojas de departamentos ou fabricantes europeus e norte-americanos para produzir em seu nome.[32] No entanto, as médias e grandes empresas de então terceirizavam boa parte de sua própria produção para empresas (pequenas, médias e grandes) ao longo da fronteira chinesa em Pearl River Delta. Em meados dos anos 1990, entre seis e dez milhões de trabalhadores, dependendo das estimativas utilizadas, participavam dessas redes produtivas subcontratadas na província de Guandong.

As empresas taiwanesas faziam um circuito ainda mais complexo. Para produzir na China e tirar proveito dos baixos custos de mão de obra, do controle social e das cotas chinesas de exportação, elas fundavam empresas intermediárias em Hong Kong. Essas empresas uniam-se aos governos locais nas províncias de Guandong e Fujian, estabelecendo indústrias subsidiárias na China.[33] Essas subsidiárias forneciam trabalho a pequenas oficinas e domicílios dos povoados vizinhos. A flexibilidade desse sistema permitia a captação de vantagens dos custos das diferentes localizações, a difusão de tecnologia em todo o sistema, o benefício do apoio de vários governos e a utilização de vários países como plataformas de exportação.

Em um contexto muito diferente, Ybarra encontrou um modelo semelhante de produção em rede entre empresas de pequeno e médio portes dos setores de calçados, têxtil e de brinquedos na região de Valência, Espanha.[34] Conforme literatura especializada,[35] há inúmeros exemplos dessas redes horizontais de empresas em outros países e setores.

Um tipo diferente de rede produtiva é a exemplificada, no chamado "modelo Benetton", objeto de muitos comentários no mundo empresarial, bem como de algumas pesquisas limitadas, mas reveladoras, particularmente a conduzida por Fiorenza Belussi e Bennett Harrison.[36] A malharia italiana, multinacional oriunda de uma pequena empresa familiar na região de Veneto, opera com franquias comerciais e conta com cerca de cinco mil lojas em todo o mundo para a distribuição exclusiva de seus produtos, sob o mais rígido controle da empresa principal. Uma central recebe *feedback* on-line de todos os pontos de distribuição e mantém o suprimento de estoque, bem como define as tendências de mercado em relação a formas e cores. O modelo de redes também é eficaz no nível de produção, fornecendo trabalho a pequenas empresas e domicílios na Itália e em outros países do Mediterrâneo, como a Turquia. Esse tipo de organização em redes é uma forma intermediária de arranjo entre a desintegração vertical por meio dos sistemas de subcontratação de uma grande empresa e as redes horizontais das pequenas empresas. É uma rede horizontal, mas baseada em um conjunto de relações periféricas/centrais, tanto no lado da oferta como no lado da demanda do processo. Pesquisas de Nicole Biggart revelaram que formas semelhantes de redes horizontais de empresas integradas verticalmente pelo controle financeiro caracterizam as operações de vendas diretas nos Estados Unidos e definem a estrutura descentralizada de muitas empresas de consultoria na França, organizadas sob um sistema de controle de qualidade.[37]

Alianças corporativas estratégicas

Um sexto modelo organizacional que está surgindo nos últimos anos refere-se à *interligação de empresas de grande porte* no que passou a ser conhecido como alianças estratégicas.[38] Tais alianças são muito diferentes das formas tradicionais de cartéis e outros acordos oligopolistas porque dizem respeito a épocas, mercados, produtos e processos específicos e não excluem a concorrência em todas as áreas (a maioria) não cobertas pelos acordos.[39] Foram especialmente relevantes nos setores de alta tecnologia, à medida que os custos de P&D aumentaram muito, e o acesso a informações privilegiadas tornou-se cada vez mais difícil em um setor em que a inovação representa a principal arma competitiva.[40] O acesso a mercados e a recursos de capital é frequentemente trocado por tecnologia e conhecimentos industriais; em outros casos, duas ou mais empresas empregam esforços conjuntos para desenvolver um novo produto ou aperfeiçoar uma nova tecnologia, em geral sob o patrocínio de governos ou órgãos públicos. Na Europa, a União Europeia chegou a forçar empresas de diferentes países a cooperarem como condição para receber subsídios, a exemplo da Philips, da Thomson-SGS e da Siemens no programa IESSI de microeletrônica. Empresas de pequeno e médio portes recebem apoio da União Europeia e do programa EUREKA para P&D, com base no estabelecimento de *joint ventures* entre empresas de mais de um país.[41] A estrutura das indústrias de alta tecnologia em todo o mundo é uma teia cada vez mais complexa de alianças, acordos e *joint ventures* em que a maioria das grandes empresas está interligada. Essas conexões não impedem o aumento da concorrência. Ao contrário, as alianças estratégicas são instrumentos decisivos nessa concorrência, com os parceiros de hoje tornando-se os adversários de amanhã, embora a colaboração em determinado mercado esteja em total contraste com a luta feroz pela fatia de mercado em outra região do mundo.[42] Além disso, como as grandes empresas representam a ponta da pirâmide de uma vasta rede de subcontratação, seus modelos de aliança e concorrência também envolvem suas subcontratadas. Muitas vezes, práticas como prender os suprimentos de subcontratadas ou impedir o acesso a uma rede são armas competitivas usadas por empresas. Reciprocamente, as subcontratadas utilizam-se de toda e qualquer margem de liberdade obtida para diversificar seus clientes e proteger-se, enquanto absorvem tecnologia e informação para uso próprio. É por isso que a informação proprietária e o direito de autoria tecnológica são tão cruciais na nova economia global.

Em resumo, a grande empresa nessa economia não é — e não mais será — autônoma e autossuficiente. A arrogância das IBMs, das Philips ou das Mitsuis do mundo tornou-se questão de história cultural.[43] Suas operações reais são conduzidas com outras empresas: não apenas com as centenas ou os milhares de empresas subcontratadas e auxiliares, mas dezenas de parceiras relativamente iguais, com as quais ao mesmo tempo cooperam e competem neste admirável mundo novo econômico, onde amigos e adversários são os mesmos.

A empresa horizontal e as redes globais de empresas

A própria empresa mudou seu modelo organizacional para adaptar-se às condições de imprevisibilidade introduzidas pela rápida transformação econômica e tecnológica.[44] *A principal mudança pode ser caracterizada como a mudança de burocracias verticais para a empresa horizontal.* A empresa horizontal parece apresentar sete tendências principais: organização em torno do processo, não da tarefa; hierarquia horizontal; gerenciamento em equipe; medida do desempenho pela satisfação do cliente; recompensa com base no desempenho da equipe; maximização dos contatos com fornecedores e clientes; informação, treinamento e retreinamento de funcionários em todos os níveis.[45] Essa transformação do modelo corporativo, especialmente visível nos anos 1990 em algumas importantes empresas norte-americanas (como a ATT), acompanha a percepção dos limites do modelo da "produção enxuta" experimentado na década de 1980. Esse "modelo enxuto" (com justiça, chamado pelos seus críticos de "enxuto e perverso") dependia fundamentalmente da economia de mão de obra, usando uma combinação de automação, controle computadorizado de trabalhadores, terceirização de trabalho e redução da produção. Em sua manifestação mais extrema, criou o que foi chamado de "a empresa vazia", isto é, uma empresa especializada em intermediação entre financiamento, produção e vendas no mercado com base em uma marca comercial estabelecida ou em uma imagem industrial. Uma expressão direta da reestruturação capitalista para superar a crise de lucratividade dos anos 1970, o modelo da "produção enxuta" reduziu custos, mas também perpetuou as estruturas organizacionais obsoletas enraizadas na lógica do modelo de produção em massa sob as condições de controle dos mercados oligopolistas. Para operar na nova economia global, caracterizada pela onda de novos concorrentes que usam novas tecnologias e capacidades de redução de custos, as grandes empresas tiveram de tornar-se principalmente mais eficientes que econômicas. As estratégias de formação de redes dotaram o sistema de flexibilidade, mas não resolveram o problema da adaptabilidade da empresa. Para conseguir absorver os benefícios da flexibilidade das redes, a própria empresa teve de tornar-se uma rede e dinamizar cada elemento de sua estrutura interna: este é na essência o significado e o objetivo do modelo da "empresa horizontal", frequentemente estendida na descentralização de suas unidades e na crescente autonomia dada a cada uma delas, até mesmo permitindo que concorram entre si, embora dentro de uma estratégia global comum.[46]

Ken'ichi Imai provavelmente é o analista organizacional que mais se aprofundou na proposta e documentação da tese da transformação de empresas em redes.[47] Apoiando-se em seus estudos sobre as multinacionais japonesas e norte-americanas, Imai afirma que o processo de internacionalização da atividade empresarial baseou-se em três estratégias diferentes. A primeira e mais tradicional refere-se a uma estratégia de múltiplos mercados domésticos para as empresas que investem no exterior a partir de suas plataformas nacionais. A segunda visa o mercado global e organiza diferentes funções da empresa em lugares diferentes integrados em uma estratégia global articulada. A terceira estratégia, característica do estágio econômico e tecnológico mais avançado, baseia-se em redes internacionais. Sob essa estratégia, por um lado, as empresas estabelecem relações com vários mercados domésticos; por outro, há troca de informações entre todos esses mercados. Em vez de ficar de fora controlando os mercados, as empresas tentam integrar suas fatias de mercado e informações sobre mercados em outros países. Dessa forma, na estratégia antiga, o investimento estrangeiro direto visava a assumir o controle. Sob a estratégia mais recente, o investimento é destinado à construção de um conjunto de relações entre empresas em diferentes ambientes institucionais. A concorrência global é amplamente auxiliada pela "informação no local" de cada mercado, de forma que a elaboração da estratégia sob uma abordagem de cima para baixo motivará o fracasso, em um cenário em mudança constante e com dinâmicas de mercado altamente diversas. As informações oriundas de um momento e espaço específicos são o fator crucial. A tecnologia da informação possibilita a recuperação descentralizada dessas informações e sua integração simultânea em um sistema flexível de elaboração de estratégias. Essa estrutura internacional permite que pequenas e médias empresas se unam a empresas maiores, formando redes capazes de inovar e adaptar-se constantemente. Assim, *a unidade operacional real torna-se o projeto empresarial possibilitado por uma rede*, em vez de empresas individuais ou agrupamentos formais de empresas. Projetos empresariais são implementados em campos de atividades, tais como linhas de produtos, tarefas organizacionais ou áreas territoriais. Informações adequadas são cruciais para o desempenho das empresas. E as informações mais importantes sob as novas condições econômicas são aquelas processadas entre as empresas, com base na experiência recebida de cada campo. As informações circulam pelas redes: redes entre empresas, redes dentro de empresas, redes pessoais e redes de computadores. As novas tecnologias de informação são decisivas para que esse modelo flexível e adaptável realmente funcione. Para Imai, esse modelo de redes internacionais é a base da competitividade das empresas japonesas.

Admitindo-se que consiga reformar-se e transformar sua organização em uma rede articulada de centros multifuncionais de processos decisórios, a empresa de grande porte, sem dúvida, poderá ser uma forma superior de gerenciamento na nova economia. Isso porque o problema administrativo mais importante em uma estrutura altamente descentralizada e extremamente flexível é a correção do que o teórico organizacional Guy Benveniste chama de "erros de articulação". Concordo com sua definição: "Erros de articulação são a falta parcial ou total de adequação entre o que é desejado e o que está disponível."[48] Com a crescente interconectividade e a extrema descentralização dos processos na economia global, há maior dificuldade de evitar erros de articulação, e seus impactos micro e macroeconômicos são de maior intensidade. O modelo de produção flexível, em suas formas diferentes, maximiza a resposta dos agentes e unidades econômicas a um ambiente em rápido crescimento. Mas também aumenta a dificuldade de controlar e corrigir erros de articulação. As grandes empresas com níveis adequados de informações e recursos têm mais possibilidades de cuidar desses erros que as redes fragmentadas e descentralizadas, desde que façam uso da adaptabilidade além da flexibilidade. Isso implica a capacidade de a empresa reestruturar-se não apenas eliminando a redundância, mas alocando capacidades de reprogramação a todos os seus sensores, enquanto reintegra a lógica abrangente do sistema da empresa em um centro de processos decisórios, que trabalha on-line com as unidades ligadas em rede em tempo real. Muitos dos debates e experimentos relativos à transformação das grandes organizações públicas ou privadas, com ou sem fins lucrativos, são tentativas no sentido de combinar capacidades de flexibilidade e coordenação para assegurar tanto a inovação como a continuidade em um ambiente em rápido crescimento. A "empresa horizontal" é uma rede dinâmica e estrategicamente planejada de unidades autoprogramadas e autocomandadas com base na descentralização, participação e coordenação.

A crise do modelo de empresas verticais e o desenvolvimento das redes de empresas

Essas diferentes tendências na transformação organizacional da economia informacional são relativamente independentes entre si. A formação de redes de subcontratação centralizadas em empresas de grande porte constitui um fenômeno diferente da formação de redes horizontais de pequenos e médios negócios. A estrutura em forma de teia resultante das alianças estratégicas entre as grandes empresas é diferente da mudança para a empresa horizontal. O envolvimento de trabalhadores no processo produtivo não se reduz necessariamente ao modelo japonês, baseado também no sistema *kan-ban* e no controle de qualidade total. Todas essas tendências interagem entre si, influenciam-se, mas são dimensões diferentes de um processo fundamental: o processo de desintegração do modelo organizacional de burocracias racionais e verticais, típicas da grande empresa sob as condições de produção padronizada em massa e mercados oligopolistas.[49] O momento histórico de todas essas tendências também é diferente, e a sequência temporal de sua difusão é muito importante para o entendimento de seu significado social e econômico. Por exemplo, o sistema *kan-ban* originou-se no Japão em 1948 e foi elaborado pelo ex-sindicalista Ono Taiichi, que se tornou gerente da Toyota.[50] O toyotismo foi adotado aos poucos pelas empresas automobilísticas japonesas em um momento histórico (anos 1960) quando elas ainda não representavam uma ameaça competitiva para o resto do mundo.[51] O toyotismo conseguiu desenvolver-se, aproveitando-se de dois mecanismos específicos historicamente disponíveis na Toyota: controle sobre os trabalhadores e controle total de uma vasta rede de fornecedores externos à empresa, porém internos à *keiretsu*. Quando na década de 1990 a Toyota teve de operar no exterior, nem sempre era possível reproduzir o modelo *kan-ban* (por exemplo, na simbólica NUMMI, fábrica da Toyota-GM em Fremont, Califórnia). Portanto, o toyotismo é um modelo de transição entre a produção em massa padronizada e uma organização de trabalho mais eficiente, caracterizada pela introdução de práticas artesanais, bem como pelo envolvimento de trabalhadores e fornecedores em um modelo industrial baseado em linhas de montagem.

Dessa forma, o que surge da observação das transformações nas maiores empresas ao longo das duas últimas décadas do século XX não é um novo e "melhor modo" de produção, mas a crise de um modelo antigo e poderoso, porém excessivamente rígido associado à grande empresa vertical e ao controle oligopolista dos mercados. Dessa crise surgiram vários modelos e sistemas organizacionais que prosperaram ou fracassaram de acordo com sua adaptabilidade a vários contextos institucionais e estruturas competitivas. Como Piore e Sabel concluem em seu livro: "Fica em aberto a questão de a nossa economia basear-se na produção em massa ou na especialização flexível. As respostas dependerão, em parte, da capacidade de os países e as classes sociais imaginarem o futuro desejado."[52] No entanto, a experiência histórica recente já oferece algumas das respostas sobre as novas formas organizacionais da economia informacional.[53] Sob diferentes sistemas organizacionais e por intermédio de expressões culturais diversas, todas elas baseiam-se em redes. *As redes são e serão os componentes fundamentais das organizações.* E são capazes de formar-se e expandir-se por todas as avenidas e becos da economia global porque contam com o poder da informação propiciado pelo novo paradigma tecnológico.

As redes de redes: o modelo Cisco

Todo período de transformação organizacional tem sua expressão arquetípica. A Ford Motor Company tornou-se símbolo da era industrial da produção padronizada e do consumo de massa — chegando a ponto de inspirar o conceito de "fordismo", termo favorito dos economistas políticos na década de 1980. Pode muito bem ser que o modelo empresarial da economia da internet venha a ser exemplificado pela Cisco Systems.[54] Ou melhor, pelo "modelo global de empresa em rede" que a Cisco Systems propõe como expressão de sua organização e estratégia administrativa. Na formulação da própria empresa, esse modelo empresarial se baseia em hipóteses triplas:

> as relações que a empresa mantém com suas principais clientelas podem tanto ser um diferencial de concorrência quanto seus produtos ou serviços principais; o modo como a empresa distribui informações e sistemas é elemento essencial na força de suas relações; estar conectada não é mais adequado: as relações empresariais e as comunicações

> que as sustentam devem existir na trama da "rede". O modelo global em rede abre a infraestrutura informática da empresa a todas as principais clientelas, impulsionando a rede para conquistar vantagem perante a concorrência.[55]

Vamos examinar o que isso significa realmente na prática.

A Cisco Systems (empresa universalmente conhecida no setor da internet) é uma empresa com sede em San Jose, Califórnia, que fornece comutadores e roteadores que conduzem dados pelas redes de comunicações. É a líder em equipamentos para *backbones* da internet, que forneceu em 1999 cerca de 80% de tais equipamentos vendidos no mundo inteiro. Em 1999, 55% de suas vendas foram para redes empresariais, mas a empresa estava aumentando sua fatia no mercado de equipamentos para redes e assistência técnica para empresas de pequeno e médio portes, provedores de serviços de internet e redes para o consumidor. Na virada do século, estava tentando expandir-se para além dos equipamentos de comunicações via internet, e ingressar com vigor no setor das redes telefônicas, apostando em sua capacidade de produzir equipamentos de redes para novas tecnologias de transmissão capacitadas para transportar dados, voz e vídeo pelo mesmo cabo. Empresa criada em 1985 por uma dupla de professores de Stanford (que mais tarde saíram da empresa) com um investimento de dois milhões de dólares de um capitalista de risco, entregou seu primeiro produto em 1986, e abriu o capital em 1990. Sua receita anual naquele ano foi de US$ 69 milhões. No ano fiscal de 1999, sua receita já subira para US$ 12 bilhões, com US$ 2,55 bilhões de receita anual. O valor de suas ações subiu 2.356% entre 1995 e 1999, chegando a um valor de capitalização de mercado de US$ 220 bilhões, o quinto maior do mundo e cerca de quatro vezes maior que a capitalização de mercado da General Motors na época. O sucesso extraordinário da Cisco Systems em pouco mais que uma década se deve, em parte, a seu talento para aproveitar as oportunidades: forneceu os sistemas de conexão da internet no momento da explosão da internet. Mas outras empresas também estavam no ramo, algumas delas com o apoio de grandes empresas; outras, menores, estavam claramente à frente da Cisco em inovação tecnológica. De fato, assim que conseguiu dinheiro (ou valor patrimonial), a Cisco entrou num frenesi de aquisições de empresas iniciantes inovadoras para adquirir talentos e tecnologias a seus próprios recursos (13% da receita gasta em P&D). Assim, em agosto de 1999, a Cisco pagou US$ 6,9 bilhões pela Cerent, promissora empresa iniciante da Califórnia com apenas US$ 10 milhões em vendas anuais. O consenso nos círculos empresariais, inclusive a própria percepção da Cisco, era que o modelo empresarial do qual foi pioneira foi o segredo de sua produtividade, lucratividade e competitividade. A Cisco aplicou a si mesma a lógica das redes que vendia aos clientes. Organizou na internet, e ao redor dela, todas as relações com os clientes, os fornecedores, os parceiros e os funcionários, e, por intermédio de engenharia, projetos e softwares excelentes, automatizou grande parte da interação. Ao montar uma rede de fornecedores on-line, a Cisco conseguiu reduzir ao máximo sua própria manufatura. De fato, até 1999 ela só possuía duas instalações de produção, das trinta fábricas que produziam equipamentos Cisco, e empregava no mundo inteiro apenas 23.500 funcionários (cerca de metade deles em San Jose), a maioria dos quais eram engenheiros, pesquisadores, administradores de empresa e vendedores. O núcleo do funcionamento da Cisco Systems está em seu sítio da internet. Os futuros clientes encontram inúmeras opções em diversas linhas de produtos que podem especificar à vontade. Os técnicos da Cisco atualizam o sítio diariamente. Se necessário, oferece assistência e consultoria on-line, a preço mais alto. Só trata pessoalmente de grandes contratos. Especificado o pedido do cliente, ele é automaticamente transferido para a rede de fornecedores, também conectada on-line. Os fabricantes despacham os produtos diretamente para os clientes. Em 1999, a Cisco atendia 83% de suas encomendas via internet, bem como 80% dos assuntos de atendimento aos clientes. Assim, a Cisco economizou aproximadamente US$ 500 milhões por ano de 1997 a 1999. Além disso, mais de 50% das encomendas feitas pelos clientes fluem via internet para os contratados da Cisco, que os atendem diretamente. A Cisco simplesmente recebe o pagamento. Para quê? Para P&D, tecnologia, projetos, engenharia, informações, assistência técnica e conhecimentos empresariais para construir uma rede fidedigna de fornecedores e para marketing para os clientes. Trata-se de uma indústria (de fato, a maior do mundo em valor de capitalização de mercado no ano 2000) que quase não fabrica nada, e talvez ainda não fabrique nunca quando da publicação deste livro. A rede da Cisco também se estende aos funcionários. A Cisco Employee Connection é uma intranet que proporciona comunicações instantâneas a mais de dez mil funcionários no mundo inteiro. Da engenharia em conjunto com o marketing, passando pelo treinamento, as informações fluem livre e instantaneamente pela rede, segundo as necessidades de cada departamento e funcionário. Em consequência disso, em 1999 a receita por funcionário da Cisco era de US$ 650.000, em comparação com a média de US$ 396.000 das quinhentas empresas de S&P, e com os US$ 253.000 por funcionário da Lucent Technologies, grande empresa produtora de equipamentos para redes telefônicas. A Cisco também se envolveu em alianças estratégicas com grandes empresas de diversas áreas do ramo: provedores de serviços, tais como a US West e a Alcatel; servidores, tais como Intel, Hewlett-Packard e Microsoft; empresas de equipamentos para acesso à internet, tais como Microsoft e Intel; e integradores de sistemas, tais como KPMG e EDS. Em todos esses casos, as redes dos projetos empresariais conjuntos assumem a forma de fontes de informações compartilhadas, e de interação on-line que dá origem à cooperação empresarial com cada parceiro. Ao transformar em rede suas operações internas e externas, utilizando os equipamentos que cria e vende, a Cisco Systems é exemplo típico do círculo virtuoso da revolução da tecnologia da informação: o uso das tecnologias da informação para aprimorar a tecnologia da informação, na base da rede organizacional alimentada por redes de informações.

Embora eu tenha escolhido concentrar-me na Cisco Systems por ser, provavelmente, o modelo mais autocrítico da forma de organização em rede, ela não é um exemplo isolado. Pelo contrário, a Cisco lança tendências. De fato, alguns observadores diriam que o pioneiro na criação de redes de negócios on-line foi a Dell Computers, que se tornou uma das líderes no setor de computadores pessoais, e a empresa mais lucrativa no setor dos computadores na década de 1990, não tanto por uma tecnologia de destaque, mas por seu modelo inovador de administração. Assim como a Cisco, a Dell recebe encomendas on-line, utilizando um sítio na internet montado com um software avançado que permite aos clientes a personalização do produto. Em 1999, a empresa vendia US$ 30 milhões por dia, e esperava que a receita de seus negócios on-line representassem 50% da receita total até o ano 2000. A Dell também depende muito de uma rede de fornecedores que recebem encomendas on-line e faz as entregas diretamente aos clientes da Dell. Em geral, cerca de 50% das encomendas da Dell são processadas via internet, sem contato direto com os gerentes da Dell. A produtividade e a competitividade, resultantes da adoção pioneira de um modelo integral de trabalho em rede, levaram a Dell à valorização de suas ações em 9.400% entre 1995 e 1999.

A Hewlett-Packard, nome legendário do ramo dos computadores, estava passando, em fins da década de 1990, a ser uma empresa de serviços on-line. Em vez de vender computadores, propunha aos clientes fornecer a potência de seus computadores via rede, com pagamento mensal. Ou, em sítios de *e-commerce*, cobrar uma percentagem da receita do cliente. Assim, a rede empresarial da Hewlett-Packard funcionaria da seguinte maneira: a Hewlett-Packard criaria computadores de topo de linha que seriam produzidos por fornecedores industriais do mundo inteiro e a Hewlett-Packard ficaria com os computadores, depois venderia sua operação on-line às empresas que precisassem de computadores potentes. A rede entre fabricação, computação e os usos dos computadores se torna a verdadeira unidade operacional, com diversas empresas fazendo negócios em diversas etapas do processo, com base em cooperação.

O modelo da Cisco não está confinado à economia da internet, ou mesmo ao setor da tecnologia da informação. Difundiu-se rapidamente na década de 1990 para áreas tão diversas quanto a maquinaria agrícola (ex.: John Deere); compras de mercearia, combinando entrega de compras on-line (pelo Webvan Group Inc.) com logística de armazenagem (fornecida pelo Bechtel Group); produção de automóveis (ex.: Renault); energia (ex.: a Altra Energy Technologies de Houston, que representa 40% das vendas de gás líquido natural); vendas de automóveis (ex.: Microsoft como força principal nas vendas de automóveis on-line, chegando a ameaçar o ramo tradicional de vendas de automóveis); serviços de consultoria empresarial (ex.: Global Business Networks, empresa da Califórnia especializada em planejamento de situações e estratégia empresarial); ou mesmo educação superior (ex.: a faculdade de administração da Duke University iniciou em 1999 um programa global de MBA realizado tanto on-line quanto via interação física nos quatro *campi* ao redor do mundo, com corpos docente e discente fazendo rodízio, embora mantendo a conexão em rede durante todo o curso). A operação das fábricas provavelmente se transformará por completo: assim, num congresso em Seattle em setembro de 1999, vi um dos vice-presidentes da Microsoft apresentar a tecnologia que permitiria produção personalizada e venda on-line de automóveis. Assim, os possíveis compradores personalizariam suas preferências antes que o carro fosse fabricado, de maneira semelhante ao que acontecia com os PC da Dell. A fábrica (na verdade uma rede de fábricas) receberia o pedido, depois produziria e entregaria o automóvel diretamente ao cliente — uma semana depois do recebimento do pedido personalizado, segundo a palestra no congresso. "*Just in time* segundo suas conveniências" talvez seja a nova relação gerente-cliente que já começou a surgir no setor automobilístico.

Parece que o modelo empresarial em rede global, cujo pioneiro foi a Cisco, se tornou, na virada do século, o modelo predominante para os concorrentes mais bem-sucedidos da maioria dos setores do mundo.

A tecnologia da informação e a empresa em rede

As novas trajetórias organizacionais que descrevi não foram consequências automáticas da transformação tecnológica. Algumas delas precederam o surgimento das novas tecnologias da informação. Por exemplo, como já mencionei, o sistema *kan-ban* foi introduzido na Toyota pela primeira vez em 1948 e sua implantação não precisou de conexões eletrônicas on-line. As instruções e as informações eram escritas em cartões padronizados, colocados em diferentes pontos de trabalho e trocados entre fornecedores e operadores de fábrica.[56] A maior parte dos métodos de envolvimento de trabalhadores experimentados pelas empresas japonesas, suecas e norte-americanas exigia mais mudança de mentalidade que mudança de máquinas.[57] O obstáculo mais importante na adaptação da empresa vertical às exigências de flexibilidade da economia global era a rigidez das culturas corporativas tradicionais. Ademais, no momento de sua difusão maciça nos anos 1980, supunha-se que a tecnologia da informação fosse a ferramenta mágica para reformar e transformar a empresa industrial.[58] Mas sua introdução na ausência da necessária transformação organizacional, de fato, agravou os problemas de burocratização e rigidez. Controles computadorizados causavam até mais interrupções que as redes de comandos pessoais tradicionais em que ainda havia lugar para alguma forma de barganha implícita.[59] Na década de 1980 nos Estados Unidos, uma tecnologia nova era, com certa frequência, considerada dispositivo para economizar mão de obra e oportunidade de controlar os trabalhadores, e não um instrumento de transformação organizacional.[60]

Desse modo, a transformação organizacional ocorreu independentemente da transformação tecnológica, como resposta à necessidade de lidar com um ambiente operacional em constante mudança.[61] No entanto, uma vez iniciada, a praticabilidade ou transformação organizacional foi extraordinariamente intensificada pelas novas tecnologias de informação. Como disseram Boyett e Conn:

> A capacidade de reconfiguração das grandes empresas norte-americanas, de parecerem pequenos negócios e agirem como tal pode, pelo menos em parte, ser atribuída ao desenvolvimento da nova tecnologia, que torna desnecessárias camadas inteiras de gerentes e funcionários.[62]

A capacidade de empresas de pequeno e médio portes se conectarem em redes, entre si e com grandes empresas, também passou a depender da disponibilidade de novas tecnologias, uma vez que o horizonte das redes (se não suas operações diárias) tornou-se global.[63] Certamente, as empresas chinesas apoiaram-se em redes baseadas em confiança e cooperação durante séculos. Mas quando, na década de 1980, elas estenderam-se pela região do Pacífico — de Tachung a Fukien, de Hong Kong a Guandong, de Jacarta a Bangkok, de Hsinchu a Mountain View, de Cingapura a Xangai, de Hong Kong a Vancouver e, principalmente, de Taipé e Hong Kong a Guangzhou e Xangai — apenas a confiança nas novas tecnologias de comunicação e informação possibilitou seu trabalho de forma constantemente atualizada, visto que os códigos familiares, regionais e pessoais estabeleciam a base para as regras do jogo a serem seguidas em seus computadores.

As grandes empresas ficariam simplesmente impossibilitadas de lidar com a complexidade da teia de alianças estratégicas, dos acordos de subcontratação e do processo decisório descentralizado sem o desenvolvimento das redes de computadores;[64] de forma mais específica, sem os poderosos microprocessadores instalados em computadores de mesa, ligados a redes de telecomunicações digitalmente conectadas. Esse é um caso em que a transformação organizacional, em certa medida, motivou a trajetória tecnológica. Talvez, se as grandes empresas verticais tivessem sido capazes de continuar a operar com êxito na nova economia, a crise da IBM, da Digital, da Fujitsu e do setor de computadores *mainframe* em geral não teria ocorrido. Foi devido à necessidade de utilização de redes pelas novas organizações — grandes e pequenas — que os computadores pessoais e as redes de computadores foram amplamente difundidos. E em razão da necessidade geral de manipulação flexível e interativa de computadores, o segmento de software tornou-se o mais dinâmico do setor e da atividade ligada à produção de informação, que provavelmente moldará os processos de produção e gerenciamento no futuro. Por outro lado, foi devido à disponibilidade dessas tecnologias (por causa da persistência dos inovadores do Vale do Silício, resistindo ao modelo de informática de "1984") que a integração em redes tornou-se a chave da flexibilidade organizacional e do desempenho empresarial.[65]

Bar e Borrus demonstraram em vários importantes trabalhos de pesquisa que a tecnologia das redes de informação teve um tremendo progresso no início dos anos

1990 devido à convergência de três tendências: digitalização da rede de telecomunicações, desenvolvimento da transmissão em banda larga e uma grande melhoria no desempenho de computadores conectados pela rede, desempenho que, por sua vez, foi determinado por avanços tecnológicos em microeletrônica e software. E os sistemas interativos de computadores, que até então limitavam-se às redes locais, tornaram-se operacionais em redes remotas, e o paradigma computacional passou da mera conexão entre computadores à "computação cooperativa", independentemente da localização dos parceiros interagentes. Avanços qualitativos em tecnologia da informação, indisponíveis até a década de 1990, permitiram o surgimento de processos flexíveis de gerenciamento, produção e distribuição totalmente interativos com base em computadores, envolvendo cooperação simultânea entre diferentes empresas e suas unidades.[66]

Em fins da década de 1990, o rápido desenvolvimento das tecnologias de rede e os softwares avançados foram essenciais na implantação e na difusão do que chamo de modelo Cisco. Por exemplo, em meados da década de 1990, grandes empresas usavam uma tecnologia chamada EDI (*electronic data interchange* — intercâmbio eletrônico de dados) para se comunicar eletronicamente com clientes e fornecedores, eliminando assim a papelada e as etapas intermediárias. Contudo a tecnologia era cara, de configuração e uso complexos, e rígida, exigindo formatação minuciosa de documentos eletrônicos como faturas e pedidos. Com a generalização da internet, das intranets e das extranets, com base na banda larga, nas redes de comunicação rápida, as empresas, grandes e pequenas, se relacionavam com facilidade, entre si e com os clientes, num padrão interativo e flexível. Em consequência disso, todos estavam tecnologicamente capacitados a adotar a forma de organização em rede, contanto que a empresa estivesse capacitada para a inovação administrativa.[67]

Dieter Ernst, por sua vez, demonstrou que a convergência entre as exigências organizacionais e a transformação tecnológica estabeleceu a integração em redes como a forma fundamental de concorrência na nova economia global. As barreiras que impediam o acesso aos setores mais avançados, como o eletrônico e o automobilístico, elevaram-se, dificultando extremamente a entrada de novos concorrentes sozinhos no mercado e até reduzindo a capacidade das grandes empresas para abrir novas linhas de produtos ou inovar os próprios processos de acordo com o ritmo da transformação tecnológica.[68] Nessas condições, a cooperação e os sistemas de rede oferecem a única possibilidade de dividir custos e riscos, bem como de manter-se em dia com a informação constantemente renovada. Mas as redes também atuam como porteiros. Dentro delas, novas oportunidades são criadas o tempo todo. Fora das redes, a sobrevivência fica cada vez mais difícil. Com a rápida transformação tecnológica, as redes — não as empresas — tornaram-se a unidade operacional real. Em outras palavras, mediante a interação entre a crise organizacional e a transformação e as novas tecnologias da informação, surgiu uma nova forma organizacional como característica da economia informacional/global: a *empresa em rede*.

Para definir a empresa em rede de forma mais precisa, relembro minha definição de organização: um sistema de meios estruturados com o propósito de alcançar objetivos específicos. Ainda acrescentaria uma segunda característica analítica, adaptada (em versão pessoal) da teoria de Alain Touraine.[69] Sob uma perspectiva evolucionária dinâmica, há uma diferença fundamental entre dois tipos de organizações: organizações para as quais a reprodução de seu sistema de meios transforma-se em seu objetivo organizacional fundamental; e organizações nas quais os objetivos e as mudanças de objetivos modelam e remodelam de forma infinita a estrutura dos meios. O primeiro tipo de organizações, chamo de burocracias; o segundo, de empresas.

Com base nessas diferenças conceituais, proponho o que acredito ser uma definição (não nominalista) potencialmente útil da empresa em rede: *aquela forma específica de empresa cujo sistema de meios é constituído pela intersecção de segmentos de sistemas autônomos de objetivos.* Assim, os componentes da rede tanto são autônomos quanto dependentes em relação à rede e podem ser uma parte de outras redes e, portanto, de outros sistemas de meios destinados a outros objetivos. Então o desempenho de uma determinada rede dependerá de dois de seus atributos fundamentais: conectividade, ou seja, a capacidade estrutural de facilitar a comunicação sem ruídos entre seus componentes; coerência, isto é, na medida em que há interesses compartilhados entre os objetivos da rede e de seus componentes.

Por que a empresa em rede é a forma organizacional da economia informacional/global? Uma resposta fácil seria baseada em abordagem empirista: é o que surgiu no período formativo da nova economia e é o que parece estar atuando. Mas é intelectualmente mais satisfatório entender que essa atuação parece estar de acordo com as características da economia informacional: organizações bem-sucedidas são aquelas capazes de gerar conhecimentos e processar informações com eficiência; adaptar-se à geometria variável da economia global; ser flexível o suficiente para transformar seus meios tão rapidamente quanto mudam os objetivos sob o impacto da rápida transformação cultural, tecnológica e institucional; e inovar, já que a inovação torna-se a principal arma competitiva.[70] Essas são, na verdade, as características do novo sistema econômico analisado no capítulo anterior. Nesse sentido, *a empresa em rede concretiza a cultura da economia informacional/global: transforma sinais em* commodities, *processando conhecimentos.*

Cultura, instituições e organização econômica: redes de empresas do Leste Asiático

Formas de organização econômica não se desenvolvem em um vácuo social: estão enraizadas em culturas e instituições. Cada sociedade tende a gerar os próprios sistemas organizacionais. Quanto mais historicamente distinta é uma sociedade, mais ela se desenvolve de forma separada das outras e mais específicas são suas formas organizacionais. Contudo, quando a tecnologia amplia o escopo da atividade econômica e quando os sistemas empresariais interagem em escala global, as formas organizacionais se difundem, fazem empréstimos mútuos e criam uma mistura correspondente a padrões de produção e concorrência muito comuns, adaptando-se simultaneamente aos ambientes sociais específicos em que operam.[71] Equivale a dizer que a "lógica de mercado" é mediada pelas organizações, cultura e instituições de maneira tão profunda que, se os agentes econômicos ousassem seguir uma lógica de mercado abstrata, ditada pela ortodoxia da economia neoclássica, estariam perdidos.[72] A maioria das empresas não segue essa lógica. Alguns governos seguem-na por ideologia e acabam perdendo o controle de suas economias (por exemplo, a administração do presidente Reagan nos EUA na década de 1980 ou o governo espanhol socialista no início dos anos 1990). Em outras palavras: os mecanismos de mercado mudam ao longo da história e funcionam mediante várias formas organizacionais. A questão crucial, então, é esta: quais são as fontes da especificidade de mercado? E essa pergunta só poderá ser respondida por estudos comparativos de organização econômica.

Uma importante série de pesquisas sobre teoria organizacional comparativa apontou as diferenças fundamentais na organização e no comportamento de empresas em contextos muito diferentes do padrão anglo-saxônico tradicional, inserido em direitos de propriedade, individualismo e separação entre Estado e empresas.[73] Essas pesquisas enfocaram principalmente as economias do Leste Asiático, escolha óbvia devido ao seu desempenho surpreendente nas décadas de 1970 e 1980. As descobertas das pesquisas organizacionais sobre as economias do Leste Asiático são importantes para a teoria geral da organização econômica por dois motivos.

Primeiro, pode-se demonstrar que os modelos de organização empresarial nas sociedades do Leste Asiático são produzidos pela interação da cultura, história e instituições, sendo estas últimas o fator fundamental na formação de sistemas empresariais específicos. Além disso, como era de se esperar segundo a teoria institucionalista de economia, esses modelos apresentam tendências comuns, ligadas à similaridade cultural, bem como características bastante distintas que podem ser atribuídas a importantes diferenças nas instituições, em consequência de processos históricos específicos.

Segundo, a tendência fundamental comum dos sistemas empresariais do Leste Asiático é basear-se em redes, embora em diferentes formas de redes. O alicerce desses sistemas não é a empresa ou o empresário individual, mas são as redes ou os grupos empresariais de diferentes tipos em um padrão que, com todas as suas variações, tende a configurar-se como a forma organizacional por mim caracterizada como a empresa em rede. Mas as redes empresariais asiáticas tiveram um desempenho desigual quando surgiu a nova economia e a globalização se acelerou. Assim, para avaliar sua relação com o modelo de empresa em rede que surge no Ocidente, precisamos analisar, simultaneamente, a especificidade histórica das culturas, as trajetórias históricas das instituições, os requisitos estruturais do paradigma informacional e as formas de concorrência na economia global. É na interação desses domínios sociais que encontramos algumas respostas provisórias acerca do "espírito do informacionalismo".

Tipologia das redes de empresas do Leste Asiático

Primeiro, vamos apresentar o registro sobre a formação, estrutura e dinâmica das redes de empresas do Leste Asiático. Felizmente, esse é um tema que recebeu atenção suficiente das pesquisas sociais[74] e, assim, posso contar com os trabalhos sistemáticos de análise comparativa e teorização realizados pelos principais cientistas sociais desse campo, Nicole Woolsey Biggart e Gary Hamilton,[75] além de minha própria pesquisa na região do Pacífico asiático, entre 1983 e 1995.

A rede organizada de empresas independentes é a forma predominante de atividade econômica nas economias de mercado do Leste Asiático. Há três tipos básicos distintos de redes, cada um caracterizando as empresas japonesas, coreanas e chinesas.[76]

Japão

No Japão, os grupos empresariais são organizados em redes de empresas que são donas umas das outras (*kabushiki mochiai*) e cujas empresas principais são dirigidas por administradores. Há dois subtipos dessas redes:[77]

1. Redes horizontais, baseadas em conexões de mercados entre grandes empresas (*kigyo shudan*). Essas redes alcançam vários setores econômicos. Algumas delas são as herdeiras das *zaibatsu*, redes de conglomerados gigantescos que lideravam a industrialização e o comércio japonês antes da Segunda Guerra Mundial, antes de sua dissolução formal (e não efetiva) durante a ocupação norte-americana. As três maiores dessas redes antigas são: Mitsui, Mitsubishi e Sumitomo. Após a guerra, formaram-se três redes novas em torno de grandes bancos: Fuyo, Dao-Ichi Kangin e Sanwa. Cada rede tem suas próprias fontes de financiamento e compete em todos os setores principais de atividade;
2. Redes verticais (*keiretsu*), construídas ao redor de uma *kaisha*, ou grande empresa industrial especializada, incluindo centenas e até milhares de fornecedores e suas subsidiárias conexas. As principais *keiretsu* são as localizadas em torno da Toyota, Nissan, Hitachi, Matsushita, Toshiba, Tokai Bank e Industrial Bank of Japan.

Esses grupos empresariais estáveis praticamente controlam o cerne da economia japonesa, organizando uma densa rede de obrigações mútuas, interdependência financeira, acordos de mercado, transferência de pessoal e informações compartilhadas. Um componente importantíssimo do sistema é a companhia *trading* (*sogo shosha*) para cada rede, que atua como intermediária geral entre fornecedores e consumidores e regula os insumos e a produção.[78] É a integradora do sistema. Essa organização empresarial funciona como uma unidade flexível no mercado competitivo, alocando recursos para cada membro da rede, conforme julgar adequado. Isso também dificulta muito a penetração de qualquer empresa externa ao grupo nos mercados. Essa organização econômica específica explica, em grande medida, os problemas enfrentados por empresas estrangeiras para entrar no mercado japonês, uma vez que todas as operações devem ser estabelecidas de forma nova e diferente, e os fornecedores recusam-se a atender outros clientes, a menos que sua matriz *kaisha* concorde com o negócio.[79]

As práticas e a organização do trabalho refletem essa estrutura hierárquica em rede.[80] As empresas oferecem emprego vitalício a seus trabalhadores, sistemas de recompensa com base no tempo de serviço e cooperação com sindicatos localizados nas empresas. Trabalho em equipe e autonomia no desempenho da tarefa são a regra, confiando no compromisso dos trabalhadores para com a prosperidade de sua empresa. Os gerentes envolvem-se com o chão de fábrica, compartilhando instalações e condições de trabalho com os trabalhadores braçais. Busca-se o consenso por intermédio de vários procedimentos — de organização do trabalho a ações simbólicas, como cantar o hino de uma empresa para começar o dia.[81]

Por outro lado, quanto mais as empresas estão na periferia da rede, mais a mão de obra é considerada dispensável e substituível, sendo a maioria trabalhadores temporários e empregados de meio expediente (capítulo 4). Mulheres e jovens com pouca instrução constituem o grosso dessa mão de obra periférica.[82] Desse modo, os grupos empresariais em rede levam tanto à cooperação flexível quanto aos mercados de trabalho altamente segmentados, que induzem uma estrutura social dual, principalmente organizada com base no sexo dos trabalhadores. Apenas a relativa estabilidade da família patriarcal japonesa integra as duas extremidades da estrutura social, minimizando as tendências para uma sociedade polarizada — mas somente enquanto as mulheres japonesas possam ser mantidas subservientes em casa e no trabalho.[83]

Coreia

As redes coreanas (*chaebol*), embora historicamente inspiradas pelas *zaibatsu* japonesas, são muito mais hierárquicas.[84] Sua tendência mais distintiva é que todas as empresas da rede são controladas por uma *holding* central, possuída por uma pessoa e sua família.[85] Além disso, a *holding* central é financiada por bancos do governo e companhias *trading* sob controle governamental. A família fundadora mantém controle rígido, indicando membros familiares, conhecidos da região e amigos íntimos para os altos cargos administrativos de toda a *chaebol*.[86] Pequenas e médias empresas desempenham papel menor, ao contrário do que acontece na *keiretsu* japonesa. A maioria das empresas da *chaebol* é relativamente grande e funciona sob a iniciativa coordenada da alta administração centralizada da *chaebol*, muitas vezes reproduzindo o estilo militar adquirido por influência de seus financiadores, em especial após 1961. As *chaebol* são multissetoriais, e seus administradores são transferidos de um setor de atividade para outro, assegurando, portanto, coerência estratégica e troca de experiência. As quatro maiores *chaebol* coreanas (Hyundai, Samsung, Lucky Gold Star e Daewoo) estão, atualmente, entre os maiores conglomerados econômicos do mundo e, juntas, foram responsáveis, em 1985, por 45% de todo o produto interno bruto sul-coreano. A *chaebol* é composta de empresas autossuficientes, dependentes apenas do governo. A maior parte de suas relações contratuais são internas, e a subcontratação desempenha um papel menor. Os mercados são delineados pelo Estado e desenvolvidos pela concorrência entre as *chaebol*.[87] São raras as redes de obrigações mútuas externas à *chaebol*. As relações internas das *chaebol* são uma questão de disciplina na hierarquia da rede, em vez de cooperação e reciprocidade.

As políticas e práticas de trabalho também se encaixam nesse modelo autoritário. Há, como no Japão, uma profunda segmentação dos mercados de trabalho entre os trabalhadores efetivos e os temporários, dependendo da centralidade da empresa na *chaebol*.[88] As mulheres desempenham um papel bem mais reduzido, uma vez que o patriarcalismo é até mais intenso na Coreia que no Japão,[89] e os homens relutam em permitir que as mulheres trabalhem fora de casa. Mas, na Coreia, os trabalhadores efetivos não recebem de suas empresas o mesmo tipo de compromisso com emprego de longo prazo e condições de trabalho.[90] Nem se espera que eles se comprometam a tomar iniciativas. Espera-se, principalmente, que cumpram as ordens recebidas. Os sindicatos eram controlados pelo Estado e foram mantidos subservientes por um longo período. Quando, nos anos 1980, a democracia obteve avanços significativos na Coreia, os sindicatos foram conquistando independência por meio de táticas de confronto por parte dos líderes das *chaebol*, o que motivou um padrão altamente conflituoso de relações industriais,[91] tendência que refuta a ideologia racista sobre a suposta atitude subserviente dos trabalhadores asiáticos, às vezes erroneamente atribuída ao confucionismo.

Contudo, embora a desconfiança dos trabalhadores seja a regra, a confiança é uma característica fundamental entre os diferentes níveis de gerência nas redes coreanas, a ponto de essa confiança estar enraizada principalmente em relações de parentesco: em 1978, 13,5% dos diretores das cem maiores *chaebol* eram parentes do dono e ocupavam 21% dos altos cargos administrativos.[92] Outros cargos administrativos geralmente são ocupados por pessoas da confiança da família do dono, com base em conhecimento direto, mediante mecanismo de controle social (redes sociais locais, redes familiares, redes escolares). Mas os interesses da *chaebol* são mais importantes, mesmo em relação à família. Se houver alguma discordância entre as duas, o governo garante que os interesses da *chaebol* prevaleçam aos dos indivíduos ou familiares.[93]

China

A organização empresarial chinesa baseia-se em empresas familiares (*jiazuqiye*) e em redes de empresas de diversos setores (*jituanqiye*), frequentemente controladas por uma família. Embora a maior parte da pesquisa detalhada disponível seja sobre a formação e o desenvolvimento de redes de empresas em Taiwan,[94] informações empíricas, bem como meu conhecimento pessoal, possibilitam uma extrapolação desse modelo para Hong Kong e comunidades chinesas no Sudeste Asiático.[95] É interessante notar que redes semelhantes parecem estar funcionando no rápido processo de industrialização, controlado pelo mercado, no sul da China, se estendermos o alcance das redes e incluirmos entre elas as autoridades do governo local.[96]

O principal componente da organização empresarial chinesa é a família.[97] As empresas pertencem a famílias, e o valor predominante diz respeito à família, não à empresa. Quando a empresa prospera, a família também progride. Assim, quando há riqueza suficiente acumulada, ela é dividida entre os membros da família, que investem em outros negócios, frequentemente não relacionados à atividade da empresa original. Às vezes, conforme a família vai aumentando suas posses, o padrão de criação de novas empresas é intrageracional. E, se isso não ocorrer durante a vida do fundador da empresa, ocorrerá após sua morte, porque, ao contrário do Japão e da Coreia, o sistema familiar baseia-se na descendência paterna e na herança igual para os filhos do sexo masculino, e, portanto, cada filho receberá sua parte dos bens da família para iniciar um negócio próprio. Wong, por exemplo, acha que as empresas chinesas bem-sucedidas passam por quatro fases em três gerações: emergente, centralizada, segmentada e desintegrativa, após a qual o ciclo começa novamente.[98] Apesar de frequentes rivalidades dentro das famílias, a confiança pessoal continua sendo a base dos negócios, independentemente das normas contratuais/legais. Assim, as famílias prosperam criando novas empresas em qualquer setor de atividade considerado rentável. As empresas familiares estão ligadas por acordos de subcontratação, intercâmbio de investimentos e participação em ações. Os negócios das empresas são especializados, e os investimentos das famílias são diversificados. As conexões entre as empresas são altamente personalizadas, fluidas e mutáveis, em oposição aos padrões de compromissos de longo prazo das redes japonesas. As fontes de financiamento tendem a ser informais (poupanças familiares, empréstimos de amigos confiáveis, associações de crédito rotativo ou outras formas de empréstimo informal, como a bolsa de pequenas empresas, ou *curb market*, de Taiwan).[99]

Nesse tipo de estrutura, a administração é altamente centralizada e autoritária. A gerência de nível médio, não sendo parte da família, é considerada apenas um elemento de ligação; e não se espera lealdade dos trabalhadores, uma vez que o ideal de cada trabalhador é começar o próprio negócio e, portanto, é considerado suspeito como futuro concorrente. Os compromissos são de curto prazo, o que prejudica planos estratégicos a longo prazo. No entanto, a extrema descentralização e flexibilidade desse sistema permite ajustes rápidos a novos produtos, novos processos e novos mercados. Por meio de alianças entre famílias e suas redes, o giro de capital é acelerado e a alocação de recursos é otimizada.

O ponto fraco dessas redes de empresas chinesas de pequena escala é sua inabilidade para realizar grandes transformações estratégicas que exijam, por exemplo, investimento em P&D, conhecimento dos mercados internacionais, modernização tecnológica em larga escala ou produção no exterior. Afirmarei mais adiante, ao contrário de alguns observadores das empresas chinesas, que o Estado — especialmente em Taiwan, mas também em outros contextos, como Hong Kong e, com certeza, na China — proporcionou esse apoio estratégico decisivo para as redes chinesas prosperarem na economia informacional/global além de seu horizonte local lucrativo, mas limitado. A ideologia do familismo empresarial, enraizada em uma desconfiança ancestral do Estado no sul da China não pode ser tão valorizada, mesmo que, em grande medida, defina o comportamento dos empresários chineses.

O familismo empresarial representou apenas parte da história de sucesso das redes de empresas chinesas, embora fosse a parte significativa. Outro elemento foi a versão chinesa do Estado desenvolvimentista em Taiwan, Hong Kong ou China. Sob diferentes formas, o Estado, após tantos fracassos históricos, teve a inteligência de finalmente encontrar a fórmula para apoiar a iniciativa empreendedora chinesa baseada em relações de informações familistas e confiáveis, sem sufocar sua autonomia, em razão da evidência de que a glória duradoura da civilização chinesa, na verdade, dependia da vitalidade contínua das famílias egoisticamente bem-sucedidas. Provavelmente, a convergência entre famílias e Estado não ocorreu por acaso na cultura chinesa, no início da era informacional/global, quando o poder e a riqueza dependem mais da flexibilidade das redes que do poder burocrático.

Cultura, organizações e instituições: redes de empresas asiáticas e o Estado desenvolvimentista

Portanto, a organização econômica do Leste Asiático baseia-se em redes de empresas formais e informais. Mas há diferenças consideráveis entre as três áreas culturais onde surgiram essas redes. Como dizem Nicole Biggart e Gary Hamilton, na rede, as empresas japonesas põem em prática uma lógica comunitária, as empresas coreanas, uma lógica patrimonial, e as taiwanesas, uma lógica patrilinear.[100]

Tanto as semelhanças quanto as diferenças das redes de empresas do Leste Asiático podem remontar às características culturais e institucionais dessas sociedades.

As três culturas misturaram-se ao longo dos séculos e foram profundamente permeadas pelos valores filosóficos/religiosos do confucionismo e do budismo em seus vários padrões nacionais.[101] Seu relativo isolamento de outras regiões do mundo até o século XIX reforçou essa especificidade. A unidade social básica era a família, não o indivíduo. A lealdade é devida à família, e as obrigações contratuais com outros indivíduos estão subordinadas à "lei natural" familista. A educação é valor central tanto para a ascensão social como para o aperfeiçoamento pessoal. A confiança e a reputação em uma determinada rede de obrigações são as qualidades mais valorizadas e a regra mais severamente punida em caso de fracasso.[102]

Embora a constituição das formas organizacionais por atributos culturais, às vezes, seja uma tese muito vaga devido a sua falta de especificidade, parece que as semelhanças das formas de redes no Leste Asiático podem estar relacionadas a essas tendências culturais comuns. Quando a unidade de transação econômica não é o indivíduo, os direitos de propriedade ficam em segundo lugar em relação aos direitos da família. E quando a hierarquia das obrigações é estruturada com base em confiança mútua, redes estáveis têm de ser estabelecidas baseadas nessa confiança, enquanto agentes externos a essas redes não serão tratados da mesma forma no mercado.

Mas, se a cultura promove as semelhanças dos modelos de empresas em rede, as instituições parecem ser responsáveis pelas grandes diferenças, embora, ao mesmo tempo, reforcem a lógica do sistema de redes. A diferença fundamental entre as três culturas está no papel do Estado tanto historicamente como no processo de industrialização. Em todos os casos, o Estado assumiu o lugar da sociedade civil: as elites mercantis e industriais ficaram sob a orientação alternativamente benevolente ou repressora do Estado. Mas, em cada caso, o Estado era historicamente diferente e desempenhava papel diferente. Neste ponto da discussão, devo diferenciar o papel do Estado na história e o desempenho do Estado desenvolvimentista contemporâneo.[103]

Na história recente, a diferença significativa estava entre o Estado japonês[104] e o chinês.[105] O Estado japonês não apenas moldou o Japão, mas também a Coreia e Taiwan sob seu domínio colonial.[106] Desde o período Meiji, o Japão foi um agente de modernização autoritária, mas funcionando por intermédio de (e com) grupos empresariais formados por clãs (*zaibatsu*), alguns dos quais (Mitsui, por exemplo) remontam a estabelecimentos mercantis ligados a poderosos chefes feudais.[107] O Estado imperial japonês estabeleceu uma tecnocracia isolada e moderna que aprofundou sua capacidade para o preparo da máquina bélica japonesa (o antecessor imediato do Ministério do Comércio Internacional e Indústria (MITI) foi o Ministério da Guerra, cerne da indústria militar japonesa).[108] Apenas quando apresentamos esse cenário institucional específico, conseguimos entender a exata influência da cultura sobre as organizações. Por exemplo, Hamilton e Biggart mostram o pano de fundo institucional da explicação cultural geralmente dada à busca do consenso japonês, no processo de trabalho, com base na noção de *Wa* ou harmonia. *Wa* busca a integração da ordem mundial pela subordinação do indivíduo às práticas do grupo. Biggart e Hamilton, no entanto, recusam-se a aceitar a determinação direta das práticas japonesas de gerenciamento como expressão cultural de *Wa*. Afirmam que esses procedimentos organizacionais resultam de um sistema industrial, promovido e posto em prática pelo Estado, que encontra apoio a sua implementação nos elementos da cultura tradicional, os materiais de construção com os quais as instituições trabalham para produzir organizações. Como os pesquisadores comentam, citando Sayle, "o governo japonês não fica afastado nem acima da comunidade: é com ela que os acordos *Wa* são negociados".[109] Portanto, os grupos empresariais do Japão, como, ao longo da história, ocorreu nas regiões de influência japonesa, tendem a ser organizados verticalmente com base em uma empresa principal que desfruta de um acesso direto ao Estado.

O Estado chinês tinha uma relação muito diferente com as empresas e especialmente com as do sul do país, principal fonte da iniciativa empreendedora chinesa. Nas últimas décadas do Estado imperial e no breve período do Estado do Kuomintang (KMT) na China, as empresas eram ao mesmo tempo maltratadas e solicitadas, vistas como fonte de renda, em vez de geradoras de riqueza. Isso levou, por um lado, a danosas práticas de tributação excessiva e falta de apoio à industrialização; por outro, ao favoritismo de alguns grupos empresariais, assim infringindo as regras da concorrência. Em resposta a essa situação, as empresas chinesas ficaram o mais longe possível do Estado, com base em um medo secular imposto aos empresários chineses do sul por seus conquistadores do norte. Esse distanciamento do Estado enfatizou o papel da família, bem como das conexões locais e regionais, no estabelecimento de transações comerciais, tendência que, segundo Hamilton, pode remontar à dinastia Qin.[110]

Sem direitos de propriedade confiáveis aplicados pelo Estado, não é necessário ser confuciano para depositar mais confiança nos parentes que em um contrato legalizado no papel. É importante notar que foi o envolvimento ativo do Estado no Ocidente para impor os direitos de propriedade, como foi demonstrado por North,[111] e não a falta de intervenção estatal que se tornou o fator decisivo para a organização da atividade econômica junto com as transações de mercado entre agentes individuais independentes. Quando o Estado não agia para criar o mercado, como na China, as famílias encarregavam-se de fazê-lo sozinhas, ignorando o Estado e inserindo os mecanismos de mercado nas redes socialmente construídas.

Mas a configuração dinâmica das redes de empresas do Leste Asiático, capaz de enfrentar a economia global, surgiu na segunda metade do século XX, sob o impulso decisivo do que Chalmers Johnson rotulou de Estado desenvolvimentista.[112] Para estender esse conceito fundamental — que se originou no estudo de Johnson sobre o papel do MITI na economia japonesa — à experiência mais ampla da industrialização no Leste Asiático, usei em meu trabalho uma definição um tanto modificada de Estado desenvolvimentista.[113] O Estado é desenvolvimentista quando estabelece como princípio de legitimidade sua capacidade de promover e manter o desenvolvimento, entendendo-se por desenvolvimento a combinação de taxas de crescimento econômico altas e constantes e transformação estrutural do sistema econômico, tanto internamente quanto em suas relações com a economia internacional. No entanto, essa definição é enganosa, a menos que especifiquemos o sentido de legitimidade em um dado contexto histórico. A maioria dos teóricos políticos permanece prisioneira de uma conceituação etnocêntrica de legitimidade, relacionada ao Estado democrático. Nem todos os Estados, contudo, tentaram fundamentar sua legitimidade no consenso da sociedade civil. O princípio da legitimidade pode ser exercido em nome da sociedade na forma em que se encontra (no caso do Estado democrático), ou em nome de um projeto societal conduzido pelo Estado que se autointitula intérprete das "necessidades históricas" da sociedade (o Estado como "vanguarda" social, na tradição leninista). Quando esse projeto societal envolve uma transformação fundamental da ordem social, costumo chamá-lo de Estado revolucionário, com base na legitimidade revolucionária, independentemente do grau de interiorização de tal legitimidade por seus sujeitos, a exemplo do Estado do Partido Comunista. Quando o projeto societal levado avante pelo Estado respeita os parâmetros mais amplos da ordem social (embora não necessariamente de uma estrutura social específica, por exemplo, uma sociedade agrária), eu o considero um Estado desenvolvimentista. A expressão histórica desse projeto societal no Leste Asiático tomou a forma da afirmação da identidade e da cultura nacional, construindo ou reconstruindo a nação como uma força internacional, nesse caso por meio da competitividade econômica e da melhoria socioeconômica. Enfim, para o Estado desenvolvimentista, o desenvolvimento econômico não é um objetivo, mas um meio: o meio de implementar um projeto nacionalista, superando uma situação de destruição material e derrota política após uma grande guerra ou, no caso de Hong Kong e Cingapura, após o rompimento de seus laços com seu ambiente econômico e cultural (China comunista, Malásia independente). Junto com vários pesquisadores,[114] afirmei empiricamente, em vários trabalhos, que na raiz da evolução das economias da região do Pacífico asiático encontra-se o projeto nacionalista do Estado desenvolvimentista. Atualmente esse fato é em geral reconhecido no caso do Japão, Coreia e Cingapura. Há alguma discussão sobre o assunto em relação a Taiwan, apesar de esse país parecer encaixar-se no modelo.[115] E recebi algumas críticas quando estendi a análise a Hong Kong, embora com as devidas especificações.[116]

Não posso entrar nos detalhes empíricos dessa discussão na estrutura deste texto. Levaria a análise dos negócios asiáticos para muito longe do enfoque deste capítulo, ou seja, o surgimento da empresa em rede como a forma organizacional predominante na economia da informação. No entanto, é possível e útil para a discussão mostrar a correspondência entre as características da intervenção estatal, em cada contexto do Leste Asiático, e as várias formas de organização empresarial em redes.

No Japão, o governo orienta o desenvolvimento econômico, assessorando as empresas sobre linhas de produtos, mercados de exportação, tecnologia e organização do trabalho.[117] Ele completa as orientações com grandes financiamentos e medidas fiscais, bem como com apoio seletivo para programas estratégicos de P&D. No âmago da política governamental estava a atividade do MITI, que periodicamente elabora "visões" para a trajetória do desenvolvimento japonês e estabelece as medidas de política industrial necessárias para a implementação do curso desejado ao longo dessa trajetória. O mecanismo crucial para garantir que as empresas privadas sigam todas as políticas governamentais é o financiamento. As empresas japonesas são muito dependentes de empréstimos bancários. O crédito é encaminhado aos bancos de cada grande rede de empresas pelo Banco Central do Japão, sob as instruções do Ministério da Fazenda em coordenação com o MITI. Na verdade, embora o MITI assuma a responsabilidade pelo planejamento estratégico, no governo japonês, o verdadeiro poder concentra-se no Ministério da Fazenda. Além disso, boa parte dos fundos emprestados vem da Poupança postal, um fornecimento maciço de finanças disponíveis controladas pelo Ministério dos Correios e Telecomunicações. O MITI visava setores específicos com base em seu potencial competitivo e oferecia vários incentivos, como isenção de impostos, subsídios, informação tecnológica e mercadológica, bem como apoio para P&D e treinamento de pessoal. Até a década de 1980, o MITI também adotou medidas protecionistas, isolando determinados setores da concorrência internacional durante seu período inicial. Essas práticas duradouras criaram uma inércia protecionista que, em certa medida, sobrevive após a abolição formal das restrições ao livre comércio.

A intervenção governamental no Japão é organizada com base na autonomia do Estado em relação a empresas e, em grande medida, em relação ao sistema político partidário, embora o conservador Partido Democrático Liberal governasse incontestado até 1993. O recrutamento de burocratas de alto nível baseado em mérito, a maioria deles formada pela Universidade de Tóquio, especialmente pela Faculdade de Direito, e sempre pelas universidades de elite (Kyoto, Hitotsubashi, Keio etc.) garante uma estreita rede social de tecnocratas altamente profissionais, bem treinados e apolíticos, que constituem a verdadeira elite dominante do Japão contemporâneo. Ademais, apenas cerca de 1% desses burocratas de alto nível atinge o topo da hierarquia. Os outros no último estágio da carreira vão para empregos bem pagos em instituições do setor "parapúblico", em empresas privadas ou nos partidos políticos tradicionais, dessa forma assegurando a difusão dos valores da elite burocrática entre os agentes políticos e econômicos, encarregados de implementar a visão estratégica governamental dos interesses nacionais japoneses.

Essa forma de intervenção estatal, baseada em consenso, planejamento estratégico e assessoria, determina a organização dos negócios japoneses em redes e a estrutura específica dessas redes. Sem um mecanismo de planejamento centralizado para alocar recursos, a política industrial do Japão só poderá ser efetiva se as próprias empresas forem rigidamente organizadas em redes hierárquicas que possam executar as orientações emitidas pelo MITI. Esses mecanismos de coordenação têm expressões muito concretas. Uma delas é a *shacho-kai,* ou reuniões mensais dos presidentes das principais empresas de uma grande rede entre mercados. Esses encontros são ocasiões para construir a coesão social nas redes, além de executar as diretrizes sinalizadas pelas comunicações formais e informais do governo. A verdadeira estrutura da rede também reflete o tipo de intervenção governamental: a dependência financeira de empréstimos aprovados pelo governo atribui um papel estratégico ao(s) principal(ais) banco(s) da rede; restrições ao comércio internacional e incentivos são encaminhados por meio da companhia *trading* de cada rede que funciona como integradora de sistemas, tanto entre os membros da rede quanto entre a rede e o MITI. Consequentemente, a quebra da disciplina da política industrial governamental por uma empresa é o mesmo que excluir-se da rede, sendo privada do acesso a financiamento, tecnologia e licença de importação/exportação. O planejamento estratégico do Japão e a estrutura de redes centralizadas das empresas japonesas são apenas dois aspectos do mesmo modelo de organização econômica.

A conexão entre a política governamental e a organização empresarial é ainda mais evidente no caso da República da Coreia.[118] No entanto, é importante notar que o Estado desenvolvimentista na Coreia não era uma característica do país nos anos 1950. Após a guerra, a ditadura de Syngman Rhee foi um regime corrupto, simplesmente desempenhando o papel de um governo vassalo dos Estados Unidos. Foi o projeto nacionalista do regime Park Chung Hee, após o golpe militar de 1961, que estabeleceu as bases para um processo estatal de industrialização e concorrência na economia internacional, posto em prática pelas empresas coreanas em nome dos interesses da nação e sob a rígida orientação do Estado. O governo Park visava criar o equivalente das *zaibatsu* japonesas com base nas grandes empresas coreanas existentes. Mas, por terem surgido sob as ordens do Estado, as redes resultantes eram até mais centralizadas e autoritárias que suas predecessoras japonesas. Para atingir os objetivos, o governo coreano fechou o mercado doméstico à concorrência internacional e praticou uma política de substituição de importação. Logo que as empresas coreanas começaram a operar, o governo enfocou o aumento de sua competitividade e favoreceu uma estratégia voltada para a exportação em uma trajetória na qual as indústrias faziam uso progressivo e intensivo de capital e tecnologia, com objetivos específicos delineados em planos econômicos de cinco anos, estabelecidos pelo Conselho de Planejamento Econômico, o cérebro e o motor do milagre econômico coreano. Na visão da instituição militar coreana, para serem competitivas, as empresas tinham de estar concentradas em grandes conglomerados. Eram forçadas a fazê-lo, pois o governo controlava o sistema bancário, bem como as licenças de exportação/importação. Tanto o crédito como as licenças eram dados de forma seletiva às empresas que aderissem a uma *chaebol*, visto que os privilégios governamentais eram destinados à empresa central (possuída por uma família) da *chaebol*. O governo também pedia explicitamente às empresas que financiassem suas atividades políticas e pagassem em dinheiro quaisquer favores especiais obtidos dos burocratas de alto nível, geralmente oficiais militares. Para impor rígida disciplina empresarial, o governo Park não abandonou o controle do sistema bancário. Assim, diferentemente do Japão, as *chaebol* coreanas não desfrutavam de independência financeira até os anos 1980. As políticas de trabalho também eram moldadas pelo autoritarismo de origem militar, com os sindicatos sob o controle direto do governo para garantir que seriam purgados de qualquer influência comunista. Essas políticas levaram à repressão ferrenha de qualquer organização trabalhista independente, destruindo, portanto a possibilidade de busca de consenso no processo de trabalho da indústria coreana.[119] Certamente, a origem estatal/militar da *chaebol* influiu mais na formação do caráter autoritário e patrilinear das redes de empresas coreanas que a tradição confuciana da zona rural do país.[120]

A interação entre Estado e empresas é muito mais complexa no caso das empresas familiares chinesas, enraizadas em séculos de desconfiança da interferência governamental. E assim mesmo o planejamento e a política do governo constituíram fator decisivo no desenvolvimento econômico de Taiwan.[121] Além de Taiwan ter o maior setor de empreendimentos públicos da região capitalista do Pacífico asiático (totalizando cerca de 25% do PIB até o final dos anos 1970), as orientações governamentais também foram formalizadas em sucessivos planos econômicos de quatro anos. Como na Coreia, o controle de bancos e licenças de exportação/importação foram os principais instrumentos para a implementação da política econômica governamental, também baseada na combinação de uma política de substituição de importação e industrialização voltada para a exportação. No entanto, ao contrário da Coreia, as empresas chinesas não dependiam tanto de créditos bancários, mas, como já disse, contavam com poupanças familiares, créditos cooperativos e mercados de capital informais, em geral independentes do governo. Dessa forma, as pequenas e médias empresas prosperaram sozinhas e estabeleceram as redes horizontais familiares já descritas. O serviço de informações do Estado do KMT, após aprender com seus erros históricos na Xangai dos anos 1930, iria basear-se nos fundamentos dessas redes dinâmicas de pequenas empresas, muitas delas às margens rurais das regiões metropolitanas, que compartilhavam a produção agrícola e industrial artesanal. Contudo, duvida-se que essas pequenas empresas teriam sido capazes de competir no mercado internacional sem o decisivo apoio estratégico do Estado. Esse apoio assumiu três formas principais: (a) saúde e educação subsidiadas, estrutura pública e redistribuição de renda com base em uma reforma agrária radical; (b) atração de capital estrangeiro via incentivos tributários e estabelecimento das primeiras zonas de processamento de exportação, com isso assegurando conexões, subcontratação e melhoria dos padrões de qualidade para as empresas e trabalhadores taiwaneses que entravam em contato com empresas estrangeiras; (c) apoio decisivo do governo para P&D, transferência e difusão de tecnologia. Este último fator foi especialmente crucial para capacitar as empresas taiwanesas a ascenderem na escada da divisão tecnológica do trabalho. Por exemplo, o processo de difusão de tecnologia eletrônica avançada — na origem da expansão do setor mais dinâmico da indústria taiwanesa nos anos 1980, a fabricação de clones de PCs — foi organizado diretamente pelo governo na década de 1960.[122] O governo adquiriu da RCA licença de tecnologia para design de chips, juntamente com o treinamento de engenheiros chineses pela empresa norte-americana. Com esses engenheiros, o governo criou um centro de pesquisas público, ETRI, que se manteve atualizado com os progressos da tecnologia eletrônica mundial, com ênfase em suas aplicações comerciais. Sob as diretrizes governamentais, o ETRI organizou seminários empresariais para difundir gratuitamente entre as empresas taiwanesas de pequeno porte a tecnologia ali gerada. Além disso, os engenheiros do ETRI foram estimulados a deixar o instituto após alguns anos, recebendo apoio financeiro e tecnológico do governo para iniciar seus próprios negócios. Portanto, embora nos setores mais tradicionais o apoio do governo taiwanês fosse mais indireto que na Coreia do Sul e Japão, o que é característico é que se encontrou a interação produtiva entre o governo e as redes de empresas: as redes continuaram a ser familiares e relativamente pequenas no que diz respeito ao tamanho das empresas (apesar de também haver grandes grupos industriais em Taiwan, por exemplo, o Tatung). As políticas governamentais, no entanto, assumiram as funções de coordenação e planejamento estratégico quando foi preciso que essas redes se ampliassem e melhorassem o escopo de suas atividades em produtos, processos e mercados.

A história é mais complexa no caso de Hong Kong, mas o resultado não é muito diferente.[123] Lá, a base da estrutura industrial voltada para a exportação foi composta de pequenas e médias empresas oriundas principalmente de poupanças familiares, começando com 21 famílias de industriais que emigraram de Xangai após a revolução comunista. Mas o governo colonial visava transformar Hong Kong em uma vitrina para a vitoriosa implementação do benevolente colonialismo britânico e, ao longo do processo, também tentou tornar o setor financeiro do território autossuficiente para afastar as pressões do Partido Trabalhista inglês em favor da descolonização. Para isso, atrás da desculpa ideológica da "não intervenção positiva" (ansiosamente consumida pelos Milton Friedmans do mundo), os "cadetes" de Hong Kong, funcionários públicos de carreira do Serviço Colonial Britânico, introduziram uma política desenvolvimentista ativa, meio de propósito, meio por acaso.[124] Eles mantinham rígido controle da distribuição de quotas de exportação de têxteis e vestuário entre as empresas, alocando-as com base em suas capacidades competitivas. Construíram uma rede de instituições governamentais (Centro de Produtividade, Conselho de Comércio etc.) para difundir informações sobre mercados, tecnologia, gerenciamento e outros temas cruciais pelas redes de empresas de pequeno porte, executando, com isso, as funções estratégica e coordenadora sem as quais essas redes nunca teriam sido capazes de entrar nos mercados dos EUA e dos países da Comunidade das Nações. Construíram o maior programa habitacional do mundo em termos de proporção da população abrigada no local (mais tarde, perdeu o primeiro lugar para Cingapura, que copiou sua fórmula). Não só havia milhares de fábricas em edifícios de vários andares (chamadas de "fábricas de apartamentos"), pagando aluguéis baratos de acordo com o programa de habitação, mas também o subsídio do programa proporcionava uma queda significativa nos custos com mão de obra, e a rede de segurança fornecida possibilitava que os trabalhadores tentassem iniciar os próprios negócios sem risco excessivo (em média, sete inícios antes de dar certo). Em Taiwan, a habitação rural e o pedaço de terra da família, resultado da persistência em cultivar áreas industriais, representam o mecanismo de segurança que possibilita as idas e vindas entre o trabalho autônomo e o assalariado.[125] Em Hong Kong, o equivalente funcional foi o programa de habitação. Em ambos os casos, redes de pequenas empresas surgiram, desapareceram e reapareceram sob forma diferente porque havia uma rede de segurança proporcionada pela solidariedade familiar e por uma versão colonial peculiar do Estado de bem-estar social.[126]

Uma forma semelhante de conexão entre o apoio governamental e as redes de empresas familiares parece estar surgindo no processo de industrialização para a exportação no sul da China, durante os anos 1990.[127] Por um lado, os industriais taiwaneses e de Hong Kong utilizaram as redes regionais de suas aldeias de origem nas províncias de Guandong e Fukien para criar subsidiárias e contratar terceirizações com o objetivo de estabelecer a parte mais popular de sua produção industrial (por exemplo, em calçados, plásticos ou produtos eletrônicos para consumo) no exterior. Por outro, essas redes produtivas só podem existir com base no apoio dos governos da província e locais, que fornecem a infraestrutura necessária, impõem disciplina trabalhista e atuam como intermediários entre a administração, os trabalhadores e as empresas de exportação. Como afirma Hsing na conclusão de sua pesquisa pioneira sobre o investimento industrial taiwanês no sul da China:

> O novo padrão de investimento estrangeiro direto nas regiões rapidamente industrializadas da China é caracterizado pelo papel predominante desempenhado por pequenos e médios investidores e sua colaboração com autoridades de escalões inferiores dos novos locais de produção. A base institucional que mantém e intensifica a flexibilidade de suas operações é constituída por uma rede de organizações de produção e comercialização, aliada à crescente autonomia dos governos locais. Igualmente importante: a afinidade cultural dos investidores internacionais e seus agentes locais, inclusive autoridades e trabalhadores locais, facilita um processo mais uniforme e rápido para o estabelecimento de redes transnacionais de produção.[128]

Dessa maneira, a forma das redes de empresas chinesas também é uma função do modo indireto, sutil, embora real e efetivo, de intervenção estatal no processo de desenvolvimento econômico em vários contextos. Contudo, um processo de transformação histórica pode estar a caminho com o extraordinário crescimento da riqueza, influência e alcance global das redes de empresas chinesas. É interessante notar que elas continuam a ser familiares, e sua interligação parece reproduzir as primeiras formas de integração em redes dos pequenos empresários. Mas, com certeza, são suficientemente poderosas para passar por cima de diretrizes do governo de Taiwan, Hong Kong e de outros países do Sudeste Asiático, com exceção do forte governo de Cingapura. As redes de empresas chinesas, embora mantenham, na essência, sua estrutura organizacional e dinâmica cultural, parecem ter alcançado um tamanho qualitativamente maior que lhes permite libertar-se do Estado.[129] No entanto, essa percepção talvez seja uma ilusão ligada a um período de transição histórica, pois o que está despontando no horizonte é a conexão gradual entre as poderosas redes de empresas chinesas e a estrutura governamental de múltiplas camadas da China continental. Na verdade, os investimentos mais lucrativos das empresas chinesas já estão ocorrendo na China. Quando, e se, essas conexões acontecerem, a autonomia das redes chinesas de negócios será testada, como também o será a capacidade de um Estado desenvolvimentista — construído por um Partido Comunista — de transformar-se em uma forma de governo capaz de dirigir sem subjugar as flexíveis redes de empresas familiares. Se houver essa convergência, o panorama econômico mundial se transformará.

Portanto a observação das redes de empresas do Leste Asiático revela as fontes culturais e institucionais dessas formas de organização, tanto em suas características comuns como nas grandes diferenças. Retornemos agora às consequências analíticas gerais dessa conclusão. Essas formas de organização econômica em redes podem desenvolver-se em outros contextos culturais/institucionais? Como a variação contextual influencia sua morfologia e desempenho? O que é comum para as novas regras do jogo na economia informacional/global e o que é específico a determinados sistemas sociais (por exemplo, os sistemas empresariais do Leste Asiático, o "modelo anglo-saxônico", o "modelo francês", o "modelo do norte da Itália" e assim por diante)? E a pergunta mais importante de todas: Como as formas organizacionais da economia industrial da atualidade, por exemplo, a empresa de grande porte com várias unidades, interagem com a nova empresa em rede em suas várias manifestações?

Empresas multinacionais, empresas transnacionais e redes internacionais

A análise das redes de empresas do Leste Asiático mostra a produção institucional/cultural de formas organizacionais. Mas também revela os limites da teoria de organizações empresariais controladas pelo mercado, etnocentricamente enraizada na experiência anglo-saxônica. Assim, a influente interpretação — feita por Williamson[130] — do surgimento da empresa de grande porte como a melhor maneira de reduzir incertezas e minimizar custos transacionais, absorvendo transações na empresa, simplesmente não se aplica quando confrontada com as informações empíricas do processo espetacular de desenvolvimento capitalista na região do Pacífico asiático, entre meados da década de 1960 e início da década de 1990, baseado em redes externas à empresa.[131]

Da mesma forma, o processo de globalização econômica com base em formação de redes também parece contradizer a análise clássica de Chandler[132] que atribui o desenvolvimento da grande empresa com várias unidades ao crescente tamanho do mercado e à disponibilidade da tecnologia de comunicações que possibilitam o controle desse amplo mercado pela grande empresa, obtendo, com isso, economias de escala e escopo e absorvendo-as na empresa. Chandler estendeu sua análise histórica sobre a expansão da empresa de grande porte no mercado norte-americano até o desenvolvimento da empresa multinacional como resposta à globalização da economia, usando, desta vez, o avanço das tecnologias da informação.[133] A maior parte da literatura dos últimos vinte anos dá a impressão de que a empresa multinacional, com sua estrutura divisional centralizada, era a expressão organizacional da nova economia global.[134] A única discussão sobre o assunto dava-se entre os defensores da permanência de raízes nacionais na empresa multinacional[135] e os que consideravam as novas formas de empresa verdadeiras transnacionais, cujas visões, interesses e compromissos superam qualquer país em particular, independentemente de sua origem histórica.[136] Contudo, análises empíricas sobre a estrutura e prática das grandes empresas globais parecem mostrar que os dois pontos de vista estão ultrapassados e devem ser substituídos pelo surgimento das redes internacionais de empresas e de subunidades empresariais, como a forma organizacional básica da economia internacional/global. Dieter Ernst resumiu muitas informações disponíveis sobre formação de redes entre empresas na economia global e acredita que a maioria das atividades econômicas nos setores mais importantes é organizada em cinco tipos diferentes de redes (sendo os setores eletrônico e automobilístico os mais avançados na difusão desse modelo organizacional). Os cinco tipos de redes são:

1. *Redes de fornecedores.* Incluem subcontratação, acordos OEM (fabricação do equipamento original) e ODM (fabricação do projeto original) entre um cliente (a "empresa focal") e seus fornecedores de insumos intermediários para produção.
2. *Redes de produtores.* Abrangem todos os acordos de coprodução que oferecem possibilidade a produtores concorrentes de juntarem suas capacidades de produção e recursos financeiros/humanos com a finalidade de ampliar seus portfólios de produtos, bem como sua cobertura geográfica.
3. *Redes de clientes.* São os encadeamentos à frente entre as indústrias e distribuidores, canais de comercialização, revendedores com valor agregado e usuários finais, nos grandes mercados de exportação ou nos mercados domésticos.
4. *Coalizões-padrão.* São iniciadas por potenciais definidores de padrões globais com o objetivo explícito de prender tantas empresas quanto possível a seu produto proprietário ou padrões de interface.

5. *Redes de cooperação tecnológica.* Facilitam a aquisição de tecnologia para projetos e produção de produtos, capacitam o desenvolvimento conjunto dos processos e da produção e permitem acesso compartilhado a conhecimentos científicos genéricos e de P&D.[137]

Contudo a formação dessas redes não implica o fim da empresa multinacional. Ernst, como vários observadores desse tema,[138] crê que as redes são centradas em uma grande multinacional ou são formadas com base em alianças e cooperação entre essas empresas. As redes cooperativas de empresas de pequeno e médio portes (por exemplo, na Itália e Leste Asiático) de fato existem, mas desempenham papel menos importante na economia global, pelo menos nos principais setores. A concentração oligopolista parece ter-se mantido ou aumentado na maioria dos setores dos principais ramos, não somente apesar, mas também por causa da forma de organização em redes. Isto porque a entrada nas redes estratégicas requer recursos consideráveis (financeiros, tecnológicos, participação no mercado) ou uma aliança com algum grande participante da rede.

As empresas multinacionais parecem ser ainda muito dependentes de suas bases nacionais. E a ideia de as empresas transnacionais serem "cidadãs da economia mundial" parece não ter validade. Contudo as redes formadas por empresas multinacionais transcendem fronteiras, identidades e interesses nacionais.[139] Minha hipótese é que, conforme o processo de globalização progride, as formas organizacionais evoluem de *empresas multinacionais a redes internacionais*, na verdade, passando por cima das chamadas "transnacionais", que pertencem mais ao mundo de representação mítica (ou formação de imagem para benefício próprio por parte de consultores administrativos) do que às realidades institucionais da economia internacional.

Além disso, como já mencionei, as empresas multinacionais não estão apenas participando de redes, mas estão elas próprias cada vez mais organizadas em redes descentralizadas. Ghoshal e Bartlett, após reunir dados sobre a transformação das empresas multinacionais, definem a multinacional contemporânea como "uma rede interorganizacional" ou, mais precisamente, "uma rede que está inserida em uma rede externa".[140] Essa abordagem é crucial para nosso entendimento porque, como dizem, as características dos ambientes institucionais onde estão localizados os vários componentes empresariais realmente formam a estrutura e a dinâmica da rede interna da empresa. Sendo assim, as empresas multinacionais são, de fato, as detentoras do poder oriundo da riqueza e tecnologia na economia global, visto que a maior parte das redes são estruturadas em torno delas. Mas, ao mesmo tempo, são internamente diferenciadas em redes descentralizadas e externamente dependentes de sua participação em uma estrutura complexa e em transformação de redes interligadas, redes internacionais, segundo Imai.[141] Além disso, cada componente dessas redes internas e externas está inserido em ambientes culturais/institucionais específicos (nações, regiões, locais) que afetam a rede em vários níveis. Em geral, as redes são assimétricas, mas cada um de seus elementos não consegue sobreviver sozinho ou impor suas regras. A lógica da rede é mais poderosa que seus poderosos. O gerenciamento das incertezas torna-se decisivo em uma situação de interdependência assimétrica.

Por que as redes são importantíssimas na nova concorrência econômica? Ernst aponta dois fatores como fontes principais nesse processo de transformação organizacional: a globalização de mercados e insumos e a drástica transformação tecnológica, que torna os equipamentos constantemente obsoletos e força a contínua atualização das empresas em termos de informações sobre processos e produtos. Nesse contexto, a cooperação não é apenas uma maneira de dividir custos e recursos, mas constitui uma apólice de seguro contra alguma decisão errada sobre tecnologia: as consequências de tal decisão também seriam sofridas pelos concorrentes, visto que as redes são ubíquas e interligadas.

É interessante observar que a explicação de Ernst para o surgimento da empresa internacional em rede repete o argumento dos teóricos sobre mercado, que tentei personalizar em Chandler, para os clássicos, e em Williamson, para a nova leva de economistas neoclássicos. Sugere-se que as características do mercado e a tecnologia sejam as variáveis principais. Contudo, na análise de Ernst, os efeitos organizacionais são exatamente os opostos daqueles esperados pela teoria econômica tradicional: embora o tamanho do mercado devesse induzir a formação da empresa vertical com várias unidades, a globalização da concorrência dissolve a grande empresa em uma teia de redes multidirecionais que se tornam a verdadeira unidade operacional. O aumento dos custos das transações devido ao acréscimo de complexidade tecnológica não resulta na internalização das transações na empresa, mas na externalização das transações e em custos compartilhados por toda a rede, obviamente aumentando as incertezas, mas também possibilitando sua difusão e compartilhamento. Assim, ou a explicação tradicional de organização empresarial com base na teoria neoclássica de mercado está errada, ou então as informações disponíveis sobre o surgimento das redes de empresas contêm falhas. Estou propenso a concordar com a primeira hipótese.

Portanto a empresa em rede, forma predominante de organização empresarial no Leste Asiático, parece estar prosperando em vários contextos institucionais/culturais da Europa[142] e dos Estados Unidos,[143] enquanto a grande empresa com várias unidades, hierarquicamente organizada em torno de linhas verticais de comando, parece estar mal-adaptada à economia informacional/global. A globalização e a informacionalização parecem estar estruturalmente relacionadas a sistemas de redes e à flexibilidade. Essa tendência indica que estamos mudando para o modelo asiático de desenvolvimento em substituição ao modelo anglo-saxônico da empresa neoclássica? Não acredito, apesar da difusão de práticas de trabalho e gerenciamento pelos países. As culturas e as instituições continuam a dar forma aos requisitos organizacionais da nova economia, em uma interação entre a lógica produtiva, a base tecnológica em transformação e as características institucionais do ambiente social. Um levantamento das culturas empresariais na Europa mostra a variação dos padrões organizacionais europeus, especialmente *vis-à-vis* as relações entre governos e empresas.[144] A arquitetura e composição das redes de empresas em formação em todo o mundo são influenciadas pelas características das sociedades em que essas redes estão inseridas. Por exemplo, o conteúdo e as estratégias das empresas eletrônicas na Europa dependem muito das políticas da União Europeia no tocante à redução de dependência tecnológica do Japão e dos EUA. Mas, por sua vez, a aliança da Siemens com a IBM e a Toshiba em microeletrônica é ditada por imperativos tecnológicos. A formação de redes de alta tecnologia em razão de programas de defesa nos EUA é uma característica institucional do setor norte-americano que tende a excluir parcerias estrangeiras. A incorporação gradual das regiões industriais do norte da Itália por grandes empresas italianas foi favorecida pelos acordos entre o governo, empresas de grande porte e sindicatos trabalhistas sobre a conveniência de estabilizar e consolidar a base produtiva formada durante os anos 1970, com o apoio dos governos regionais que eram dominados por partidos de esquerda. Em outras palavras, a empresa em rede fica cada vez mais internacional (não transnacional) e sua gestão resultará da interação administrativa entre a estratégia global da rede e os interesses nacionalmente/regionalmente enraizados de seus componentes. Visto que a maior parte das empresas multinacionais participam de várias redes, dependendo dos produtos, processos e países, a nova economia não pode mais ser considerada centrada em empresas multinacionais, mesmo que elas continuem a exercer controle oligopolista conjunto sobre a maioria dos mercados. Isso ocorre porque as empresas transformaram-se em uma teia de redes múltiplas inseridas em uma multiplicidade de ambientes institucionais. O poder ainda existe, mas é exercido de forma aleatória. Os mercados ainda negociam, mas os cálculos exclusivamente econômicos são dificultados por sua dependência de equações insolúveis determinadas por número excessivo de variáveis. A mão do mercado que economistas institucionais tentaram tornar visível voltou à invisibilidade. Desta vez, no entanto, sua lógica estrutural não apenas é governada pela oferta e procura, mas também influenciada por estratégias ocultas e descobertas não reveladas representadas nas redes globais de informação.

O ESPÍRITO DO INFORMACIONALISMO

O ensaio clássico de Max Weber sobre *The Protestant Ethic and the Spirit of Capitalism* [*A ética protestante e o espírito do capitalismo*], originalmente publicado em 1904-5[145] continua sendo o marco de qualquer tentativa teórica para entender a essência das transformações culturais/institucionais que introduzem um novo paradigma de organização econômica na história. Sua análise aprofundada sobre as origens do desenvolvimento capitalista, com certeza, foi contestada por historiadores que apontaram configurações históricas alternativas responsáveis pela manutenção do capitalismo de forma tão efetiva quanto o fez a cultura anglo-saxônica, embora em formas institucionais diferentes. Além disso, o enfoque deste capítulo não é tanto no capitalismo, que está muito vivo apesar de suas contradições sociais, mas no informacionalismo, um novo modo de desenvolvimento que altera, mas não substitui, o modo predominante de produção. No entanto os princípios teóricos propostos por Max Weber quase um século atrás ainda são um guia útil para a compreensão da série de análises e observações apresentadas neste capítulo, reunindo-as para destacar a nova configuração cultural/institucional que serve de base para as formas organizacionais da vida econômica. Em homenagem a um dos pais da sociologia, chamarei essa configuração de "o espírito do informacionalismo".

Onde começar? Como proceder? Vamos ler Weber novamente:

> O espírito do capitalismo. O que isso quer dizer?... Se for possível encontrar qualquer objeto ao qual esse termo possa ser aplicado com algum sentido compreensível, poderá ser apenas um indivíduo histórico, isto é, um complexo de elementos associados à realidade histórica, reunidos em um todo conceitual sob o ponto de vista de sua importância cultural. Tal conceito histórico, contudo, visto que seu conteúdo se refere a um fenômeno significativo para sua individualidade exclusiva... deve ser reunido gradualmente, começando pelas partes individuais extraídas da realidade histórica para sua composição. Assim, o conceito final e definitivo não pode estar no início da investigação, mas deve surgir no seu final.[146]

Estamos no fim, pelo menos, deste capítulo. Pelas nossas descobertas, que elementos da realidade histórica estão associados ao novo paradigma organizacional? E como poderemos uni-los em um todo conceitual de importância histórica?

São, antes de tudo, *redes de empresas* sob diferentes formas, em diferentes contextos e a partir de expressões culturais diversas. Redes familiares nas sociedades chinesas e no norte da Itália; redes de empresários oriundos de ricas fontes tecnológicas dos meios de inovação, como o Vale do Silício; redes hierárquicas comunais do tipo *keiretsu* japonês; redes organizacionais de unidades empresariais descentralizadas de antigas empresas verticalmente integradas, forçadas a adaptar-se às realidades da época; redes empresariais compostas de clientes e fornecedores de determinada empresa, inseridos numa teia mais ampla de redes formadas ao redor de outras empresas em rede; e redes internacionais resultantes de alianças estratégicas entre empresas, e suas redes auxiliares de apoio.

Também há *ferramentas tecnológicas*: novas redes de telecomunicações; novos e poderosos computadores de mesa; computadores onipresentes conectados a servidores potentes; novos softwares adaptáveis e autoevolutivos; novos dispositivos móveis de comunicação que estendem as conexões on-line para qualquer espaço a qualquer hora;

novos trabalhadores e gerentes conectados entre si em torno de tarefas e desempenho, capazes de falar a mesma língua, a língua digital.

Existe uma *concorrência global,* forçando redefinições constantes de produtos, processos, mercados e insumos econômicos, inclusive capital e informação.

E há, sempre, o *Estado*: desenvolvimentista no estágio inicial da nova economia, como no Leste Asiático; agente de incorporação quando as instituições econômicas precisam ser reconstruídas, a exemplo do processo da unificação europeia; coordenador quando as redes localizadas no território precisam do apoio inicial dos governos locais e regionais para gerar efeitos sinérgicos que estabelecerão meios de inovação; e um mensageiro com determinada missão quando direciona uma economia nacional ou a ordem econômica mundial para um novo curso histórico, planejado na tecnologia, mas não realizado na prática empresarial, como no projeto do governo norte-americano de construir a infovia do século XXI, ou impor uma ordem comercial liberal mundial. Todos esses elementos se juntam para dar origem à empresa em rede.

É provável que o *surgimento e a consolidação da empresa em rede* em todas as suas diferentes manifestações sejam a resposta para o "enigma da produtividade" que obscureceu minha análise da economia informacional no capítulo anterior. Porque, como Bar e Borrus afirmam em seu estudo sobre o futuro dos sistemas de rede:

> Um motivo para que os investimentos em tecnologia da informação não se tivessem transformado em maior produtividade é que eles serviram principalmente para automatizar as tarefas existentes. Muitas vezes eles automatizam maneiras ineficientes de fazer as coisas. A realização do potencial da tecnologia da informação requer uma reorganização substancial. A capacidade de reorganizar tarefas conforme vão sendo automatizadas depende amplamente da disponibilidade de uma infraestrutura coerente, isto é, uma rede flexível, capaz de fazer a interconexão das várias atividades empresariais informatizadas.

Os autores prosseguem, estabelecendo um paralelo histórico com o impacto da descentralização de pequenos geradores elétricos para o chão de fábrica de indústrias e concluem: "Esses computadores descentralizados só agora [1993] estão sendo interconectados de modo a possibilitar a reorganização e dar-lhe suporte. As empresas que efetivamente fizeram isso estão desfrutando de ganhos de produtividade."[147]

No entanto, embora todos esses elementos sejam ingredientes do novo paradigma desenvolvimentista, ainda falta o elo cultural para reuni-los, pois, conforme Max Weber afirma:

> O capitalismo de hoje, que veio para dominar a vida econômica, educa e seleciona os sujeitos econômicos necessários mediante um processo de sobrevivência econômica que elege o mais adequado. Mas aqui os limites do conceito de seleção como meio de

explicação histórica podem ser facilmente observados. Para que um estilo de vida tão bem adaptado às peculiaridades do capitalismo realmente pudesse ser selecionado, isto é, viesse a dominar outros, ele teria que originar-se em algum lugar, não só nos indivíduos isolados, mas como um estilo de vida comum a todo um grupo de homens. Esta origem é que, sem dúvida, precisa de explicação... No país de Benjamin Franklin... o espírito do capitalismo estava presente antes da ordem capitalista.

E acrescenta:

> O fato a ser explicado historicamente é que, no centro mais capitalista daquela época, na Florença dos séculos XIV e XV, o dinheiro e o mercado de capital de todas as grandes potências políticas, essa atitude [defesa da busca de lucros por Benjamin Franklin] era considerada eticamente injustificável ou, na melhor das hipóteses, tolerável. Mas, nas circunstâncias do remoto interior da pequena burguesia da Pensilvânia, no século XVIII, onde pela mera falta de dinheiro os negócios ameaçavam voltar à prática do escambo, onde não havia nem sinal de uma grande empresa, onde existiam apenas as mais primitivas atividades bancárias, a mesma coisa era considerada a essência da conduta moral, até obrigatória em nome do dever. Falar aqui de um reflexo das condições materiais na superestrutura ideal seria grande tolice. Qual era o pano de fundo das ideias que poderiam ser responsáveis pelo tipo de atividade aparentemente voltada só para o lucro como um apelo ao qual o indivíduo se sente com obrigação ética? Pois foi essa ideia que deu ao estilo de vida do novo empresário seu fundamento e justificativa ética.[148]

Qual é o fundamento ético do informacionalismo? E o informacionalismo realmente precisa de fundamento ético? Devo lembrar ao leitor que no período histórico do desenvolvimento do informacionalismo, o capitalismo, embora nas novas formas com profundas modificações em relação à época do trabalho de Weber, ainda continua sendo a forma econômica predominante. Portanto o espírito empresarial de acumulação e o renovado apelo do consumismo estão impulsionando formas culturais nas organizações do informacionalismo. Além do mais, o Estado e a afirmação da identidade coletiva nacional/cultural provaram reunir forças decisivas na arena da concorrência global. As famílias em sua complexidade continuam a prosperar e reproduzir, por meio da concorrência econômica, acumulação e herança. Mas, embora todos esses elementos juntos pareçam ser responsáveis pela manutenção cultural da renovada concorrência capitalista, não parecem ser suficientemente específicos para distinguir a nova agente dessa concorrência capitalista: a empresa em rede.

Pela primeira vez na história, a unidade básica da organização econômica não é um sujeito individual (como o empresário ou a família empresarial) nem coletivo (como a classe capitalista, a empresa, o Estado). Como tentei mostrar, *a unidade é a rede*, formada de vários sujeitos e organizações, modificam-se continuamente conforme as redes adaptam-se aos ambientes de apoio e às estruturas do mercado. O que une essas redes? Há alianças apenas úteis e eventuais? Pode ser que sim para determinadas redes, mas a forma de organização em redes deve ter uma dimensão cultural própria. Caso contrário, a atividade econômica seria desempenhada em um vácuo social/cultural, afirmação que pode ser ratificada por alguns economistas ultrarracionalistas, mas que é totalmente refutada pelo registro histórico. Então, o que é este "*fundamento ético da empresa em rede*", este "*espírito do informacionalismo*"?

Com certeza não é uma cultura nova no sentido tradicional de um sistema de valores porque a multiplicidade de sujeitos na rede e a diversidade das redes rejeitam essa "cultura de rede" unificadora. Também não é um conjunto de instituições porque observamos o desenvolvimento diverso da empresa em rede em vários ambientes institucionais, a ponto de ser moldada em uma ampla gama de formas por esses ambientes. Mas, sem dúvida, há um código cultural comum nos diversos mecanismos da empresa em rede. É composto de muitas culturas, valores e projetos que passam pelas mentes e informam as estratégias dos vários participantes das redes, mudando no mesmo ritmo que os membros da rede e seguindo a transformação organizacional e cultural das unidades da rede. É de fato uma cultura, mas uma cultura do efêmero, uma cultura de cada decisão estratégica, uma colcha de retalhos de experiências e interesses, em vez de uma carta de direitos e obrigações. É uma cultura virtual multifacetada, como nas experiências visuais criadas por computadores no espaço cibernético ao reorganizar a realidade. Não é fantasia, é uma força concreta porque informa e põe em prática poderosas decisões econômicas a todo momento no ambiente das redes. Mas não dura muito: entra na memória do computador como a matéria-prima dos sucessos e fracassos passados. A empresa em rede aprende a viver nesta cultura virtual. Qualquer tentativa de cristalizar a posição na rede como um código cultural em determinada época e espaço condena a rede à obsolescência, visto que se torna muito rígida para a geometria variável requerida pelo informacionalismo. O "espírito do informacionalismo" é a cultura da "destruição criativa", acelerada pela velocidade dos circuitos optoeletrônicos que processam seus sinais. Schumpeter encontra-se com Weber no espaço cibernético da empresa em rede.

Quanto às consequências sociais potenciais dessa nova história econômica, a voz do mestre ecoa fortemente cem anos depois:

> A moderna ordem econômica... agora está ligada às condições técnicas e econômicas da produção mecânica que, hoje, determina a vida de indivíduos nascidos nesse mecanismo, não apenas aqueles diretamente preocupados com a aquisição econômica, com a força irresistível... O interesse em bens exteriores seria algo que repousa apenas nos ombros de um "santo, como um manto leve, que pode ser tirado a qualquer momento". Mas quis o destino que o manto se tornasse uma gaiola de ferro... Hoje o espírito do ascetismo religioso... fugiu da gaiola. Mas o capitalismo vitorioso, uma vez que se ba-

seia em fundamentos mecânicos, não precisa mais de seu apoio... Ninguém sabe quem habitará essa gaiola no futuro, ou se no final desse enorme desenvolvimento surgirão profetas inteiramente novos, ou se haverá um grande renascimento das velhas ideias, ou — se nada disso ocorrer — uma petrificação mecanizada, enfeitada com uma espécie de autoimportância convulsiva. Pois, sobre o último estágio desse desenvolvimento cultural, talvez se pudesse afirmar: "Especialistas sem espírito, sensualistas sem coração; essa nulidade imagina ter atingido um nível de civilização jamais alcançado."[149]

Notas

1. Berger (1987); Berger e Hsiao (1988).
2. Hamilton e Biggart (1988); Clegg (1990); Biggart (1991); Janelli (1993); Whitley (1993).
3. Granovetter (1985); Clegg (1992); Evans (1995).
4. Biggart (1992: 49).
5. Williamson (1985); Sengenberger e Campbell (1992); Harrison (1994).
6. Piore e Sabel (1984).
7. Harrison (1994).
8. Coriat (1990).
9. Tuomi (1999).
10. Dosi (1988).
11. Piore e Sabel (1984: 17).
12. Hirschhorn (1985); Bettinger (1991); Daniels (1993).
13. Baran (1985); Cohen e Zysman (1987); Coriat (1990: 165).
14. Weiss (1988); Clegg (1990); Sengenberger *et al.* (1990).
15. Piore e Sabel (1984); Birch (1987); Lorenz (1988).
16. Harrison (1994).
17. Weiss (1988, 1992).
18. Teitz *et al.* (1981); Schiatarella (1984); Friedman (1988).
19. Gereffi (1993).
20. Coriat (1990); Nonaka (1990); Durlabhji e Marks (1993).
21. Sandkull (1992).
22. McMillan (1984); Cusumano (1985).
23. Wilkinson *et al.* (1992).
24. Dohse *et al.* (1985); Aoki (1988); Coriat (1990).
25. Friedman (1988); Weiss (1992).
26. Tetsuro e Steven (1994).
27. Coriat (1994: 182).
28. Aoki (1988: 16).
29. Nonaka (1991); Nonaka e Takeuchi (1994).
30. Sit *et al.* (1979); Sit e Wong (1988); Castells *et al.* (1990).
31. Gold (1986).
32. Gereffi (1999).

33. Hsing (1996).
34. Ybarra (1989).
35. Powell (1990).
36. Belussi (1992); Harrison (1994).
37. Leo e Philippe (1989); Biggart (1990b).
38. Imai (1980); Gerlach (1992); Cohen e Borrus (1995b); Ernst (1995).
39. Dunning (1993).
40. Van Tulder e Junne (1988); Ernst e O'Connor (1992): Ernst (1995).
41. Baranano (1994).
42. Mowery (1988).
43. Bennett (1990).
44. Drucker (1988).
45. *Business Week* (1993a, 1995a).
46. Goodman *et al.* (1990).
47. Imai (1990a).
48. Benveniste (1994: 74).
49. Vaill (1990).
50. Cusumano (1985).
51. McMillan (1984).
52. Piore e Sabel (1984: 308).
53. Tuomi (1999).
54. Esta seção baseia-se em relatórios empresariais, tanto impressos quanto on-line, em especial da *Business Week* e do *The Wall Street Journal*, bem como em documentos das empresas publicados em seus sítios na internet. Não considero necessário fornecer referências específicas, a não ser quando cito trechos de documentos. Com relação à Cisco Systems, também me baseei numa tese de mestrado do meu aluno de pós-graduação Abbie Hoffman (1999). Ver também Hartman e Sifonis (2000).
55. Cisco Systems (1999: 1-2).
56. McMillan (1984); Cusumano (1985).
57. Dodgson (1989).
58. Harrington (1991); Kotter e Heskett (1992).
59. Hirschhorn (1985); Mowshowitz (1986).
60. Shaiken (1985).
61. Cohendet e Llerena (1989).
62. Boyett e Conn (1991: 23).
63. Shapira (1990); Hsing (1996).
64. Whightman (1987).
65. Fulk e Steinfield (1990); *Business Week* (1996).
66. Bar e Borrus (1993).
67. *Business Week* (1998).
68. Ernst (1994b).
69. Touraine (1959).
70. Tuomi (1999).
71. Hamilton (1991).
72. Abolaffia e Biggart (1991).

73. Clegg e Redding (1990).
74. Whitley (1993).
75. Hamilton e Biggart (1988); Biggart (1991); Hamilton (1991); Biggart e Hamilton (1992).
76. Hamilton *et al.* (1990).
77. Imai e Yonekura (1991); Gerlach (1992); Whitley (1993).
78. Yoshino e Lifson (1986).
79. Abegglen e Stalk (1985).
80. Clark (1979); Koike (1988); Durlabhji e Marks (1993).
81. Kuwahara (1989).
82. Jacoby (1979); Shinotsuka (1994).
83. Chizuko (1987, 1988); Seki (1988).
84. Steers *et al.* (1989).
85. Biggart (1990a).
86. Yoo e Lee (1987).
87. Kim (1989).
88. Wilkinson (1988).
89. Gelb e Lief Palley (1994).
90. Park (1992).
91. Koo e Kim (1992).
92. Shin e Chin (1989).
93. Amsdem (1989); Evans (1995).
94. Hamilton e Kao (1990).
95. Sit e Wong (1988); Yoshihara (1988).
96. Hamilton (1991); Hsing (1994).
97. Greenhalgh (1988).
98. Wong (1985).
99. Hamilton e Biggart (1988).
100. Hamilton e Biggart (1988).
101. Whitley (1993).
102. Willmott (1972); Baker (1979).
103. Wade (1990); Biggart (1991); Whitley (1993).
104. Beasley (1990); Johnson (1995).
105. Feuerwerker (1984).
106. Amsdem (1979, 1985, 1989, 1992).
107. Norman (1940).
108. Johnson (1982).
109. Hamilton e Biggart (1988: 72).
110. Hamilton (1984, 1985).
111. North (1981).
112. Johnson (1982, 1995).
113. Castells (1992). Chalmers Johnson, em seu livro mais recente (1995), concordou com minha redefinição do Estado desenvolvimentista, aceitando-a como um aperfeiçoamento de sua teoria, o que é verdade.
114. Johnson (1982, 1985, 1987, 1995); Gold (1986); Deyo (1987); Amsdem (1989, 1992); Wade (1990); Appelbaum e Henderson (1992); Evans (1995).

115. Amsdem (1985); Gold (1986).
116. Castells *et al.* (1990).
117. Johnson (1982, 1995); Johnson *et al.* (1989); Gerlach (1992).
118. Jones e Sakong (1980); Lim (1982); Jacobs (1985); Amsdem (1989); Evans (1995).
119. Kim (1987).
120. Janelli (1993).
121. Amsdem (1979, 1985); Chen (1979); Kuo (1983); Gold (1986).
122. Chen (1979); Lin *et al.* (1980); Wong (1988); Castells *et al.* (1990).
123. Castells (1989c); Castells e Hall (1994).
124. Lethbridge (1978); Mushkat (1982); Miners (1986).
125. Chin (1988).
126. Schiffer (1983).
127. Hamilton (1991); Hsing (1994, 1996).
128. Hsing (1996: 307).
129. Mackie (1992 a e b).
130. Williamson (1985).
131. Hamilton e Biggart (1988).
132. Chandler (1977).
133. Chandler (1986).
134. Enderwick (1989); De Anne (1990); Dunning (1993).
135. Ghoshal e Westney (1993).
136. Ohmae (1990).
137. Ernst (1994b: 5-6).
138. Harrison (1994).
139. Imai (1990a).
140. Ghoshal e Bartlett (1993: 81).
141. Imai (1990a).
142. Danton de Rouffignac (1991).
143. Bower (1987); Harrison (1994).
144. Randlesome *et al.* (1990).
145. Weber (1958).
146. Weber (1958: 47).
147. Bar e Borrus (1993: 6).
148. Weber (1958: 55, 75).
149. Weber (1958: 180-2).

4

A TRANSFORMAÇÃO DO TRABALHO E DO MERCADO DE TRABALHO: TRABALHADORES ATIVOS NA REDE, DESEMPREGADOS E TRABALHADORES COM JORNADA FLEXÍVEL[1]

O processo de trabalho situa-se no cerne da estrutura social. A transformação tecnológica e administrativa do trabalho e das relações produtivas dentro e em torno da empresa emergente em rede é o principal instrumento por meio do qual o paradigma informacional e o processo de globalização afetam a sociedade em geral. Neste capítulo, analisarei essa transformação com base nas informações disponíveis, tentando entender as tendências contraditórias observadas nas mudanças dos padrões de trabalho e emprego ao longo das últimas décadas. Primeiro, abordarei a questão clássica da transformação secular da estrutura do mercado de trabalho que embasa as teorias do pós-industrialismo, por meio da análise de sua evolução nos principais países capitalistas entre 1920 e 2005. Em seguida, para ultrapassar as fronteiras dos países da OCDE, analisarei os debates sobre o surgimento de uma força de trabalho global. Então, passarei a analisar o impacto específico das novas tecnologias da informação sobre o processo de trabalho e sobre o mercado de trabalho, tentando avaliar o temor reinante de uma sociedade sem empregos. Finalmente, tratarei dos impactos potenciais da transformação do trabalho e do mercado de trabalho sobre a estrutura social, enfocando os processos de polarização social que têm sido associados ao surgimento do paradigma informacional. Na verdade, sugerirei uma hipótese alternativa que, embora reconheça essas tendências, as colocará na estrutura mais ampla de uma transformação mais fundamental: a individualização do trabalho e a fragmentação das sociedades.[2] Durante esse itinerário intelectual, usarei dados e descobertas de pesquisas registradas em muitas monografias, modelos de simulação e estatísticas-padrão que há anos vêm dedicando especial atenção a essas questões em muitos países. Mas o objetivo geral de minha investigação neste livro é analítico: visa a suscitar novas questões em vez de responder a antigos questionamentos.

A evolução histórica da estrutura ocupacional e do emprego nos países capitalistas avançados: o G-7, 1920-2005

Em qualquer processo de transição histórica, uma das expressões de mudança sistêmica mais direta é a transformação da estrutura ocupacional, ou seja, da composição das categorias profissionais e do emprego. Na verdade, as teorias do pós-industrialismo e informacionalismo utilizam como maior prova empírica da mudança do curso histórico o aparecimento de uma nova estrutura social caracterizada pela mudança de produtos para serviços, pelo surgimento de profissões administrativas e especializadas, pelo fim do emprego rural e industrial e pelo crescente conteúdo de informação no trabalho das economias mais avançadas. Implícita na maior parte dessas formulações, há uma espécie de lei natural das economias e sociedades que devem seguir um único caminho na trajetória da modernidade, lideradas pela sociedade norte-americana.

Eu faço uma abordagem diferente. Afirmo que, embora haja uma tendência comum na evolução da estrutura do emprego, típica das sociedades informacionais, também existe uma variação histórica de modelos de mercado de trabalho segundo as instituições, a cultura e os ambientes políticos específicos. Para avaliar as semelhanças e as variações das estruturas do emprego no paradigma informacional, examinei a evolução do mercado de trabalho, entre 1920 e 1990, dos principais países capitalistas que constituem o cerne da economia global, os chamados países do G-7. Todos estão em estágio avançado de transição à sociedade informacional e, portanto, podem ser usados para a observação do surgimento dos novos modelos de mercado de trabalho. Também representam culturas e sistemas institucionais muito distintos, o que nos permite investigar a variedade histórica. Ao conduzir esta análise não sugiro que todas as outras sociedades em diferentes níveis de desenvolvimento combinarão com uma ou outra das trajetórias históricas representadas por esses países. Como afirmei na introdução geral deste livro, o novo paradigma informacional interage com a história, instituições, níveis de desenvolvimento e posição no sistema global de interação de acordo com as diferentes redes. A análise apresentada nas páginas seguintes tem um objetivo mais preciso: descobrir a interação entre tecnologia, economia e instituições na padronização dos empregos e da profissão no processo de transição entre os modos de desenvolvimento rural, industrial e informacional.

Ao diferenciar a composição interna dos empregos no setor de serviços e ao examinar a evolução diferencial da estrutura ocupacional e do emprego em cada um dos sete países (Estados Unidos, Japão, Alemanha, França, Itália, Reino Unido e Canadá) entre 1920 e 1990, a análise apresentada introduz uma discussão baseada empiricamente na diversidade cultural/institucional da sociedade informacional. Para prosseguir nessa direção, introduzirei as questões analíticas pesquisadas nesta seção, definirei os conceitos e farei uma breve descrição da metodologia usada neste estudo.[3]

O pós-industrialismo, a economia de serviços e a sociedade informacional

A teoria clássica do pós-industrialismo combinou três afirmações e previsões que devem ser diferenciadas analiticamente:[4]

1. A fonte de produtividade e crescimento reside na geração de conhecimentos, estendidos a todas as esferas da atividade econômica mediante o processamento da informação.
2. A atividade econômica mudaria de produção de bens para prestação de serviços. O fim do emprego rural seria seguido pelo declínio irreversível do emprego industrial em benefício do emprego no setor de serviços que, em última análise, constituiria a maioria esmagadora das ofertas de emprego. Quanto mais avançada a economia, mais seu mercado de trabalho e sua produção seriam concentrados em serviços.
3. A nova economia aumentaria a importância das profissões com grande conteúdo de informação e conhecimentos em suas atividades. As profissões administrativas, especializadas e técnicas cresceriam mais rápido que qualquer outra e constituiriam o cerne da nova estrutura social.

Embora várias interpretações, em diferentes versões, estendam a teoria do pós-industrialismo à esfera das classes sociais, da política e da cultura, essas três afirmações inter-relacionadas servem de apoio à teoria no âmbito da estrutura social, âmbito a que, segundo Bell, a teoria pertence.

Cada uma dessas importantes afirmações deve ser vista com alguma restrição. Além disso, a conexão histórica entre os três processos ainda tem de ser submetida à confirmação empírica.

Primeiro, como afirmamos no capítulo 2, conhecimentos e informação, sem dúvida, parecem ser as fontes principais de produtividade e crescimento nas sociedades avançadas. Entretanto, como também já mencionamos, é importante notar que as teorias do pós-industrialismo basearam sua asserção original nas Pesquisas de Solow e Kendrick, ambas relativas à primeira metade do século XX nos EUA, no auge da era industrial. Isso comprova que o uso de conhecimentos como base do crescimento da produtividade foi uma característica da economia industrial, quando o emprego industrial estava em seu pico nos países mais avançados. Portanto, embora as economias do final do século XX apresentem uma clara diferença das anteriores à Segunda Guerra Mundial, a característica distintiva desses dois tipos de economia não parece ter como base principal a fonte do crescimento de sua produtividade. *A distinção apropriada não é entre uma economia industrial e uma pós-industrial, mas entre duas formas de produção industrial, rural e de serviços baseadas em conhecimentos.* Como afirmei nos primeiros capítulos deste livro, o que é mais distintivo em termos históricos entre as estruturas econômicas da primeira e da segunda metade do século XX é a revolução nas tecnologias da informação e sua difusão em todas as esferas de atividade social e econômica, incluindo sua contribuição no fornecimento da infraestrutura para a formação de uma economia global. Portanto proponho mudar a ênfase analítica do *pós-industrialismo* (uma questão pertinente de previsão social ainda sem resposta no momento de sua formulação) para o *informacionalismo.* Nesta perspectiva, as sociedades serão informacionais, não porque se encaixem em um modelo específico de estrutura social, mas porque organizam seu sistema produtivo em torno de princípios de maximização da produtividade baseada em conhecimentos, por intermédio do desenvolvimento e da difusão de tecnologias da informação e pelo atendimento dos pré-requisitos para sua utilização (principalmente recursos humanos e infraestrutura de comunicações).

O segundo critério da teoria pós-industrialista para se considerar uma sociedade como pós-industrial diz respeito à mudança para as atividades de serviços e ao fim da indústria. É um fato óbvio que a maior parte dos empregos nas economias avançadas localiza-se no setor de serviços e que esse setor é responsável pela maior contribuição para o PNB. Mas não quer dizer que as indústrias estejam desaparecendo ou que a estrutura e a dinâmica da atividade industrial sejam indiferentes à saúde de uma economia de serviços. Cohen e Zysman,[5] entre outros, garantiram que muitos serviços dependem de sua conexão direta com a indústria e que a atividade industrial (diferentemente do emprego industrial) é importantíssima para a produtividade e a competitividade da economia. Para os Estados Unidos, Cohen e Zysman estimam que 24% do PNB vêm do valor agregado pelas indústrias, e outros 25% do PNB vêm da contribuição dos serviços diretamente ligados às indústrias. Dessa forma, os autores afirmam que a economia pós-industrial é um "mito" e que estamos, de fato, em um tipo diferente de economia industrial. Grande parte da confusão provém da separação artificial entre as economias avançadas e as economias em desenvolvimento que, nas condições da globalização, fazem parte da mesma estrutura de produção. Assim, embora os analistas proclamassem a desindustrialização dos EUA, ou da Europa na década de 1980, simplesmente não levaram em conta o que estava acontecendo no resto do mundo. E o que estava acontecendo era que, segundo estudos da OIT,[6] o nível global de empregos industriais atingiu seu ponto mais alto em 1989, tendo aumentado 72% entre 1963 e 1989. A tendência continuou na década de 1990. Entre 1970 e 1997, embora os índices de empregos industriais tenham caído um pouco nos EUA (de 19.367 milhões para 18.657 milhões), e substancialmente na União Europeia (de 38.400 para 29.919), cresceram no Japão e foram multiplicados por um fator de 1,5 a 4 nos principais países em processo de industrialização; portanto, no geral, os novos empregos industriais excederam em muito as perdas no mundo desenvolvido.

Além disso, o conceito de "serviços" muitas vezes é considerado ambíguo, na melhor das hipóteses, ou errôneo, na pior.[7] Em estatística de emprego, esse conceito tem sido usado como um conceito residual que abarca tudo o que não é agricultura, mineração, construção, empresas de serviço público ou indústria. Assim, a categoria de serviços inclui atividades de todas as espécies, historicamente originárias de várias estruturas sociais e sistemas produtivos. A única característica comum dessas atividades do setor de serviços é o que elas não são. As tentativas de definir serviços por algumas características intrínsecas, como sua "intangibilidade" em oposição à "materialidade" de produtos ficaram definitivamente sem sentido com a evolução da economia informacional. Software para computadores, produção de vídeos, projeto de microeletrônica, agropecuária com base em biotecnologia e muitos outros processos cruciais característicos das economias avançadas juntam irremediavelmente seu conteúdo de informação ao suporte material do produto, impossibilitando a distinção dos limites entre "bens" e "serviços". Para entender o novo tipo de economia e estrutura social, devemos começar pela caracterização dos diferentes tipos de "serviços", para estabelecer distinções claras entre eles. Quando se compreende a economia informacional, cada uma das categorias específicas de serviços se torna uma distinção tão importante quanto o era a antiga fronteira entre indústria e serviços no tipo anterior de economia industrial. À medida que as economias se tornam mais complexas, devemos diversificar os conceitos usados para categorizar as atividades econômicas e, finalmente, abandonar o antigo paradigma de Colin Clark, baseado na distinção de setores primário/secundário/terciário. Tal distinção tornou-se um obstáculo epistemológico ao entendimento de nossas sociedades.

O terceiro prognóstico importante da teoria original do pós-industrialismo refere-se à expansão das profissões ricas em informação, como os cargos de administradores, profissionais especializados e técnicos, representando o cerne da nova estrutura ocupacional. Esse prognóstico também requer alguma ressalva. Diversas análises afirmaram que essa tendência não é a única característica da nova estrutura ocupacional. Simultâneo a essa tendência também há o crescimento das profissões em serviços mais simples e não qualificados. Esses empregos de baixa qualificação, apesar de sua taxa de crescimento mais lenta, podem representar uma grande proporção da estrutura social pós-industrial em termos de seus números absolutos. Em outras palavras, as sociedades informacionais também poderiam ser caracterizadas por uma estrutura social cada vez mais polarizada em que os dois extremos aumentam sua participação em detrimento da camada intermediária.[8] Além disso, há na literatura uma resistência generalizada ao conceito de que conhecimentos, ciência e especialização são os componentes cruciais na maior parte das profissões administrativas/especializadas. Há necessidade de um exame mais aprofundado no conteúdo real dessas classificações estatísticas gerais antes de começarmos a caracterizar nosso futuro como a república da elite instruída.

No entanto, o argumento mais importante contra uma versão simplista do pós-industrialismo é a crítica à suposição de que as três características examinadas se unem na evolução histórica e que essa evolução leva a um modelo único da sociedade informacional. Na verdade, essa elaboração analítica é similar à formulação do conceito de capitalismo pelos economistas políticos clássicos (de Adam Smith a Marx), exclusivamente baseada na experiência da industrialização inglesa, com constantes "exceções" ao modelo em toda a diversidade de experiências econômicas e sociais do mundo. Somente se começarmos pela separação analítica entre a lógica estrutural do sistema produtivo da sociedade informacional e sua estrutura social é que poderemos observar empiricamente se um paradigma econômico e tecnológico específico induz uma estrutura social específica e em que medida. E só se ampliarmos o escopo cultural e institucional de nossa observação é que poderemos separar o que pertence à estrutura da sociedade informacional (quando expressa um novo modo de desenvolvimento) daquilo que é específico à trajetória histórica de determinado país. Para ensaiar alguns passos nessa direção, compilei dados e fiz cálculos estatísticos básicos mais ou menos comparáveis para as sete maiores economias do mundo, os chamados países do G-7. Portanto, posso comparar com aproximação razoável a evolução de sua estrutura ocupacional e do emprego ao longo dos últimos setenta anos. Também analisei algumas projeções de emprego para o Japão e os EUA até o início do século XXI. O principal objetivo empírico desta análise é uma tentativa de diferenciar várias atividades do setor de serviços. Para tanto, adotei a conhecida tipologia de emprego desse setor elaborada por Singelmann há mais de vinte anos.[9] A conceitualização de Singelmann apresenta falhas, mas tem um mérito fundamental: adapta-se bem às categorias estatísticas habituais, como foi demonstrado na tese de doutorado do próprio autor, que analisou a mudança da estrutura do emprego nos vários países entre 1920 e 1970. Visto que o principal objetivo deste livro é analítico, decidi basear-me no trabalho de Singelmann para comparar o período de 1970-90 com suas descobertas relativas ao período de 1920-79. Então, elaborei uma tipologia semelhante de empregos setoriais e processei a estatística dos países do G-7 em categorias que permitissem comparação aproximada, estendendo a análise de Singelmann para o período crucial de desenvolvimento das sociedades informacionais, dos anos 1970 em diante. Como não posso assegurar a equivalência absoluta de minha classificação das atividades com as usadas antes por Singelmann, apresento nossos dados separadamente para os dois períodos. Eles não devem ser lidos como uma série estatística, mas como duas tendências estatísticas distintas aproximadamente equivalentes em termos das categorias analíticas usadas para compilar os dados. Tive grandes dificuldades metodológicas para estabelecer categorias equivalentes entre os diferentes países. O apêndice deste capítulo dá os detalhes dos procedimentos seguidos na elaboração dessa base de dados. Ao analisar esses dados, sempre com o objetivo de mostrar as tendências atuais da estrutura social, utilizei os métodos estatísticos mais simples, em vez de métodos analíticos desnecessariamente sofisticados para o nível atual de elaboração da base de dados. Optei pelo uso de estatística descritiva que simplesmente sugeriria as linhas do novo entendimento teórico.

Ao adotar as categorias de atividades do setor de serviços elaboradas por Singelmann, segui uma visão estruturalista de emprego, dividindo-a de acordo com o local da atividade na cadeia de conexões que se inicia no processo produtivo. Portanto, serviços de distribuição referem-se tanto às atividades de comunicações quanto às de transportes, bem como às redes de distribuição comercial (atacado e varejo). Serviços relacionados à produção referem-se mais diretamente àqueles serviços que parecem ser insumos cruciais na economia, embora também incluam serviços empresariais auxiliares que podem não ter necessidade de alta qualificação. Serviços sociais cobrem todo um campo de atividades públicas, bem como empregos relativos ao consumo coletivo. Serviços pessoais são aqueles relacionados ao consumo individual, de entretenimento a bares, restaurantes e similares. Embora sejam amplas, essas diferenciações permitem que pensemos de forma diferenciada sobre a evolução do mercado de trabalho nos países, pelo menos com maior profundidade analítica que as habituais contas estatísticas. Também tentei estabelecer diferença entre a dicotomia serviços/produtos e a classificação de emprego entre processamento da informação e atividades relacionadas a manuseio de produto, visto que cada uma dessas distinções pertence a uma abordagem diferente na análise da estrutura social. Para tanto, construí dois índices elementares de emprego relacionados à prestação de serviços/empregos ligados à produção de bens e empregos relacionados ao processamento da informação/empregos ligados ao manuseio de produto e calculei esses índices para os países e períodos em estudo. Por fim, também calculei uma tipologia simplificada de profissões nos países, elaborando as categorias dos vários países em torno daquelas utilizadas pela estatística norte-americana e japonesa. Embora me preocupe com as definições dessas categorias que, na verdade, misturam cargos e tipos de atividades, a utilização de estatísticas-padrão amplamente disponíveis propicia a oportunidade de examinar a evolução das estruturas ocupacionais em termos comparativos aproximados. O objetivo desse exercício é remodelar a análise sociológica das sociedades informacionais, avaliando, em uma estrutura comparativa, as diferenças na evolução do mercado de trabalho como um indicador fundamental tanto para suas semelhanças quanto para suas diversidades.

A transformação da estrutura do emprego, 1920-1970 e 1970-1990

A análise da evolução do emprego nos países do G-7 deve começar pela distinção entre dois períodos que, por pura sorte, correspondem às nossas duas diferentes bases de dados: *circa* 1920-70 e *circa* 1970-90. *A principal distinção analítica entre os dois períodos origina-se do fato de que, durante o primeiro período, as sociedades em exame tornaram-se pós-rurais, enquanto no segundo período elas realmente se tornaram pós-industriais.* Quer dizer, houve declínio maciço do emprego rural no primeiro caso e rápido declínio do emprego industrial no segundo período. Na verdade, *todos os países do G-7 mantiveram ou aumentaram (em alguns casos, substancialmente) a percentagem de seus empregos no setor de transformação e na indústria entre 1920 e 1970*. Portanto, se excluirmos construção e serviços públicos para ter uma visão mais aprofundada da força de trabalho na indústria, a Inglaterra e o País de Gales tiveram apenas um leve declínio de sua força de trabalho industrial, de 36,8% em 1921 para 34,9% em 1971; os EUA aumentaram o emprego industrial de 24,5% em 1930 para 25,9% em 1970; o Canadá, de 17% em 1921 para 22,0% em 1971; o Japão presenciou um enorme crescimento na indústria, de 16,6% em 1920 para 26% em 1970; a Alemanha (embora com um território nacional diferente) aumentou sua força de trabalho industrial de 33% para 40,2%; a França, de 26,4% para 28,1%; e a Itália, de 19,9% para 27,4%. Dessa forma, como afirma Singelmann, a mudança na estrutura do mercado de trabalho nesta metade de século (1920-70) foi da agricultura, e não da indústria, para serviços e construção.

A história é bem diferente no período de 1970-90, quando o processo de reestruturação econômica e transformação tecnológica ocorrido durante essas duas décadas levou a uma redução do emprego industrial em todos os países (ver tabelas 4.1 a 4.14 no apêndice A). Contudo, embora essa tendência fosse geral, o declínio do emprego industrial foi irregular, indicando de maneira clara a variedade fundamental das estruturas sociais de acordo com as diferenças das políticas econômicas e das estratégias empresariais. Assim, enquanto o Reino Unido, os EUA e a Itália vivenciavam rápida desindustrialização (reduzindo a percentagem do emprego industrial, em 1970-90, de 38,7% para 22,5%; de 25,9% para 17,5%; de 27,3% para 21,8%, respectivamente), o Japão e a Alemanha presenciavam uma queda moderada da participação de sua força de trabalho industrial: de 26% para 23,6% no caso do Japão e de 38,6% para um nível ainda bastante alto de 32,2% em 1987, no caso da Alemanha. O Canadá e a França ocupam uma posição intermediária, com a redução do emprego industrial, em 1971, de 19,7% para 14,9% e de 27,7% para 21,3%, respectivamente.

Sem dúvida, a Inglaterra e o País de Gales já haviam se tornado sociedades pós-rurais em 1921, com apenas 7,1% de sua força de trabalho na agricultura. Os Estados Unidos, a Alemanha e o Canadá ainda tinham uma considerável população no setor rural (de um quarto a um terço do total de empregos), e o Japão, a Itália e a França no geral eram sociedades dominadas por profissões dos setores rurais e comerciais. A partir desse início diferencial no período histórico em estudo, as tendências convergiram para uma estrutura do mercado de trabalho caracterizada por crescimento simultâneo da indústria e dos serviços à custa da agricultura. Essa convergência é explicada pelos rápidos processos de industrialização na Alemanha, Japão, Itália e França que distribuíram o superávit da população rural entre indústria e serviços.

Portanto, calculando-se o índice de emprego do setor de serviços em relação ao industrial (nosso indicador da "economia de serviços"), verifica-se apenas um aumento moderado na maioria dos países entre 1920 e 1970. Somente os Estados Unidos (alteração de 1,1 para 2,0) e o Canadá (1,3 para 2,0) assistiram a um aumento significativo da proporção relativa de emprego no setor de serviços, durante o período que chamei de pós-rural. Nesse sentido, é verdade que os EUA foram o líder da estrutura do mercado de trabalho típica da economia de serviços. Desse modo, quando a tendência para os empregos no setor de serviços acelerou e generalizou-se no período pós-industrial, os EUA e o Canadá aumentaram ainda mais a predominância de seus setores de serviços, com índices de 3,0 e 3,3, respectivamente. Todos os outros países seguiram a mesma tendência, mas em velocidades diferentes, atingindo, portanto, diferentes níveis de desindustrialização. Enquanto o Reino Unido, a França e a Itália parecem estar no mesmo caminho, a América do Norte, o Japão e a Alemanha destacam-se claramente como fortes economias industriais, com taxas inferiores de aumento de emprego no setor de serviços e índices de emprego mais baixos no setor de serviços em relação ao setor industrial: 1,8 e 1,4, respectivamente, em 1987-90. Essa observação é fundamental e merece discussão cuidadosa mais adiante. Mas, como tendência, na década de 1990 a maior parte da população dos países do G-7 está empregada no setor de serviços.

O emprego também está se concentrando em informática? Nosso índice de emprego do setor de processamento da informação em relação aos empregos do setor de manuseio de produto fornece algumas pistas interessantes para análise. Primeiro, devemos separar o Japão para um outro exame.

Em todos os países houve uma tendência para uma percentagem mais alta do emprego em processamento da informação. Embora a Itália e a Alemanha não tivessem nenhum — ou apenas um lento — aumento em 1920-70, seu mercado de trabalho ligado à informação obteve um crescimento considerável nas duas últimas décadas. Os Estados Unidos detêm o maior índice de emprego na área da informação entre os sete países, mas o Reino Unido, o Canadá e a França estão quase no mesmo nível. Portanto, a tendência para o uso do processamento da informação não é uma nítida característica distintiva dos Estados Unidos: a estrutura do mercado de trabalho norte-americano destaca-se mais claramente das outras como uma "economia de serviços" do que uma "economia da informação". A Alemanha e a Itália têm uma taxa de emprego no setor da informação significativamente mais baixa, mas esses países dobraram suas taxas nas duas últimas décadas, revelando, portanto, a mesma tendência.

Os dados sobre o Japão são mais interessantes. Mostram apenas um aumento moderado do mercado de trabalho na área da informação em cinquenta anos (de 0,3 para 0,4) e um crescimento ainda mais lento nos últimos vinte anos, de 0,4 para 0,5. Assim, a sociedade que provavelmente mais enfatiza as tecnologias da informação e na qual a alta tecnologia desempenha um papel muito significativo para a produtividade e competitividade também parece ter o mais baixo nível de emprego em informática e a taxa mais baixa da progressão desses empregos. A expansão dos empregos relacionados à informação e o desenvolvimento de uma "sociedade da informação" *(johoka shakai,* no conceito japonês) parecem ser processos diferentes, embora inter-relacionados. Na verdade, é interessante e problemático para algumas interpretações do pós-industrialismo o fato de o Japão e a Alemanha, as duas economias mais competitivas entre as principais economias nas décadas de 1970 e 1980, serem as que apresentam estes dados: o mais forte setor de empregos industriais, o índice mais baixo de emprego em serviços em relação ao emprego industrial, o índice mais baixo de emprego na área da informação em comparação com o emprego relacionado a produtos e, para o Japão (que teve o crescimento mais rápido de produtividade), a taxa mais baixa de aumento do emprego na área da informação ao longo do século. Sugiro que o processamento da informação é mais produtivo quando está inserido na produção material ou no manuseio de produto, em vez de desarticulado em uma maior divisão tecnológica do trabalho. Afinal de contas, a maior parte da automação refere-se exatamente à integração do processamento da informação no manuseio de produto.

Essa hipótese também pode ajudar a interpretar outra observação importante: nenhum dos sete países tinha um índice de emprego na área da informação superior a 1 em 1990, e apenas os EUA aproximavam-se desse limite. Portanto, embora a informação seja um componente crucial no funcionamento da economia e na organização da sociedade, não significa que a maior parte dos empregos esteja ou estará na área de informática. A marcha para os empregos no setor da informação está prosseguindo em ritmo significativamente mais lento e alcançando níveis muito mais baixos do que a tendência para os empregos no setor de serviços. Portanto, para entender o perfil real da transformação do emprego nas sociedades avançadas, agora devemos voltar-nos para a evolução diferencial de cada tipo de serviço nos países do G-7.

Para tanto, primeiro comentarei a evolução de cada categoria de serviços em cada país; depois farei a comparação da importância relativa de cada tipo de serviço entre si, em cada país; finalmente, analisarei as tendências de evolução do emprego nos serviços que a literatura considera característicos das sociedades "pós-industriais". Ao prosseguir esta análise, devo relembrar ao leitor que quanto mais aprofundamos a análise de categorias específicas de emprego, menos consistente se torna a base de dados. A impossibilidade de obter dados confiáveis para algumas categorias, países e períodos dificultará a sistematização de nossa análise geral. Mas a observação das tabelas ainda sugere que há algumas características merecedoras de análise mais detalhada e abordagem mais pormenorizada das bases de dados específicas de cada país.

Comecemos com os *serviços relacionados à produção*. Na literatura, eles são considerados serviços estratégicos da nova empresa, provedores da informação e do suporte para aumentar a produtividade e a eficiência das empresas. Portanto, sua expansão deverá seguir de mãos dadas com o aumento da sofisticação e produtividade da economia. De fato, nos dois períodos (1920-70, 1970-90), observamos uma expansão significativa do emprego nessas atividades em todos os países. Por exemplo, no Reino Unido, o emprego em serviços relacionados à produção aumentou de 5% em 1970 para

12% em 1990; nos EUA, no mesmo período, de 8,2% para 14%; na França, duplicou de 5% para 10%. É significativo que o Japão tenha aumentado drasticamente seu nível de emprego em serviços relacionados à produção entre 1921 (0,8%) e 1970 (5,1%), e a maior parte desse crescimento tenha ocorrido durante os anos 1960, momento em que a economia japonesa internacionalizou seu campo de ação. Por outro lado, enfocando 1970-90 em uma outra base de dados, o aumento do emprego japonês nos serviços relacionados à produção entre 1971 e 1990 (de 4,8% para 9,6%), embora substancial, ainda deixa o Japão em situação inferior no que se refere a essa categoria de emprego, quando comparado com as outras economias avançadas. Isso pode sugerir que uma proporção significativa dos serviços relacionados à produção foi absorvida pelas indústrias japonesas, o que talvez pareça ser uma fórmula mais eficiente, se considerarmos a competitividade e a produtividade da economia japonesa.

Essa hipótese é corroborada pelos dados da Alemanha. Embora apresentando crescimento significativo da percentagem de emprego em serviços relacionados à produção, de 4,5% em 1970 para 7,3% em 1987, a Alemanha ainda mostra o nível mais baixo desses serviços entre os países do G-7. O fato poderia sugerir um alto grau de absorção das atividades desses tipos de serviços nas empresas alemãs. Se esses dados fossem confirmados, deveríamos enfatizar que as duas economias mais dinâmicas (Japão e Alemanha) também têm a taxa mais baixa de emprego em serviços relacionados à produção, embora seja óbvio que suas empresas utilizem esses serviços em grande quantidade, mas provavelmente com uma estrutura organizacional diferente que liga esses serviços ao processo produtivo de forma mais direta.

Embora seja evidente que os serviços ligados à produção têm importância estratégica crucial na economia avançada, eles ainda não representam uma proporção substancial dos empregos nos países mais avançados, apesar do rápido crescimento de sua taxa em vários desses países. Não conhecendo a posição da Itália, a proporção desses empregos varia entre 7,3% e 14% nos outros países, colocando-os, é claro, muito à frente da agricultura, mas bem atrás da indústria. Um grande número de administradores e profissionais especializados engrossou as fileiras de emprego nas economias avançadas, mas nem sempre, nem predominantemente nos lugares visíveis da gestão do capital e do controle da informação. Parece que a expansão dos serviços relacionados à produção está ligada aos processos de desintegração e terceirização que caracterizam a empresa informacional.

Serviços sociais formam a segunda categoria de emprego que, de acordo com a literatura pós-industrial, deve caracterizar a nova sociedade. E caracteriza mesmo. Outra vez com exceção do Japão, o mercado de trabalho do setor de serviços sociais representa entre um quinto e um quarto do total de empregos nos países do G-7. Mas, aqui, a observação interessante é que o maior crescimento dos serviços sociais ocorreu durante os exuberantes anos 1960, realmente ligando sua expansão mais ao impacto dos movimentos sociais que ao advento do pós-industrialismo. Na verdade, os Estados

Unidos, o Canadá e a França tiveram taxas de crescimento do emprego em serviços sociais muito moderadas no período de 1970-90, enquanto na Alemanha, no Japão e na Grã-Bretanha esses empregos cresceram a uma taxa alta.

De modo geral, parece que a expansão do Estado do bem-estar social tem sido uma tendência secular desde o início do século, com momentos de aceleração, em períodos que variam para cada sociedade, e tendência para desaceleração na década de 1980. O Japão é a exceção, porque parece estar se recuperando. O país manteve um nível muito baixo de emprego em serviços sociais até 1970, provavelmente ligado à maior descentralização da assistência social tanto pelas empresas como pela família. Então, quando o Japão se tornou uma grande potência industrial e quando as formas mais tradicionais de assistência não puderam ser mantidas, o país dedicou-se a formas de redistribuição social semelhantes às outras economias avançadas, fornecendo serviços e criando empregos no setor de serviços sociais. No geral, podemos dizer que, embora o alto nível de expansão do emprego em serviços sociais seja uma característica de todas as sociedades avançadas, o ritmo dessa expansão parece depender mais diretamente da relação entre o Estado e a sociedade que do estágio de desenvolvimento da economia. De fato, a expansão do nível de emprego em serviços sociais (exceto no Japão) é mais característica do período de 1950-70 que de 1970-90, no início da sociedade informacional.

Serviços de distribuição combinam transportes e comunicações — atividades relacionais de todas as economias avançadas — com o comércio no atacado e a varejo, atividades supostamente típicas do setor de serviços das sociedades menos industrializadas. Será que o nível de emprego está declinando nessas atividades com pouca produtividade e uso intensivo de mão de obra, à medida que a economia progride para a automação do trabalho e a modernização das lojas? De fato, os empregos na área de serviços de distribuição permanecem em um nível bastante alto nas sociedades avançadas, também oscilando entre um quinto e um quarto do total de empregos, com exceção da Alemanha que se manteve a 17,7% em 1987. Esse nível de emprego é substancialmente mais alto que o de 1920 e só baixou um pouco nos últimos vinte anos nos EUA (de 22,4% para 20,6%). Portanto, o emprego no setor de serviços de distribuição representa mais ou menos o dobro do nível de emprego em serviços relacionados à produção, considerados típicos das economias avançadas. O Japão, o Canadá e a França aumentaram a participação desses empregos no período de 1970-90. Cerca de metade dos empregos nos serviços de distribuição nos países do G-7 corresponde a serviços do setor varejista, embora muitas vezes seja impossível diferenciar os dados entre o comércio no atacado e a varejo. De modo geral, o nível de emprego no setor varejista não baixou de forma significativa durante um período de setenta anos. Nos Estados Unidos, por exemplo, houve crescimento de 1,8% em 1940 para 12,8% em 1970 e, depois, houve uma leve baixa de 12,9% em 1970 para 11,7% em 1991. O Japão aumentou o nível de emprego no varejo de 8,9% em 1960 para 11,2% em

1990, e a Alemanha, embora tivesse um nível mais baixo de emprego nessa atividade (8,6% em 1987), apresentou crescimento em comparação com seu número de 1970. Portanto, há um grande setor de emprego ainda dedicado à distribuição, enquanto os movimentos da estrutura do mercado de trabalho são, de fato, muito lentos nas chamadas atividades de serviços.

Serviços pessoais são vistos ao mesmo tempo como os remanescentes de uma estrutura protoindustrial e como a expansão (pelo menos para alguns deles) do dualismo social que, de acordo com observadores, caracteriza a sociedade informacional. Também aqui a observação da evolução de longo prazo nos sete países sugere alguma precaução. Esses serviços continuam a representar uma proporção considerável do emprego em 1990: com exceção da Alemanha (6,3% em 1987), eles variam na faixa entre 9,7% e 14,1%, ou seja, mais ou menos equivalente aos importantes serviços relacionados à produção pós-industrialista. No geral, os serviços pessoais têm aumentado sua participação desde 1970. Ao enfocar os famosos/infames empregos ligados a "bares, restaurantes e similares", tema predileto da literatura que critica o pós-industrialismo, encontramos uma expansão significativa desses postos de trabalho nos últimos vinte anos, em especial no Reino Unido e no Canadá, embora os dados muitas vezes misturem os empregos em restaurantes e bares com os de hotéis, que também poderiam ser considerados típicos da "sociedade do lazer". Nos EUA, o nível de emprego em "bares, restaurantes e similares" permaneceu a 4,9% do total do emprego em 1991 (superior aos 3,2% de 1970), o que é mais ou menos o dobro do emprego rural, mas ainda menos do que os ensaios responsáveis pelo conceito da "sociedade do hambúrguer" querem que acreditemos. A principal observação a ser feita sobre o mercado de trabalho do setor de serviços pessoais é que esses empregos não estão desaparecendo nas economias avançadas. Portanto é possível afirmar que as mudanças da estrutura social/econômica dizem respeito mais ao tipo de serviços e ao tipo de emprego do que às atividades em si.

Tentemos, agora, avaliar algumas das teses tradicionais sobre pós-industrialismo à luz da evolução do mercado de trabalho desde 1970, mais ou menos no momento em que Touraine, Bell, Richta e outros primeiros teóricos da nova sociedade informacional publicavam suas análises. Em termos de atividade, os serviços relacionados à produção e os serviços sociais eram considerados típicos das economias pós-industriais, tanto como fontes de produtividade quanto como respostas às demandas sociais e à mudança de valores. Se agruparmos os empregos em serviços relacionados à produção e os de serviços sociais, observaremos um aumento substancial no que poderia ser rotulado de a "categoria dos serviços pós-industriais" em todos os países entre 1970 e 1990: de 22,8% para 39,2% no Reino Unido; de 30,2% para 39,5% nos EUA; de 28,6% para 33,8% no Canadá; de 15,1% para 24,0% no Japão; de 20,2% para 31,7% na Alemanha; de 21,1% para 29,5% na França (os dados italianos de nossa base de dados não possibilitam nenhuma avaliação séria dessa tendência). Portanto a tendência existe, mas é irregular, visto que começa de uma base muito diferente em 1970: os países anglo-saxônicos já haviam desenvolvido uma sólida base de emprego em serviços avançados, enquanto o Japão, a Alemanha e a França mantinham um nível de emprego muito mais alto na indústria e na agricultura. Assim, observamos dois caminhos diferentes na expansão do emprego em serviços "pós-industriais": um, o modelo anglo-saxônico, que desloca da indústria para os serviços avançados, mantendo o emprego nos serviços tradicionais; o outro, o modelo japonês/alemão que tanto expande os serviços avançados quanto preserva a base industrial, ao mesmo tempo que absorve algumas das atividades de serviços no setor industrial. A França está em posição intermediária, embora tendendo para o modelo anglo-saxônico.

Em resumo, a evolução do mercado de trabalho durante o chamado período "pós-industrial" (1970-90) mostra, ao mesmo tempo, um padrão geral de deslocamento do emprego industrial e dois caminhos diferentes em relação à atividade industrial: o primeiro significa uma rápida diminuição do emprego na indústria aliada a uma grande expansão do emprego em serviços relacionados à produção (em percentual) e em serviços sociais (em volume), enquanto outras atividades de serviços ainda são mantidas como fontes de emprego. O segundo caminho liga mais diretamente os serviços industriais e os relacionados à produção, aumenta com mais cautela o nível de emprego em serviços sociais e mantém os serviços de distribuição. A variação nesse segundo trajeto é entre o Japão, com uma maior população no setor rural e no comércio varejista, e a Alemanha, com um nível de emprego industrial significativamente mais alto.

No processo de transformação da estrutura do mercado de trabalho não desaparece nenhuma categoria importante de serviço, exceto o serviço doméstico em comparação com 1920. O que ocorre é uma diversidade cada vez maior de atividades e o surgimento de um conjunto de conexões entre as diferentes atividades que torna obsoletas as categorias de emprego. Na verdade, surgiu uma estrutura pós-industrial de emprego no último quartel do século XX, mas havia muitas variações nas estruturas emergentes nos vários países, e parece que grande produtividade, estabilidade social e competitividade internacional não estavam diretamente associadas ao mais alto nível de emprego em serviços ou processamento da informação. Ao contrário, as sociedades do G-7 que têm estado na vanguarda do progresso econômico e da estabilidade social nos últimos anos (Japão e Alemanha) parecem ter desenvolvido um sistema de conexão mais eficiente entre indústria, serviços relacionados à produção, serviços sociais e serviços de distribuição do que as sociedades anglo-saxônicas, com a França e a Itália em posição intermediária entre as duas trajetórias. Em todas essas sociedades, a informacionalização parece ser mais decisiva que o processamento da informação.

Desse modo, quando as sociedades decretam o fim do emprego industrial, de forma maciça e em um curto período de tempo, em vez de promover a transformação gradual das indústrias, não é necessariamente porque são mais avançadas, mas porque seguem políticas e estratégias específicas baseadas em seu pano de fundo cultural, social e político. E as opções adotadas para conduzir a transformação da economia nacional e da força de trabalho têm profundas consequências para a evolução da estrutura ocupacional, que fornece os fundamentos ao novo sistema de classes da sociedade informacional.

A nova estrutura ocupacional

Uma assertiva importante das teorias sobre o pós-industrialismo é que as pessoas, além de estarem envolvidas em diferentes atividades, também ocupam novos cargos na estrutura ocupacional. De modo geral, previu-se que, conforme entrássemos na chamada sociedade informacional, observaríamos a crescente importância dos cargos de administradores, técnicos e profissionais especializados, uma proporção decrescente dos cargos de artífices e operadores e aumento do número de funcionários administrativos e de vendas. Além disso, a versão "esquerdista" do pós-industrialismo aponta a importância cada vez maior das profissões de mão de obra semiqualificada (frequentemente não qualificada) do setor de serviços como o contraponto ao crescimento do emprego para profissionais especializados.

Verificar a exatidão dessas previsões na evolução dos países do G-7 nos últimos quarenta anos não é uma tarefa fácil, porque as categorias estatísticas nem sempre têm a mesma correspondência entre os diferentes países, e os dados das diversas estatísticas disponíveis nem sempre coincidem. Portanto, apesar de nossos esforços metodológicos para organizar os dados, nossa análise neste ponto ainda continua um tanto experimental e deve ser considerada apenas uma primeira abordagem empírica para sugerir linhas de análise sobre a evolução da estrutura social.

Comecemos, primeiro, com a *diversidade dos perfis profissionais entre as sociedades.* A tabela 4.15 (no apêndice A) reúne a distribuição da força de trabalho nas principais categorias profissionais para cada país com os dados estatísticos disponíveis mais recentes na época em que conduzimos este estudo (1992-93). A primeira e mais importante conclusão de nossa observação é que há diferenças muito marcantes entre as estruturas ocupacionais das sociedades que podem ser igualmente consideradas informacionais. Portanto, se tomarmos a categoria que agrupa administradores, profissionais especializados e técnicos, o epítome das profissões informacionais, verificamos que, de fato, sua presença foi muito forte nos EUA e no Canadá, significando quase um terço da força de trabalho no início dos anos 1990. Mas, na mesma época, a percentagem dessa categoria era de só 14,9% no Japão. E na França e Alemanha, em 1989, representava apenas cerca de um quarto de toda a força de trabalho. Os artífices e operadores, por sua vez, diminuíram substancialmente na América do Norte, mas ainda representavam 31,8% da força de trabalho japonesa, bem como mais de 27% na França e na Alemanha. Os trabalhadores do setor de vendas também não são uma categoria grande na França (3,8%), mas ainda são importantes nos EUA (11,9%) e realmente significativos no Japão (15,1%). O Japão apresentou uma proporção muito baixa de administradores (apenas 3,8%) em 1990 em comparação com 12,8% nos EUA, o que poderia ser um indicador de uma estrutura muito mais hierárquica. A característica distintiva da França é o forte componente de técnicos nos grupos profissionais de nível mais elevado (12,4% de toda a força de trabalho), contrastando com os 8,7% da Alemanha. A Alemanha, por sua vez, tem muito mais empregos que a França na categoria de "profissionais especializados": 13,9% contra 6%.

Outro fator de diversidade é a variação da proporção de mão de obra semiqualificada no setor de serviços: sua presença é significativa nos EUA, no Canadá e na Alemanha, bem menor no Japão e na França, exatamente os países que, em conjunto com a Itália, preservaram as tradicionais atividades rurais e comerciais de forma mais considerável.

No geral, *o Japão e os Estados Unidos representam as extremidades opostas da comparação, e seu contraste enfatiza a necessidade de reformular a teoria do pós-industrialismo e informacionalismo.* Os dados sobre os EUA combinam com o modelo predominante na literatura, simplesmente porque o "modelo" foi apenas uma teorização da evolução do mercado de trabalho norte-americano. Enquanto isso, o Japão parece combinar um aumento dos profissionais especializados com a persistência de um grande número de artífices ligados à era industrial e com a constância da força de trabalho rural e dos profissionais de vendas que testemunham a continuidade das profissões típicas da era pré-industrial, agora sob novas formas. O modelo norte-americano caminha para o informacionalismo mediante a substituição das antigas profissões pelas novas. O modelo japonês também caminha para o informacionalismo, mas segue uma rota diferente: aumenta algumas das novas profissões necessárias e redefine o conteúdo das profissões da era anterior, mas extingue gradualmente os cargos que se transformaram em obstáculo ao aumento da produtividade (em especial, na agricultura). Em posição intermediária, a Alemanha e a França combinam elementos dos dois "modelos": estão mais próximos dos EUA em termos de administradores e profissionais especializados, porém mais perto do Japão no que toca ao declínio mais lento do emprego de artífice/operador.

A segunda observação importante refere-se, apesar da diversidade mostrada, à existência de uma tendência comum para o aumento do peso relativo das profissões mais claramente informacionais (administradores, profissionais especializados e técnicos), bem como das profissões ligadas a serviços de escritório em geral (inclusive funcionários administrativos e de vendas). Tendo primeiro apontado a diversidade, também quero dizer que a experiência, de fato, indica uma tendência para maior conteúdo informacional na estrutura ocupacional das sociedades avançadas, apesar de seus sistemas culturais/políticos diversos, bem como dos diferentes momentos históricos de seus processos de industrialização.

Para observar essa tendência comum, devemos nos concentrar no crescimento de cada profissão em cada país no correr do tempo. Vamos comparar, por exemplo (ver tabelas 4.16 a 4.21 no apêndice A), a evolução de quatro grupos importantíssimos de profissões: artífices/operadores; técnicos, profissionais especializados e administradores; funcionários administrativos e profissionais de vendas; administradores e trabalhadores do setor rural. Calculando as taxas de alteração na participação de cada profissão e grupo de profissões, observamos algumas tendências gerais e algumas diferenças cruciais. A percentagem do grupo de administradores, profissionais especializados e técnicos revelou grande crescimento em todos os países, com exceção da França. A participação de artífices e operadores declinou substancialmente nos EUA, no Reino Unido e no Canadá e de forma moderada na Alemanha, França e Japão. A participação dos funcionários administrativos e de vendas teve um aumento moderado no Reino Unido e na França e substancial nos outros quatro países. A percentagem de administradores e trabalhadores rurais despencou em todos os países. E a mão de obra semiqualificada de serviços e transportes mostrou tendências claras e diferentes: aumentou bastante sua participação nos EUA e no Reino Unido; teve um aumento moderado na França; declinou e estabilizou no Japão e na Alemanha.

De todos os países considerados, o Japão foi o que reforçou sua estrutura ocupacional de forma mais drástica, com um aumento de 46,2% na participação de administradores em um período de vinte anos e de 91,4% na participação de técnicos e profissionais especializados. O Reino Unido também elevou a percentagem de administradores (96,3%), embora o aumento de seus técnicos e profissionais especializados fosse bem mais modesto (5,2%). Então, observamos uma grande diversidade das taxas de alteração da participação dos grupos de profissões na estrutura geral do emprego. Há diversidade nas taxas porque há certo grau de convergência para uma estrutura ocupacional relativamente similar. Ao mesmo tempo, as diferenças no estilo administrativo e no grau de importância da indústria de cada país também introduziram alguma variação no processo de mudança.

No todo, a propensão a uma força de trabalho de escritório pendendo para suas camadas mais altas parece ser a tendência geral (nos EUA, em 1991, 57,3% da força de trabalho era de escritório), com as exceções do Japão e da Alemanha, cuja força de trabalho administrativa ainda não ultrapassa 50% do total de empregos. Todavia, até no Japão e na Alemanha, as taxas de crescimento das profissões informacionais têm sido as mais altas entre os vários cargos; portanto, como tendência, o Japão contará cada vez mais com uma força de trabalho de profissionais especializados, embora ainda conservando uma base comercial e de artífices mais ampla que em outras sociedades.

Em terceiro lugar, *a afirmação generalizada referente ao aumento da polarização da estrutura ocupacional da sociedade informacional não parece combinar com esse conjunto de dados*, se por polarização nos referirmos à expansão simultânea em termos equivalentes das extremidades superior e inferior da escala profissional. Se fosse verdade, a força de trabalho constituída de administradores/profissionais especializados/técnicos e a mão de obra semiqualificada dos setores de serviços e transportes estariam se expandindo a taxas e em números semelhantes. Mas isso não está ocorrendo. Nos EUA, a mão de obra semiqualificada de serviços realmente aumentou sua participação na estrutura ocupacional, mas a uma taxa mais baixa que a força de trabalho formada por administradores e profissionais especializados, e representou apenas 13,7% de todos os trabalhadores em 1991. Ao contrário, os administradores, no topo da escala, aumentaram sua participação entre 1950 e 1991 a uma taxa muito mais alta que a dos trabalhadores semiqualificados do setor de serviços, chegando a 12,8% da força de trabalho em 1991, quase no mesmo nível que os trabalhadores semiqualificados do setor de serviços. Mesmo se acrescentarmos a mão de obra semiqualificada do setor de transportes, teremos apenas 17,9% da força de trabalho em 1991, em grande contraste com os 29,7% da categoria de administradores, profissionais especializados e técnicos que ocupam o topo. Lógico, muitos empregos entre os funcionários administrativos e de vendas, bem como entre os operadores também são semiqualificados, de forma que não podemos fazer uma avaliação fiel da estrutura ocupacional em termos de qualificações. Além disso, sabemos de outras fontes que *houve polarização da distribuição de renda nos EUA e em outros países nas duas últimas décadas.*[10] Contudo não concordo com a imagem popular da economia informacional como geradora de um número crescente de empregos de baixo nível no setor de serviços a uma taxa desproporcionalmente mais alta que a taxa de aumento do componente da força de trabalho formado por administradores, profissionais especializados e técnicos. De acordo com essa base de dados, isso não é verdade. Todavia no Reino Unido houve um aumento substancial desse emprego semiqualificado do setor de serviços entre 1961 e 1981, mas, até mesmo lá, a participação dos níveis profissionais mais altos elevou-se com mais rapidez. No Canadá, a mão de obra semiqualificada do setor de serviços também aumentou grandemente sua participação, alcançando 13,7% em 1992, mas o emprego de administradores, profissionais especializados e técnicos progrediu ainda mais e quase dobrou sua representação, sendo responsável por 30,6% da força de trabalho em 1992. Padrão semelhante pode ser encontrado na Alemanha: o emprego nos serviços mais simples permaneceu relativamente estável e bem abaixo da progressão (em percentual e tamanho) da camada profissional superior. A França, embora tivesse aumentado substancialmente o emprego do setor de serviços durante a década de 1980, ainda os contabilizava como apenas 7,2% da força de trabalho em 1989. No Japão, o emprego semiqualificado do setor de serviços teve um crescimento lento, de 5,4% em 1955 a apenas 8,6% em 1990.

Portanto, embora, com certeza, haja sinais de polarização social e econômica nas sociedades avançadas, eles não assumem a forma de trajetos divergentes na estrutura ocupacional, mas de cargos diferentes de profissões semelhantes entre setores e entre empresas. Características setoriais, territoriais, específicas de empresas, étnicas, de sexos e de faixas etárias são fontes mais evidentes de polarização social do que a diferenciação profissional em si.

As sociedades informacionais com certeza são sociedades desiguais, mas as disparidades originam-se menos de sua estrutura ocupacional relativamente valorizada que das exclusões e discriminações que ocorrem dentro e em torno da força de trabalho.

Finalmente, uma visão da transformação da força de trabalho nas sociedades avançadas também deve considerar a *evolução das categorias do emprego*. Mais uma vez, os dados contestam as visões predominantes sobre o pós-industrialismo baseadas apenas na experiência norte-americana. Assim, a hipótese sobre o desaparecimento do trabalho autônomo nas economias informacionais maduras é de certa forma confirmada pela experiência norte-americana, em que a percentagem de trabalho autônomo baixou em relação ao conjunto da força de trabalho, de 17,6% em 1950 para 8,8% em 1991, *embora tenha se mantido quase estagnada nos últimos vinte anos*. Mas outros países apresentam padrões diferentes. A Alemanha baixou, em ritmo lento e constante, de 13,8% em 1955 para 9,5% em 1975, depois para 8,9% em 1989. A França manteve sua percentagem de autônomos na força de trabalho entre 1977 e 1987 (12,8% e 12,7%, respectivamente). A Itália, embora sendo a quinta maior economia de mercado do mundo, ainda conservou 24,8% de sua força de trabalho em trabalho autônomo em 1989. O Japão, apesar de ter tido declínio em trabalho autônomo de 19,2% em 1970 para 14,1% em 1990, ainda apresenta um nível significativo desse tipo de atividade, ao qual devemos acrescentar 8,3% do trabalho em família, o que coloca quase um quarto dos trabalhadores japoneses fora do emprego assalariado. O Canadá e o Reino Unido, por sua vez, reverteram o suposto padrão secular de controle do emprego pelas empresas nos últimos vinte anos, conforme o Canadá aumentou a proporção de autônomos em sua população de 8,4% em 1970 para 9,7% em 1992, e o Reino Unido elevou a percentagem do trabalho autônomo e do trabalho em família de 7,6% em 1969 para 13% em 1989: tendência que continuou na década de 1990, como ainda mostrarei neste capítulo.

Concordo que a maior parte da força de trabalho das economias avançadas é assalariada. Mas a diversidade dos níveis, a irregularidade do processo e a reversão da tendência em alguns casos demandam uma visão diferencial dos padrões da evolução da estrutura ocupacional. Poderíamos até mesmo formular a hipótese de que conforme a atuação em rede e a flexibilidade se tornam características da nova organização industrial e conforme as novas tecnologias possibilitam que as pequenas empresas encontrem nichos de mercado, assistimos ao ressurgimento do trabalho autônomo e da situação profissional mista. Dessa forma, o perfil profissional das sociedades informacionais, de acordo com sua emergência histórica, será muito mais diverso que o imaginado pela visão seminaturalista das teorias pós-industrialistas, direcionadas por um etnocentrismo norte-americano que não representa toda a experiência dos Estados Unidos.

O amadurecimento da sociedade informacional: projeções de emprego para o século XXI

A sociedade informacional, em suas manifestações historicamente diversas, começou a tomar forma no crepúsculo do século XX. Assim, uma pista analítica para sua futura direção e perfil maduro poderia ser dada pelas projeções sobre a composição das categorias profissionais e do emprego que preveem a estrutura social das sociedades avançadas, nos primeiros anos do século XXI. Tais projeções sempre estão sujeitas a várias pressuposições econômicas, tecnológicas e institucionais que quase nunca têm embasamento consistente. Portanto a condição dos dados que usarei nesta seção ainda é mais experimental que a análise das tendências do emprego até 1990. Todavia, com a utilização de fontes confiáveis, como o Departamento de Estatística do Trabalho norte-americano, o Ministério do Trabalho japonês e os dados governamentais compilados pela OCDE, e tendo em mente a natureza aproximativa do exercício, poderemos gerar algumas hipóteses sobre a futura trajetória do emprego informacional.

Minha análise das projeções de empregos enfocará principalmente os Estados Unidos e o Japão, pois quero limitar a complexidade empírica do estudo para ser capaz de me concentrar no ponto mais importante da análise.[11] Então, ao apontar os EUA e o Japão, que parecem ser dois modelos diferentes da sociedade informacional, poderei fazer uma análise mais criteriosa das hipóteses sobre a convergência e/ou divergência da estrutura ocupacional e do emprego na sociedade informacional.

Para os Estados Unidos, o US Bureau of Labor Statistics (BLS), o departamento de estatísticas do trabalho norte-americano, publicou, em 1991-3, uma série de estudos atualizados até 1994,[12] cujo conjunto oferece uma visão sugestiva da evolução da estrutura ocupacional e do mercado de trabalho entre 1990-2 e 2005. Para simplificar a análise, recorrerei à "projeção alternativa moderadora" dos três cenários considerados pelo BLS.

A economia norte-americana está projetada para gerar mais de 26 milhões de empregos entre 1992 e 2005. Isso representa um aumento total de 22%, um pouco maior que o aumento do período anterior de treze anos, 1979-92. As características mais visíveis nas projeções são a continuação da tendência para o declínio do emprego rural e industrial, que em 1990-2005 declinariam a uma taxa anual média de -0,4 e -0,2, respectivamente. No entanto a produção industrial continuaria a crescer a uma taxa levemente mais alta que a economia como um todo, a 2,3% ao ano. Assim, a taxa de crescimento diferencial entre o nível de emprego e a produção nos setores industrial e de serviços mostra uma diferença considerável na produtividade do trabalho a favor da indústria, apesar da introdução de novas tecnologias nas atividades ligadas ao processamento da informação. A produtividade industrial mais alta que a média continua a ser o segredo do crescimento econômico sustentado capaz de oferecer empregos para todos os outros setores da economia.

É importante observar que, embora o nível de emprego rural devesse declinar para 2,5% do total de empregos, espera-se que as *profissões* relacionadas à agricultura cresçam. Isso porque, enquanto se estima que haja uma redução de 231 mil trabalhadores rurais, espera-se um aumento de 331 mil empregos para jardineiros e conservadores de áreas verdes: a suplantação do emprego do setor rural pelo emprego em serviços ligados a esse setor na área urbana salienta o quanto as sociedades informacionais assumiram sua condição pós-rural.

Embora se estime que apenas 1 milhão dos 26,4 milhões de novos empregos projetados sejam criados nos setores de produção de mercadorias, espera-se que o declínio do emprego industrial desacelere. E espera-se também o crescimento de algumas categorias profissionais da indústria, tais como artífices, trabalhadores ligados à produção de equipamentos de precisão e trabalhadores do setor de consertos. No entanto, segundo as projeções, o grosso do crescimento de novos empregos nos Estados Unidos ocorrerá nas "atividades relacionadas a serviços". Cerca de metade desse crescimento deverá vir da chamada "divisão de serviços", cujos componentes principais são *serviços de saúde* e *serviços empresariais.* Serviços empresariais, o setor de serviços que mais cresceu em 1975-90, continuarão no topo da expansão até 2005, embora com uma taxa de crescimento mais lenta de aproximadamente 2,5% ao ano. Deve-se observar, no entanto, que nem todos os serviços empresariais fazem uso intensivo de conhecimentos: um componente importante desses serviços são os empregos em processamento de dados computacionais, mas *no período de 1975-90, a atividade que mais cresceu foram os serviços de fornecimento de pessoal, ligados ao aumento do trabalho temporário e da terceirização de serviços pelas empresas.* Segundo as projeções, os serviços de assessoria jurídica (especialmente, parajurídica), serviços arquitetônicos e de engenharia e serviços educacionais (escolas particulares) também crescerão com rapidez nos próximos anos. Nas categorias do BLS, finanças, seguros e imóveis (FIRE)* não estão incluídos em serviços empresariais. Portanto, ao grande crescimento de serviços empresariais, devemos acrescentar o aumento moderado, mas constante, projetado para essa categoria (FIRE): cerca de 1,3% ao ano para atingir 6,1 % do total de empregos em 2005. Ao comparar esses dados com minha análise dos "serviços relacionados à produção" nas seções anteriores, tanto serviços empresariais quanto FIRE devem ser levados em consideração.

Os serviços do setor de saúde estarão entre as atividades que mais crescem, com uma taxa duas vezes mais alta que seu próprio aumento no período 1975-90. Segundo

---

* FIRE — Finance, Insurance and Real Estate.

as projeções, em 2005, os serviços de saúde representarão 11,5 milhões de empregos, ou seja, 8,7% de todos os empregos assalariados sem contar o setor rural. Para colocar essa cifra em perspectiva, o número comparável de todos os empregos industriais em 2005 está projetado para 14% da força de trabalho. Os serviços de assistência médica domiciliar, em especial para idosos, seriam a atividade de crescimento mais rápido.

O comércio varejista, crescendo a uma taxa anual média saudável de 1,6% e começando de um nível alto em números absolutos de empregos, representa a terceira maior fonte de novo crescimento potencial, com 5,1 milhões de novos empregos. Nesse setor, bares, restaurantes e similares seriam responsáveis por 42% do total de empregos no varejo em 2005.

Os empregos públicos estaduais e locais também aumentariam em número considerável, subindo de 15,2 milhões em 1990 para 18,3 milhões em 2005. Espera-se que mais da metade desse crescimento ocorra em educação.

Então, de forma geral, a estrutura do mercado de trabalho projetada para os EUA combina intimamente com o projeto original da sociedade informacional:

- o emprego rural está sendo eliminado pouco a pouco;
- o emprego industrial continuará a declinar, embora em ritmo mais lento, sendo reduzido aos elementos principais da categoria de artífices e trabalhadores do setor de engenharia. A maior parte do impacto da produção industrial sobre o emprego será transferida aos serviços voltados para a indústria;
- os serviços relacionados à produção, bem como à saúde e educação lideram o crescimento do emprego em termos percentuais, também se tornando cada vez mais importantes em termos de números absolutos;
- os empregos dos setores varejista e de serviços continuam a engrossar as fileiras de atividades de baixa qualificação na nova economia.

Se agora nos voltarmos para o exame da estrutura ocupacional projetada, à primeira vista a hipótese do informacionalismo parece ser confirmada: as taxas que mais crescem entre os grupos de profissões são as dos profissionais especializados (32,3% para o período) e as dos técnicos (36,9%). No entanto as "profissões do setor de serviços", principalmente as semiqualificadas, também estão crescendo de forma rápida (29,2%) e ainda representariam 16,9% da estrutura ocupacional em 2005. Ao todo, administradores, profissionais especializados e técnicos aumentariam sua participação no total de empregos, de 24,5% em 1990 para 28,9% em 2005. O conjunto dos funcionários administrativos e de vendas permaneceria estável em cerca de 28,8% do total de empregos. Os artífices realmente aumentariam sua participação, confirmando a tendência para estabilizar um núcleo de trabalhadores manuais em torno de habilidades artesanais.

Vamos analisar mais detalhadamente esta questão: A futura sociedade informacional caracteriza-se por uma crescente polarização da estrutura ocupacional? No caso dos EUA, o Departamento de Estatísticas do Trabalho incluiu em suas projeções uma análise do grau de instrução necessário para as trinta profissões que prometiam crescer mais rapidamente e para as trinta profissões que projetavam declínio mais rápido entre 1990 e 2005. A análise considerou a taxa de crescimento ou queda das profissões e sua variação em números absolutos. A conclusão dos autores do estudo é que "no geral, a maioria das profissões [em crescimento] requeriam educação e treinamento além do ensino médio. De fato, mais de duas em cada três das trinta profissões com crescimento mais rápido e quase metade das trinta com o maior número de empregos adicionados tinham uma maioria de trabalhadores com educação e treinamento além do ensino médio em 1990".[13] Por um lado, calcula-se que as maiores quedas de emprego ocorram nos setores industriais e em alguns empregos administrativos que serão eliminados pela automação dos escritórios, geralmente na camada de mais baixa qualificação. No entanto, no nível agregado dos novos empregos criados no período de 1992-2005, Silvestri prevê apenas pequenas mudanças na distribuição do grau de instrução dos trabalhadores.[14] Segundo as projeções, a proporção de profissionais com formação superior crescerá 1,4 ponto percentual, e a proporção dos trabalhadores com algum grau de instrução universitária teria um pequeno aumento. Inversamente, a proporção de trabalhadores com grau médio de instrução diminui um ponto percentual, e a proporção dos trabalhadores com menos instrução decresce levemente. Portanto algumas tendências apontam para melhoria do nível da estrutura ocupacional em consonância com as previsões da teoria pós-industrial. Por outro lado, o fato de as profissões com alta qualificação tenderem a crescer mais depressa não significa necessariamente que a sociedade em geral evite a polarização e o dualismo, devido ao peso relativo dos empregos não qualificados, quando contados em números absolutos. Conforme as projeções do BLS para 1992-2005, as percentagens de emprego para profissionais especializados e trabalhadores do setor de serviços terão mais ou menos o mesmo aumento, cerca de 1,8 e 1,5 ponto percentual, respectivamente. Visto que esses dois grupos juntos representam cerca da metade do crescimento total dos empregos, em números absolutos há uma tendência para a concentração de emprego em ambas as extremidades da escala profissional: 6,2 milhões de novos profissionais especializados e 6,5 milhões de novos trabalhadores do setor de serviços, cujos ganhos em 1992 estavam mais ou menos 40% abaixo da média de todos os grupos de categorias profissionais. Nas palavras de Silvestri, "parte do motivo [dos ganhos mais baixos dos trabalhadores do setor de serviços] é que quase um terço desses empregados tinha instrução inferior ao ensino médio, e seu contingente que trabalhava meio expediente era o dobro da média de todos os trabalhadores desse tipo de jornada".[15] Na tentativa de oferecer uma visão sintética das alterações projetadas na estrutura ocupacional, calculei um modelo simplificado de estratificação com base nos dados minuciosos de outro estudo feito por Silvestri sobre a distribuição do emprego por profissão, instrução e renda para 1992 (dados reais) e 2005 (projeção).[16] Usando rendas semanais médias como um indicador mais direto da estratificação social, construí quatro grupos sociais: classe superior (administradores e profissionais especializados); classe média (técnicos e artífices); classe média baixa (funcionários de vendas, funcionários administrativos e operadores); e classe inferior (mão de obra do setor de serviços e do setor rural). Recalculando os dados de Silvestri com base nessas categorias, para a classe superior, encontrei um aumento da percentagem de emprego de 23,7% em 1992 para 25,3% em 2005 (+1,6); para a classe média, um pequeno declínio de 14,7% para 14,3% (-0,3); para a classe média baixa, uma queda de 42,7% para 40% (-2,7); e para a classe inferior, um aumento de 18,9% para 20% (+1,1). Dois fatos merecem comentários: por um lado, há, ao mesmo tempo, aumento relativo do sistema de estratificação e tendência moderada para a polarização profissional. Isso porque existem acréscimos simultâneos tanto no topo quanto no pé da escala social, embora o aumento do topo seja de maior magnitude.

Examinemos agora as projeções sobre a estrutura ocupacional e do mercado de trabalho no Japão. Temos duas projeções, ambas do Ministério do Trabalho. Uma delas, publicada em 1991, projeta (com base em dados de 1980-85) para 1989, 1995 e 2000. A outra, publicada em 1987, projeta para 1990, 1995, 2000 e 2005. Ambas projetam a estrutura do mercado de trabalho por setor e a estrutura ocupacional. Resolvi trabalhar com base na projeção de 1987 porque também é confiável, é mais detalhada devido à divisão em setores e vai até 2005.[17]

A característica mais significativa dessas projeções é o declínio lento do emprego industrial no Japão, apesar da aceleração da transformação do país em uma sociedade informacional. Na projeção estatística de 1987, o emprego industrial ficou em 25,9%, em 1985, e foi projetado para permanecer em 23,9% do total de empregos em 2005. É bom lembrarmos que, segundo a projeção dos EUA, o declínio estimado do emprego industrial foi de 17,5% em 1990 para 14% em 2005, uma queda muito maior de uma base substancialmente menor. O Japão atinge essa estabilidade relativa do emprego industrial, compensando os declínios nos setores tradicionais com aumentos reais nos setores novos. Portanto, embora o emprego no setor têxtil diminua de 1,6% em 1985 para 1,1% em 2005, no mesmo período o emprego no setor de máquinas e equipamentos elétricos aumentará de 4,1% para 4,9%. O número de trabalhadores metalúrgicos diminuirá substancialmente, mas o emprego no setor de processamento de alimentos saltará de 2,4% para 3,5%.

No todo, projeta-se que o aumento mais impressionante no Japão ocorrerá no setor de serviços (de 3,3% em 1985 para 8,1% em 2005), revelando o crescente papel das atividades que fazem uso intensivo da informática na economia japonesa. Todavia a percentagem do emprego das áreas de finanças, seguros e imóveis deverá permanecer estável durante os vinte anos da projeção. Esses dados somados à observação anterior parecem sugerir que esses serviços empresariais em rápido crescimento são, principalmente, serviços para a indústria e para outros serviços, isto é, serviços que passam conhecimentos e informações para a produção. Pelas projeções, os serviços do setor de saúde terão um pequeno crescimento, e o emprego no setor educacional permanecerá na mesma percentagem de 1985. Por outro lado, as projeções indicam que o emprego rural sofrerá um profundo declínio, de 9,1% em 1985 para 3,9% em 2005, como se o Japão finalmente tivesse assumido sua transição à era pós-rural (não pós-industrial).

Em termos gerais, de acordo com as projeções, com exceção dos serviços empresariais e da agricultura, a estrutura japonesa de emprego manterá uma extraordinária estabilidade, confirmando, outra vez, a transição gradativa ao paradigma informacional, refazendo o conteúdo dos empregos existentes sem a necessidade de sua eliminação gradual.

Quanto à estrutura ocupacional, a alteração mais substancial projetada será o aumento da participação das profissões especializadas e técnicas, que apresentariam o surpreendente crescimento de 10,5% em 1985 para 17% em 2005. Já a participação de administradores, embora com aumento significativo, crescerá em ritmo mais lento e ainda representará menos de 6% do total de empregos em 2005. Esse quadro confirmará a tendência para a reprodução da estrutura hierárquica enxuta das organizações japonesas, com o poder concentrado nas mãos de alguns administradores. Os dados também parecem indicar o aumento da profissionalização dos trabalhadores de nível médio e a especialização das tarefas relativas ao processamento da informação e à geração de conhecimentos. Pelas projeções, as categorias de artífices e operadores declinarão, mas ainda representarão mais de um quarto da força de trabalho em 2005, cerca de 3 pontos percentuais na frente das categorias profissionais correspondentes nos EUA, no mesmo período. Ainda de acordo com as projeções, também haverá um aumento moderado dos funcionários administrativos, ao passo que as profissões do setor rural serão reduzidas em cerca de dois terços em relação a seu nível de 1985.

Dessa forma, as projeções do mercado de trabalho nos Estados Unidos e no Japão parecem continuar as tendências observadas para o período de 1970-90. São nitidamente duas diferentes estruturas ocupacionais e do emprego correspondentes a duas sociedades que podem ser igualmente rotuladas de informacionais em termos de seu paradigma sociotécnico de produção, mas com desempenhos bem distintos no crescimento da produtividade, na competitividade econômica e na coesão social. Enquanto os Estados Unidos parecem estar enfatizando sua tendência para sair do emprego industrial e concentrar-se em serviços relacionados à produção e em serviços sociais, o Japão está mantendo uma estrutura mais equilibrada, com um forte setor industrial e grande apoio dos serviços ligados às atividades do setor varejista. A ênfase japonesa nos serviços empresariais está muito menos concentrada em finanças e imóveis, e a expansão do emprego em serviços sociais também é mais limitada. As projeções da estrutura ocupacional confirmam diferentes estilos administrativos, com as organizações japonesas estabelecendo estruturas cooperativas em âmbito de chão de fábrica e escritório e, ao mesmo tempo, continuando a concentrar o processo de tomada de decisão em um quadro mais enxuto de administradores. Em termos gerais, a hipótese genérica de trajetos diversos para o paradigma informacional dentro de um padrão comum de mercado de trabalho parece ser confirmada pelo teste restrito das projeções apresentadas.

Resumo: a evolução da estrutura do emprego e suas consequências para uma análise comparativa da sociedade informacional

A evolução histórica do emprego, no âmago da estrutura social, foi dominada pela tendência secular para o aumento da produtividade do trabalho humano. Conforme as inovações tecnológicas e organizacionais foram permitindo que homens e mulheres aumentassem a produção de mercadorias com mais qualidade e menos esforço e recursos, o trabalho e os trabalhadores mudaram da produção direta para a indireta, do cultivo, extração e fabricação para o consumo de serviços e trabalho administrativo e de uma estreita gama de atividades econômicas para um universo profissional cada vez mais diverso.

Mas a trajetória da criatividade humana e do progresso econômico através da história tem sido contada em termos simplistas, portanto obscurecendo o entendimento não só de nosso passado, mas também de nosso futuro. A versão costumeira desse processo de transição histórica que mostra uma alteração da agricultura para a indústria, e depois para serviços como estrutura explicativa da transformação atual de nossas sociedades, apresenta três falhas fundamentais:

1. Supõe homogeneidade entre a transição da agricultura à indústria e da indústria a serviços, desconsiderando a ambiguidade e a diversidade interna das atividades incluídas sob o rótulo de "serviços".
2. Não presta atenção suficiente à natureza verdadeiramente revolucionária das novas tecnologias da informação, que, ao permitirem uma conexão direta on-line entre os diferentes tipos de atividade no mesmo processo de produção, administração e distribuição, estabelecem uma estreita conexão estrutural entre esferas de trabalho e emprego, separadas de forma artificial por categorias estatísticas obsoletas.
3. Esquece a diversidade cultural, histórica e institucional das sociedades avançadas, bem como sua interdependência na economia global. Assim, a alteração para o paradigma sociotécnico da produção informacional ocorre em linhas diferentes, determinadas pela trajetória de cada sociedade e pela interação entre essas várias trajetórias. O resultado é uma diversidade de estruturas ocupacionais/do emprego existente no paradigma comum da sociedade informacional.

Nossa observação empírica da evolução do emprego nos países do G-7 revela alguns aspectos básicos que, de fato, parecem ser característicos das sociedades informacionais:

- eliminação gradual do emprego rural;
- declínio estável do emprego industrial tradicional;
- aumento dos serviços relacionados à produção e dos serviços sociais, com ênfase sobre os serviços relacionados à produção na primeira categoria e sobre serviços de saúde no segundo grupo;
- crescente diversificação das atividades do setor de serviços como fontes de emprego;
- rápida elevação do emprego para administradores, profissionais especializados e técnicos;
- a formação de um proletariado "de escritório", composto de funcionários administrativos e de vendas;
- relativa estabilidade de uma parcela substancial do emprego no comércio varejista;
- crescimento simultâneo dos níveis superior e inferior da estrutura ocupacional;
- a valorização relativa da estrutura ocupacional ao longo do tempo, com uma crescente participação das profissões que requerem qualificações mais especializadas e nível avançado de instrução em proporção maior que o aumento das categorias inferiores.

Não significa que as qualificações especializadas, a educação, as condições financeiras nem o sistema de estratificação das sociedades em geral tenham melhorado. O impacto de uma estrutura do emprego, de certa forma valorizada, sobre a estrutura social dependerá da capacidade de as instituições incorporarem a demanda de trabalho no mercado de trabalho e valorizarem os trabalhadores na proporção de seus conhecimentos.

Por sua vez, a análise da evolução diferencial dos países do G-7 mostra claramente alguma variação nas estruturas ocupacionais e do emprego. Com o risco de simplificação exagerada, podemos propor a hipótese de dois modelos informacionais:

1. O *modelo de economia de serviços*, representado pelos Estados Unidos, Reino Unido e Canadá. Caracteriza-se por uma rápida eliminação do emprego industrial após 1970, paralela à aceleração do ritmo do informacionalismo. Já tendo eliminado quase todos os empregos rurais, este modelo enfatiza uma estrutura do mercado de trabalho inteiramente nova em que a diferenciação entre as várias atividades dos serviços torna-se o principal elemento para a análise da estrutura social. Este modelo dá mais destaque aos serviços relacionados à administração de capital que aos serviços ligados à produção e mantém a expansão do setor de serviços sociais com o enorme aumento dos empregos na área de assistência médica e, em grau menor, no setor educacional. Também se caracteriza pela

expansão da categoria de administradores que inclui um número considerável de gerentes de nível médio.

2. O *modelo de produção industrial*, claramente representado pelo Japão e, em medida considerável, pela Alemanha, que, embora também reduzindo sua participação em emprego industrial, continua a mantê-los em nível relativamente alto (em torno de um quarto da força de trabalho) em um movimento muito mais gradual que permite a reestruturação das atividades industriais no novo paradigma sociotécnico. Na verdade, este modelo reduz o emprego industrial ao mesmo tempo que reforça a atividade da indústria. Em parte como reflexo dessa orientação, os serviços relacionados à produção são muito mais importantes que os serviços financeiros e parecem ter estreita ligação com as indústrias. Isso não significa que as atividades financeiras não sejam importantes no Japão e na Alemanha: afinal de contas, oito dos dez maiores bancos do mundo são japoneses. No entanto, embora serviços financeiros sejam essenciais e tenham aumentado sua participação em ambos os países, a maior parte do crescimento em serviços ocorre em serviços para empresas e serviços sociais. Contudo o Japão também apresenta a especificidade de um nível de emprego em serviços sociais significativamente mais baixo que as outras sociedades informacionais. E provável que esse fato esteja ligado à estrutura da família japonesa e à absorção de alguns serviços de assistência social pela estrutura das empresas. De qualquer forma, parece que há necessidade de uma análise cultural e social das variações da estrutura do emprego para descobrir as razões da diversidade das sociedades informacionais.

Em posição intermediária, a França parece estar pendendo para o modelo de economia de serviços, mas com a manutenção de uma base industrial relativamente forte e com ênfase tanto nos serviços relacionados à produção como em serviços sociais. É provável que a estreita ligação entre as economias francesa e alemã na União Europeia esteja criando uma divisão do trabalho entre atividades administrativas e produtivas que, em última análise, poderia beneficiar o componente alemão da economia europeia emergente. A Itália caracteriza-se por manter quase um quarto do emprego na condição de trabalho autônomo, talvez introduzindo um terceiro modelo que enfatizaria um procedimento organizacional diferente, baseado em redes de pequenas e médias empresas adaptadas às alterações das condições da economia global, portanto preparando o terreno para uma transição interessante do protoindustrialismo para o protoinformacionalismo.

As diferentes expressões desses modelos em cada um dos países do G-7 dependem de sua posição na economia global. Em outras palavras, quando um país concentra-se no modelo de "economia de serviços" significa que outros países estão desempenhando seu papel como economias de produção industrial. A admissão implícita por parte da teoria pós-industrial de que os países avançados seriam economias de serviços e os menos avançados se especializariam na agricultura e na indústria tem sido refutada pela experiência histórica. Em todo o mundo, muitas são as economias de semissubsistência, embora as atividades rurais e industriais que prosperam fora do núcleo informacional o façam com base em sua estreita conexão com a economia global, dominada pelos países do G-7. Assim, as estruturas do emprego dos Estados Unidos e do Japão refletem suas diferentes formas de articulação à economia global e não apenas o grau de avanço na escala informacional. O fato de haver uma proporção mais baixa de emprego industrial ou uma proporção mais alta de administradores nos EUA, em parte, é o resultado da criação de emprego industrial fora do país pelas empresas norte-americanas e da concentração das atividades administrativas e de processamento da informação nos EUA, à custa das atividades ligadas à produção, geradas em outros países pelo consumo norte-americano dos produtos desses países.

Além disso, diferentes modos de articulação com a economia global não são resultantes apenas de diferentes ambientes institucionais e trajetórias econômicas, mas de políticas governamentais e estratégias empresariais diversas. Portanto as tendências observadas podem ser revertidas. Se as políticas e as estratégias conseguem modificar a mescla de indústrias e serviços de uma determinada economia, quer dizer que as variações do paradigma informacional são tão importantes quanto sua estrutura básica. É um paradigma aberto socialmente e administrado politicamente, cuja característica principal é tecnológica.

À medida que as economias evoluem a passos rápidos para a integração e interpenetração, o mercado de trabalho resultante refletirá intensamente a posição de cada país e região na estrutura global interdependente de produção, distribuição e administração. Portanto a separação artificial de estruturas sociais pelas fronteiras institucionais das diferentes nações (EUA, Japão, Alemanha e assim por diante) limita o interesse da análise da estrutura ocupacional da sociedade informacional de um determinado país desligado do que acontece em outro, cuja economia está tão intimamente inter-relacionada. Se os fabricantes japoneses produzirem muitos dos carros consumidos pelo mercado norte-americano e muitos dos chips consumidos na Europa, não estaremos assistindo apenas ao fim das indústrias norte-americanas e britânicas, mas ao impacto da divisão do trabalho entre os diferentes tipos de sociedades informacionais sobre o mercado de trabalho de cada país.

As consequências dessa observação para a teoria do informacionalismo são de grande alcance: a unidade de análise para a compreensão da nova sociedade terá de mudar necessariamente. O enfoque da teoria deve deslocar-se para um paradigma comparativo capaz de explicar, ao mesmo tempo, o compartilhamento de tecnologia, a interdependência da economia e as variações da história na determinação de um mercado de trabalho que atravessa as fronteiras nacionais.

Há uma força de trabalho global?

Havendo uma economia global, também devem existir um mercado de trabalho e uma força de trabalho global.[18] Entretanto, como acontece com muitas declarações óbvias, considerada em seu sentido literal, essa é empiricamente incorreta e analiticamente enganosa. Embora o capital flua com liberdade nos circuitos eletrônicos das redes financeiras globais, o trabalho ainda é muito delimitado (e continuará assim no futuro previsível) por instituições, culturas, fronteiras, polícia e xenofobia. Contudo as migrações internacionais estão aumentando, numa tendência de longo prazo que contribui para a transformação da força de trabalho, embora de maneira mais complexa do que a apresentada pela ideia de um mercado de trabalho global.

Examinemos as tendências empíricas. Segundo estimativa de 1993 da OIT, cerca de 1,5% da força de trabalho global (isto é, oitenta milhões de trabalhadores imigrantes) era o número de pessoas que trabalhavam fora de seu país em 1993, e metade concentrava-se na África subsaariana e no Oriente Médio.[19] Isso parece subestimar a dimensão da migração global, principalmente levando-se em conta a aceleração da migração na década de 1990. Num estudo abrangente acerca da dinâmica da migração em escala global, o grande especialista no assunto, Douglas Massey, e seus coautores demonstraram a intensificação da mobilidade da mão de obra em todas as regiões do mundo, e na maioria dos países.[20] Contudo as tendências variam em tempo e espaço. Na União Europeia, a proporção de populações estrangeiras aumentou de 3,1% em 1982 para 4,5% em 1990 (ver tabela 4.22 no apêndice A), mas embora tenha aumentado significativamente na Alemanha, na Áustria e na Itália, a proporção de residentes nascidos no estrangeiro na verdade diminuiu no Reino Unido e na França. No tocante à mobilidade dentro da União Europeia, apesar do livre movimento de seus cidadãos nos países-membros, só 2% deles trabalhavam em outro país da União Europeia em 1993, proporção mantida durante dez anos.[21] Assim, a percentagem do trabalho estrangeiro no total da força de trabalho na Grã-Bretanha foi 6,5% em 1975 e 4,5% em 1985-87; na França, caiu de 8,5% para 6,9%; na Alemanha, de 8% para 7,9%; na Suécia, de 6% para 4,9%; e na Suíça, de 24% para 18,2%.[22] No início da década de 1990, devido à ruptura social no Leste Europeu (principalmente na Iugoslávia), o asilo político aumentou o número de imigrantes, em especial na Alemanha. Em termos gerais, na União Europeia, estimava-se que, no início da década de 1990, o total da população estrangeira de cidadãos não europeus era cerca de 13 milhões, dos quais aproximadamente um quarto seria de clandestinos.[23] A proporção de estrangeiros no total da população para os cinco maiores países da União Europeia, em 1994, apenas superou 5% na Alemanha; foi realmente mais baixa que em 1986 na França; e foi apenas levemente superior ao nível de 1986 no Reino Unido.[24] A situação mudou em fins da década de 1990, quando as migrações do Leste Europeu se intensificaram na Alemanha, na

Áustria, na Suíça e na Itália, e os migrantes africanos entraram no sul da Europa. A imigração ilegal em massa era um fenômeno relativamente novo, em especial do Leste Europeu, quase sempre organizada por círculos criminosos, com milhares de mulheres escravizadas para o lucrativo tráfico da prostituição nos países civilizados do Oeste Europeu. Em 1999, estimava-se em cerca de quinhentos mil por ano o número de clandestinos na União Europeia, sendo seus principais destinos a Alemanha, a Áustria, a Suíça e a Itália (ver volume III, capítulo 3). Em razão de suas leis restritivas de naturalização, a Alemanha atingiu o nível de aproximadamente 10% de estrangeiros em sua população, ao qual se devem somar os residentes clandestinos.

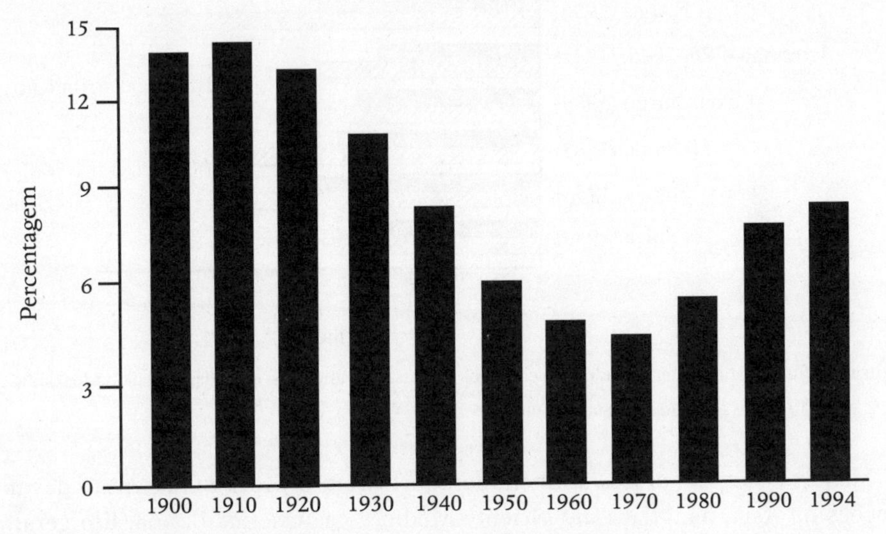

Figura 4.1 Percentagem de estrangeiros na população dos EUA, 1900-1994

Fonte: Departamento do Censo, EUA.

Os EUA, onde ocorreu uma nova onda de imigração significativa durante os anos 1980 e 1990 (cerca de um milhão de novos imigrantes por ano na década de 1990), sempre foram uma sociedade de imigrantes, e as tendências atuais seguem os rumos da continuidade histórica (ver figura 4.1).[25] O que mudou em ambos os contextos foi a composição étnica e cultural da imigração, com uma proporção decrescente de imigrantes de origem europeia nos EUA e com alta proporção de imigrantes africanos, asiáticos e muçulmanos nos países europeus. Além disso, em razão das taxas diferenciais de natalidade entre a população nativa e os residentes e imigrantes, as sociedades afluentes estão se tornando etnicamente mais diversas (ver figura 4.2). A visibilidade dos trabalhadores imigrantes e de seus descendentes aumentou devido a sua concentração nas maiores áreas metropolitanas e em algumas regiões.[26] Em consequência dessas duas características, na década de 1990 a etnia e a diversidade cultural tornaram-se um importante problema social na Europa, representam uma nova questão no Japão e continuam a ser, como sempre, prioridade na agenda norte-americana.

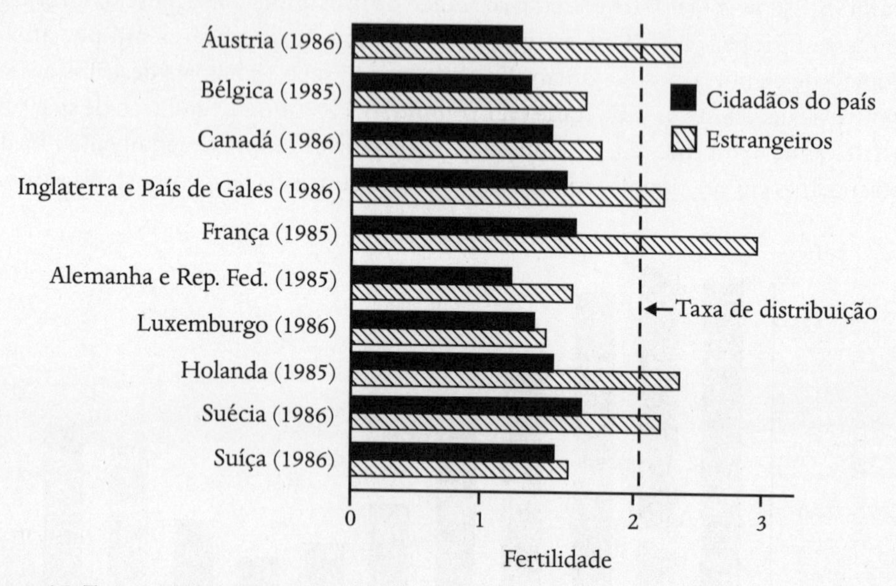

Figura 4.2 Taxas totais de fertilidade para cidadãos do país e estrangeiros, em países selecionados da OCDE
Fonte: SOPEMUOCDE; elaborada por Stalker (1994).

Massey e seus coautores também demonstraram o papel em ascensão das migrações na Ásia, na África, no Oriente Médio e na América Latina. Em geral, o Relatório sobre o Desenvolvimento Humano do HPNUD estimava em 1999 que, no mundo inteiro, havia entre 130 e 145 milhões de trabalhadores imigrantes legalizados, quando havia 84 milhões em 1975, aos quais se devem somar muitos outros milhões de trabalhadores não legalizados.[27] Contudo essa ainda é uma pequena fração da força de trabalho global, e embora os trabalhadores imigrantes sejam um componente cada vez mais importante do mercado de trabalho de muitos países, em especial Estados Unidos, Canadá, Austrália, Suíça e Alemanha, isso não significa que a força de trabalho se globalizou. Há, de fato, um mercado global para uma fração minúscula da força de trabalho composta dos profissionais com a mais alta especialização, atuando na área inovadora de P&D, engenharia de ponta, administração financeira, serviços empresariais avançados e entretenimento e movimentando-se entre os nós das redes globais que controlam o planeta.[28] No entanto, embora essa integração dos melhores talentos nas redes globais seja importantíssima para os altos comandos da economia informacional, a esmagadora maioria da força de trabalho dos países desenvolvidos e dos países em desenvolvimento permanece presa à nação.

Na verdade, para dois terços dos trabalhadores do mundo, emprego ainda significa emprego rural nos campos, geralmente, de suas regiões.[29] Desse modo, no sentido mais estrito, com exceção dos níveis mais altos de geradores de conhecimentos/manipuladores de símbolos (o que posteriormente chamo de *trabalhadores ativos na rede, dirigentes* e *inovadores*), não há — e não haverá no futuro previsível — um mercado de trabalho global unificado, apesar dos fluxos de imigração para os países da OCDE, para a península arábica e para os centros metropolitanos da região do Pacífico asiático. Mais importantes para os movimentos de pessoas são os deslocamentos populacionais maciços em razão de guerras e fome.

Contudo há uma tendência histórica para a crescente interdependência da força de trabalho em escala global por intermédio de três mecanismos: emprego global nas empresas multinacionais e suas redes internacionais coligadas; impactos do comércio internacional sobre o emprego e as condições de trabalho tanto no Norte como no Sul; e os efeitos da concorrência global e do novo método de gerenciamento flexível sobre a força de trabalho de cada país. Em cada caso, a tecnologia da informação é o meio indispensável para as conexões entre os diferentes segmentos da força de trabalho nas fronteiras nacionais.

Conforme foi dito no capítulo 2, o investimento estrangeiro direto tornou-se a força motriz da globalização, mais significativo que o comércio como condutor da interdependência internacional.[30] Os agentes mais significativos do novo padrão de investimento estrangeiro direto são as empresas multinacionais e suas redes coligadas: juntas, elas organizam a principal força de trabalho na economia global. O número de empresas multinacionais aumentou de 7 mil em 1970 para 37 mil em 1993, com 150 mil coligadas em todo o mundo, e para 53 mil, com 415 mil coligadas em 1998. Embora elas empregassem diretamente "apenas" 70 milhões de trabalhadores em 1993, essa mão de obra produziu um terço do total da produção mundial. O valor global de suas vendas em 1992 foi de US$ 5,5 trilhões, cifra 25% maior que o valor total do comércio mundial. A força de trabalho localizada em diferentes países depende da divisão do trabalho entre as diferentes funções e estratégias dessas redes multinacionais. Portanto a maior parte da força de trabalho não circula na rede, mas torna-se dependente da função, evolução e comportamento de outros segmentos da rede. O resultado é um processo de interdependência hierárquica, segmentada da força de trabalho, sob o impulso dos contínuos movimentos das empresas nos circuitos de sua rede global.

O segundo mecanismo importante da interdependência global do trabalho diz respeito aos impactos do comércio sobre o emprego tanto no Norte como no Sul.[31] Por um lado, a combinação de exportações para o Norte, investimento estrangeiro direto e crescimento dos mercados domésticos no Sul promoveu uma gigantesca onda de industrialização em alguns países em desenvolvimento.[32] Com base apenas no impacto direto do comércio, Wood[33] estima que entre 1960 e 1990 foram criados vinte milhões de empregos industriais no Sul. Em Pearl River Delta, província de Guandong, entre cinco e seis milhões de trabalhadores foram contratados em fábricas de áreas semirrurais entre meados dos anos 1980 e meados dos anos 1990.[34] Mas, embora haja consenso sobre a importância do novo processo de industrialização desencadeado na Ásia e na América Latina pela nova orientação voltada para o exterior, adotada pelas economias em desenvolvimento, tem havido um debate intenso a respeito do impacto real do comércio sobre emprego e condições de trabalho nos países da OCDE. O relatório oficial da Comissão das Comunidades Europeias (1994) considerou a concorrência global um fator significativo no desenvolvimento do desemprego na Europa. Em posição totalmente oposta, o estudo da Secretaria da OCDE não admite essa relação, argumentando que as importações dos países em fase de industrialização representam apenas 1,5% da demanda total na área da OCDE. Alguns economistas de renome, como Paul Krugman e Robert Lawrence,[35] propuseram análises empíricas de acordo com as quais o impacto do comércio sobre o mercado de trabalho e o salário nos EUA é muito pequeno. Contudo sua análise recebeu sérias críticas, metodológicas e substantivas, de Cohen, Sachs e Shatz, bem como de Mishel e Bernstein, entre outros.[36] De fato, a complexidade da nova economia global não é facilmente captada pelas estatísticas tradicionais sobre comércio e emprego. A UNCTAD e a OIT estimam que o comércio dentro das empresas representa o equivalente a cerca de 32% do comércio mundial. Esses intercâmbios não ocorrem por meio do mercado, mas são absorvidos (mediante controle da empresa) ou semiabsorvidos por intermédio de redes).[37] É o tipo de comércio que afeta de forma mais direta a força de trabalho nos países da OCDE. A subcontratação de serviços pelas empresas em todo o globo com a utilização das telecomunicações também integra a força de trabalho sem deslocá-la ou comercializar sua produção. Mas, mesmo com o emprego de estatísticas-padrão sobre as atividades comerciais, parece que o impacto do comércio sobre a força de trabalho foi subestimado por algumas análises econômicas. Talvez uma visão equilibrada desse assunto seja o estudo empírico de Adrian Wood a respeito do impacto do comércio sobre o emprego e a desigualdade entre 1960 e 1990.[38] Segundo seus cálculos (que revisam as estimativas habituais com base em uma crítica metodológica bem-fundada), os trabalhadores qualificados do Norte beneficiaram-se muito do comércio global por dois motivos: primeiro, tiraram vantagem do maior crescimento econômico resultante do aumento do comércio; segundo, a nova divisão internacional do trabalho propiciou a suas empresas e a eles próprios uma vantagem comparativa em produtos de maior valor agregado e em processos. Já os trabalhadores não qualificados do Norte sofreram consideravelmente em razão da concorrência com os produtores das regiões onde os custos eram menores. Wood estima que a demanda global por mão de obra não qualificada foi reduzida em 20%. Quando os governos e as empresas não conseguiam mudar as condições dos contratos de trabalho, como na União Europeia, a mão de obra não qualificada ficava dispendiosa demais em relação às mercadorias comercializadas com os países recém-industrializados. Então ocorreu o desemprego desse tipo de mão de obra que, em comparação com os padrões vigentes, era muito dispendiosa para sua baixa qualificação. Como, ao contrário, ainda havia demanda de trabalhadores qualificados, a disparidade salarial aumentou na área da OCDE.

Todavia a teoria da nova divisão internacional do trabalho que embasa as análises sobre o impacto diferencial do comércio e da globalização sobre a força de trabalho apoia-se na pressuposição que foi questionada por observação empírica dos processos produtivos nas áreas recém-industrializadas, ou seja, a persistência de uma diferença de produtividade entre os trabalhadores e as fábricas do Sul e do Norte. A pesquisa pioneira de Harley Shaiken sobre as fábricas norte-americanas de automóveis e de computadores e sobre as fábricas japonesas de produtos eletrônicos para o consumo implantadas no norte do México revela que a produtividade dos trabalhadores e das fábricas mexicanas é comparável à das fábricas norte-americanas.[39] As linhas de produção mexicanas não se encontram em nível tecnológico inferior às dos EUA, nem em processo (fabricação assistida por computador), nem em produtos (motores, computadores), mas operam a uma fração do custo ao norte do Rio Grande. Em outro exemplo típico da nova interdependência do trabalho, Bombaim e Bangalore tornaram-se os principais centros de produção subcontratada de software para empresas de todo o globo, com a utilização do trabalho de milhares de engenheiros indianos e profissionais de ciências da computação altamente qualificados, que recebem cerca de 20% do salário pago nos EUA para empregos similares.[40] Tendências semelhantes estão ocorrendo nos setores de serviços financeiros e empresariais em Cingapura, Hong Kong e Taipé.[41] Em resumo, quanto mais o processo de globalização econômica se aprofunda, mais a interpenetração das redes de produção e administração se expande através das fronteiras, e mais próximos ficam os elos entre as condições da força de trabalho em diferentes países com diferentes níveis salariais e de proteção social, mas cada vez menos distinta em termos de qualificações especializadas e tecnologia.

Desse modo, abre-se uma ampla gama de oportunidades para as empresas dos países capitalistas avançados em relação a estratégias para a mão de obra qualificada e também para a não qualificada. Elas podem optar entre:

- reduzir o quadro funcional, mantendo os empregados altamente qualificados indispensáveis no Norte e importando insumos das áreas de baixo custo; ou
- subcontratar parte do trabalho para seus estabelecimentos transnacionais e para as redes auxiliares cuja produção pode ser absorvida no sistema da empresa em rede; ou
- usar mão de obra temporária, trabalhadores de meio expediente ou empresas informais como fornecedores no país natal; ou

- automatizar ou relocar tarefas e funções para as quais os preços do mercado de trabalho sejam considerados muito altos na comparação com as fórmulas alternativas; ou ainda
- obter de sua força de trabalho, inclusive da permanente, anuência para condições mais rígidas de trabalho e pagamento como condição para a continuidade de seus empregos, com isso revertendo os contratos sociais estabelecidos em circunstâncias mais favoráveis para os trabalhadores.

No mundo real, toda essa gama de possibilidades acaba sendo utilizada em função de empresas, países e períodos de tempo. Portanto, embora a concorrência global não possa afetar de forma direta a maior parte da força de trabalho nos países da OCDE, seus efeitos indiretos transformam inteiramente a condição do trabalho e das instituições trabalhistas em todos os lugares.[42] Ademais, o alinhamento das condições de trabalho entre os países não ocorre apenas em razão da concorrência das áreas de baixo custo: a Europa, os Estados Unidos e o Japão também são forçados a convergirem. As pressões para maior flexibilidade do mercado de trabalho e para a inversão do Estado do bem-estar social na Europa ocidental originam-se menos das pressões derivadas do Leste Asiático que da comparação com os EUA.[43] Ficará cada vez mais difícil para as empresas japonesas manterem as práticas de emprego vitalício para os privilegiados 30% de sua força de trabalho se tiverem de competir em uma economia aberta com as empresas norte-americanas utilizando práticas flexíveis de emprego (ver capítulo 3).[44] As práticas de produção enxuta, redução do quadro funcional, reestruturação, consolidação e administração flexível são induzidas e possibilitadas pelo impacto interligado da globalização econômica e difusão das tecnologias da informação. Os efeitos indiretos dessas tecnologias sobre as condições de trabalho em todos os países são muito mais importantes que o impacto mensurável do comércio internacional ou do emprego internacional direto.

Assim, embora não haja um mercado de trabalho global unificado e, consequentemente, não exista uma força de trabalho global, há, na verdade, interdependência global da força de trabalho na economia informacional. Essa interdependência caracteriza-se pela segmentação hierárquica da mão de obra não entre países, mas entre as fronteiras.

O novo modelo de produção e administração global equivale à integração simultânea do processo de trabalho e à desintegração da força de trabalho. Esse modelo não é a consequência inevitável do paradigma informacional, mas o resultado de uma opção econômica e política feita por governos e empresas, escolhendo a "via baixa" no processo de transição para a nova economia informacional, principalmente com a utilização dos aumentos de produtividade para lucratividade a curto prazo. De fato, essas políticas contrastam de maneira profunda com as possibilidades de aumento do trabalho e alta produtividade sustentada propiciadas pela transformação do processo de trabalho sob o paradigma informacional.

O processo de trabalho no paradigma informacional

O amadurecimento da revolução das tecnologias da informação na década de 1990 transformou o processo de trabalho, introduzindo novas formas de divisão técnica e social de trabalho. As máquinas baseadas em microeletrônica levaram toda a década de 1980 para efetivar sua penetração na indústria, e somente nos anos 1990 os computadores em rede difundiram-se pelas atividades relacionadas a processamento da informação, componente principal do chamado setor de serviços. Em meados da década de 1990, o novo paradigma informacional, associado ao surgimento da empresa em rede, está em funcionamento e preparado para evoluir.[45]

Há uma tradição antiga e louvável de pesquisas sociológicas e organizacionais sobre a relação entre tecnologia e trabalho.[46] Portanto, sabemos que a tecnologia em si não é a causa dos procedimentos encontrados nos locais de trabalho. Decisões administrativas, sistemas de relações industriais, ambientes culturais e institucionais e políticas governamentais são fontes tão básicas das práticas de trabalho e da organização da produção que o impacto da tecnologia só pode ser entendido em uma complexa interação no bojo de um sistema social abrangendo todos esses elementos. Além disso, o processo de reestruturação capitalista deixou marcas decisivas nas formas e nos resultados da introdução das tecnologias da informação no processo de trabalho.[47] Os meios e formas dessa reestruturação também foram diversos, dependendo da capacidade tecnológica, cultura política e tradições ligadas ao trabalho em cada país. Assim, o novo paradigma informacional de trabalho e mão de obra não é um modelo simples, mas uma colcha confusa, tecida pela interação histórica entre transformação tecnológica, política das relações industriais e ação social conflituosa. Para encontrar padrões de regularidade atrás desse cenário confuso, devemos ter a paciência de abstrair camadas sucessivas de causação social para primeiro desconstruir e depois reconstruir o padrão de trabalho emergente, os trabalhadores e a organização do trabalho que caracterizam a nova sociedade informacional.

Comecemos pela tecnologia da informação. Primeiro, a mecanização e, depois, a automação vêm transformando o trabalho humano há décadas, sempre provocando debates semelhantes sobre questões relacionadas a demissão de trabalhadores, "desespecialização" *versus* "reespecialização", produtividade *versus* alienação, controle administrativo *versus* autonomia dos trabalhadores.[48] Uma consulta aos canais oficiais franceses da análise ao longo dos últimos cinquenta anos nos informa que George Friedmann criticou *le travail en miettes* (o trabalho fragmentário) da fábrica taylorista; Pierre Naville denunciou a alienação dos trabalhadores na mecanização; Alain Touraine, com base em seu estudo sociológico pioneiro no final dos anos 1940 sobre a transformação tecnológica das fábricas da Renault, propôs sua tipologia dos processos de trabalho como A/B/C (artesanal, linha de montagem e trabalho de inovação); Serge Mallet anunciou o nascimento de "uma nova classe trabalhadora" enfocada na capacidade de gerenciar e operar tecnologia avançada; e Benjamin Coriat analisou o surgimento de um modelo pós-fordista no processo de trabalho, com base na união de flexibilidade e integração em um novo modelo de relações entre produção e consumo. No final desse itinerário intelectual, impressionante em muitos pontos de vista, surge uma ideia fundamental: a automação, que só se completou com o desenvolvimento da tecnologia da informação, aumenta enormemente a importância dos recursos do cérebro humano no processo de trabalho.[49] Embora máquinas e equipamentos automatizados e, depois, computadores fossem usados para transformar trabalhadores em robôs de segunda ordem, como afirma Braverman,[50] esse não é o corolário da tecnologia, mas de uma organização social de trabalho que impedia (e ainda impede) a plena utilização da capacidade produtiva gerada pelas novas tecnologias. Como Harley Shaiken, Maryellen Kelley, Larry Hirschhorn, Shoshana Zuboff, Paul Osterman e outros mostraram em seus trabalhos empíricos, quanto mais ampla e profunda a difusão da tecnologia da informação avançada em fábricas e escritórios, maior a necessidade de um trabalhador instruído e autônomo, capaz e disposto a programar e decidir sequências inteiras de trabalho.[51] Apesar dos enormes obstáculos da administração autoritária e do capitalismo explorador, as tecnologias da informação exigem maior liberdade para trabalhadores mais esclarecidos atingirem o pleno potencial da produtividade prometida. O trabalhador atuante na rede é o agente necessário à empresa em rede, possibilitada pelas novas tecnologias da informação.

Na década de 1990, vários fatores aceleraram a transformação do processo de trabalho: a tecnologia da computação, as tecnologias de rede, a Internet, e suas aplicações, progredindo a passos gigantescos, tornaram-se cada vez menos dispendiosas e melhores, com isso possibilitando sua aquisição e utilização em larga escala; a concorrência global promoveu uma corrida tecnológica e administrativa entre as empresas em todo o mundo; as organizações evoluíram e adotaram novas formas quase sempre baseadas em flexibilidade e atuação em redes; os administradores e seus consultores finalmente entenderam o potencial da nova tecnologia e como usá-la, embora, com muita frequência, restrinjam esse potencial dentro dos limites do antigo conjunto de objetivos organizacionais (como aumento a curto prazo de lucros calculados em base trimestral).

A difusão maciça das tecnologias da informação surtiu efeitos bastante similares em fábricas, escritórios e organizações de serviços.[52] Esses efeitos não são, como previsto, o deslocamento para trabalho indireto à custa do trabalho direto que ficaria automatizado. Ao contrário: o papel do trabalho direto aumentou, porque a tecnologia da informação capacitou o trabalhador direto no chão de fábrica (quer no processo de ensaios de chips, quer no processo de firmar contratos de seguros). O que *tende* a desaparecer com a automação integral são as tarefas rotineiras, repetitivas que podem ser pré-codificadas e programadas para que máquinas as executem. E a linha de montagem taylorista que se torna uma relíquia histórica (embora ainda uma dura realidade para milhões de trabalhadores do mundo em fase de industrialização). Não deveria surpreender que as tecnologias da informação fizessem exatamente isto: substituir o trabalho que possa ser codificado em uma sequência programável e melhorar o trabalho que requer capacidades de análise, decisão e reprogramação em tempo real, em um nível que apenas o cérebro humano pode dominar. Todas as outras atividades, dado o extraordinário índice de progresso da tecnologia da informação e sua constante baixa de preço, são potencialmente suscetíveis de automação e, portanto, o trabalho nelas envolvido é dispensável (embora os trabalhadores em si não o sejam, dependendo de sua organização social e capacidade política).

O processo de trabalho informacional é determinado pelas características do processo produtivo informacional. Tendo em mente as análises apresentadas nos capítulos anteriores sobre a economia informacional/global e a empresa em rede como sua forma organizacional, esse processo pode ser resumido assim:

1. O valor agregado é gerado principalmente pela inovação, tanto de processo como de produtos. Novos designs de chips e inovações em gravação de software são fortes condicionantes do destino da indústria eletrônica. A invenção de novos produtos financeiros (por exemplo, a criação do "mercado de derivativos" nas bolsas de valores durante os anos 1980) é uma das causas do *boom* (embora arriscado) dos serviços financeiros e da prosperidade (ou colapso) das empresas financeiras e de seus clientes.
2. A inovação em si depende de duas condições: potencial de pesquisa e capacidade de especificação. Ou seja, os novos conhecimentos precisam ser descobertos, depois aplicados em objetivos específicos em um determinado contexto organizacional/institucional. Projetos personalizados foram muito importantes para a microeletrônica na década de 1990; a reação instantânea a alterações macroeconômicas é fundamental na gestão dos produtos financeiros voláteis criados no mercado global.
3. A execução de tarefas é mais eficiente quando é capaz de adaptar instruções de níveis mais altos a sua aplicação específica e quando pode gerar efeitos de feedback no sistema. Uma excelente combinação de trabalhador/máquina na execução de tarefas acaba automatizando todos os procedimentos-padrão e, assim, reserva o potencial humano para adaptação e efeitos de *feedback*.
4. A maior parte das atividades ocorre nas organizações. Uma vez que as duas características principais da forma organizacional predominante (a empresa em rede) são adaptabilidade interna e flexibilidade externa, as duas características mais importantes do processo serão: capacidade de gerar tomada de decisão estratégica flexível e capacidade de conseguir integração organizacional entre todos os elementos do processo produtivo.

5. A tecnologia da informação torna-se o ingrediente decisivo do processo de trabalho na forma descrita porque:
   - determina uma enorme capacidade de inovação;
   - possibilita a correção de erros e a geração de efeitos de *feedback* durante a execução;
   - fornece a infraestrutura para flexibilidade e adaptabilidade ao longo do gerenciamento do processo produtivo.

Esse processo produtivo específico introduz uma *nova divisão do trabalho* que caracteriza o paradigma informacional emergente. A nova divisão de trabalho pode ser mais bem entendida com a apresentação de uma tipologia elaborada em três dimensões. *A primeira dimensão refere-se às tarefas reais executadas em determinado processo de trabalho. A segunda diz respeito à relação entre determinada organização e seu ambiente, incluindo outras organizações. A terceira dimensão considera a relação entre administradores e empregados em determinada organização ou rede. Chamo a primeira dimensão de realização de valor, a segunda de cultivo de relações e a terceira de tomada de decisão.*

Em termos de *realização de valor*, em um processo produtivo organizado com base na tecnologia (seja produção de bens, seja prestação de serviços) podem-se distinguir as seguintes tarefas básicas e seus respectivos trabalhadores:

- tomada de decisão estratégica e planejamento — pelos *dirigentes;*
- inovação em produtos e processo — pelos *pesquisadores;*
- adaptação, embalagem e definição dos objetivos da inovação — pelos *projetistas;*
- gerenciamento das relações entre a decisão, a inovação, o projeto e a execução, levando em consideração os meios disponíveis para a organização alcançar os objetivos propostos — pelos *integradores;*
- execução das tarefas sob a própria iniciativa e entendimento — pelos *operadores;*
- execução de tarefas auxiliares, pré-programadas, que não foram ou não podem ser automatizadas — pelos que ouso chamar de *os "dirigidos"* (ou robôs humanos).

Essa tipologia deve ser combinada com outra relativa à necessidade e capacidade de cada tarefa (e seu realizador) estar associada a outros trabalhadores em tempo real, quer dentro da mesma organização, quer no sistema global da empresa em rede. De acordo com essa capacidade relacional, podemos distinguir três cargos fundamentais:

- os *trabalhadores ativos na rede,* que estabelecem conexões por iniciativa própria (por exemplo, engenharia em conjunto com outros departamentos das empresas) e navegam pelas rotas da empresa em rede;
- os *trabalhadores passivos na rede,* trabalhadores que estão on-line, mas não decidem quando, como, por que ou com quem;
- os trabalhadores *desconectados,* presos a suas tarefas específicas, definidas por instruções unilaterais não interativas.

Finalmente, em termos da capacidade de atuar no processo decisório, podemos distinguir entre:

- os *que dão a última palavra,* que tomam a decisão em última instância;
- os *participantes,* que estão envolvidos no processo decisório;
- os *executores,* que apenas implantam as decisões.

As três tipologias não coincidem, e pode ocorrer diferença na dimensão relacional ou no processo decisório (na prática ocorre, de fato) em todos os níveis da estrutura de realização de valor.

Essa estrutura não é um tipo ideal de organização ou alguma paisagem futurista. É uma representação sintética do que parece estar emergindo como principais cargos em desempenho de tarefas no processo de trabalho informacional, de acordo com estudos empíricos sobre a transformação do trabalho e das organizações sob o impacto das tecnologias da informação.[53] Contudo, certamente não afirmo que se possam reduzir todos ou a maior parte dos processos de trabalho e trabalhadores de nossa sociedade a essas tipologias. Formas arcaicas de organização sociotécnica ainda sobrevivem e sobreviverão por um longo tempo em muitos países, do mesmo modo que formas artesanais da produção pré-industrial subsistiram combinadas com a mecanização da produção industrial por um prolongado período histórico. Mas é importante distinguir as formas complexas e diversas de trabalho e trabalhadores observadas nos padrões emergentes de produção e administração que, pelo fato de se originarem de um sistema sociotécnico dinâmico, tenderão a predominar na dinâmica da concorrência e nos efeitos-demonstração. Minha hipótese é que a organização do trabalho delineada nesse esquema analítico representa o paradigma do trabalho informacional emergente. Ilustrarei esse paradigma emergente com uma breve descrição de alguns estudos de caso a respeito dos impactos da indústria assistida por computadores e da automação de escritórios sobre o trabalho, para tornar a estrutura analítica proposta um tanto concreta.

Harley Shaiken estudou em 1994 a prática da chamada "organização do trabalho de alto desempenho" em duas fábricas de automóveis norte-americanas atualizadas: a GM-Saturn Complex nos arredores de Nashville, Tennessee, e a Chrysler Jefferson North Plant na região leste de Detroit.[54] Ambas são organizações bem-sucedidas e altamente produtivas que integraram as mais avançadas máquinas e equipamentos baseados em computadores em suas operações e, ao mesmo tempo, transformaram a organização administrativa e do trabalho. Embora reconheça diferenças entre as duas fábricas, Shaiken aponta os principais fatores responsáveis pelo alto desempenho em ambas as indústrias com base em novas ferramentas tecnológicas. O primeiro é o alto nível de qualificação de uma força de trabalho industrial experiente, cujos conhecimentos de produção e produtos foram cruciais para modificar um processo complexo, quando necessário. Para desenvolver essa qualificação, central para o novo sistema de trabalho, há treinamento regular em cursos especiais fora da fábrica e na função. Os trabalhadores da Saturn gastavam 5% de sua jornada de trabalho anual em sessões de treinamento, a maioria delas no Centro de Desenvolvimento do Trabalho que fica próximo da fábrica.

O segundo fator que favoreceu o alto desempenho foi o aumento da autonomia do trabalhador em comparação com outras fábricas, permitindo a cooperação do chão de fábrica, círculos de qualidade e *feedback* dos trabalhadores em tempo real durante o processo produtivo. Ambas as fábricas organizam a produção em equipes de trabalho, com um sistema de classificação profissional horizontal. A Saturn eliminou o cargo de supervisor de primeira linha, e a Chrysler estava indo na mesma direção. Os trabalhadores conseguem atuar com liberdade considerável e são estimulados a intensificar a interação formal no desempenho de suas tarefas.

O envolvimento dos trabalhadores no processo de melhoria depende de duas condições satisfeitas nas duas fábricas: segurança no emprego e participação do sindicato dos trabalhadores nas negociações e na implantação da reorganização do trabalho. A construção da nova fábrica da Chrysler em Detroit foi precedida pelo "Acordo Operacional Moderno" com ênfase na flexibilidade administrativa e na participação direta dos trabalhadores. Claro, esse não é um mundo ideal, isento de conflitos sociais. Shaiken observou a existência de tensões e fontes potenciais de disputas trabalhistas entre trabalhadores e administração, bem como entre o sindicato local (comportando-se cada vez mais como sindicato de fábrica, no caso da Saturn) e a liderança do United Auto Workers, o sindicato dos trabalhadores da indústria automobilística. No entanto, a natureza do processo de trabalho informacional exige cooperação, trabalho em equipe, autonomia e responsabilidade dos trabalhadores, sem o que não se consegue alcançar todo o potencial das novas tecnologias. O caráter em rede da produção informacional permeia toda a empresa e requer interação constante e processamento da informação entre trabalhadores, entre trabalhadores e administração e entre seres humanos e máquinas.

Quanto à automação de escritórios, houve três fases diferentes, amplamente determinadas pela tecnologia disponível.[55] Na primeira fase, típica dos anos 1960 e 1970, eram usados *mainframes* para processamento de dados em lote; a computação centralizada por especialistas em centros de processamento de dados formava a base de um sistema caracterizado pela rigidez e controle hierárquico dos fluxos da informação; as operações de entrada de dados exigiam enormes esforços, visto que o objetivo do sistema era a acumulação de grandes quantidades de informação em uma memória central; o trabalho era padronizado, transformado em rotina e, principalmente, "desespecializado" para a maior parte dos funcionários administrativos em um processo analisado e denunciado por Braverman[56] em seu famoso estudo. Todavia, os estágios seguintes da automação foram substancialmente diferentes. A segunda fase, no início da década de 1980, foi caracterizada pela ênfase no uso de microcomputadores por parte dos empregados encarregados do processo efetivo de trabalho; apesar de terem o apoio de bases de dados centralizadas, eles interagiam diretamente no processo de geração da informação, embora muitas vezes necessitando do apoio de especialistas em informática. Em meados dos anos 1980, a combinação de avanços em telecomunicações e o desenvolvimento de microcomputadores propiciaram a formação de redes de estações de trabalho e, literalmente, revolucionaram o trabalho de escritório, embora as mudanças organizacionais requeridas para a plena utilização da tecnologia prolongassem a difusão generalizada do novo modelo de automação até os anos 1990. Nessa terceira fase de automação, os sistemas de escritórios são integrados e em rede com muitos microcomputadores interagindo entre si e com *mainframes*, formando uma rede interativa capaz de processar a informação, comunicar-se e tomar decisões em tempo real.[57] Sistemas interativos de informação, não só computadores, são a base do escritório automatizado e dos chamados "escritórios alternativos" ou "escritórios virtuais", tarefas executadas em localidades distantes por meio de redes. Talvez uma quarta fase de automação de escritórios esteja em preparo no cenário tecnológico dos últimos anos do século: o escritório móvel, representado por trabalhadores individuais munidos de poderosos dispositivos de processamento e transmissão da informação.[58] Se o escritório móvel desenvolver-se, como parece provável, haverá um aperfeiçoamento da lógica organizacional que descrevi sob o conceito de empresa em rede e um aprofundamento do processo de transformação do trabalho e dos trabalhadores nos termos propostos neste capítulo.

Os efeitos dessas transformações tecnológicas sobre o trabalho de escritório ainda não são plenamente identificados, porque os estudos empíricos e sua interpretação estão atrasados em relação ao rápido processo de transformação tecnológica. Contudo, durante a década de 1980, vários alunos de doutorado da Universidade de Berkeley, cujos trabalhos acompanhei e orientei, conseguiram produzir diversas monografias detalhadas, documentando as tendências de mudanças que parecem ser confirmadas pela evolução dos anos 1990.[59] Particularmente esclarecedora, foi a tese de doutorado de Barbara Baran a respeito do impacto da automação de escritórios sobre o processo de trabalho em algumas grandes seguradoras dos Estados Unidos.[60] Esse trabalho, bem como outras fontes, mostram a tendência de as empresas automatizarem a parte mais simples do trabalho administrativo, aquelas tarefas de rotina que, por poderem ser reduzidas a vários passos padronizados, são programadas com facilidade. Além disso, a entrada de dados foi descentralizada, colhendo as informações e registrando-as no sistema o mais próximo possível da fonte. Por exemplo, a contabilidade de vendas agora está ligada a varredura e armazenamento no caixa do ponto de vendas. Os caixas automáticos atualizam as contas bancárias constantemente. Pedidos de indenização de seguros são diretamente armazenados na memória em relação aos elementos que não exigem tino empresarial e assim por diante. O resultado dessas tendências é a possibilidade de eliminar a maior parte do trabalho administrativo mecânico e de rotina. As operações de nível mais alto, por sua vez, ficam concentradas nas mãos de funcionários e profissionais especializados, que decidem com base na informação armazenada nos arquivos de seus computadores. Assim, enquanto na base do processo há crescente rotinização (e, portanto, automação), no nível médio há reintegração de várias tarefas em uma operação decisória bem-informada, geralmente processada, avaliada e executada por uma equipe composta de funcionários administrativos com autonomia cada vez maior para tomadas de decisão. Em um estágio mais avançado desse processo de reintegração de tarefas, também desaparece a supervisão de gerentes de nível médio, e os controles e procedimentos de segurança são padronizados no computador. A conexão crucial torna-se, então, aquela entre os profissionais especializados, que avaliam e decidem as questões mais importantes, e os funcionários bem-informados, que decidem as operações do dia a dia embasados nos arquivos dos computadores com suas possibilidades de trabalho em rede. Dessa forma, a terceira fase da automação de escritórios, em vez de simplesmente racionalizar a tarefa (como no caso da automação de processamento em lote), racionaliza o processo, porque a tecnologia permite a integração da informação oriunda de muitas fontes diferentes e, uma vez processada, sua redistribuição a diferentes unidades descentralizadas de execução. Portanto, em vez de automatizar tarefas separadas (como digitação, cálculos), o novo sistema racionaliza um procedimento inteiro (por exemplo, novo seguro empresarial, processamento de indenizações, contratação de seguros) e, então, integra os vários procedimentos pelas linhas de produtos ou mercados segmentados. Assim, os funcionários são reintegrados funcionalmente em vez de serem distribuídos organizacionalmente.

Uma tendência semelhante foi observada por Hirschhorn, em sua análise dos bancos americanos, e por Castano em seu estudo do sistema bancário espanhol.[61] Enquanto a maior parte das operações de rotina continuam sendo automatizadas (caixas eletrônicos, serviços de informação por telefone, banco eletrônico), os bancários restantes trabalham cada vez mais como vendedores, para oferecer serviços financeiros aos clientes, e como controladores do reembolso do dinheiro vendido. Nos EUA, o governo federal planeja automatizar os pagamentos de impostos e da previdência social no final do século, estendendo, assim, uma mudança similar do processo de trabalho para os órgãos do setor público.

Todavia, o surgimento do paradigma informacional no processo de trabalho não conta toda a história do trabalho e dos trabalhadores de nossas sociedades. O contexto social e, em particular, a relação capital-trabalho, de acordo com decisões específicas da administração das empresas, afetam de maneira drástica a forma real do processo de trabalho e as consequências das mudanças para os trabalhadores. Foi o que ocorreu principalmente durante a década de 1980, quando a aceleração da transformação tecnológica ocorreu de mãos dadas com o processo de reestruturação capitalista, como afirmei anteriormente. Desse modo, o famoso estudo de Watanabe[62] sobre o impacto da introdução de robôs na indústria automobilística japonesa, norte-americana, francesa e italiana revelou impactos bastante diferentes de uma tecnologia similar no mesmo setor: nos EUA e na Itália, os trabalhadores eram dispensados porque o principal objetivo da introdução da nova tecnologia era reduzir custos de mão de obra; na França, a perda de emprego foi menor que nos dois outros países, porque as políticas governamentais atenuaram os impactos sociais da modernização; e no Japão, onde as empresas estavam comprometidas com o emprego vitalício, os empregos, de fato, aumentaram e a produtividade cresceu ainda mais em consequência de retreinamento e maior esforço das equipes de trabalho, com isso elevando a competitividade das empresas e tirando fatias de mercado de suas congêneres norte-americanas.

Estudos sobre a interação entre a transformação tecnológica e a reestruturação capitalista, conduzidos durante a década de 1980, também mostraram que, com bastante frequência e antes de tudo, as tecnologias foram introduzidas mais para economizar mão de obra, submeter os sindicatos e reduzir custos do que melhorar a qualidade ou aumentar a produtividade por meios que não sejam redução do quadro funcional. Nesse sentido, outra ex-aluna, Carol Parsons, estudou em sua tese de doutorado a reestruturação social e tecnológica das indústrias de usinagem de metais e de vestuário nos Estados Unidos.[63] No setor de usinagem de metais, entre as empresas pesquisadas por Parsons, o objetivo mais citado para a introdução da tecnologia foi a redução de mão de obra direta. Ademais, em vez de reequipar suas instalações, as empresas quase sempre fechavam as fábricas sindicalizadas e abriam outras, geralmente sem sindicato, às vezes até na mesma região. Em consequência do processo de reestruturação, o nível de emprego caiu drasticamente em todas as indústrias de usinagem de metais, com exceção de equipamentos de escritório. Além disso, os trabalhadores da produção viram seus números relativos reduzidos *vis-à-vis* administradores e profissionais especializados. Entre os trabalhadores da produção, havia polarização entre os artífices e os trabalhadores não qualificados, com a força de trabalho da linha de montagem sendo comprimida substancialmente pela automação. Parsons observou desenvolvimento semelhante no setor de vestuário em relação à introdução da tecnologia baseada em microeletrônica. A força de trabalho direta na produção foi sendo eliminada com rapidez, e a indústria foi se tornando um centro de expedição, conectando a demanda do mercado norte-americano com os fornecedores de manufaturados em todo o mundo. O resultado final foi, por um lado, uma força de trabalho bipolar, composta de designers altamente qualificados e gerentes, de vendas baseada em telecomunicações, e, por outro, trabalhadores industriais mal qualificados e mal pagos, situados no exterior ou em fábricas domésticas norte-americanas, muitas vezes ilegais e oferecendo precárias condições de trabalho. Esse modelo tem uma semelhança surpreendente com o descrito no capítulo 3 em relação à Benetton, empresa em rede mundial especializada em artigos de malha, considerada o epítome da produção flexível.

Eileen Appelbaum[64] descobriu tendências similares no setor de seguros, cujas drásticas transformações tecnológicas descrevi anteriormente com base no trabalho de Barbara Baran. Na verdade, a história referente a inovação tecnológica, mudança organizacional e reintegração do trabalho no setor securitário deve ser completada com a observação da dispensa maciça de empregados e rebaixamento da remuneração do trabalho qualificado nesse mesmo setor. Appelbaum associa o processo de rápida transformação tecnológica no setor de seguros ao impacto da desregulamentação e da concorrência global nos mercados financeiros. Em consequência, tornou-se importantíssimo assegurar a mobilidade do capital e a versatilidade dos funcionários. Estes últimos foram reduzidos e requalificados. De acordo com as projeções, os trabalhos não qualificados do setor de entrada de dados, em que as mulheres das minorias étnicas se concentravam, seriam praticamente eliminados pela automação no final do século. Os cargos administrativos remanescentes, por sua vez, eram requalificados pela integração de tarefas nos trabalhos multifuncionais suscetíveis de maior flexibilidade e adaptação às necessárias mudanças de um setor cada vez mais diversificado. Os trabalhos especializados também foram polarizados entre tarefas menos qualificadas, executadas por funcionários administrativos reciclados para maior responsabilidade, e tarefas altamente especializadas que, no geral, exigiam instrução universitária. Essas mudanças profissionais eram especificadas por sexo, classe e raça: enquanto as máquinas substituíam, em particular, as mulheres menos instruídas das minorias étnicas na parte inferior da escala, as mulheres instruídas, especialmente brancas, começaram a substituir os homens brancos nos cargos especializados inferiores, mas com salários mais baixos e com redução das perspectivas de carreira em comparação ao que os homens costumavam ter. A multifuncionalidade dos trabalhos e a individualização da responsabilidade sempre eram acompanhadas por novos títulos criados ideologicamente (por exemplo, "assistente da gerência" em vez de "secretário(a)"), dessa forma, aumentando o potencial para o comprometimento dos funcionários administrativos sem melhorar suas recompensas profissionais de forma correspondente.

Então, a nova tecnologia da informação está redefinindo os processos de trabalho e os trabalhadores e, portanto, o emprego e a estrutura ocupacional. Embora um número substancial de empregos esteja melhorando de nível em relação a qualificações e, às vezes, a salários e condições de trabalho nos setores mais dinâmicos, muitos empregos estão sendo eliminados gradualmente pela automação da indústria e de serviços. São, geralmente, trabalhos não especializados o suficiente para escapar da automação, mas são suficientemente caros para valer o investimento em tecnologia para substituí-los. Qualificações educacionais cada vez maiores, gerais ou especializadas, exigidas nos cargos requalificados da estrutura ocupacional segregam ainda mais a força de trabalho com base na educação que, por si só, é um sistema altamente segregado, porque a grosso modo corresponde institucionalmente a uma estrutura residencial segregada. A mão de obra desvalorizada, em particular nos cargos iniciais de uma nova geração de trabalhadores formada por mulheres, minorias étnicas, imigrantes e jovens, está concentrada em atividades de baixa qualificação e mal pagas, bem como no trabalho temporário e/ou serviços diversos. A divisão resultante dos padrões de trabalho e a polarização da mão de obra não são necessariamente consequências do progresso tecnológico ou de tendências evolucionárias inexoráveis (por exemplo, o desenvolvimento da "sociedade pós-industrial" ou da "economia de serviços"). É determinada socialmente e projetada administrativamente no processo da reestruturação capitalista que ocorre em nível de chão de fábrica, dentro da estrutura e com a ajuda do processo de transformação tecnológica, principal aspecto do paradigma informacional. Nessas condições, o trabalho, o emprego e as profissões são transformados, e o próprio conceito de trabalho e jornada de trabalho poderão passar por mudanças definitivas.

Os efeitos da tecnologia da informação sobre o mercado de trabalho: rumo a uma sociedade sem empregos?

A difusão de tecnologia da informação em fábricas, escritórios e serviços reacendeu um temor centenário dos trabalhadores de serem substituídos por máquinas e de se tornarem impertinentes à lógica produtivista que ainda domina nossa organização social. Embora, na era da informação, a versão do movimento ludita que aterrorizou os industriais ingleses em 1811 ainda não tenha surgido, o aumento do desemprego na Europa ocidental nas décadas de 1980 e 1990 suscitou questões sobre a potencial ruptura dos mercados de trabalho e, portanto, de toda a estrutura social pelo impacto maciço das tecnologias voltadas para a economia de mão de obra.

O debate sobre esse assunto grassou ao longo da última década e está longe de gerar uma resposta objetiva.[65] Por um lado, afirma-se que a experiência histórica mostra a transferência secular de um tipo de atividade para outro à medida que o progresso tecnológico substitui o trabalho por ferramentas mais eficientes de produção.[66] Desse modo, na Grã-Bretanha entre 1780 e 1988, a força de trabalho rural foi reduzida pela metade em números absolutos e caiu de 50% para 2,2% do total dos trabalhadores; no entanto, a produtividade *per capita* aumentou por um fator de 68, e o aumento da produtividade possibilitou o investimento de capital e trabalho na indústria, depois em serviços, de forma a empregar uma população cada vez maior. A extraordinária transformação tecnológica na economia norte-americana durante o século XX também substituiu trabalhadores rurais, mas o total de empregos criados pela economia dos EUA subiu de 27 milhões em 1900 a 133 milhões em 1999. Nessa perspectiva, a maioria dos empregos industriais tradicionais terão o mesmo destino, mas novos empregos estão sendo (e serão) criados na indústria de alta tecnologia (ver tabela 4.23 no apêndice A) e, de forma mais significativa, em "serviços".[67]

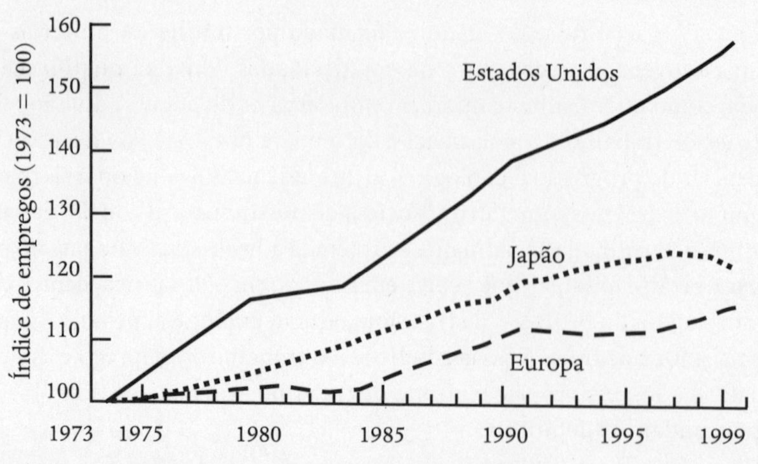

Figura 4.3 Índice de crescimento do emprego, por região, 1973-1999

Fonte: Dados da OCDE, compilados e elaborados por Carnoy (2000).

Como prova da continuidade dessa tendência tecnológica, é fácil apontar a experiência das economias industriais dotadas de mais avanços tecnológicos, o Japão e os Estados Unidos: elas são exatamente as que criaram o maior número de empregos durante os anos 1980 e 1990.[68] De acordo com o relatório oficial de 1994 da Comissão Europeia sobre *Crescimento, Competitividade e Empregos,* entre 1970 e 1992, a economia norte-americana cresceu 70% em termos reais, e o nível de emprego, 49%. A economia japonesa cresceu 173%, e seu nível de emprego, 25%. A economia da Comunidade Europeia, por sua vez, cresceu 81%, mas com um aumento nos empregos de apenas 9%.[69] E o que a Comissão não diz é que quase todos esses novos empregos foram gerados pelo setor público: a geração de emprego privado na Comunidade Europeia ficou paralisada durante a década de 1980. Nos anos 1990, aumentou a diferença da criação de emprego entre a Europa, de um lado, e os EUA e o Japão, de outro (ver figura 4.3). De fato, entre 1975 e 1999 os Estados Unidos criaram cerca de 48 milhões de novos empregos e o Japão criou 10 milhões. Por outro lado, a União Europeia criou somente 11 milhões de novos empregos nesses 24 anos, e a maioria deles, até fins da década de 1990, estavam no setor público. Além do mais, entre 1º de janeiro de 1993 e 1º de janeiro de 2000, os Estados Unidos criaram mais de 20 milhões de novos empregos, ao passo que o número absoluto de empregos na União Europeia caiu entre 1990 e 1996. Ademais, o número de empregos começou a aumentar na Europa em 1997-9, no momento em que os países europeus aceleraram a difusão das tecnologias da informação em suas empresas, enquanto realizavam reformas nos aspectos institucionais do mercado de trabalho que impediam a criação de empregos. Em outubro de 1999, pela primeira vez na década, o índice de desemprego em toda a União Europeia esteve abaixo da marca dos 10%. O desempenho do aumento do número de empregos foi, de fato, bastante diferenciado entre os países europeus; de fato, em 1999, só os índices de desemprego da Espanha, da Itália, da França, da Alemanha, da Finlândia e da Bélgica alcançava os dois dígitos, ao passo que os índices dos outros países europeus ficavam abaixo dos 8%, e alguns deles (Holanda, Suíça, Noruega) tinham índices de desemprego inferior ao dos Estados Unidos. E o perfil das qualificações exigidas pelos novos empregos era, na média, de nível mais alto que a média das qualificações dos trabalhadores em geral. Assim, nos Estados Unidos, a tabela 4.24 (no apêndice A), elaborada por Martin Carnoy, demonstra que a proporção de empregos de salários altos aumentou de 24,6% em 1960 para 33% em 1998, aumento bem maior do que o frequentemente publicado aumento de empregos na base da escala, que subiu de 31,6% para 32,4%, confirmando o declínio do nível médio, porém especialmente para benefício do alto da escala ocupacional. Um estudo realizado em 1999 pelo Labor Department dos EUA sobre o perfil dos novos empregos criados na década de 1990 descobriu que uma grande maioria dos novos empregos eram em ocupações que pagavam mais do que o salário médio nacional de US$13 por hora.[70] Segundo um estudo da OCDE, a variação de percentual na criação de empregos em 1980-95 nos países da OCDE foi 3,3% nos setores de alta tecnologia, de –8,2% nos setores de média tecnologia e de -10,9% nos setores de baixa tecnologia.[71] Em uma projeção para o futuro, o relatório Tregouet de 1997, encomendado pelo Comitê de Finanças do Senado francês, concluiu que "com o fortalecimento da sociedade da informação, metade das vagas a serem preenchidas daqui de agora até daqui a vinte anos ainda não existem; envolverão essencialmente a adição de conhecimentos e informações".[72]

Um traço fundamental que caracteriza o novo mercado de trabalho nas duas décadas passadas é a incorporação maciça das mulheres no trabalho remunerado: a taxa de participação feminina na força de trabalho, na faixa etária de 15-64 anos, aumentou de 51,1% em 1973 para 70,7% em 1998 nos Estados Unidos; de 53,2% para 67,8% no RU; de 50,1% para 60,8% na França; de 54% para 59,8% no Japão; de 50,3% a 60,9% na Alemanha; de 33,4% para 48,7% na Espanha; de 33,7% para 43,9% na Itália; de 63,6% para 69,7% na Finlândia; e de 62,6% para 75,5% na Suécia, país com o maior índice de participação da força de trabalho feminina do mundo.[73] Mas a pressão desse aumento substancial da oferta de mão de obra não criou alto nível de desemprego nos EUA e no Japão, como aconteceu em alguns países da Europa ocidental.

Os EUA, em meio a uma impressionante reinstrumentação tecnológica, registraram em novembro de 1999 seu mais baixo índice de desemprego em trinta anos, a 4,1%. O Japão, apesar da prolongada recessão na década de 1990, ainda mantinha seu índice de desemprego abaixo dos 5%, embora estivesse modificando seu modelo tradicional de relações trabalhistas, conforme discutirei adiante. E a Holanda, economia tecnologicamente avançada, depois de modificar suas instituições de trabalho, reduzira seu índice de desemprego em cerca de 3% em fins de 1999. Portanto, todos os indícios apontam para o fato de que o alto nível de desemprego nos países desenvolvidos era problema principalmente de alguns (mas não todos) países europeus durante os primeiros estágios de sua transição para a nova economia. Esse problema foi provocado, principalmente, não pela chegada das novas tecnologias, porém por políticas macroeconômicas incorretas e por um ambiente institucional desestimulador da criação de empregos privados, embora a inovação e a difusão tecnológicas não surtissem consequências diretas na criação ou na destruição de empregos, num nível agregado. Assim, Martin Carnoy elaborou as tabelas 4.25 e 4.26 (ver apêndice A) com base nos dados da OCDE, relacionando, para 21 países, vários indicadores da intensidade da tecnologia da informação com o aumento do índice de emprego e desemprego em meados da década de 1990. Segundo seus cálculos, não há relação estatisticamente significativa entre a difusão tecnológica e a evolução do emprego em 1987-94 e o índice de desemprego. Porém a relação é negativa, indicando a possibilidade de um efeito positivo da tecnologia sobre a criação de empregos.[74] Como esta e outras análises indicam,[75] variação institucional parece ser responsável pelos níveis de desemprego, ao passo que os efeitos dos níveis tecnológicos não seguem um padrão constante. Se os dados internacionais indicassem algum padrão, seria na direção oposta às previsões luditas: nível tecnológico mais alto associado a índice de desemprego mais baixo. As objeções dos críticos, como a argumentação para desestimular os trabalhadores que não figuram nas estatísticas de desemprego, simplesmente não resistem à análise empírica. Um estudo de 1993 da OCDE acerca de trabalhadores desestimulados entre 1983 e 1991 estimou que esses trabalhadores compunham cerca de 1% da força de trabalho em 1991. Quando os trabalhadores desincentivados são somados aos desempregados, o índice de desemprego em 1991 na maioria dos países da OCDE aumentava para aproximadamente 8%. Segundo os novos cálculos, porém, o índice ajustado de desemprego teria caído mesmo em 1997 nos EUA, no Reino Unido, no Japão, na Holanda, na Austrália e no Canadá; isto é, nos países que estavam criando empregos em novas condições tecnológicas e organizacionais.[76] Mas a argumentação definitiva é calcular a proporção entre emprego e a população em geral entre os 15 e os 64 anos de idade (ver tabela 4.27). Isto é, todos, incentivados ou não, encarcerados ou não, são contados dessa maneira. Se prosseguirmos nessa linha de raciocínio, entre 1973 e 1998, nos Estados Unidos, a proporção entre homens empregados e o total da população masculina caiu um pouco, de 82,8% para 80,5%. Porém subiu de maneira impressionante entre as mulheres, saltando de 48% para 67,4%. Por outro lado, caiu significativamente para os homens em todos os países europeus, no Canadá e na Austrália, embora subisse para as mulheres em todos os países, e em alguns deles de maneira significativa (Canadá), ou meteórica (Holanda, de 28,6% para 59,4%). O Japão fica no meio, com claro declínio na proporção de empregos masculinos e aumento moderado para as mulheres. Assim, de um lado, o desempenho dos EUA resiste ao teste da evolução do índice emprego/população. De outro, o que está realmente acontecendo é uma tendência notável; a substituição de homens por mulheres em vastos segmentos do mercado de trabalho, em condições, e com modalidades, que serão analisadas mais pormenorizadamente no volume II, capítulo 4.

Mas, segundo os profetas do desemprego maciço, liderados pelo ilustre Clube de Roma, esses cálculos baseiam-se em uma experiência histórica diferente que subestima os impactos radicalmente novos das tecnologias, cujos efeitos são universais e abrangentes porque dizem respeito ao processamento da informação. Assim, de acordo com essas pessoas, se acontecer com o emprego industrial o mesmo que ocorreu com o rural, não haverá empregos suficientes no setor de serviços para substituí-los porque os próprios empregos desse setor estão sendo rapidamente automatizados e eliminados. Eles previram que, em razão da aceleração dessa tendência na década de 1990, haveria desemprego em massa.[77] A consequência óbvia dessa análise é que nossas sociedades terão de escolher entre o desemprego maciço com seu corolário, a profunda divisão da sociedade entre os trabalhadores empregados e os desempregados/trabalhadores ocasionais ou, então, uma redefinição do trabalho e do mercado de trabalho, abrindo caminho para a reestruturação completa da organização social e dos valores culturais.

Dada a importância do tema, instituições internacionais, governos e pesquisadores têm feito esforços extraordinários para avaliar o impacto das novas tecnologias. Conduziram-se muitos estudos com técnica sofisticada nos últimos quinze anos, principalmente na década de 1980, quando ainda havia esperança de que os dados pudessem fornecer respostas. A leitura desses estudos revela a dificuldade da busca. É claro que a introdução de robôs em uma linha de montagem reduz a jornada do trabalho humano para determinado nível de produção. Mas não significa que isso diminua os empregos da empresa nem mesmo do setor. Se a qualidade superior e a maior produtividade conseguida com a introdução de máquinas eletrônicas aumentassem a competitividade, tanto a empresa como o setor precisariam aumentar os empregos para atender à maior demanda resultante de uma fatia maior de mercado. Desse modo, levanta-se a questão em âmbito nacional: a nova estratégia de crescimento implicaria aumento de competitividade à custa da redução do emprego em alguns setores, enquanto o superávit gerado dessa forma seria usado para investir e criar postos de trabalho em outros setores, como serviços empresariais ou indústrias de tecnologia ambiental. Em última instância, o resultado líquido do emprego dependerá da concorrência entre as nações. Os teóricos do comércio então argumentariam que esta não é uma equação de resultado zero, visto que uma expansão do comércio global beneficiaria a maioria de seus parceiros, aumentando a demanda geral. De acordo com esse raciocínio, talvez haja uma redução potencial do emprego em consequência da difusão das novas tecnologias da informação, apenas se:

- a expansão da demanda não contrabalança o aumento da produtividade da mão de obra; e
- não houver reação institucional a essa desproporção, reduzindo a jornada de trabalho, não os empregos.

Essa segunda condição é particularmente importante. Afinal de contas, a história da industrialização mostrou um aumento a longo prazo do nível de desemprego, produção, produtividade, salários reais, lucros e demanda, ao mesmo tempo que reduziu a jornada de trabalho com base no progresso tecnológico e administrativo.[78] Por que isso não deveria acontecer no estágio atual da transformação econômica e tecnológica? Por que as tecnologias da informação seriam mais destrutivas para os empregos em geral do que a mecanização ou a automação foram nas primeiras décadas do século XX? Chequemos o registro empírico.

Diante de uma pletora de estudos da década de 1980 sobre diferentes países e setores, a OIT encomendou algumas revisões da literatura que indicariam o estágio dos conhecimentos sobre a relação entre a microeletrônica e o emprego em vários contextos. Entre essas revisões, duas destacam-se como bem documentadas e analíticas: as de Raphael Kaplinsky[79] e de John Bessant.[80] Kaplinsky enfatizou a necessidade de distinguir as descobertas em oito níveis diferentes: nível de processo, nível de fábrica, nível de empresa, nível de indústria, nível de região, nível de setor, nível nacional e metanível (significando a discussão dos efeitos diferenciais relacionados a paradigmas sociotécnicos alternativos). Após fazer a revisão dos dados para cada um, o autor concluiu:

> Quando os estudos individuais oferecem alguma afirmação clara sobre a questão, parece que os macro/microestudos quantitativos levam a conclusões fundamentalmente diferentes. As investigações em processos e fábricas em geral parecem apontar para uma significativa dispensa de mão de obra. Por outro lado, as simulações em âmbito nacional levam, com mais frequência, à conclusão de que não há nenhum problema significativo em vista, no que diz respeito ao emprego.[81]

Bessant considera excessivos o que ele chama de "repetidos temores em relação a automação e ao emprego" expressos desde os anos 1950. Então, após exame minucioso das descobertas dos estudos, ele afirma: "ficou cada vez mais claro que o padrão dos efeitos da microeletrônica sobre o emprego mostraria grande variação." De acordo com os dados revistos por Bessant, por um lado, a microeletrônica substitui alguns empregos em algumas indústrias. Mas, por outro, ela também contribuirá para a geração de emprego, bem como modificará as características desse emprego. A equação global deve levar em consideração vários elementos ao mesmo tempo:

> os novos empregos gerados pelas novas indústrias de produtos baseados em microeletrônica; os novos empregos em tecnologias avançadas criados nas indústrias existentes; os empregos eliminados pelas transformações dos processos nas indústrias existentes; os empregos eliminados nas indústrias cujos produtos estão sendo substituídos pelos baseados em microeletrônica, tais como equipamentos de telecomunicações; os empre-

> gos perdidos por mera falta de competitividade devido à não adoção da microeletrônica. Após a consideração de tudo isso, no geral o padrão é de perdas e ganhos, com alteração global relativamente pequena no nível de emprego.[82]

Exames de estudos sobre países específicos durante a década de 1980 revelam descobertas de certa forma contraditórias, embora, em termos gerais, pareça surgir o mesmo padrão de indeterminação. No Japão, um estudo de 1985 conduzido pelo Instituto Japonês do Trabalho referente aos efeitos das novas tecnologias eletrônicas sobre o trabalho e o emprego em diversos setores, como automobilístico, jornalístico, de máquinas e equipamentos elétricos e software, concluiu que "em todos os casos, a introdução das novas tecnologias não visou a redução da força de trabalho na prática nem causou sua redução posterior".[83]

Na Alemanha, um estudo importante, o chamado *Meta Study*, foi encomendado pelo ministro de pesquisa e tecnologia durante os anos 1980 para a condução de uma pesquisa econométrica e também de estudo de caso sobre os impactos da transformação tecnológica sobre o mercado de trabalho. Embora a diversidade dos estudos incluídos no programa da pesquisa não permita uma conclusão segura, a síntese de seus autores conclui que "o contexto" é que é responsável pela variação dos efeitos observados. De qualquer forma, entendeu-se que a inovação tecnológica é um fator acelerador das tendências existentes no mercado de trabalho, e não sua causa. Para o curto prazo, o estudo prevê a substituição dos empregos que não exigem qualificação, mas o resultado do aumento da produtividade provavelmente seria a criação de emprego a longo prazo.[84]

Nos Estados Unidos, Flynn analisou duzentos estudos de caso a respeito dos impactos das inovações em processos sobre o mercado de trabalho entre 1940 e 1982.[85] Ele concluiu que, embora as inovações nos processos de fabricação eliminassem empregos de alta qualificação e ajudassem a criar empregos de baixa qualificação, o oposto era verdadeiro no processamento da informação dos escritórios, em que a inovação tecnológica suprimia os empregos de baixa qualificação e criava os de alta qualificação. Portanto, de acordo com Flynn, os efeitos da inovação em processos eram variáveis, dependendo das situações específicas de setores e empresas. No âmbito industrial, novamente nos EUA, a análise de cinco indústrias, realizada por Levy, revelou diferentes efeitos da inovação tecnológica: em mineração de ferro, mineração de carvão e alumínio, a transformação tecnológica aumentou a produção e resultou em maiores níveis de emprego; nas indústrias siderúrgicas e automobilísticas, por outro lado, o crescimento da demanda não correspondeu à redução do trabalho por unidade de produção e provocou perdas de emprego.[86] Também nos EUA, a análise dos dados disponíveis sobre o impacto da robótica industrial, elaborada por Miller na década de 1980, concluiu que a maior parte dos trabalhadores dispensados seria reabsorvida na força de trabalho.[87]

No Reino Unido, o estudo de Daniel a respeito dos impactos da tecnologia sobre o emprego em fábricas e escritórios concluiu que haveria um efeito desprezível. Outra análise, feita pelo Instituto de Londres para Estudos de Políticas, baseada em uma amostra de 1.200 empresas da França, Alemanha e Reino Unido estimou que, em média, para esses três países, o impacto da microeletrônica totalizava uma perda de emprego equivalente a, respectivamente, 0,5%, 0,6% e 0,8% da diminuição anual de emprego na indústria.[88]

Na síntese de estudos dirigidos por Watanabe sobre os impactos da robotização na indústria automobilística japonesa, norte-americana, francesa e italiana, o total da perda de emprego foi estimado entre 2% e 3,5%, mas com a advertência adicional sobre os efeitos diferenciais mencionados anteriormente, ou seja, o aumento do emprego nas fábricas japonesas em razão do uso da microeletrônica para retreinar os trabalhadores e melhorar a competitividade.[89] No caso do Brasil, Silva não descobriu nenhum efeito da tecnologia sobre o emprego na indústria automobilística, embora o nível de emprego variasse consideravelmente em função dos níveis de produção.[90]

No estudo que dirigi a respeito dos impactos das novas tecnologias sobre a economia espanhola no início da década de 1980 não encontrei nenhuma relação estatística entre a variação no emprego e o nível tecnológico dos setores industrial e de serviços. Além disso, um estudo no mesmo programa de pesquisa conduzido por Cecilia Castano sobre os setores automobilístico e bancário da Espanha descobriu uma tendência para associação positiva entre a introdução da tecnologia da informação e o nível de emprego. Um estudo econométrico feito por Saez sobre a evolução do emprego por setores na Espanha, nos anos 1980, também revelou relação estatística positiva entre a modernização tecnológica e os ganhos de emprego graças ao aumento da produtividade e da competitividade.[91]

Estudos encomendados pela Organização Internacional do Trabalho sobre o Reino Unido, a OCDE como um todo e a Coreia do Sul também parecem apontar para a falta de associação sistemática entre a tecnologia da informação e o emprego.[92] As outras variáveis da equação (por exemplo, mescla industrial dos países, contextos institucionais, colocação na divisão internacional do trabalho, competitividade, políticas administrativas etc.) no geral superam o impacto específico da tecnologia.

Mas frequentemente se argumenta que as tendências observadas durante a década de 1980 não representavam a extensão total do impacto das tecnologias da informação sobre o emprego, porque a difusão desses avanços nas economias e sociedades ainda estava por vir.[93] Isso força-nos a adentrarmos o campo duvidoso das projeções, lidando com duas variáveis incertas (novas tecnologias da informação e emprego) e sua relação ainda mais imprecisa. Contudo, foram elaborados vários modelos de simulação razoavelmente sofisticados que, em certa medida, esclareceram as questões em discussão. Um deles é o modelo de Blazejczak, Eber e Horn para a avaliação dos impactos macroeconômicos dos investimentos em P&D na economia da Alemanha

Ocidental entre 1987 e o ano 2000. Foram construídos três cenários. Apenas nas circunstâncias mais favoráveis, a transformação tecnológica aumenta os empregos mediante a melhora da competitividade. Na verdade, os autores concluem que as perdas de emprego são iminentes a menos que ocorram efeitos de demanda compensatória, e essa demanda não poderá ser gerada apenas por um desempenho melhor no comércio internacional. Mas, de acordo com as projeções do modelo, "os efeitos da demanda em nível agregado, de fato, compensam uma parte relevante da diminuição de emprego prevista".[94] Portanto, é provável que a inovação tecnológica surta efeito negativo no emprego da Alemanha, mas em nível bastante moderado. Também nesse caso, outros elementos, como políticas macroeconômicas, competitividade e relações industriais parecem ser fatores muito mais importantes na determinação da evolução do emprego.

Nos Estados Unidos, o estudo de estimulação mais citado foi o elaborado em 1984 por Leontieff e Duchin para avaliar o impacto dos computadores sobre o nível de emprego no período de 1963-2000, usando uma matriz dinâmica de insumo-produto da economia norte-americana.[95] Ao enfocar o cenário intermediário, eles descobriram que seriam necessários vinte milhões de trabalhadores a menos em comparação com o número de trabalhadores que teriam de ser empregados para atingir a mesma produção com a manutenção do nível tecnológico. Esse número, de acordo com os cálculos dos autores, representa uma queda de 11,7% da mão de obra necessária. Contudo, o impacto é muito diferenciado entre setores e profissões. Previram-se perdas de emprego maiores para o setor de serviços, em especial atividades de escritório, do que para a indústria, em consequência da difusão maciça da automação de escritórios. Funcionários administrativos e administradores veriam suas perspectivas de emprego reduzidas de forma significativa, ao passo que para profissionais especializados haveria um aumento substancial, e os artífices e operadores manteriam sua posição relativa na força de trabalho. Todavia a metodologia da análise de Leontieff e Duchin foi muito criticada porque depende de várias suposições que, com base em estudos de casos limitados, maximizam o impacto potencial da automação informática ao mesmo tempo que restringem a transformação tecnológica a computadores. De fato, do ponto de vista do ano 2000, podemos afirmar o fracasso das previsões de Leontieff e Duchin. Mas essa não é apenas uma observação empírica. O fracasso estava inscrito no modelo analítico. Como afirma Lawrence, a falha fundamental nesse e em outros modelos é que eles admitiram um nível fixo de demanda e produção final.[96] E exatamente isso que a experiência passada de inovação tecnológica parece rejeitar como hipótese mais provável.[97] Claro, se a economia não crescer, as tecnologias que economizam mão de obra reduzirão o total do tempo necessário de trabalho. Mas no passado, a rápida transformação tecnológica em geral foi associada a uma tendência expansionista que, ao aumentar a demanda e a produção, gerou a necessidade de mais tempo de trabalho em termos absolutos, mesmo representando menos tempo de trabalho por unidade de produção. Contudo, o ponto principal no novo período histórico é que em um sistema econômico internacionalmente integrado, a expansão da demanda e da produção dependerá da competitividade de cada unidade econômica e de sua localização em um determinado cenário institucional (também chamado de nação). Visto que a qualidade e os custos de produção, determinantes da competitividade, dependerão em grande parte do produto e do processo de inovação, é provável que uma transformação tecnológica mais rápida de determinada empresa, setor ou economia nacional resulte num nível de emprego mais alto, não mais baixo. Isso está em consonância com as descobertas dos estudos de Young e Lawson a respeito dos efeitos da tecnologia sobre emprego e produção nos EUA entre 1972 e 1984.[98] Em 44 das 79 indústrias examinadas, os efeitos de economia de mão de obra das novas tecnologias foram mais do que compensados pela maior demanda final, de modo que, no geral, houve aumento de emprego. No âmbito das economias nacionais, estudos sobre os países recém-industrializados da região do Pacífico asiático também revelaram um crescimento impressionante do emprego, especialmente no setor industrial, após o aperfeiçoamento tecnológico das indústrias, o que aumentou sua competitividade internacional.[99]

Em termos mais analíticos, refletindo sobre as descobertas empíricas nos diferentes países europeus, o líder intelectual da "escola da regulamentação", Robert Boyer, resume sua análise sobre o assunto em vários pontos importantes:[100]

1. Se todas as outras variáveis forem estáveis, a transformação tecnológica (medida pela densidade de P&D) melhora a produtividade e obviamente reduz o nível de emprego para qualquer demanda especificada.
2. Contudo, os ganhos de produtividade podem ser usados para reduzir os preços relativos, assim estimulando a demanda por determinado produto. Se a elasticidade dos preços for maior que um, uma queda do preço paralela a um aumento de produção, de fato, aumentará o nível de emprego.
3. Com preços estáveis, aumentos de produtividade poderiam ser convertidos em salário real ou em aumento dos lucros. Então, o consumo e/ou os investimentos serão mais altos com maior transformação tecnológica. Se a elasticidade dos preços for alta, as perdas de emprego serão compensadas pela demanda extra dos setores antigos e dos novos.
4. Mas a questão crucial é a mistura certa da inovação em processos com a inovação em produtos. Se a inovação em processos for mais rápida, ocorrerá uma queda no nível de emprego, desde que a igualdade de todos os outros fatores seja mantida. Com a liderança da inovação em produtos, a demanda recém-induzida poderia resultar em nível de emprego mais alto.

O problema dessas refinadas análises econômicas reside sempre nas hipóteses assumidas: todos os outros fatores nunca são iguais. O próprio Boyer reconhece esse fato e, então, examina a adequação empírica de seu modelo observando, mais uma vez, a ampla variação entre os diferentes setores e países. Embora Boyer e Mistral encontrassem uma relação negativa entre a produtividade e o nível de emprego para a OCDE como um todo no período de 1980-86, uma análise comparativa de Boyer sobre os países da OCDE identificou três diferentes padrões de emprego nas áreas com níveis semelhantes de densidade de P&D.[101]

1. No Japão, um modelo eficiente de consumo e produção em massa conseguiu manter o crescimento da produtividade e o crescimento do emprego com base no aumento da competitividade.
2. Nos Estados Unidos, houve uma taxa impressionante de criação de emprego, mas concentrada na geração de grande número de empregos de baixo salário e pouca produtividade nas atividades tradicionais do setor de serviços.
3. Na Europa Ocidental, a maior parte das economias entrou em um círculo vicioso: para enfrentar o aumento da concorrência internacional, as empresas introduziram tecnologias que economizam mão de obra, dessa forma intensificando a produção, mas nivelando a capacidade de gerar empregos, em especial, na indústria. A inovação tecnológica *não* aumenta os empregos. Dada a característica europeia do que Boyer chama de "o método da regulamentação" (por exemplo, políticas econômicas governamentais e estratégias empresariais sobre o trabalho e a tecnologia), é provável que a inovação destrua os empregos no contexto europeu. Mas, a inovação está sendo, cada vez mais, exigida pela concorrência.

De fato, a experiência dos EUA na década de 1980 não representa o que aconteceu na década de 1990, conforme afirmei acima. Nem a experiência japonesa. Portanto, a correção necessária ao estudo obsoleto de Boyer e Mistral é que na década de 1990, embora as maiores economias europeias continuassem lentas na criação de empregos até 1997, o Japão mantinha um crescimento moderado do índice de empregos e o nível de desempenho dos EUA era ainda mais alto, aumentando substancialmente o número de empregos e, ao mesmo tempo, elevando sua qualidade — ainda que ao preço da estagnação dos salários médios reais até 1996. Em fins da década de 1990, depois da reforma de suas instituições trabalhistas, a maioria dos países europeus também estavam reduzindo substancialmente o desemprego. Até a Espanha, o país de pior desempenho na criação de empregos, reduziu seu índice de desemprego de 22% em 1996 para 15,3% em fins de 1999, ao preço de restringir a estabilidade do emprego para a maioria dos trabalhadores.

O estudo sobre empregos conduzido pela Secretaria da OCDE em 1994, após examinar dados históricos e atuais a respeito da relação entre a tecnologia e o emprego, concluiu que:

Informações detalhadas, principalmente do setor industrial, oferecem provas de que a tecnologia está criando empregos. Desde 1970, o nível de emprego na indústria de alta tecnologia tem se expandido em profundo contraste com a estagnação dos setores de média e baixa tecnologia e com as perdas de emprego nas indústrias baseadas em baixa qualificação — cerca de 1% ao ano. Os países que se adaptaram mais às novas tecnologias e transferiram sua produção e exportações para os cada vez mais crescentes mercados de alta tecnologia tenderam a gerar mais empregos... O Japão teve um aumento de 4% no emprego industrial nas décadas de 1970 e 1980 em comparação com um crescimento de 1,5% dos EUA. No mesmo período, a Comunidade Europeia, onde as exportações estavam cada vez mais especializadas em indústrias de baixa tecnologia e baixo salário, vivenciou uma queda de 29% no nível de emprego industrial.[102]

Em resumo, parece que, como tendência geral, *não há relação estrutural sistemática entre a difusão das tecnologias da informação e a evolução dos níveis de emprego na economia como um todo.* Empregos estão sendo extintos e novos empregos estão sendo criados, mas a relação quantitativa entre as perdas e os ganhos varia entre empresas, indústrias, setores, regiões e países em função da competitividade, estratégias empresariais, políticas governamentais, ambientes institucionais e posição relativa na economia global. O resultado específico da interação entre a tecnologia da informação e o emprego depende amplamente de fatores macroeconômicos, estratégias econômicas e contextos sociopolíticos.[103] A evolução do nível de emprego não é uma condição que resultaria da combinação de dados demográficos estáveis com uma projeção da taxa de difusão da tecnologia da informação. Em grande parte, dependerá de decisões determinadas pela sociedade sobre os seguintes temas: utilização de tecnologias, política de imigração, evolução da família, distribuição institucional do tempo de serviço no ciclo vital e novo sistema de relações industriais.

Então, a tecnologia da informação em si não causa desemprego, mesmo que, obviamente, reduza o tempo de trabalho por unidade de produção. Mas, sob o paradigma informacional, os tipos de emprego mudam em quantidade, qualidade e na natureza do trabalho executado. Assim, um novo sistema produtivo requer uma nova força de trabalho e os indivíduos e grupos incapazes de adquirir conhecimentos informacionais poderiam ser excluídos do trabalho ou rebaixados. Além disso, como a economia internacional é uma economia global, o desemprego reinante concentrado em alguns segmentos da população (por exemplo, a juventude francesa) e em algumas regiões (como as Astúrias) poderá tornar-se ameaça na área da OCDE, se a concorrência global for irrestrita e se o "método da regulamentação" das relações capital/trabalho não for modificado.

O endurecimento da lógica capitalista desde os anos 1980 promoveu a polarização social apesar da valorização profissional. Essa tendência não é irreversível: pode ser retificada por políticas deliberadas com o objetivo de reequilibrar a estrutura social.

Mas deixadas à vontade, as forças da concorrência desenfreada no paradigma informacional levarão o emprego e a estrutura social à dualização. Por fim, a flexibilidade dos processos e dos mercados de trabalho, induzida pela empresa em rede e propiciada pelas tecnologias da informação, afeta profundamente as relações sociais da produção herdadas do industrialismo, introduzindo um novo modelo de trabalho flexível e um novo tipo de trabalhador: o trabalhador de jornada flexível.

O TRABALHO E A DIVISÃO INFORMACIONAL: TRABALHADORES DE JORNADA FLEXÍVEL

> A nova vida profissional de Linda não deixa de apresentar inconvenientes. O maior deles é uma ansiedade constante pela procura do próximo emprego. Em certos aspectos, Linda sente-se sozinha e vulnerável. Temerosa do estigma de ter sido demitida, por exemplo, ela não quer que seu nome apareça neste artigo. Mas a liberdade de ser chefe de si mesma compensa a insegurança. Linda consegue fazer seus horários em função de seu filho. Consegue escolher seus trabalhos. E é pioneira da nova força de trabalho.
> (*Newsweek*, 14 de junho de 1993: 17.)

> Comecei a pensar que quando envelhecer, se alguém perguntar o que fiz da minha vida, só poderei lhes falar de trabalho. Acabo de decidir que isso seria um grande desperdício, então me libertei.
> (Yoshiko Kitani, trinta anos de idade, bacharel em administração de empresas, depois de demitir-se de um emprego seguro numa editora japonesa em Yokohama em 1998 e passar a trabalhar em empregos temporários.)

> Num emprego como este [temporário], aprender os programas e pegar o jeito do que se faz levam algum tempo. Porém, quando você acha que sabe o que está fazendo, porque são as regras que o determinam, seu tempo já se esgotou.
> (Yoshiko Kitani, 10 meses depois.)[104]

Um novo fantasma persegue a Europa (nem tanto os EUA e o Japão): o surgimento de uma sociedade sem empregos sob o impacto das tecnologias da informação nas fábricas, escritórios e no setor de serviços. No entanto, como acontece com fantasmas da era eletrônica, examinado de perto mais parece ser questão de efeitos especiais do que uma realidade aterrorizadora. As lições da história, os dados empíricos atuais, as projeções de emprego nos países da OCDE e a teoria econômica não confirmam esses temores a longo prazo, apesar dos ajustes penosos no processo de transição ao paradigma informacional. As instituições e organizações sociais de trabalho parecem desempenhar um papel mais importante que a tecnologia na causação da criação ou destruição do emprego. Todavia, embora a tecnologia em si não gere nem elimine empregos, ela, na verdade, transforma profundamente a natureza do trabalho e a organização da produção. A reestruturação de empresas e organizações, possibilitada pela tecnologia da informação e estimulada pela concorrência global, está introduzindo uma transformação fundamental: *a individualização do trabalho no processo de trabalho.* Estamos testemunhando o reverso da tendência histórica da assalariação do trabalho e socialização da produção que foi a característica predominante da era industrial. A nova organização social e econômica baseada nas tecnologias da informação visa a administração descentralizadora, trabalho individualizante e mercados personalizados e com isso segmenta o trabalho e fragmenta as sociedades. As novas tecnologias da informação possibilitam, ao mesmo tempo, a descentralização das tarefas e sua coordenação em uma rede interativa de comunicação em tempo real, seja entre continentes, seja entre os andares de um mesmo edifício. O surgimento dos métodos de produção enxuta segue de mãos dadas com as práticas empresariais reinantes de subcontratação, terceirização, estabelecimento de negócio no exterior, consultoria, redução do quadro funcional e produção sob encomenda.

Tendências para a flexibilidade — motivadas pela concorrência e impulsionadas pela tecnologia — fundamentam a atual transformação dos esquemas de trabalho. Em seu exame minucioso do surgimento de padrões flexíveis de trabalho, Martin Carnoy diferencia quatro elementos nessa transformação.

1. *Jornada de trabalho:* trabalho flexível significa trabalho que não está restrito ao modelo tradicional de 35-40 horas por semana em expediente integral.
2. *Estabilidade no emprego:* o trabalho flexível é regido por tarefas, e não inclui compromisso com permanência futura no emprego.
3. *Localização:* embora a maioria ainda trabalhe regularmente no local de trabalho da empresa, um número cada vez maior de trabalhadores trabalham fora do local de trabalho durante parte do tempo ou durante todo o tempo, em casa, em trânsito ou nas instalações de outra empresa pela qual sua empresa seja contratada.
4. *O contrato social entre patrão e empregado:* o contrato tradicional baseia-se/baseava-se em compromisso do patrão com os direitos bem definidos dos trabalhadores, níveis padronizados de salários, opções de treinamento, benefícios sociais e um plano de carreira previsível (em alguns países, baseado em antiguidade), ao passo que, do lado do patrão, espera-se/esperava-se que o empregado fosse leal à empresa, perseverasse no emprego e tivesse boa disposição para fazer horas extras se fosse necessário — sem remuneração no caso dos gerentes, com remuneração no caso dos trabalhadores da produção.[105]

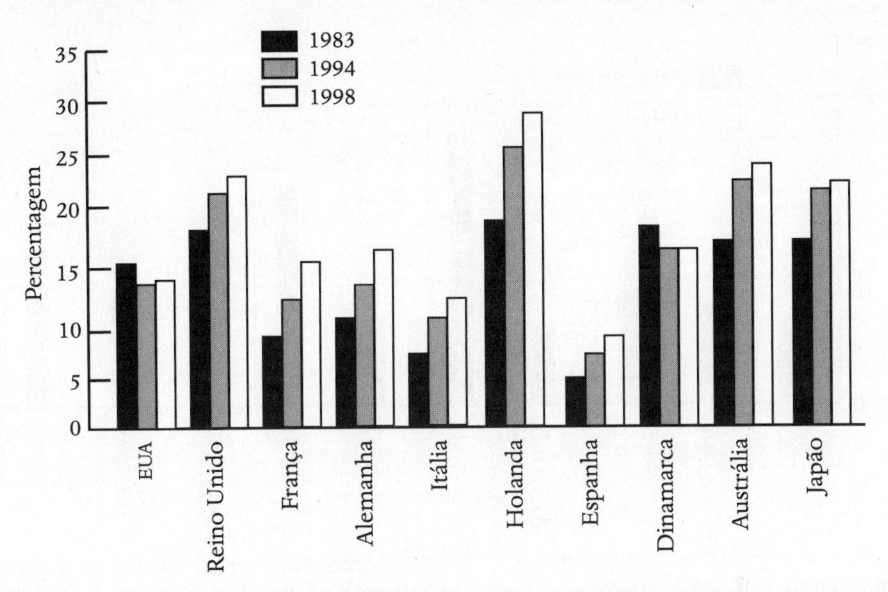

Figura 4.4 Trabalhadores em meio expediente na força de trabalho empregada nos países da OCDE, 1993-1998

Fonte: Dados da OCDE, compilados e elaborados por Carnoy (2000).

Esse modelo de emprego que, concordando com Camoy, chamarei de *normal*, está em declínio no mundo inteiro, favorecendo a jornada flexível, que se desenvolve simultaneamente às quatro dimensões mencionadas acima. Examinemos as tendências dos países da OCDE nas décadas de 1980 e 1990, com base nos dados da OCDE elaborados por Carnoy e mostrados nas figuras 4.4-4.7. Entre 1983 e 1998, os trabalhadores temporários (mulheres em sua grande maioria) aumentaram significativamente em número e participação em todos os países analisados, com exceção de Estados Unidos e Dinamarca. Representavam mais de 20% da força de trabalho do Reino Unido, da Austrália e do Japão, e passaram de 30% na Holanda. A proporção de trabalho temporário estava crescendo, mas permaneceu num nível muito baixo em 1994, observação em que me aprofundarei. Na Espanha, houve aumento substancial dos empregos temporários durante a década de 1990, chegando a cerca de um terço da força de trabalho em 1994.

Voltando-se para o trabalho autônomo, os dados indicam uma tendência para o aumento da proporção da força de trabalho que abandona a situação de assalariada na maioria dos países entre 1983 e 1993. Diversas fontes de dados parecem indicar uma acentuação dessa tendência em fins da década de 1990.[106] A tendência foi especialmente intensa na Itália (chegando a quase um quarto da força de trabalho), e no Reino Unido, ao passo que ficou estável, em nível baixo, nos Estados Unidos — descoberta contraintuitiva, levando-se em conta a imagem do empreendedorismo das pequenas empresas estadunidenses.

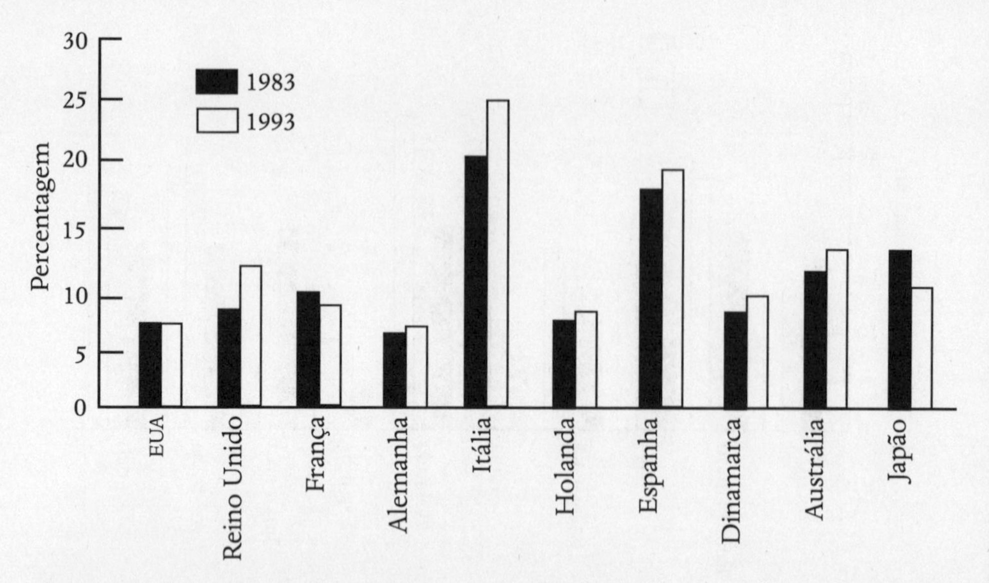

Figura 4.5 Trabalhadores autônomos na força de trabalho empregada nos países da OCDE, 1983-1993
Fonte: Dados da OCDE, compilados e elaborados por Carnoy (2000).

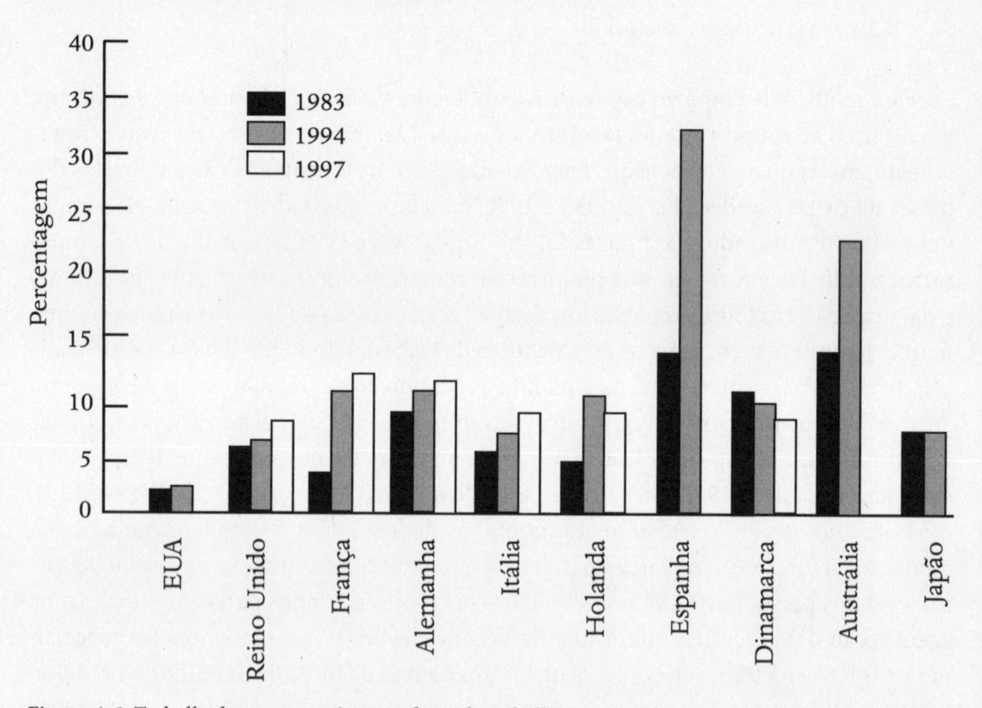

Figura 4.6 Trabalhadores temporários na força de trabalho empregada nos países da OCDE, 1983-1997
Fonte: Dados da OCDE, compilados e elaborados por Carnoy (2000).

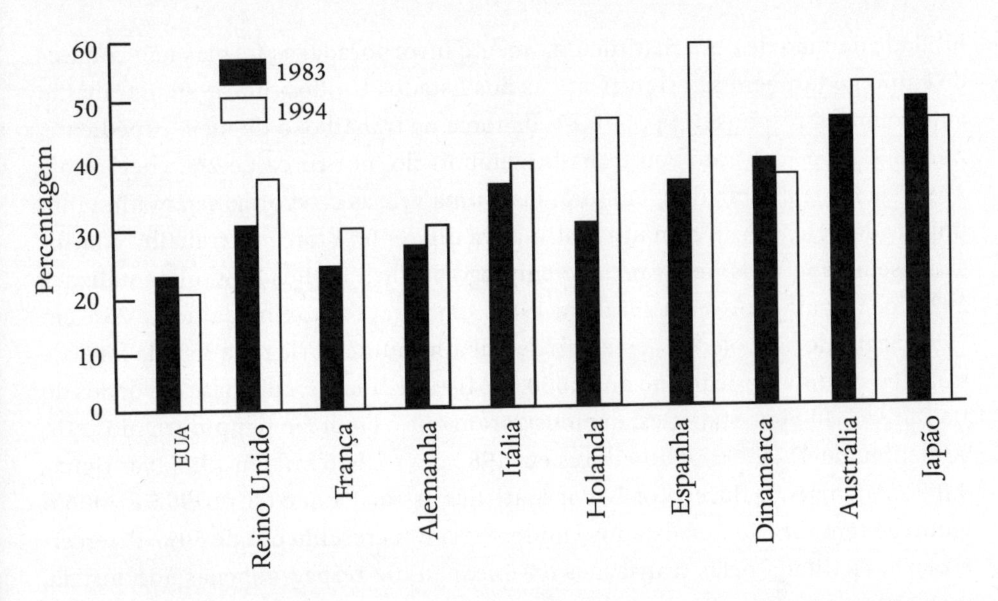

Figura 4.7 Formas de emprego fora do padrão na força de trabalho empregada nos países da OCDE, 1983-1994

Fonte: Dados da OCDE, compilados e elaborados por Carnoy (2000).

Parece que as economias de diversos países experimentam diversas formas de flexibilidade na organização do trabalho, dependendo de sua legislação trabalhista, da previdência social e dos sistemas de tributação. Assim, parece analiticamente útil proceder, como fez Martin Carnoy, com a combinação de diversas formas de empregos não convencionais numa única avaliação, embora reconhecendo a sobreposição parcial de categorias, o que, de qualquer forma, não invalida a comparação entre países. Os resultados, exibidos na figura 4.7, indicam aumento significativo do emprego fora dos padrões normais, com exceção da Dinamarca e dos Estados Unidos. Com a Espanha se destacando como país menos padronizado da OCDE em modelos de emprego, todos os países analisados, exceto os Estados Unidos, têm mais de 30% de sua força de trabalho empregada em cargos flexíveis.

Parece que a exceção dos Estados Unidos indica que quando há flexibilidade de mão de obra nas instituições do país, consideram-se desnecessárias as formas não padronizadas de emprego. Isso se refletiria numa estabilidade média mais baixa nos Estados Unidos do que nos outros países. De fato, é isso que observamos, em termos gerais: em 1995, o número médio de anos no emprego nos Estados Unidos era 7,4, em comparação com 8,3 no Reino Unido, 10,4 na França, 10,8 na Alemanha, 11,6 na Itália, 11,3 no Japão, 9,6 na Holanda e 9,1 na Espanha (porém ainda mais alto do que no Canadá, 7,9, e na Austrália, 6,4).[107] Ademais, apesar da flexibilidade da mão de obra institucionalmente incorporada, as formas não comuns de emprego também são significativas nos Estados Unidos. Em 1990, o trabalho autônomo foi responsável por 10,8% da força de trabalho, o de meio expediente, por 16,9% e o "contrato" ou trabalho temporário, por cerca de 2%, chegando a 27,9% da força de trabalho, embora, mais uma vez, as categorias sejam um tanto imbricadas. De acordo com uma estimativa diferente, a força de trabalho contingente sem benefícios, segurança no emprego ou carreira nos EUA, que totalizava 20% dos trabalhadores em geral em 1982, subiu para aproximadamente 25% em 1992. Segundo as projeções, esse tipo de trabalho aumentaria para 35% da força de trabalho norte-americana no ano 2000.[108] Mishel e colegas, com base em dados do US Bureau of Labor Statistics, demonstraram que o emprego temporário nos EUA aumentou de 417.000 trabalhadores em 1982 para 2.646 mil em 1997 (ver figura 4.8).[109] Ademais, o Bureau of Labor Statistics estimava que entre 1996 e 2006 o emprego temporário nos Estados Unidos teria um crescimento de 50%. A terceirização, facilitada pelas transações *on-line*, não diz respeito apenas à indústria, mas cada vez mais a serviços. Em um levantamento de 1994, realizado com as 392 empresas de maior crescimento dos EUA, 68% delas subcontratavam serviços referentes a folhas de pagamento, 48%, serviços fiscais, 46%, administração de reivindicações de benefícios e assuntos afins.[110]

Embora o tamanho da economia estadunidense faça com que seja difícil observar os padrões de mudança antes que alcance uma massa crítica, o quadro que obtemos é bem diferente quando examinamos a Califórnia, a usina econômica e tecnológica dos Estados Unidos. Em 1999, o Institute of Health Policy Studies da Universidade da Califórnia em San Francisco, em colaboração com o Field Institute, realizou um estudo sobre a organização do trabalho e as condições de vida com uma amostra representativa dos trabalhadores da Califórnia, segunda pesquisa de um estudo longitudinal com a duração de três anos.[111] Eles definiram "empregos tradicionais" como emprego permanente, de expediente integral, de turnos diurnos, durante o ano inteiro, pago pela empresa para a qual os serviços são prestados, e não trabalhando em casa ou como autônomo — definição bem próxima da empregada por mim e por Carnoy. Com tal definição, 67% dos trabalhadores da Califórnia *não* tinham emprego tradicional. Acrescentando-se o critério da estabilidade, e calculando-se a proporção de trabalhadores em empregos tradicionais com três anos no emprego ou mais, a proporção de trabalhadores nesses empregos normais cai para 22% (ver figuras 4.9 e 4.10).

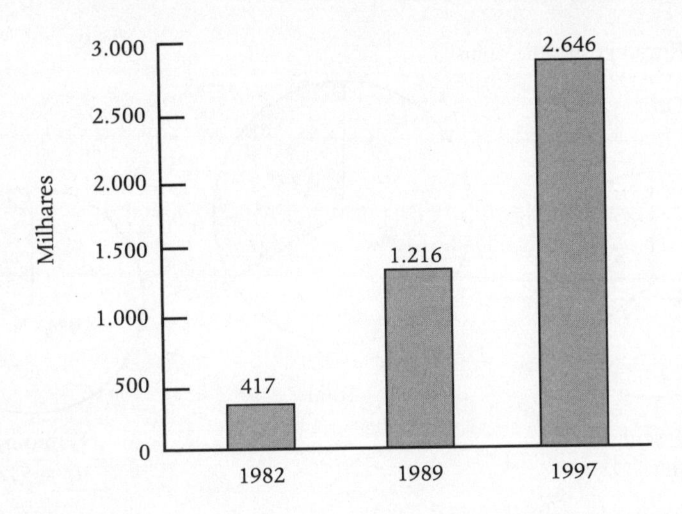

Figura 4.8 Emprego no ramo da mão de obra temporária nos Estados Unidos, 1982-1997

Fonte: Dados do *US Bureau of Labor Statistics*, elaborados por Mishel et al. (1999).

Incidentalmente, uma dimensão do desaparecimento da família dominada pelo trabalhador tradicional do sexo masculino é que quando acrescentamos a essa percentagem o critério de somente um assalariado na família, a proporção diminui para 8% (7% dos lares chefiados por homens e 1% chefiados por mulheres). Porém, devo acrescentar uma correção. Já que a noção de emprego diurno não entra na minha definição de trabalho não tradicional, pedi à equipe de pesquisa que recalculasse esses dados, deduzindo os trabalhadores noturnos. Segundo os novos cálculos, com minha definição restritiva, 57%, e não 67%, é a proporção de trabalhadores em formas não convencionais de emprego. Com base na mesma pesquisa, descobrimos que apenas 49% dos trabalhadores cumpriam a jornada tradicional de 35-40 horas por semana, com cerca de um terço deles trabalhando mais de 45 horas, e 18% menos de 35 horas. A permanência média no emprego atual era de quatro anos, com 40% dos trabalhadores tendo menos de dois anos de casa; 25% dos trabalhadores não trabalhavam o ano inteiro, ao passo que aqueles que trabalhavam o ano inteiro e tinham jornada semanal normal de 35-40 horas eram apenas 35%. Quanto mais alto o nível profissional, mais tempo de trabalho: embora 29% dos trabalhadores trabalhassem mais de quarenta horas por semana, entre os que estavam no topo da escala salarial (mais de US$60.000 por ano), a proporção subia para 58%. No geral, não formavam um grupo descontente: 59% dos trabalhadores relataram ter aumentado o salário e 39% foram promovidos ou mudaram para emprego melhor.

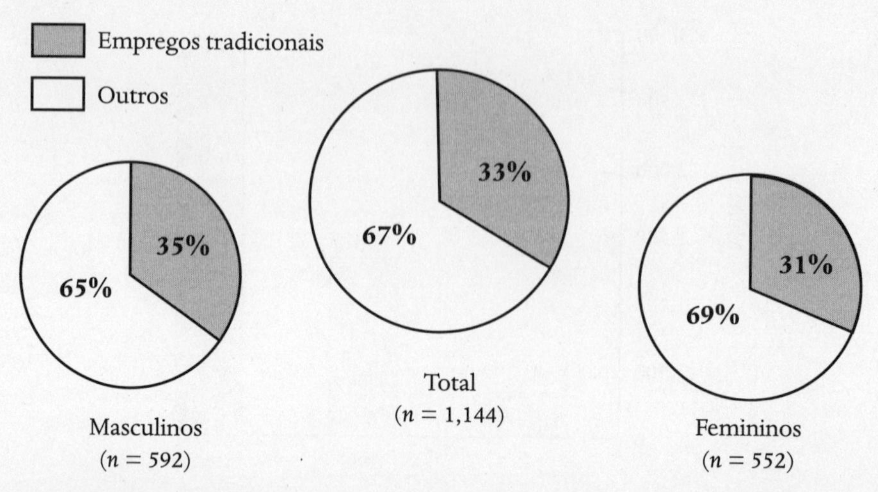

Figura 4.9 Percentagem de californianos com idade para trabalhar contratados em empregos "tradicionais", 1999 (a definição de "tradicional" é ter um só emprego de expediente integral, diário, o ano inteiro, com contratação permanente, paga pela empresa para a qual é prestado o serviço, e não trabalhando em casa ou como empreiteiro independente)

Fonte: University of California, San Francisco e The Field Institute, 1999.

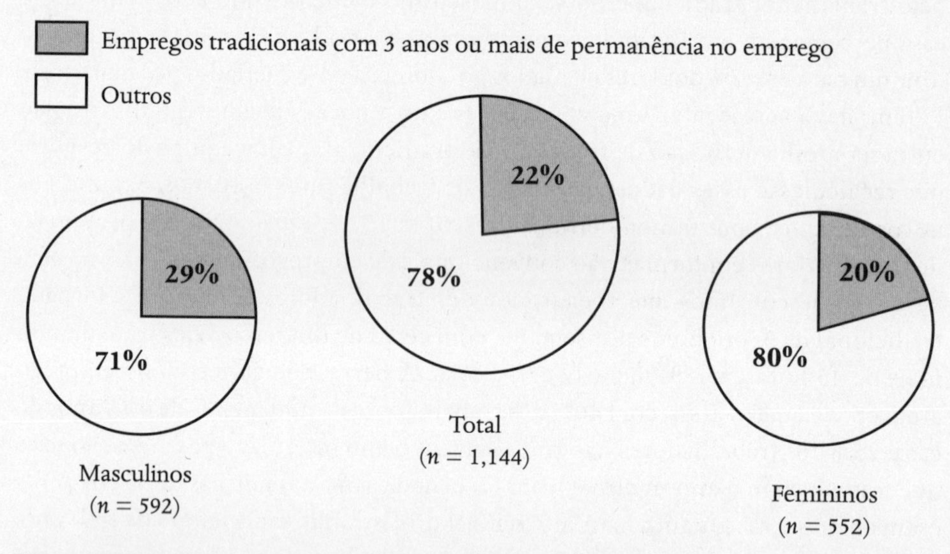

Figura 4.10 Distribuição dos californianos com idade para trabalhar por situação de emprego "tradicional" e permanência no emprego, 1999 ("emprego tradicional", conforme definido na figura 4.9)

Fonte: University of California, San Francisco e The Field Institute, 1999.

O modelo californiano do emprego flexível é ainda mais distinto no Vale do Silício, centro da nova economia. Chris Benner demonstrou o surgimento de uma multiplicidade de formas de empregos flexíveis na década de 1990.[112] Segundo as estimativas dele, entre 1984 e 1997 no Condado de Santa Clara (que é o coração do Vale do Silício), a contratação de trabalhadores temporários aumentou 159%, de meio expediente 21%, de serviços administrativos (substitutos dos serviços contratados) 152%, e o trabalho autônomo 53%. Assim, ele estima que até 80% dos novos empregos no país durante esse período foram empregos não convencionais. Também estima que se poderia avaliar o tamanho do que chama de "força de trabalho contingente" como proporção do total da força de trabalho do Vale do Silício em 1997 entre 34% e 51% do total (dependendo da extensão da contagem dupla em razão de categorias superpostas). Benner descobriu o papel fundamental dos intermediários do mercado de trabalho no fornecimento da força de trabalho flexível ao Vale do Silício. Não só as agências tradicionais, porém todos os tipos de organizações e instituições, inclusive associações de trabalhadores e os próprios sindicatos (na antiga tradição das bolsas de empregos do sindicato dos estivadores, traduzida para a economia da informação).[113]

A nova economia que progride nos Estados Unidos estava, de fato, enfrentando escassez de mão de obra na virada do século. Para resolver esse problema, as empresas, em especial nos setores de alta tecnologia e informática, recorriam a incentivos não tradicionais para reter seus trabalhadores, inclusive a distribuição de opção de compra de ações entre os empregados de nível superior, forma preferida de remuneração nas firmas iniciantes da Internet. Empresas de todos os ramos de atividades também empregavam em larga escala a força de trabalho imigrante, tanto em ocupações especializadas quanto não especializadas. E o emprego temporário, contratado por meio de intermediários, em geral aumentava em número nos Estados Unidos. Parece que a mão de obra *just in time* substitui os suprimentos *just in time* na forma de recurso principal da economia informacional.[114]

No contexto europeu, um exame minucioso interessante para detectar os novos modelos de trabalho que estão surgindo é o conhecido pelo nome de modelo holandês, que teve desempenho estelar na geração de empregos e de crescimento econômico, sem perder a proteção social, na década de 1990. Enfrentando desemprego galopante na década de 1980, o governo holandês, os empresários e os trabalhadores chegaram a uma série de acordos para reestruturar o mercado de trabalho. Nesses acordos, os sindicatos concordaram com a moderação dos aumentos de salários em troca da preservação dos principais empregos do ramo. Porém, além desse acordo (que é comum nas negociações entre patrões e empregados em todos os países), os sindicatos holandeses também concordaram com a expansão, na periferia da força de trabalho, de formas flexíveis de empregos, principalmente em meio expediente, e contratos temporários. O governo também criou programas para incentivar iniciativas de pequenas empresas. O elemento principal desse modelo, porém, é que, ao contrário dos Estados Unidos, os trabalhadores de meio expediente e temporários permanecem totalmente protegidos por planos de saúde, invalidez, desemprego e de pensão. E as mulheres, principais ocupantes das novas vagas de meio expediente, podem contar com creches subsidiadas para os filhos. Em consequência dessa estratégia, o índice de desemprego na Holanda, numa época de intensa inovação tecnológica, cai de uma média de 9% na década de 1980 para 3% em fins de 1999. Na macroeconomia, a Holanda gozou na década de um aumento nos investimentos privados, crescimento econômico, aumento do número de empregos, e um aumento de salários moderado, porém positivo. Esse modelo de flexibilização negociada dos mercados de trabalho e das condições de trabalho, juntamente com uma definição de responsabilidade fiscal e institucional nos sistemas de previdência social, parece também fundamentar a experiência positiva de crescimento equilibrado da economia, com baixo desemprego, da Suécia, da Dinamarca e da Noruega.[115]

A mobilidade da força de trabalho diz respeito tanto a trabalhadores não qualificados quanto a qualificados. Embora uma força de trabalho permanente ainda represente a norma na maior parte das empresas, a subcontratação e os serviços de consultoria são uma forma de obtenção de trabalho profissional em rápido crescimento. Não são apenas as empresas que se beneficiam da flexibilidade. Muitos profissionais especializados acrescentam ao emprego principal (horário integral ou meio expediente) serviços de consultoria, o que ajuda a melhorar sua renda e poder de barganha. A lógica desse sistema de trabalho altamente dinâmico interage com as instituições trabalhistas de cada país: quanto maiores as restrições a essa flexibilidade e quanto maior o poder de barganha dos sindicatos de trabalhadores, menor será o impacto sobre salários e benefícios e maior será a dificuldade de os novos trabalhadores serem incluídos na força de trabalho permanente, com isso limitando a criação de emprego.

Embora os custos sociais da flexibilidade sejam altos, um número crescente de pesquisas enfatiza o valor transformativo dos novos métodos de trabalho para a vida social e, em especial, para a melhora das relações familiares e padrões mais igualitários entre os sexos.[116] Um pesquisador inglês, P. Hewitt,[117] relata a crescente diversidade de fórmulas e horários de trabalho e o potencial oferecido pelo trabalho compartilhado entre os atuais empregados de horário integral e os quase sempre desempregados *dentro da mesma família*. No geral, *a forma tradicional de trabalho com base em emprego de horário integral, projetos profissionais bem delineados e um padrão de carreira ao longo da vida estão sendo extintos de forma lenta, mas indiscutível.*

O Japão é diferente, embora nem tanto quanto geralmente pensam os observadores. Toda estrutura analítica que vise desenvolver as novas tendências históricas da organização do trabalho e seu impacto na estrutura do mercado de trabalho precisa ser capaz de explicar a "excepcionalidade japonesa": é uma exceção muito importante para ser posta de lado como uma singularidade para a teoria comparativa. Portanto, vamos fazer uma análise mais detalhada do assunto.

Em fins de 1999, apesar da prolongada recessão que paralisou o crescimento japonês durante a maior parte da década de 1990, o nível de desemprego japonês, embora alcançasse a mais alta taxa das duas últimas décadas, ainda não ultrapassava o patamar de 5%. Na verdade, a principal preocupação das autoridades japonesas da área do trabalho é a diminuição potencial de futuros trabalhadores japoneses devido ao envelhecimento da estrutura demográfica e à relutância japonesa com respeito à imigração.[118] Além do mais, o sistema *chuki koyo*, que dá segurança de emprego por longo prazo à força de trabalho permanente das grandes empresas, embora já sob pressão, como demonstrarei abaixo, ainda estava em vigor. Desse modo, pareceria que a excepcionalidade do Japão contesta a tendência geral para a flexibilidade do mercado de trabalho e a individualização do trabalho que caracteriza as sociedades capitalistas informacionais.[119] De fato, eu afirmaria que embora o Japão tenha criado um sistema muito original de relações industriais e métodos de trabalho, a flexibilidade tem sido uma tendência estrutural desse sistema nos últimos vinte anos e está aumentando juntamente com a transformação da base tecnológica e da estrutura ocupacional.[120]

A estrutura japonesa do emprego caracteriza-se por extraordinária diversidade interna, bem como por um modelo complexo de situações fluidas que resistem à generalização e à padronização. A própria definição do sistema *chuki koyo* necessita de explicações precisas.[121] Para a maioria dos trabalhadores desse sistema, significa simplesmente que podem trabalhar na mesma empresa até a aposentadoria, em circunstâncias normais, por questão de hábito, não de direito. De fato, essa prática de emprego está limitada a grandes empresas (com mais de mil empregados) e, na maioria dos casos, refere-se apenas à força de trabalho permanente e masculina. Além de seu quadro funcional regular, as empresas também empregam pelo menos três tipos diferentes de trabalhadores: trabalhadores de meio expediente, trabalhadores temporários e trabalhadores enviados por outra empresa ou por uma agência de empregos ("trabalhadores de agência"). Nenhuma dessas categorias tem segurança no emprego, benefícios da aposentadoria ou direito a receber os costumeiros abonos anuais de produtividade e dedicação à empresa. Além disso, muitas vezes os funcionários, em especial homens mais velhos, são designados para outros trabalhos em outras empresas dentro do mesmo grupo empresarial (*shukko*). Esses casos incluem a prática de separação de homens casados de suas famílias (*tanshin-funin*) devido a dificuldades de encontrar moradia e, acima de tudo, em razão da relutância da família em transferir os filhos para escolas diferentes no meio dos cursos. Diz-se que *tanshin-funin* afeta cerca de 39% dos funcionários em cargos administrativos.[122] Nomura estima que a estabilidade no emprego na mesma empresa aplica-se apenas para aproximadamente um terço dos empregados japoneses, inclusive do setor público.[123] Joussaud faz a mesma estimativa.[124] Além disso, a incidência de estabilidade no emprego varia muito, mesmo para homens, em função da idade, nível de qualificação e tamanho da empresa. A tabela 4.28 (no apêndice A) ilustra o perfil do sistema *chuki koyo* em 1991-92.

O ponto crucial nessa estrutura de mercado de trabalho diz respeito à definição de meio expediente. De acordo com as definições da condição do trabalho, trabalhadores "de meio expediente" são aqueles assim considerados pela empresa.[125] De fato, eles trabalham em horário quase integral (seis horas por dia, em comparação com a jornada de 7,5 horas dos trabalhadores regulares), embora o número de dias úteis em um mês seja um pouco menor que para os trabalhadores regulares. Mas eles recebem, em média, cerca de 60% do salário de um funcionário regular e aproximadamente 15% do abono anual. Mais importante: esses trabalhadores não têm segurança no emprego, portanto são demitidos e contratados conforme a conveniência da empresa. Os trabalhadores de meio expediente e os temporários propiciam a flexibilidade necessária de mão de obra. Seu papel tem aumentado substancialmente desde a década de 1970, quando a crise do petróleo promoveu uma grande reestruturação econômica no Japão. No período de 1975-90, o número de trabalhadores de meio expediente aumentou 42,6% para os homens e 253% para as mulheres.

De fato, as mulheres são responsáveis por dois terços do total de trabalhadores de meio expediente. As mulheres representam o tipo de trabalhadores qualificados e adaptáveis que propiciam flexibilidade às práticas administrativas do trabalho no Japão. Essa é, sem dúvida, uma prática antiga na industrialização japonesa. Em 1872, o governo Meiji recrutou mulheres para trabalhar na incipiente indústria têxtil. Uma das pioneiras foi Wada Ei, filha de um samurai de Matsuhiro, que foi trabalhar na fábrica de bobinagem de fios de seda de Tomioka, aprendeu a tecnologia e ajudou a treinar mulheres de outras fábricas. Em 1899, as mulheres representavam 70% dos trabalhadores de filatórios e superavam o número de trabalhadores do sexo masculino nas siderúrgicas. Todavia, em épocas de crise as mulheres eram demitidas e os homens mantidos o máximo possível, enfatizando seu papel de último recurso para o "ganha-pão" da família. Nos últimos trinta anos, esse modelo histórico de divisão do trabalho com base no sexo não mudou quase nada, embora a Lei das Oportunidades Iguais de 1986 tivesse corrigido as discriminações legais mais clamorosas. A participação das mulheres na força de trabalho em 1990 apresenta uma taxa de 61,8% (em comparação com 90,2% para os homens), mais baixa que nos EUA, mas semelhante à da Europa ocidental. Contudo, sua condição de trabalho varia muito com a idade e o casamento. Dessa forma, 70% das mulheres contratadas em condições mais ou menos comparáveis às dos homens (*sogoshoku*) têm menos de 29 anos de idade, enquanto 85% das trabalhadoras temporárias são casadas. As mulheres entram maciçamente na força de trabalho com vinte e poucos anos, param de trabalhar após o casamento para criar os filhos e retornam mais tarde como trabalhadoras de meio expediente. Essa estrutura do ciclo de vida profissional é reforçada pelo código tributário japonês, que torna mais vantajoso para as mulheres contribuir com uma proporção relativamente pequena para a renda familiar do que somar um segundo salário. A estabilidade da família patriarcal japonesa, com uma baixa taxa de divórcio e separação e forte solidariedade intergeracional,[126] mantém homens e mulheres juntos na mesma família, evitando a polarização da estrutura social resultante desse padrão óbvio de dualismo do mercado de trabalho. Jovens sem instrução e trabalhadores idosos de empresas de pequeno e médio portes são os outros grupos que representam esse segmento de empregados não estáveis, cujas fronteiras são difíceis de estabelecer em razão da fluidez da condição de trabalho nas redes de empresas japonesas.[127] A figura 4.11 tenta fazer a representação esquemática da complexidade da estrutura do mercado de trabalho japonês.

Na virada do século, havia sinais de que o modelo japonês de mercado de trabalho estava a caminho da transformação estrutural. Abaladas pela recessão, enfrentando uma renovada concorrência global, dentro e fora do país, e tentando retificar seu atraso tecnológico em tecnologias de rede, as empresas japonesas pareciam estar dispostas a podar e selecionar a mão de obra. Os trabalhadores jovens, especialmente mulheres, também pareciam dispostos a adotar uma nova postura com relação às empresas cuja lealdade não parecia mais digna de confiança. As empresas estavam demitindo os trabalhadores e substituindo empregos permanentes por temporários: milhões de trabalhadores eram temporários ou de meio expediente. O sistema *chuki koyo* tornava-se rapidamente a situação de apenas uma fração da força de trabalho japonesa. Segundo o Ministério do Trabalho, em 1997, 789 mil japoneses encontraram emprego por meio de agências de emprego. Isso preocupava tanto os profissionais de nível superior quanto os trabalhadores braçais. A maior agência de empregos do Japão, Pasona, relatou que desde o início da década de 1990, o número de pedidos de empresas às agências de mão de obra temporária aumentou de cem mil para um milhão por ano. As empresas pressionavam o governo para aliviar as leis que limitavam a mobilidade da mão de obra para o núcleo da força de trabalho. A reação do governo a essas pressões foi lenta, pois havia o temor de ameaças à estabilidade social. Assim, as agências de empregos temporários foram proibidas de procurar emprego para qualquer pessoa até um ano após a saída do sistema educacional, e a recontratação no mesmo emprego foi proibida. Por outro lado, em 1998 apenas um terço dos formandos em faculdades conseguiram encontrar emprego de expediente integral em seu primeiro ano no mercado de trabalho. As instituições de planejamento estratégico do governo percebiam cada vez mais a necessidade de superar a ficção do emprego estável, que gradualmente se tornava exceção, em vez de regra. Assim, em 1999, o MITI publicou um relatório aconselhando as empresas, pela primeira vez, a adotar o emprego não estável para a maioria dos empregados.[128]

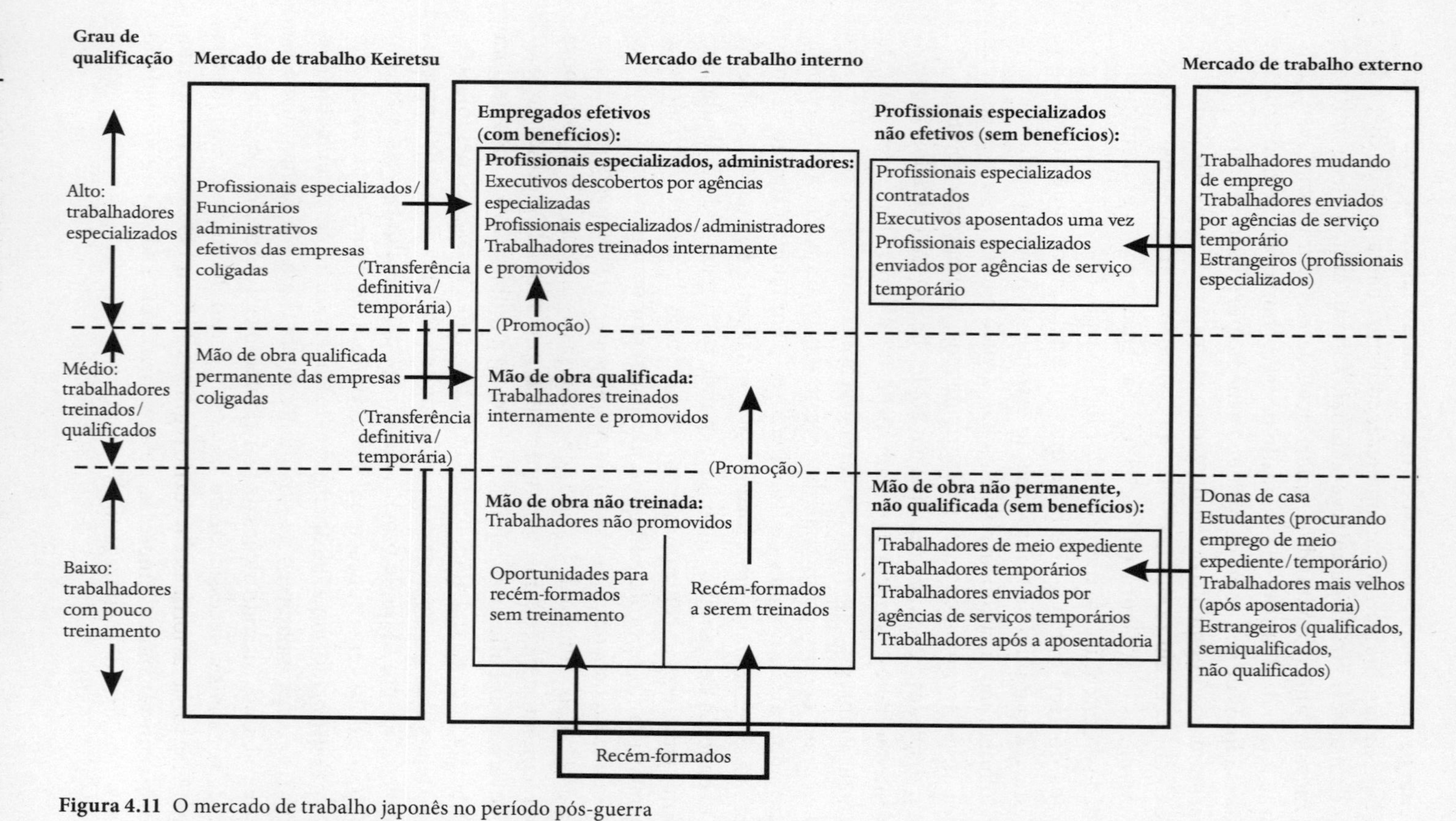

Figura 4.11 O mercado de trabalho japonês no período pós-guerra

Fonte: Elaborada por Yuko Aoyama, com base em informações da Agência Japonesa de Planejamento Econômico, *Gaikokujin rodosha to shakai no shinro*, 1989, p. 99, figura 4.1.

Portanto, parece que, há algum tempo, o Japão está praticando a lógica do mercado de trabalho dual que está se difundindo pelas economias ocidentais. Com isso, o país combinou os benefícios do comprometimento de uma força de trabalho permanente com a flexibilidade de um mercado de trabalho periférico. O primeiro aspecto é essencial porque garante a paz social mediante a cooperação entre administradores e sindicatos de empresas e porque aumenta a produtividade pela acumulação de conhecimentos na empresa e assimilação rápida de novas tecnologias. O segundo ponto permitiu reação rápida às mudanças na demanda de trabalho, bem como às pressões competitivas das indústrias estabelecidas no exterior, na década de 1980. Nos anos 1990, os números de imigração estrangeira e de trabalhadores diaristas começaram a crescer, introduzindo mais uma opção e flexibilidade nos segmentos de menor qualificação da força de trabalho. Em geral, as empresas japonesas pareciam conseguir lidar com as pressões competitivas mediante o treinamento de sua força de trabalho permanente e o acréscimo de tecnologia, ao mesmo tempo que multiplicava a mão de obra flexível tanto no Japão como em suas redes de produção globalizada. Todavia, visto que essa prática de trabalho conta basicamente com a subserviência profissional de mulheres japonesas altamente instruídas, o que não durará para sempre, proponho a hipótese de que é apenas questão de tempo para a flexibilidade oculta do mercado de trabalho japonês difundir para a força de trabalho permanente, questionando o que tem sido o sistema de relações de trabalho mais estável e produtivo do final da era industrial.[129]

Então, de modo geral, realmente há uma transformação do trabalho, dos trabalhadores e das organizações de nossas sociedades, mas não pode ser percebida nas categorias tradicionais de debates obsoletos sobre o "fim do trabalho" ou sua "desespecialização".[130] O modelo predominante de trabalho na nova economia baseada na informação é o modelo de uma *força de trabalho permanente* formada por administradores que atuam com base na informação e por aqueles a quem Reich chama de "analistas simbólicos" e uma *força de trabalho disponível* que pode ser automatizada e/ou contratada/demitida/enviada para o exterior, dependendo da demanda do mercado e dos custos do trabalho. Além disso, a forma de organização empresarial em rede permite a terceirização e a subcontratação como modos de ter o trabalho executado externamente em uma adaptação flexível às condições do mercado. Entre várias formas de flexibilidade, análises corretas distinguiram a flexibilidade em: salários, mobilidade geográfica, situação profissional, segurança contratual e desempenho de tarefas.[131] Muitas vezes, todas essas formas são reunidas em uma estratégia voltada para os próprios interesses, visando apresentar como inevitável aquilo que, sem dúvida, é uma decisão empresarial ou política. Mas é verdade que as tendências tecnológicas atuais promovem todas as formas de flexibilidade, de modo que na ausência de acordos específicos sobre a estabilização de uma ou várias dimensões do trabalho, o sistema evoluirá para uma flexibilidade generalizada multifacetada em relação a trabalhadores e condições de trabalho, tanto para trabalhadores especializadíssimos quanto para os sem especialização. Essa transformação abalou nossas instituições, levando a uma crise da relação entre o trabalho e a sociedade.

A tecnologia da informação e a reestruturação das relações capital-trabalho: dualismo social ou sociedades fragmentadas?

A difusão da tecnologia da informação na economia não causa desemprego de forma direta. Pelo contrário, dadas as condições institucionais e organizacionais certas, parece que, a longo prazo, gera mais empregos. A transformação da administração e do trabalho melhora o nível da estrutura ocupacional e aumenta o número dos empregos de baixa qualificação. O crescimento do comércio e dos investimentos globais em si não parece ser o principal fator causal da eliminação dos empregos e degradação das condições de trabalho no Norte, ao mesmo tempo que contribui para a criação de milhões de empregos nos países recém-industrializados. Todavia, o processo de transição histórica para uma sociedade informacional e uma economia global é caracterizado pela deterioração das condições de trabalho e de vida para uma quantidade significativa de trabalhadores.[132] Essa deterioração assume formas diferentes nos diferentes contextos: aumento do desemprego na Europa; queda dos salários reais (pelo menos até 1996), aumentando a desigualdade, e instabilidade no emprego nos Estados Unidos; subemprego e maior segmentação da força de trabalho no Japão; "informalização" e desvalorização da mão de obra urbana recém-incorporada nos países em desenvolvimento; e crescente marginalização da força de trabalho rural nas economias subdesenvolvidas e estagnadas. Como já foi dito, essas tendências não se originam da lógica estrutural do paradigma informacional, mas são o resultado da reestruturação atual das relações capital-trabalho, com a ajuda das poderosas ferramentas oferecidas pelas novas tecnologias da informação e facilitadas por uma nova forma organizacional, a empresa em rede. Além disso, embora o potencial das tecnologias da informação pudesse ter propiciado simultaneamente maior produtividade, melhor qualidade de vida e maior nível de emprego, visto que certas opções tecnológicas estão em operação, as trajetórias tecnológicas estão "travadas",[133] e a sociedade informacional pode se tornar ao mesmo tempo (sem necessidade tecnológica ou histórica para tanto) uma sociedade dual.

Opiniões alternativas predominantes na OCDE, no FMI e nos círculos governamentais da maioria dos países ocidentais sugerem que, de forma geral, as tendências observadas para aumento de desemprego, subemprego, desigualdade de renda, pobreza e polarização social resultam de uma combinação inadequada de qualificações, agravada pela falta de flexibilidade dos mercados de trabalho.[134] Segundo esses pontos de vista, embora a estrutura ocupacional/do emprego tenha atingido melhor nível em termos de conteúdo educacional dos conhecimentos necessários para os empregos informacionais, a força de trabalho não está à altura das novas tarefas, seja devido à baixa qualidade do sistema de ensino, seja por causa da inadequação desse sistema no fornecimento das novas qualificações exigidas pela estrutura ocupacional emergente.[135]

Em seu relatório para o instituto de pesquisas da OIT, Carnoy e Fluitman submeteram essa visão amplamente aceita a uma crítica devastadora. Após extensa revisão da literatura e dos dados sobre as relações entre qualificação, emprego e salário nos países da OCDE, eles concluíram que:

> Apesar do aparente consenso sobre a alegação de inadequação de qualificações do lado da oferta, seu embasamento é muito fraco, especialmente em termos de melhora da educação e mais/melhores treinamentos para a solução do problema do desemprego ostensivo (Europa) ou da distribuição de salários (EUA). Estamos convencidos de que melhor educação e treinamentos adicionais poderiam, mais a longo prazo, contribuir para maior produtividade e taxas mais altas de crescimento econômico.[136]

No mesmo sentido, David Howell mostrou que, nos Estados Unidos, embora tenha havido um aumento da demanda por qualificações mais especializadas, essa não é a causa do grande declínio nos salários médios dos trabalhadores norte-americanos entre 1973 e 1990 (queda de um salário semanal de US$ 327 para US$ 265 em 1990, medida em dólares de 1982). Também não é a mescla de qualificações a fonte do aumento da desigualdade de renda. Em seu estudo com Wolff, Howell mostra que apesar de a participação de trabalhadores pouco qualificados nos EUA estar diminuindo nas indústrias, a percentagem de trabalhadores com baixos salários tem aumentado nas mesmas indústrias. Vários estudos também sugerem que está havendo demanda de conhecimentos mais especializados, embora não estejam em falta, mas melhores qualificações não são necessariamente transformadas em salários mais altos.[137] Portanto, nos EUA, apesar de o declínio dos salários reais ter sido mais pronunciado para os menos instruídos, os salários dos trabalhadores com instrução universitária também estagnaram entre 1987 e 1993.[138]

A consequência direta da reestruturação econômica nos Estados Unidos é que na década de 1980 e na primeira metade da década de 1990 a renda familiar despencou. Os salários e a qualidade de vida continuam a declinar nos anos 1990, apesar de uma forte recuperação econômica em 1993.[139] Além disso, meio século após Gunnar Myrdal apontar o "Dilema Norte-Americano", Martin Carnoy, em um livro vigoroso lançado recentemente, documentou que a discriminação racial continua a aumentar a desigualdade social, contribuindo para a marginalização de uma grande parte das minorias étnicas dos EUA.[140] Contudo, em 1996-2000, a expansão constante liderada pela tecnologia da informação e a nova economia alteraram a tendência, e elevaram os salários reais em cerca de 1,2% ao ano. E o aumento do salário mínimo em 1996 deteve a deterioração de longo prazo da receita dos 20% estadunidenses de salários mais baixos. A população abaixo da linha da pobreza diminuiu um pouco, embora mais de 20% das crianças estadunidenses ainda vivessem na pobreza no fim do século. A desigualdade de receita e de bens estava no ponto mais alto de todos os tempos. Em 1995, os 1% das famílias americanas que eram mais privilegiados ganharam 14,5% da receita total, ao passo que a fatia da receita dos 90% menos abastados foi 60,8%. A distribuição dos bens estava ainda mais distorcida: as famílias mais abastadas (1%) possuíam 38,5 do valor líquido, ao passo que os 90% menos abastados ficaram com 28,2%. De fato, 18,5% das famílias tinham renda líquida zero ou negativa. Muito se enaltece a democracia dos acionistas nas novas formas do capitalismo, mas a tabela 4.29 demonstra a concentração extrema de propriedade de ações em 1995, mesmo quando incluímos planos de ações, fundos mútuos, contas individuais de aposentadoria e outros instrumentos do capitalismo popular.

Embora os Estados Unidos sejam um caso extremo de desigualdade de renda e declínio dos salários reais entre as nações industrializadas, sua evolução é significativa porque representa o modelo de mercado de trabalho flexível que a maioria das nações europeias e, com certeza, das empresas europeias tem em vista.[141] E as consequências sociais dessa tendência são semelhantes na Europa. Assim, na Grande Londres, entre 1979 e 1991, a renda disponível real das famílias no decil mais baixo de distribuição de renda caiu 14%, e o índice da renda real do decil mais rico em relação ao mais pobre quase duplicou na década, de 5,6 a 10,2.[142] A pobreza no Reino Unido aumentou substancialmente durante a década de 1980 e o início da década de 1990.[143] E, nos outros países europeus, considerando-se a incidência de pobreza infantil como indicação da evolução da pobreza, com base nos dados recolhidos por Esping-Andersen, entre 1980 e meados da década de 1990, a pobreza infantil aumentou 30% nos EUA, 145% no Reino Unido, 31% na França e 120% na Alemanha.[144] A desigualdade e a pobreza cresceram durante a década de 1990 nos EUA, e na maior parte da Europa.[145] Tomo a liberdade de encaminhar o leitor ao volume III, capítulo 2, onde há uma exposição resumida de dados e fontes da desigualdade e da pobreza, ambos nos Estados Unidos e no mundo em geral.

A nova vulnerabilidade da mão de obra sob condições de flexibilidade imoderada não afeta apenas a força de trabalho não qualificada. A força de trabalho permanente, embora mais bem-paga e mais estável é submetida à mobilidade com o encurtamento do período de vida profissional em que os trabalhadores especializados são recrutados para o quadro efetivo da empresa. Martin Carnoy resume essa tendência:

> Nos Estados Unidos e nos outros mercados mais flexíveis da OCDE, a redução dos quadros funcionais está-se tornando parte normal da vida de trabalho. Os trabalhadores mais velhos são especialmente vulneráveis quando as empresas "racionalizam" suas forças de trabalho. A palavra *downsizing* é, principalmente, um eufemismo para a redução do número de funcionários "obsoletos", mais velhos e de salário mais alto, em

> geral entre os 45 e os 50 anos de idade, substituindo-os por trabalhadores mais jovens, recém-formados e que aceitem salários mais baixos. Os trabalhadores mais velhos, ao contrário dos mais jovens, sofrem longos períodos de desemprego e profundas quedas de salário quando voltam a trabalhar. Além de estarem baixando os salários dos grupos mais jovens, também está se tornando mais curto o "apogeu" da vida profissional dos trabalhadores do sexo masculino. Isso se aplica evidentemente às pessoas com nível médio ou superior, o que significa que até os trabalhadores de alto nível (especializados) estão agora sujeitos a esse significado mais amplo de insegurança no emprego: os trabalhadores não estão apenas sujeitos a empregos de duração mais curta, mas ao achatamento ou mesmo à redução de receita ao chegar à meia-idade.[146]

A lógica desse modelo de mercado de trabalho altamente dinâmico interage com a especificidade das instituições trabalhistas de cada país. Um estudo alemão sobre relações trabalhistas revela que a redução da mão de obra resultante da introdução de máquinas e equipamentos computadorizados, nos anos 1980, estava inversamente relacionada ao nível de proteção dos trabalhadores proporcionada pelos sindicatos na indústria. Por sua vez, as empresas com altos níveis de proteção também eram aquelas com o maior grau de inovação. Esse estudo mostra que não há obrigatoriedade de conflito entre o aperfeiçoamento tecnológico da empresa e a manutenção da maior parte de trabalhadores mediante seu retreinamento. Essas empresas também foram as que apresentaram o mais alto nível de sindicalização.[147] O estudo de Harley Shaiken sobre as empresas automobilísticas japonesas nos Estados Unidos e a fábrica de automóveis Saturn em Tennessee chega a conclusões similares, mostrando a efetividade da contribuição dos trabalhadores e da participação dos sindicatos no sucesso da introdução de inovações tecnológicas, com limitação simultânea de perdas para os trabalhadores.[148]

Essa variação institucional é o que explica a diferença mostrada entre os Estados Unidos e a União Europeia. A reestruturação social toma a forma de pressão sobre salários e condições de trabalho nos EUA. Na União Europeia, onde as instituições trabalhistas defendem melhor suas posições historicamente conquistadas, o resultado é o aumento do desemprego devido à limitação da entrada de trabalhadores jovens no mercado de trabalho e à saída precoce dos mais velhos ou daqueles atrelados a setores e empresas não competitivas.[149]

Os países em fase de industrialização, por sua vez, há pelo menos três décadas estão apresentando um modelo de articulação entre os mercados de trabalho urbanos formais e informais que é equivalente às formas flexíveis difundidas nas economias maduras pelo novo paradigma tecnológico/organizacional.[150]

Por que e como essa reestruturação das relações capital-trabalho ocorreu no início da era da informação? Resultou de circunstâncias históricas, oportunidades tecnológicas e imperativos econômicos. Para reverter a diminuição dos lucros sem causar inflação, as economias nacionais e empresas privadas têm atuado sobre os custos da mão de obra desde o início dos anos 1980, quer mediante o aumento da produtividade sem criação de empregos (principais economias da Europa), quer pela desvalorização de um grande número de novos empregos (EUA) (ver figura 4.12).

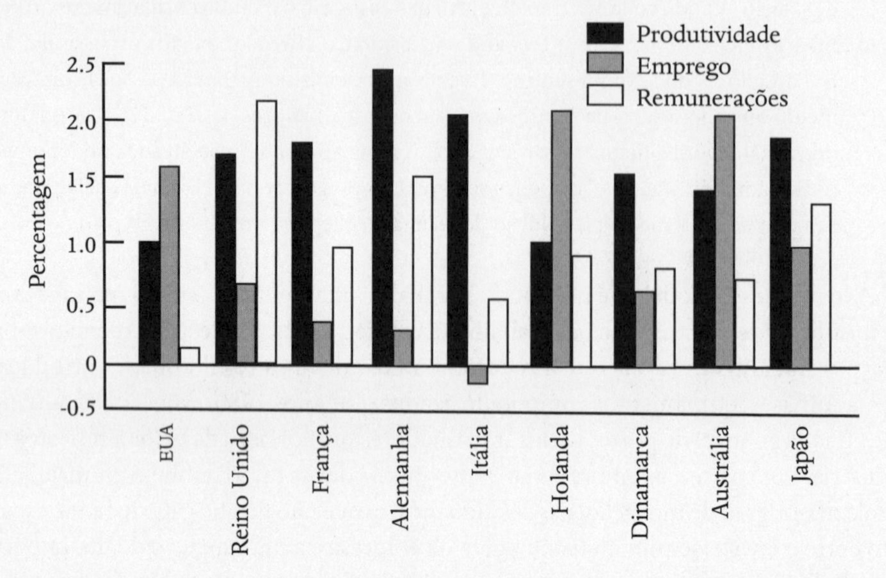

Figura 4.12 Crescimento anual da produtividade, do emprego e das remunerações nos países da OCDE, 1984-1998

Fonte: Dados da OCDE, compilados e elaborados por Carnoy (2000).

Os sindicatos de trabalhadores, principal obstáculo à estratégia unilateral de reestruturação, foram enfraquecidos por sua incapacidade de representar os novos tipos de trabalhadores (mulheres, jovens, imigrantes), de atuar em novos locais de trabalho (escritórios do setor privado, indústrias de alta tecnologia) e de funcionar nas novas formas de organização (a empresa em rede em escala global).[151] Quando necessário, estratégias políticas ofensivas uniram-se às tendências históricas/estruturais contra os sindicatos (por exemplo, Reagan e os controladores de tráfego aéreo, Thatcher e os trabalhadores das minas de carvão). Mas até os governos socialistas da França e da Espanha continuaram a mudança das condições do mercado de trabalho, consequentemente enfraquecendo os sindicatos, quando as pressões da concorrência dificultavam o total afastamento das novas regras administrativas da economia global.

O que possibilitou essa redefinição histórica das relações capital-trabalho foi o uso das poderosas tecnologias da informação e das formas organizacionais facilitadas pelo novo meio tecnológico de comunicação. A capacidade de reunir mão de obra para projetos e tarefas específicas em qualquer lugar, a qualquer momento, e de dispersá-la com a mesma facilidade criou a possibilidade de formação da empresa virtual como entidade funcional. Daí para a frente, foi uma questão de superação da resistência institucional para o desenvolvimento dessa lógica e/ou de obtenção de concessões dos trabalhadores e dos sindicatos sob a ameaça potencial de virtualização. O aumento extraordinário de flexibilidade e adaptabilidade possibilitadas pelas novas tecnologias contrapôs a rigidez do trabalho à mobilidade do capital. Seguiu-se uma pressão contínua para tornar a contribuição do trabalho a mais flexível possível. A produtividade e a lucratividade foram aumentadas, mas os trabalhadores perderam proteção institucional e ficaram cada vez mais dependentes das condições individuais de negociação e de um mercado de trabalho em mudança constante.

A sociedade ficou dividida, como na maior parte da história humana, entre vencedores e perdedores do contínuo processo de negociação desigual e individualizada. Mas, desta vez, havia poucas regras sobre como vencer e como perder. Qualificações especializadas não eram suficientes, visto que o processo de transformação tecnológica acelerava o ritmo, sempre superando a definição de qualificações apropriadas. A associação a empresas ou até a países já não tinha seus privilégios, porque o aumento da concorrência global continuava redesenhando a geometria variável do trabalho e dos mercados. O trabalho nunca foi tão central para o processo de realização de valor. Mas os trabalhadores (independentemente de suas qualificações) nunca foram tão vulneráveis à empresa, uma vez que haviam se tornado indivíduos pouco dispendiosos, contratados em uma rede flexível cujos paradeiros eram desconhecidos da própria rede.

Portanto, as sociedades estavam/estão ficando aparentemente dualizadas, com uma grande camada superior e também uma grande camada inferior, crescendo em ambas as extremidades da estrutura ocupacional, portanto encolhendo no meio, em ritmo e proporção que dependem da posição de cada país na divisão do trabalho e de seu clima político. Mas, lá no fundo da estrutura social incipiente, o trabalho informacional desencadeou um processo mais fundamental: a desagregação do trabalho, introduzindo a sociedade em rede.

Notas

1. Gostaria de agradecer as contribuições de Martin Carnoy e Harley Shaiken para este capítulo. Também agradeço, em especial, a Padmanabha Gopinath e Gerry Rodgers pela colaboração nas muitas consultas que fiz aos dados e materiais do Instituto Internacional de Estudos sobre o Trabalho, OIT.
2. Para entender a transformação do trabalho no paradigma informacional, é necessário fundamentar esta análise em uma perspectiva comparativa e histórica. Para tanto, contei com o que considero ser a melhor fonte disponível de ideias e pesquisas sobre o assunto: Pahl (1988). A tese central deste capítulo sobre a transição para a individualização do trabalho, produzindo sociedades potencialmente fragmentadas, também está relacionada, embora sob perspectiva analítica muito diferente, a um livro importante

que se baseia na teoria de Polanyi e conta com análises empíricas da estrutura social italiana: Mingione (1991).
3. A análise da evolução da estrutura do mercado de trabalho nos países do G-7 foi conduzida com a grande ajuda da dra. Yuko Aoyama, minha ex-assistente de pesquisas em Berkeley, principalmente para a construção da base comparativa de dados internacionais que fundamentam esta análise.
4. Bell (1976); Dordick e Wang (1993).
5. Cohen e Zysman (1987).
6. Wieczorek (1995).
7. Castells (1976a); Stanback (1979); Gershuny e Miles (1983); De Bandt (1985); Cohen e Zysman (1987); Daniels (1993).
8. Kuttner (1983); Rumberger e Levin (1984); Bluestone e Harrison (1988); Sayer e Walker (1992); Leal (1993).
9. Singelmann (1978).
10. Esping-Andersen (1993); Mishel e Bernstein (1994).
11. Para projeções sobre empregos nos outros países da OCDE, ver OCDE (1994a: 71-100).
12. Ver Carey e Franklin (1991); Kutscher (1991); Silvestri e Lukasiewicz (1991); Braddock (1992); Bureau of Labor Statistics (1994).
13. Silvestri e Lukasiewicz (1991: 82).
14. Silvestri (1993).
15. Silvestri (1993: 85).
16. Silvestri (1993: tabela 9).
17. Ministério do Trabalho (1991).
18. Johnston (1991).
19. Campbell (1994).
20. Massey *et al.* (1999).
21. *Newsweek* (1993).
22. Fontes recolhidas e analisadas por Soysal (1994: 23); ver também Stalker (1994).
23. Soysal (1994: 22).
24. *The Economist* (1994).
25. Borjas *et al.* (1991); Bouvier e Grant (1994); Stalker (1994).
26. Machimura (1994); Stalker (1994).
27. HPNUD (1999).
28. Johnston (1991).
29. ILO (1994).
30. Tyson *et al.* (1988); Bailey *et al.* (1993); UNCTAD (1993, 1994).
31. Mishel e Bernstein (1993); Rothstein (1993).
32. Patel (1992); ILO (1993, 1994); Singh (1994).
33. Wood (1994).
34. Kwok e So (1995).
35. Krugman (1994a); Krugman e Lawrence (1994).
36. Ver, por exemplo, Cohen (1994); Mishel e Bernstein (1994).
37. Bailey *et al.* (1993); UNCTAD (1993); Campbell (1994).
38. Wood (1994).
39. Shaiken (1990).

40. Balaji (1994).
41. Tan e Kapur (1986); Fouquin *et al.* (1992); Kwok e So (1995).
42. Rothstein (1994); Sengenberger e Campbell (1994).
43. Navarro (1994b).
44. Nikkeiren (1993); Joussaud (1994).
45. Para uma visão documentada da marcha da difusão da tecnologia da informação no local de trabalho até 1995, ver *Business Week* (1994a, 1995a).
46. Para uma revisão da literatura pertinente, ver Child (1986); ver também Burawoy (1979); Noble (1984); Buitelaar (1988); Appelbaum e Schettkat (1990).
47. Shaiken (1985); Castano (1994a).
48. Hirschhorn (1984).
49. Touraine (1955); Friedmann (1956); Friedmann e Naville (1961); Mallet (1963); Pfeffer (1998); Coriat (1990).
50. Braverman (1973).
51. Hirschhorn (1984); Japan Institute of Labour (1985); Shaiken (1985, 1993); Kelley (1986, 1990); Zuboff (1988); Osterman (1999). Para uma discussão da literatura, ver Adler (1992); para uma abordagem comparativa, ver Ozaki *et al.* (1992).
52. Quinn (1988); Bushnell (1994).
53. Ver, entre outros, Hartmann (1987); Wall *et al.* (1987); Buitelaar (1988); Hyman and Streeck (1988); ILO (1988); Carnoy (1989); Mowery e Henderson (1989); Wood (1989); Dean *et al.* (1992); Rees (1992); Tuomi (1999).
54. Shaiken, comunicação pessoal, 1994, 1995; Shaiken (1995).
55. Zuboff (1988); Dy (1990).
56. Braverman (1973).
57. Strassman (1985).
58. Thach e Woodman (1994).
59. Das teses de doutoramento de Berkeley, consultei especialmente as de Lionel Nicol (1985), Carol Parsons (1987), Barbara Baran (1989), Penny Gurstein (1990), e Lisa Bornstein (1993).
60. Baran (1989).
61. Hirschhorn (1985); Castano (1991).
62. Watanabe (1986).
63. Parsons (1987).
64. Appelbaum (1984).
65. Para uma análise minuciosa e equilibrada das tendências do desemprego nas décadas de 1980 e 1990, ver Freeman e Soete (1994).
66. Jones (1982); Lawrence (1984); Cyert e Mowery (1987); Hinrichs *et al.* (1991); Bosch *et al.* (1994); Commission of the European Communities (1994); OCDE (1994b).
67. OCDE (1994b)
68. *Employment Outlook,* OCDE (vários anos).
69. Commission of the European Communities (1994: 141).
70. *The New York Times* (4 de dezembro de 1999: B14).
71. OCDE (1997: 34).
72. Citado por Saussois (1998: 4).
73. OCDE, *Employment Outlook* (vários anos).

74. Carnoy (2000: 2, 26).
75. Freeman e Soete (1994); OCDE (1994c).
76. Carnoy (2000: 2, 26).
77. King (1991); Aznar (1993); Aronowitz e Di Fazio (1994); Rifkin (1995). A característica mais marcante de todos esses trabalhos prenunciadores de uma sociedade sem emprego é que eles não oferecem dados rigorosos e coerentes para suas afirmações, contando com recortes soltos de jornais, exemplos aleatórios de empresas de alguns países e setores e argumentos do senso comum sobre o impacto "óbvio" dos computadores no emprego. Não há análise séria para explicar, por exemplo, a alta taxa de criação de emprego dos EUA e do Japão em comparação com a Europa Ocidental; e quase nenhuma referência à explosão do crescimento do emprego, especialmente industrial, no leste e Sudeste Asiático. Visto que a maioria desses escritores relaciona-se com a "esquerda política", sua credibilidade deve ser contestada antes que teses não embasadas levem os trabalhadores e a esquerda política a um novo impasse na melhor tradição da autodestrutibilidade ideológica.
78. OCDE (1994c).
79. Kaplinsky (1986).
80. Bessant (1989).
81. Kaplinsky (1986: 153).
82. Bessant (1989: 27, 28, 30).
83. Japan Institute of Labour (1985: 27).
84. Schettkat e Wagner (1990).
85. Flynn (1985).
86. Levy *et al.* (1984).
87. Office of Technology Assessment (1984, 1986); Miller (1989: 80).
88. Northcott (1986); Daniel (1987).
89. Watanabe (org.) (1987).
90. Citado em Watanabe (1987).
91. Castells *et al.* (1986); Saez *et al.* (1991); Castano (1994b).
92. Pyo (1986); Swann (1986); Ebel e Ulrich (1987).
93. Ver, por exemplo, as profecias apocalípticas de Adam Schaff (1992). É, no mínimo, surpreendente ver o crédito que a mídia dá a livros como o de Rifkin (1995) anunciando "o fim do trabalho", publicado em um país (EUA) onde, entre 1993 e 1996, foram criados mais de oito milhões de empregos. A qualidade e o salário desses postos de trabalho (embora seu perfil de qualificações fosse mais alto que o da estrutura geral do emprego) são um outro assunto. De fato, o trabalho e o emprego passam por transformações, como este livro tenta demonstrar. Mas o número de empregos remunerados no mundo, apesar da situação difícil da Europa ocidental ligada a fatores institucionais, está em seu pico histórico mais alto e em expansão. Além disso, as taxas de participação na força de trabalho da população adulta estão se elevando em todos os lugares devido à incorporação sem precedentes das mulheres no mercado de trabalho. Ignorar esses dados elementares é ignorar nossa sociedade.
94. Um dos esforços mais sistemáticos para a previsão dos efeitos das novas tecnologias sobre a economia e os empregos foi o *Meta Study,* conduzido na Alemanha no final dos anos 1980. As principais descobertas encontram-se em Matzner e Wagner (1990). Ver em especial o capítulo "Impactos setoriais e macroeconômicos de pesquisa e desenvolvimento sobre o emprego", em Blazejczak *et al.* (1990: 231).

95. Leontieff e Duchin (1985).
96. Lawrence (1984); Cyert e Mowery (1987).
97. Lawrence (1984); Landau e Rosenberg (1986); OCDE (1994b).
98. Young e Lawson (1984).
99. Rodgers (1994).
100. Boyer (1990).
101. Boyer (1988b); Boyer e Mistral (1988).
102. OCDE (1994b: 32).
103. Carnoy (2000).
104. Relatado por French (1999).
105. Carnoy (2000).
106. Carnoy (2000); Gallie e Paugham (2000).
107. OCDE, *Employment Outlook* (vários anos), compilado por Carnoy (2000).
108. Jost (1993).
109. Mishel *et al.* (1999).
110. Marshall (1994).
111. UCSF/*Field Institute* (1999).
112. Benner (2000).
113. Benner *et al.* (1999).
114. *Business Week* (1999c).
115. Carnoy (2000).
116. Bielenski (1994); para problemas sociais associados ao trabalho de meio expediente, ver Warme *et al.* (1992); Carnoy (2000).
117. Hewitt (1993). Este estudo interessante é muito citado por Freeman e Soete (1994).
118. NIKKEIREN (1993).
119. Kumazawa e Yamada (1989).
120. Kuwahara (1989).
121. Inoki e Higuchi (orgs.) (1995).
122. Vários autores (1994).
123. Nomura (1994).
124. Joussaud (1994).
125. Vários autores (1994); Shinotsuka (1994).
126. Gelb e Lief Palley (1995).
127. Takenori e Higuchi (1995).
128. French (1999).
129. Kuwahara (1989); Whitaker (1990).
130. Rifkin (1995).
131. Reich (1991); Freeman e Soete (1994).
132. Harrison (1994); ILO (1994).
133. Arthur (1989).
134. Essa é a opinião geralmente expressa por Alan Greenspan, presidente do Banco Central norte-americano, pelo Fundo Monetário Internacional e por outros círculos internacionais especializados. Para uma articulação dessa tese em discurso econômico, ver Krugman (1994); e Krugman e Lawrence (1994).
135. Cappelli e Rogovsky (1994).

136. Carnoy e Fluitman (1994).
137. Howell e Wolff (1991); Mishel e Teixeira (1991); Howell (1994).
138. Center for the Budget and Policy Priorities, Washington, D. C., citado pelo *New York Times*, 7 de outubro de 1994: 9; ver também Murphy e Welch (1993); Bernstein e Adler (1994).
139. Mishel e Bernstein (1994).
140. Carnoy (1994); ver em Harper-Anderson (no prelo) a persistência da desigualdade social na classe de nível superior nas empresas da nova economia.
141. Sayer e Walker (1992).
142. Lee e Townsend (1993: 18-20).
143. Hutton (1995).
144. Esping-Anderson (1999).
145. Mishel *et al.* (1999); Bison e Esping-Anderson (2000).
146. Carnoy (2000: 48).
147. Warnken e Ronning (1990).
148. Shaiken (1993, 1995).
149. Bosch (1995).
150. Portes *et al.* (1989); Gereffi (1993).
151. Para análises sobre o declínio do sindicalismo tradicional sob as novas condições econômicas/tecnológicas, ver Carnoy *et al.* (1993a); ver também Gourevitch (org.) (1984); Adler e Suarez (1993).

Apêndice A
Tabelas de dados estatísticos referentes ao capítulo 4

Tabela 4.1
Estados Unidos: distribuição do emprego (%) por setor produtivo e respectivos subsetores, 1920-1991

	(a) 1920-70						(b) 1970-91				
Setor	1920	1930	1940	1950	1960	1970	1970	1980	1985	1990	1991
I. Extrativismo	28,9	25,4	21,3	14,4	8,1	4,5	4,6	4,5	4,0	3,5	3,5
Agricultura	26,3	22,9	19,2	12,7	7,0	3,7	3,7	3,6	3,1	2,8	2,9
Mineração	2,6	2,5	2,1	1,7	1,1	0,8	0,8	1,0	0,9	0,6	0,6
II. De transformação	32,9	31,6	29,8	33,9	35,9	33,1	33,0	29,6	27,2	25,6	24,7
Construção	^	6,5	4,7	6,2	6,2	5,8	6,0	6,2	6,5	6,5	6,1
Serviços públicos	^	0,6	1,2	1,4	1,4	1,4	1,1	1,2	1,2	1,1	1,1
Indústria	^	24,5	23,9	26,2	28,3	25,9	25,9	22,2	19,5	18,0	17,5
Alimentos	^	2,3	2,7	2,7	3,1	2,0	1,9	1,9	1,7	1,6	1,5
Têxtil	^	4,2	2,0	2,2	3,3	3,0	1,3	0,8	0,7	0,6	0,6
Metalúrgica	^	7,7	2,9	3,6	3,9	3,3	3,1	2,7	2,0	1,8	1,7
Máquinas e equipamentos	^	^	2,4	3,7	7,5	8,3	5,1	5,2	4,5	3,8	3,7
Química	^	1,3	1,5	1,7	1,8	1,6	1,5	1,6	1,3	1,3	1,3
Diversos	^	9,0	11,8	12,3	8,7	7,7	12,9	10,0	9,4	8,9	8,6
III. Serviços de distribuição	18,7	19,6	20,4	22,4	21,9	22,3	22,4	21,0	20,9	20,6	20,6
Transportes	7,6	6,0	4,9	5,3	4,4	3,9	3,9	3,7	3,5	3,5	3,6
Atacado	11,1	12,6	2,7	3,5	3,6	4,1	4,0	3,9	4,1	3,9	4,0
Varejo	^	^	11,8	12,3	12,5	12,8	12,9	11,9	11,9	11,8	11,7

(continuação)

Setor	(a) 1920-70						(b) 1970-91				
	1920	1930	1940	1950	1960	1970	1970	1980	1985	1990	1991
IV. Serviços relacionados à produção	2,8	3,2	4,6	4,8	6,6	8,5	8,2	10,5	12,7	14,0	14,0
Bancos	^	1,3	1,1	1,1	1,6	2,6	2,2	2,6	2,9	2,9	2,8
Seguros	^	1,1	1,2	1,4	1,7	1,8	1,8	1,9	1,9	2,1	2,1
Imóveis	^	0,6	1,1	1,0	1,0	1,0	1,0	1,6	1,7	1,8	1,8
Engenharia	^		1,3	0,2	0,3	0,4	0,4	0,6	0,7	0,7	0,7
Contabilidade	^		^	0,2	0,3	0,4	0,4	0,5	0,5	0,5	0,6
Serviços empresariais diversos	^	0,1	^	0,6	1,2	1,8	1,8	2,6	4,0	4,9	5,0
Serviços de assessoria											
Serviços de assessoria jurídica	^	—	^	0,4	0,5	0,5	0,5	0,8	0,9	1,0	1,1
V. Serviços sociais	8,7	9,2	10,0	12,4	16,3	21,9	22,0	23,7	23,6	24,9	25,5
serviços médico-hospitalares	^	—	2,3	1,1	1,4	2,2	2,4	2,3	3,6	4,3	4,5
Hospitais	^	—	^	1,8	2,7	3,7	3,7	5,3	4,0	4,0	4,1
Escolas	^	—	3,5	3,8	5,4	8,6	8,5	8,3	7,8	7,9	8,0
Serviços religiosos e de bem-estar social	^	—	0,9	0,7	1,0	1,2	1,2	1,6	2,2	2,6	2,7
Organizações sem fins lucrativos	^	—	^	0,3	0,4	0,4	0,4	0,5	0,4	0,4	0,4
Correios	^	0,6	0,7	0,8	0,9	1,0	1,0	0,7	0,7	0,7	0,7
Órgãos públicos	^	2,2	2,6	3,7	4,3	4,6	4,5	4,7	4,7	4,8	4,8
Serviços sociais diversos	^	6,3	—	0,1	0,2	0,3	0,3	0,4	0,2	0,2	0,2

(continuação)

Setor	(a) 1920-70						(b) 1970-91				
	1920	1930	1940	1950	1960	1970	1970	1980	1985	1990	1991
VI. Serviços pessoais	8,2	11,2	14,0	12,1	11,3	10,0	10,0	10,5	11,7	11,5	11,7
Serviços domésticos	^	6,5	5,3	3,2	3,1	1,7	1,7	1,3	1,2	0,9	0,9
Serviços de hotelaria	^	2,9	1,3	1,0	1,0	1,0	1,0	1,1	1,4	1,5	1,6
Bares, restaurantes e similares	^	^	2,5	3,0	2,9	3,3	3,2	4,4	4,9	4,8	4,9
Consertos em geral	^	—	1,5	1,7	1,4	1,3	1,4	1,3	1,5	1,4	1,4
Lavanderia	^	—	1,0	1,2	1,0	0,8	0,8	0,4	0,4	0,5	0,4
Barbearias, salões de beleza	^	0,9	—	—	0,8	0,9	0,9	0,7	0,8	0,7	0,7
Entretenimento	^	0,9	0,9	1,0	0,8	0,8	0,8	1,0	1,2	1,3	1,3
Serviços pessoais diversos	^	—	1,6	1,2	0,4	0,3	0,3	0,3	0,4	0,4	0,4

^ indica que a percentagem está incluída na categoria imediatamente superior.

A soma dos números acima pode não corresponder exatamente a 100% porque os percentuais foram arredondados.

Fontes: (a) Singelmann (1978); (b) 1970: Censo Populacional; 1980-1991: *Current Population Survey*, Departamento de Estatística do Trabalho; Estatísticas do trabalho: *Employment and Earnings*, várias edições.

Tabela 4.2

Japão: distribuição do emprego (%) por setor produtivo e respectivos subsetores, 1920-1990

Setor	(a) 1920-70						(b) 1970-91			
	1920	1930	1940	1950	1960	1970	1970	1980	1985	1990
I. Extrativismo	56,4	50,9	46,3	50,3	34,1	19,6	19,8	11,2	9,5	7,2
Agricultura	54,9	49,9	44,0	48,6	32,9	19,4	19,4	11,0	9,3	7,1
Mineração	1,5	1,0	2,2	1,7	1.2	0,3	0,4	0,2	0,2	0,1
II. De transformação	19,6	19,8	24,9	21,0	28,5	34,2	34,1	33,7	33.4	33,7
Construção	2,7	3,3	3,0	4,3	6,2	7,6	7,6	9,7	9,1	9.6
Serviços públicos	0,3	0,4	0,4	0,6	0,6	0,6	0,6	0,6	0,6	0,6
Indústria	16,6	16,1	21,6	16,1	21,7	26,0	26,0	23,4	23,7	23,6
Alimentos	2,0	1,8	1,4	2,2	2,1	2,1	2,1	2,1	2,2	2,3
Têxtil	5,0	4,8	3,9	3,1	3,2	2,7	2,7	1,7	1,5	1,2
Metalúrgica	1,0	0,8	1,4	1,6	2,9	1,5	4,0	3,6	3,2	3,2
Máquinas e equipamentos	0,4	0,7	2,9	1,6	3,1	4,9	5,0	4,6	5,9	5,9
Química	0,4	0,6	1,1	1,2	1,2	1,3	1,3	1,1	1,0	1,1
Diversos	7,8	7,4	10,9	6,4	9,2	13,5	10,9	10,3	10,0	10,0
III. Serviços de distribuição	12,4	15,6	15,2	14,6	18.6	22,5	22,4	25,1	24,8	24,3
Transportes	3,5	3,2	3,4	3,5	4,0	5,1	5,1	5,1	5,0	5,0
Comunicações	0,4	0,7	0,9	1,0	1,1	1,2	1,1	1,2	1,1	1,0
Atacado	8,5	11,6	10,9	2,3	4,7	6,1	6,1	6,9	7,2	7,1
Varejo	^	^	^	7,8	8,9	10,2	10,2	11,9	11,5	11,2

(continuação)

Setor	(a) 1920-70						(b) 1970-91			
	1920	1930	1940	1950	1960	1970	1970	1980	1985	1990
IV. Serviços relacionados à produção	0,8	0,9	1,2	1,5	2,9	5,1	4,8	7,5	8,6	9,6
Bancos	0,4	0,5	0,6	0,7	1,2	1,4	1,4	2,8	3,0	1,9
Seguros	0,1	0,2	0,3	0,2	0,5	0,7	0,7	^	^	1,3
Imóveis	—	—	0,1	0,0	0,2	0,5	0,5	0,8	0,8	1,1
Engenharia	0,0	—	0,3	0,3	1,0	0,5	0,5	—	—	0,8
Contabilidade	—	—	^	^	^	0,2	0,2	—	—	0,3
Serviços empresariais diversos	0,2	0,2	^	^	^	1,7	1,4	3,9	4,8	4,0
Serviços de assessoria jurídica	0,1	0,0	0,0	0,2	0,1	0,1	0,1	—	—	0,1
V. Serviços sociais	4,9	5,5	6,0	7,2	8,3	10,1	10,3	12,9	13,5	14,3
Serviços médico-hospitalares	0,4	0,3	0,4	1,1	0,3	0,2	0,4	2,9	3,4	1,5
Hospitais	0,3	0,5	0,7	^	1,3	1,8	1,8	^	^	2,2
Escolas	0,9	1,3	1,5	2,2	2,4	2,7	2,9	3,6	3,7	4,5
Serviços religiosos de bem-estar social	0,6	0,6	0,6	0,3	0,6	0,7	0,7	1,3	1,3	1,4
Organizações sem fins lucrativos	0,1	—	0,7	0,2	0,2	0,5	1,0	1,1	1,1	1,1
Correios	2,2	2,5	1,9	3,3	3,1	3,3	—	—	—	—
Órgãos públicos	^	^	^	^	^	^	3,4	3,6	3,6	3,4
Serviços sociais diversos	0,3	0,3	0,3	0,1	0,6	0,9	0,0	0,5	0,4	0,4

(continuação)

Setor	(a) 1920-70						(b) 1970-91			
	1920	1930	1940	1950	1960	1970	1970	1980	1985	1990
VI. Serviços pessoais	5,7	7,3	6,3	5,3	7,6	8,5	8,5	9,6	10,1	10,2
Serviços domésticos	2,5	2,7	2,2	0,8	0,7	0,3	0,3	0,1	0,1	0,1
Serviços de hotelaria	0,5	0,5	0,5	0,5	0,8	0,9	0,9	1,0	1,1	1,1
Bares, restaurantes e similares	1,4	2,4	1,8	1,1	2,2	3,1	3,0	4,1	4,3	4,1
Consertos em geral	0,0	0,1	—	0,9	0,7	0,9	0,9	1,1	0,9	1,0
Lavanderia	0,1	0,2	0,2	0,2	0,4	0,5	0,5	1,6	1,7	0,6
Barbearias, salões de beleza	0,5	0,7	0,6	0,6	1,1	1,1	1,1	^	^	1,1
Entretenimento	0,4	0,3	0,8	0,5	0,7	0,7	0,8	0,9	1,0	1,3
Serviços pessoais diversos	0,2	0,3	0,3	0,7	1,0	1,0	1,0	0,9	0,9	0,9
Não classificado	—	—	—	—	—	—	—	—	—	0,6

^ indica que a percentagem está incluída na categoria imediatamente superior.

A soma dos números acima pode não corresponder exatamente a 100% porque os percentuais foram arredondados.

Fontes: (a) Singelmann (1978); (b) Censo Populacional; Departamento de Estatística.

Tabela 4.3

Alemanha: distribuição do emprego (%) por setor produtivo e respectivos subsetores, 1925-1987

Setor	(a) 1925-70					(b) 1970-87	
	1925	1933	1950	1961	1970	1970	1987
I. Extrativismo	33,5	31,5	16,1	9,0	5,1	8,7	4,1
Agricultura	30,9	29,1	12,9	6,8	3,8	7,5	3,2
Mineração	2,6	2,4	3,2	2,2	1,3	1,2	0,9
II. De transformação	38,9	36,3	47,3	51,3	49,0	47,1	40,3
Construção	5,3	6,1	9,3	8,5	8,0	7,7	7,1
Serviços públicos	0,6	0,6	0,8	1,2	0,8	0,8	1,0
Indústria	33,0	31,6	37,1	41,6	40,2	38,6	32,2
Alimentos	4,3	5,1	4,6	3,1	3,8	3,6	2,9
Têxtil	3,7	3,5	3,5	5,1	2,2	2,4	1,1
Metalúrgica	3,7	4,5	2,3	3,7	3,7	4,7	4,3
Máquinas e equipamentos	2,9	3,4	3,0	5,0	4,8	9,5	4,9
Química	1,1	1,1	1,7	2,4	2,7	2,4	2,7
Diversos	17,3	14,0	22,0	22,3	23,0	16,0	16,2
III. Serviços de distribuição	11,9	12,8	15,7	16,4	16,4	17,9	17,7
Transportes	4,0	4,2	5,1	4,5	3,9	5,4	5,9
Comunicações	—	—	—	—	—	^	^
Atacado	7,9	8,6	10,6	3,9	4,4	4,2	3,2
Varejo	^	^	^	7,5	8,6	8,2	8,6

(continuação)

Setor	(a) 1925-70					(b) 1970-87	
	1925	1933	1950	1961	1970	1970	1987
IV. Serviços relacionados à produção	2,1	2,7	2,5	4,2	5,1	4,5	7,3
Bancos	0,7	0,6	0,7	1,2	1,7	1,7	2,4
Seguros	0,4	0,6	0,8	0,7	1,0	0,9	1,0
Imóveis	0,0	0,6	0,1	0,3	0,4	0,3	0,4
Engenharia	0,1	0,1	0,2	0,4	0,6	0,6	0,7
Contabilidade	0,5	0,3	0,3	1,0	0,7	—	—
Serviços empresariais diversos	^	^	^	^	^	0,9	2,8
Serviços de assessoria jurídica	0,3	0,6	0,5	0,6	0,8	—	—
V. Serviços sociais	6,0	6,8	11,1	12,5	17,4	15,7	24,3
Serviços médico-hospitalares	0,4	1,3	2,4	2,5	3,2	3,1	5,4
Hospitais	0,6	^	^	^	^	—	—
Serviços religiosos e de bem-estar social	0,5	0,8	1,0	0,9	0,4	0,9	1,5
Organizações sem fins lucrativos	—	—	—	—	0,4	0,4	0,2
Correios	1,1	1,1	1,5	1,7	1,8	—	—
Órgãos públicos	2,1	2,2	4,1	5,3	8,6	7,7	9,5
Serviços sociais diversos	0,1	0,2	0,6	—	—	0,5	2,8

(continuação)

Setor	(a) 1925-70					(b) 1970-87	
	1925	1933	1950	1961	1970	1970	1987
VI. Serviços pessoais	7,7	7,8	6,9	6,4	7,4	6,1	6,3
Serviços domésticos	4,4	4,0	3,2	1,5	0,5	0,4	0,2
Serviços de hotelaria	2,1	2,4	2,2	2,6	2,9	2,8	2,7
Bares, restaurantes e similares	^	^	^	^	^	^	^
Consertos em geral	—	—	—		1,1	1,0	1,1
Lavanderia	0,2	—	—	0,6	0,5	0,5	0,2
Barbearias, salões de beleza	0,4	0,7	0,8	0,9	0,9	0,9	1,0
Entretenimento	0,4	0,5	0,1	—	0,4	0,4	0,9
Serviços pessoais diversos	0,1	0,2	0,6	0,8	0,4	0,1	0,1

^ indica que a percentagem está incluída na categoria imediatamente superior.

A soma dos números acima pode não corresponder exatamente a 100% porque os percentuais foram arredondados.

Fontes: (a) Singelmann (1978); (b) Statistisches Bundesamt, Volkszählung.

Tabela 4.4

França: distribuição do emprego (%) por setor produtivo e respectivos subsetores, 1921-1989

Setor	(a) 1921-68						(b) 1968-89					
	1921	1931	1946	1954	1962	1968	1968	1970	1975	1980	1985	1989
I. Extrativismo	43,6	38,3	40,2	30,9	23,0	17,0	15,6	13,5	10,3	8,7	7,6	6,4
Agricultura	42,4	36,6	38,8	28,6	20,6	15,9	14,8	12,9	9,9	8,4	7,4	6,3
Mineração	1,2	1,7	1,4	2,3	2,4	1,1	0,2	0,6	0,4	0,3	0,2	0,1
II. De transformação	29,7	32,8	29,6	35,2	37,7	39,3	39,4	38,0	37,3	34,8	30,9	29,5
Construção	3,0	4,2	5,1	7,4	8,7	10,3	9,5	9,5	8,9	8,5	7,1	7,2
Serviços públicos	0,2	0,0	0,6	0,7	0,8	0,8	0,8	0,8	0,8	0,9	1,0	1,0
Indústria	26,4	28,5	23,8	27,2	28,0	26,0	27,0	27,7	27,6	25,5	22,9	21,3
Alimentos	2,3	2,6	2,2	3,2	3,1	3,0	3,0	3,0	2,9	2,9	2,9	2,8
Têxtil	9,4	4,4	2,5	6,0	4,9	2,3	3,8	3,6	3,1	2,5	2,1	1,7
Metalúrgica	0,6	2,1	7,3	0,9	1,1	1,5	5,0	5,1	5,0	4,3	3,6	3,5
Máquinas e equipamentos	—	—	^	0,9	1,2	1,3	4,9	5,3	5,6	5,2	4,8	4,5
Química	0,9	1,1	1,1	1,3	1,4	1,5	1,8	1,9	1,9	1,8	1,7	1,6
Diversos	13,2	18,3	10,7	14,9	16,3	18,5	8,4	8,8	9,1	8,7	7,7	7,3
III. Serviços de distribuição	14,4	13,6	15,1	14,2	16,4	15,5	18,8	18,7	19,2	19,9	20,2	20,5
Transportes	5,6	5,1	6,1	4,2	4,3	4,3	4,2	4,1	4,1	4,1	4,2	4,3
Comunicações	0,7	^	^	1,3	1,7	0,1	1,8	1,8	2,0	2,1	2,3	2,2
Varejo	^	^	^	6,5	7,3	7,5	9,1	9,0	9,2	9,3	9,3	9,5

(continuação)

Setor	(a) 1921-68						(b) 1968-89					
	1921	1931	1946	1954	1962	1968	1968	1970	1975	1980	1985	1989
IV. Serviços relacionados à produção	1,6	2,1	1,9	2,6	3,2	5,5	5,0	5,5	6,5	7,8	8,5	10,0
Bancos	0,6	0,9	1,2	0,8	1,1	2,0	1,3	1,4	1,8	2,0	2,8	2,0
Seguros	0,2	0,3	0,4	0,5	0,7	0,8	0,5	0,5	0,6	0.7	0,7	0,8
Imóveis	0,0	0,0	0,0	0,4	0,2	0,4	0,1	0,2	0,3	0,3	0,3	0,3
Engenharia	0,5	0,7	—	0,9	1,1	0,3	—	—	—	—	—	—
Contabilidade	^	^	—	^	^	1,6	—	—	—	—	—	—
Serviços empresariais diversos	^	^	—	^	^	^	3,1	3,4	3,8	4,9	5,3	6,9
Serviços de assessoria jurídica	0,3	0,3	0,3	—	—	0,4	—	—	—	—	—	—
V. Serviços sociais	5,3	6,1	6,8	9,4	12,3	14,5	15,1	15,6	16,4	17,1	19,8	19,5
Serviços médico-hospitalares	0,9	1,1	1,2	2,2	2,9	1,0	—	—	—	—	—	—
Hospitais	^	^	^	^	^	2,2	—	—	—	—	—	—
Escolas	1,3	1,4	1,5	2,4	3,5	4,4	—	—	—	—	—	—
Serviços religiosos e bem-estar social	0,5	0,5	0,7	0,6	1,1	1,1	—	—	—	—	—	—
Organizações sem fins lucrativos	—	—	—	—	1,0	0,7	—	—	—	—	—	—
Correios	2,3	2,8	3,2	4,0	3,4	1,8	—	—	—	—	—	—
Órgãos públicos	^	^	^	^	^	3,3	—	—	—	—	—	—
Serviços sociais diversos	0,2	0,2	0,1	0,2	0,4	0,0	—	—	—	—	—	—

(continuação)

Setor	(a) 1921-68						(b) 1968-89					
	1921	1931	1946	1954	1962	1968	1968	1970	1975	1980	1985	1989
VI. Serviços pessoais	5,6	7,2	6,4	7,4	7,4	7,9	8,2	8,7	10,2	11,6	13,1	14,1
Serviços domésticos	3,7	3,8	1,3	3,1	3,0	2,7	—	—	—	—	—	—
Serviços de hotelaria	1,5	2,8	1,4	1,5	1,6	0,9	2,7	2,7	2,7	2,8	3,1	3,5
Bares, restaurantes e similares	^	^	^	1,4	1,2	1,8	^	^	^	^	^	^
Consertos em geral	—	—	—	—	0,3	1,1	—	—	—	—	—	—
Lavanderia	—	—	0,2	1,0	1,2	0,5	—	—	—	—	—	—
Barbearias, salões de beleza	0,3	—	—	^	^	0,7	—	—	—	—	—	—
Entretenimento	0,1	0,2	0,3	0,4	0,2	0,2	—	—	—	—	—	—
Serviços pessoais diversos	0,0	0,5	0,5	—	0,0	0,0	5,6	6,0	7,4	8,8	10,0	10,6

^ indica que a percentagem está incluída na categoria imediatamente superior.
A soma dos números acima pode não corresponder exatamente a 100% porque os percentuais foram arredondados.
Os dados referentes a 1989 são preliminares. Os correios estão incluídos em Comunicações. Serviços diversos incluem todas as atividades sem fins lucrativos no período compreendido entre 1968 e 1989.

Fontes: (a) Singelmann (1978); (b) INSEE, *Annuaire statistique de la France*.

Tabela 4.5

Itália: distribuição do emprego (%) por setor produtivo e respectivos subsetores, 1921-1990

Setor	(a) 1921-61				(b) 1961-90			
	1921	1931	1951	1961	1961	1971	1981	1990
I. Extrativismo	57,1	48,1	42,9	29,8	29,8	17,2	11,7	9,5
Agricultura	56,7	47,7	42,5	29,1	29,1	17,2	11,4	9,5
Mineração	0,4	0,4	0,4	0,7	0,7	—	0,3	—
II. De transformação	24,3	29,0	31,8	40,0	39,9	44,3	40,5	29,7
Construção	4,1	6,0	7,6	12,0	12,0	10,8	9,4	7,0
Serviços públicos	0,3	0,6	0,5	0,6	0,6	0,9	0,9	0,8
Indústria	19,9	22,4	23,7	27,4	27,3	32,7	30,2	21,8
Alimentos	1,2	1,5	2,4	2,4	—	—	1,8	1,6
Têxtil	3,2	4,2	3,7	3,4	—	—	6,3	5,0
Metalúrgica	1,8	4,4	1,2	1,5	—	—	7,0	4,7
Máquinas e equipamentos	1,5	^	1,4	1,8	—	—	4,8	3,3
Química	0,4	1,0	1,1	1,4	—	—	1,4	1,3
Diversos	11,8	11,3	13,9	16,9	—	—	8,8	5,9
III. Serviços de distribuição	8,6	10,1	10,6	13,0	15,3	18,7	16,2	25,8
Transportes	3,9	4,2	3,4	4,1	4,9	5,3	4,9	5,2
Comunicações	0,4	0,5	0,6	0,8	^	^	1,5	1,3
Atacado	4,3	5,4	1,2	1,4	10,3	13,4	3,6	17,3
Varejo	^	^	5,4	6,7	^	^	6,1	^

(continuação)

Setor	(a) 1921-61				(b) 1961-90			
	1921	1931	1951	1961	1961	1971	1981	1990
IV. Serviços relacionados à produção	1,2	1,8	1,9	2,0	—	—	4,6	—
Bancos	0,2	0,5	0,8	0,9	1,1	1,5	1,7	1,8
Seguros	^	0,1	0,1	0,2	^	^	0,5	^
Imóveis	^	^	^	0,0	—	—	0,0	—
Engenharia	0,8	^	^	0,3			1,4	
Contabilidade	^	1,0	0,7	^			0,4	
Serviços empresariais diversos	^	^	^	0,2	—	—	0,1	—
Serviços de assessoria jurídica	0,2	0,2	0,3	0,4	—		0,4	—
V. Serviços sociais	4,1	5,1	7,9	9,3	—	—	19,1	—
Serviços médico-hospitalares	0,6	0,8	1,1	0,7	—	—	1,7	—
Hospitais	^	^	^	0,9	—	—	2,6	—
Escolas	1,0	1,1	2,0	2,7	—	—	7,4	—
Serviços religiosos e de bem-estar social	0,6	0,7	1,2	0,2	—	—	0,2	—
Organizações sem fins lucrativos	—	0,1	0,1	—	—	—	0,3	—
Correios	1,3	2,1	3,4	4,8	—	—	—	—
Órgãos públicos	^	^	^	^	6,9	6,5	6,5	15,5
Serviços sociais diversos	0,6	0,3	0,1	—	—	—	0,4	—

(continuação)

Setor	(a) 1921-61				(b) 1961-90			
	1921	1931	1951	1961	1961	1971	1981	1990
VI. Serviços pessoais	4,6	5,6	4,7	5,9	—	—	7,9	—
Serviços domésticos	2,4	3,2	2,2	2,2	—	—	1,2	—
Serviços de hotelaria	0,2	0,6	1,4	0,7	—	—	0,9	4,1
Bares, restaurantes e similares	0,8	0,7	^	1,4	—	—	2,0	^
Consertos em geral	—	—	—	—	—	—	2,0	—
Lavanderia	0,3	0,2	0,1	0,2	—	—	0,3	—
Barbearias, salões de beleza	0,4	0,7	0,6	0,9	—	—	1,0	—
Entretenimento	0,0	0,1	0,3	0,3	—	—	0,5	—
Serviços pessoais diversos	0,5	0,1	0,1	0,2	—	—	0,1	—
Todos os outros serviços					7,0	11,8		15,6

^ indica que a percentagem está incluída na categoria imediatamente superior.
A soma dos números acima pode não corresponder exatamente a 100% porque os percentuais foram arredondados.
Os números referentes a 1990 não fornecem base comparativa com os anos anteriores porque as fontes de consulta são diferentes.

Fontes: (a) Singelmann (1978); (b) 1961-81: Istituto Centrale di statistica; *Censimento generale delia popolazione*; 1990: Istituto nazionale di statistica, *Annuario Statistico Italiano*, 1991.

Tabela 4.6

Reino Unido: distribuição do emprego (%) por setor produtivo e respectivos subsetores, 1921-1992

	(a) Inglaterra e País de Gales 1921-71					(b) Reino Unido (empregados) 1970-90					(c) Grã-Bretanha (empregados) 1970-92						(d) Grã-Bretanha (empregados) 1971-81	
Setor	1921	1931	1951	1961	1971	1970	1975	1980	1985	1990	1970	1971	1980	1981	1990	1992	1971	1981
I. Extrativismo	14,2	11,8	8,9	6,6	4,3	3,6	3,3	4,7	4,4	3,3	3,6	3,4	4,3	4,9	3,2	1,8	4,3	3,9
Agricultura	7,1	6,1	5,0	3,5	2,6	1,7	1,8	1,6	1,6	1,3	1,7	1,6	1,6	1,6	1,2	1,2	2,7	2,3
Mineração	7,1	5,7	3,9	3,1	1,7	1,9	1,6	3,2	2,8	2,0	1,9	1,9	3,2	3,3	2,0	0,5	1,6	1,6
II. De transformação	42,2	39,3	45,4	46,0	43,8	46,7	40,3	35,7	29,8	27,3	46,6	45,9	35,7	33,7	27,3	26,3	42,8	35,6
Construção	4,4	5,2	6,5	6,9	7,1	6,3	5,8	5,5	4,8	4,8	6,2	6,0	5,4	5,2	4,8	4,0	7,0	7,0
Serviços públicos	1,0	1,3	1,7	1,7	1,6	1,7	1,6	—	—	—	1,7	1,7	—	—	—	1,2	1,5	1,5
Indústria	36,8	32,9	37,2	37,4	34,9	38,7	33,0	30,2	25,0	22,5	38,8	38,2	30,3	28,5	22,5	21,1	34,2	27,1
Alimentos	3,3	3,4	3,0	3,0	3,0	3,9	3,2	3,2	2,8	2,4	3,8	3,8	3,1	3,1	2,9	2,9	3,1	3,0
Têxtil	5,9	5,9	4,5	3,4	2,4	3,1	2,1	1,5	1,1	0,9	3,0	2,8	1,5	1,5	0,9	0,8	2,5	1,3
Metalúrgica	2,8	2,1	2,7	2,7	2,3	5,4	4.6	6,8	3,6	3,1	5,5	5,3	6,9	6,2	3,2	2,7	4,8	4,1
Máquinas e equipamentos	1,6	1,4	3,0	3,2	4,8	9,2	7,7	7,9	6,8	6,1	9,3	9,1	8,0	7,6	6,2	5,8	8,3	7,1
Química	1,1	1,1	2,1	2,3	2,0	2,3	2,1	—	1,6	1,4	2,4	2,4	—	—	1,5	1,4	2,2	1,7
Diversos	22,1	19,0	21,9	22,8	20,4	14,8	13,1	10,8	9,2	8,6	14,8	14,8	10,8	10,2	8,5	8,0	13,4	10,0

(continuação)

Setor	(a) Inglaterra e País de Gales 1921-71					(b) Reino Unido (empregados) 1970-90					(c) Grã-Bretanha (empregados) 1970-92						(d) Grã-Bretanha (empregados) 1971-81	
	1921	1931	1951	1961	1971	1970	1975	1980	1985	1990	1970	1971	1980	1981	1990	1992	1971	1981
III. Serviços de distribuição	19,3	21,6	19,2	19,7	17,9	18,7	18.9	19,9	20,4	20,6	18,8	18,7	20,2	20,4	20,4	20,7	19,3	20,3
Transportes	7,3	7,0	6,4	5,7	4,8	4,9	4,7	6,5	4,2	4,1	4,9	5,0	6,5	6,6	4,2	4,3	4,8	4,6
Comunicações	—	—	—	—	—	2,0	2,0	^	2,0	1,9	2,0	2,1	^	^	1,9	1,9	1,8	1,9
Atacado	12,0	14,6	12,8	14,0	3,4	2,3	3,7	4,0	4,5	4,5	2,3	2,4	4,1	4,2	4,3	4,5	2,1	3,9
Varejo	^	^	^	^	9,6	9,5	8,4	9,5	9,7	10,1	9,5	9,3	9,5	9,6	10,1	10,0	10,7	9,8
IV. Serviços relacionados à produção	2,6	3,1	3,2	4,5	5,6	5,0	5,7	7,5	9,7	12,0	5,1	5,2	7,5	8,0	12,1	12,3	5,6	7,9
Bancos	0,8	0,8	0,9	1,2	1,6	1,6	1,9	2,0	2,4	2,8	1,6	1,7	2,0	2,2	2,8	2,8	1,6	2,1
Seguros	0,7	0,9	0,9	1,1	1,2	1,3	1,2	0,9	1,1	1,2	1,3	1,3	1,0	1,0	1,2	1,2	1,2	1,1
Imóveis	—	0,3	0,3	0,3	0,4	0,3	0,4	—	0,6	0,6	0,3	0,3	—	—	0,6	0,7	0,4	0,4
Engenharia	0,2	0,2	0,2	—	0,4	—	—	—	—	—	—	—	—	—	—	—	0,5	—
Contabilidade	0,0	0,3	0,3	0,4	0,4	0,4	0,4	—	—	—	0,4	0,4	—	—	—	0,8	0,4	—
Serviços empresariais diversos	0,4	0,2	0,1	1,1	1,0	1,0	1,4	4,5	5,6	7,4	1,1	1,1	4,5	4,8	7,5	5,9	1,1	4,3
Serviços de assessoria jurídica	0,4	0,4	0,4	0,4	0,5	0,5	0,5	—	—	—	0,5	0,5	—	—	—	1,0	0,5	—

(continuação)

Setor	(a) Inglaterra e País de Gales 1921-71					(b) Reino Unido (empregados) 1970-90					(c) Grã-Bretanha (empregados) 1970-92						(d) Grã-Bretanha (empregados) 1971-81	
	1921	1931	1951	1961	1971	1970	1975	1980	1985	1990	1970	1971	1980	1981	1990	1992	1971	1981
V. Serviços sociais	8,9	9,7	12,1	14,1	19,4	17,7	22,1	24,2	26,8	27,2	17,7	18,3	23,9	24,9	27,2	28,9	18,9	22,8
Serviços médico-hospitalares	1,0	1,1	2,9	3,4	0,8	4,5	5,5	6,8	7,8	8,1	4,4	4,6	6,8	7,1	8,1	8,7	1,0	6,3
Hospitais	^	^	^	^	3,1	—	—	^	^	^	^	^	^	^	^	^	3,2	—
Escolas	2,1	2,2	2,4	2,4	3,9	5,8	6,4	8,5	7,6	8,1	8,3	6,4	6,7	7,5	7,8	8,2	8,7	6,2
Serviços religiosos e de bem-estar social	0,6	0,6	0,6	0,7	1,0	0,1	0,1	2,5	3,5	3,9	0,1	0,1	2,4	2,6	3,2	3,4	1,1	—
Organizações sem fins lucrativos	0,1	0,1		0,0	0,2	—	—	—	—	—	—	—	—	—	—	—	0,1	—
Correios	1,1	1,2	1,6	1,6	1,8	—	—	—	—	—	—	—	—	—	—	—	—	
Órgãos públicos	3,8	4,3	4,2	4,0	6,0	6,2	7,3	7,3	7,4	6,8	6,2	6,4	7,2	7,4	7,0	7,4	6,8	7,2
Serviços sociais diversos	0,2	0,2	0,4	0,6	0,6	0,6	0,6	—	—	—	0,6	0,5	—	—	0,6	0,7	0,4	2,6
VI. Serviços pessoais	12,9	14,5	11,3	9,0	9,0	8,1	9,7	8,1	9,0	9,7	8,1	8,1	7,9	8,1	9,8	9,7	8,4	8,9
Serviços domésticos	7,5	8,2	2,4	1,6	1,0	0,4	—	—	—	—	0,4	0,4	—	—	—	—	1,0	0,4
Serviços de hotelaria	2,4	2,2	4,2	2,7	1,6	1,2	1,1	4,3	4,9	5,6	1,2	1,2	4,3	4,4	1,2	1,3	1,0	4,1
Bares, restaurantes e similares	0,8	1,3	^	^	1.0	1,3	2,5	^	^	^	1,3	1,3	^	^	4,4	4.0	1.9	^
Lavanderia	0,8	0,9	0,8	0,7	0,4	0,5	0,4	—	—	—	0,5	0,5	—	—	—	—	0,4	—

(continuação)

Setor	(a) Inglaterra e País de Gales 1921-71					(b) Reino Unido (empregados) 1970-90					(c) Grã-Bretanha (empregados) 1970-92						(d) Grã-Bretanha (empregados) 1971-81	
	1921	1931	1951	1961	1971	1970	1975	1980	1985	1990	1970	1971	1980	1981	1990	1992	1971	1981
Consertos em geral	—	—	1,4	1,8	2,1	1,8	1,9	0,9	1,0	1,0	1,8	1,9	0,9	0,9	1,0	1,1	2,1	1,5
Barbearias, salões de beleza	0,3	0,5	0,4	0,7	1,1	0,4	0,4	—	—	—	0,4	0,4	—	—	—	—	0,6	—
Entretenimento	0,7	0,9	1,1	1,0	1,1	1,1	1,3	1,9	2,3	2,3	1,1	1,1	1,9	2,0	2,3	2,3	1,1	1,9
Serviços pessoais diversos	0,5	0,3	1,0	0,5	0,8	1,3	2,1	1,0	0,9	0,9	1,3	1,4	0,8	0,8	0,9	0,9	0,2	1,1
Não classificado	—	—	—	—	—	0,2	0,0	0,0	—	—	0,2	0,3	—	—	0,0	0,3	0,7	0,6

^ indica que a percentagem está incluída na categoria imediatamente superior.
A soma dos números acima pode não corresponder exatamente a 100% porque os percentuais foram arredondados.
Os correios estão incluídos em Comunicações.
Desde 1980, os números para o Reino Unido referentes a serviços públicos estão incluídos em Mineração. Indústria química está incluída em Metalúrgica em 1980.

Fontes: (a) Singelmann (1978); (b)-(d) 1970-92: *Annual Abstract of Statistics* e Gazeta de Empregos; 1971-81: Departamento do Censo e Pesquisas Populacionais, *Census Reports*.

Tabela 4.7

Canadá: distribuição do emprego (%) por setor produtivo e respectivos subsetores, 1921-1992

Setor	(a) 1921-71						(b) 1971-92		
	1921	1931	1941	1951	1961	1971	1971	1981	1992
I. Extrativismo	36,9	34,4	31,7	21,6	14,7	9,1	8,3	7,1	5,7
Agricultura	35,2	32,5	29,5	19,7	12,8	7,4	6,6	5,3	4,4
Mineração	1,6	1,9	2,2	1,9	1,9	1,7	1,6	1,8	1,3
II. De transformação	26,1	24,7	28,2	33,7	31,1	30,0	27,1	26,8	22,3
Construção	9,0	6,8	5,3	6,9	7,0	6,9	6,3	6,5	6,3
Serviços públicos	—	1,5	0,6	1,2	1,1	1,1	1,0	1,1	1,2
Indústria	17,0	16,4	22,3	25,6	23,0	22,0	19,7	19,2	14,9
Alimentos	1,2	2,2	3,4	3,1	3,7	3,2	2,9	2,7	—
Têxtil	2,7	2,6	3,7	1,6	1,3	0,9	1,0	0,7	—
Metalúrgica	2,9	1,9	2,3	3,9	3,2	1,5	3,0	3,4	—
Máquinas e equipamentos	^	0,7	0,9	^	0,8	1,0	2,3	2,2	—
Química	0,2	0,4	0,8	1,3	1,4	1,0	1,2	1,1	—
Diversos	10,0	8,6	11,2	15,7	12,6	14,4	9,3	9,0	14,9
III. Serviços de distribuição	19,2	18,4	17,7	21,8	23,9	23,0	20,8	22,9	24,0
Transportes	8,5	7,2	5,8	6,8	6,6	5,4	5,0	4,8	4,1
Comunicações	—	0,9	0,7	1,1	2,1	2,1	1,9	2,1	2,1
Atacado	10,7	1,6	2,4	3,8	4,7	4,5	4,1	4,8	4,5
Varejo	^	8,7	8,8	10,1	10,5	11,0	9,8	11,1	13,2

(continuação)

Setor	(a) 1921-71						(b) 1971-92		
	1921	1931	1941	1951	1961	1971	1971	1981	1992
IV. Serviços relacionados à produção	3,7	3,3	2,7	3,9	5,3	7,3	6,6	9,7	11,3
Bancos	1,2	1,2	0,9	1,3	1,8	2,4	2,2	2,7	3,7
Seguros	^	1,0	0,9	1,1	1,9	2,2	2,0	0,9	^
Imóveis	^	0,2	0,3	0,4	^	^	^	1,7	2,2
Engenharia	2,3	—	^	0,2	0,4	0,7	0,6	0,9	—
Contabilidade	^	0,1	0,1	0,2	0,3	0,4	0,4	0,5	—
Serviços empresariais diversos	^	0,4	0,2	0,4	0,5	1,1	1,0	2,3	5,4
Serviços de assessoria jurídica	0,2	0,4	0,3	0,3	0,4	0,5	0,4	0,6	—
V. Serviços sociais	7,5	8,9	9,4	11,3	15,4	21,1	22,0	24,0	22,6
Serviços médico-hospitalares	1,1	1,8	2,2	3,1	0,9	1,0	1,8	2,0	9,1
Hospitais	^	^	^	^	3,7	4,7	4,1	4,0	^
Escolas	2,0	2,7	2,7	2,9	4,4	7,3	6,0	6,6	7,0
Serviços religiosos e de bem-estar social	0,9	1,0	0,7	1,1	1,3	1,4	1,3	1,9	—
Organizações sem fins lucrativos	^	^	^	^	^	0,2	0,2	0,2	—
Correios	3,0	0,5	0,5	0,6	5,1	5,4	—	—	—
Órgãos públicos	^	2,6	2,8	3,4	^	^	7,4	7,6	6,5
Serviços sociais diversos	0,5	0,3	0,5	0,2	—	—	1,1	1,6	—

(continuação)

Setor	(a) 1921-71						(b) 1971-92		
	1921	1931	1941	1951	1961	1971	1971	1981	1992
VI. Serviços pessoais	6,7	10,2	10,2	7,8	9,5	9,6	7,5	9,5	13,5
Serviços domésticos	—	4,2	4,5	1,6	1,6	0,7	0,6	0,4	—
Serviços de hotelaria	—	2,8	1,6	1,5	3,9	1,7	1,5	5,7	6,5
Bares, restaurantes e similares	—	^	1,3	1,6	^	2,6	2,2	—	^
Consertos em geral	—	0,5	1,1	1,1	1,1	0,9	1,0	1,1	—
Lavanderia	—	0,5	0,5	0,7	0,6	0,5	0,5	0,3	—
Barbearias, salões de beleza	—	0,6	0,6	0,5	0,7	0,7	0,6	0,5	—
Entretenimento	—	0,4	0,4	0,5	0,6	1,0	0,9	1,2	—
Serviços pessoais diversos	—	1,2	0,2	0,3	1,0	1,5	0,3	0,3	7,0
Não classificado	—	—	—	—	—	—	7,3	—	0,7

^ indica que a percentagem está incluída na categoria imediatamente superior.

A soma dos números acima pode não corresponder exatamente a 100% porque os percentuais foram arredondados.

Os números referentes a 1992 não fornecem base comparativa com os anos anteriores porque as fontes de consulta são diferentes.

Fontes: (a) Singelmann (1978); (b) 1971-81: Censo Populacional; 1992: *Statistics Canada* (Força de Trabalho), maio.

Tabela 4.8

Estados Unidos: estatísticas de emprego por setor produtivo, 1920-1991

	(a) 1920-70						(b) 1970-91				
	1920	1930	1940	1950	1960	1970	1970	1980	1985	1990	1991
Indústria (%)	48,0	43,3	37,9	39,2	38,2	33,6	34,0	30,5	27,7	25,8	24,9
Serviços (%)	52,0	56,7	62,1	60,8	61,8	66,4	66,0	69,5	72,3	74,2	75,1
Manuseio de produto (%)	73,3	69,0	67,4	69,3	65,8	61,1	61,2	57,3	54,7	52,6	51,7
Manuseio da informação (%)	26,7	31,0	32,5	30,6	34,0	38,9	39,0	42,7	45,3	47,4	48,3
Serviços: indústria	1,1	1,3	1,6	1,6	1,6	2,0	1,9	2,3	2,6	2,9	3,0
Informação: produtos	0,4	0,5	0,5	0,4	0,5	0,6	0,6	0,7	0,8	0,9	0,9

Indústria = mineração, construção, transformação.
Serviços = outras categorias.
Manuseio de produto = mineração, construção, manufaturados, transportes, atacado/varejo.
Manuseio da informação = comunicações; finanças, seguros e imóveis (FIRE); serviços, órgãos públicos.
Serviços: indústria = relação entre empregos no setor de serviços e empregos na indústria.
Informação: produtos = relação entre empregos no setor de manuseio da informação e empregos no setor de manuseio de produto.

Fonte: Ver tabela 4.1.

Tabela 4.9

Japão: estatísticas de emprego por setor produtivo, 1920-1990

	(a) 1920-70						(b) 1970-90			
	1920	1930	1940	1950	1960	1970	1970	1980	1985	1990
Indústria (%)	46,3	40,7	47,8	43,1	43,4	42,1	42,1	37,4	36,3	35,8
Serviços (%)	53,7	59,3	52,2	56,9	56,6	57,9	57,9	62,6	63,7	64,2
Manuseio de produto (%)	76,8	75,8	77,3	72,9	73,8	73,2	73,0	69,6	67,9	65,9
Manuseio da informação (%)	23,2	24,0	22,5	27,1	26,4	27,0	26,9	30,4	31,9	33,4
Serviços: indústria	1,2	1,5	1,1	1,3	1,3	1,4	1,4	1,7	1,8	1,8
Informação: produtos	0,3	0,3	0,3	0,4	0,4	0,4	0,4	0,4	0,5	0,5

Indústria = mineração, construção, transformação.
Serviços = outras categorias.
Manuseio de produto = mineração, construção, manufaturados, transportes, atacado/varejo.
Manuseio da informação = comunicações; finanças, seguros e imóveis (FIRE); serviços, órgãos públicos.
Serviços: indústria = relação entre empregos no setor de serviços e empregos na indústria.
Informação: produtos = relação entre empregos no setor de manuseio da informação e empregos no setor de manuseio de produto.

Fonte: Ver tabela 4.2.

Tabela 4.10
Alemanha: estatísticas de emprego por setor produtivo, 1925-1987

	(a) 1925-70					(b) 1970-87	
	1925	1933	1950	1961	1970	1970	1987
Indústria (%)	59,1	56,6	57,3	56,2	51,2	51,4	41,5
Serviços (%)	40,9	43,4	42,7	43,8	48,8	48,6	58,5
Manuseio de produto (%)	78,8	77,1	78,1	76,5	71,4	71,6	60,8
Manuseio da informação (%)	21,2	22,9	21,9	23,5	29,1	28,4	39,2
Serviços: indústria	0,7	0,8	0,7	0,8	1,0	0,9	1,4
Informação: produtos	0,3	0,3	0,3	0,3	0,4	0,4	0,6

Indústria = mineração, construção, transformação.
Serviços = outras categorias.
Manuseio de produto = mineração, construção, manufaturados, transportes, atacado/varejo.
Manuseio da informação = comunicações; finanças, seguros e imóveis (FIRE); serviços, órgãos públicos.
Serviços: indústria = relação entre empregos no setor de serviços e empregos na indústria.
Informação: produtos = relação entre empregos no setor de manuseio da informação e empregos no setor de manuseio de produto.

Fonte: Ver tabela 4.3.

Tabela 4.11

França: estatísticas de emprego por setor produtivo, 1921-1989

	(a) 1921-68						(b) 1968-89					
	1921	1931	1946	1954	1962	1968	1968	1970	1975	1980	1985	1989
Indústria (%)	53,1	54,3	49,7	51,8	49,5	47,3	43,8	43,4	41,0	37,4	32,5	30,6
Serviços (%)	46,9	45,7	50,3	48,2	50,5	52,7	56,2	56,6	59,0	62,6	67,5	69,4
Manuseio de produto (%)	79,8	80,2	77,8	73,1	71,2	67,7	67,8	66,8	64,1	60,8	56,3	54,9
Manuseio da informação (%)	20,2	19,8	22,4	27,0	29,0	32,3	32,2	33,2	35,9	39,2	43,7	45,1
Serviços: indústria	0,9	0,8	1,0	0,9	1,0	1,1	1,3	1,3	1,4	1,7	2,1	2,3
Informação: produtos	0,3	0,2	0,3	0,4	0,4	0,5	0,5	0,5	0,6	0,6	0,8	0,8

Indústria = mineração, construção, transformação.
Serviços = outras categorias.
Manuseio de produto = mineração, construção, manufaturados, transportes, atacado/varejo.
Manuseio da informação = comunicações; finanças, seguros e imóveis (FIRE); serviços, órgãos públicos.
Serviços: indústria = relação entre empregos no setor de serviços e empregos na indústria.
Informação: produtos = relação entre empregos no setor de manuseio da informação e empregos no setor de manuseio de produto.

Fonte: Ver tabela 4.4.

Tabela 4.12

Itália: estatísticas de emprego por setor produtivo, 1921-1990

	(a) 1921-61				(b) 1961-90			
	1921	1931	1951	1961	1961	1971	1981	1990
Indústria (%)	56,5	55,4	55,3	56,6	56,4	52,5	45,0	31,9
Serviços (%)	43,5	44,6	44,7	43,4	43,6	47,5	55,0	68,1
Manuseio de produto (%)	76,6	76,2	76,1	75,6	78,8	76,1	63,6	62,2
Manuseio da informação (%)	23,4	23,8	23,9	24,4	21,2	23,9	36,4	37,8
Serviços: indústria	0,8	0,8	0,8	0,8	0,8	0,9	1,2	2,1
Informação: produtos	0,3	0,3	0,3	0,3	0,3	0,3	0,6	0,6

Indústria = mineração, construção, transformação.
Serviços = outras categorias.
Manuseio de produto = mineração, construção, manufaturados, transportes, atacado/varejo.
Manuseio da informação = comunicações; finanças, seguros e imóveis (FIRE); serviços, órgãos públicos.
Serviços: indústria = relação entre empregos no setor de serviços e empregos na indústria.
Informação: produtos = relação entre empregos no setor de manuseio da informação e empregos no setor de manuseio de produto.
Os números referentes a 1990 não fornecem base comparativa com os anos anteriores porque as fontes de consulta são diferentes.

Fonte: Ver tabela 4.5.

Tabela 4.13

Reino Unido: estatísticas de emprego por setor produtivo, 1921-1990

	(a) Inglaterra e País de Gales, 1921-71					(b) Reino Unido, 1970-90				
	1921	1931	1951	1961	1971	1970	1975	1980	1985	1990
Indústria (%)	53,0	47,9	51,8	50,9	46,7	49,4	42,6	39,4	33,1	29,6
Serviços (%)	47,0	52,1	48,2	49,1	53,3	50,6	57,4	60,6	66,9	70,4
Manuseio de produto (%)	76,3	73,3	76,4	74,2	66,6	67,6	61,0	64,0	56,7	54,2
Manuseio da informação (%)	23,7	26,7	23,6	25,8	33,3	32,2	39,0	36,0	43,3	45,8
Serviços: indústria	0,9	1,1	0,9	1,0	1,1	1,0	1,3	1,5	2,0	2,4
Informação: produtos	0,3	0,4	0,3	0,3	0,5	0,5	0,6	0,6	0,8	0,8

Indústria = mineração, construção, transformação.
Serviços = outras categorias.
Manuseio de produto = mineração, construção, manufaturados, transportes, atacado/varejo.
Manuseio da informação = comunicações; finanças, seguros e imóveis (FIRE); serviços, órgãos públicos.
Serviços: indústria = relação entre empregos no setor de serviços e empregos na indústria.
Informação: produtos = relação entre empregos no setor de manuseio da informação e empregos no setor de manuseio de produto.

Fonte: Ver tabela 4.6.

Tabela 4.14
Canadá: estatísticas de emprego por setor produtivo, 1921-1992

	(a) 1921-71						(b) 1971-92		
	1921	1931	1941	1951	1961	1971	1971	1981	1992
Indústria (%)	42,7	37,2	42,3	42,8	36,6	33,0	29,8	29,0	23,5
Serviços (%)	57,3	62,8	57,7	57,2	63,4	67,0	70,2	71,0	76,5
Manuseio de produto (%)	72,3	69,6	69,6	71,9	67,4	58,6	52,8	58,1	54,3
Manuseio da informação (%)	27,6	30,4	30,4	28,1	32,6	41,4	47,2	41,9	45,7
Serviços: indústria	1,3	1,7	1,4	1,3	1,7	2,0	2,4	2,4	3,3
Informação: produtos	0,4	0,4	0,4	0,4	0,5	0,7	0,9	0,7	0,8

Indústria = mineração, construção, transformação.
Serviços = outras categorias.
Manuseio de produto = mineração, construção, manufaturados, transportes, atacado/varejo.
Manuseio da informação = comunicações; finanças, seguros e imóveis (FIRE); serviços, órgãos públicos.
Serviços: indústria = relação entre empregos no setor de serviços e empregos na indústria.
Informação: produtos = relação entre empregos no setor de manuseio da informação e empregos no setor de manuseio de produto.

Fonte: Ver tabela 4.7.

Tabela 4.15

Composição das categorias profissionais em países selecionados (%)

Categoria profissional	EUA 1991	Canadá 1992	Reino Unido 1990	França 1989	Alemanha 1987	Japão 1990
Administradores	12,8	13,0	11,0	7,5	4,1	3,8
Profissionais especializados	13,7	17,6	21,8	6,0	13,9	11,1
Técnicos	3,2	^	^	12,4	8,7	^
Subtotal	29,7	30,6	32,8	25,9	26,7	14,9
Profissionais de vendas	11,9	9,9	6,6	3,8	7,8	15,1
Funcionários administrativos	15,7	16,0	17,3	24,2	13,7	18,6
Subtotal	27,6	25,9	23,9	28,0	21,5	33,7
Artífices e operadores	21,8	21,1	22,4	28,1	27,9	31,8
Mão de obra semiqualificada do setor de serviços	13,7	13,7	12,8	7,2	12,3	8,6
Mão de obra semiqualificada do setor de transportes	4,2	3,5	5,6	4,2	5,5	3,7
Subtotal	17,9	17,2	18,4	11,4	17,3	12,3
Administradores e trabalhadores do setor rural	3,0	5,1	1,6	6,6	3,1	7,2
Não classificada	—	—	1,0	—	3,0	—

^ indica que a percentagem está incluída na categoria imediatamente superior.

A soma dos números acima pode não corresponder exatamente a 100% porque os percentuais foram arredondados.

Fonte: Elaborada pelo autor; ver Apêndice B.

Tabela 4.16
Estados Unidos: distribuição do emprego por categoria profissional, 1960-1991 (%)

Categoria profissional	1960	1970	1980	1985	1990	1991
Administradores	11,1	10,5	11,2	11,4	12,6	12,8
Profissionais especializados	11,8	14,2	16,1	12,7	13,4	13,7
Técnicos	^	^	^	3,0	3,3	3,2
Profissionais de vendas	7,3	6,2	6,3	11,8	12,0	11,9
Funcionários administrativos	14,8	17,4	18,6	16,2	15,8	15,7
Artífices e operadores	30,2	32,2	28,1	23,9	22,5	21,8
Mão de obra semiqualificada do setor de serviços	13,0	12,4	13,3	13,5	13,4	13,7
Mão de obra semiqualificada do setor de transportes	4,9	3,2	3,6	4,2	4,1	4,2
Administradores e trabalhadores do setor rural	7,0	4,0	2,8	3,2	2,9	3,0

^ indica que a percentagem está incluída na categoria imediatamente superior.

Os números refletem dados anuais ajustados sazonalmente, com exceção dos dados relativos a 1960, que são do mês de dezembro.

Fonte: Estatísticas do Trabalho: *Employment and Earnings* (várias edições).

Tabela 4.17

Japão: distribuição do emprego por categoria profissional, 1955-1990 (%)

Categoria profissional	1955	1960	1965	1970	1975	1980	1985	1990
Administradores	2,2	2,1	2,8	2,6	4,0	4,0	3,6	3,8
Profissionais especializados	4,6	5,0	5,0	5,8	7,0	7,9	9,3	11,1
Técnicos	^	^	^	^	^	^	^	^
Profissionais de vendas	13,3	13,4	13,0	13,0	14,2	14,4	14,9	15,1
Funcionários administrativos	9,0	11,2	13,4	14,8	15,7	16,7	17,7	18,6
Artífices e operadores	27,0	29,5	31,4	34,2	33,3	33,1	33,2	31,8
Mão de obra semiqualificada do setor de serviços	5,4	6,7	7,5	7,6	8,8	9,1	8,7	8,6
Mão de obra semiqualificada do setor de transportes	1,7	2,3	3,7	4,6	4,5	4,5	3,9	3,7
Administradores e trabalhadores do setor rural	36,7	29,8	23,1	17,3	12,5	10,3	8,7	7,2

^ indica que a percentagem está incluída na categoria imediatamente superior.

Varredores de rua e lixeiros estão incluídos em mão de obra semiqualificada entre 1970 e 1980. A partir de 1985, estão incluídos em Artífices e operadores.

Fonte: *Statistical Yearbook of Japan*, 1991.

Tabela 4.18

Alemanha: distribuição do emprego por categoria profissional, 1976-1989 (%)

Categoria profissional	1976	1980	1985	1989
Administradores	3,8	3,2	3,9	4,1
Profissionais especializados	11,0	11,1	12,6	13,9
Técnicos	7,0	7,2	7,8	8,7
Profissionais de vendas	7,6	7,6	7,5	7,8
Funcionários administrativos	13,1	14,2	12,5	13,7
Artífices e operadores	31,8	32,0	28,3	27,9
Mão de obra semiqualificada do setor de serviços	12,5	12,5	15,8	12,3
Mão de obra semiqualificada do setor de transportes	6,3	6,1	5,5	5,5
Administradores e trabalhadores do setor rural	5,8	4,8	3,9	3,1
Não classificada	1,1	1,2	2,1	3,0

^ indica que a percentagem está incluída na categoria imediatamente superior.

Fonte: 1976-89: *Statistisches Bundesamt, Statistisches Jahrbuch* (várias edições).

Tabela 4.19

França: distribuição do emprego por categoria profissional, 1982-1989 (%)

Categoria profissional	1982	1989
Administradores	7,1	7,5
Profissionais especializados	4,8	6,0
Técnicos	12,3	12,4
Profissionais de vendas	3,3	3,8
Funcionários administrativos	22,8	24,2
Artífices e operadores	30,9	28,1
Mão de obra semiqualificada do setor de serviços	6,2	7,2
Mão de obra semiqualificada do setor de transportes	4,6	4,2
Administradores e trabalhadores do setor rural	8,0	6,6
Não classificada		

^ indica que a percentagem está incluída na categoria imediatamente superior.

Fonte: 1982: *Enquête sur l'emploi de mars 1982*; *1989*: *Enquête sur l'emploi de mars 1989.*

Tabela 4.20

Grã-Bretanha: distribuição do emprego por categoria profissional, 1961-1990 (%)

Categoria profissional	1961	1971	1981	1990
Administradores	2,7	3,7	5,3	11,0
Profissionais especializados	8,7	8,6	11,8	21,8
Técnicos	^	2,4	2,0	^
Profissionais de vendas	9,7	8,9	8,8	6,6
Funcionários administrativos	13,3	14,1	14,8	17,3
Artífices e operadores	43,1	34,2	27,9	22,4
Mão de obra semiqualificada do setor de serviços	11,9	12,7	14,0	12,8
Mão de obra semiqualificada do setor de transportes	6,5	10,0	9,1	5,6
Administradores e trabalhadores do setor rural	4,0	2,9	2,4	1,6
Não classificada		2,6	3,8	1,0

^ indica que a percentagem está incluída na categoria imediatamente superior.

Fonte: Censo, 1961, 1971, 1981, 1990: (Abr-Jun) *Labour Force Survey*, 1991.

Tabela 4.21

Canadá: distribuição do emprego por categoria profissional, 1950-1992 (%)

Categoria profissional	1950	1970	1980	1985	1992
Administradores	8,4	10,0	7,7	11,4	13,0
Profissionais especializados	7,0	13,6	15,6	17,1	17,6
Técnicos	1,5	^	^	^	^
Profissionais de vendas	6,9	7,1	10,8	9,6	9,9
Funcionários administrativos	10,6	14,8	17,5	17,3	16,0
Artífices e operadores	28,2	29,6	26,0	22,3	21,1
Mão de obra semiqualificada do setor de serviços	8,8	12,3	13,1	13,7	13,7
Mão de obra semiqualificada do setor de transportes	6,9	5,3	4,1	3,8	3,5
Administradores e trabalhadores do setor rural	21,7	7,4	5,3	4,7	5,1

^ indica que a percentagem está incluída na categoria imediatamente superior.
Os números relativos a 1950 são de 4 de março de 1950; os de 1980 e 1985 referem-se ao mês de janeiro. Os números de 1992 correspondem ao mês de julho.

Fonte: Dados Estatísticos do Canadá, *Labour Force Survey* (várias edições).

Tabela 4.22

População de origem estrangeira residente na Europa Ocidental, 1950-1990 (em milhares de habitantes, % em relação à população total)

País	1950		1970		1982[a]		1990	
	Nº	%	Nº	%	Nº	%	Nº	%
Áustria	323	4,7	212	2,8	303	4,0	512	6,6
Bélgica	368	4,3	696	7,2	886	9,0	905	9,1
Dinamarca	—	—	—	—	102	2,0	161	3,1
Espanha	93	0,3	291	0,9	418	1,1	415	1,1
Finlândia	11	0,3	6	0,1	12	0,3	35	0,9
França	1765	4,1	2621	5,3	3680	6,8	3608	6,4
Grécia	31	0,4	93	1,1	60	0,7	70	0,9
Holanda	104	1,1	255	2,0	547	3,9	692	4,6
Irlanda	—	—	—	—	69	2,0	90	2,5
Itália	47	0,1	—	—	312	0,5	781	1,4
Liechtenstein	3	19,6	7	36,0	9	36,1	—	—
Luxemburgo	29	9,9	63	18,4	96	26,4	109	28,0
Noruega	16	0,5	—	—	91	2,2	143	3,4
Portugal	21	0,3	—	—	64	0,6	108	1,0
Reino Unido	—	—	—	—	2137	3,9	1875	3,3
RFA	568	1,1	2977	4,9	4667	7,6	5242	8,2
Suécia	124	1,8	411	1,8	406	4,9	484	5,6
Suíça	285	6,1	1080	17,2	926	14,7	1100	16,3
Total[b]	5100	1,3	10200	2,2	15000	3,1	16600	4,5

[a] Em vez de 1980, o ano de 1982 foi adotado como referência devido à melhor qualidade dos dados para esse ano.
[b] Inclui interpolação dos números para os dados faltantes (indicados por —).

Fonte: Fassman e Münz (1992).

Tabela 4.23

Emprego na indústria por países e regiões principais, 1970-1997 (milhares)

Ano	Estados Unidos	União Europeia[a]	Japão	Brasil	México	China	Índia[b]	República da Coreia
1970	19.367	38.400	—	2.499	—	—	4.594	887
1975	18.323	36.600	13.400	3.953	—	42.840	5.087	2.678
1980	20.285	35.200	13.670	7.425	2.581	67.140	5.872	2.955
1985	19.245	30.700	14.530	7.907	—	83.490	6.183	3.504
1990	19.076	30.200	15.050	9.410	4.493	96.970	6.118	4.911
1993	18.075	30.344[c]	15.300	8.539	4.960	92.950	n.a.	4.652
1995	18.468	28.000	14.560	8.548	4.932	98.000	6.767	4.773
1997	18.657	29.919	14.420	8.407[c]	6.125	96.100	n.a.	4.474

[a] A União Europeia contém os 15 países da Europa (a Suécia não está incluída).

[b] Funcionários públicos e empregados particulares em estabelecimentos com 10 ou mais empregados.

[c] Em 1991, a série alemã mudou e passou a incluir os trabalhadores da antiga República Democrática da Alemanha. Isso aumentou o número de trabalhadores industriais em 2,8 milhões em 1991. Isso implica um número "real" de trabalhadores industriais na União Europeia (sem a Alemanha) de cerca de 28,8 milhões por volta de 1993 e, por volta de 1997, cerca de 28 milhões (c.1996).

Fontes: International Labour Office, *Statistical Yearbook*, 1986, 1988, 1994, 1995, 1996, 1997; OCDE, *Labour Force Statistics, 1977-1997* (Paris: OCDE, 1998); OCDE, *Main Economic Indicators*: *Historical Statistics, 1962-1991* (Paris: OCDE, 1993), compilada e elaborada por Carnoy (2000).

Tabela 4.24

Fatias de emprego por ramo/ocupação e grupo étnico/ sexo de todos trabalhadores dos Estados Unidos, 1960-1998 (percentual)

	1960	1970	1980	1988	1990	1998
Total de empregados						
I (Salário Alto)	24,6	25,5	28,2	32,4	32,9	33,0
II (Salário Médio)	44,7	43,8	34,4	38,1	38,2	34,6
III (Salário Baixo)	31,6	30,8	37,4	29,5	28,8	32,4
Brancos						
I	28,4	29,4	32,3	37,2	39,5	37,7
II	48,0	45,8	43,6	39,7	37,2	36,2
III	23,6	24,9	24,2	23,1	23,2	26,0
Negros						
I	7,9	9,1	13,8	16,3	18,0	20,6
II	36,2	45,2	47,9	42,8	40,9	40,5
III	56,0	45,8	38,2	40,9	41,0	38,5
Latinos						
I	10,5	13,9	16,2	16,9	15,6	16,7
II	42,2	45,8	44,2	43,1	38,2	37,9
III	47,2	40,2	39,6	42,0	46,2	45,0
Brancas						
I	19,2	20,2	24,6	30,5	32,1	35,5
II	47,5	46,0	43,7	39,4	38,8	31,9
III	33,2	33,8	31,7	30,4	29,1	32,3
Negras						
I	9,1	13,5	17,8	18,8	20,4	24,0
II	19,0	33,3	42,2	41,1	40,7	33,9
III	71,8	53,1	40,0	40,2	38,9	40,5
Latinas						
I	5,2	11,5	13,6	17,3	18,2	19,8
II	50,0	52,3	46,1	42,5	43,0	34,1
III	44,9	36,2	40,3	40,3	38,9	45,6

Fonte: US Department of Commerce, Bureau of the Census, Amostra de 1%, censo da população dos EUA, 1960, 1970, compilada por Carnoy (2000).

Tabela 4.25

Gastos com tecnologia da informação por trabalhador (1987-1994), aumento do índice de emprego (1987-1994) e índice de desemprego (1995) por país

País	Tecnologia de informação gastos por trabalhador (US$ PPP)		Crescimento do emprego	Índices de desemprego
	1987	1994	1987-94 (%/yr)	1995 (%)
Austrália	647,9	949,4	1,9	8,5
Áustria	303,0	540,5	0,8	5,9
Bélgica	469,6	945,9	0,5	13
Canadá	525,0	772,7	1,6	9,5
Dinamarca	395,2	717,1	0,2	10
Finlândia	414,9	650,0	-1,6	17,2
França	540,5	871,6	0,1	11,6
Alemanha	519,2	722,2	0,7	9,4
Grécia	54,9	79,2	0,5	10,0
Irlanda	272,7	341,9	0,4	12,9
Itália	428,6	606,1	0,0	12,0
Japão	350,0	604,6	1,2	3,1
Holanda	578,9	873,0	1,8	7,1
Nova Zelândia	431,6	833,3	0,3	6,3
Noruega	410,2	750,0	0,3	4,9
Portugal	186,0	204,5	0,3	7,2
Espanha	294,1	440,7	0,6	22,9
Suécia	559,4	891,3	-0,6	7,7
Suíça	497,1	981,4	1,5	4,2
Reino Unido	595,2	873,0	0,6	8,2
Estados Unidos	973,0	1487,8	1,8	5,6

Fontes: OCDE, *Information Technology Outlook, 1995* (Paris: OCDE, 1996, figura 2.1); OCDE, Labour Force Statistics, 1974-1994 (de aumento do índice de empregos); OCDE, *Employment Outlook* (julho 1996) (índices de desemprego), compilada e elaborada por Carnoy (2000).

Tabela 4.26

Linhas telefônicas principais por empregado (1986 e 1993) e servidores de internet por 1.000 habitantes (janeiro de 1996) por país

País	Linhas telefônicas principais por empregado 1986	1993	Servidores de internet por 1.000 habitantes (jan. 1996)
Austrália	71,3	118,3	17,5
Áustria	154,1	198,6	6,6
Bélgica	120,7	169,8	3,1
Canadá	123,2	188,0	13,0
Dinamarca	137,0	182,8	10,0
Finlândia	106,9	182,2	41,2
França	144,7	200,0	2,4
Alemanha	122,2	159,7	5,6
Grécia	111,2	180,0	0,8
Irlanda	49,1	89,5	4,2
Itália	165,6	210,2	1,3
Japão	151,9	235,7	2,2
Holanda	203,2	238,6	11,4
Nova Zelândia	55,0	159,4	15,4
Noruega	105,2	166,7	20,5
Portugal	65,0	154,7	0,9
Espanha	155,2	191,7	1,4
Suécia	123,9	226,1	17,2
Suíça	180,5	222,4	12,4
Reino Unido	99,2	170,8	7,8
Estados Unidos	147,3	223,4	23,5

Fontes: ITU *Statistical Yearbook*, 1995, pp. 270-5; Sam Paltridge, "How competition helps the Internet", OCDE *Observer*, nº 201 (agosto-setembro), 1996, p. 201; OCDE, *Information Technology Outlook*, 1995, figura 3.5, compilada e elaborada por Carnoy (2000).

Tabela 4.27

Índices de empregos de homens e mulheres, 15-64 anos de idade, 1973-1998 (percentual)

	Homens			Mulheres		
País	1973	1983	1998	1973	1983	1998
Austrália	89,9	77,5	75,2	46,4	47,0	59,2
Áustria	82,4	79,4	75,9	47,7	47,1	59,0
Bélgica	81,6	69,2	67,0	39,9	39,8	47,5
Canadá	81,9	77,8	74,7	44,1	55,0	63,3
Dinamarca	89,0	78,3	80,2	61,2	65,0	70,2
Finlândia	78,1	77,4	68,2	62,3	69,0	61,2
França	83,8	73,4	66,5	7,9	48,3	52,3
Alemanha	88,8	76,6	72,5	49,7	47,8	55,6
Grécia	81,8	75,3	71,0	31,2	35,6	39,6
Irlanda	86,5	73,8	71,4	32,8	33,6	48,2
Itália	81,6	75,7	65,1	29,9	34,2	36,7
Japão[a]	88,8	86,7	81,7	53,4	55,7	57,2
Luxemburgo	93,1	84,0	74,6	35,9	40,9	45,6
Holanda	83,5	69,1	79,9	28,6	34,7	59,4
Nova Zelândia	89,1	80,3	77,1	39,1	42,8	62,1
Noruega	85,6	84,4	82,7	49,3	63,0	73,5
Portugal	99,2	82,8	75,8	30,5	49,8	58,1
Espanha	90,5	67,9	67,0	32,5	26,5	35,7
Suécia	86,2	83,0	73,5	60,8	73,9	69,4
Suíça	100,0	92,7	87,2	54,1	54,7	71,0
Reino Unido	90,3	75,9	78,1	52,7	52,6	64,2
Estados Unidos	82,8	76,5	80,5	48,0	56,2	67,4

[a] Alterações da série japonesa de 1996 a 1998, *Employment Outlook*.

Fontes: OCDE, *Employment Outlook* (julho, 1996, tabela A); OCDE, *Employment Outlook* (junho, 1999, tabela B), compilada e elaborada por Camoy (2000).

Tabela 4.28

Percentagem de trabalhadores do sistema *Chuki Koyo* das empresas japonesas

(A) Porte da empresa, grau de instrução e participação no sistema *Chuki Koyo* (% calculada sobre o total de trabalhadores em cada grupo)

	Número de funcionários		
	mais de 1.000	de 100 a 999	de 10 a 99
Ensino fundamental	8,4	4,9	3,9
Ensino médio	24,3	11,7	4,8
Curso profissionalizante / Curso superior de curta duração (2 anos)	14,1	7,2	2,8
Curso superior	53,2	35,0	15,7

(B) Percentagem de trabalhadores em empresas com mais de 1.000 funcionários incluídos no sistema *Chuki Koyo*, de acordo com faixa etária e grau de instrução

	Faixa etária (anos)							
Formação	20-24	25-29	30-34	35-39	40-44	45-49	50-54	55-69
Ensino fundamental	13,1	13,1	27,9	32,5	25,6	17,1	8,4	6,2
Ensino médio	53,4	50,3	42,9	52,6	41,4	39,1	24,3	14,3
Curso profissionalizante/ Curso superior de curta duração (2 anos)	50,8	34,1	31,3	37,2	30,9	15,8	14,1	8,6
Curso superior	88,9	59,5	57,1	49,9	58,9	53,4	53,2	31,7

Fonte: Nomura (1994).

Tabela 4.29

Concentração de propriedade de ações por nível de renda nos Estados Unidos, 1995 (percentual)

Nível de renda (em milhares)[a]	Parcela de moradias	% que possuem	% de propriedade de ações	
			Ações	Cumulativo
Ações publicamente negociadas				
Acima de 250	1,0	56,6	41,9	41,9
100-250	5,4	41,4	23,2	65,1
75-100	5,8	33,9	9,1	74,2
50-75	13,7	24,4	11,2	85,4
25-50	31,1	14,0	8,7	94,1
15-25	19,1	10,4	3,7	97,8
Menos de 15	23,9	3,4	2,3	100,0
Total	100,0	15,2	100,0	
Ações de fundos de pensão[b]				
Mais de 250	1,0	65,0	17,5	17,5
100-250	5,4	61,7	31,3	48,8
75-100	5,8	58,9	14,8	63,6
50-75	13,7	50,8	18,1	81,7
25-50	31,1	35,1	14,3	96,0
15-25	19,1	16,8	3,1	99,1
Menos de 15	23,9	3,2	0,9	100,0
Total	100,0	29,2	100,0	
Todas as ações[c]				
Mais de 250	1,0	84,6	28,0	28,0
100-250	5,4	80,7	26,2	54,2
75-100	5,8	75,6	11,9	66,1
50-75	13,7	63,7	14,6	80,7
25-50	31,1	47,7	13,0	93,7
15-25	19,1	28,1	4,6	98,3
Menos de 15	23,9	7,9	1,7	100,0
Total	100,0	40,4	100,0	

[a] Dólares constantes em 1995.

[b] Todos os planos de ações de contribuição definida, inclusive os planos 401(k).

[c] Todas as ações direta ou indiretamente mantidas em fundos mútuos, IRAs ou planos Keogh e planos de pensão com contribuição definida.

Fonte: Análise não publicada de dados SCF de Wolff compilada e elaborada por Mishel *et al.* (1999).

Apêndice B
Observações metodológicas e dados estatísticos para análise do mercado de trabalho e composição das categorias profissionais nos países do G-7, 1920-2005

Nesta seção foram compilados três conjuntos de dados estatísticos para demonstrar o desenvolvimento dos setores de serviços e de informação. Foram coletados dados sobre sete países (Canadá, França, Alemanha, Itália, Japão, Reino Unido e Estados Unidos), desde 1920 até a data disponível mais recente. As estatísticas foram compiladas conforme descrito abaixo.

Distribuição do emprego por setores produtivos e subsetores

As estatísticas de emprego por setor produtivo foram compiladas para os sete países supracitados. Os ramos de atividade estão classificados em seis setores e 37 subsetores, segundo a classificação elaborada e utilizada por Singelmann (1978). Os seis setores são os seguintes:

I. Extração
II. Transformação
III. Distribuição
IV. Serviços relacionados à produção
V. Serviços sociais
VI. Serviços pessoais

Em cada um desses setores estão incluídos de dois a oito subsetores, conforme demonstrado na tabela A.4.1. As estatísticas de emprego fornecendo uma composição detalhada dos setores, obtidas a partir de recenseamentos ou resumos de anuários estatísticos elaborados pelos diversos países, foram agrupadas e reclassificadas de acordo com as seguintes categorias:

Tabela A.4.1
Classificação de setores industriais e grupos industriais intermediários

I. Extrativismo	V. Serviços sociais
Agricultura	Serviços médico-hospitalares
Mineração	Hospitais
	Escolas
II. De transformação	Serviços religiosos e de bem-estar
Construção	Organizações sem fins lucrativos

Serviços públicos
Indústria
Alimentos
Têxtil
Metalúrgico
Máquinas e equipamentos
Químico
Indústrias diversas

III. Serviços de distribuição
Transportes
Comunicação
Atacado
Varejo

IV. Serviços relacionados à produção
Bancos
Seguros
Imóveis
Engenharia
Contabilidade
Serviços profissionais diversos
Serviços de assessoria jurídica

Correios
Órgãos públicos
Serviços sociais diversos

VI. Serviços pessoais
Serviços domésticos
Serviços de hotelaria
Bares, restaurantes e similares
Consertos em geral
Lavanderia
Barbearias, salões de beleza
Entretenimento
Serviços pessoais diversos

Fonte: Singelmann (1978).

Em vez de reconstituir a base de dados desde a década de 1920, optamos por utilizar a classificação adotada por Singelmann ampliando sua base de dados para períodos subsequentes a 1970. Envidamos todos os esforços possíveis para adaptar nossa classificação de setores de forma idêntica ao modelo proposto por Singelmann, para fins de comparabilidade da base de dados ao longo do tempo.

Para melhor compreensão do leitor, a tabela A.4.2 apresenta a composição setorial que utilizamos para atualizar os dados de distribuição do emprego por setor. A tabela relaciona, para os sete países analisados, todas as categorias setoriais detalhadas incluídas em cada grupo de subsetores. As diferenças mais significativas de classificação em relação a outros países são destacadas na respectiva tabela de dados estatísticos. Para todos os países, os números correspondentes às médias anuais do número de trabalhadores empregados (inclusive autônomos e mão de obra não assalariada) por setor foram utilizados nesta análise.

Observe-se que as categorias setoriais (de I a VI) não contemplam subsetores descritos em detalhe que possam ser classificados em outro setor. Por exemplo, nos casos em que os dados estatísticos de um determinado país classificam bares, restaurantes e similares como serviços de varejo que não possam ser reclassificados em função da falta de uma composição analítica de dados, o percentual referente a serviços de distribuição (III) passa a ser superavaliado, enquanto o de serviços pessoais (VI) fica subavaliado. Portanto as proporções de alguns setores podem estar demonstradas a mais ou a menos.

Tabela A.4.2

Classificação de setores e subsetores por país

Setor	Canadá	França	Alemanha	Itália	Japão	Reino Unido	Estados Unidos
Agricultura	Agricultura, silvicultura, caça, pesca	Agricultura, silvicultura, indústria pesqueira	Agricultura, silvicultura, indústria pesqueira, jardinagem	Agricultura, silvicultura, indústria pesqueira	Agricultura, silvicultura, indústria pesqueira	Agricultura, silvicultura, pesca	Agricultura, silvicultura, indústria pesqueira
Mineração	Mineração, pedreiras, poços de petróleo	Mineração extração/tratamento de minerais sólidos	Mineração de carvão, extração de minérios, extração de petróleo/gás	Extração de combustíveis sólidos e líquidos	Mineração	Extração de carvão, combustíveis sólidos, líquidos, eletricidade/gás	Metais, mineração de carvão, extração de petróleo cru e gás natural
Construção	Construção	Construção/engenharia civil/agrícola	Construção	Construção	Construção	Construção	Construção
Alimentos	Alimentos, bebidas, fumo	Alimentos, carne/leite	Alimentos, bebidas, fumo	Alimentos, bebidas, fumo	Alimentos, bebidas, fumo, ração animal	Alimentos, bebidas, fumo	Alimentos/produtos similares, subprodutos do fumo
Têxtil	Têxteis, malharias	Têxteis, vestuário	Têxteis	Têxteis	Têxteis	Têxteis	Produtos têxteis
Metalúrgico	Metais primários; artefatos de metal	Metais ferrosos, materiais de construção, fundição	Fundição, metais, aço	Metais não ferrosos, artefatos de metal, fundição	Metais não ferrosos, artefatos de metal, ferro, aço	Metais, produtos minerais não metálicos	Metais primários, artefatos de metal
Máquinas e equipamentos	Máquinas, equipamentos elétricos	Máquinas, produtos eletroeletrônicos, utensílios domésticos	Máquinas, elétricos, equipamentos de escritório	Máquinas, equipamentos eletroeletrônicos	Máquinas, produtos eletroeletrônicos	Engenharia mecânica, equipamentos de informática, engenharia elétrica/eletrônica	Máquinas, equipamentos. Elétricos
Químico	Produtos químicos/derivados de petróleo/carvão	Fibras químicas/sintéticas básicas, produtos farmacêuticos	Produtos químicos, fibras químicas	Produtos químicos	Produtos químicos básicos, derivados de petróleo/carvão	Fibras químicas/sintéticas	Produtos químicos/similares, derivados de petróleo/carvão

(continuação)

Setor	Canadá	França	Alemanha	Itália	Japão	Reino Unido	Estados Unidos
Indústria/ diversos	Borracha/plástico, artigos de couro, vestuário, madeira, móveis/ utensílios, papel, serviços gráficos e editoriais, máquinas e equipamentos para transporte, produtos minerais não metálicos, manufaturados diversos	Automóveis, máquinas e equipamentos militares, da indústria naval/ aeroespacial; vestuário, manufaturados diversos, madeira, plástico, vidro, papel/serviços gráficos/editoriais, calçados e artigos de couro	Produtos de pedra/ argila, borracha, máquinas e equipamentos, transporte, indústria de aviação/construção naval, madeira, plástico, vidro, papel, serviços gráficos/ editoriais, artigos de couro, instrumentos musicais, vestuário	Artigos de couro, máquinas e equipamentos para transporte, vestuário/calçados, papel/ serviços gráficos/ editoriais, borracha, plástico, manufaturados diversos	Vestuário/outros produtos de tecidos, máquinas e equipamentos para transporte, instrumentos de alta precisão, manufaturados diversos, madeira em geral/móveis, plástico, borracha, papel/celulose, serviços gráficos/ editoriais, artigos de couro/peles/cerâmica/produtos de pedra e argila	Veículos automotores/peças p/ automóveis, outras máquinas e equipamentos para transportes, engenharia de instrumentos, calçados/vestuário, madeira em geral, móveis/papel/ serviços gráficos/ editoriais, borracha/ plásticos, outros produtos manufaturados	Máquinas e equipamentos para transporte, vestuário, equipamentos fotográficos de uso profissional/relógios, brinquedos/artigos esportivos, madeira em geral, móveis/ utensílios, produtos de pedra/argila/ vidro, papel, serviços gráficos/editoriais, borracha/plástico, artigos de couro, manufaturados diversos
Serviços públicos	Luz, água, gás	Produção/ distribuição de energia elétrica, distribuição de gás/água	Fornecimento de luz, água e gás	Luz, água, gás	Distribuição de energia elétrica, fornecimento de água/ gás/ aquecimento	Luz/água/gás	Serviços públicos/higiene e saneamento
Transportes	Transporte e armazenamento	Transporte	Ferrovias, hidrovias	Ferrovias, transporte aéreo	Ferrovias, transporte rodoviário de carga e passageiros, transporte aéreo, fluvial/marítimo, outros serviços afins, estacionamento	Ferrovias, outros meios de transporte terrestre, transporte marítimo, aéreo, serviços de suporte	Ferrovias, transporte coletivo urbano, táxis, caminhões, transporte aéreo/ fluvial/marítimo, armazenagem
Comunicações	Comunicações	Telecomunicações/ correios	Telecomunicações/ correios	Comunicações	Comunicações	Comunicações/ correios	Comunicações, sistemas de transmissão
Atacado	Comércio atacadista	Comércio atacadista, de alimentos, comércio atacadista de produtos não alimentícios	Atacado	Atacado	Comércio atacadista, armazenagem	Atacado	Comércio atacadista

(continuação)

Setor	Canadá	França	Alemanha	Itália	Japão	Reino Unido	Estados Unidos
Varejo	Comércio varejista	Comércio varejista de alimentos, comércio varejista de produtos não alimentícios, conserto/ venda de automóveis	Varejo	Varejo	Varejo	Varejo	Comércio varejista
Bancos	Bancos, cooperativas de crédito, corretores/negociadores de títulos e valores mobiliários	Organizações financeiras	Instituições financeiras e de títulos e valores mobiliários	Instituições financeiras e de títulos e valores mobiliários	Financiamento/ seguros	Bancos/finanças	Bancos, empréstimos e poupança, cooperativas de crédito, corretagem de títulos e valores mobiliários
Seguros	Agentes/companhias de seguros/ seguros de imóveis	Seguros	Seguros	Seguros	Seguros	Seguros, exceto seguridade social	Seguros
Imóveis	n.d.	Locação/ financiamento de imóveis	Imóveis, locação	Imóveis	Imóveis	Compra e venda de imóveis	Imóveis, escritórios de advocacia especializados em seguros de imóveis
Engenharia	Serviços de engenharia/científicos	n.d.	Consultoria técnica	Serviços técnicos	Engenharia civil, arquitetura	n.d.	Engenharia/arquitetura/pesquisas e levantamentos
Contabilidade	Contadores	n.d.	n.d.	Contabilidade	Contabilidade	Contabilidade	Contabilidade/auditoria
Serviços empresariais diversos	Serviços de gestão empresarial	Serviços a empresas	Serviços profissionais de assessoria jurídica/contabilidade/diversos	Outros serviços empresariais/locação/ arrendamento	Locação/*leasing* de bens, serviços profissionais de informática/ pesquisa/ publicidade	Serviços empresariais, locação de bens móveis	Publicidade, P&D comercial, serv. de fornecimento de pessoal, consultoria em gestão empresarial, serviços de informática, serviços particulares de investigação, serviços empresariais

(continuação)

Setor	Canadá	França	Alemanha	Itália	Japão	Reino Unido	Estados Unidos
Serviços de assessoria jurídica	Escritórios de advocacia/cartórios	n.d.	n.d.	Serviços de assessoria jurídica	Serviços de assessoria jurídica	Serviços de assessoria jurídica	Serviços de assessoria jurídica
Assistência médica e serviços de saúde	Consultórios médicos/cirurgiões/paramédicos, dentistas etc.	n.d.	Saúde/veterinária	Serviços de saúde/veterinária	Assistência médica e serviços de saúde, serviços de saúde pública	Assistência médica/outros serviços de saúde e higiene	Serviços de saúde, exceto hospitais
Hospitais	Hospitais	n.d.	n.d.	Hospitais	Hospitais	n.d.	Hospitais
Educação	Educação e serviços relacionados	n.d.	Educação, instituições científicas e de pesquisa	Educação, pesquisa, museus, jardins zoológicos/botânicos	Educação, instituições científicas e de pesquisa	Educação, pesquisa e desenvolvimento	Escolas, bibliotecas, orientação vocacional, serviços educacionais
Serviços religiosos e de bem-estar social	Instituições religiosas e de bem-estar social	n.d.	Serviço social/agências de emprego	Instituições religiosas	Bem-estar/seguridade social, religião	Outros serviços, inclusive bem-estar social	Instituições religiosas
Organizações sem fins lucrativos	Organizações trabalhistas, entidades de classe	n.d.	Organizações sem fins lucrativos	Organizações econômicas, associações profissionais	Cooperativas, organizações políticas, culturais e empresariais	n.d.	Associações, sindicatos e entidades de classe
Correios	n.d.	n.d.	n.d.	Correios	n.d.	n.d.	Correios
Órgãos públicos	Administração pública e defesa	n.d.	Administração pública	Administração pública, forças armadas, organizações internacionais	Serviços governamentais nacionais, locais, governos estrangeiros/organizações internacionais	Administração pública e defesa	Administração pública, defesa, justiça, ordem pública
Serviços sociais diversos	Serviços diversos	n.d.	Coleta de lixo, instituições domésticas	Outros serviços sociais	Tratamento de lixo, outros serviços	Outros serviços profissionais/científicos	Serviços profissionais diversos

(continuação)

Setor	Canadá	França	Alemanha	Itália	Japão	Reino Unido	Estados Unidos
Serviços domésticos	Residências particulares	n.d.	Residências particulares	Serviços domésticos	Serviços domésticos	n.d.	Residências particulares
Hotéis	Hotéis/motéis/pousadas/hotéis-fazenda/áreas para *camping*	Hotéis/cafés/restaurantes	Hotéis/restaurantes	Hotéis (com ou sem restaurante)	Hotéis/pousadas	Hotéis/alimentação (restaurantes, cafés, cantinas)	Hotéis/motéis, pousadas
Bares, restaurantes e similares	Restaurantes/ lanchonetes/bares	n.d.	n.d.	Restaurantes, *camping*	Bares, restaurantes e similares	Restaurantes/cafés/ lanchonetes	Bares, restaurantes e similares
Consertos em geral	Conserto de calçados, automóveis, joias, eletroeletrônicos	n.d.	Conserto de automóveis/bicicletas	Consertos	Consertos em geral	Conserto de bens de consumo/veículos	Consertos de automóveis, eletroeletrônicos, diversos
Lavanderia	Lavanderia/tinturaria/ Lavanderias *self-service*	n.d.	Lavanderia/tinturaria	Lavanderia	Lavanderia	Lavanderia/lavagem a seco	Lavanderia/tinturaria
Barbearias e salões de beleza	Barbearias e salões de beleza	n.d.	Barbearia/centros de estética	Barbearias e salões de beleza	Barbearias e salões de beleza	Cabeleireiro/ manicure	Lavanderia/tinturaria
Entretenimento	Diversão/ entretenimento	n.d.	Cultura/esportes/ entretenimento	Entretenimento, cinema, sistemas de transmissão de esportes	Cinema, recreação, sistemas de transmissão de diversão	Serviços culturais/ recreação	Barbearias e salões de beleza
Serviços pessoais diversos	Serviço funerário, serviços pessoais diversos	Todos os serviços pessoais com fins lucrativos	Outros serviços pessoais	Administração de cemitérios	Serviços pessoais diversos	Serviços pessoais	Entretenimento, teatro/cinema, boliche/ bilhares

Além disso, o critério de comparabilidade entre países prevaleceu sobre a uniformidade da composição detalhada dos subsetores. Esse procedimento foi adotado com o objetivo de evitar a classificação de subsetores em categorias diferentes em cada país, o que prejudicaria a comparabilidade das percentagens de emprego por setor (I a VI). Isso ocorre porque os dados de alguns países agrupam diversos subsetores que não podiam ser dissociados. Por exemplo, apesar de muitos países terem classificado papel, serviços gráficos e editoras em um subsetor, optamos por agrupar esses itens em indústria/diversos, embora, em tese, fosse mais interessante classificar editoras em serviços empresariais. Assim, para fins de comparabilidade, incluímos as estatísticas sobre editoras em indústria/diversos para todos os países, mesmo nos casos em que esses dados tenham sido fornecidos em separado.

Pelas mesmas razões, as atividades de produção relacionadas abaixo foram enquadradas nas seguintes categorias detalhadas:

- produtos fabricados a partir de têxteis ou tecidos, tais como vestuário e calçados, são classificados como "indústria/ diversos";
- máquinas e equipamentos para transporte (inclusive produtos dos setores aeroespacial, automobilístico e de construção naval) são classificados como "indústria/diversos";
- equipamentos científicos, inclusive produtos ópticos e fotográficos e instrumentos de alta precisão são classificados como "indústria/diversos";
- serviços gráficos e editoriais são classificados como "indústria/diversos";
- em função da composição fornecida em separado pelos países, meios de comunicação (rádio e TV) são classificados como "comunicações" ou "entretenimento";
- serviços profissionais diversos e similares podem ser classificados como serviços diversos, dependendo do país. Após análise criteriosa dos dados e identificação de informações adicionais não pertencentes a uma categoria específica, "outros serviços profissionais" foram classificados como "serviços empresariais" no Japão. Para os Estados Unidos, a classificação adotada nesse caso foi "serviços sociais diversos".

Além disso, devem ser consideradas as seguintes informações específicas sobre os países selecionados:

Canadá

Os números referentes a 1971 têm por base o censo da população exercendo algum tipo de trabalho a partir dos quinze anos de idade em 1970. Os números de 1981 baseiam-se em dados por amostragem (20% do total) do censo de 1981 sobre a força de trabalho com quinze anos de idade ou mais. Uma vez que uma composição detalhada da força de trabalho por setor de atividade a partir dos resultados do censo de 1991 não estava disponível em novembro de 1992, utilizamos os dados estatísticos mais recentes (maio de 1992) das estatísticas do Canadá, publicados no relatório mensal *The Labour Force*. Os números foram obtidos a partir de uma amostra de cerca de 62 mil residências de todo o país (exceto os territórios de Yukon e do Noroeste). O levantamento teve por objetivo representar todos os indivíduos da população com quinze anos de idade ou mais residentes nas províncias do Canadá, excetuando-se: residentes em reservas indígenas; membros efetivos das forças armadas; e indivíduos vivendo em instituições (isto é, detentos em instituições penais e pacientes de hospitais ou casas de repouso com tempo de permanência superior a seis meses). Os números de 1992 refletem o total da força de trabalho em maio de 1992 e, desde 1984, são baseados na Classificação Padrão da Indústria de 1980 (Estatísticas do Canadá, 1992).

França

Os números são apresentados com base na população com emprego em 31 de dezembro dos períodos considerados, publicados no resumo do anuário estatístico. Os números de 1989 são preliminares. Foram encontradas algumas dificuldades devido à falta de uma composição detalhada de dados estatísticos sobre o emprego no setor de serviços. Nos casos em que inexista uma composição detalhada das atividades relacionadas ao setor de serviços, a categoria "serviços sem fins lucrativos" está classificada como serviços sociais diversos, enquanto "serviços com fins lucrativos" está classificada como serviços pessoais diversos. No entanto optamos por utilizar os dados do resumo do anuário estatístico em vez das informações fornecidas pelo censo, porque os dados disponíveis mais recentes sobre o censo datam de 1982.

Alemanha

Nesta análise, utilizamos os dados da República Federal da Alemanha obtidos anteriormente à reunificação. Os números são apresentados com base no censo de indivíduos com emprego em 1970 e 1987. Não foi realizado recenseamento na Alemanha no intervalo entre esses períodos.

Itália

Os números são apresentados com base nos dados de 1971 e 1981 sobre a força de trabalho obtidos a partir do censo; os números de 1990 podem não fornecer base comparativa direta com os anos anteriores devido a fontes de consulta distintas. Uma vez que os números do censo de 1991 não estavam disponíveis quando da elaboração deste livro, os dados de 1990 foram utilizados como base global para as tendências recentes.

Japão

Os números são apresentados com base nos dados obtidos a partir dos censos de outubro de 1970, 1980 e 1990 sobre indivíduos empregados com quinze anos de idade ou mais. Os números referentes a 1970 e 1980 referem-se à tabulação de 20% da amostra, enquanto os números de 1990 referem-se à tabulação de 1% da amostra.

Reino Unido

Os números referentes à Inglaterra e País de Gales correspondem ao período compreendido entre 1921 e 1971. A partir de 1971, foram utilizados os números referentes a empregados no mercado de trabalho para todo o Reino Unido sempre no mês de junho. Optou-se por esses números e não pelos dados do censo sobre indivíduos empregados porque os resultados do censo de 1991 não estavam disponíveis quando da elaboração da nossa análise, e os números relativos a 1971 e 1981 não incluem todos os países do Reino Unido. Além disso, comparações detalhadas sobre o total de empregados de acordo com o censo e os dados do Departamento do Trabalho sobre empregados no mercado de trabalho para a Grã-Bretanha demonstraram diferenças mínimas em termos de distribuição de emprego. Portanto decidimos que os números referentes a empregados no mercado de trabalho serviriam de estimativa global das tendências no Reino Unido entre 1970 e 1990. Esses números excluem empregados(as) domésticos(as) e um pequeno número de operadores de máquinas e equipamentos agrícolas subcontratados, mas incluem trabalhadores temporários e sazonais. Os empregados de empresas familiares estão incluídos nos números para a Grã-Bretanha, mas não para a Irlanda do Norte. Os números sobre empregados no mercado de trabalho também excluem os autônomos. Os números foram obtidos a partir de recenseamentos de emprego realizados na Grã-Bretanha pelo Departamento do Trabalho e, para o Reino Unido, incluem informações de censos semelhantes realizados na Irlanda do Norte pelo Departamento Nacional de Recursos Humanos.

Estados Unidos

A composição detalhada de emprego obtida a partir da contagem populacional de 1970 não foi publicada nas edições do *Employment and Earnings* (Estatísticas do Trabalho: Emprego e Salários). Por isso, substituímos os dados de 1970 pelas informações fornecidas pelo censo, uma vez que as estatísticas com dados sobre diversos recenseamentos contidas na contagem populacional são em geral utilizadas para fins de comparação com as estatísticas para todo o decênio (vide p. VII do censo de 1970, volume 2: 7B, Relatórios: Características Setoriais). Os números sobre os EUA são apresentados com base em todos os civis que, durante a semana da coleta de dados, realizaram algum tipo de trabalho como empregados remunerados, em negócio próprio, no exercício de sua profissão ou em sua propriedade rural, ou ainda que tenham trabalhado 15 horas ou mais como empregados não remunerados em uma empresa administrada por um membro da família; além disso, incluem-se também todos os que, apesar de não estarem trabalhando na ocasião, tinham emprego ou negócio dos quais estavam temporariamente afastados por motivo de doença, mau tempo, férias, causas trabalhistas ou razões pessoais, sendo remunerados durante o período de afastamento ou exercendo outras atividades profissionais. Membros efetivos das forças armadas servindo nos Estados Unidos também estão incluídos no total de empregados. Cada indivíduo empregado é incluído nas estatísticas uma única vez. Para indivíduos com mais de um emprego, somente se considerou a atividade na qual trabalharam o maior número de horas durante a semana em que foi realizada a coleta de dados. No total estão computados ainda estrangeiros trabalhando nos Estados Unidos em caráter temporário, excetuando-se embaixadas ou consulados. Não estão incluídos indivíduos cuja única atividade seja o trabalho realizado na própria residência (pintura, consertos ou serviços domésticos) ou trabalho voluntário para instituições religiosas, de caridade e entidades similares (Departamento de Estatísticas do Trabalho — 1992). Dada a reclassificação dos códigos profissionais para o censo de 1980, os números anteriores e posteriores àquela data podem não fornecer uma base comparativa precisa.

Estatísticas de emprego por setor

Hall propõe duas maneiras de dividir os setores produtivos: indústria *versus* serviços e manuseio de produto *versus* manuseio da informação (Hall, 1988). "Indústria" compreende todos os setores relativos à mineração, construção e transformação, enquanto "serviços" inclui as demais categorias. "Manuseio de produtos" engloba mineração, construção, manufaturados, transportes, comércio atacadista/varejista; "Manuseio da informações" compreende comunicações, finanças, seguro e imóveis (FIRE), todos os demais serviços e órgãos públicos.

Para efeito de nossa análise, as estatísticas de emprego com base na classificação proposta por Singelmann foram agrupadas e reorganizadas de acordo com a classificação de Hall.[1] Além disso, os índices entre empregos na indústria e em serviços e entre empregos relacionados a manuseio da informação e a manuseio de produto foram obtidos a partir dos dados utilizados nas tabelas 4.8 a 4.14.

Emprego por atividade profissional

As classificações padrão para atividades profissionais da maioria dos países normalmente não estabelecem distinção entre atividades setoriais e níveis de qualificação, sendo portanto inadequadas. Entretanto, após uma análise criteriosa com base nos dados disponíveis sobre os países, concluiu-se que uma recomposição das classificações referentes às atividades profissionais seria uma tarefa demasiado complexa. Considerando que o principal propósito deste apêndice descarta a necessidade de tal recomposição, decidimos utilizar a classificação existente como um indicador genérico para a composição de atividades profissionais dos países analisados. Assim as categorias profissionais foram classificadas conforme segue:

- administradores;
- profissionais especializados;
- técnicos;
- profissionais de vendas;
- funcionários administrativos;
- artífices e operadores;
- mão de obra semiqualificada do setor de serviços;
- mão de obra semiqualificada do setor de transportes;
- administradores e trabalhadores do setor rural.

Para a maioria dos países, não foi possível estabelecer distinção entre categorias de profissionais especializados e técnicos. Além disso, em alguns países, artífices e operadores praticamente se confundem, motivo pelo qual reduzimos essas categorias a uma única para evitar conclusões errôneas a partir da análise dos dados. O mesmo se aplica a administradores e trabalhadores do setor rural. "Artífices e operadores" inclui também operários, artesãos e mineiros. Empregados classificados como trabalhadores do setor de serviços também foram incluídos na categoria mão de obra semiqualificada do setor de serviços.

Os critérios de classificação específicos a cada país são apresentados a seguir:

Canadá

Os números são apresentados com base na classificação profissional do trabalhador. Nas categorias de profissionais especializados e técnicos incluem-se também profissionais das áreas de ciências naturais, ciências sociais, magistério, medicina e saúde e educação artística/recreação. A categoria de artífices e operadores engloba mineração/pedreiras, usinagem, processamento, atividades relacionadas à construção, manuseio de materiais e outras atividades exercidas por artífices ou de operação de equipamentos. Administradores e trabalhadores do setor rural também incluem agricultura e pecuária, pesca/caça e silvicultura/extração de madeira.

França

Os números são apresentados com base na classificação profissional da população com quinze anos de idade ou mais, exceto desempregados, aposentados, estudantes e pessoas que nunca exerceram qualquer função profissional, de acordo com estudos sobre o mercado de trabalho, cujos resultados são demonstrados no anuário estatístico. A categoria administradores também compreende funcionários públicos de alto escalão e executivos das áreas administrativas/comerciais na iniciativa privada. A categoria profissionais especializados inclui professores universitários/profissões das áreas científicas, de informação/arte e engenheiros e trabalhadores de áreas técnicas. Técnicos inclui profissões de nível intermediário, religiosos e profissionais de nível médio das áreas social e de saúde. Funcionários administrativos inclui funcionários públicos e da área administrativa. Artífices e operadores inclui trabalhadores qualificados e não qualificados dos diferentes setores da economia.

Alemanha

Os números são apresentados com base na classificação profissional de indivíduos empregados, de acordo com o anuário estatístico. A categoria administradores inclui contadores, funcionários públicos e empresários. Profissionais especializados inclui engenheiros, cientistas, artistas e profissionais da área de saúde. Artífices e operadores inclui a maioria dos trabalhadores do setor industrial. Técnicos inclui assistentes sociais. Administradores e trabalhadores do setor rural inclui pesca e silvicultura.

Japão

Os números são apresentados com base na classificação profissional de indivíduos empregados, de acordo com os Dados Estatísticos sobre a Força de Trabalho, cujos resultados são demonstrados no anuário estatístico. Administradores e trabalhadores do setor rural inclui pesca e silvicultura. Mão de obra semiqualificada do setor de serviços inclui serviços de segurança. Mão de obra semiqualificada do setor de transportes inclui profissões de comunicações.

Reino Unido

Os números são apresentados com base na tabulação de 10% da amostra dos dados de recenseamentos realizados na Grã-Bretanha. Profissionais especializados inclui juízes, economistas, autoridades da área de saúde ambiental etc. Técnicos inclui estatísticos, profissionais da área de bem-estar social, especialistas da área médica, projetistas, contramestres, desenhistas, supervisores de desenhistas e engenheiros técnicos. Artífices e operadores inclui a maioria dos trabalhadores do setor industrial. Mão de obra semiqualificada do setor de transportes inclui almoxarifes, encarregados de armazéns/embalagens/engarrafamento. Mão de obra semiqualificada do setor de serviços inclui profissionais da área de esportes/recreação e serviços de segurança. Os números de 1990 são apresentados com base nos Dados Estatísticos sobre a Força de Trabalho (1990 e 1991) coletados pelo Departamento de Recenseamento e Pesquisa. Os números referentes a 1990 não fornecem base direta de comparação com os anos anteriores devido às diferentes metodologias de pesquisa e categorias adotadas. Contudo, considerando que os dados do censo de 1991 não estavam disponíveis quando da época de elaboração deste livro, os números de 1990 representam uma estimativa da atual estrutura do mercado de trabalho na Grã-Bretanha.

Estados Unidos

Os números são apresentados com base nas médias anuais de indivíduos empregados de acordo com as pesquisas domiciliares, realizadas como parte dos Estudos Populacionais da Agência de Recenseamento do Departamento do Trabalho. Administradores inclui profissões das áreas executiva e administrativa. Funcionários administrativos inclui suporte administrativo. Mão de obra semiqualificada do setor de serviços inclui serviços residenciais e de segurança. Artífices e operadores inclui produção de instrumentos de alta precisão, consertos, operadores/montadores/inspetores de máquinas, encarregados de limpeza de equipamentos, ajudantes e operários. Mão de obra semiqualificada do setor de transportes inclui profissões que envolvem transporte de materiais. Administradores e trabalhadores do setor rural inclui pesca e silvicultura.

Distribuição do emprego por categoria

Os indivíduos com emprego estão distribuídos nas seguintes categorias: empregados, autônomos e trabalhadores de empresas familiares. Nos casos de falta de dados em separado para esta última categoria, esses trabalhadores podem estar incluídos em autônomos. Autônomos normalmente engloba empregadores, salvo indicações específicas.

Os dados pertinentes a cada país são demonstrados abaixo:

Canadá

Empregadores na qualidade de assalariados (e não de autônomos) estão incluídos na categoria empregados.

França

Os números referem-se a empregos civis, conforme indicado nas Estatísticas sobre a Força de Trabalho da OCDE.

Alemanha

Os números referem-se ao resumo do anuário estatístico.

Itália

Os números referem-se a empregos civis, conforme indicado nas Estatísticas sobre a Força de Trabalho da OCDE.

Japão

Os números são apresentados com base nos Dados Estatísticos sobre a Força de Trabalho sobre indivíduos empregados, incluídos no resumo do anuário estatístico.

Reino Unido

Os números são apresentados com base em empregos civis, conforme indicado nas Estatísticas sobre a Força de Trabalho da OCDE.

Estados Unidos

Os números são apresentados com base nas médias anuais de civis empregados no setor agropecuário e em setores não vinculados à agricultora e à pecuária.

Referências sobre os dados estatísticos

Canadá

Statistics Canada. 1971 Census of Canada, *vol. 3: Economic Characteristics*, 1973.
_______ 1981. Census of Canada: Population, Labor Force — Industry by demographic and educational characteristics, Canada provinces, urban, rural, nonfarm and rural farm, janeiro de 1984.
_______ *The Labour Force*, várias edições.
_______ *Labour Force: Annual Averages*, 1975-1983, janeiro de 1984.

França

Institut national de la statistique et des études économiques (INSEE). *Annuaire statistique de la France 1979: résultats de 1978*, Ministère de l'économie, des finances et du budget, Paris: INSEE, 1979.
_______ *Recensement général de la population de 1982: résultats définitifs*, por Pierre-Alain Audirac, no. 483 des Collections de l'INSEE, série D, no. 103, Ministère de l'économie, des finances et du budget, Paris: INSEE, 1985.

———— *Enquêtes sur l'emploi de 1982 et 1983: résultats redressés*, no. 120, fevereiro de 1985.
———— *Enquêtes sur l'emploi de mars 1989: résultats détaillés*, no. 28-29, outubro de 1989.
———— *Annuaire statistique de la France 1990: résultats de 1989*, vol. 95, nouvelle série no. 37, Ministère de l'économie, des finances et du budget, Paris: INSEE, 1990.

Alemanha

Statistisches Bundesamt. Statistisches Jahrbuch 1977: für die Bundesrepublik Deutschland, Metzler--Poeschel Verlag Stuttgart, 1977.
———— *Statistisches Jahrbuch, 1991: für die Bundesrepublik Deutschland*, Metzler-Poeschel Verlag Stuttgart, 1991.
———— *Bevölkerung und Kultur: Volkszählung vom 27. Mai 1970, Heft 17*, Erwerbstätige in wirtschaftlicher Gliederung nach Wochenarbeitszeit und weiterer Tätigkeit, Fachserie A, Stuttgart e Mainz: Verlag W. Kohlhammer.
———— *Volkszählung vom 25. Mai 1987*, Bevölkerung und Erwerbstätigkeit, Stuttgart: Metzler-Poeschel, 1989.

Itália

Istituto Centrale di Statistica. 10º Censimento Generale della Popolazione, 15 Ottobre 1961, Vol. IX: *Dati Generali Riassuntivi*, Roma, 1969.
———— 11º Censimento Generale delia Popolazione, 24 Ottobre 1971, Vol. VI: Professioni e Attività Economiche, Tomo 1: *Attività Economiche*, Roma, 1975.
———— 12º Censimento Generale delia Popolazione, 25 Ottobre 1981, Vol. II: *Dati sulle caratteristiche strutturali delia popolazione e delle abitazioni*, Tomo 3: Itália, Roma, 1985.
Istituto Nazionale di Statistica (ISTAT). *Annuario Statistico Italiano*, edizione 1991.

Japão

Departamento de Estatística, Agência de Administração e Coordenação (1977). *Anuário Estatístico do Japão*, Tóquio.
———— (1983) *Anuário Estatístico do Japão*, Tóquio.
———— (1991) *Anuário Estatístico do Japão*, Tóquio. Departamento de Estatística, Gabinete do Primeiro--Ministro: Resumo dos Resultados do Censo Populacional do Japão — 1970, Tóquio: Departamento de Estatística, 1975.
———— *Censo Populacional do Japão — 1980*, Tóquio: Departamento de Estatística, 1980.
———— *Censo Populacional do Japão — 1990*, Relatório sumário (resultados da tabulação de 1% da amostra), Tóquio: Departamento de Estatística, 1990.

Reino Unido

Departamento de Recenseamento e Contagem Populacional, Cadastro Geral. *Census 1971: Great Britain, Economic Activity*, Part IV (tabulação de 10% da amostra), Londres: HMSO, 1974.
———— Census 1981: Economic Activity, Great Britain, Londres: HMSO, 1984.

_______ Labour Force Survey 1990 and 1991: A survey conducted by OPCS and the Department of Economic Development in Northern Ireland on behalf of the Employment Department and the European Community, *Series LFS no. 9,* Londres: HMSO, 1992.

Central de Estatísticas, *Annual Abstract of Statistics: 1977,* Londres: HMSO, 1977.

_______ Annual Abstract of Statistics: 1985, Londres: HMSO, 1985.

_______ Annual Abstract of Statistics: 1992, no. 128, Londres: HMSO, 1992.

Departamento do Trabalho. *Employment Gazette* vol. 100. no. 8 (agosto de 1992).

Estados Unidos

Departamento do Trabalho dos Estados Unidos. *Handbook of Labor Statistics,* Boletim 2175, Agência de Estatísticas sobre o Trabalho, dezembro.

_______ Labor Force Statistics: Derived from the current population survey, 1948-87, Agência de Estatísticas sobre o Trabalho, agosto de 1988.

_______ *Handbook of Labor Statistics,* Boletim *2340,* Agência de Estatísticas sobre o Trabalho, março 1990.

_______ Employment and Earnings, várias edições.

Outros

Eurostat, Labour Force Sample Survey, Luxemburgo: Eurostat, várias edições.

_______ Labour Force Survey, Tema 3, Série C, Population and Social Statistics, Accounts, Surveys and Statistics, Luxemburgo: Eurostat, várias edições.

Hall, Peter (1988) "Regions in the Transition to the Informational Economy", em G. Sternlieb e J.W. Hughes (orgs.), *America's New Market Geography: Nation, region and metropolis,* Rutgers, N.J.: State University of New Jersey, Center for Urban Policy Research, New Brunswick, pp. 137-59.

Mori, K. (1989) *Hai-teku shakai to rōdō: naniga okite iruka,* Iwanami Shinsho no. 70, Tóquio: Iwanami Shoten. Organização para Cooperação e Desenvolvimento Econômico (OCDE) (1991) OECD *Labour Force Statistics: 1969-1989,* Paris: OCDE.

_______ (1992a) OECD *Economic Outlook*: Historical Statistics: 1960-90, *Paris:* OCDE.

_______ (1992b) OECD *Economic Outlook,* no. 51, junho.

Nota

1. Para manter a compatibilidade com a classificação padrão de serviços, bares, restaurantes e similares foram incluídos em comércio varejista.

5

A cultura da virtualidade real: a integração da comunicação eletrônica, o fim da audiência de massa e o surgimento de redes interativas

Por volta do ano 700 a.C. ocorreu um importante invento na Grécia: o alfabeto. Essa tecnologia conceitual, segundo os principais estudiosos clássicos como Havelock, constituiu a base para o desenvolvimento da filosofia ocidental e da ciência como a conhecemos hoje. Tornou possível o preenchimento da lacuna entre o discurso oral e o escrito, com isso separando o que é falado de quem fala e possibilitando o discurso conceitual. Esse momento histórico foi preparado ao longo de aproximadamente três mil anos de evolução da tradição oral e da comunicação não alfabética até a sociedade grega alcançar o que Havelock chama de um novo estado de espírito, "o espírito alfabético", que originou a transformação qualitativa da comunicação humana.[1] A alfabetização só se difundiu muitos séculos mais tarde, após a invenção e difusão da imprensa e fabricação de papel. No entanto, foi o alfabeto que no Ocidente proporcionou a infraestrutura mental para a comunicação cumulativa, baseada em conhecimento.

Contudo a nova ordem alfabética, embora permitisse discurso racional, separava a comunicação escrita do sistema audiovisual de símbolos e percepções, tão importantes para a expressão plena da mente humana. Ao estabelecer — implícita e explicitamente — uma hierarquia social entre a cultura alfabetizada e a expressão audiovisual, o preço pago pela adoção da prática humana do discurso escrito foi relegar o mundo dos sons e imagens aos bastidores das artes, que lidam com o domínio privado das emoções e com o mundo público da liturgia. Sem dúvida, a cultura audiovisual teve sua revanche histórica no século XX, em primeiro lugar com o filme e o rádio, depois com a televisão, superando a influência da comunicação escrita nos corações e almas da maioria das pessoas. Na verdade, essa tensão entre a nobre comunicação alfabética e a comunicação sensorial não meditativa determina a frustração dos intelectuais com relação à influência da televisão, que ainda domina a crítica social da comunicação de massa.[2]

Uma transformação tecnológica de dimensões históricas similares está ocorrendo 2.700 anos depois, ou seja, a integração de vários modos de comunicação em uma rede interativa. Ou, em outras palavras, a formação de um hipertexto e uma metalinguagem que, pela primeira vez na história, integra no mesmo sistema as modalidades escrita, oral e audiovisual da comunicação humana. O espírito humano reúne suas dimensões em uma nova interação entre os dois lados do cérebro, máquinas e contextos sociais. Apesar de toda a ideologia da ficção científica e a publicidade comercial em torno do surgimento da chamada Infovia, não podemos subestimar sua importância.[3] A integração potencial de texto, imagens e sons no mesmo sistema — interagindo a partir de pontos múltiplos, no tempo escolhido (real ou atrasado) em uma rede global, em condições de acesso aberto e de preço acessível — muda de forma fundamental o caráter da comunicação. E a comunicação, decididamente, molda a cultura porque, como afirma Postman, "nós não vemos... a realidade... como 'ela' é, mas como são nossas linguagens. E nossas linguagens são nossos meios de comunicação. Nossos meios de comunicação são nossas metáforas. Nossas metáforas criam o conteúdo de nossa cultura".[4] Como a cultura é mediada e determinada pela comunicação, as próprias culturas — isto é, nossos sistemas de crenças e códigos historicamente produzidos — são transformados de maneira fundamental pelo novo sistema tecnológico e o serão ainda mais com o passar do tempo. No momento em que redijo, esse novo sistema ainda não está totalmente instalado, e seu desenvolvimento acontecerá em ritmo e distribuição geográfica irregulares nos próximos anos. No entanto, é certo que se desenvolverá e abarcará pelo menos as atividades dominantes e os principais segmentos da população de todo o planeta. Ademais, ele já existe, de modo fragmentado, no novo sistema de mídia, nos sistemas de telecomunicações que se alteram rapidamente, nas redes de interação já formadas na internet, na imaginação das pessoas, nas políticas dos governos e nas pranchetas dos escritórios das empresas. O surgimento de um novo sistema eletrônico de comunicação caracterizado pelo seu alcance global, integração de todos os meios de comunicação e interatividade potencial está mudando e mudará para sempre nossa cultura. Contudo, surge a questão das condições, características e efeitos reais dessa mudança. Dado o desenvolvimento ainda embrionário de uma tendência, de outra forma, claramente identificável, como poderemos avaliar seu impacto potencial sem cairmos nos excessos de futurologia de que este livro tenta afastar-se? Por outro lado, sem analisar a transformação de culturas sob o novo sistema eletrônico de comunicação, a avaliação global da sociedade da informação seria totalmente falha. Felizmente, embora exista descontinuidade tecnológica, há na história continuidade social suficiente para permitir a análise das tendências com base na observação dos movimentos que prepararam a formação do novo sistema nas duas décadas passadas. De fato, um dos mais importantes componentes do novo sistema de comunicação, os meios de comunicação de massa estruturada em torno da televisão, já foi estudado em seus pormenores.[5] Sua evolução para globalização e descentralização foi prevista, no início dos anos 1960, por McLuhan, o grande visionário que revolucionou o pensamento sobre comunicações, apesar de empregar hipérboles em excesso.[6] Neste capítulo, primeiro repassarei a formação dos grandes meios de comunicação de massa e sua interação com a cultura e o comportamento social. Depois avaliarei sua transformação durante a década de 1980 com o surgimento da "nova mídia" descentralizada e diversificada que preparou a formação de um sistema multimídia nos anos 1990. Posteriormente, concentrarei minha atenção em um sistema diferente de comunicação — organizado em função do uso de redes de computadores — com o aparecimento da internet e o surpreendente desenvolvimento espontâneo de novos tipos de comunidades virtuais. Embora esse seja um fenômeno relativamente novo, temos observações empíricas suficientes tanto da França quanto dos Estados Unidos para formular algumas hipóteses com bases razoáveis. Finalmente, tentarei reunir o que sabemos sobre os dois sistemas para especular sobre a dimensão social de sua futura fusão e sobre o impacto desta nos processos de comunicação e expressão cultural. Afirmo que por meio da poderosa influência do novo sistema de comunicação, mediado por interesses sociais, políticas governamentais e estratégias de negócios, está surgindo uma nova cultura: a *cultura da virtualidade real*, cujo conteúdo, dinâmica e importância serão apresentados e analisados nas páginas seguintes.

Da galáxia de Gutenberg à galáxia de McLuhan: o surgimento da cultura dos meios de comunicação de massa

A difusão da televisão nas três décadas após a Segunda Guerra Mundial (em épocas diferentes e com intensidade variável, dependendo do país) criou uma nova galáxia de comunicação, permitindo-me usar a terminologia de McLuhan.[7] Não que os outros meios de comunicação desaparecessem, mas foram reestruturados e reorganizados em um sistema cujo coração compunha-se de válvulas eletrônicas e cujo rosto atraente era uma tela de televisão.[8] O rádio perdeu sua centralidade, mas ganhou em penetrabilidade e flexibilidade, adaptando modalidades e temas ao ritmo da vida cotidiana das pessoas. Filmes foram adaptados para atender às audiências televisivas, com exceção da arte subsidiada pelo governo e espetáculos de efeitos especiais das grandes telas. Jornais e revistas especializaram-se no aprofundamento de conteúdos ou enfoque de sua audiência, apesar de se manter atentos no fornecimento de informações estratégicas ao meio televisivo dominante.[9] Quanto aos livros, estes continuaram sendo livros, embora o desejo inconsciente atrás de muitos deles fosse tornar-se roteiro de TV; as listas de best-sellers logo ficaram repletas de títulos referentes a personagens de TV ou a temas por ela popularizados.

Por que a televisão se tornou esse modo predominante de comunicação ainda é objeto de calorosos debates entre estudiosos e críticos da mídia.[10] A hipótese de

W. Russell Neuman, que em minha reformulação é a consequência do instinto básico de uma plateia preguiçosa, parece ser uma explicação plausível mediante as informações disponíveis. Em suas palavras: "A principal descoberta das pesquisas sobre os efeitos educacionais e publicitários, que devem ser tratadas imparcialmente se quisermos entender a natureza da aprendizagem insignificante em relação à política e cultura, é simplesmente que as pessoas são atraídas para o caminho de menor resistência."[11] Ele fundamenta sua interpretação nas teorias psicológicas mais amplas de Herbert Simon e Anthony Downs, enfatizando os custos psicológicos da obtenção e do processamento da informação. Eu tenderia a colocar as raízes dessa lógica não na natureza humana, mas nas condições da vida em casa após longos dias de árduo trabalho e na falta de alternativas para o envolvimento pessoal/cultural.[12] Apesar de as condições em nossas sociedades serem como são, a síndrome do mínimo esforço, que parece estar associada com a comunicação mediada pela TV, poderia explicar a rapidez e a penetrabilidade de seu domínio como meio de comunicação, logo que apareceu no cenário histórico.[13] Por exemplo, de acordo com estudos sobre a mídia,[14] apenas uma pequena proporção de pessoas escolhe antecipadamente o programa a que assistirá. Em geral, a primeira decisão é assistir à televisão, depois os programas são examinados até que se escolha o mais atrativo ou, com mais frequência, o menos maçante.

O sistema dominado pela TV poderia ser facilmente caracterizado como meio de comunicação de massa ou grande mídia.[15] Uma mensagem similar era enviada ao mesmo tempo de alguns emissores centralizados para uma audiência de milhões de receptores. Desse modo, o conteúdo e formato das mensagens eram personalizados para o denominador comum mais baixo. Conforme avaliação de especialistas de marketing, foi o que aconteceu com a TV privada no país de origem desse veículo de comunicação, os EUA, onde esse tipo de TV é predominante. Para a maior parte do mundo, dominada pela televisão governamental até pelo menos os anos 1980, o padrão era o mais baixo denominador comum na cabeça dos burocratas no controle da transmissão, embora a importância dos índices de audiência fosse cada vez maior. Em ambos os casos, a audiência era considerada em geral homogênea, ou possível de ser homogeneizada.[16] O conceito de cultura de massa, originário da sociedade de massa, foi uma expressão direta do sistema de mídia resultante do controle da nova tecnologia de comunicação eletrônica exercido por governos e oligopólios empresariais.[17]

O que era fundamentalmente novo na televisão? A novidade não era tanto seu poder centralizador e potencial como instrumento de doutrinação. Afinal, Hitler mostrou como o rádio poderia ser um instrumento admirável de ressonância para mensagens de mão única e com um só propósito. O que a TV representou, antes de tudo, foi o fim da Galáxia de Gutenberg, ou seja, de um sistema de comunicação essencialmente dominado pela mente tipográfica e pela ordem do alfabeto fonético.[18]

Para todos os seus críticos (geralmente desestimulados pela obscuridade de sua linguagem em mosaico), Marshall McLuhan tocou um acorde universal quando, com toda a simplicidade, declarou que o "meio é a mensagem":

> A modalidade de imagem de TV nada tem em comum com filme ou fotografia, exceto pelo fato de que oferece também uma *gestalt* não verbal ou postura de formas. No caso da TV, o espectador é a tela. É submetido a impulsos luminosos que James Joyce comparou a "bombardeio de luzes"... A imagem de TV não é um instantâneo estático. Não é uma fotografia em nenhum sentido, mas um delineamento ininterrupto de formações desenhadas ponto a ponto pela varredura. O contorno plástico resultante aparece pela luz através da imagem, não pela luz sobre ela, e a imagem assim formada tem a qualidade de esculturas e ícone, e não de uma foto. A imagem de TV oferece ao receptor cerca de três milhões de pontos por segundo. Desses, o receptor aceita apenas algumas dúzias a cada instante para com eles formar uma imagem.[19]

Devido à baixa definição da TV, afirma McLuhan, os telespectadores têm de preencher os espaços da imagem e por isso aumentam seu envolvimento emocional com o ato de assistir (o que ele, paradoxalmente, caracterizou como um "meio frio"). Tal envolvimento não contradiz a hipótese do menor esforço, porque a TV apela ao espírito associativo/lírico, não envolvendo o esforço psicológico de coleta e análise das informações ao qual a teoria de Herbert Simon se refere. É por isso que Neil Postman, importante estudioso de veículos de comunicação, acha que a televisão representa uma ruptura histórica com o espírito tipográfico. Enquanto a impressão favorece a exposição sistemática, a TV é mais adequada para conversações informais. Para distinguir melhor, em suas palavras:

> Possivelmente, a tipografia tem a tendência mais forte para a elucidação: capacidade sofisticada de pensar de maneira conceitual, dedutiva e sequencial; alta valorização da razão e ordem; aversão à contradição; grande capacidade de desligamento e objetividade; e tolerância à reação atrasada.[20]

Para a televisão, no entanto, "o entretenimento é a supraideologia de todo discurso. Não importa o que seja representado nem seu ponto de vista, a presunção abrangente é que a TV está lá para nossa diversão e prazer".[21] Além das discrepâncias nas consequências sociais/políticas dessa análise, da crença de McLuhan no potencial comunitário universal da televisão às atitudes luditas de Jerry Mander[22] e alguns dos críticos da cultura de massa,[23] os diagnósticos convergem em direção a dois pontos fundamentais: alguns anos após seu desenvolvimento a televisão tornou-se o epicentro cultural de nossas sociedades;[24] e a modalidade de comunicação da televisão é um meio fundamentalmente novo caracterizado pela sua sedução, estimulação sensorial da realidade e fácil comunicabilidade, na linha do modelo do menor esforço psicológico.

Liderada pela televisão, houve uma explosão da comunicação no mundo todo, nas três últimas décadas.[25] No país mais voltado para a TV, os EUA, no final dos anos 1980 a TV apresentou 3.600 imagens por minuto, por canal. De acordo com o *Nielsen Report*, a casa americana média mantinha o aparelho de TV ligado cerca de sete horas por dia, e o tempo de assistência real foi estimado em 4,5 horas diárias por adulto. A isso, seria necessário acrescentar o rádio, que oferecia cem palavras por minuto e era ouvido por uma média de duas horas por dia, principalmente no carro. Um jornal diário médio oferecia 150 mil palavras, e estimava-se que sua leitura diária levava entre 18 e 49 minutos, enquanto revistas eram examinadas por aproximadamente seis a trinta minutos, e a leitura de livros, inclusive dos relacionados com trabalhos escolares, levava cerca de 18 minutos por dia.[26] A exposição à mídia é cumulativa. Segundo alguns estudos, as famílias norte-americanas com TV a cabo assistem a mais TV em rede do que as sem TV a cabo. No conjunto, o adulto americano médio dedica 6,43 horas diárias de atenção à mídia.[27] Esse número pode ser comparado (embora, a rigor, não seja comparável) a outros dados que apresentam 14 minutos por dia, por pessoa, para interação interpessoal familiar.[28] No Japão, em 1992, o tempo médio semanal dedicado à televisão por família era de 8 horas e 17 minutos por dia, 25 minutos a mais que em 1980.[29] Outros países parecem ser consumidores menos contumazes da mídia: por exemplo, no final dos anos 1980 os adultos franceses assistiam a apenas cerca de três horas diárias de TV.[30] Contudo o padrão comportamental mundial predominante parece ser que, nas sociedades urbanas, o consumo da mídia é a segunda maior categoria de atividade depois do trabalho e, certamente, a atividade predominante nas casas.[31] Essa observação, no entanto, deve ser avaliada para o verdadeiro entendimento do papel da mídia em nossa cultura: ser espectador/ouvinte da mídia absolutamente não se constitui uma atividade exclusiva. Em geral é combinada com o desempenho de tarefas domésticas, refeições familiares e interação social. É a presença de fundo quase constante, o tecido de nossas vidas. Vivemos com a mídia e pela mídia. McLuhan utilizou a expressão da mídia tecnológica como produtos básicos ou recursos naturais.[32] Em vez disso, a mídia, em especial o rádio e a televisão, tornou-se o ambiente audiovisual com o qual interagimos constante e automaticamente. Acima de tudo, a televisão quase sempre está presente nas casas. Uma característica importante em uma sociedade na qual números crescentes de pessoas moram sozinhas: na década de 1990, 25% das casas norte-americanas eram habitadas por uma única pessoa. Embora a situação não seja tão extrema em outras sociedades, a tendência para a diminuição do tamanho dos lares é similar na Europa.

Era de se admitir que a presença poderosa e penetrante dessas mensagens de sons e imagens subliminarmente provocantes produzisse grandes impactos no comportamento social. No entanto a maior parte das pesquisas disponíveis aponta para a conclusão oposta. Após rever a literatura, W. Russell Neuman chegou à seguinte conclusão:

> As descobertas acumuladas em cinco décadas de pesquisa sistemática de ciências sociais revelam que a audiência da mídia de massa, seja ou não constituída de jovens, não está desamparada, e a mídia não é todo-poderosa. A teoria em evolução sobre os efeitos modestos e condicionais da mídia ajuda a relativizar o ciclo histórico do pânico moral a respeito do novo meio de comunicação.[33]

Além disso, a carga de mensagens publicitárias recebidas via mídia parece ter efeito limitado. Segundo Draper,[34] embora nos EUA o cidadão comum esteja exposto a 1.600 mensagens publicitárias por dia, as pessoas respondem (e não necessariamente de forma positiva) a apenas cerca de 12 delas. Na verdade, McGuire,[35] após rever as informações acumuladas sobre os efeitos da propaganda na mídia, concluiu que não há prova sólida de impactos específicos dos anúncios sobre o comportamento real, conclusão irônica para um setor que gastou naquela época US$ 50 bilhões por ano. Então, por que as empresas continuam insistindo em fazer publicidade? Pelo seguinte motivo: elas repassam o custo da propaganda para os consumidores. De acordo com a revista *The Economist*, em 1993, a "TV gratuita" nos Estados Unidos custou US$ 30 por mês a cada americano. Todavia uma resposta substantiva a uma pergunta tão importante requer, em primeiro lugar, a análise do mecanismo pelo qual a televisão e outros tipos de mídia influenciam o comportamento.

A questão principal é que enquanto a grande mídia é um sistema de comunicação de mão única, o processo real de comunicação não o é, mas depende da interação entre o emissor e o receptor na interpretação da mensagem. Os pesquisadores encontraram indícios da importância do que chamam de "plateia ativa". Nas palavras de Croteau e Haynes, "há três maneiras fundamentais em que as plateias dos meios de comunicação de massa são consideradas ativas: por meio da interpretação individual dos produtos da mídia, por meio da interpretação coletiva da mídia e por meio da ação política".[36] E fornecem um manancial de dados e ilustrações em apoio à afirmação de autonomia relativa da plateia em relação às mensagens provenientes da mídia. De fato, essa é uma tradição consagrada nos estudos dos meios de comunicação de massa. Por conseguinte, Umberto Eco ofereceu uma visão elucidativa para a interpretação dos efeitos da mídia em seu trabalho inovador intitulado "A audiência produz efeitos ruins na televisão?". Nas palavras de Eco:

> Existe, dependendo das circunstâncias socioculturais, uma variedade de códigos, ou melhor, de regras de competência e interpretação. A mensagem tem uma forma significante que pode ser completada com diferentes significados... Assim, havia

> margem para a suposição de que o emissor organizava a imagem televisual com base nos próprios códigos, que coincidiam com aqueles da ideologia dominante, enquanto os destinatários a completavam com significados "aberrantes" de acordo com seus códigos culturais específicos.[37]

A consequência dessa análise é que

> aprendemos uma coisa: não existe uma Cultura de Massa no sentido imaginado pelos críticos apocalípticos das comunicações de massa, porque esse modelo compete com os outros (constituídos por vestígios históricos, cultura de classe, aspectos da alta cultura transmitidos pela educação etc.).[38]

Embora historiadores e pesquisadores empíricos da mídia pudessem considerar essa afirmação puro senso comum, na verdade, levando-a a sério como o faço, percebo que ela sem dúvida abala um aspecto fundamental da teoria sobre crítica social de Marcuse a Habermas. Constitui uma das ironias da história intelectual o fato de serem precisamente aqueles pensadores que defendem a mudança social os que, com frequência, veem as pessoas como receptáculos passivos de manipulação ideológica, na verdade inibindo as ideias de movimentos e mudanças sociais, exceto sob o modo de eventos excepcionais singulares gerados fora do sistema social. Se as pessoas tiverem algum nível de autonomia para organizar e decidir seu comportamento, as mensagens enviadas pela mídia deverão interagir com seus receptores e, assim, o conceito de mídia de massa refere-se a um sistema tecnológico, não a uma forma de cultura, a cultura de massa. Na verdade, alguns experimentos de psicologia descobriram que, mesmo se a TV apresentar 3.600 imagens por minuto, por canal, o cérebro responderá de forma consciente a apenas um estímulo sensorial entre cada milhão de estímulos enviados.[39]

Porém enfatizar a autonomia da mente humana e dos sistemas culturais individuais na finalização do significado real das mensagens recebidas não implica que os meios de comunicação sejam instituições neutras, ou que seus efeitos sejam desprezíveis. Pelo que mostram os estudos empíricos, a mídia não é uma variável independente na indução de comportamentos. Suas mensagens, explícitas ou subliminares, são trabalhadas, processadas por indivíduos localizados em contextos sociais específicos, dessa forma modificando o efeito pretendido pela mensagem. Mas aos meios de comunicação, em especial a mídia audiovisual de nossa cultura, representa de fato o material básico dos processos de comunicação. Vivemos em um ambiente de mídia, e a maior parte de nossos estímulos simbólicos vem dos meios de comunicação. Ademais, como Cecilia Tichi demonstrou em seu livro admirável, *The Electronic Hearth*,[40] a difusão da televisão ocorreu em um ambiente televisivo, ou seja, a cultura na qual objetos e símbolos se voltam para a televisão, desde as formas dos móveis domésticos até modos de agir e temas de conversas. O poder real da televisão, como Eco e Postman já afirmaram, é que ela arma o palco para todos os processos que se pretendem comunicar à sociedade em geral, de política a negócios, inclusive esportes e arte. A televisão modela a linguagem de comunicação societal. Se os anunciantes continuam gastando bilhões apesar das dúvidas razoáveis sobre o real impacto direto da publicidade sobre as vendas, talvez seja porque uma ausência da televisão normalmente signifique admitir o reconhecimento dos nomes dos concorrentes com propaganda no mercado de massa. Embora os efeitos da televisão sobre as opções políticas sejam bastante diversos, a política e os políticos ausentes da televisão nas sociedades desenvolvidas simplesmente não têm chance de obter apoio popular, visto que as mentes das pessoas são informadas fundamentalmente pelos meios de comunicação, sendo a televisão o principal deles.[41] O impacto social da televisão funciona no modo binário: estar ou não estar. Desde que uma mensagem esteja na televisão, ela poderá ser modificada, transformada ou mesmo subvertida. Mas em uma sociedade organizada em torno da grande mídia, a existência de mensagens fora da mídia fica restrita a redes interpessoais, portanto desaparece do inconsciente coletivo. Contudo o preço a ser pago por uma mensagem colocada na televisão não representa apenas dinheiro ou poder. É aceitar ser misturado em um texto multissemântico, cuja sintaxe é extremamente imprecisa. Assim, informação e entretenimento, educação e propaganda, relaxamento e hipnose, tudo isso está misturado na linguagem televisiva. Como o contexto do ato de assistir é controlável e familiar ao receptor, todas as mensagens são absorvidas no modo tranquilizador das situações domésticas ou aparentemente domésticas (por exemplo, os "sports bars", bares para fãs de esportes, uma das poucas extensões familiares restantes...).

Essa normalização de mensagens em que imagens atrozes de guerra real quase podem ser absorvidas como parte de filmes de ação tem um impacto fundamental: o nivelamento de todo o conteúdo no quadro de imagens de cada pessoa. Portanto, como representa o tecido simbólico de nossa vida, a mídia tende a afetar o consciente e o comportamento como a experiência real afeta os sonhos, fornecendo a matéria-prima para o funcionamento de nosso cérebro. É como se o mundo dos sonhos visuais (informação/entretenimento oferecidos pela televisão) devolvesse ao nosso consciente o poder de selecionar, recombinar e interpretar as imagens e os sons gerados mediante nossas práticas coletivas ou preferências individuais. É um sistema de *feedbacks* entre espelhos deformadores: a mídia é a expressão de nossa cultura, e nossa cultura funciona principalmente por intermédio dos materiais propiciados pela mídia. Nesse sentido fundamental, o sistema de mídia de massa completou a maioria das características sugeridas por McLuhan no início dos anos 1960: era a Galáxia de McLuhan.[42] Entretanto o fato de a audiência não ser objeto passivo, mas sujeito interativo, abriu o caminho para sua diferenciação e subsequente transformação da mídia que, de comunicação de massa, passou à segmentação, adequação ao público e individualização, a partir do momento em que a tecnologia, empresas e instituições permitiram essas iniciativas.

A nova mídia e a diversificação da audiência de massa

Durante os anos 1980, novas tecnologias transformaram o mundo da mídia.[43] Jornais foram escritos, editados e impressos a distância, permitindo edições simultâneas do mesmo jornal sob medida para várias áreas importantes (por exemplo, *Le Figaro* em muitas cidades francesas; *The New York Times* em edições paralelas para a Costa Leste/Costa Oeste; *International Herald Tribune*, impresso diariamente em vários locais de três continentes, e assim por diante). Os aparelhos tipo walkman transformaram a seleção pessoal de música em um ambiente de áudio portátil, dando oportunidade às pessoas, em particular aos adolescentes, de construir suas paredes de sons contra o mundo exterior. O rádio foi se especializando cada vez mais, com estações temáticas e subtemáticas (tais como as de 24 horas de música ou de dedicação exclusiva a um cantor ou grupo pop, por vários meses, até o surgimento de um novo sucesso). Os programas de rádio preencheram o tempo de passageiros nos meios de transporte e de trabalhadores em horários flexíveis. Os videocassetes explodiram em todo o mundo e tornaram-se, em muitos países em desenvolvimento, importante alternativa à enfadonha programação da televisão oficial.[44] Embora a multiplicidade dos usos potenciais dos videocassetes não fosse totalmente explorada, devido à falta de habilidades tecnológicas dos consumidores e da rápida comercialização de seu uso pelas videolocadoras, a difusão desses aparelhos ofereceu grande flexibilidade à utilização da mídia visual. Os filmes sobreviveram na forma de videocassetes. Vídeos musicais, representando mais de 25% do total da produção de vídeos, tornaram-se uma nova modalidade cultural que deu forma às imagens de toda uma geração de jovens e realmente mudou o setor musical. A capacidade de gravação de programas de TV para assistir nos momentos oportunos mudou os hábitos dos telespectadores e reforçou a seleção, contrapondo-se ao padrão da mínima resistência discutido anteriormente. A possibilidade de gravação por videocassetes representou mais uma opção, reforçando a tendência para a futura diversificação das ofertas de programas de TV, que posteriormente foi segmentada.

As pessoas começaram a filmar seus eventos, de férias a comemorações familiares, assim produzindo as próprias imagens, além do álbum fotográfico. Apesar de todos os limites dessa autoprodução de imagens, tal prática realmente modificou o fluxo de mão única das imagens e reintegrou a experiência de vida e a tela. Em muitos países, da Andaluzia ao sul da Índia, a tecnologia de vídeo da comunidade local permitiu o surgimento da transmissão local rudimentar que misturava difusão de filmes de vídeo com eventos e anúncios locais, muitas vezes à margem dos regulamentos de telecomunicações.

Mas o passo decisivo foi a multiplicação dos canais de TV, o que levou à sua crescente diversificação.[45] O desenvolvimento das tecnologias de televisão a cabo — a ser promovido na década de 1990 pela fibra ótica e pela digitalização — e o progresso da difusão direta por satélite expandiram drasticamente o espectro da transmissão e pressionaram as autoridades para desregulamentarem as comunicações em geral e a televisão em particular. Seguiu-se uma explosão de programações de TV a cabo nos EUA e via satélite na Europa, Ásia e América Latina. Logo se formaram novas redes que vieram competir com as já estabelecidas, e, na Europa, os governos perderam o controle de boa parte da televisão. Nos Estados Unidos, o número de estações de TV independentes cresceu de 62 para 330 durante os anos 1980. Os sistemas a cabo nas principais áreas metropolitanas apresentavam até 60 canais, misturando TV em rede, estações independentes, redes a cabo, a maioria delas especializadas, e TV paga. Nos países da União Europeia, o número de redes de TV aumentou de 40 em 1980 para 150 em meados dos anos 1990, sendo um terço delas transmitido por satélite. No Japão, a rede pública NHK tem duas redes terrestres e dois serviços especializados via satélite; além disso, há cinco redes comerciais. De 1980 a meados da década de 1990, o número de estações de TV por satélite cresceu de zero a trezentos.

Segundo a Unesco, em 1992 havia mais de um bilhão de aparelhos de TV no mundo (35% dos quais estavam na Europa, 32% na Ásia, 20% na América do Norte, 8% na América Latina, 4% no Oriente Médio e 1% na África). Esperava-se que a posse de aparelhos de TV crescesse 5% ao ano até o ano 2000, com a Ásia na liderança. O impacto dessa proliferação de ofertas de televisão à audiência era profundo em todos os contextos. Nos EUA, embora as três principais redes controlassem 90% da audiência do horário nobre em 1980, sua fatia caiu para 65% em 1990, e a tendência tem se acelerado desde então: estava em cerca de 60% em 1995, e caiu para aproximadamente 55% em 1999. A CNN firmou-se como a mais importante produtora global de notícias a ponto de, em situações de emergência nos países do mundo inteiro, políticos e jornalistas ficarem ligados o tempo todo nesse canal. A televisão direta via satélite está tendo grande penetração no mercado asiático, transmitindo de Hong Kong a toda a região do Pacífico asiático. Os meios de comunicação da Índia estão se globalizando cada vez mais.[46] A Hubbard Communications e a Hughes Corporation lançaram, em 1994, dois sistemas concorrentes de difusão direta via satélite que vendem *à la carte* quase qualquer programa de qualquer lugar para qualquer lugar dos EUA, região do Pacífico asiático e América Latina. As comunidades chinesas dos EUA podem assistir às notícias diárias de Hong Kong, enquanto os chineses na China podem ter acesso a séries norte-americanas (*Falcon Crest* registrou 450 milhões de telespectadores na China). Como Françoise Sabbah escreveu, em 1985, em uma das primeiras e melhores avaliações das novas tendências da mídia:

> Em resumo, a nova mídia determina uma audiência segmentada, diferenciada que, embora maciça em termos de números, já não é uma audiência de massa em termos de simultaneidade e uniformidade da mensagem recebida. A nova mídia não é mais mídia de massa no sentido tradicional do envio de um número limitado de mensagens a uma audiência homogênea de massa. Devido à multiplicidade de mensagens e fontes, a própria audiência torna-se mais seletiva. A audiência visada tende a escolher suas mensagens, assim aprofundando sua segmentação, intensificando o relacionamento individual entre o emissor e o receptor.[47]

Youichi Ito, ao analisar a evolução dos usos da mídia no Japão, também concluiu que existe a evolução de uma sociedade de massa a uma "sociedade segmentada" (*bunshu shakai*), resultante das novas tecnologias de comunicação que enfocam a informação especializada, diversificada, tornando a audiência cada vez mais segmentada por ideologias, valores, gostos e estilos de vida.[48]

Assim, devido à diversidade da mídia e à possibilidade de visar o público-alvo, podemos afirmar que, no novo sistema de mídia, a mensagem é o meio. Ou seja, as características da mensagem moldarão as características do meio. Por exemplo, se a manutenção de um ambiente musical de adolescentes for a mensagem (uma mensagem muito explícita), a MTV será programada sob medida para os ritos e linguagem dessa audiência não apenas no conteúdo, mas em toda a organização da estação, bem como na tecnologia e no projeto de produção/transmissão de imagens. E, por sua vez, a produção de um serviço de 24 horas de notícias mundiais requer ambiente, programação e transmissão diferentes, tais como previsões do tempo de abrangência global e continental. Este é, na verdade, o presente e o futuro da televisão: descentralização, diversificação e adequação ao público-alvo. Nos parâmetros mais amplos da linguagem de McLuhan, a mensagem do meio (ainda operando como tal) está moldando diferentes veículos de comunicação para diferentes mensagens.

No entanto, a diversificação das mensagens e expressões da mídia não implicam perda de controle da televisão pelas principais empresas e governos. Na verdade, a tendência oposta é que tem sido observada ao longo da última década.[49] Os investimentos têm sido muito generosos no campo das comunicações com a formação de megagrupos e alianças estratégicas para conseguir fatias de um mercado em completa transformação. No período de 1980 a 1985, as três principais redes de TV norte-americanas mudaram de dono, duas delas, duas vezes: a fusão da Disney e da ABC em 1995 representou um momento decisivo para a integração da TV no negócio de multimídia emergente. TF1, o mais importante canal francês, foi privatizado. Berlusconi assumiu o controle de todas as estações privadas da Itália, organizando-as em três redes. A TV privada progrediu na Espanha com o desenvolvimento de três redes, e fez incursões significativas no Reino Unido e na Alemanha, sempre sob o controle de poderosos grupos financeiros nacionais e internacionais. A televisão russa diversificou-se com a inclusão de canais privados independentes, controlados por oligarquias rivais. Na América Latina, a televisão experimentou um processo de concentração nas mãos de poucos operadores importantes. A região do Pacífico asiático tornou-se o território de disputa mais acirrada para as novas redes independentes de televisão, como a Star Channel de Murdoch, e também para as mais tradicionais como a nova BBC global, que compete com a CNN. No Japão, o canal NHK do governo está enfrentando a concorrência destas redes privadas: Fuji TV, NTV, TBS, TV Asahi e TV Tokyo, bem como das operações de transmissão a cabo e direta via satélite. Em 1993-5, foram despendidos cerca de US$ 80 bilhões com programações televisivas em todo o mundo, e os gastos estavam aumentando 10% ao ano. Em fins da década de 1990, as fusões e as alianças estratégicas continuaram a caracterizar o ramo da comunicação de massa, e as empresas tentavam empregar economias de escala para descobrir sinergias entre os diversos segmentos do mercado da comunicação.[50] A figura 5.1 mostra o nível de concentração de negócios dos dez maiores grupos de multimídia no mundo, e a figura 5.2 mostra o padrão complexo de interligações entre os diversos grupos de comunicação de massa do mercado europeu em 1998.[51] Embora o perfil do ramo indubitavelmente venha a mudar nos anos vindouros, é provável que a lógica da formação de redes e das parcerias competitivas caracterize o mundo da multimídia durante muito tempo. De fato, a rede de alianças e estratégias da concorrência será ainda mais complexa, quando as empresas de comunicação entrarem em cooperação e conflito com as operadoras de telecomunicações, as operadoras de cabo, as operadoras de satélite e os provedores de serviços de internet.

O resultado da concorrência e concentração desse negócio é que, embora a audiência tenha sido segmentada e diversificada, a televisão tornou-se mais comercializada do que nunca e cada vez mais oligopolista no âmbito global. O conteúdo real da maioria das programações não é muito diferente de uma rede para outra, se considerarmos as fórmulas semânticas subjacentes dos programas mais populares como um todo. No entanto o fato de que nem todos assistem à mesma coisa simultaneamente e que cada cultura e grupo social têm um relacionamento específico com o sistema de mídia faz uma diferença fundamental *vis-à-vis* o velho sistema de mídia de massa padronizado. Além disso, a prática difundida do *surfing* (assistir a vários programas ao mesmo tempo) pela audiência permite a criação do próprio mosaico visual. Embora os meios de comunicação realmente tenham se interconectado em todo o globo, e os programas e mensagens circulem na rede global, *não estamos vivendo em uma aldeia global, mas em domicílios sob medida, globalmente produzidos e localmente distribuídos.*

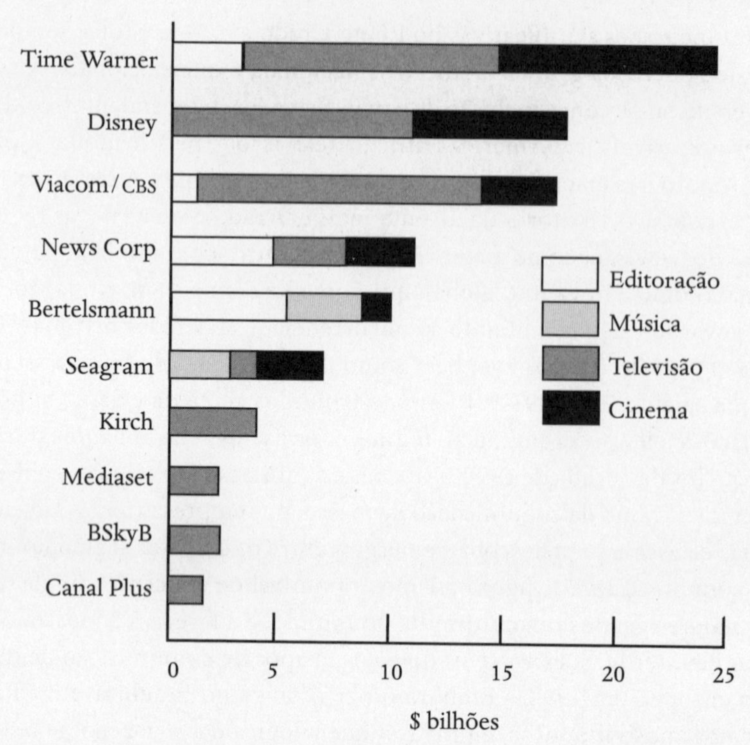

Figura 5.1 Vendas de mídia dos principais grupos em 1998 (em bilhões de dólares americanos) (Nota do autor: em janeiro de 2000, a Time Warner fundiu-se com o provedor de Internet America Online, formando o maior grupo multimídia do mundo.)

Fontes: Relatórios das empresas; Veronis, Suhler and Associates; Zenith Media; Warburg Dillon Read, elaborada por *The Economist* (1999c: 62).

Contudo a diversificação dos meios de comunicação, devido às condições de seu controle empresarial e institucional, não transformou a lógica unidirecional de sua mensagem nem realmente permitiu o feedback da audiência, exceto na forma mais primitiva de reação do mercado. Embora a audiência recebesse matéria-prima cada vez mais diversa para cada pessoa construir sua imagem do universo, a Galáxia de McLuhan era um mundo de comunicação de mão única, não de interação. Era, e ainda é, a extensão da produção em massa, da lógica industrial para o reino dos sinais e, apesar do gênio de McLuhan, não expressa a cultura da era da informação. Tudo porque o processamento das informações vai muito além da comunicação de mão única. A televisão precisou do computador para se libertar da tela. Mas seu acoplamento, com consequências potenciais importantíssimas para a sociedade em geral, veio após um longo desvio tomado pelos computadores para serem capazes de conversar com a televisão apenas depois de aprender a conversar entre si. Só então, a audiência pôde se manifestar.

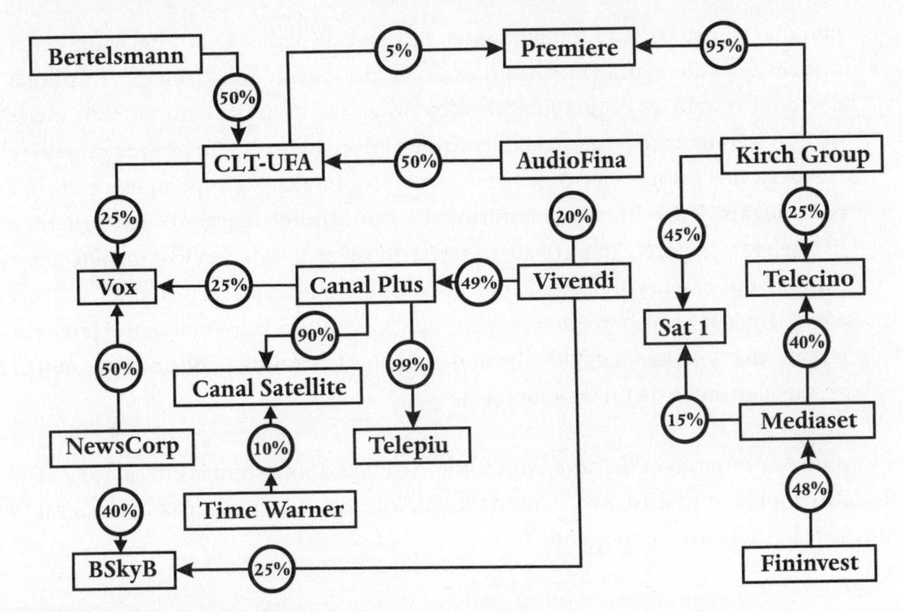

Figura 5.2 Alianças estratégicas entre grupos de comunicação na Europa, 1999

Fonte: Warburg Dillon Read, elaborada por *The Economist* (1999c: 62).

Comunicação mediada por computadores, controle institucional, redes sociais e comunidades virtuais

A história relembrará que os dois primeiros experimentos em larga escala do que Ithiel de Sola Pool chamou de "tecnologias da liberdade" foram induzidos pelo Estado: o Minitel francês, como um dispositivo para conduzir a França à sociedade da informação; a Arpanet norte-americana, predecessora da internet, como estratégia militar para possibilitar a sobrevivência das redes de comunicação em caso de ataque nuclear que pretendesse destruir os centros de comando e controle. Eram experimentos muito diferentes, estando ambos profundamente enraizados nas culturas e instituições das respectivas sociedades. Leo Scheer destacou sua lógica contrastante em uma visão resumida das características de cada sistema:

> Ambos anunciaram as supervias da informação, mas suas diferenças constituem lições importantes. Em primeiro lugar, a internet liga computadores enquanto o Minitel liga, via Transpac, centros de servidores que podem ser questionados por terminais com pouca capacidade de memória. A internet é uma iniciativa norte-americana de âmbito mundial encetada, com apoio militar, por empresas de informática financiadas pelo governo norte-americano, para criar um clube

mundial de usuários de computadores e bancos de dados. O Minitel é um sistema francês que, até agora [1994], nunca pôde ultrapassar suas fronteiras nacionais devido a restrições regulamentares [estrangeiras]. É o produto da mais ousada imaginação de tecnocratas estatais de alto nível em seu esforço para remediar a fraqueza dos setores eletrônicos franceses. Na internet: a topologia aleatória de redes locais de fanáticos por informática. No Minitel: a organização ordeira da lista telefônica. Internet: um sistema tarifário anárquico de serviços incontroláveis. Minitel: um sistema organizado que possibilita a existência de tarifas homogêneas e participação transparente nos rendimentos. Por um lado, o desenraizamento e o fantasma de conexões generalizadas além das fronteiras e culturas; por outro, a versão eletrônica de raízes comunais.[52]

A análise comparativa do desenvolvimento desses dois sistemas em relação a seus ambientes sociais e institucionais ajuda a elucidar as características do sistema de comunicação interativo emergente.[53]

A história do Minitel: l'état et l'amour

Teletel, a rede alimentadora dos terminais do Minitel, é um sistema de videotextos projetado em 1978 pela Companhia Telefônica Francesa e introduzido no mercado em 1984, após anos de experimentos localizados. Foi o primeiro e maior desses sistemas em âmbito mundial apesar de sua tecnologia primitiva — quase inalterado durante quinze anos — e conquistou grande aceitação nos lares franceses, crescendo em proporções fenomenais. Em meados dos anos 1990, oferecia 23 mil serviços e faturava sete bilhões de francos franceses para 6,5 milhões de terminais do Minitel em funcionamento, sendo usado em uma de cada quatro casas francesas e por um terço da população adulta.[54]

Esse sucesso é particularmente surpreendente quando comparado ao fracasso geral de sistemas de videotexto, como o Prestel na Grã-Bretanha e na Alemanha e o Captain no Japão, e à pouca receptividade norte-americana ao Minitel ou a outras redes de videotextos.[55] Esse êxito ocorreu apesar da limitada tecnologia de vídeo e transmissão: até o início da década de 1990, sua velocidade de transmissão era de 1.200 bauds enquanto a dos serviços de informação por computador típicos norte-americanos em funcionamento na mesma época era 9.600.[56] Atrás do sucesso do Minitel, havia duas razões fundamentais: a primeira era o comprometimento do governo francês com o experimento, como um elemento do desafio apresentado pelo relatório Nora-Minc sobre a "informatização da sociedade", preparado em 1978 a pedido do Primeiro-Ministro.[57] A segunda era a simplicidade de uso e a objetividade do sistema de faturamento bem organizado que o tornaram acessível e confiável ao cidadão comum.[58]

No entanto as pessoas precisavam de um incentivo extra para usá-lo, e essa é a parte mais reveladora da história do Minitel.[59]

O comprometimento do governo foi demonstrado de forma veemente por intermédio da Telecom francesa no lançamento do programa: cada casa recebeu a opção da entrega de um terminal Minitel gratuito no lugar da lista telefônica normal. Ademais, a companhia telefônica subsidiou o sistema até que este alcançasse seu primeiro resultado equilibrado, em 1995. Era um modo de estimular o uso das telecomunicações, criando um mercado cativo para o problemático setor eletrônico francês e, acima de tudo, de promover a familiaridade tanto das empresas como das pessoas em geral com o novo meio.[60] Contudo a estratégia mais inteligente da Telecom francesa foi abrir o sistema a provedores privados de serviços e, em primeiro lugar, aos jornais franceses, que logo se empenharam em defender e popularizar o Minitel.[61]

Mas houve um segundo motivo importante para a difusão do uso do Minitel: a apropriação do meio, pelo povo francês, para sua expressão pessoal. Os primeiros serviços oferecidos pelo Minitel eram os mesmos que estavam disponíveis na comunicação telefônica tradicional: lista telefônica, previsões do tempo, informações e reservas de transportes, compra antecipada de entradas para eventos culturais e de entretenimento etc. À medida que o sistema e as pessoas foram ficando mais sofisticados, e milhares de provedores de serviços on-line foram surgindo, publicidade, telecompras, telebanco e vários outros serviços comerciais começaram a ser oferecidos via Minitel. Mas o impacto social do Minitel foi limitado nos primeiros estágios de seu desenvolvimento.[62] Em termos de volume, a lista telefônica representava mais de 40% do total das chamadas; em termos de valor, em 1988, 36% das receitas do Minitel vinham de 2% de seus usuários, que eram empresas.[63] O sistema "pegou fogo" com a introdução das linhas de bate-papo ou *messageries*, cuja maior parte logo se especializou em oferecimentos de sexo ou conversas sobre sexo (*les messageries roses*), que em 1990 representava mais da metade das chamadas.[64] Alguns desses serviços eram conversas pornográficas eletrônicas comerciais equivalentes ao sexo por telefone tão difundido em outras sociedades. A principal diferença era a acessibilidade de tais serviços pela rede de videotextos e sua enorme propaganda em lugares públicos. Mas a maioria das utilizações eróticas do Minitel era iniciada pelas próprias pessoas nas linhas de bate-papo para discussões gerais. Porém não havia um bazar de sexo generalizado, mas uma fantasia sexual democratizada. Com certa frequência (fonte: observação participante do autor), os intercâmbios on-line baseavam-se na representação de idades, sexos e características físicas, de modo que o Minitel se tornou mais o veículo dos sonhos sexuais e pessoais do que o substituto dos bares de encontros amorosos. Essa fascinação pelo uso íntimo do Minitel foi decisiva para assegurar sua rápida difusão entre o povo francês, apesar dos protestos solenes de puritanos pudicos. No início dos anos 1990, as utilizações eróticas do Minitel foram diminuindo à medida que a moda foi passando, e o caráter rudimentar da tecnologia foi limitando seu apelo sexual: as linhas de bate-papo acabaram por representar menos de 10% do tráfego.[65] Logo que o sistema ficou totalmente estabelecido, os serviços de crescimento mais rápido nos anos 1990 foram desenvolvidos por empresas para uso interno, com o maior crescimento na área de serviços de alto valor agregado, como os jurídicos, representando mais de 30% do tráfego.[66] Mas a conquista de uma proporção substancial do povo francês para o sistema precisava da digressão através de sua psique pessoal e da satisfação parcial de suas necessidades de comunicação, pelo menos por algum tempo.

Quando, na década de 1990, o Minitel enfatizou seu papel como provedor de serviços, também deixou evidente suas limitações naturais como meio de comunicação.[67] No âmbito tecnológico, o Minitel contava com uma tecnologia de transmissão e vídeo muito antiga, cuja revisão poria um fim a seu apelo básico como dispositivo eletrônico gratuito. Além disso, não se baseava em computadores pessoais mas, de forma geral, em terminais "burros", dessa forma limitando substancialmente a capacidade autônoma de processamento de informação. Sob o aspecto institucional, sua arquitetura, organizada em torno de uma hierarquia de redes de servidores, com pouca capacidade de comunicação horizontal, era muito inflexível para uma sociedade culturalmente sofisticada como a francesa, visto que havia novas esferas de comunicações além do Minitel. A solução óbvia adotada pelo sistema francês foi oferecer a opção, paga, de ligar-se à internet em âmbito mundial. Com isso, o Minitel ficou dividido internamente entre um serviço burocrático de informação, um sistema de serviços empresariais em rede e uma entrada subsidiária para o vasto sistema de comunicação da constelação da internet.

A constelação da internet

A internet (cujo processo de formação analisei no capítulo 1) é a espinha dorsal da comunicação global mediada por computadores (CMC): é a rede que liga a maior parte das redes. Segundo fontes recolhidas por Vinton Cerf, em junho de 1999 a internet conectava cerca de 63 milhões de computadores-servidores, 950 milhões de terminais telefônicos, 5 milhões de domínios do nível 2, 3,6 milhões de sítios da web, e era usada por 179 milhões de pessoas em mais de 200 países. Os Estados Unidos e o Canadá representavam mais de 102 milhões de usuários, a Europa, mais de 40 milhões, a Ásia e o Pacífico asiático, quase 27 milhões, a América Latina, 23,3 milhões, a África, 1,14 milhão, e o Oriente Médio, 0,88 milhão. As projeções em meados de 1999 previam o aumento do número de servidores conectados para quase 123 milhões até 2001, e para 878 milhões em 2007 (ver figura 5.3), e o número de usuários chegar a algo entre 300 milhões e 1 bilhão até dezembro de 2000.[68]

Alguns analistas acham que os números de Cerf, em razão da costumeira cautela de Cerf, talvez subestimem a difusão da internet em 1999/2000.[69] Meu próprio palpite é que o número de usuários estará nas proximidades de 700 milhões até meados de 2001. Eis a comparação desse dado com o tamanho da internet nos estágios iniciais de desenvolvimento: em 1973, havia 25 computadores conectados à rede; ao longo dos anos 1970, a internet funcionava com apenas 256 computadores; no início da década de 1980, após aperfeiçoamentos significativos, ainda era restrita a cerca de 25 redes com somente algumas centenas de computadores primários e alguns milhares de usuários.[70]

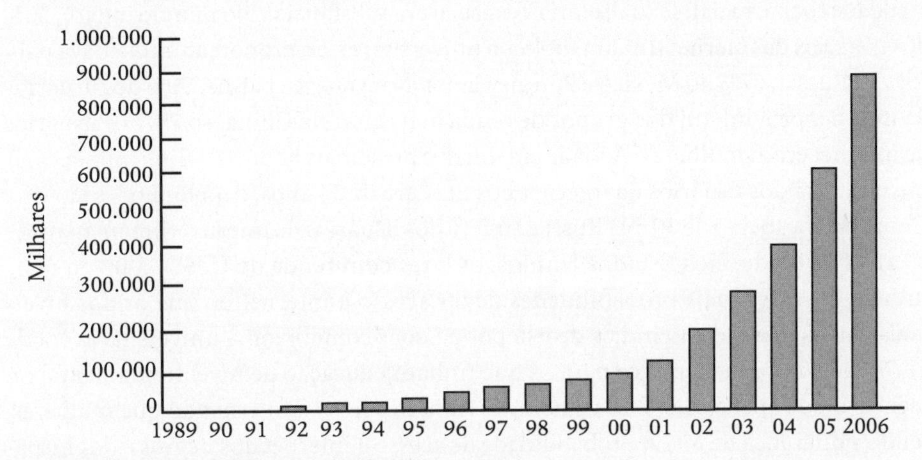

Figura 5.3 Servidores de internet, 1989-2006 (em milhares)

Os números (em milhares) de cada ano foram os seguintes: 1989: 157; 1990: 376; 1991: 727; 1992: 1.313; 1993: 2.217; 1994: 5.846; 1995: 14.352; 1996: 21.819; 1997: 29.670; 1998: 43.230; 1999: 62.987; 2000: 91.774; 2001: 122.717; 2002: 194.830; 2003: 283.872; 2004: 413.610; 2005: 602.641; 2006: 878.065

Fonte: Cerf (1999).

Com relação aos usuários, duas pesquisas, de agosto de 1991 e novembro de 1995, estimaram o número de usuários dos Estados Unidos em 9,5 milhões e 24 milhões.[71] Isso significa que em apenas quatro anos o fator de aumento do número de usuários da internet na América do Norte foi de 10,7 ou 4,25. Já que as conexões em rede tendem a elevar o índice de crescimento com a expansão da rede (ver capítulo 1), a ideia de um bilhão de servidores conectados via internet e bem mais que dois bilhões de usuários da internet antes de 2010 não parece exagerada. Na verdade, na comunicação mediada pelo computador, o céu não é o limite: em 1999, Vinton Cerf, um dos pais da Arpanet, depois da internet, estava assessorando a NASA no projeto de uma espinha dorsal interplanetária para a internet, que contaria com a possibilidade de uma estação tripulada em Marte até 2030, e o desejo supremo; uma espinha dorsal interplanetária estável para a internet até 2040.[72] De volta ao planeta, a internet, em suas diversas encarnações e manifestações evolutivas, já é o meio de comunicação interativo universal via computador da Era da Informação.[73]

Há, porém, desigualdades importantes na internet. Analisando dados de diversas fontes por volta de 1998-2000, os países industrializados, com cerca de 15% da população do planeta, representavam 88% dos usuários da internet. Havia considerável disparidade regional na difusão da internet. Embora só 2,4% da população mundial tivessem acesso à internet, a porcentagem era de 28% na Finlândia (a sociedade mais voltada para a internet no mundo na virada do século), 26,3% nos Estados Unidos e 6,9% nos países da OCDE, excluindo-se os Estados Unidos. Dentro dos países, a desigualdade social, racial, sexual, etária e espacial era substancial. No mundo inteiro, 30% dos usuários da internet tinham diploma universitário, e a proporção aumentava para 55% na Rússia, 67% no México e 90% na China. Na América Latina, 90% dos usuários da internet provinham dos grupos de renda mais alta. Na China, só 7% dos usuários da internet eram mulheres. A idade era um dos principais fatores de discriminação. A média etária dos usuários da internet nos EUA era de 36 anos, e no Reino Unido e na China estava abaixo de 30. Na Rússia, só 15% dos usuários da internet tinham mais de 45 anos de idade. Nos Estados Unidos, os lares com renda de US$ 75.000 ou mais tinham 20 vezes mais probabilidades de ter acesso à internet do que os dos níveis mais baixos de renda. O índice de uso por pessoas com diploma universitário era de 61,6%, ao passo que o índice para os que tinham educação de nível fundamental ou menos era de apenas 6,6%. Mais homens tinham acesso à internet do que mulheres, sendo a diferença de 3%. A probabilidade de acesso à internet dos negros e dos hispânicos era de um terço da dos asiáticos, e de dois quintos da dos brancos. As diferenças em acesso à internet entre lares de brancos e hispânicos e de brancos e negros eram de 6%, maior em dezembro de 1998 do que em dezembro de 1994. Contudo, entre os estadunidenses com renda superior a US$ 75.000, a diferença racial se estreitou consideravelmente em 1998, indicando assim para renda e nível de educação, e não para a raça propriamente dita, como fontes de desigualdade. A desigualdade espacial no acesso à internet é um dos paradoxos mais impressionantes da era da informação, em razão da característica supostamente independente de espaço da tecnologia. Não obstante, o trabalho pioneiro de Matthew Zook oferece indícios da alta concentração de domínios comerciais da internet em algumas concentrações urbanas (ver figuras 5.4-5.7).[74] Nos EUA, controlando-se pela renda, os residentes urbanos tinham mais do que o dobro de probabilidades do que os residentes de ter acesso à internet — outra descoberta contraintuitiva que rejeita a imagem popular de vida rural no ciberespaço. Na Rússia, em 1998, 50% dos usuários da internet estavam em Moscou, e mais de 75% estavam concentrados nas três maiores cidades (Moscou, São Petersburgo e Yekaterinburgo), apesar das carências em comunicação de uma população espalhada num vasto território.[75]

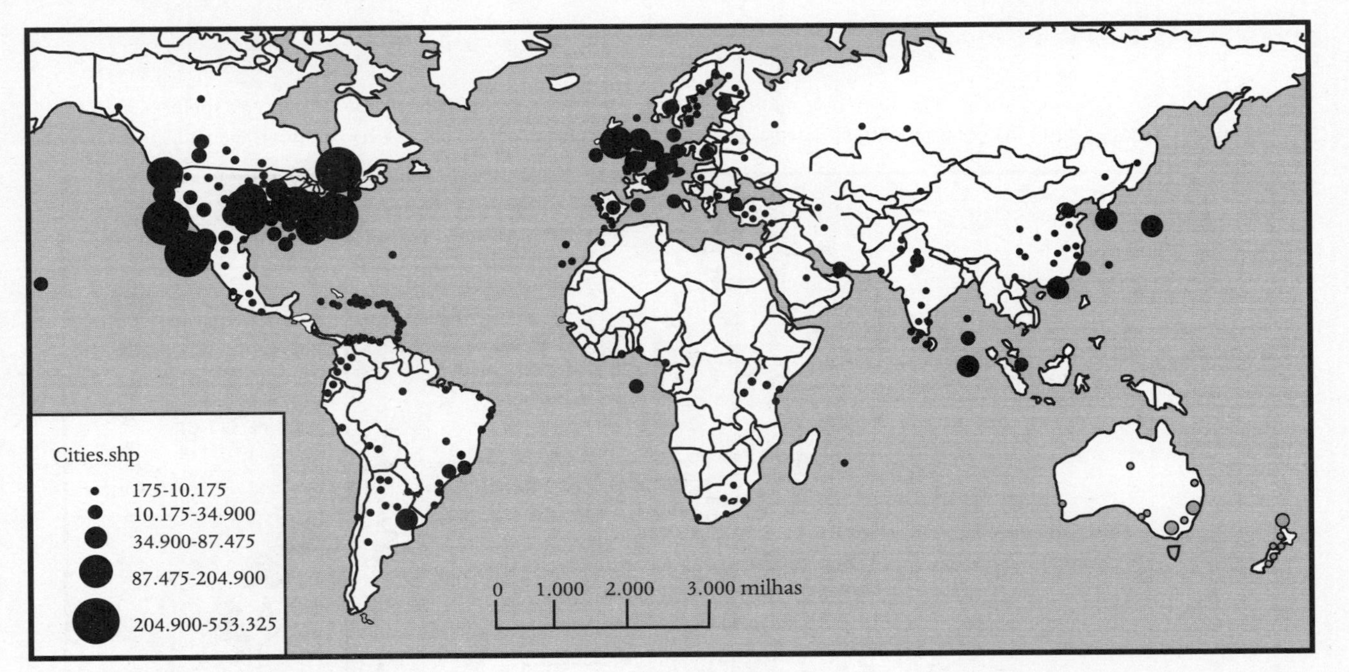

Figura 5.4 Nomes de domínio CONE e com códigos dos países na internet por cidade, no mundo inteiro, julho de 1999 (representa 8.766.072 nomes de domínio na internet)

Nota: Os mapas das figuras 5.4-5.7 mostram a localização dos endereços de registro de nomes de domínios como nytimes.com ou nokia.com rastreados até o nível de cidade. A metodologia para obter e mapear os nomes de domínios é explicada em Zook (2000a, b). Esses mapas contêm dois tipos de nomes de domínios: (a) Domínios de nível superior (TLD) dos CONE (.com, .ord, .net e .edu), originalmente criados para o uso de empresas, instituições sem fins lucrativos, redes de computadores e instituições educacionais; e (b) TLD com código de país (CC), tais como ".de" de Alemanha e ".jp" de Japão, que se destinavam ao uso na internet nos respectivos países. Devido ao número imenso de domínios CONE, os dados de julho de 1999 se baseiam numa amostra aleatória de 4% dos nomes de domínio CONE.

Fonte: Zook (2000c).

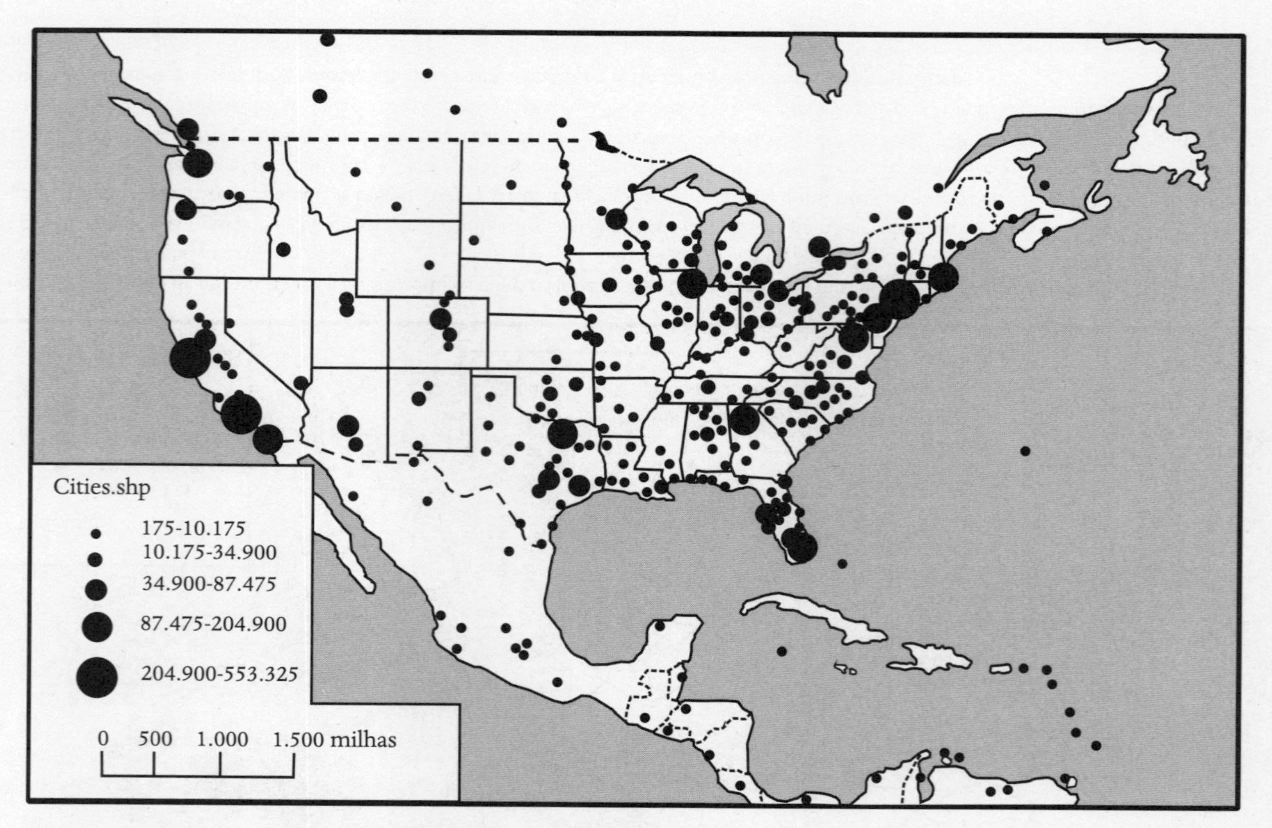

Figura 5.5 Nomes de domínio CONE e com códigos de países na internet por cidade, na América do Norte, julho de 1999 (combinados, os Estados Unidos e o Canadá contêm 60,1% dos domínios do mundo) (ver explicação do mapa na figura 5.4)

Fonte: Zook (2000c).

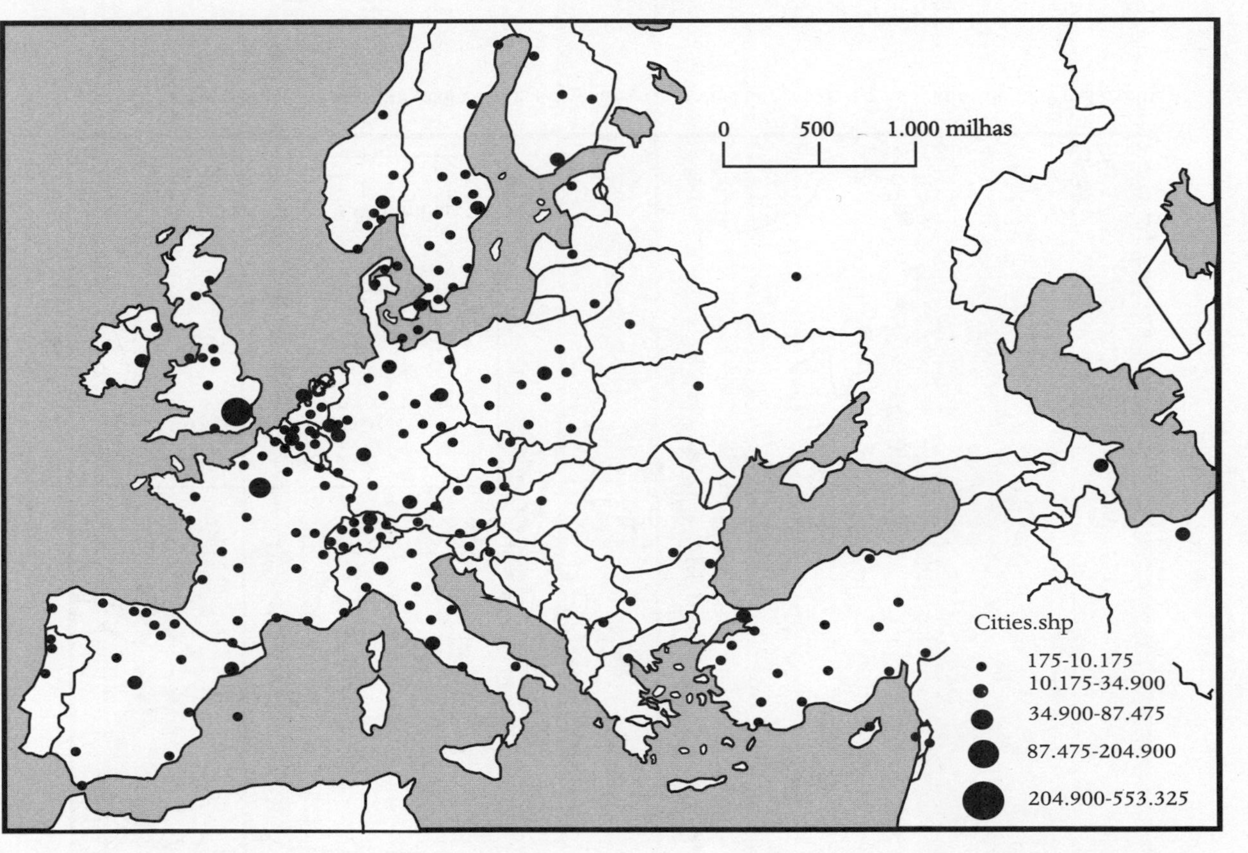

Figura 5.6 Nomes de domínio CONE e com códigos de países na internet por cidade, na Europa, julho de 1999 (a Europa contém 25,1% dos domínios do mundo) (ver explicação do mapa na figura 5.4)

Fonte: Zook (2000c).

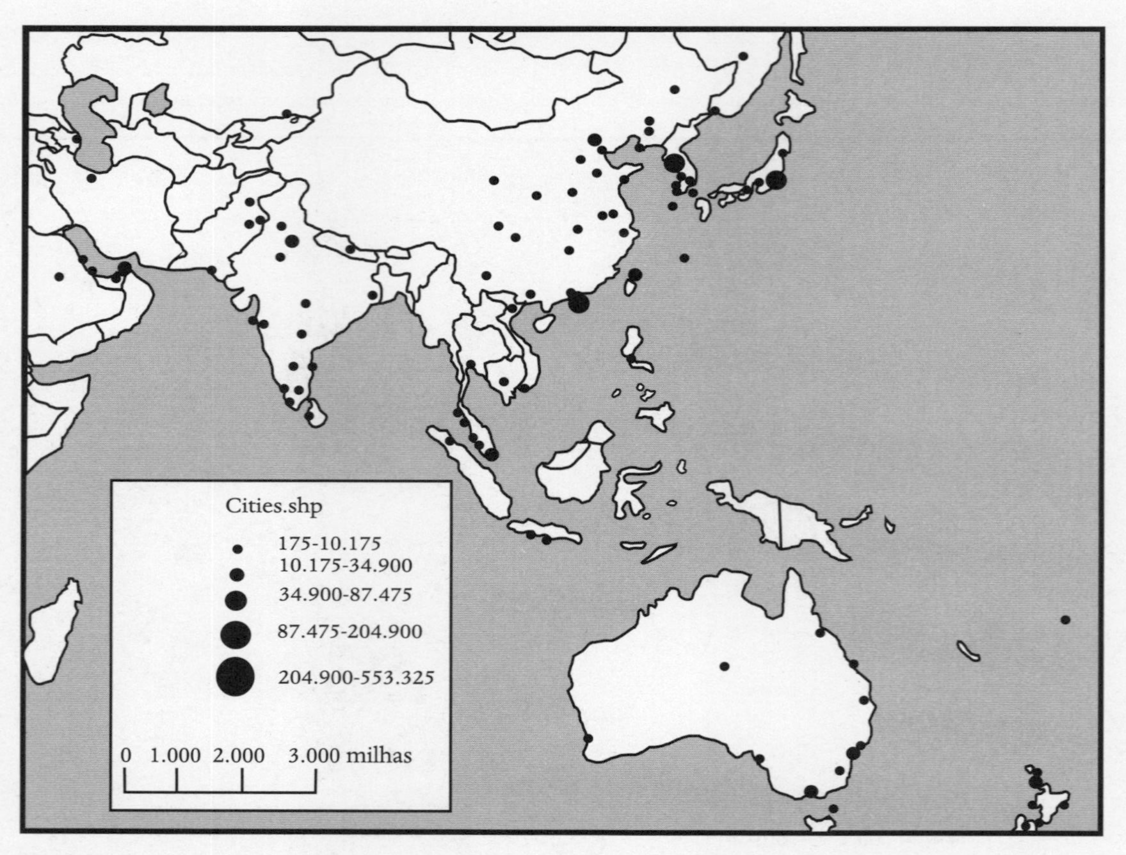

Figura 5.7 Nomes de domínio CONE e com códigos de países na internet por cidade, na Ásia, julho de 1999 (ver explicação do mapa na figura 5.4)

Fonte: Zook (2000c).

Por outro lado, o índice de difusão da internet em 1999 era tão grande no mundo inteiro que estava claro que o acesso generalizado seria a norma nos países avançados no início do século XXI. Por exemplo, nos EUA, em 1997-8, a diferença racial no acesso à internet cresceu, mas o acesso à internet aumentou 48% em um ano nos lares de hispânicos, e 52% nos lares de negros, em comparação com 52,8% nos lares de brancos. De fato, entre universitários, a diferença de raça e sexo no uso da internet estava desaparecendo em fins do século. E, em 2000, 95% das escolas públicas dos EUA tinham acesso à internet, embora só um terço delas tivesse pessoal técnico competente para fazer o treinamento dos professores e dos alunos no uso da internet. A internet tem tido um índice de penetração mais veloz do que qualquer outro meio de comunicação na história: nos Estados Unidos, o rádio levou trinta anos para chegar a sessenta milhões de pessoas; a TV alcançou esse nível de difusão em quinze anos; a internet o fez em apenas três anos após a criação da teia mundial. O resto do mundo está atrasado com relação à América do Norte e os países desenvolvidos, mas o acesso à internet e seu uso os estavam alcançando rapidamente nos principais centros metropolitanos de todos os continentes.[76] Contudo não deixa de ser importante quem teve acesso primeiro, e a quê, porque, ao contrário da televisão, os consumidores da internet também são produtores, pois fornecem conteúdo e dão forma à teia. Assim, o momento de chegada tão desigual das sociedades à constelação da internet terá consequências duradouras no futuro padrão da comunicação e da cultura mundiais.[77]

Hoje existem milhões de usuários de redes no mundo inteiro, cobrindo todo o espectro da comunicação humana, da política e da religião ao sexo e à pesquisa — com o comércio eletrônico como atração principal da internet contemporânea.[78] Na virada do século, a grande maioria dessas redes não estavam conectadas à internet, mas estavam mantendo sua própria identidade e impondo suas próprias regras de comportamento. E uma fatia cada vez maior da internet estava se tornando, como expus no capítulo 2, uma enorme feira.

Mas a capacidade da rede das redes (a Rede) é tal que uma parte considerável das comunicações que acontecem na rede é, em geral, espontânea, não organizada e diversificada em finalidade e adesão. De fato, os interesses comerciais e governamentais são coincidentes quanto ao favorecimento da expansão do uso da rede: quanto maior a diversidade de mensagens e de participantes, mais alta será a massa crítica da rede e mais alto o valor. A coexistência pacífica de vários interesses e culturas na Rede tomou a forma da World Wide Web — WWW (Rede de Alcance Mundial), uma rede flexível formada por redes dentro da internet onde instituições, empresas, associações e pessoas físicas criam os próprios sítios (sites), que servem de base para que todos os indivíduos com acesso possam produzir sua *homepage*, feita de colagens variadas de textos e imagens (ver capítulo 1).

A Web propiciava agrupamentos de interesses e projetos na Rede, superando a busca caótica e demorada da internet pré-WWW. Com base nesses agrupamentos, pessoas físicas e organizações eram capazes de interagir de forma expressiva no que se tornou, literalmente, uma Rede de Alcance Mundial para comunicação individualizada, interativa.[79] O preço a pagar por uma participação tão diversa e difundida é deixar que a comunicação espontânea, informal prospere simultaneamente. A comercialização do espaço cibernético estará mais próxima da experiência histórica das ruas comerciais emergentes da palpitante cultura urbana que dos shopping centers espalhados na monotonia dos subúrbios anônimos.

As duas fontes da Rede, o *establishment* militar/científico e a contracultura computacional pessoal, tiveram base comum: o mundo universitário. Conforme relatei no capítulo 1, o primeiro nó da Arpanet foi estabelecido em 1969 na UCLA (Universidade da Califórnia em Los Angeles), e outros seis foram acrescentados em 1970-1 na Universidade da Califórnia em Santa Bárbara, SRI, Universidade de Utah, BBN, MIT e Harvard. De lá, espalharam-se mais nós ou centros principalmente pela comunidade acadêmica, com exceção das redes internas de grandes empresas eletrônicas. Essa origem universitária da Rede sempre foi decisiva para o desenvolvimento e difusão da comunicação eletrônica pelo mundo. O início da CMC (comunicação global mediada por computadores) em larga escala ocorreu, nos EUA, entre pós-graduandos e corpo docente de universidades no início dos anos 1990. E apenas alguns anos depois, aconteceu um processo semelhante no resto do mundo. Na Espanha, em meados da década de 1990, o maior contingente de internautas veio das redes de computadores em torno das diversas universidades de Madri e Barcelona. Na Rússia, a comunicação mediada pelo computador (CMC) apareceu em fins da década de 1980 na forma de movimento popular semilegal de pesquisadores dos institutos da Academia de Ciências e das universidades. A história parece ser a mesma em todo o mundo. Esse processo de difusão com base em universidades é significativo porque tem o mais alto potencial de expansão de *know-how* e hábitos da CMC. Na verdade, ao contrário do suposto isolamento social sugerido pela imagem da torre de marfim, as universidades são os principais agentes de difusão de inovações sociais porque geração após geração de jovens por ali passam, ali conhecem novas formas de pensamento, administração, atuação e comunicação e se habituam a elas. Como a CMC penetra no sistema universitário em escala internacional, os profissionais que assumirem empresas e instituições no início do século XXI levarão consigo a mensagem do novo meio para a sociedade em geral.

O processo da formação e difusão da internet e das redes de CMC a ela ligadas nos últimos 25 anos moldou de forma definitiva a estrutura do novo veículo de comunicação na arquitetura da rede, na cultura de seus usuários e nos padrões reais de comunicação.[80] A arquitetura da rede é, e continuará sendo, aberta do ponto de vista tecnológico, possibilitando amplo acesso público e limitando seriamente restrições governamentais ou comerciais a esse acesso, embora a desigualdade social se manifeste de maneira poderosa no domínio eletrônico. De um lado, essa abertura é a consequência do projeto original concebido, em parte, pelas razões de estratégia militar já mencionadas e também porque os cientistas que administravam os programas militares de pesquisas queriam instalar esse novo sistema, tanto como ostentação de proeza tecnológica quanto como esforço utópico. Por outro, a abertura do sistema também resulta do processo inovador constante e da livre acessibilidade imposta pelos primeiros *hackers* de computadores (em seu sentido original) e pelas centenas de milhares de pessoas que ainda usam a rede como *hobby*.

Por exemplo, em fins da década de 1990, a difusão gratuita pela Rede do software Linux, criado por Linus Torvalds, jovem e brilhante cientista da computação da Universidade de Helsinki, para execução em aplicativos Unix para a internet, foi um grande desafio para o predomínio dos softwares da Microsoft. Mas o fator significativo no êxito do Linux foi seu interminável aprimoramento em consequência da contribuição de milhares de usuários, que descobriam novos usos e aperfeiçoavam o software, depois divulgando esses aperfeiçoamentos na Rede, gratuitamente, retribuindo assim o presente técnico que haviam recebido. Esse esforço constante e multifacetado para melhorar a comunicabilidade da rede constitui um notável exemplo de como a produtividade de cooperação tecnológica através da rede acabou por aperfeiçoá-la.[81]

A cultura dos primeiros usuários, com suas subcorrentes utópicas, comunais e libertárias, moldou a Rede em duas direções opostas. Por um lado, tendia a restringir o acesso a uma minoria de usuários que entravam na rede por *hobby*, as únicas pessoas capazes e desejosas de gastar tempo e energia frequentando o espaço cibernético. Dessa era, permanece um espírito pioneiro que vê com desconfiança a comercialização da rede e observa apreensivamente como a realização do sonho de comunicação generalizada entre as pessoas traz consigo os limites e a miséria da humanidade como ela é. Mas à medida que os exageros das primeiras tribos de informática recuam sob o fluxo implacável das novatas, o que permanece das origens contraculturais da rede é a informalidade e a capacidade autorreguladora de comunicação, a ideia de que muitos contribuem para muitos, mas cada um tem a própria voz e espera uma resposta individualizada.[82] A multipersonalização da CMC expressa, em certa medida, a mesma tensão surgida nos anos 1960 entre a "cultura do eu" e os sonhos comunais de cada indivíduo.[83] Na verdade, há mais pontes do que os especialistas em comunicação normalmente reconhecem entre as origens contraculturais da CMC e o geral dos internautas de hoje, como é mostrado pela aceitação comercial da revista *Wired*, criada como recurso contracultural, mas que se tornou a mais forte expressão da cultura da internet e seu guia em meados dos anos 1990.

Assim, apesar de todos os esforços para regular, privatizar e comercializar a internet e seus sistemas tributários, as redes de CMC, dentro e fora da internet, têm como características: penetrabilidade, descentralização multifacetada e flexibilidade. Alastram-se como colônias de micro-organismos.[84] Cada vez mais refletirão interesses comerciais à medida que estenderem a lógica controladora das maiores organizações públicas e privadas para toda a esfera da comunicação. Mas, diferentemente da mídia de massa da Galáxia de McLuhan, elas têm propriedades de interatividade e individualização tecnológica e culturalmente embutidas. Contudo será que essas potencialidades se transformam em novos padrões de comunicação? Quais são os atributos culturais emergentes do processo de interação eletrônica? Vamos analisar o escasso material empírico existente sobre o assunto.

A sociedade interativa

A comunicação mediada pela internet é um fenômeno social recente demais para que a pesquisa acadêmica tenha tido a oportunidade de chegar a conclusões sólidas sobre seu significado social.

Ademais, os parcos registros empíricos ainda estão marcados pelo tipo de questões que surgiram na era pré-www, isto é, anteriores a 1995, quando a comunicação mediada pelo computador era assunto sem importância de algumas centenas de milhares de usuários devotos. Isso é verdade, em especial, com relação à questão que dominou o debate sobre as dimensões sociais da internet durante a década de 1990: a internet favorece a criação de novas comunidades, comunidades virtuais, ou, pelo contrário, está induzindo ao isolamento pessoal, cortando os laços das pessoas com a sociedade e, por fim, com o mundo "real"? Howard Rheingold, em seu livro pioneiro *Virtual Communities*, deu o tom do debate defendendo com ênfase o nascimento de uma nova forma de comunidade, que reúne as pessoas on-line ao redor de valores e interesses em comum.[85] Além disso, com base em sua própria experiência com a WELL, uma rede cooperativa de computadores da área da Baía de San Francisco, ele propôs a ideia de que as comunidades criadas on-line poderiam transformar-se, como no próprio caso dele, em reuniões físicas, festas amistosas e apoio material para os membros da comunidade virtual. Em geral entende-se que comunidade virtual, segundo a argumentação de Rheingold, é uma rede eletrônica autodefinida de comunicações interativas e organizadas ao redor de interesses ou fins em comum, embora às vezes a comunicação se torne a própria meta. Tais comunidades podem ser relativamente formalizadas, como no caso dos fóruns patrocinados ou sistemas de BBS, ou formadas espontaneamente por redes sociais que se conectam à rede para enviar e receber mensagens no padrão de horário escolhido (com atraso ou em tempo real). Foram criadas dezenas de milhares dessas "comunidades" no mundo inteiro na década de 1990, a maioria delas com base nos EUA, porém se expandindo cada vez em âmbito global. Ainda não está claro, porém, o grau de sociabilidade que ocorre nessas redes eletrônicas, e quais são as consequências culturais dessa nova forma de sociabilidade, apesar do empenho de um grupo cada vez maior de pesquisadores.[86]

O legendário John Perry Barlow, cantor de rock, cofundador da libertária Electronic Frontier Foundation, profeta da internet e defensor de causas humanitárias, estava esperançoso e dizia que "estamos agora criando um espaço no qual o povo do planeta pode ter [um novo] tipo de relacionamento: quero poder interagir totalmente com a consciência que está tentando se comunicar comigo".[87] Numa abordagem mais acadêmica, William Mitchell foi convincente ao afirmar que estão emergindo on-line novas formas de sociabilidade e novas formas de vida urbana, adaptadas ao nosso novo meio ambiente tecnológico.[88] E em um dos primeiros estudos psicanalíticos dos usuários da internet (na verdade, membros de um grupo Multi Users Dungeons — MUDs), Sherry Turkle demonstrou que, sim, os usuários interpretavam papéis e criavam identidades on-line. Mas isso gerava uma sensação de comunidade, mesmo que efêmera, e talvez trouxesse algum alívio a pessoas carentes de comunicação e autoexpressão. Contudo, ela conclui que "a noção do real contra-ataca. Quem vive vidas paralelas na tela está, não obstante, ligado pelos desejos, pela dor e pela mortalidade de suas personalidades físicas. As comunidades virtuais oferecem um contexto novo e impressionante, no qual pensar sobre a identidade humana na era da internet".[89]

Por outro lado, os críticos sociais, como Mark Slouka, condenam a desumanização das relações sociais que nos trouxeram os computadores, pois a vida on-line parece ser uma maneira fácil de fugir da vida real.[90] E, na França, Dominique Wolton, respeitada socióloga, convocou os intelectuais a resistirem à ideologia dominadora e tecnocrata contida na internet.[91] Além disso, as pesquisas acadêmicas rigorosas parecem indicar que, em certas condições, o uso da internet aumenta as chances de solidão, sensações de alienação ou mesmo depressão. Num estudo bastante divulgado, uma equipe de pesquisadores em psicologia da Carnegie Mellon University examinou a repercussão social e psicológica da internet sobre o envolvimento social e o bem-estar psicológico, avaliando o comportamento e as posturas durante os dois primeiros anos on-line, em 1995 e 1996. Nessa amostra, o uso mais intenso da internet foi associado ao declínio da comunicação dos participantes com os membros da família no lar, um declínio no tamanho de seu círculo social e aumento da depressão e da solidão.[92]

Tentando entender a diversidade confusa dos registros, o maior pesquisador empírico em sociologia da internet, Barry Wellman, e seus colaboradores analisaram, numa série de artigos entre 1996 e 1999, as principais descobertas no tocante ao surgimento das comunidades virtuais na internet, de uma ampla variedade de fontes.[93] O objetivo principal de Wellman é nos lembrar que as "comunidades virtuais" não precisam opor-se às "comunidades físicas": são formas diferentes de comunidade, com leis e dinâmicas específicas, que interagem com outras formas de comunidade. Ademais, não raro os críticos sociais se referem implicitamente a um conceito idílico de comunidade, uma cultura muito unida, espacialmente definida, de apoio e aconchego, que provavelmente não existia nas sociedades rurais, e que decerto desapareceu nos países industrializados.[94] Pelo contrário, Wellman demonstrou num fluxo de descobertas coerentes no decorrer dos anos que o que surgiu nas sociedades avançadas é o que ele denomina "comunidades pessoais": "a rede social do indivíduo de laços interpessoais informais, que vão de meia dúzia de amigos íntimos a centenas de laços mais fracos... Tanto as comunidades de grupo quanto as comunidades pessoais funcionam tanto on-line quanto off-line."[95] Nessa perspectiva, as comunidades substituem as redes sociais, com as comunidades locais sendo uma das muitas opções possíveis para a criação e a manutenção de redes sociais, e a internet oferece mais uma dessas alternativas. Com isso em mente, o que sabemos acerca do que está acontecendo na internet?

Wellman e Gulia demonstram que, assim como nas redes físicas pessoais, a maioria dos vínculos das comunidades virtuais são especializados e diversificados, conforme as pessoas vão criando seus próprios "portfólios pessoais". Os usuários da internet ingressam em redes ou grupos on-line com base em interesses em comum, e valores, e já que têm interesses multidimensionais, também os terão suas afiliações on-line. Não obstante, com o passar do tempo, muitas redes que começam como instrumentais e especializadas acabam oferecendo apoio pessoal, tanto material quanto afetivo, como aconteceu, por exemplo, no caso da SeniorNet, para idosos, ou no caso da "Systers", rede de cientistas da computação do sexo feminino. Assim, parece que a interação via internet é tanto especializada/funcional quanto ampla/solidária, conforme a interação nas redes amplia seu âmbito de comunicação com o passar do tempo.

Uma distinção fundamental na análise da sociabilidade é entre os laços fracos e os laços fortes. A Rede é especialmente apropriada para a geração de laços fracos múltiplos. Os laços fracos são úteis no fornecimento de informações e na abertura de novas oportunidades a baixo custo. A vantagem da Rede é que ela permite a criação de laços fracos com desconhecidos, num modelo igualitário de interação, no qual as características sociais são menos influentes na estruturação, ou mesmo no bloqueio, da comunicação. De fato, tanto off-line quanto on-line, os laços fracos facilitam a ligação de pessoas com diversas características sociais, expandindo assim a sociabilidade para além dos limites socialmente definidos do autorreconhecimento. Nesse sentido, a internet pode contribuir para a expansão dos vínculos sociais numa sociedade que parece estar passando por uma rápida individualização e uma ruptura cívica.[96] Parece que as comunidades virtuais são mais fortes do que os observadores em geral acreditam. Existem indícios substanciais de solidariedade recíproca na Rede, mesmo entre usuários com laços fracos entre si. De fato, a comunicação on-line incentiva discussões desinibidas, permitindo assim a sinceridade. O preço, porém, é o alto índice de mortalidade das amizades on-line, pois um palpite infeliz pode ser sancionado pelo clique na desconexão — eterna.

Quanto ao impacto da comunicação via internet sobre a intimidade física e a sociabilidade, Wellman e seus colaboradores acham que os temores de empobrecimento da vida social estão fora de contexto. Indicam o fato de que não há equação de resultado zero e que, de fato, em algumas das redes que estudaram, o uso mais intenso da internet leva a mais vínculos sociais, inclusive físicos. Novamente, os formadores de opinião parecem estar comparando a sociabilidade na internet com a ideia mítica de uma sociedade unida por laços comunitários. Não obstante, "as pesquisas atuais indicam que os norte-americanos costumam ter mais de mil laços interpessoais. Só meia dúzia deles são íntimos e não mais que cinquenta são significativamente fortes. Contudo, reunidos, os outros mais de 950 laços são fontes importantes de informações, apoio, companheirismo e sensação de aconchego".[97] A internet favorece a expansão e a intensidade dessas centenas de laços fracos que geram uma camada fundamental de interação social para as pessoas que vivem num mundo tecnologicamente desenvolvido.

Assim, no fim das contas, as comunidades virtuais são comunidades reais? Sim e não. São comunidades, porém não são comunidades físicas, e não seguem os mesmos modelos de comunicação e interação das comunidades físicas. Porém não são "irreais", funcionam em outro plano da realidade. São redes sociais interpessoais, em sua maioria baseadas em laços fracos, diversificadíssimas e especializadíssimas, também capazes de gerar reciprocidade e apoio por intermédio da dinâmica da interação sustentada. Segundo Wellman, não são imitações de outras formas de vida, têm sua própria dinâmica: a Rede é a Rede. Transcendem a distância, a baixo custo, costumam ter natureza assincrônica, combinam a rápida disseminação da comunicação de massa com a penetração da comunicação pessoal, e permitem afiliações múltiplas em comunidades parciais. Ademais, não existem no isolamento de outras formas de sociabilidade. Reforçam a tendência de "privatização da sociabilidade" — isto é, a reconstrução das redes sociais ao redor do indivíduo, o desenvolvimento de comunidades pessoais, tanto fisicamente quanto on-line. Os vínculos cibernéticos oferecem a oportunidade de vínculos sociais para pessoas que, caso contrário, viveriam vidas sociais mais limitadas, pois seus vínculos estão cada vez mais espacialmente dispersos.

Além disso, dentro do segmento de usuários regulares da CMC, parece que esse veículo favorece a comunicação desinibida e, nas redes com base em empresas, estimula a participação de trabalhadores de status inferiores.[98] Na mesma linha argumentativa, mulheres e outros grupos sociais oprimidos parecem tender a se expressar de forma mais aberta devido à proteção do meio eletrônico, embora devamos lembrar que, como um todo, as mulheres representavam uma minoria de usuários até 1999.[99] É como se o simbolismo do poder embutido na comunicação frente a frente ainda não tivesse encontrado sua linguagem na nova CMC. Em razão da novidade histórica do veículo e da relativa melhora do status relativo de poder dos grupos tradicionalmente subordinados, como as mulheres, a CMC poderia oferecer uma oportunidade de reversão dos jogos de poder tradicionais no processo de comunicação.

Passando da análise de *usuários* para a de *usos*, deve-se enfatizar que *a esmagadora proporção de atividade de CMC ocorre no trabalho ou em situações a ele relacionadas.* Já analisei, nos capítulos 3 e 4, a importância crucial do computador para a nova forma de organização em rede e condições de trabalho específicas dos usuários de redes. No contexto desta análise dos impactos culturais o que deve ser considerado é o isomorfismo simbólico dos processos de trabalho, serviços feitos em casa e entretenimento na nova estrutura de comunicação. Será que a relação com o computador é suficientemente específica para ligar trabalho, casa e diversão no mesmo sistema de processamento de símbolos? Ou, ao contrário, o contexto determina a percepção e os empregos do meio? Não temos pesquisa confiável sobre o assunto até o momento, mas algumas observações preliminares feitas por Penny Gurstein[100] parecem indicar que, embora desfrutem de autoconfiança no gerenciamento temporal e espacial, os usuários de computadores em casa ressentem-se da falta de separação distinta entre trabalho e lazer, família e negócios, personalidade e função. Alesia Montgomery, estudando em 1998 os usos da internet em situações de trabalho, descobriu que, para seus entrevistados, "seu acesso on-line, suas capacitações e seus contatos parecem moldados, até certo ponto, pelo espaço de trabalho, e as interações on-line envolvem principalmente pessoas que também veem pessoalmente: parentes, amigos e colegas".[101] Nancy Baym, estudando o surgimento de uma comunidade on-line com base em seu estudo etnográfico do r.a.t.s. (*newsgroup* que discute novelas), analisa a relação entre contextos sociais de interação on-line, e o significado e o teor das conversas on-line. Ela afirma que a "realidade parece ser que muitos, provavelmente a maioria dos usuários sociais da CMC, criam egos on-line compatíveis com sua identidade off-line".[102] Digamos, como hipótese, que a convergência de experiência no mesmo meio de certa forma atrapalha a separação institucional de domínios de atividade e confunde códigos de comportamento.

Além do desempenho de tarefas profissionais, os usos da CMC já alcançam toda a esfera de atividades sociais.[103] O telebanco vem sendo imposto aos clientes, tanto por incentivos quanto por penalidades dos bancos. As compras on-line estão explodindo, não por imposição dos shopping centers, mas vinculadas a eles, embora algumas lojas tradicionais (por exemplo, livrarias, lojas de discos, talvez revendas de automóveis) desaparecerão ou serão transformadas pela concorrência on-line. As universidades estão, devagar e sempre, entrando numa era de articulação entre a interface pessoal e o ensino on-line.[104] As comunicações pessoais por correio eletrônico, atividade de CMC mais comum fora do trabalho, estão crescendo exponencialmente.[105] De fato, sua grande utilização não assume o lugar da comunicação interpessoal, exceto da comunicação por telefone, uma vez que secretárias eletrônicas e serviços de caixa postal de voz criaram uma barreira de comunicação que torna o correio eletrônico a melhor opção para comunicação direta em um momento preferido. O sexo via computador é outro emprego importante da CMC e está se expandindo rapidamente. Embora haja um mercado de crescimento rápido na estimulação sexual computadorizada cada vez mais associada com a tecnologia de realidade virtual,[106] a maior parte da atividade sexual via computador ocorre em linhas de conversas, seja em BBSs especializados, seja como derivação espontânea de interações pessoais. O poder interativo das novas redes tornou essa atividade mais dinâmica na Califórnia dos anos 1990 que no Minitel francês da década de 1980.[107] Cada vez mais temerosos de contágio e agressão pessoal, os indivíduos procuram alternativas para expressar sua sexualidade e, em nossa cultura de superestimulação simbólica, a CMC com certeza oferece avenidas para a fantasia sexual principalmente porque a interação não é visual, e as identidades podem ser ocultadas.

A política também é uma crescente área de utilização da CMC.[108] Por um lado, o correio eletrônico está sendo usado para a difusão massificada de propaganda política dirigida com possibilidade de interação. As campanhas eleitorais de todos os países iniciam seus trabalhos criando seus sítios na web. Os políticos fazem suas promessas em suas páginas da internet. Grupos fundamentalistas cristãos, a milícia norte-americana nos EUA e os zapatistas no México são os pioneiros dessa tecnologia política.[109] Por outro, a democracia local está sendo promovida mediante experimentos de participação eletrônica dos cidadãos, como o programa PEN organizado pela cidade de Santa Mônica, Califórnia,[110] por meio do qual os cidadãos debatem questões públicas e transmitem suas opiniões ao governo: um debate acirrado sobre o problema dos sem-teto (com participação eletrônica dos próprios sem-teto!) foi um dos resultados mais divulgados desse experimento no início dos anos 1990. A Cidade Digital de Amsterdã, criada na década de 1990 por intermédio de uma iniciativa mista de ex-líderes do movimento dos sem-terra e do governo municipal, demonstrou o potencial extraordinário das redes de comunicação via computador na função de instrumentos do debate popular local auto-organizado e público.[111] Na década de 1990, ativistas comunitários de Seattle, e de outras cidades dos Estados Unidos, estavam construindo redes comunitárias com a finalidade de fornecer informações, incentivar o debate entre os cidadãos e reafirmar o controle democrático sobre as questões ambientais e a política local.[112] Na arena internacional, novos movimentos transnacionais, que surgem para defender as causas femininas, os direitos humanos, a preservação ambiental e a democracia política, estão fazendo da internet uma ferramenta essencial para disseminar informações, organizar e mobilizar.[113]

O que há de específico na linguagem da CMC como novo meio de comunicação? Para alguns analistas, a CMC, especialmente o correio eletrônico, representa a vingança do meio escrito, o retorno à mente tipográfica e a recuperação do discurso racional construído. Para outros, ao contrário, a informalidade, espontaneidade e anonimato do meio estimula o que chamam de uma nova forma de "oralidade", expressa por um texto eletrônico.[114] Se pudermos considerar tal comportamento escrita informal e não burilada, em interação de tempo real, na modalidade de um bate-papo sincronista (um telefone que escreve...), talvez possamos prever a emergência de um novo veículo, misturando formas de comunicação que antes eram separadas em diferentes domínios da mente humana. Nas palavras de De Kerckhove: "A mensagem do meio ciberespacial é tato, corpo, identidade. Essas são precisamente as três áreas do nosso ser que os críticos pessimistas dizem que estamos perdendo para a tecnologia. Mas também não está claro que pô-las em perigo também é mostrá-las às claras."[115]

No geral, ao avaliar os impactos sociais e culturais da CMC, devemos ter em mente a pesquisa sociológica acumulada sobre as utilizações sociais da tecnologia.[116] Mais precisamente, o brilhante trabalho de Claude Fischer sobre a história social do telefone nos Estados Unidos mostra a grande elasticidade social de qualquer tecnologia.[117] Assim, as comunidades do norte da Califórnia por ele estudadas adotaram o telefone para melhorar as redes sociais de comunicação existentes e reforçar seus hábitos sociais profundamente enraizados. O telefone foi adaptado, não apenas adotado. As pessoas moldam a tecnologia para adaptá-la a suas necessidades, como já disse anteriormente em relação à recepção pessoal e contextual de mensagens televisivas pela audiência e também como é claramente demonstrado pela adoção em massa do Minitel pelo povo francês, em atendimento a suas necessidades de fantasias sexuais. O modo de comunicação eletrônica multipessoal representado pela CMC tem sido usado de formas diferentes e para diferentes finalidades, tantas quantas existem no âmbito da variação social e contextual entre seus usuários. O denominador comum da CMC é que, de acordo com os poucos estudos existentes sobre o assunto, ela não substitui outros meios de comunicação nem cria novas redes: reforça os padrões sociais preexistentes. Contribui com a comunicação telefônica e do setor de transportes, expande o alcance das redes sociais e possibilita que elas interajam de forma mais ativa e em horários optativos. Como o acesso à CMC é cultural, educacional e economicamente restritivo, e continuará assim por muito tempo, seu impacto cultural mais importante poderia ser o reforço potencial das redes sociais culturalmente dominantes, bem como o aumento de seu cosmopolitismo e de sua globalização. Não que a CMC *per se* seja mais cosmopolita. Como Fischer demonstrou, as primeiras redes telefônicas favoreceram mais a comunicação local do que a interurbana. Em algumas das comunidades virtuais, a exemplo da SFNET na área da baía de San Francisco, a maioria de seus usuários são residentes locais, e alguns deles se veem pessoalmente em comemorações periódicas para alimentar sua intimidade eletrônica.[118] As redes eletrônicas em geral, no entanto, apesar da possível utilidade para movimentos sociais, sua influência no domínio cultural pode muito bem ser a de reforçar o cosmopolitismo das novas classes profissionais e empresariais que simbolicamente moram em uma estrutura de referência global, ao contrário da maioria da população de qualquer país. Portanto a CMC pode ser um meio poderoso para reforçar a coesão social da elite cosmopolita, fornecendo um apoio importante ao significado de uma cultura global, que vai da elegância de um endereço de correio eletrônico à circulação rápida das mensagens da moda.[119]

Contrastando com esse cenário, para a maior parte da população de todos os países, além do local de trabalho, e além das compras on-line, a experiência e os usos de CMC estarão cada vez mais interligados ao novo mundo da comunicação associada ao surgimento da multimídia.

A GRANDE FUSÃO: A MULTIMÍDIA COMO AMBIENTE SIMBÓLICO

Na segunda metade da década de 1990, um novo sistema de comunicação eletrônica começou a ser formado a partir da fusão da mídia de massa personalizada globalizada com a comunicação mediada por computadores. Como já mencionei, o novo sistema é caracterizado pela integração de diferentes veículos de comunicação e seu potencial interativo. Multimídia, como o novo sistema logo foi chamado, estende o âmbito da comunicação eletrônica para todo o domínio da vida: de casa a trabalho, de escolas a hospitais, de entretenimento a viagens. Em meados dos anos 1990, governos e empresas do mundo inteiro empenhavam-se em uma corrida frenética para a instalação do novo sistema, considerado uma ferramenta de poder, fonte potencial de altos lucros e símbolo de hipermodernidade. Nos EUA, o vice-presidente Albert Gore lançou o programa da Infraestrutura Nacional de Informação para renovar a liderança dos Estados Unidos no século XXI.[120] No Japão, o Conselho de Telecomunicações propôs as necessárias "Reformas para a Sociedade Intelectualmente Criativa do Século XXI", e o Ministério dos Correios e Telecomunicações contribuiu com a estratégia para criar o sistema multimídia no Japão, visando superar a lentidão do país em relação aos EUA.[121] O primeiro-ministro francês encomendou um relatório, em 1994, sobre as *autoroutes de l'information*, cuja conclusão afirmava que seria uma vantagem potencial para a França, com base na experiência que a sociedade tinha com o Minitel e na avançada tecnologia francesa, promover o próximo estágio da multimídia, com ênfase ao fornecimento de um conteúdo de mídia menos dependente de Hollywood.[122] Os programas europeus da tecnologia, especialmente o Esprit e o Eureka, aumentaram os esforços para desenvolver um padrão europeu de televisão de alta definição, bem como protocolos de telecomunicações que pudessem atravessar as fronteiras, integrando diferentes sistemas de comunicação.[123] Em fevereiro de 1995, o clube G-7 promoveu um encontro especial em Bruxelas para uma abordagem conjunta das questões envolvidas na transição para a "sociedade da informação". No início de 1995, o novo presidente do Brasil, o ilustre sociólogo Fernando Henrique Cardoso, decidiu, como uma das principais medidas de sua nova administração, melhorar o sistema brasileiro de comunicação para ligar-se à supervia global emergente. E, no primeiro semestre de 2000, sob a presidência de Portugal, a União Europeia inseriu em sua agenda estratégica a construção de uma Sociedade Informática Europeia no topo da pauta.

No entanto eram as empresas, e não os governos, que estavam dando forma ao novo sistema multimídia.[124] Na verdade, a escala de investimentos em infraestrutura impediu que qualquer governo atuasse sozinho: apenas para os Estados Unidos, as estimativas da fase de lançamento da chamada Infovia foram de US$ 400 bilhões. Empresas de todo o mundo posicionavam-se para entrar em um mercado que, no início do século XXI, poderia se equiparar àquilo que o complexo industrial voltado para o automóvel, petróleo, borracha e estradas representou na primeira metade do século XX. Além disso, como o formato tecnológico real do sistema é incerto, quem quer que controlasse seus primeiros estágios poderia ter influência decisiva sobre sua futura evolução, assim conquistando vantagem estrutural competitiva. Em razão da convergência tecnológica entre computadores, telecomunicações e grande mídia em todas as suas modalidades, consórcios regionais/globais foram formados e dissolvidos em escala gigantesca.[125] Companhias telefônicas, operadoras de TV a cabo, operadoras de transmissão de TV por satélite, estúdios de cinema, estúdios de gravação de discos, editoras, jornais, empresas de computadores e provedores de serviços de internet tanto competiram quanto se fundiram para proteger-se contra os riscos do novo mercado.[126] Fabricantes de computadores apressavam-se a oferecer a chamada "caixa", esse dispositivo mágico que incorporaria o potencial para conectar a casa eletrônica a uma nova galáxia da comunicação, ao mesmo tempo que supriam as pessoas de uma capacidade de navegação autoprogramável e de fácil utilização, possivelmente apenas com comando vocal.[127] As empresas de software, da Microsoft aos criadores de videogames japoneses, como a Nintendo e a Sega, estavam desenvolvendo o novo *know-how* interativo que desencadearia a fantasia da imersão na realidade virtual do ambiente eletrônico.[128] Redes de televisão, gravadoras e estúdios de cinema melhoravam sua produção para alimentar todo um mundo supostamente faminto por linhas de produtos audiovisuais e de informação/entretenimento.[129] E os provedores de serviços de internet estão tentando conectar à rede o mundo dos meios de comunicação de massa por meio de uma série de tecnologias, e de uma diversidade de conteúdos que possam complementar, se não substituir, a televisão e os vídeos armazenados. Em fins da década de 1990, enquanto a transmissão de sinais de TV via internet, embora tecnologicamente possível, parecia ser possibilidade de concretização a longo prazo em razão da capacidade enorme de transmissão que seria necessária para garantir vídeos de qualidade normal, surgiam outras formas de integração tecnológica:[130] WebTV, na qual a televisão fica ligada tanto ao computador quanto à linha telefônica, permitindo recepção, na mesma tela, dos sinais da TV e dos serviços de internet — essa é, de fato, uma integração de fácil utilização, de duas tecnologias distintas que ainda poderiam funcionar independentemente; as páginas da rede transmitidas pela linha telefônica com teor complementar à transmissão de um vídeo, e vistas na tela da TV ou no monitor do computador; transmissão de conteúdos da internet por meio de transmissão via cabo diretamente para lares equipados com modem via cabo; informações em vídeo transmitido via internet na forma de uma janela dentro das páginas da rede; informações complementares às transmissões de TV disponíveis via internet em servidores mantidos pelas estações locais de TV (o conceito "CityWeb"). É possível usar canais de TV, quando estão fora do ar, para transmitir vídeos ou informações para aparelhos de armazenagem, de onde os computadores podem recebê-los. Poderia haver conexão com vídeos de estéreo digitais de alta qualidade (DVD), operados por computador e expostos numa tela de alta definição, aumentando o potencial do vídeo armazenado como componente adicional do sistema multimídia.

Contudo provavelmente o processo de formação do novo sistema será mais lento e contraditório do que o previsto. Em 1994, houve alguns experimentos com sistemas multimídia interativos em vários locais: na Cidade da Ciência de Kansai, no Japão; um programa coordenado em oito redes europeias de telecomunicações para testar o sistema ADSL (Asymmetric Digital Subscriber Loop — tecnologia e equipamentos que permitem a comunicação digital em alta velocidade, incluindo sinais de vídeo, via linha telefônica de cobre comum com pares trançados);[131] e em várias áreas dos EUA, de Orlando a Vermont, do Brooklyn a Denver.[132] Os resultados não corresponderam às expectativas. Em fins do século, importantes problemas tecnológicos ainda permaneciam sem solução. A grande promessa de multimídia, vídeo de qualidade normal sob demanda, em modalidade interativa, por intermédio do decodificador com software adequado, exigiria grande aumento na capacidade de transmissão. Segundo Owen, tal oferta a milhões de telespectadores comuns resultaria no colapso dos sistemas de distribuição em 1998. Ele afirma que "o futuro do vídeo interativo integrado requer muito mais capacidade do que temos, não só nos centros de distribuição nacionais, mas nos sistemas locais de distribuição que se conectam com os lares".[133]

Embora as empresas de vídeo sob demanda anunciem possibilidades ilimitadas, a capacidade tecnológica de lidar com os pedidos ainda não vai muito além da gama de opções oferecidas pelos sistemas a cabo e via satélite existentes ou pelos servidores on-line. Contudo, contando com as mudanças tecnológicas rápidas, em especial na compressão digital, a largura de banda poderia se ampliar de maneira impressionante, dado o investimento necessário — que seria significativo, e só compensaria se houvesse demanda suficiente. Por conseguinte, existe mesmo a possibilidade do surgimento de um sistema multimídia integrado no início do século XXI. Porém seu desenvolvimento completo não exige apenas um investimento gigantesco em infraestrutura e teor de programação, mas também o esclarecimento do ambiente regulador, ainda envolvido em litígios entre fortes interesses empresariais, eleitorados políticos e legisladores do governo. Em tais condições, só grupos poderosíssimos, resultantes de alianças entre empresas de comunicação de massa, operadoras de comunicações, provedores de serviços de internet e empresas de computadores, estarão em posição de dominar os recursos econômicos e políticos necessários para a difusão da multimídia. Assim, haverá um sistema multinacional, porém, com toda probabilidade, será decisivamente moldado pelos interesses comerciais de poucos conglomerados ao redor do mundo. Levanta-se, então, a questão da capacidade desses conglomerados de identificar de maneira precisa o que a população realmente quer de cada sistema de comunicação de massa. De fato, ao contrário da televisão normal, pela qual ninguém precisava pagar, a não ser com o que passavam sendo obrigados a ver comerciais, a maioria das transmissões multimídia terão o formato *pay-per-view* para recuperar os custos do enorme investimento necessário à sua difusão. Assim, a conexão (ou falta de conexão) entre os interesses das empresas de comunicação de massa, o gosto popular e os recursos darão forma ao futuro da comunicação. A questão não é se um sistema multimídia será desenvolvido (ele será), mas quando, como e sob quais condições nos diferentes países, porque o significado cultural do sistema será profundamente modificado pelas características do momento e pela forma da trajetória tecnológica.

O controle empresarial dos primeiros estágios de desenvolvimento dos sistemas multimídia terá consequências duradouras sobre as características da nova cultura eletrônica. Apesar de toda a ideologia do potencial das novas tecnologias de comunicação em educação, saúde e aperfeiçoamento cultural, a estratégia dominante visa ao desenvolvimento de um enorme sistema eletrônico de entretenimento, considerado o investimento mais seguro do ponto de vista empresarial. De fato, no país pioneiro, os Estados Unidos, o entretenimento em todas as suas formas, em meados da década de 1990, era o setor de crescimento mais rápido, com consumidores gastando mais de US$ 350 bilhões por ano, cerca de cinco milhões de trabalhadores e aumento do nível de empregos em 12% ao ano.[134] No Japão, uma pesquisa nacional de mercado em 1992 sobre a distribuição de softwares de multimídia por categoria de produto descobriu que o entretenimento representava 85,7% do valor, enquanto a educação representava apenas 0,8%.[135] Assim, embora governos e futurologistas falem em equipar as salas de aulas, fazer cirurgias a distância e consultar a Enciclopédia Britânica também a distância, a maior parte da construção real do novo sistema enfoca o vídeo sob demanda (*video on demand*), teleapostas e os parques temáticos em realidade virtual. Na vertente analítica deste livro, não estou contrastando os nobres objetivos das novas tecnologias com sua materialização medíocre. Estou simplesmente indicando que sua utilização real nos primeiros estágios do novo sistema dará forma de maneira considerável aos usos, percepções e, em última análise, às consequências sociais da multimídia.

Ademais, as expectativas de demanda ilimitada por entretenimento parecem ser exageradas e muito influenciadas pela ideologia da "sociedade do ócio". Apesar de os gastos com entretenimento parecerem ser resistentes à recessão, o pagamento de toda a gama proposta de possibilidades on-line excede claramente a expectativa de evolução da renda familiar em futuro próximo. O tempo também é um recurso escasso. Há indicações de que, nos Estados Unidos, o tempo de lazer diminuiu 37% entre 1973 e 1994. Além disso, o tempo dedicado à mídia diminuiu na segunda metade dos anos 1980: entre 1985 e 1990 o tempo total gasto com leitura e com TV e filmes baixou 45 horas por ano; as horas gastas assistindo a programas de TV diminuíram 4%; e as horas dedicadas à TV em rede baixaram 20%.[136] Em outra estimativa, a audiência das transmissões de TV aberta e por cabo nos EUA atingiu o máximo de 20,4 horas por semana em 1984, e caiu ligeiramente depois, até, pelo menos, 1998.[137] Embora a decrescente exposição à mídia pareça estar ligada mais a uma sociedade sobrecarregada de trabalho (famílias com dois empregos) do que à falta de interesse, o setor de multimídia está apostando em uma outra interpretação: falta de atrativos suficientes. Na verdade, a maioria dos especialistas do setor acha que o obstáculo real à expansão da multimídia é que o conteúdo não acompanha a transformação tecnológica do sistema: a mensagem está evoluindo menos que o meio.[138] Uma expansão drástica da capacidade de transmissão, aliada à opção interativa, perderá seu potencial se não houver opção real em termos de conteúdo: a disponibilidade on-line de 500 filmes diferentes, mas similares em sexo/violência, não justifica a tremenda ampliação da capacidade de transmissão. É por isso que a aquisição de estúdios de Hollywood, indústrias cinematográficas e arquivos de documentários de TV é imperiosa para qualquer consórcio global de multimídia. Criadores arrojados, como Steven Spielberg, parecem ter entendido que *no novo sistema, em razão da diversidade potencial de conteúdos, a mensagem é a mensagem*: é a capacidade de diferenciar um produto que gera o maior potencial competitivo. Dessa forma, qualquer conglomerado com recursos financeiros suficientes poderia ter acesso à tecnologia de multimídia e, em um contexto cada vez mais desregulamentado, entrar em praticamente qualquer mercado. Mas quem quer que controle os filmes de Bogart, ou a capacidade de gerar a nova Marilyn eletrônica, ou o próximo episódio do *Jurassic Park* estará na posição de fornecer a *commodity* necessária para todo e qualquer suporte de comunicação.

Contudo ainda há dúvida se o que as pessoas querem — mesmo com tempo e recursos — é mais entretenimento com um formato cada vez mais sofisticado, de videogames sádicos a intermináveis eventos esportivos. Embora haja dados insuficientes sobre o assunto, algumas indicações apontam para um padrão de demanda mais complexo. Uma das pesquisas mais completas sobre a demanda de multimídia, realizada por Charles Piller em amostra nacional de seiscentos adultos nos Estados Unidos,[139] revelou interesse muito mais profundo pelo uso da multimídia para acesso à informação, questões comunitárias, envolvimento político e educação que para mais opções de programações televisivas e filmes. Apenas 28% dos consumidores consideraram o vídeo sob demanda altamente desejável, e a falta de interesse em entretenimento também foi forte entre os usuários da internet. Por outro lado, os usos políticos foram muito valorizados: 57% gostariam de participar de assembleias populares por via eletrônica; 46% queriam usar o correio eletrônico para enviar mensagens a seus deputados; e cerca de 50% valorizaram a possibilidade do voto eletrônico. Os serviços adicionais em grande demanda eram: cursos instrucionais/educacionais; relatórios interativos sobre as escolas locais; acesso a materiais de referência; acesso à informação sobre serviços governamentais. Os participantes estavam dispostos a confirmar suas opiniões com a carteira: 34% estavam dispostos a pagar mais US$ 10 por mês por ensino a distância, enquanto apenas 19% se dispunham a pagar essa quantia por mais uma opção de entretenimento. Também, experimentos conduzidos por empresas de multimídia para vídeo sob demanda nos mercados locais demonstraram que as pessoas não estão dispostas a um aumento substancial em sua dose de entretenimento.

Portanto, o experimento de 18 meses conduzido por US West/ATT Video em Littleton, Colorado, em 1993-4, mostrou que as famílias realmente haviam mudado do hábito de assistir aos vídeos programados para as ofertas personalizadas de vídeos, mas não aumentaram o número de filmes assistidos: continuaram assistindo a 2,5 filmes por mês, ao preço de US$ 3 cada.[140]

Levando-se em conta o grande sucesso dos provedores de serviços de internet — com ofertas de serviços e informações em vez de entretenimento — e a rápida difusão da comunicação pessoal via internet, a observação tende a sugerir que o entretenimento sob demanda, diversificado e produzido em massa, pode não ser a escolha óbvia para os usuários de multimídia, embora esteja claro ser essa a opção estratégica das empresas comerciais que modelam o setor. Poderá haver uma tensão cada vez maior entre os produtos para "infotenimento" (mistura de informação e entretenimento), guiados pela ideologia imaginada por centros de pesquisa sobre o que as pessoas são, e a necessidade de comunicação pessoal e aperfeiçoamento da informação que se afirma com grande determinação nas redes de CMC, que poderia também expandir-se num novo tipo de televisão.[141] Talvez essa tensão possa ser diluída pela estratificação social de diferentes expressões de multimídia, tema importantíssimo ao qual ainda voltarei.

Como a multimídia é novidade, é difícil avaliar suas consequências para a cultura da sociedade, além de reconhecer que estão ocorrendo transformações fundamentais. Contudo, informações empíricas dispersas e comentários esclarecedores sobre os diferentes componentes do novo sistema de comunicação oferecem embasamento para algumas hipóteses sobre as tendências sociais e culturais emergentes. Assim, um relatório elaborado pela Fundação Europeia para a Melhoria da Qualidade de Vida e Ambiente de Trabalho, sobre o desenvolvimento da "casa eletrônica", enfatiza duas características cruciais do novo estilo de vida: "centralidade na casa" e individualismo.[142] Por um lado, o acréscimo de equipamentos eletrônicos nos lares da Europa aumentou o conforto e a autossuficiência, capacitando as pessoas a se conectarem com o mundo inteiro a partir da segurança das casas. Com a ampliação do tamanho das residências e a diminuição do tamanho das famílias, há mais espaço disponível por pessoa, tornando o lar mais aconchegante. Na verdade, o tempo passado em casa aumentou no início da década de 1990. Por outro, a nova casa eletrônica e os aparelhos portáteis de comunicação aumentam as probabilidades de cada membro da família organizar o próprio tempo e espaço. Por exemplo, fornos de micro-ondas, que permitem o consumo individual de comida pré-cozida, reduziram a incidência de jantares familiares coletivos. Os aparelhos individuais de jantar para refeições diante da TV representam um mercado em crescimento. Os videocassetes e aparelhos de walkman, juntamente com a baixa do preço de aparelhos de TV, rádio e som para CD, permitem que um grande segmento da população fique individualmente conectado com seletos mundos audiovisuais. A assistência à família também é auxiliada/transformada pela eletrônica: crianças são monitoradas a distância por meio de controle remoto; estudos mostram o aumento da utilização da TV como babá enquanto os pais executam seus trabalhos domésticos; idosos que moram sozinhos recebem sistemas de alarme para emergências. No entanto, algumas características sociais parecem perdurar além da revolução tecnológica: a divisão de tarefas domésticas entre os sexos (ou, ao contrário, falta dela) não é afetada pelos meios eletrônicos; o uso de videocassete e o manuseio de dispositivos de controle remoto refletem uma estrutura familiar autoritária; e a utilização de dispositivos eletrônicos é diferenciada no que diz respeito a sexo e idade: homens usam computadores com mais frequência, mulheres cuidam dos serviços telemáticos e de manutenção elétrica doméstica e crianças são obcecadas por videogames.

Os novos meios de comunicação eletrônica não divergem das culturas tradicionais: absorvem-nas. Um exemplo é a invenção japonesa do caraoquê, que está se difundindo com rapidez por toda a Ásia na década de 1990 e, muito provavelmente, estará se espalhando para o resto do mundo em um futuro próximo. Em 1991, a disseminação do caraoquê no Japão alcançou o índice de 100% dos hotéis e pensões recreativas e cerca de 90% dos bares e clubes, aos quais deve ser acrescentada uma explosão de salas especializadas nesse tipo de entretenimento, cujo total *saltou* de menos de 2 mil em 1989 para mais de 107 mil em 1992. Neste mesmo ano, aproximadamente 52% dos japoneses participavam de caraoquê, inclusive 79% das adolescentes.[143] À primeira vista, essa prática estende e amplia o hábito tradicional de pessoas cantarem juntas em bares, algo tão popular no Japão quanto era (e é) na Espanha ou no Reino Unido, desse modo fugindo do mundo da comunicação eletrônica. Porém o que de fato ocorre é a integração desse hábito em uma máquina programada cujos ritmos musicais e repertório têm de ser seguidos pelo cantor que repete as palavras da tela. A concorrência com os amigos para atingir o maior número de pontos depende da recompensa oferecida pela máquina àquele que seguir o ritmo da melhor forma. A máquina de caraoquê não é um instrumento musical: o cantor é engolido pela máquina para completar seus sons e imagens. Embora na sala de caraoquê nos tornemos parte de um hipertexto musical, entramos fisicamente no sistema multimídia e separamos nosso canto do de nossos amigos que esperam sua vez para substituir o coro confuso do bar tradicional por uma sequência linear de apresentações.

No geral, tanto na Europa quanto nos Estados Unidos ou na Ásia a multimídia parece estar mantendo, mesmo em seu estágio inicial, um padrão social/cultural que apresenta as seguintes características. Primeira: *diferenciação social e cultural muito difundida* levando à segmentação dos usuários/espectadores/leitores/ouvintes. As mensagens não são apenas segmentadas pelos mercados mediante as estratégias do emissor, mas também são cada vez mais diversificadas pelos usuários da mídia de acordo com seus interesses, por intermédio da exploração das vantagens das capacidades interativas. Como dizem alguns especialistas, no novo sistema *horário nobre é o meu horário*.[144] A formação de comunidades virtuais é apenas uma das expressões dessa diferenciação.

Segunda: *crescente estratificação social entre os usuários.* Não apenas a opção da multimídia ficará restrita àqueles com tempo e dinheiro para o acesso e aos países e regiões com o necessário mercado potencial, mas também as diferenças culturais/educacionais serão decisivas no uso da interação para o proveito de cada usuário. A informação sobre o que procurar e o conhecimento sobre como usar a mensagem serão essenciais para se conhecer verdadeiramente um sistema diferente da mídia de massa personalizada. *Assim, o mundo da multimídia será habitado por duas populações essencialmente distintas: a interagente e a receptora da interação,* ou seja, aqueles capazes de selecionar seus circuitos multidirecionais de comunicação e os que recebem um número restrito de opções pré-empacotadas. E quem é o quê será amplamente determinado pela classe, raça, sexo e país. O poder unificador cultural da televisão direcionada às massas (da qual apenas uma pequena elite cultural havia escapado no passado) agora é substituído por uma diferenciação socialmente estratificada, levando à coexistência de uma cultura da mídia de massa personalizada com uma rede de comunicação eletrônica interativa de comunidades autosselecionadas.

Terceira: a comunicação de todos os tipos de mensagens no mesmo sistema, ainda que este seja interativo e seletivo (sem dúvida, exatamente por isso), induz a uma *integração de todas as mensagens em um padrão cognitivo comum.* O acesso às notícias, educação e espetáculos audiovisuais no mesmo meio, mesmo a partir de fontes diferentes, intensifica a mistura de conteúdos que já estava ocorrendo na televisão direcionada às massas. Do ponto de vista do meio, diferentes modos de comunicação tendem a trocar códigos entre si: programas educacionais interativos parecem videogames; noticiários são construídos como espetáculos audiovisuais; julgamentos são transmitidos como novelas; música pop é composta para a MTV; jogos esportivos são coreografados para espectadores distantes de forma que suas mensagens se tornem cada vez menos diferentes de filmes de ação; e assim por diante. Do ponto de vista do usuário (como receptor e emissor, em um sistema interativo), a escolha das várias mensagens no mesmo modo de comunicação, com facilidade de mudança de uma para a outra, reduz a distância mental entre as várias fontes de envolvimento cognitivo e sensorial. A questão em jogo não é que o meio seja a mensagem: mensagens são mensagens. E, como mantêm suas características específicas de mensagens enquanto são misturadas no processo de comunicação simbólica, elas embaralham seus códigos nesse processo criando um contexto semântico multifacetado composto de uma mistura aleatória de vários sentidos.

Finalmente, talvez *a característica mais importante da multimídia seja que ela capta em seu domínio a maioria das expressões culturais em toda a sua diversidade.* Seu advento é equivalente ao fim da separação e até da distinção entre mídia audiovisual e mídia impressa, cultura popular e cultura erudita, entretenimento e informação, educação e persuasão. Todas as expressões culturais, da pior à melhor, da mais elitista à mais popular, vêm juntas nesse universo digital que liga, em um supertexto histórico gigantesco, as manifestações passadas, presentes e futuras da mente comunicativa. Com isso, elas constroem um novo ambiente simbólico. Fazem da virtualidade nossa realidade.

A cultura da virtualidade real

Culturas consistem em processos de comunicação. E todas as formas de comunicação, como Roland Barthes e Jean Baudrillard nos ensinaram há muitos anos, são baseadas na produção e consumo de sinais.[145] Portanto, não há separação entre "realidade" e representação simbólica. Em todas as sociedades, a humanidade tem existido em um ambiente simbólico e atuado por meio dele. Portanto, o que é historicamente específico ao novo sistema de comunicação organizado pela integração eletrônica de todos os modos de comunicação, do tipográfico ao sensorial, não é a indução à realidade virtual, mas a construção da realidade virtual. Explicarei com a ajuda do dicionário, segundo o qual "*virtual* é o que existe na prática, embora não estrita ou nominalmente, e "*real* é o que existe de fato".[146] Portanto a realidade, como é vivida, sempre foi virtual porque sempre é percebida por intermédio de símbolos formadores da prática com algum sentido que escapa à sua rigorosa definição semântica. É exatamente esta capacidade que todas as formas de linguagem têm de codificar a ambiguidade e dar abertura a uma diversidade de interpretações que torna as expressões culturais distintas do raciocínio formal/lógico/matemático. É por meio do caráter polissêmico de nossos discursos que a complexidade e até mesmo a qualidade contraditória das mensagens do cérebro humano se manifestam. Essa gama de variações culturais do significado das mensagens é o que possibilita nossa interação mútua em uma multiplicidade de dimensões, algumas explícitas, outras implícitas. Portanto, quando os críticos da mídia eletrônica argumentam que o novo ambiente simbólico não representa a "realidade", eles implicitamente referem-se a uma absurda ideia primitiva de experiência real "não codificada" que nunca existiu. Todas as realidades são comunicadas por intermédio de símbolos. E na comunicação interativa humana, independentemente do meio, todos os símbolos são, de certa forma, deslocados em relação ao sentido semântico que lhes são atribuídos. De certo modo, toda realidade é percebida de maneira virtual.

Então, o que é um sistema de comunicação que, ao contrário da experiência histórica anterior, gera *virtualidade real*? *É um sistema em que a própria* realidade (*ou seja, a experiência simbólica/material das pessoas*) *é inteiramente captada, totalmente imersa em uma composição de imagens virtuais no mundo do faz de conta, no qual as aparências não apenas se encontram na tela comunicadora da experiência, mas se transformam na experiência*. Todas as mensagens de todos os tipos são incluídas no meio porque este fica tão abrangente, tão diversificado, tão maleável, que absorve no mesmo texto de multimídia toda a experiência humana, passado, presente e futuro, como naquele ponto único do Universo que Jorge Luís Borges chamou de "Aleph". Deixe-me dar um exemplo, que é apenas isto: um exemplo para ajudar a comunicar ideias.

Na campanha presidencial norte-americana de 1992, o então vice-presidente Dan Quayle queria posicionar-se em defesa dos valores da família tradicional. Armado de suas convicções morais, iniciou um debate incomum com Murphy Brown. Murphy Brown, representada por uma ótima atriz, Candice Bergen, era a personagem principal de uma série popular de TV que (a)(re)presentava os valores e problemas de um novo tipo de mulher: a profissional solteira com os próprios critérios de vida. Nas semanas da campanha presidencial, Murphy Brown (não Candice Bergen) decidiu ter um filho fora do casamento. O vice-presidente Quayle apressou-se a condenar seu comportamento como impróprio, provocando revolta nacional principalmente entre as mulheres trabalhadoras. Murphy Brown (não apenas Candice Bergen) retaliou: no episódio seguinte apareceu assistindo à entrevista de televisão em que o vice-presidente Quayle a criticava e reagiu com críticas acirradas à interferência de políticos na vida das mulheres e com a defesa de seu direito a uma nova moralidade. Com isso *Murphy Brown* aumentou sua fatia de audiência, e o conservadorismo desatualizado de Dan Quayle contribuiu para a derrota eleitoral do presidente Bush; os dois acontecimentos foram reais e, em certa medida, socialmente relevantes. Em 1999, novamente concorrendo às eleições primárias para tornar-se o candidato republicano à presidência, Dan Quayle abriu a campanha num tom provocador, afirmando que ele ainda estava ali, ao passo que Murphy Brown já não estava mais na tela. Em vão: na primeira rodada das primárias, teve tão poucos votos que teve de retirar a candidatura. Assim, um novo texto do real e do imaginário fora composto ao longo do diálogo. A presença não solicitada do mundo imaginário de Murphy Brown na campanha presidencial real causou a transformação de Quayle (ou melhor, de sua imagem televisiva "real") em uma personagem da vida imaginária de Murphy Brown: fora feito um supertexto, misturando no mesmo discurso mensagens veementemente defendidas, emitidas a partir dos dois níveis de experiência. Nesse caso, a virtualidade (isto é, Murphy Brown sendo na prática o que eram muitas mulheres, sem sê-lo no nome de nenhuma mulher) tornara-se real, no sentido de que realmente interagiu — causando impacto de certa importância — com o processo de eleição para o cargo político mais poderoso da terra. Concordo, o exemplo é extremo e incomum, mas acredito que ilustra minha análise e ajuda a reduzir a obscuridade de sua abstração. Confiando na validade do argumento, deixe-me ser mais preciso.

O que caracteriza o novo sistema de comunicação, baseado na integração em rede digitalizada de múltiplos modos de comunicação, é sua capacidade de inclusão e abrangência de todas as expressões culturais. Em razão de sua existência, todas as espécies de mensagens do novo tipo de sociedade funcionam em um modo binário: presença/ausência no sistema multimídia de comunicação. Só a presença nesse sistema integrado permite a comunicabilidade e a socialização da mensagem. Todas as outras mensagens são reduzidas à imaginação individual ou às subculturas resultantes de contato pessoal, cada vez mais marginalizadas. Do ponto de vista da sociedade, a *comunicação eletrônica (tipográfica, audiovisual ou mediada por computadores) é comunicação*. No entanto, não quer dizer que haja homogeneização das expressões culturais e domínio completo de códigos por alguns emissores centrais. É precisamente devido a sua diversificação, multimodalidade e versatilidade que o novo sistema de comunicação é capaz de abarcar e integrar todas as formas de expressão, bem como a diversidade de interesses, valores e imaginações, inclusive a expressão de conflitos sociais. Mas o preço a ser pago pela inclusão no sistema é a adaptação a sua lógica, a sua linguagem, a seus pontos de entrada, a sua codificação e decodificação. Por isso é tão importante para os diferentes tipos de efeitos sociais que haja o desenvolvimento de uma rede de comunicação horizontal multinodal do tipo da internet, em vez de um sistema multimídia centralmente distribuído como na configuração do vídeo sob demanda. O estabelecimento de barreiras para a entrada nesse sistema de comunicação e a criação de senhas para a circulação e difusão de mensagens pelo sistema representam batalhas culturais cruciais para a nova sociedade nesse novo ambiente histórico, e cujo resultado predetermina o destino dos conflitos mediados por símbolos. São os *interagentes* e os *receptores da interação* no novo sistema, usando a terminologia cujo significado sugeri anteriormente, que em grande parte delineiam o sistema de dominação e os processos de liberação na sociedade informacional.

A inclusão da maioria das expressões culturais no sistema de comunicação integrado baseado na produção, distribuição e intercâmbio de sinais eletrônicos digitalizados tem consequências importantes para as formas e processos sociais. Por um lado, enfraquece de maneira considerável o poder simbólico dos emissores tradicionais fora do sistema, transmitindo por meio de hábitos sociais historicamente codificados: religião, moralidade, autoridade, valores tradicionais, ideologia política. Não que desapareçam, mas são enfraquecidos a menos que se recodifiquem no novo sistema, onde seu poder fica multiplicado pela materialização eletrônica dos hábitos transmitidos espiritualmente: as redes de pregadores eletrônicos e as redes fundamentalistas interativas representam uma forma mais eficiente e penetrante de doutrinação em nossas sociedades do que a transmissão pelo contato direto da distante autoridade carismática. No entanto, tendo de admitir a coexistência terrena de mensagens transcendentais com pornografia sob demanda, novelas e linhas de bate-papo dentro do mesmo sistema, os poderes espirituais superiores ainda conquistam almas, mas perdem o status de supra-humanos. O estágio final da secularização da sociedade prossegue, mesmo que às vezes tome a forma paradoxal de um visível consumo religioso, sob todos os tipos de nomes genéricos e de marcas. As sociedades ficam final e verdadeiramente desencantadas porque todas os milagres estão on-line e podem ser combinados em mundos de imagens autoconstruídas.

Por outro lado, o novo sistema de comunicação transforma radicalmente o espaço e o tempo, as dimensões fundamentais da vida humana. Localidades ficam despojadas de seu sentido cultural, histórico e geográfico e reintegram-se em redes funcionais ou em colagens de imagens, ocasionando um espaço de fluxos que substitui o espaço de lugares. O tempo é apagado no novo sistema de comunicação, já que passado, presente e futuro podem ser programados para interagir entre si na mesma mensagem. O *espaço de fluxos* e o *tempo intemporal* são as bases principais de uma nova cultura, que transcende e inclui a diversidade dos sistemas de representação historicamente transmitidos: a cultura da virtualidade real, onde o faz de conta vai se tornando realidade.

Notas

1. Havelock (1982: esp. 6-7).
2. Para uma apresentação crítica dessas ideias, ver Postman (1985).
3. Ver em Sullivan-Trainor (1994); *Conseil d'Etat* (1998); Dutton (1999); Owen (1999) uma exposição documentada das tendências tecnológicas nos sistemas avançados de comunicação. Ver em Schiller (1999) um panorama político das questões discutidas neste capítulo. Ver em Croteau e Haynes (2000) uma síntese acadêmica das principais descobertas da pesquisa sobre os meios de comunicação. Ver em Unesco (1999) uma perspectiva mundial da evolução da comunicação, com ênfase nas novas tecnologias da comunicação. Ver em De Kerckhove (1997) uma perspicaz elaboração teórica.
4. Postman (1985: 15).
5. Vide a pesquisa sobre a evolução da mídia, resumida em Williams *et al.* (1988).
6. Para uma retrospectiva das teorias de McLuhan, ver seu livro póstumo: McLuhan e Powers (1989).
7. McLuhan (1964).
8. Ball-Rokeach e Cantor (1986).
9. Postman (1985).
10. Withey e Abeles (1980); Ferguson (1986).
11. Neuman (1991: 103).
12. Mattelart e Stourdze (1982); Trejo Delarbre (1992).
13. Owen (1999).
14. Neuman (1991).
15. Blumler e Katz (1974).
16. Botein e Rice (1980).
17. Neuman (1991).
18. McLuhan (1962).
19. McLuhan (1964: 313).
20. Postman (1985: 87).
21. Postman(1985: 87).
22. Mander (1978).
23. Mankiewicz e Swerdlow (1979).

24. Ver Williams (1974); Martin e Chaudhary (1983).
25. Williams (1982).
26. Dados de várias fontes, relatados por Neuman (1991).
27. Dados relatados por Sabbah (1985); Neuman (1991).
28. Sabbah (1985).
29. Dentsu Institute for Human Studies/DataFlow International (1994: 67).
30. Neuman (1991); para o Japão, ver Sato *et al.* (1995).
31. Sorlin (1994).
32. McLuhan (1964: 21).
33. Neuman (1991: 87).
34. Roger Draper, "The Faithless Shepard", *New York Review of Books*, 26 de junho, relatado por Neuman (1991).
35. McGuire (1986).
36. Croteau e Haynes (2000: 263).
37. Eco (1977: 90).
38. *Ibid.*, 98.
39. Neuman (1991:91).
40. Tichi (1991).
41. Lichtenberg (1990).
42. Chamo o sistema eletrônico de comunicação de massa de a Galáxia de McLuhan em homenagem ao pensador revolucionário que visualizou sua existência como um modo característico de expressão cognitiva. Vale a pena enfatizar, contudo, que estamos adentrando um novo sistema de comunicação, claramente distinto daquele que McLuhan imaginou, como tento demonstrar neste capítulo.
43. Esta seção conta, em parte, com as informações e ideias sobre os novos desenvolvimentos da mídia em todo o mundo fornecidos por Manuel Campo Vidal, importante jornalista da televisão espanhola e latino-americana, vice-presidente da Antena-3 Television (ver Campo Vidal (1996)). Para projeções sobre essas tendências analisadas no mundo acadêmico durante a década de 1980, ver também Rogers (1986). Para uma análise visionária da diversificação da mídia sob uma perspectiva histórica, ver De Sola Pool (1983).
44. Alvarado (1988).
45. Doyle (1992); Dentsu Institute for Human Studies/Data Flow International (1994).
46. Chatterjee (no prelo).
47. Sabbah (1985: 219).
48. Ito (1991b).
49. Vide, por exemplo, os dados citados na revista *The Economist* (1994a); também Trejo Delarbre (1988); Doyle (1992); Campo Vidal (1996).
50. Schiller (1999).
51. Ver os números em *The Economist* (1999c: 62).
52. Scheer (1994: 97-8), traduzido para o inglês por Castells.
53. Case (1994).
54. Myers (1981); Lehman (1994); Thery (1994).
55. McGowan e Compaine (1989).
56. Rosenbaum (1992); Preston (1994); Thery (1994).
57. Nora e Minc (1978).

58. McGowan (1988).
59. Mehta (1993).
60. Para uma análise abrangente da política que levou ao desenvolvimento do Minitel, ver Cats-Baril e Jelassi (1994).
61. Preston (1994).
62. Mehta (1993).
63. Honigsbaum (1988).
64. Maital (1991); Rheingold (1993).
65. Wilson (1991).
66. Wilson (1991).
67. Dalloz e Portnoff (1994).
68. Cerf (1999).
69. Zook (2000c).
70. Hafner e Markoff (1991); *Business Week* (1994a); Sullivan-Trainor (1994); *El Pais/World Media* (1995); McLeod (1996).
71. Para uma análise documentada e inteligente das origens, desenvolvimento e características da internet e outras redes de CMC, ver Hart *et al.* (1992); Rheingold (1993). Para um estudo empírico do crescimento da internet, ver Batty e Barr (1994). Para uma discussão das perspectivas da internet, ver um estudo da Rand Corporation, disponível apenas on-line, na época da elaboração deste livro: Rand Corporation (1995).
72. Cerf (1999).
73. Kahn (1999).
74. Zook (2000c).
75. PNUD (1999); Unesco (1999); US Department of Commerce (1999b); Castells e Kiselyova (2000); Zook (2000a).
76. Ver, por exemplo, Comision de Nuevas Tecnologias (1999).
77. Dutton (1999); Unesco (1999).
78. Zook (2000b).
79. Markoff (1995).
80. De Kerckhove (1997).
81. Harmon (1999); Linus Torvalds (comunicação pessoal, 1999).
82. Himannen (2001).
83. Gitlin (1987); Rand Corporation (1995).
84. Segundo a imagem biológica de Rheingold (1993).
85. Rheingold (1993).
86. Rheingold (1993); Turkle (1995); Jones (1995, 1997, 1998); Kiesler (1997).
87. Barlow (1995: 40).
88. Mitchell (1995, 1999).
89. Turkle (1995: 267).
90. Slouka (1995).
91. Wolton (1998).
92. Kraut *et al.* (1998).
93. Wellman *et al.* (1996); Wellman (1997); Wellman e Gulia (1999).
94. Castells (1972); Wellman (1979); Fischer (1982).
95. Wellman e Gulia (1999: 355).

96. Putnam (1995).
97. Wellman e Gulia (1999: 350).
98. Sproull e Kiesler (1991); Rand Corporation (1995).
99. Hiltz e Turoff (1993); Sato *et al.* (1995); US Department of Commerce (1999).
100. Gurstein (1990).
101. Montgomery (1999: 15).
102. Baym (1998: 55).
103. Dyson (1998).
104. US Library of Congress (1999).
105. Lanham (1993); Rand Corporation (1995).
106. Specter (1994).
107. Armstrong (1994).
108. Abramson *et al.* (1988); Epstein (1995).
109. Castells *et al.* (1996).
110. Ganley (1991); Varley (1991).
111. Patrice Riemens (comunicação pessoal — pessoalmente, correspondência manuscrita, correio eletrônico — 1997/99)
112. Schuler (1996).
113. Keck e Sikkink (1998).
114. December (1993), citado e resumido por Benson (1994).
115. De Kerckhove (1997: 51).
116. Dutton (1999).
117. Fischer (1992).
118. Rheingold (1993).
119. Castells e Kiselyova (2000).
120. Sullivan-Trainor (1994).
121. Telecommunications Council (1994).
122. Thery (1994).
123. Banegas (1993).
124. Ver, entre várias fontes empresariais sobre o assunto, Bird (1994); Bunker (1994); Dalloz e Portnoff (1994); Herther (1994).
125. *The Economist* (1994a).
126. Schiller (1999).
127. *Business Week* (1994h).
128. Elmer-Dewwit (1993); Poirier (1993); *Business Week* (1994d).
129. *New Media Markets* (1993).
130. Owen (1999: cap.17).
131. Ministério dos Correios e Telecomunicações (1994b); *New Media Markets* (1994).
132. Kaplan (1992); Sellers (1993); Booker (1994); *Business Week* (1994e); Lizzio (1994); Wexler (1994).
133. Owen (1999: 313).
134. *Business Week* (1994f).
135. Dentsu Institute for Human Studies (1994: 117).
136. Martin (1994).
137. Owen (1999: 4).

138. Bunker (1994); *Business Week* (1994f); Cuneo (1994); *The Economist* (1994a).
139. Piller (1994).
140. Tobenkin (1993); Martin (1994).
141. Van der Haak (1999).
142. Moran (1993).
143. Dentsu Institute for Human Studies (1994: 140-3).
144. Negroponte (1995).
145. Baudrillard (1972); Barthes (1978).
146. *Oxford Dictionary of Current English* (1992).

6

O ESPAÇO DE FLUXOS

O espaço e o tempo são as principais dimensões materiais da vida humana. Físicos já desvendaram a complexidade existente atrás da falaciosa simplicidade intuitiva desses conceitos. Crianças em idade escolar sabem que o espaço e o tempo relacionam-se entre si. E a teoria das supercordas, última moda em física, promove a hipótese de um hiperespaço que articula dez dimensões, inclusive o tempo.[1] É claro que não há lugar para uma discussão desse tipo nesta análise, rigorosamente voltada para o *significado social do espaço e do tempo*. Mas minha referência a tal complexidade vai além do pedantismo retórico. Convida-nos a refletir sobre as formas sociais de tempo e espaço que não se limitam às percepções obtidas até agora com base nas estruturas sociotécnicas, suplantadas pela experiência histórica atual.

Já que o espaço e o tempo estão interligados na natureza e na sociedade, também o estarão em minha análise, embora, para maior clareza, enfoque sequencialmente primeiro o espaço, neste capítulo, e depois o tempo, no próximo. A ordem da sequência não é aleatória: ao contrário da maioria das teorias sociais clássicas, que supõem o domínio do espaço pelo tempo, proponho a hipótese de que o espaço organiza o tempo na sociedade em rede. Espero que essa afirmação faça mais sentido no final da jornada intelectual apresentada ao leitor nestes dois capítulos.

Tanto o espaço quanto o tempo estão sendo transformados sob o efeito combinado do paradigma da tecnologia da informação e das formas e processos sociais induzidos pelo processo atual de transformação histórica, apresentado neste livro. Contudo o perfil real dessa transformação é profundamente diverso das prudentes extrapolações do determinismo tecnológico. Por exemplo, parece óbvio que as telecomunicações avançadas tornariam onipresente a localização de escritórios, assim permitindo que as empresas transferissem suas sedes de bairros comerciais centrais caros, congestionados e desagradáveis para instalações personalizadas, em bonitos lugares ao redor do mundo. Porém a análise empírica de Mitchell Moss sobre o impacto das telecomunicações nas empresas de Manhattan nos anos 1980 descobriu que esses novos recursos de telecomunicações avançadas estavam entre os fatores responsáveis pela lentidão da relocação de empresas para longe de Nova York, por razões que exporei posteriormente. Ou, utilizando outro exemplo sobre um domínio social diferente, supunha-se que a comunicação eletrônica domiciliar induziria o declínio de formas urbanas densas e diminuiria a interação social localizada espacialmente. No entanto, o primeiro sistema de comunicação mediada por computadores difundido para a massa, o Minitel francês descrito no capítulo anterior, originou-se na década de 1980 em um ambiente urbano intenso, cujas vitalidade e interação por contato pessoal não foram abaladas pelo novo meio de comunicação. Na verdade, os estudantes franceses usavam o Minitel para organizar manifestações *de rua* contra o governo. No início da década de 1990, a telecomutação, ou seja, o trabalho on-line em casa, era praticada por uma fração muito pequena da força de trabalho dos EUA (entre 1% e 2% em um dia determinado), Europa ou Japão, se não contarmos a velha e costumeira prática de profissionais liberais trabalharem em casa ou organizarem suas atividades em tempo e espaço flexíveis, quando contam com tempo disponível para isso.[2] Embora trabalhar meio expediente em casa pareça estar se tornando um futuro modo de atividade profissional, essa modalidade desenvolve-se a partir do surgimento da empresa integrada em rede e do processo de trabalho flexível, conforme análise em capítulos anteriores, e não como consequência direta da tecnologia disponível. As consequências teóricas e práticas dessa definição precisa são cruciais. É esta complexidade de interação entre a tecnologia, a sociedade e o espaço que abordarei nas páginas seguintes.

Para prosseguir nessa direção, examinarei o material empírico sobre a transformação dos padrões de localização das principais atividades econômicas sob o novo sistema tecnológico, tanto em relação a serviços avançados como à indústria. Depois, tentarei avaliar as poucas informações sobre a interação entre o surgimento da casa eletrônica e a evolução da cidade, bem como me estenderei a respeito da recente evolução das formas urbanas em vários contextos. Então, resumirei as tendências observadas sob uma nova lógica espacial que chamo de *espaço de fluxos*. Em oposição a essa lógica, apresentarei a organização espacial historicamente enraizada de nossa experiência comum: *o espaço de lugares*. E mencionarei o reflexo dessa oposição dialética entre o espaço de fluxos e o espaço de lugares nos debates atuais sobre arquitetura e projeto urbano. O objetivo desse itinerário intelectual é desenhar o perfil deste novo processo espacial, o espaço de fluxos, que se está tornando a manifestação espacial predominante de poder e função em nossas sociedades. Apesar de todos os meus esforços para ancorar a nova lógica espacial no registro empírico, receio que seja inevitável, no final do capítulo, apresentar ao leitor alguns fundamentos de uma teoria social de espaço, como forma de abordar a atual transformação da base material de nossa experiência. Mas minha capacidade de comunicar uma teorização um tanto abstrata das novas formas e processos espaciais certamente será melhorada com um breve levantamento dos dados disponíveis sobre a recente padronização espacial das funções econômicas e das práticas sociais predominantes.[3]

Serviços avançados, fluxos da informação e a cidade global

A economia global/informacional é organizada em torno de centros de controle e comando capazes de coordenar, inovar e gerenciar as atividades interligadas das redes de empresas.[4] Serviços avançados, inclusive finanças, seguros, bens imobiliários, consultorias, serviços de assessoria jurídica, propaganda, projetos, marketing, relações públicas, segurança, coleta de informações e gerenciamento de sistemas de informação, bem como P&D e inovação científica, estão no cerne de todos os processos econômicos, seja na indústria, agricultura, energia, seja em serviços de diferentes tipos.[5] Todos podem ser reduzidos à geração de conhecimento e a fluxos da informação.[6] Portanto, os sistemas avançados de telecomunicações poderiam possibilitar sua localização dispersa pelo globo. Mais de uma década de estudos sobre o assunto, no entanto, estabeleceu um modelo espacial diferente, caracterizado pela dispersão e concentração simultâneas de serviços avançados.[7] De um lado, os serviços avançados aumentaram substancialmente sua participação nos índices de empregos e no PNB da maioria dos países, e apresentam o maior crescimento de empregos e as taxas mais altas de investimento nas principais áreas metropolitanas do mundo.[8] São abrangentes e estão localizados em toda a geografia do planeta, com exceção dos "buracos negros" de marginalidade. De outro, tem havido uma concentração espacial da camada superior dessas atividades em alguns centros nodais de alguns países.[9] Tal concentração segue uma hierarquia entre as camadas dos centros urbanos com as funções de nível mais alto, tanto em termos de poder quanto de qualificação, e está localizada em algumas importantes áreas metropolitanas.[10] O estudo clássico de Saskia Sassen sobre a cidade global mostrou o domínio conjunto de Nova York, Tóquio e Londres nas finanças internacionais e na maior parte dos serviços de consultoria e empresariais de âmbito internacional.[11] Juntos, esses três centros cobrem o espectro de fusos horários no que diz respeito a transações financeiras e funcionam em grande parte como uma unidade no mesmo sistema de transações contínuas. Mas outros centros são importantes e até superiores em alguns segmentos específicos do comércio, por exemplo, Chicago e Cingapura em contatos de futuros (aliás, praticados pela primeira vez em Chicago, em 1972). Hong Kong, Osaka, Frankfurt, Zurique, Paris, Los Angeles, San Francisco, Amsterdã e Milão também são centros importantes tanto em serviços financeiros quanto em serviços empresariais internacionais.[12] E vários "centros regionais" estão rapidamente aderindo à rede, enquanto "mercados emergentes" se desenvolvem por todo o mundo: Madri, São Paulo, Buenos Aires, México, Taipé, Moscou, Budapeste, entre outros.

À medida que a economia global se expande e incorpora novos mercados, também organiza a produção dos serviços avançados necessários para o gerenciamento das novas unidades que aderem ao sistema e das condições de suas conexões em mudança contínua.[13] Um bom exemplo para ilustrar esse processo é Madri, relativamente atrasada em relação à economia global até 1986. Naquele ano, a Espanha aderiu à Comunidade Europeia, abrindo-se totalmente ao investimento de capital estrangeiro nos mercados das bolsas de valores, em operações bancárias e na aquisição de patrimônio das empresas, bem como em bens imóveis. Como ficou demonstrado em nosso estudo,[14] no período de 1986-90, o investimento estrangeiro direto na bolsa de valores de Madri fortaleceu uma fase de rápido crescimento regional ao lado de um *boom* no setor imobiliário e rápida expansão dos níveis de emprego em serviços empresariais. A aquisição de ações por investidores estrangeiros em Madri entre 1982 e 1988 saltou de 4 bilhões e 494 milhões para 623 bilhões e 445 milhões de pesetas. O investimento estrangeiro direto em Madri subiu de 8 bilhões de pesetas em 1985 para quase 400 bilhões de pesetas em 1988. Assim, a construção de escritórios no centro de Madri e de imóveis residenciais de alto nível, no final dos anos 1980, experimentou o mesmo entusiasmo frenético ocorrido em Nova York e Londres. A cidade foi transformada de forma profunda pela saturação do valioso espaço na metrópole e também por um processo maciço de suburbanização que, até então, fora um fenômeno de certa forma limitado em Madri.

Na mesma linha argumentativa, o estudo realizado por Cappelin sobre a formação de redes de serviços nas cidades europeias mostra a crescente interdependência e complementaridade entre os centros urbanos de tamanho médio da União Europeia. Cappelin concluiu que "A importância relativa das relações entre cidades e regiões parece diminuir quando comparada à importância das relações que interligam várias cidades de regiões e países diferentes... As novas atividades concentram-se em polos específicos, e isso implica um aumento das disparidades entre os polos urbanos e as respectivas hinterlândias".[15] Dessa forma, o fenômeno da cidade global não pode ser reduzido a alguns núcleos urbanos no topo da hierarquia. É um processo que conecta serviços avançados, centros produtores e mercados em uma rede global com intensidade diferente e em diferente escala, dependendo da relativa importância das atividades localizadas em cada área *vis-à-vis* a rede global. Em cada país a arquitetura de formação de redes reproduz-se em centros locais e regionais, de forma que o sistema todo fique interconectado em âmbito global. Os territórios em torno desses nós desempenham uma função cada vez mais subordinada, às vezes, perdendo a importância (ou até mesmo a função). Um exemplo são as *colonias populares* da

Cidade do México (originalmente, assentamentos de posseiros) que representam cerca de três terços da população das megalópoles sem desempenhar nenhum papel distinto no funcionamento da Cidade do México como centro internacional de negócios.[16] Ademais, a globalização estimula a regionalização. Em seus estudos sobre regiões europeias na década de 1990, utilizando os dados disponíveis, Philip Cooke mostrou que a internacionalização crescente das atividades econômicas na Europa tornou as regiões mais dependentes dessas atividades.

Figura 6.1 Maior crescimento absoluto dos fluxos da informação, 1982 e 1990

Fonte: Dados da Federal Express, elaborados por Michelson e Wheeler (1994).

Assim, as regiões, sob o impulso dos governos e elites empresariais, estruturam-se para competir na economia global e estabeleceram redes de cooperação entre as instituições regionais e entre as empresas localizadas na área. Dessa forma, as regiões e as localidades não desaparecem, mas ficam integradas nas redes internacionais que ligam seus setores mais dinâmicos.[17]

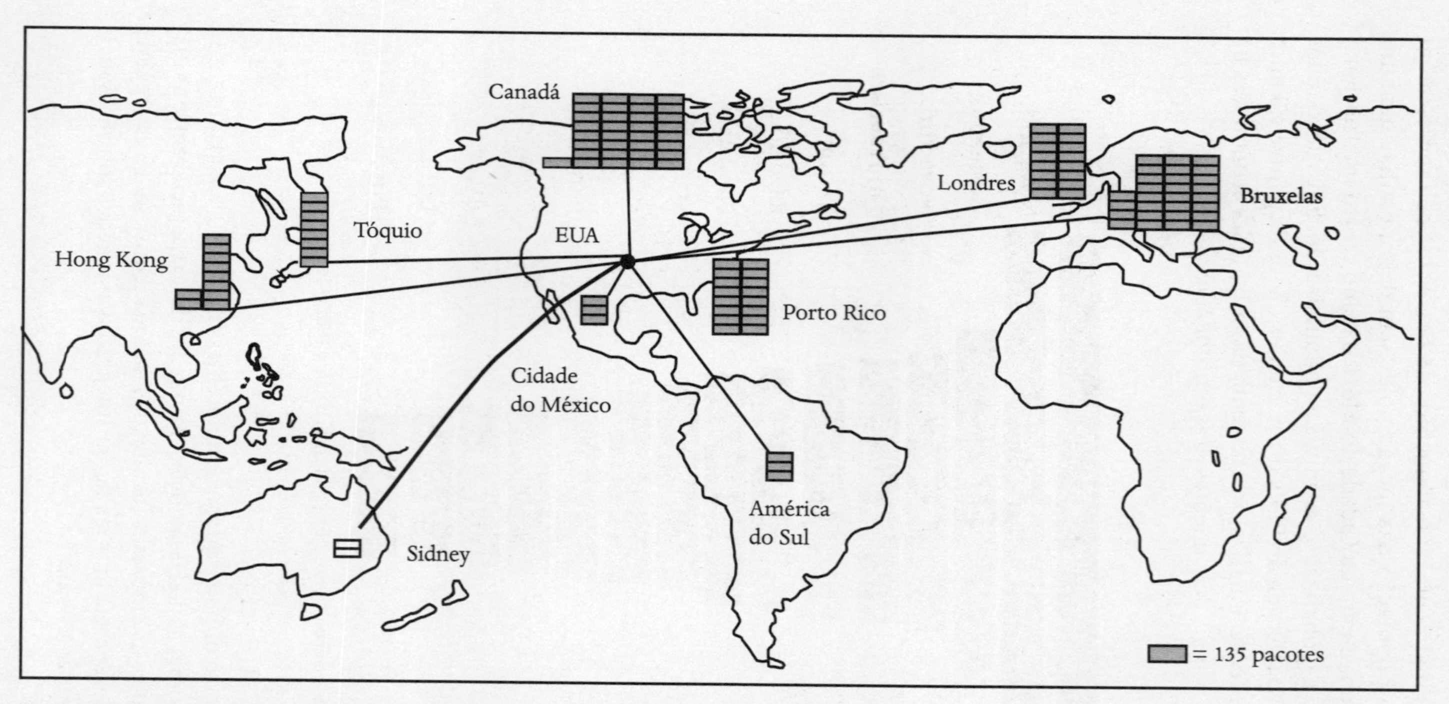

Figura 6.2 Exportação da informação dos EUA para os principais centros e regiões do mundo

Fonte: Dados da Federal Express, 1990, elaborados por Michelson e Wheeler (1994).

Michelson e Wheeler, a pedido de uma das principais transportadoras, a Federal Express Corporation, obtiveram uma aproximação com a arquitetura de fluxos da informação em desenvolvimento na economia global com base em análise de dados do tráfego.[18] Estudaram o movimento de cartas, pacotes e caixas enviados pelo sistema *overnight* (entregas na manhã seguinte) nas áreas metropolitanas dos EUA, durante a década de 1990, bem como entre os principais centros remetentes norte-americanos e os destinos internacionais. Os resultados da análise, ilustrados nas figuras 6.1 e 6.2, mostram duas tendências básicas: (a) domínio de alguns nós ou centros, especialmente Nova York, seguido de Los Angeles, aumentando com o tempo; (b) selecionados circuitos de conexão nacionais e internacionais. Segundo a conclusão:

> Todos os indicadores apontam para um fortalecimento da estrutura hierárquica de funções de comando e controle e do resultante intercâmbio de informação... A concentração localizada da informação resulta de altos níveis de incerteza, por sua vez motivada pela transformação tecnológica, personalização, desregulamentação e globalização do mercado... (Contudo) à medida que a época atual for se desenvolvendo, persistirá a importância da flexibilidade, como mecanismo básico de atuação, e das economias de aglomeração, como fator preeminente de localização. Portanto, a importância da cidade como centro de gravidade para as transações econômicas não desaparecerá. Mas com a iminente regulamentação dos mercados internacionais... com menos incerteza sobre as regras do jogo econômico e seus participantes, a concentração do setor da informação sofrerá uma desaceleração, e certos aspectos da produção e distribuição filtrarão em níveis mais baixos de uma hierarquia urbana internacionalizada.[19]

De fato, a hierarquia na rede não é de forma alguma garantida ou estável: está sujeita à concorrência acirrada entre as cidades, bem como à aventura de investimentos de alto risco em finanças e bens imobiliários. Assim, P. W. Daniels, em um dos estudos mais abrangentes sobre o assunto, atribui o fracasso parcial do grande projeto de redesenvolvimento urbano de Canary Wharf, nas Docklands de Londres, à estratégia superampliada de sua empreendedora, a famosa empresa canadense Olympia & York. A empresa foi incapaz de absorver o excesso de desenvolvimento de escritórios dos anos 1990, na esteira da redução do nível de emprego em serviços financeiros de Londres e Nova York. Daniels conclui que:

> A expansão de serviços no mercado internacional introduziu, portanto, um grau maior que no passado em termos de flexibilidade e, em última análise, de concorrência no sistema urbano global. Como a experiência com Canary Wharf demonstrou, essa

ampliação também fez com que o resultado do planejamento e redesenvolvimento urbanos em larga escala ficasse refém de fatores externos internacionais sobre os quais se pode ter apenas controle limitado.[20]

Portanto, no início dos anos 1990, enquanto, de um lado, cidades como Bangkok, Taipei, Xangai, México D.F. ou Bogotá desfrutavam um crescimento urbano explosivo fomentado pelos negócios, de outro, Madri, Nova York, Londres e Paris experimentavam uma queda que causou profunda diminuição nos preços de imóveis e paralisou novas construções. Em fins da década de 1990, então, os imóveis de Londres e Nova York passaram por substancial revalorização, ao passo que os centros urbanos das principais cidades asiáticas foram gravemente atingidos por uma crise financeira, em parte induzida pelo estouro da bolha de seus mercados imobiliários (ver volume III). Essa montanha-russa urbana, em diferentes períodos nas diversas áreas do mundo, ilustra a dependência e a vulnerabilidade de qualquer local, inclusive das principais cidades, em relação aos fluxos globais em transformação.

Mas por que esses sistemas de serviços avançados ainda devem ficar dependentes da aglomeração em alguns grandes nós ou centros metropolitanos? A esse respeito, Saskia Sassen, novamente, coroando anos de pesquisa em trabalho de campo dela mesma e de outros pesquisadores em diferentes contextos, dá respostas convincentes. Afirma que:

> A combinação de dispersão espacial e integração global criou novo papel estratégico para as principais cidades. Além de sua longa história como centros de comércio e atividades bancárias internacionais, essas cidades agora funcionam em quatro novas formas: primeira, como pontos de comando altamente concentrados na organização da economia mundial; segunda, como localizações-chave para empresas financeiras e de serviços especializados...; terceira, como locais de produção, inclusive a produção de inovação nesses importantes setores; e quarta, como mercados para os produtos e as inovações produzidas.[21]

Essas cidades, ou melhor, seus bairros comerciais, são complexos de produção de valor com base na informação, onde as sedes corporativas e as empresas financeiras avançadas podem encontrar tanto os fornecedores como a mão de obra especializada altamente qualificada de que precisam. Sem dúvida, constituem redes produtivas e de gerenciamento, cuja flexibilidade *não* precisa incorporar trabalhadores e fornecedores, mas ser capaz de acessá-los quando for conveniente e quantas vezes forem necessárias em cada situação específica. A flexibilidade e a adaptabilidade são mais bem-servidas por essa combinação entre a aglomeração de redes centrais e a participação dessas redes centrais e de suas redes dispersas auxiliares em redes globais, via telecomunicações e transporte aéreo. Outros fatores também parecem contribuir para fortalecer a concentração de atividades de alto nível em alguns nós: uma vez realizados, grandes investimentos empresariais em imóveis valiosos explicam a relutância em mudar-se, porque tal iniciativa desvalorizaria seus ativos fixos; também, contatos pessoais para decisões cruciais continuam sendo necessários na era da escuta generalizada, visto que, conforme confissão de um gerente em entrevista a Saskia Sassen, algumas vezes há necessidade de os acordos comerciais serem marginalmente ilegais.[22] E, finalmente, os principais centros metropolitanos continuam a oferecer as maiores oportunidades de aperfeiçoamento pessoal, status social e autossatisfação aos imprescindíveis profissionais liberais de nível superior — de boas escolas para seus filhos a uma adesão simbólica ao grande consumo, inclusive de arte e entretenimento.[23]

Contudo os serviços avançados e principalmente os serviços em geral espalham-se e descentralizam para a periferia das áreas metropolitanas, áreas metropolitanas menores, regiões menos desenvolvidas e alguns países menos desenvolvidos.[24] Novos centros regionais de atividades de processamento de serviços surgiram nos Estados Unidos (por exemplo, Atlanta, Georgia, ou Omaha, Nebraska), na Europa (Barcelona, Nice, Stuttgart, Bristol e outros), ou na Ásia (por exemplo, Bombaim, Bangkok, Xangai). As periferias de importantes áreas metropolitanas estão agitadas com o desenvolvimento de novos escritórios, seja Walnut Creek em San Francisco, seja Reading perto de Londres. E, em alguns casos, surgiram novos e importantes centros de serviços às margens de cidades históricas, sendo La Défense de Paris o exemplo mais famoso e bem-sucedido. No entanto, em quase todos os casos, a descentralização do trabalho de escritório afeta as "funções de apoio", ou seja, o processamento em massa das transações que executam as estratégias decididas e projetadas nos centros empresariais das altas finanças e de serviços avançados.[25] Essas são precisamente as atividades que empregam a maior parte dos trabalhadores de escritório semiqualificados, em grande parte mulheres suburbanas, muitas delas substituíveis ou recicláveis, à medida que a tecnologia evolui e a montanha-russa econômica continua.

O que esse sistema espacial de atividades de serviços avançados apresenta de significativo não é sua concentração nem descentralização, já que os dois processos, na verdade, estão ocorrendo ao mesmo tempo em todos os países e continentes. Também não é a hierarquia de sua geografia, uma vez que essa está, sem dúvida, subordinada à geometria variável do dinheiro e dos fluxos da informação. Afinal, quem poderia prever no início da década de 1980 que Taipé, Madri ou Buenos Aires poderiam emergir como importantes centros financeiros e de negócios internacionais? Acredito que a megalópole Hong Kong-Shenzhen-Guangzhou-Zhuhai-Macau será uma das principais capitais financeiras e de negócios no início do século XXI, assim promovendo um grande realinhamento da geografia global de serviços avançados.[26] Mas para a análise espacial proposta neste trabalho, não é importante fazer uma previsão acertada. Porque, embora a localização real dos centros de alto nível em cada período seja decisiva para a distribuição da riqueza e do poder no mundo, sob a perspectiva da lógica espacial do novo sistema, o que importa é a versatilidade de suas redes. A cidade global não é um lugar, mas um processo. Um processo por meio do qual os centros produtivos e de consumo de serviços avançados e suas sociedades auxiliares locais estão conectados em uma rede global, embora, ao mesmo tempo, diminuam a importância das conexões com suas hinterlândias, com base em fluxos da informação.

O novo espaço industrial

O advento da indústria de alta tecnologia, ou seja, a indústria com base na microeletrônica e assistida por computadores, introduziu uma nova lógica de localização industrial. As empresas eletrônicas, produtoras dos novos dispositivos da tecnologia da informação, também foram as primeiras a utilizar a estratégia de localização possibilitada e exigida pelo processo produtivo baseado na informação. Ao longo dos anos 1980, vários estudos empíricos conduzidos por estudantes universitários e pós-graduandos no Instituto de Desenvolvimento Urbano e Regional da Universidade da Califórnia, em Berkeley, proporcionaram uma ideia consistente sobre o perfil do "novo espaço industrial".[27] Esse espaço caracteriza-se pela capacidade organizacional e tecnológica de separar o processo produtivo em diferentes localizações, ao mesmo tempo que reintegra sua unidade por meio de conexões de telecomunicações e da flexibilidade e precisão resultante da microeletrônica na fabricação de componentes. Além disso, devido à singularidade da força de trabalho necessária para cada estágio e às diferentes características sociais e ambientais próprias das condições de vida de segmentos profundamente distintos dessa força de trabalho, recomenda-se especificidade geográfica para cada fase do processo produtivo. Isso porque a indústria de alta tecnologia apresenta uma composição ocupacional muito diferente da tradicional: organização em uma estrutura bipolar em torno de dois grupos predominantes de tamanho aproximadamente similar; força de trabalho altamente qualificada com base científica e tecnológica, por um lado; uma massa de trabalhadores não qualificados dedicados à montagem de rotina e às operações auxiliares, por outro. Embora, cada vez mais, a automação possibilite a eliminação da camada inferior de trabalhadores, o aumento surpreendente do volume de produção ainda emprega, e continuará empregando por algum tempo, um número considerável de trabalhadores não qualificados e semiqualificados. No entanto a localização dessa mão de obra na mesma área que os cientistas e engenheiros não é economicamente viável nem socialmente adequada no contexto social geral. Em posição intermediária, operadores qualificados também representam um grupo distinto que pode ser separado dos altos níveis da produção de alta tecnologia. Em razão do pouco peso do produto final e das fáceis conexões de comunicação desenvolvidas pelas empresas em todo o globo, as do ramo eletrônico, especialmente as norte-americanas, desenvolveram desde as origens do setor (já na localização da fábrica de Fairchild em Hong Kong, em 1962) um modelo de localização caracterizado pela divisão espacial internacional do trabalho.[28] Grosso modo, tanto para a microeletrônica como para computadores, procuraram-se quatro tipos diferentes de localização para cada uma das quatro operações distintas do processo produtivo:

1. P&D, inovação e fabricação de protótipos foram concentrados em centros industriais altamente inovadores nas principais áreas, geralmente com boa qualidade de vida antes que seu processo de desenvolvimento, em certa medida, degradasse o meio ambiente;
2. fabricação qualificada em filiais, normalmente em áreas recém-industrializadas do mesmo país, que, no caso dos EUA, em geral significam cidades de tamanho médio nos estados do oeste;
3. montagem semiqualificada em larga escala e testes que, desde o começo, apresentavam uma grande proporção localizada no exterior, em especial no Sudeste Asiático, sendo Cingapura e Malásia as localidades pioneiras do movimento para atrair fábricas de empresas eletrônicas americanas;
4. adequação de dispositivos e de manutenção e suporte técnico pós-venda que foi organizada em centros regionais em todo o globo, em geral na área dos principais mercados eletrônicos, originalmente nos EUA e na Europa Ocidental, embora na década de 1990 os mercados asiáticos conquistassem o mesmo status.

As empresas europeias, acostumadas a localizações aconchegantes em seus protegidos feudos domésticos, foram obrigadas a descentralizar os sistemas produtivos em uma cadeia global similar, quando os mercados se abriram, e elas começaram a sentir a pressão da concorrência das operações localizadas na Ásia e da vantagem tecnológica americana e japonesa.[29] As empresas japonesas tentaram resistir por muito tempo antes de abandonar a "fortaleza japonesa", tanto por razões de nacionalismo (a pedido de seu governo) como por causa de sua grande dependência das redes de fornecedores do tipo *just in time*. Contudo o congestionamento insuportável e os crescentes preços operacionais nas áreas de Tóquio e Yokohama forçaram primeiro a descentralização regional (auxiliada pelo programa Technopolis do MITI) nas áreas menos desenvolvidas do Japão, particularmente em Kyushu.[30] Depois, a partir do final dos anos 1980, as empresas japonesas continuaram a seguir o modelo de localização iniciado pelas concorrentes norte-americanas duas décadas antes: instalações para produção fora do país — no Sudeste Asiático, em busca de custos de mão de obra mais baixos ao lado de menos restrições ambientais — e disseminação de fábricas por todos os principais mercados dos EUA, Europa e Ásia, como precaução para evitar futuro protecionismo.[31] Dessa forma, o fim da excepcionalidade japonesa confirmou a correção do modelo de localização proposto por mim e vários colegas para a compreensão da nova lógica espacial do setor de alta tecnologia. A figura 6.3 mostra o esquema da lógica espacial desse modelo, desenvolvido com base em informações empíricas coletadas por vários pesquisadores em diferentes contextos.[32]

Um elemento-chave desse modelo de localização é a importância decisiva dos complexos produtivos de inovações tecnológicas para todo o sistema. É o que Peter Hall e eu, bem como o pioneiro neste campo de pesquisa, Philippe Aydalot, chamamos de "ambientes de inovação".[33] Pelo que entendo, meio de inovação é um conjunto específico de relações de produção e gerenciamento com base em uma organização social que, de modo geral, compartilha uma cultura de trabalho e metas instrumentais, visando gerar novos conhecimentos, novos processos e novos produtos. Embora o conceito de meio não inclua necessariamente uma dimensão espacial, afirmo que no caso das indústrias de tecnologia da informação, pelo menos neste século, a proximidade espacial é uma condição material necessária para a existência desse meio devido à natureza da interação no processo de inovação. O que define a especificidade de um ambiente de inovação é sua capacidade de gerar sinergia, isto é, o valor agregado resultante não do efeito cumulativo dos elementos presentes no meio, mas de sua interação. Os meios de inovação são as fontes fundamentais de inovação e de geração de valor agregado no processo de produção industrial da era da informação. Durante vários anos, Peter Hall e eu estudamos a formação, a estrutura e a dinâmica dos principais meios de inovação tecnológica reais e imagináveis em todo o mundo. Os resultados de nossa investigação acrescentaram alguns elementos à compreensão do modelo de localização do setor de tecnologia da informação.[34]

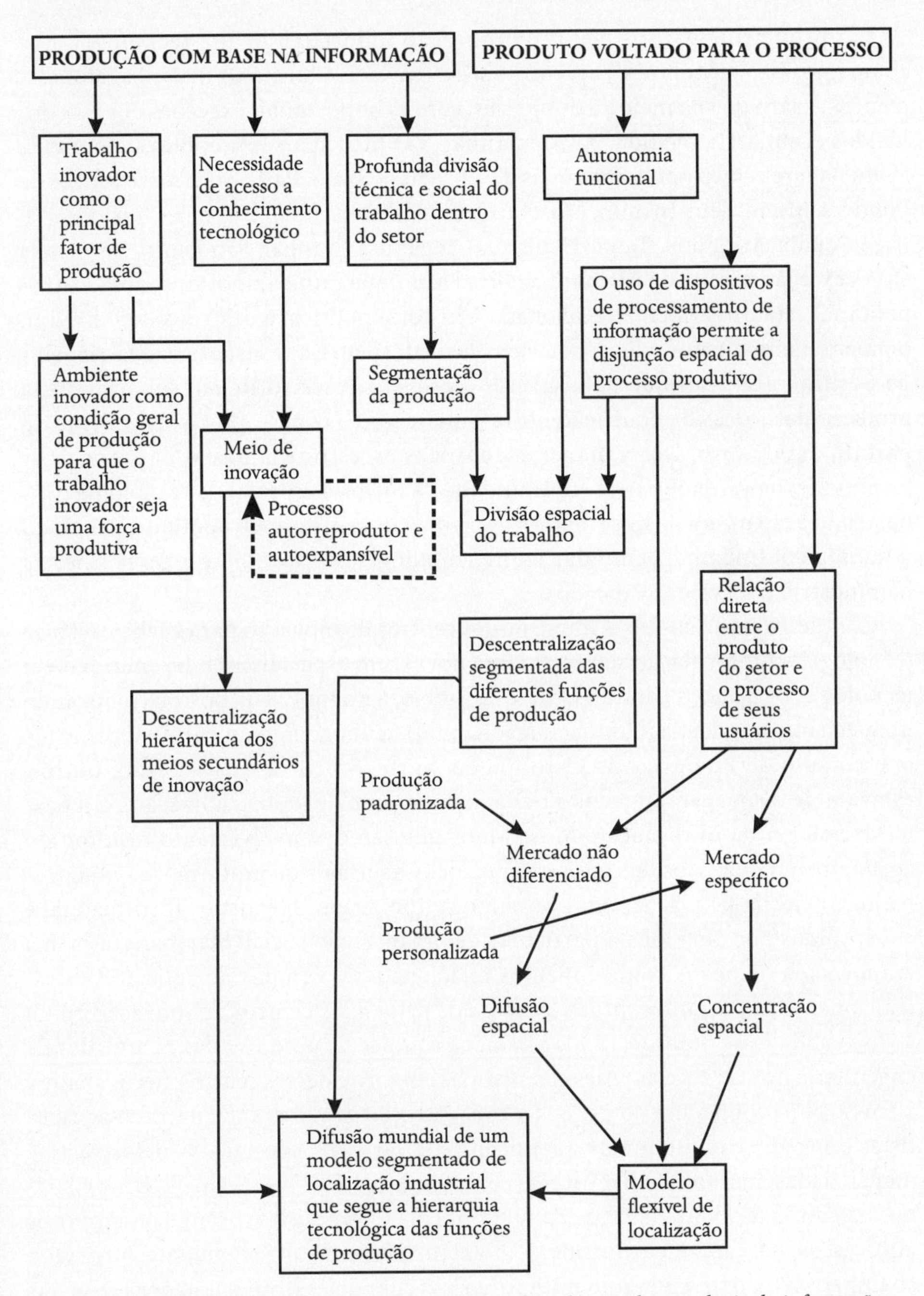

Figura 6.3 Sistema de relações entre as características da indústria de tecnologia da informação e o modelo espacial do setor

Fonte: Elaborada por Castells (1989a).

Em primeiro lugar, os meios de inovação industrial de alta tecnologia, que chamamos de "tecnópoles", apresentam-se em vários formatos urbanos. Notadamente — claro que na maioria dos países, com as importantes exceções dos Estados Unidos e, em certa medida, da Alemanha — as principais tecnópoles sem dúvida ficam nas áreas metropolitanas mais destacadas: Tóquio, Paris-Sud, corredor M4 de Londres, Milão, Seul-Inchon, Moscou-Zelenograd e, a uma distância considerável, Nice-Sophia Antipolis, Taipé-Hsinchu, Cingapura, Xangai, São Paulo, Barcelona etc. A exceção parcial da Alemanha (afinal Munique é uma importante área metropolitana) está diretamente relacionada à história política: a destruição de Berlim, o preeminente centro industrial e científico europeu, e a transferência da Siemens de Berlim para Munique nos últimos meses do Terceiro Reich, sob a prevista proteção das forças de ocupação norte-americanas e com o apoio subsequente do partido CSU bávaro. Dessa maneira, contra as excessivas fantasias das modernas tecnópoles, na verdade existe continuidade da história espacial da tecnologia e industrialização na era da informação: os principais centros metropolitanos em todo o mundo continuam a acumular fatores indutores de inovação e a gerar sinergia na indústria e serviços avançados.

Contudo alguns dos mais importantes centros de inovação para a fabricação de tecnologia da informação são realmente novos, em especial, no líder mundial em tecnologia, os Estados Unidos. O Vale do Silício, a Route 128 de Boston (renovando uma estrutura industrial antiga e tradicional), a Tecnópole do sul da Califórnia, o Triângulo de Pesquisas da Carolina do Norte, Seattle e Austin, entre outros, estavam de forma geral ligados à onda mais recente de industrialização com base na tecnologia da informação. Mostramos que seu desenvolvimento resultou do agrupamento de vários dos fatores específicos habituais de produção: capital, trabalho e matéria-prima reunidos por algum tipo de empreendedor institucional e constituídos por uma forma particular de organização social. Sua matéria-prima era formada de novos conhecimentos relacionados a campos de aplicação estrategicamente importantes, produzidos pelos principais centros de inovação como a Universidade de Stanford, CalTech ou as equipes de pesquisa das faculdades de engenharia do MIT e pelas redes construídas em torno desses centros. Seu trabalho, além do fator conhecimento, exigia a concentração de um grande número de cientistas e engenheiros altamente qualificados de várias escolas locais, inclusive as já mencionadas, mas também de outras como Berkeley, San Jose State ou Santa Clara, no caso do Vale do Silício. Seu capital também era específico, pronto a assumir os altos riscos inerentes ao investimento no pioneirismo da alta tecnologia: ou devido ao imperativo do desempenho militar (gastos com defesa), ou então por causa das altas apostas do capital de risco, acreditando nas recompensas extras desse tipo de investimento. A articulação desses fatores de produção foi o fato de, no início do processo, algum ator institucional, a exemplo da Universidade de Stanford, lançar o Parque Industrial de Stanford que inspirou o Vale do Silício; ou os comandantes da Força Aérea que, confiando no progresso de Los Angeles, ganharam para o sul da Califórnia os contratos de produtos bélicos que tornariam a nova metrópole ocidental o maior complexo de indústria bélica de alta tecnologia em todo o mundo. Finalmente, as redes sociais de diferentes espécies contribuíram de forma intensa para a consolidação do meio de inovação e seu dinamismo, assegurando a comunicação de ideias, circulação de trabalho e troca de experiências sobre inovação tecnológica e iniciativas empresariais arrojadas.

Nossa pesquisa sobre os novos meios de inovação nos EUA ou em outro lugar demonstra que, embora realmente haja continuidade espacial em domínios metropolitanos, ela também pode ser revertida caso as condições sejam adequadas. E que as condições adequadas dizem respeito à capacidade de concentração espacial dos ingredientes apropriados para promover sinergia. Se for esse o caso, como nossos dados parecem confirmar, temos mesmo um novo espaço industrial marcado por descontinuidade fundamental: os meios de inovação novos e antigos constituem-se com base em sua estrutura e dinâmica interna e mais tarde atraem empresas, capital e trabalho para os canteiros de inovação por eles constituídos. Uma vez estabelecidos, os meios de inovação competem e cooperam em diferentes regiões, criando uma rede de interação que os reúne em uma estrutura industrial comum, superando sua descontinuidade geográfica. A pesquisa realizada por Camagni e pelas equipes pesquisadoras organizadas em torno da rede do GREMI[35] mostra a crescente interdependência desses meios de inovação por todo o globo e, ao mesmo tempo, enfatiza quão decisiva para seu destino é a capacidade de cada meio para intensificar sua sinergia. Finalmente, os meios de inovação comandam as redes globais de produção e distribuição, que estendem seu alcance por todo o planeta. Por isso, alguns pesquisadores, como Amin e Robins, afirmam que o novo sistema industrial não é global nem local, mas "uma nova articulação da dinâmica local e global".[36]

Contudo, para ter um panorama claro do novo espaço industrial constituído na era da informação, devemos acrescentar algumas definições precisas. Porque, com muita frequência, a ênfase da análise recai na divisão espacial hierárquica do trabalho entre as diferentes funções localizadas em territórios diversos. Isso é importante, mas não é essencial na nova lógica espacial. Hierarquias territoriais podem ser misturadas e até revertidas, à medida que o setor se expande pelo mundo e conforme a concorrência intensifica ou enfraquece aglomerações inteiras, inclusive os próprios meios de inovação. Também, meios secundários de inovação são constituídos, às vezes como sistemas descentralizados desmembrados de centros primários, mas frequentemente encontram seus nichos na concorrência com suas matrizes originais, a exemplo do que aconteceu com Seattle em relação ao Vale do Silício e Boston em software, ou Austin, Texas, *vis-à-vis* Nova York ou Minneapolis em computadores. Ademais, na década de 1990, o desenvolvimento da indústria eletrônica na Ásia, principalmente sob o impulso da concorrência japonesa e norte-americana, complicou muito a geografia do setor em sua maturidade, como ficou demonstrado nas análises de Cohen e Borrus e de Dieter Ernst.[37] Por um lado, houve melhora substancial do potencial tecnológico das subsidiárias das multinacionais norte-americanas, especialmente em Cingapura, na Malásia e em Taiwan, e essa melhora difundiu-se por suas subsidiárias locais. Por outro, as empresas eletrônicas japonesas, como já foi mencionado, descentralizaram maciçamente sua produção na Ásia para exportar em âmbito global e suprir as matrizes sediadas no Japão. Em ambos os casos, construiu-se uma grande base de fornecimento na Ásia, o que tornou obsoleta a velha divisão espacial de trabalho na qual as subsidiárias do leste e Sudeste Asiático ocupavam o nível inferior da hierarquia.

Ademais, com base na revisão dos dados disponíveis até 1994, inclusive das pesquisas de sua empresa, Richard Gordon faz uma defesa convincente do surgimento de uma nova divisão espacial de trabalho, caracterizada por sua geometria variável e conexões de ida e volta entre as empresas localizadas em diferentes complexos territoriais, abrangendo os principais meios de inovação. A análise minuciosa dos desenvolvimentos da década de 1990 no Vale do Silício mostra a importância das relações extrarregionais para as interações tecnológicas mais sofisticadas e com uso intensivo de transações, realizadas por empresas regionais de alta tecnologia. Desse modo, ele argumenta que

> Neste novo contexto global, a aglomeração localizada, longe de constituir uma alternativa à dispersão espacial, torna-se a base principal para a participação em uma rede global de economias regionais... As regiões e redes realmente constituem polos interdependentes dentro do novo mosaico espacial da inovação global. A globalização neste contexto não envolve o impacto fomentador dos processos universais, mas, ao contrário, a síntese calculada da diversidade cultural sob a forma das lógicas e das capacidades de inovação regional diferenciada.[38]

O novo espaço industrial não representa o fim das velhas áreas metropolitanas já estabelecidas e o início de novas regiões caracterizadas por alta tecnologia. Nem pode ser compreendido com base na oposição simplista entre automação no centro e fabricação de baixo custo na periferia. É organizado em uma hierarquia de inovação e fabricação articuladas em redes globais. Mas a direção e a arquitetura dessas redes estão sujeitas às constantes mudanças dos movimentos de cooperação e concorrência entre empresas e locais, algumas vezes historicamente cumulativos, outras, revertendo o modelo estabelecido mediante deliberada iniciativa empreendedora institucional. O que resta como lógica característica da nova localização industrial é sua descontinuidade geográfica, paradoxalmente formada por complexos territoriais de produção.

O novo espaço industrial é organizado em torno de fluxos da informação que, ao mesmo tempo, reúnem e separam — dependendo dos ciclos das empresas — seus componentes territoriais. E, à medida que a lógica da fabricação da tecnologia da informação vai passando dos produtores de equipamentos de tecnologia da informação para os usuários desses dispositivos em toda a esfera da indústria, também a nova lógica espacial se expande criando uma multiplicidade de redes industriais globais, cujas interseções e exclusões mudam o próprio conceito de localização industrial de fábricas para fluxos industriais.

O COTIDIANO DO DOMICÍLIO ELETRÔNICO: O FIM DAS CIDADES?

O desenvolvimento da comunicação eletrônica e dos sistemas de informação propicia uma crescente dissociação entre a proximidade espacial e o desempenho das funções rotineiras: trabalho, compras, entretenimento, assistência à saúde, educação, serviços públicos, governo e assim por diante. Por isso, os futurologistas frequentemente predizem o fim da cidade, ou pelo menos das cidades como as conhecemos até agora, visto que estão destituídas de sua necessidade funcional. Como mostra a história, os processos de transformação espacial são, é claro, muito mais complicados. Portanto, vale a pena analisar o parco registro empírico sobre o tema.[39]

Um aumento impressionante do teletrabalho é a suposição mais normal sobre o impacto da tecnologia da informação nas cidades e representa a última esperança dos planejadores de transportes metropolitanos antes de se renderem à inevitabilidade de megacongestionamentos. Mas, em 1988, em importante pesquisa europeia sobre telecomutação, divulgou-se, não em tom de brincadeira, que "Há mais pessoas fazendo pesquisas sobre teletrabalho do que teletrabalhadores reais".[40] Sem dúvida, como foi apontado por Qvortup, todo o debate é parcial devido à falta de precisão na definição do termo teletrabalho, levando a uma grande incerteza na avaliação do fenômeno.[41] Após rever as informações disponíveis, Qvortup faz uma distinção apropriada entre três categorias: (a) "Substituidores, aqueles que substituem o serviço efetuado em um ambiente de trabalho tradicional pelo serviço feito em casa". Esses são trabalhadores a distância no sentido exato, (b) Autônomos, trabalhando on-line de suas casas, (c) Complementadores "que trazem para casa trabalho complementar do escritório convencional". Além disso, em alguns casos esse "trabalho complementar" toma a maior parte da carga de trabalho como, segundo Kraut,[42] acontece com professores universitários. De acordo com a maioria dos relatos confiáveis, a primeira categoria, ou seja, os trabalhadores a distância *stricto sensu* com empregos regulares para operar on-line em casa, é muito pequena no conjunto e provavelmente não terá grande crescimento em um futuro previsível.[43] Nos Estados Unidos, as estimativas mais altas avaliaram cerca de 5,5 milhões de trabalhadores a distância instalados em casa em 1991, mas deste total apenas 16% trabalhavam 35 horas ou mais por semana, 25% trabalhavam menos que um dia por semana, sendo dois dias semanais o padrão mais comum. Assim, a percentagem de trabalhadores que em um dia determinado executam trabalhos a distância varia, dependendo das estimativas, entre 1% e 2% do total da força de trabalho, e as principais áreas metropolitanas da Califórnia ostentam as percentagens mais altas.[44] Por sua vez, o que parece estar surgindo é a telecomutação em telecentrais, isto é, instalações com computadores em rede espalhadas nos subúrbios das áreas metropolitanas para os trabalhadores atuarem on-line com suas empresas.[45] Com a confirmação dessas tendências, as casas não se tornariam locais de trabalho, mas a atividade de trabalho poderia espalhar-se consideravelmente pela área metropolitana, intensificando a descentralização urbana. O aumento do trabalho em casa também poderá resultar de uma forma de trabalho eletrônico terceirizado executado por trabalhadores temporários subcontratados mediante acordos individuais e pagos pelo volume do serviço executado em processamento da informação.[46] É interessante notar que, nos Estados Unidos, uma pesquisa nacional de 1991 mostrou que menos da metade dos trabalhadores a distância instalados em casa usavam computadores: o restante trabalhava com telefone, caneta e papel.[47] Exemplos dessas atividades são os assistentes sociais e os investigadores de fraudes na previdência social do Condado de Los Angeles.[48] O que certamente é significativo, e está aumentando, é o desenvolvimento do trabalho autônomo e dos "complementadores", quer em horário integral, quer em meio expediente, como parte da tendência mais ampla à desagregação do trabalho e à formação de redes virtuais de negócios, conforme foi indicado nos capítulos anteriores. Isso não implica o fim do escritório, mas a diversificação dos locais de trabalho para uma grande fração da população e, especialmente, para o segmento mais dinâmico de profissionais liberais. Equipamentos de telecomputação cada vez mais portáteis intensificarão essa tendência para o escritório móvel, no sentido mais literal.[49]

Como essas tendências afetam as cidades? Dados dispersos parecem indicar que os problemas de transporte, em vez de melhorar, piorarão porque o aumento das atividades e a compressão temporal possibilitados pela nova organização em rede transformam-se em maior concentração de mercados em certas áreas e em maior mobilidade física de uma força de trabalho, antes confinada a seus locais de trabalho durante o expediente. O tempo de deslocamento em razão do trabalho mantém-se em um nível constante[50] nas áreas metropolitanas dos EUA, não devido à melhora da tecnologia, mas por causa de um modelo mais descentralizado de localização de empregos e residências que permite fluxos de tráfego mais fácil entre os subúrbios. Nessas cidades, principalmente da Europa, onde um modelo radioconcêntrico ainda predomina nos deslocamentos diários (como Paris, Madri ou Milão), o tempo de deslocamento para a ida ao trabalho e a volta a casa é enorme, em especial para os ferrenhos adeptos do automóvel.[51] Quanto às novas e sempre crescentes metrópoles asiáticas, sua entrada na era da informação é paralela à sua descoberta dos piores congestionamentos da história, de Bangkok a Xangai.[52]

As telecompras também não estavam se desenvolvendo à altura das expectativas, mas acabaram impulsionadas pela concorrência na internet. Mais complementavam do que substituíam áreas comerciais.[53] Contudo o comércio eletrônico, com bilhões de dólares de vendas on-line nos EUA no Natal de 1999, é um grande acontecimento novo (ver capítulo 2). Não obstante a importância cada vez maior das transações on-line não implica o desaparecimento dos shopping centers e das lojas varejistas. Na verdade, a tendência é oposta: proliferam áreas comerciais ao redor da paisagem suburbana, com lojas que encaminham os clientes a terminais de pedidos on-line para obter as mercadorias, sempre entregues em domicílio.[54] Pode-se dizer o mesmo da maior parte dos serviços on-line de atendimento ao consumidor. Por exemplo, o telebanco[55] está se difundindo com rapidez, especialmente sob o impulso de bancos interessados em eliminar agências e substituí-las por serviços on-line de atendimento ao consumidor e caixas eletrônicos. Contudo as agências bancárias consolidadas continuam como centrais de atendimento, para vender produtos financeiros aos clientes, mediante um relacionamento personalizado. Até on-line, as características culturais das localidades podem ser importantes como fatores de localização nas transações informatizadas. Assim, a First Direct, teleagência bancária do Midland Bank na Grã-Bretanha, situou-se em Leeds porque pesquisas "revelaram que o sotaque neutro de West Yorkshire com dicção clara e aparente ausência de característica indicativa de classe social era o mais facilmente compreendido e aceito em todo o Reino Unido — um elemento vital em qualquer negócio com base em comunicação telefônica".[56] Dessa forma, é o sistema de agências vendedoras, caixas automáticos, serviços de atendimento ao cliente por telefone e transações on-line que constitui o novo setor bancário.

Os serviços de saúde representam um exemplo ainda mais interessante da dialética emergente entre a concentração e a centralização de atendimento de usuários. Por um lado, sistemas especializados, comunicações on-line e transmissão de vídeo de alta resolução permitem a interconexão de assistência médica a distância. Por exemplo, em uma prática que já se tornou comum, se não rotineira, em 1995 cirurgiões altamente qualificados supervisionaram por meio de videoconferência uma cirurgia realizada no outro lado do país ou do mundo, guiando literalmente a mão menos especializada de outro cirurgião em um corpo humano. *Check-ups* regulares também são conduzidos via computador e telefone com base em informações computadorizadas atualizadas dos pacientes. Centros de assistência médica de bairros têm o apoio de sistemas de informação para melhorar a qualidade e eficiência de seu atendimento de nível primário. Mas, por outro lado, na maioria dos países os principais complexos médicos surgem em locais específicos, em geral, nas grandes áreas metropolitanas. Normalmente organizados em torno de um grande hospital, com frequência conectados a faculdades de medicina e enfermagem, incluem em sua proximidade física clínicas particulares chefiadas pelos médicos mais importantes do hospital, centros radiológicos, laboratórios para exames, farmacêuticos especializados e, não raramente, lojas de presentes e funerárias para atender a toda a gama de possibilidades. Na verdade, esses complexos médicos representam importante força cultural e econômica nas áreas e cidades onde estão localizados e tendem a expandir-se pelas vizinhanças com o passar do tempo. Quando forçado a mudar de localização, vai todo o complexo.[57]

Escolas e universidades, paradoxalmente, são as instituições menos afetadas pela lógica virtual embutida na tecnologia da informação, apesar do uso previsível quase universal de computadores nas salas de aula dos países desenvolvidos. Mas elas não desaparecerão no espaço virtual. No caso de escolas de ensino fundamental e de ensino médio, isso não ocorrerá porque são centros de atendimento infantil e/ou repositório de crianças na mesma proporção em que são instituições educacionais. No caso de universidades, porque a qualidade da educação ainda está, e estará por um longo tempo, associada à intensidade da interação pessoal. Por conseguinte, as experiências em larga escala de "universidades a distância", independentemente de sua qualidade (má na Espanha, boa na Grã-Bretanha), parecem posicioná-las como uma segunda opção em formas de educação, desempenhando papel significativo em um futuro sistema aperfeiçoado de educação de adultos, mas não como substitutas das atuais instituições de educação superior.

O que está surgindo, porém, nas universidades de qualidade é a combinação do ensino on-line a distância com o ensino *in loco*. Isso significa que o futuro da educação superior não será on-line, mas em redes entre nós de informática, salas de aula e o local onde esteja cada aluno. A comunicação mediada por computadores está se difundindo em todo o mundo, embora apresente uma geografia extremamente irregular como foi mencionado no capítulo 5. Dessa maneira, alguns segmentos das sociedades de todo o globo, por ora concentrados nos estratos profissionais superiores, interagem entre si, reforçando a dimensão social do espaço de fluxos.[58]

Não é necessário esgotar a relação de ilustrações empíricas dos impactos reais da tecnologia da informação sobre a dimensão espacial da vida cotidiana. O resultado de observações diversas é um quadro similar de dispersão e concentração espacial simultâneas, via tecnologias da informação. Cada vez mais, as pessoas trabalham e administram serviços de suas casas, como mostra a pesquisa realizada em 1993 pela Fundação Europeia para a Melhoria da Qualidade de Vida e Ambiente de Trabalho.[59] Por conseguinte, a "centralidade na casa" é uma tendência importante da nova sociedade. Porém não significa o fim da cidade, pois locais de trabalho, escolas, complexos médicos, postos de atendimento ao consumidor, áreas recreativas, ruas comerciais, shopping centers, estádios de esportes e parques ainda existem e continuarão existindo. E as pessoas deslocar-se-ão entre todos esses lugares com mobilidade crescente, exatamente devido à flexibilidade recém-conquistada pelos sistemas de trabalho e integração social em redes: como o tempo fica mais flexível, os lugares tornam-se mais singulares à medida que as pessoas circulam entre eles em um padrão cada vez mais móvel.

Contudo a interação entre a nova tecnologia da informação e os processos atuais de transformação social realmente tem um grande impacto nas cidades e espaço. De um lado, o *layout* da forma urbana passa por grande transformação. Mas essa transformação não segue um padrão único, universal: apresenta variação considerável que depende das características dos contextos históricos, territoriais e institucionais. De outro, a ênfase na interatividade entre os lugares rompe os padrões espaciais de comportamento em uma rede fluida de intercâmbios que forma a base para o surgimento de um novo tipo de espaço, o espaço de fluxos. Em ambos os casos, devo fazer uma análise mais rigorosa e elevá-la a um nível mais teórico.

A transformação da forma urbana: a cidade informacional

A era da informação está introduzindo uma nova forma urbana, a cidade informacional. Contudo, como a cidade industrial não foi uma réplica mundial de Manchester, a cidade informacional emergente não será uma cópia do Vale do Silício, muito menos de Los Angeles. Por outro lado, como na era industrial, apesar da diversidade extraordinária dos contextos físicos e culturais, há algumas características comuns fundamentais no desenvolvimento transcultural da cidade informacional. Defenderei que, por causa da natureza da nova sociedade baseada em conhecimento, organizada em torno de redes e parcialmente formada de fluxos, a cidade informacional não é uma forma, mas um processo, um processo caracterizado pelo predomínio estrutural do espaço de fluxos. Antes de desenvolver essa ideia, penso que primeiro é necessário apresentar a diversidade das formas urbanas emergentes no novo período histórico, para contrapor uma visão tecnológica primitiva que vê o mundo através das lentes simplificadas de autoestradas intermináveis e de redes de fibras óticas.

A última fronteira suburbana dos Estados Unidos

A imagem de um crescimento homogêneo e interminável dos subúrbios e áreas metropolitanas como a cidade do futuro é aceita até por seu relutante modelo, Los Angeles, cuja complexidade contraditória é revelada pela maravilhosa obra de Mike Davis, *City of Quartz*.[60] Mas esta sugere uma tendência poderosa nas ondas contínuas de desenvolvimento suburbano da metrópole norte-americana para o oeste e o sul, bem como para o norte e o leste, até o fim do milênio. Joel Garreau captou as semelhanças desse modelo espacial nos EUA em seu relato jornalístico do desenvolvimento da *Edge City*, como o núcleo do novo processo de urbanização. Sua definição empírica de Edge City (Cidade às Margens) combina cinco critérios:

> Edge City é qualquer lugar que: a) tenha 465 mil metros quadrados ou mais de espaço com escritórios de aluguel — o local de trabalho da era da informação... b) tenha 56 mil metros quadrados ou mais de espaço para ser alugado por lojas varejistas... c) tenha mais empregos que dormitórios, d) seja percebido pela população como um lugar... e) não se parecesse com uma "cidade" pelo menos trinta anos atrás.[61]

O autor relata a proliferação desses lugares ao redor de Boston, Nova York, Detroit, Atlanta, Phoenix, Texas, sul da Califórnia, área da Baía de San Francisco e Washington, D.C. São áreas de trabalho e centros de serviços ao redor dos quais quilômetros e quilômetros de unidades residenciais cada vez mais densas e de uma só família organizam a vida particular "centrada na casa". O autor destaca que essas constelações das áreas metropolitanas

> são ligadas, não por trens e metrôs, mas por autoestradas, corredores de acesso a aviões e antenas parabólicas de 9 metros de diâmetro nos terraços dos prédios. Seu monumento característico não é um herói montado a cavalo, mas os átrios a céu aberto que abrigam árvores sempre folhadas em sedes corporativas, centros de condicionamento físico e shopping centers. Estas novas áreas urbanas não são marcadas pelas coberturas dos antigos ricos nem pelas casas de cômodos dos antigos pobres urbanos. Em vez disso, o que caracteriza sua estrutura é a famosa residência independente para uma única família, a casa suburbana cercada de gramado que fez dos Estados Unidos a civilização possuidora das melhores casas que o mundo já conheceu.[62]

Naturalmente, onde Garreau vê o incansável espírito fronteiriço da cultura norte-americana, que sempre cria novas formas de vida e espaço, James Howard Kunstler vê o domínio lastimável da "geografia do lugar nenhum",[63] assim reacendendo um debate existente há décadas entre os defensores e os contestadores da profunda separação espacial dos EUA em relação a seu ancestral europeu. No entanto, para o propósito de minha análise, deter-me-ei apenas em dois pontos principais desse debate.

Primeiro, o desenvolvimento dessas constelações livremente interrelacionadas nas áreas metropolitanas enfatiza a interdependência funcional de unidades e processos diferentes em um determinado sistema urbano por longas distâncias, minimizando o papel da contiguidade territorial e maximizando as redes de comunicação em todas as suas dimensões. Fluxos de intercâmbio são os componentes essenciais da Edge City norte-americana.[64]

Segundo, essa forma espacial é sem dúvida muito específica dos Estados Unidos, pois, como Garreau admite, está embutida em um padrão clássico da história dos Estados Unidos, estimuladora da busca contínua de uma terra prometida em novos assentamentos. Embora o extraordinário dinamismo que isso representa, sem dúvida, tenha construído uma das nações mais importantes da história, o preço a pagar foi a geração de problemas sociais e ambientais assustadores ao longo do tempo. Cada onda de escapismo físico e social (por exemplo, o abandono dos centros das cidades, deixando as classes sociais inferiores e as minorias étnicas presas, encurraladas em suas ruínas) aprofundou a crise das cidades norte-americanas[65] e dificultou ainda mais a administração de uma infraestrutura superampliada e uma sociedade superestressada. A menos que o desenvolvimento de "celas particulares de aluguel" a oeste do Texas seja considerado um processo bem-vindo para complementar o não investimento social e físico nas áreas centrais das cidades norte-americanas, a *fuite en avant* da cultura e do espaço norte-americanos parece ter alcançado os limites da recusa de enfrentar realidades desagradáveis. Dessa forma, o perfil da Cidade Informacional norte-americana não é totalmente representado pelo fenômeno da "Edge City", mas pela relação entre o desenvolvimento rápido das áreas metropolitanas, decadência dos centros das cidades e obsolescência do ambiente construído nos subúrbios.[66]

As cidades europeias entraram na era da informação de acordo com uma linha diferente de reestruturação espacial ligada à sua herança histórica, embora encontrassem questões novas, nem sempre diversas daquelas surgidas no contexto norte-americano.

O charme evanescente das cidades europeias

Várias tendências constituem a nova dinâmica urbana das principais áreas metropolitanas europeias na década de 1990.[67]

O centro empresarial é, como nos Estados Unidos, o motor econômico da cidade em rede com a economia global. O centro empresarial consiste numa infraestrutura de telecomunicações, comunicações, serviços avançados e espaços para escritórios baseados em centros geradores de tecnologia e instituições educacionais. Prospera em processamento de informação e funções de controle. Geralmente é completado por instalações de turismo e viagens. É um nó da rede intermetropolitana.[68] Portanto o centro empresarial não existe por si mesmo, mas pela sua conexão com outros locais equivalentes organizados em uma rede que forma a unidade real de gerenciamento, inovação e trabalho.[69]

A nova elite político-empresarial-tecnocrática realmente cria espaços exclusivos tão segregados e distantes do conjunto da cidade em geral, quanto os bairros burgueses da sociedade industrial, mas, como a classe profissional é maior, em escala muito maior. Na maioria das cidades europeias (Paris, Roma, Madri, Amsterdã), ao contrário dos EUA — sem considerar Nova York, a mais não norte-americana das cidades desse país —, as verdadeiras áreas exclusivamente residenciais tendem a apropriar a cultura e história urbanas, estabelecendo-se em áreas reabilitadas ou bem-preservadas da metrópole. Com isso, enfatizam o fato de que, quando a dominação é estabelecida e imposta de forma clara (diferentemente dos EUA dos novos-ricos), a elite não precisa exilar-se no subúrbio para escapar do populacho. Contudo essa tendência é limitada no caso do Reino Unido, onde a nostalgia da vida da pequena nobreza do interior se transforma em finas residências localizadas em subúrbios selecionados das áreas metropolitanas, às vezes urbanizando charmosas aldeias históricas nas proximidades de uma grande cidade.

O mundo suburbano das cidades europeias é um espaço social diversificado, segmentado em diferentes periferias nas vizinhanças da metrópole. Há os subúrbios tradicionais das classes trabalhadoras, frequentemente organizados perto de grandes conjuntos habitacionais, desde recentemente com o título de propriedade do imóvel. Existem as novas cidades, francesas, britânicas ou suecas, habitadas por pessoas mais jovens e de classe média, cuja idade dificultou-lhes entrar no mercado de moradias da metrópole. E também há os guetos periféricos de conjuntos habitacionais mais antigos, como o *La Courneuve* em Paris, onde populações formadas por novos imigrantes e famílias trabalhadoras pobres sentem sua exclusão do "direito à cidade". Os subúrbios também representam o centro da produção industrial das cidades europeias, tanto da indústria tradicional quanto das novas indústrias de alta tecnologia, que se localizam nas periferias mais novas e mais cobiçadas em razão do meio ambiente das áreas metropolitanas, suficientemente próximos dos centros de comunicação, porém afastados dos antigos bairros industriais.

As metrópoles ainda são marcadas por sua história. Assim, os bairros tradicionais das classes trabalhadoras, cada vez mais povoados por trabalhadores do setor de serviços, constituem um espaço distinto, um espaço que, por ser o mais vulnerável, se torna o campo de batalha entre os esforços de redesenvolvimento por parte das empresas e da classe média alta e as tentativas invasoras das contraculturas (Amsterdã, Copenhague, Berlim) que tentam reapropriar o valor de uso da cidade. Consequentemente, tornam-se espaços defensivos para trabalhadores que têm apenas sua casa como motivo de luta, sendo ao mesmo tempo bairros populares significativos e prováveis baluartes de xenofobia e localismo.

A nova classe média de profissionais da Europa está dividida entre a atração do conforto pacífico dos subúrbios desinteressantes e a movimentação de uma vida urbana agitada e, frequentemente, muito cara. O equilíbrio entre os modelos espaciais diferenciais de trabalho das famílias com dois empregos com frequência determina a localização de sua casa.

A metrópole, inclusive na Europa, também é o foco dos guetos de imigrantes. Contudo, ao contrário dos guetos norte-americanos, a maioria dessas áreas não é tão carente em termos econômicos porque os residentes imigrantes em geral são trabalhadores com fortes laços familiares. Desse modo, contam com uma estrutura de apoio muito forte que transforma os guetos europeus em comunidades voltadas para a família, sem probabilidade de serem dominados pela criminalidade de rua. Mais uma vez, a Inglaterra parece ser uma exceção a esse respeito, pois alguns bairros de minorias étnicas em Londres (por exemplo, Tower Hamlets ou Hackney) ficam mais próximos da experiência norte-americana que do La Goutte d'Or de Paris. Paradoxalmente, é nos principais bairros administrativos e de entretenimento das cidades europeias, seja em Frankfurt, seja em Barcelona, que se encontra a marginalidade urbana. Sua penetrante ocupação das ruas mais movimentadas e dos pontos nodais de transporte público é uma estratégia de sobrevivência com o objetivo de estar presente, de forma que possa receber a atenção pública ou fazer negócios particulares: assistência da previdência social, transação de drogas, negócios ligados à prostituição ou atenção policial costumeira.

Os principais centros metropolitanos europeus apresentam alguma variação na estrutura urbana delineada, dependendo de seu papel diferencial na rede europeia de cidades. Quanto mais baixa sua posição na nova rede informacional, maior será a dificuldade na transição do estágio industrial, e mais tradicional será sua estrutura urbana, com antigos bairros e áreas comerciais desempenhando papel determinante na dinâmica da cidade. Por outro lado, quanto mais alta sua posição na estrutura competitiva da economia europeia, mais significativo o papel de seus serviços avançados no bairro comercial, e mais intensa será a reestruturação do espaço urbano.

O fator decisivo dos novos processos urbanos, na Europa e em outros lugares, é o fato de o espaço urbano ser cada vez mais diferenciado em termos sociais, embora esteja funcionalmente inter-relacionado além da proximidade física. Acompanha a separação entre significado simbólico, localização de funções e a apropriação social do espaço na área metropolitana. Esta é a tendência que fundamenta a transformação mais importante das formas urbanas em todo o mundo, com força especial nas áreas recém-industrializadas: o desenvolvimento de megacidades.

Urbanização do terceiro milênio: megacidades

A nova economia global e a sociedade informacional emergente de fato têm uma nova forma espacial que se desenvolve em vários contextos geográficos e sociais: as megacidades.[70] Megacidades são aglomerações enormes de seres humanos, todas elas (13 na classificação da ONU) com mais de dez milhões de pessoas em 1992 (ver figura 6.4), e quatro projetadas para ultrapassar vinte milhões em 2010. Mas o tamanho não é sua qualidade definidora. São os nós da economia global e concentram tudo isto: as funções superiores direcionais, produtivas e administrativas de todo o planeta; o controle da mídia; a verdadeira política do poder; e a capacidade simbólica de criar e difundir mensagens. Elas têm nomes, a maioria deles estranhos à matriz cultural europeia/norte-americana ainda dominante: Tóquio, São Paulo, Nova York, Cidade do México, Xangai, Bombaim, Los Angeles, Buenos Aires, Seul, Pequim, Rio de Janeiro, Calcutá, Osaka. Além dessas, Moscou, Jacarta, Cairo, Nova Delhi, Londres, Paris, Lagos, Dacca, Karachi, Tianjin e possivelmente outras são membros do clube.[71] Nem todas (por exemplo, Dacca e Lagos) são centros influentes da economia global, mas conectam enormes segmentos da população humana a esse sistema global. Também funcionam como ímãs para suas hinterlândias, isto é, o país inteiro ou a área regional onde estão localizadas. As megacidades não podem ser vistas apenas em termos de tamanho, mas como uma função de seu poder gravitacional em direção às principais regiões do mundo. Dessa forma, Hong Kong não é apenas seus seis milhões de habitantes, e Guangzhou não é só seus 6,5 milhões de habitantes: o que está surgindo é uma megacidade com quarenta a cinquenta milhões de pessoas, unindo Hong Kong, Shenzhen, Guangzhou, Zhuhai, Macau e pequenas cidades em Pearl River Delta, como ainda elucidarei. As megacidades articulam a economia global, ligam as redes informacionais e concentram o poder mundial. Mas também são depositárias de todos esses segmentos da população que lutam para sobreviver, bem como daqueles grupos que querem mostrar sua situação de abandono, para que não morram ignorados em áreas negligenciadas pelas redes de comunicação.

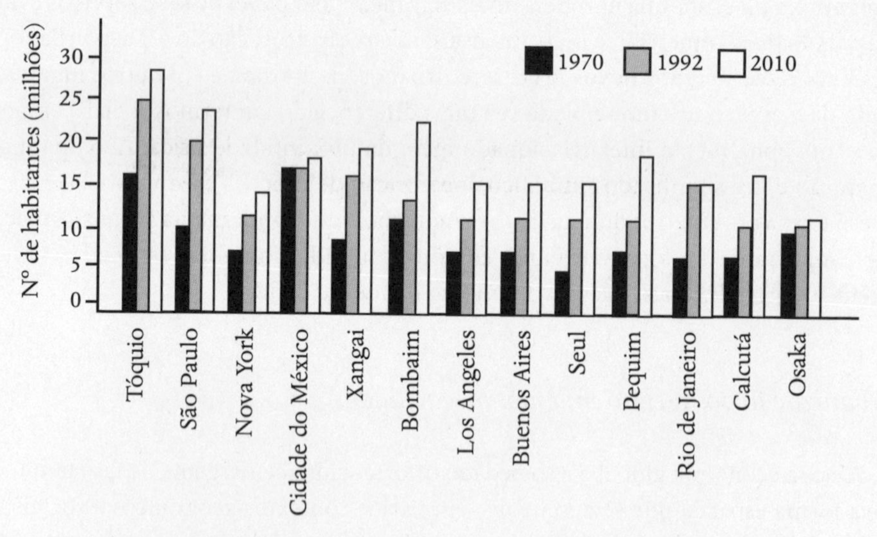

Figura 6.4 As maiores aglomerações urbanas do mundo (>10 milhões de habitantes em 1992)

Fonte: Nações Unidas (1992).

As megacidades concentram o melhor e o pior — dos inovadores e das diferentes formas de poder a pessoas sem importância para a estrutura, prontas a vender sua irrelevância ou fazer que "os outros" paguem por ela. No entanto o que é mais significativo com relação às megacidades é que elas estão conectadas externamente a redes globais e a segmentos de seus países, embora internamente desconectadas das populações locais responsáveis por funções desnecessárias ou pela ruptura social. Em minha opinião, isso acontece com Nova York, bem como com a Cidade do México e em Jacarta. *É esta característica distinta de estarem física e socialmente conectadas com o globo e desconectadas do local que torna as megacidades uma nova forma urbana.* Uma forma caracterizada pelas conexões funcionais por ela estabelecidas em vastas extensões de territórios, mas com muita descontinuidade em padrões de uso da terra. As hierarquias sociais e funcionais das megacidades são indistintas e misturadas em termos de espaço, organizadas em acampamentos reduzidos e improvisadas de forma irregular por focos inesperados de usos indesejáveis. As megacidades são constelações descontínuas de fragmentos espaciais, peças funcionais e segmentos sociais.[72]

Para ilustrar a análise citarei uma megacidade em formação ainda ausente do mapa, mas que, na minha opinião, sem futurologia, será um dos principais centros industriais, de negócios e culturais do século XXI: o sistema regional metropolitano formado por Hong Kong, Shenzhen, Cantão, Pearl River Delta, Macau e Zhuhai.[73] Vamos olhar o futuro megaurbano a partir dessa perspectiva (ver figura 6.5). Em 1995, esse sistema espacial, ainda sem nome, estendia-se por 50 mil km^2 com uma população total entre quarenta e cinquenta milhões de habitantes, dependendo da determinação das fronteiras. Suas unidades, espalhadas em um cenário predominantemente rural, tinham conexão funcional diária e comunicavam-se por meio de um sistema de transporte multinodal composto de estradas de ferro, autoestradas, estradas secundárias, veículos anfíbios, barcos e aviões. Havia novas superestradas em construção e o sistema ferroviário estava sendo totalmente eletrificado e munido de duas linhas. Havia um sistema de telecomunicações por fibra ótica em andamento para a conexão interna de toda a área, bem como com o mundo, principalmente via estações terrestres e telefonia celular. Estavam sendo construídos cinco aeroportos novos em Hong Kong, Macau, Shenzhen, Zhuhai e Guangzhou com capacidade de tráfego projetada para 150 bilhões por ano. Também estavam sendo construídos novos portos para a movimentação de cargas ao norte de Lantau (Hong Kong), em Yiantian (Shenzhen), Gaolan (Zhuhai), Huangpo (Guangzhou) e Macau, transformando-se na maior capacidade portuária de uma determinada região em todo o mundo. No centro desse impressionante desenvolvimento metropolitano, encontram-se três fenômenos interligados:

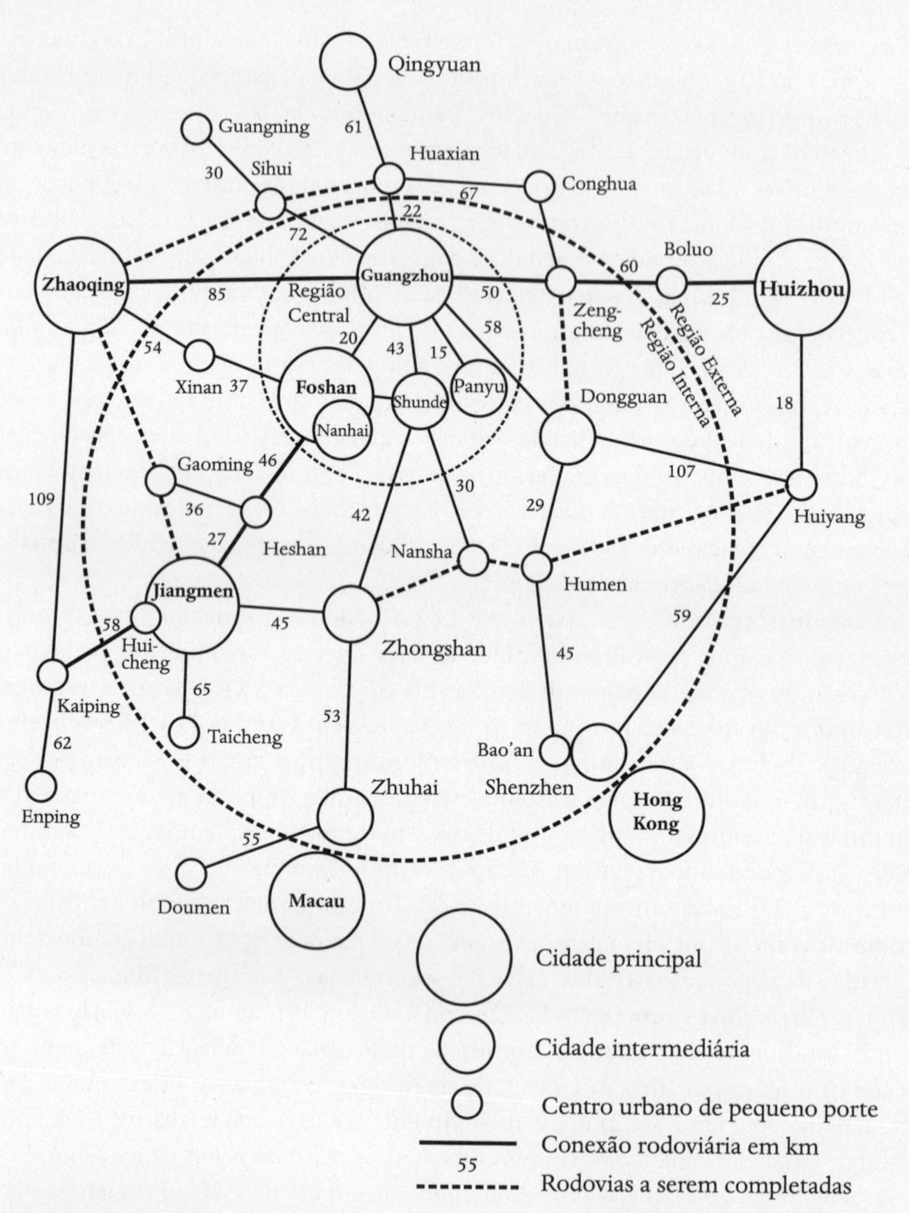

Figura 6.5 Representação em diagrama dos principais nós e elos na região urbana de Pearl River Delta
Fonte: Elaborada por Woo (1994).

1. A transformação econômica da China e sua vinculação à economia global, sendo Hong Kong um dos pontos nodais dessa conexão. Assim, em 1981-91 o PIB da província de Guandong cresceu 12,8% ao ano em termos reais. Investidores de Hong Kong aplicaram US$ 40 bilhões na China em 1993, o que representou dois terços do total de investimentos estrangeiros diretos. Ao mesmo tempo, a China

também foi o maior investidor estrangeiro em Hong Kong, com cerca de US$ 25 bilhões por ano (em comparação aos US$ 12,7 bilhões do Japão). O gerenciamento desses fluxos de capital dependia das transações comerciais operadas nas (e entre as) várias unidades deste sistema metropolitano. Portanto, Guangzhou foi o verdadeiro ponto de conexão entre os negócios de Hong Kong e os governos e empresas não só da província de Guandong, mas também do interior da China.

2. A reestruturação da base econômica de Hong Kong nos anos 1990 levou a um encolhimento drástico de sua base industrial tradicional, a ser substituída por empregos em serviços avançados. Assim, o número de trabalhadores em indústrias dessa cidade diminuiu de 837 mil em 1988 para 484 mil em 1993, enquanto o número de empregados nos setores comerciais e de negócios aumentou de 947 mil para 1,3 milhão no mesmo período. Hong Kong desenvolveu suas funções de centro global de negócios.
3. Contudo a capacidade de exportação de manufaturados de Hong Kong não desapareceu: simplesmente houve uma modificação de sua organização industrial e da localização espacial. Em cerca de dez anos, entre meados da década de 1980 e meados dos anos 1990, os industriais de Hong Kong promoveram um dos maiores processos de industrialização em larga escala da história humana, nas pequenas cidades de Pearl River Delta. No final de 1994, os investidores de Hong Kong, usando frequentemente relações familiares e locais, haviam estabelecido dez mil *joint ventures* e vinte mil fábricas de processamento em Pearl River Delta, que empregavam cerca de seis milhões de trabalhadores, dependendo das várias estimativas. A maior parte dessa população, abrigada em alojamentos de empresas em áreas semirrurais, vinha das províncias vizinhas além das fronteiras de Guandong. Esse sistema industrial gigantesco estava sendo administrado diariamente a partir de uma estrutura administrativa de multicamadas baseada em Hong Kong, viajando regularmente para Guangzhou, e o escoamento da produção era supervisionado por administradores locais em toda a área rural. Hong Kong e Shenzhen enviavam materiais, tecnologia e administradores, e os produtos manufaturados, em geral, eram exportados de Hong Kong (realmente ultrapassando o valor das exportações de Hong Kong), embora a construção de novos portos para movimentação de cargas em Yiantian e Gaolan visassem a diversificação dos locais de exportação.

Esse processo acelerado de industrialização direcionada para a exportação e de conexões comerciais entre a China e a economia global levou a uma explosão urbana sem precedentes. A Zona Econômica Especial de Shenzhen, na fronteira de Hong Kong, cresceu de zero a 1,5 milhão de habitantes entre 1982 e 1995. Os governos locais de toda a área, abarrotados de dinheiro dos investidores chineses do exterior, embarcaram na construção de grandes projetos de infraestrutura, dos quais o mais impressionante, ainda em fase de planejamento na época da elaboração deste livro, foi a decisão tomada pelo governo local de Zhuhai a respeito da construção de uma ponte de 60km sobre o Mar do Sul da China para ligar Zhuhai a Hong Kong por rodovia.

A Metrópole do sul da China — ainda em formação, mas uma realidade garantida — é uma nova forma espacial. Não é a megalópole tradicional identificada por Gottman nos anos 1960 na costa nordeste dos Estados Unidos. Ao contrário desse caso clássico, a região metropolitana de Hong Kong-Guandong não é composta da conurbação física de unidades urbanas/suburbanas com relativa autonomia funcional em cada uma delas. Está, rapidamente, se tornando uma unidade econômica, funcional e socialmente interdependente, e ainda mais com a incorporação formal de Hong Kong e Macau à China. Mas há descontinuidade espacial considerável na área, com povoados rurais, terras cultiváveis e áreas subdesenvolvidas separando os centros urbanos e, assim, as fábricas industriais ficam espalhadas por toda a região. As conexões internas da área e a indispensável conexão de todo o sistema com a economia global via múltiplos elos de comunicação são a verdadeira espinha dorsal desta nova unidade espacial. Os fluxos definem a forma e os processos espaciais. Dentro de cada cidade, em cada área, ocorrem processos de segregação e segmentação em um padrão sempre variável. Mas essa diversidade segmentada depende de uma unidade funcional marcada pelas infraestruturas gigantescas com uso intensivo de tecnologia, que não parecem conhecer nenhum outro limite a não ser a quantidade de água doce que a região ainda consegue recuperar da área do East River. E provável que a Metrópole do sul da China, hoje percebida apenas vagamente na maior parte do mundo, se torne a face urbana mais representativa do século XXI.

As tendências atuais apontam na direção de outra megacidade asiática em escala ainda maior quando, no início do século XXI, o corredor Tóquio-Yokohama-Nagoya (já uma unidade funcional) estiver unido a Osaka-Kobe-Kyoto, criando a maior aglomeração metropolitana da história humana não apenas em termos de população, mas também em poder econômico e tecnológico.

Dessa forma, apesar de todos os seus problemas sociais, urbanos e ambientais, as megacidades continuarão a crescer tanto em tamanho quanto em atratividade para a localização de funções de alto nível e para as escolhas pessoais. O sonho ecológico de pequenas comunas semirrurais será transportado para a marginalidade contracultural pela maré histórica do desenvolvimento das megacidades. Isso porque as megacidades são:

- centros de dinamismo econômico, tecnológico e social em seus países e em escala global; são os verdadeiros motores do desenvolvimento; o destino econômico de seus países, seja os EUA, seja a China, depende do desempenho das megacidades, apesar de a ideologia da pequena cidade ainda continuar difundida em ambas as nações;
- centros de inovação cultural e política;
- os pontos conectores às redes globais de todos os tipos. A internet não poderá desviar-se das megacidades: ela depende do sistema de telecomunicações e dos "telecomunicadores" desses centros.

Sem dúvida alguns fatores diminuirão o ritmo de crescimento das megacidades, dependendo da acuidade e efetividade das políticas destinadas a limitar seu crescimento. O planejamento familiar está sendo utilizado apesar do Vaticano. Portanto, podemos esperar a continuação do declínio que a natalidade já está tendo. Políticas de desenvolvimento regional talvez possam diversificar a concentração de empregos e população para outras áreas. Também prevejo epidemias em larga escala e a desintegração do controle social, que tornarão as megacidades menos atrativas. Contudo, no geral, as megacidades crescerão em tamanho e predomínio porque se alimentam da população, da riqueza, do poder e dos inovadores de suas hinterlândias. Além disso, elas são os pontos nodais de conexão às redes globais. Portanto, o futuro da humanidade e do país de cada megacidade depende fundamentalmente da evolução e gerenciamento dessas áreas. As megacidades são os pontos nodais e os centros de poder da nova forma/processo espacial da era da informação: o espaço de fluxos.

Feita a exposição do cenário empírico do novo fenômeno territorial, agora temos de entender essa nova realidade espacial. Para tanto, precisamos fazer uma inevitável digressão pelas pistas incertas da teoria de espaço.

A teoria social de espaço e a teoria do espaço de fluxos

Espaço é a expressão da sociedade. Uma vez que nossas sociedades estão passando por transformações estruturais, é razoável sugerir que atualmente estão surgindo novas formas e processos espaciais. A finalidade desta análise é identificar a nova lógica que fundamenta essas formas e processos.

Não é uma tarefa fácil porque o conhecimento, aparentemente simples, de uma relação significativa entre sociedade e espaço esconde uma complexidade fundamental, uma vez que o espaço não é reflexo da sociedade, é sua expressão. Em outras palavras: o espaço não é uma fotocópia da sociedade, é a sociedade. As formas e processos espaciais são constituídos pela dinâmica de toda a estrutura social. Há inclusão de tendências contraditórias derivadas de conflitos e estratégias entre atores sociais que representam interesses e valores opostos. Ademais, os processos sociais exercem influência no espaço, atuando no ambiente construído, herdado das estruturas socioespaciais anteriores. Na verdade, *espaço é tempo cristalizado.* Para abordar tal complexidade nos termos mais simples possíveis, vamos prosseguir passo a passo.

O que é espaço? Em física, espaço não pode ser definido fora da dinâmica da matéria. Em teoria social, espaço não pode ser definido sem referência às práticas sociais. Como no passado já me dediquei a este campo de teorização, ainda abordo o tema admitindo que "espaço é um produto material em relação a outros produtos materiais — inclusive as pessoas — as quais se envolvem em relações sociais [historicamente] determinadas que dão ao espaço uma forma, uma função e um sentido social".[74] Em formulação convergente e mais clara, David Harvey, em seu recente livro *The Condition of Postmodernity*, afirma que, "sob uma perspectiva materialista, podemos argumentar que concepções temporais e espaciais objetivas são necessariamente criadas por meio de práticas e processos materiais que servem para reproduzir a vida social... Um axioma fundamental de minha investigação é que o tempo e o espaço não podem ser entendidos independentemente da ação social".[75] Dessa forma, temos de definir, em nível geral, o que é espaço do ponto de vista das práticas sociais; depois, deveremos identificar a especificidade histórica das práticas sociais, por exemplo, as da sociedade informacional que é a base do surgimento e consolidação de novas formas e processos espaciais.

Do ponto de vista da teoria social, *espaço é o suporte material de práticas sociais de tempo compartilhado*. Imediatamente acrescento que qualquer suporte material tem sempre sentido simbólico. Por práticas sociais de tempo compartilhado, refiro-me ao fato de que o espaço reúne essas práticas que são simultâneas no tempo. É a articulação material dessa simultaneidade que dá sentido ao espaço *vis-à-vis* a sociedade. Tradicionalmente, essa ideia foi assimilada à contiguidade. Mas é essencial que separemos o conceito básico de suporte material de práticas simultâneas da noção de contiguidade, a fim de justificar a possível existência de suportes materiais de simultaneidade que não dependam de contiguidade física, visto que é exatamente este o caso das práticas sociais predominantes na era da informação.

Afirmei, nos capítulos anteriores, que nossa sociedade está construída em torno de fluxos: fluxos de capital, fluxos da informação, fluxos de tecnologia, fluxos de interação organizacional, fluxos de imagens, sons e símbolos. Fluxos não representam apenas um elemento da organização social: são a expressão dos processos que *dominam* nossa vida econômica, política e simbólica. Nesse caso, o suporte material dos processos dominantes em nossas sociedades será o conjunto de elementos que sustentam esses fluxos e propiciam a possibilidade material de sua articulação em tempo simultâneo. Assim, proponho a ideia de que há uma nova forma espacial característica das práticas sociais que dominam e moldam a sociedade em rede: o espaço de fluxos. *O espaço de fluxos é a organização material das práticas sociais de tempo compartilhado que funcionam por meio de fluxos*. Por fluxos, entendo as sequências intencionais, repetitivas e programáveis de intercâmbio e interação entre posições fisicamente desarticuladas, mantidas por atores sociais nas estruturas econômica, política e simbólica da sociedade. Práticas sociais dominantes são aquelas que estão embutidas nas estruturas sociais dominantes. Por estruturas sociais dominantes, entendo aqueles procedimentos de organizações e instituições cuja lógica interna desempenha papel estratégico na formulação das práticas sociais e da consciência social para a sociedade em geral.

A abstração do conceito de espaço de fluxos pode ser mais bem-entendida com a especificação de seu conteúdo. O espaço de fluxos, como a forma material de suporte dos processos e funções dominantes na sociedade informacional, pode ser descrito (em vez de definido) pela combinação de, pelo menos, três camadas de suportes materiais que, juntas, constituem o espaço de fluxos. *A primeira camada, o primeiro suporte material do espaço de fluxos, é realmente constituída por um circuito de impulsos eletrônicos* (microeletrônica, telecomunicações, processamento computacional, sistemas de transmissão e transporte em alta velocidade também com base em tecnologias da informação), formando, em conjunto, a base material dos processos que verificamos serem estrategicamente cruciais na rede da sociedade. Esse é, na verdade, um suporte material de práticas simultâneas. Portanto, é uma forma espacial do mesmo modo que poderia ser "a cidade ou a "região" na organização da sociedade mercantil ou da sociedade industrial. A articulação espacial das funções dominantes ocorre em nossas sociedades na rede de interações, possibilitadas pelos equipamentos de tecnologia da informação. Nessa rede, nenhum lugar existe por si mesmo, já que as posições são definidas pelos intercâmbios de fluxos da rede. Consequentemente, a rede de comunicação é a configuração espacial fundamental: os lugares não desaparecem, mas sua lógica e seu significado são absorvidos na rede. A infraestrutura tecnológica que constrói a rede define o novo espaço como as ferrovias definiam as "regiões econômicas" e os "mercados nacionais" na economia industrial; ou as regras institucionais de cidadania específicas das fronteiras (e seus exércitos tecnologicamente avançados) definiam as "cidades" nas origens mercantis do capitalismo e da democracia. Essa infraestrutura tecnológica é a expressão da rede de fluxos, cuja arquitetura e conteúdo são determinados pelas diferentes formas de poder existentes em nosso mundo.

A segunda camada do espaço de fluxos é constituída por seus nós (centros de importantes funções estratégicas) e centros de comunicação. O espaço de fluxos não é desprovido de lugar, embora sua estrutura lógica o seja. Está localizado em uma rede eletrônica, mas essa rede conecta lugares específicos com características sociais, culturais, físicas e funcionais bem definidas. Alguns lugares são intercambiadores, centros de comunicação desempenhando papel coordenador para a perfeita interação de todos os elementos integrados na rede. Outros lugares são os nós ou centros da rede, isto é, a localização de funções estrategicamente importantes que constroem uma série de atividades e organizações locais em torno de uma função chave na rede. A localização no nó conecta a localidade com toda a rede. Os nós e os centros de comunicação seguem uma hierarquia organizacional de acordo com seu peso relativo na rede. Mas essa hierarquia pode mudar, dependendo da evolução das atividades processadas. Na verdade, em alguns casos, alguns lugares podem ser desconectados da rede, e seu desligamento resulta em declínio imediato e, portanto, em deterioração econômica, social e física. As características dos nós dependem do tipo de funções desempenhadas por uma rede determinada.

Alguns exemplos de redes e respectivos nós ajudarão a passar o conceito. O tipo de rede de visualização mais fácil para representar o espaço de fluxos é a rede constituída pelos sistemas de processos decisórios da economia global, especialmente os do sistema financeiro. Envolve a análise da cidade global como um processo em vez de lugar, conforme foi apresentado neste capítulo. A análise da "cidade global" como o local de produção da economia global informacional mostrou o papel decisivo dessas cidades globais em nossas sociedades e a dependência que as sociedades e economias locais têm das funções direcionais localizadas nessas cidades. Mas, além das principais cidades globais, outras economias continentais, nacionais e regionais têm os próprios nós que conectam à rede global. Cada um desses nós requer uma infraestrutura tecnológica adequada, um sistema de empresas auxiliares fornecendo os serviços de suporte, um mercado de trabalho especializado e o sistema de serviços exigido pela força de trabalho profissional liberal.

Como já demonstrei, o que é válido para as altas funções administrativas e mercados financeiros também é aplicável à indústria de alta tecnologia (tanto aos setores produtores de alta tecnologia como aos que a utilizam, ou seja, toda a indústria avançada). A divisão espacial do trabalho que caracteriza a indústria de alta tecnologia transforma-se na conexão mundial entre os meios de inovação, os locais com indústrias cuja mão de obra é qualificada, as linhas de montagem e as fábricas voltadas para o mercado, com uma série de conexões intraempresas entre as diferentes operações, nas diferentes localizações ao longo das linhas de produção; e outra série de conexões entre funções semelhantes de produção situadas em locais específicos que se tornam complexos produtivos. Nós direcionais, locais de produção e centros de comunicação são definidos ao longo da rede e articulados em uma lógica comum pelas tecnologias de comunicação e pela fabricação integrada flexível, programável, baseada na microeletrônica.

As funções a serem preenchidas por cada rede definem as características dos lugares que se tornam seus nós privilegiados. Em alguns casos, os locais mais improváveis tornam-se nós centrais por causa da especificidade histórica que acabou centrando uma rede determinada em torno de uma localidade específica. Por exemplo, era improvável que Rochester, Minnesota ou o subúrbio parisiense de Villejuif se tornassem os nós centrais de uma rede mundial de pesquisas e tratamentos médicos avançados, mantendo estreita interação entre si. Mas a localização da Clínica Mayo, em Rochester, e de um dos principais centros da Administração Francesa de Saúde para o tratamento de câncer em Villejuif — em ambos os casos por razões históricas fortuitas — articulou um complexo de geração de conhecimento e tratamento médico avançado ao redor desses dois locais inusitados. Uma vez estabelecidos, esses lugares atraíram pesquisadores, médicos e pacientes de todo o mundo: transformaram-se em um nó da rede médica mundial.

Cada rede define seus locais de acordo com suas funções e hierarquia de cada local e segundo as características do produto ou serviço a ser processado na rede. Assim, uma das redes mais poderosas de nossa sociedade, a produção e distribuição de narcóticos (inclusive seu componente de lavagem de dinheiro), construiu uma geografia específica que redefiniu o sentido, a estrutura e a cultura das sociedades, regiões e cidades conectadas à rede.[76] Dessa forma, na produção de cocaína, os locais de produção de coca em Chapare ou Alto Beni, na Bolívia, ou Alto Huallanga, no Peru, estão conectados às refinarias e aos centros de gerenciamento da Colômbia, que até 1995 eram subsidiários das sedes de Medellin ou Cáli. E estas últimas, por sua vez, estavam conectadas a centros financeiros como Miami, Panamá, Ilhas Cayman e Luxemburgo e a centros de transporte, a exemplo das redes mexicanas de tráfico de drogas de Tamaulipas ou Tijuana e, finalmente, mantinham conexão com os pontos de distribuição nas principais áreas metropolitanas dos Estados Unidos e da Europa Ocidental. Nenhum desses locais consegue existir por si só nessa rede. Os cartéis de Medellin e Cáli e seus grandes aliados norte-americanos e italianos logo encerrariam as atividades muito tempo antes de serem desmantelados pela repressão sem as matérias-primas produzidas na Bolívia ou Peru, sem os produtos químicos (precursores) fornecidos pelos laboratórios suíços e alemães, sem as redes financeiras semilegais dos paraísos fiscais e sem as redes de distribuição que se iniciam em Miami, Los Angeles, Nova York, Amsterdã ou La Coruña.

Consequentemente, embora a análise das cidades globais forneça a ilustração mais direta da orientação localizada do espaço de fluxos em nós e centros de comunicação, essa lógica não está em absoluto limitada aos fluxos de capital. Os principais processos dominantes em nossa sociedade são articulados em redes que ligam lugares diferentes e atribuem a cada um deles um papel e um peso em uma hierarquia de geração de riqueza, processamento de informação e poder, fazendo com que isso, em última análise, condicione o destino de cada local.

A terceira camada importante do espaço de fluxos refere-se à organização espacial das elites gerenciais dominantes (e não das classes) que exercem as funções direcionais em torno das quais esse espaço é articulado. A teoria do espaço de fluxos parte da suposição implícita de que as sociedades são organizadas de maneira assimétrica em torno de interesses dominantes específicos a cada estrutura social. O espaço de fluxos não é a única lógica espacial de nossas sociedades. E, contudo, a lógica espacial dominante porque é a lógica espacial dos interesses/funções dominantes em nossa sociedade. Mas essa dominação não é apenas estrutural. É estabelecida, na verdade, concebida, decidida e implementada por atores sociais. Portanto, a elite empresarial tecnocrática e financeira que ocupa as posições de liderança em nossas sociedades também terá exigências espaciais específicas relativas ao suporte material/espacial de seus interesses e práticas. A manifestação espacial da elite informacional constitui outra dimensão fundamental do espaço de fluxos. O que é essa manifestação espacial?

A forma fundamental de dominação de nossa sociedade baseia-se na capacidade organizacional da elite dominante que segue de mãos dadas com sua capacidade de desorganizar os grupos da sociedade que, embora constituam maioria numérica, veem (se é que veem) seus interesses parcialmente representados apenas dentro da estrutura do atendimento dos interesses dominantes. A articulação das elites e a segmentação e desorganização da massa parecem ser os mecanismos gêmeos de dominação social em nossas sociedades.[77] O espaço desempenha papel fundamental nesse mecanismo. Em resumo: as elites são cosmopolitas, as pessoas são locais. O espaço de poder e riqueza é projetado pelo mundo, enquanto a vida e a experiência das pessoas ficam enraizadas em lugares, em sua cultura, em sua história. Portanto, quanto mais uma organização social baseia-se em fluxos a-históricos, substituindo a lógica de qualquer lugar específico, mais a lógica do poder global escapa ao controle sociopolítico das sociedades locais/nacionais historicamente específicas.

Por outro lado, as próprias elites não desejam ou não podem transformar-se em fluxos, caso queiram preservar sua coesão social, desenvolver o conjunto de regras e códigos culturais por intermédio dos quais elas conseguem entender-se e dominar os outros, assim estabelecendo as fronteiras "internas" e "externas" de sua comunidade cultural/política. Quanto mais democráticas forem as instituições de uma sociedade, mais as elites têm de tornar-se claramente distintas do populacho, evitando, dessa forma, a penetração excessiva dos representantes políticos no importante mundo do processo decisório estratégico. Contudo minha análise não compartilha a hipótese da improvável existência de uma "elite do poder" à maneira de Wright Mills. Ao contrário, a verdadeira dominação social provém do fato de os códigos culturais estarem embutidos na estrutura social, de tal forma que a posse desses códigos abre o acesso à estrutura do poder sem que a elite precise conspirar para impedir o acesso a suas redes.

A manifestação espacial dessa lógica de dominação assume duas formas principais no espaço de fluxos. De um lado, as elites formam sua sociedade e constituem comunidades simbolicamente segregadas, protegidas atrás da própria barreira material dos preços dos imóveis. Elas definem suas comunidades como uma subcultura em rede interpessoal ligada ao espaço. Proponho a hipótese de que o espaço de fluxos é formado de microrredes pessoais que projetam seus interesses em macrorredes funcionais em todo o conjunto global de interações no espaço de fluxos. Esse é um fenômeno muito conhecido nas redes financeiras: decisões estratégicas importantíssimas são tomadas durante almoços de negócios em restaurantes exclusivos ou em casas de campo nos fins de semana, enquanto se joga golfe, como nos velhos tempos. Mas essas decisões serão executadas nos processos decisórios instantâneos de computadores conectados pelas telecomunicações, que podem tomar as próprias decisões para reagir às tendências de mercado. Dessa forma, os nós do espaço de fluxos incluem espaços residenciais e de lazer que, juntamente com a localização das sedes das empresas e seus serviços auxiliares, tendem a agrupar funções dominantes em espaços cuidadosamente segregados, com fácil acesso aos complexos cosmopolitas de artes, cultura e entretenimento. A segregação ocorre tanto pela localização em diferentes lugares quanto pelo controle da segurança de certos espaços abertos apenas à elite. Do auge do poder e de seus centros culturais, organiza-se uma série de hierarquias socioespaciais simbólicas, de forma que os níveis administrativos inferiores possam refletir os símbolos de poder e apropriar esses símbolos, construindo comunidades espaciais de segunda ordem. Estas, por sua vez, também tenderão a isolar-se do resto da sociedade em uma sucessão de processos hierárquicos de segregação que, juntos, são equivalentes à fragmentação socioespacial. No limite, quando surgem tensões, e as cidades decaem, as elites se refugiam entre os muros das "comunidades fechadas", fenômeno importante no mundo inteiro em fins da década de 1990, do sul da Califórnia ao Cairo e de São Paulo a Bogotá.[78]

Uma segunda tendência importante da distinção cultural das elites na sociedade informacional é a de criar um estilo de vida e de projetar formas espaciais para unificar o ambiente simbólico da elite em todo o mundo, consequentemente substituindo a especificidade histórica de cada local. Assim, surge a construção de um espaço (relativamente) segregado no mundo ao longo das linhas conectoras do espaço de fluxos: hotéis internacionais cuja decoração, do design do quarto à cor das toalhas, é semelhante em todo o planeta para criar uma sensação de familiaridade com o mundo interior e induzir à abstração do mundo ao redor; salas VIP de aeroportos, destinadas a manter a distância em relação à sociedade nas vias do espaço de fluxos; acesso móvel, pessoal e on-line às redes de telecomunicações, de modo que o viajante nunca se perca; e um sistema de procedimentos de viagem, serviços secretariais e hospitalidade recíproca que mantém um círculo fechado da elite empresarial por meio do culto de ritos similares em todos os países. Além disso, há um estilo de vida cada vez mais homogêneo na elite da informação, que transcende as fronteiras culturais de todas as sociedades: o uso regular de spas (mesmo em viagens) e a prática de *jogging*; a dieta obrigatória de salmão grelhado e salada verde com *udon* e *sashimi* como equivalente funcional japonês; a cor "de camurça clara" da parede com o objetivo de criar a atmosfera aconchegante do espaço interno; o onipresente laptop, e o acesso à internet; a combinação de ternos e roupas esporte; o estilo de vestir unissex, e assim por diante. Tudo isso são símbolos de uma cultura internacional cuja identidade não está ligada a nenhuma sociedade específica, mas aos membros dos círculos empresariais da economia informacional em âmbito cultural global.

O apelo à conectividade cultural do espaço de fluxos entre seus diferentes nós também se reflete na tendência para a uniformidade arquitetônica dos novos centros futuristas de várias sociedades. Paradoxalmente, a tentativa da arquitetura pós-moderna de quebrar os modelos e padrões de disciplina arquitetônica resultou numa monumentalidade pós-moderna imposta que se tornou a regra generalizada das novas sedes corporativas de Nova York a Kaoshiung, durante os anos 1980. Portanto, o espaço de fluxos inclui a conexão simbólica da arquitetura homogênea nos lugares que constituem os nós de cada rede pelo mundo. Desse modo, a arquitetura escapa da história e cultura de cada sociedade e torna-se refém do novo e admirável mundo imaginário das possibilidades ilimitadas que embasam a lógica transmitida pela multimídia: a cultura do *surfing* eletrônico, como se pudéssemos reinventar todas as formas em qualquer lugar, apenas sob a condição de mergulhar na indefinição cultural dos fluxos do poder. O encerramento da arquitetura em uma abstração histórica é a fronteira formal do espaço de fluxos.

A arquitetura do fim da história

Nomada, sigo siendo un nomada.

Ricardo Bofill[79]

Se o espaço de fluxos realmente for a forma espacial predominante da sociedade em rede, nos próximos anos a arquitetura e o design provavelmente serão redefinidos em sua forma, função, processo e valor. Na verdade, eu diria que em toda a história a arquitetura tem sido o "ato fracassado" da sociedade, a expressão mediada das tendências mais profundas da sociedade, daquelas que não poderiam ser declaradas abertamente, mas eram fortes o suficiente para ser moldadas em pedra, em concreto, em aço, em vidro e na percepção visual dos seres humanos que iriam morar, trabalhar ou participar de cultos nessas formas.

Panofsky nas catedrais góticas, Tafuri nos arranha-céus norte-americanos, Venturi na cidade norte-americana surpreendentemente *kitsch*, Lynch nas imagens de cidades e Harvey no pós-modernismo, como a expressão da compressão temporal/espacial pelo capitalismo, são alguns dos melhores exemplos de uma tradição intelectual que utilizou as formas do ambiente construído como um dos códigos mais significativos para ler as estruturas básicas dos valores dominantes da sociedade.[80] Na verdade, não há interpretação simples e direta da expressão formal de valores sociais. Mas como foi revelado por pesquisa conduzida por estudiosos e analistas e demonstrado por trabalhos de arquitetos, sempre houve uma forte conexão semiconsciente entre o que a sociedade (em sua diversidade) dizia e o que os arquitetos queriam dizer.[81]

Isso já não acontece mais. Minha hipótese é que o surgimento do espaço de fluxos está misturando as relações significativas entre a arquitetura e a sociedade. Como a manifestação espacial dos interesses dominantes ocorre em todo o mundo e por intermédio das culturas, o abandono da experiência, história e cultura específica para a formação de significado está levando à generalização da arquitetura a-histórica, acultural.

Figura 6.6 Centro de Kaoshiung

Foto: Professor Hsia Chu-joe

Algumas tendências da "arquitetura pós-moderna", a exemplo das representadas pelos trabalhos de Philip Johnson ou Charles Moore, sob o pretexto de derrubar a tirania dos códigos, como o modernismo, tentam cortar todos os laços com ambientes sociais específicos. O modernismo fez o mesmo em sua época, mas como a expressão de uma cultura de raízes históricas que afirmava a crença no progresso, tecnologia e racionalidade. Ao contrário, a arquitetura pós-moderna declara o fim de todos os sistemas de significados. Cria uma mistura de elementos que procura a harmonia formal por provocação estilística trans-histórica. A ironia torna-se o modo preferido de expressão. No entanto, o que a maior parte do pós-modernismo realmente faz é expressar, em termos quase diretos, a nova ideologia dominante: o fim da história e a suplantação de lugares no espaço de fluxos.[82] Porque, apenas se estivermos no fim da história, poderemos misturar tudo o que conhecemos antes (ver figura 6.6). Como não pertencemos mais a nenhum lugar, a nenhuma cultura, a versão extrema do pós-modernismo impõe sua lógica codificada de ruptura de códigos em qualquer lugar onde se construa alguma coisa. Sem dúvida, a libertação dos códigos culturais esconde a fuga das sociedades historicamente enraizadas. Nessa perspectiva, o pós-modernismo poderia ser considerado a arquitetura do espaço de fluxos.[83]

Quanto mais as sociedades tentam recuperar sua identidade além da lógica global do poder não controlado dos fluxos, mais precisam de uma arquitetura que exponha sua realidade sem imitar a beleza de um repertório espacial trans-histórico. Mas, ao mesmo tempo, a arquitetura excessivamente significativa que tenta passar uma mensagem muito definida ou expressar os códigos de uma determinada cultura de maneira direta é uma forma primitiva demais para poder penetrar nosso saturado imaginário visual. O significado de suas mensagens será perdido na cultura do *surfing* que caracteriza nosso comportamento simbólico. É por isso que, paradoxalmente, a arquitetura que parece mais repleta de significado nas sociedades moldadas pela lógica do espaço de fluxos é o que eu chamo de "a arquitetura da nudez". Ou seja, a arquitetura cujas formas são tão neutras, tão puras, tão diáfanas, que não pretendem dizer nada. E ao nada dizer, elas comparam a experiência com a solitude do espaço de fluxos. Sua mensagem é o silêncio.

Figura 6.7 Entrada do aeroporto de Barcelona

Fonte: Desenho original de Ricardo Bofill; reproduzido com a gentil permissão de Ricardo Bofill

Para melhor comunicação, usarei dois exemplos retirados da arquitetura espanhola, meio arquitetônico amplamente reconhecido na vanguarda do design da atualidade. Ambos dizem respeito, não por acaso, ao design de importantes nós de comunicação, onde o espaço de fluxos se materializa de forma efêmera. As festividades espanholas de 1992 motivaram a construção de grandes edifícios funcionais projetados por alguns dos melhores arquitetos. Assim, o novo aeroporto de Barcelona, projetado por Bofill, é a simples combinação de um bonito piso de mármore, fachada de vidro escuro e vidro transparente separando painéis de um imenso espaço aberto (ver figura 6.7). Nenhum disfarce do medo e da ansiedade que as pessoas experimentam em um aeroporto. Sem carpetes, sem salas aconchegantes, sem iluminação indireta. Em meio à beleza fria desse aeroporto, os passageiros têm de encarar sua terrível verdade: estão sozinhos em pleno espaço de fluxos; podem perder sua conexão; estão suspensos no vazio da transição. Estão, literalmente, nas mãos da Ibéria Lineas Aéreas. E não há escapatória.

Vejamos outro exemplo: a nova estação Madrid AVE (trem de alta velocidade) projetada por Rafael Moneo. É simplesmente uma estação antiga e maravilhosa, reformada com o maior cuidado e transformada em um parque interno com palmeiras e muitos pássaros que cantam e voam no espaço fechado da estação. Em uma estrutura próxima, adjacente a esse espaço lindo e monumental, fica a verdadeira estação com o trem de alta velocidade. Portanto, as pessoas vão à pseudoestação para visitá-la, passear pelos seus diferentes níveis e caminhos, como se fossem a um parque ou museu. A mensagem mais do que óbvia é que estamos em um parque, não em uma estação; que na velha estação nasceram árvores e pássaros, operando uma metamorfose. Dessa forma, o trem de alta velocidade é que fica estranho nesse espaço. E, na verdade, é esta a pergunta que todos fazem: o que um trem de alta velocidade está fazendo ali, só para ir de Madri a Sevilha, sem nenhuma conexão com a rede de alta velocidade europeia, por um custo de US$ 4 bilhões? O espelho quebrado de um segmento do espaço de fluxos fica exposto, e o valor de uso da estação é recuperado em um design simples e elegante que não diz muito, mas mostra tudo.

Figura 6.8 Sala de espera do D.E. Shaw and Company: sem árvore de fícus, sem sofá modular, sem arte corporativa nas paredes
Fonte: Muschamp (1992)

Alguns arquitetos famosos como Rem Koolhas, o projetista do Centro de Convenções Lile Grand Palais, explica a necessidade de adaptação da arquitetura ao processo de deslocamento e à importância dos nós de comunicação na experiência das pessoas: sem dúvida, Koolhas vê seu projeto como uma expressão do "espaço de fluxos". Ou, em outro exemplo de uma crescente autoconscientização dos arquitetos sobre a transformação estrutural do espaço, o design que ganhou o prêmio do Instituto Norte-Americano de Arquitetos, projetado por Steven Holl para os escritórios da D.E. Shaw & Company, na West 45th Street de Nova York (figura 6.8):

> oferece [nas palavras de Herbert Muschamp] uma interpretação poética do... espaço de fluxos... O design de Holl leva os escritórios da Shaw a um lugar tão novo quanto a tecnologia da informação que pagou sua construção. Quando entramos pela porta da D.E. Shaw sabemos que não estamos na Manhattan dos anos 1960 nem na Nova Inglaterra Colonial. Nesse sentido, deixamos até grande parte da Nova York de hoje bem para trás. Em pé dentro do átrio de Holl sentimos nossa cabeça nas nuvens e nossos pés no ar.[84]

É verdade que podemos estar atribuindo a Bofill, Moneo e até a Holl discursos que não são deles.[85] Mas o simples fato de que sua arquitetura permitiria que eu ou Herbert Muschamp relacionássemos formas com símbolos, com funções, com situações sociais significa que sua arquitetura contida e austera (em estilos formalmente diferentes) é repleta de significado. Na verdade, arquitetura e design — porque suas formas ou resistem à materialidade abstrata do espaço dominante de fluxos, ou a interpretam — poderiam tornar-se dispositivos essenciais de inovação cultural e autonomia intelectual na sociedade informacional através de duas avenidas principais. Ou a nova arquitetura constrói os palácios dos novos senhores, assim expondo sua deformidade escondida atrás da abstração do espaço de fluxos, ou cria raízes nos lugares, portanto na cultura e nas pessoas.[86] Em ambos os casos, sob formas diferentes, a arquitetura e o design podem estar cavando as trincheiras da resistência para a preservação do significado na geração do conhecimento. Ou, o que é a mesma coisa, para a conciliação da cultura e da tecnologia.

Espaço de fluxos e espaço de lugares

O espaço de fluxos não permeia toda a esfera da experiência humana na sociedade em rede. Sem dúvida, a grande maioria das pessoas nas sociedades tradicionais, bem como nas desenvolvidas, vive em lugares e, portanto, percebe seu espaço com base no lugar. *Um lugar é um local cuja forma, função e significado são independentes dentro das fronteiras da contiguidade física.* Por exemplo, o bairro de Belleville em Paris é um lugar.

Figura 6.9 Belleville, 1999: um espaço urbano multicultural

Foto: Irene Castells e Jose Bailo

Belleville foi, como para tantos imigrantes em toda a sua história, meu ponto de entrada em Paris, em 1962. Exilado político com vinte anos de idade e sem muito a perder exceto meus ideais revolucionários, recebi abrigo de um trabalhador espanhol do setor de construção, líder sindicalista anarquista, que me apresentou à tradição do lugar. Nove anos mais tarde, dessa vez como sociólogo, eu ainda andava por Belleville, atuando em comitês de trabalhadores imigrantes e estudando os movimentos sociais contra a renovação urbana: as lutas do que chamei de *La Cité du Peuple*, relatadas em meu primeiro livro.[87] Mais de trinta anos após nosso primeiro encontro, Belleville e eu mudamos. Mas Belleville continua sendo um lugar, enquanto receio que eu mais pareço um fluxo. Os novos imigrantes (asiáticos, iugoslavos) uniram-se a uma antiga leva de judeus tunisianos, muçulmanos do Maghreb e pessoas do sul da Europa — os sucessores dos exilados intraurbanos empurrados para Belleville no século XIX pelo projeto do prefeito Haussmann, para a construção de uma Paris burguesa. O próprio bairro de Belleville foi atingido por várias ondas de renovação urbana, intensificadas na década de 1970.[88] Sua paisagem física tradicional de subúrbio pobre, mas harmonioso e histórico, foi misturada com pós-modernismo plástico, modernismo barato e jardins saneados em meio a casas ainda de certa forma em ruínas. E assim mesmo, Belleville em 1999 é um lugar claramente identificável, tanto na aparência quanto no conteúdo (ver figura 6.9). Comunidades étnicas, que frequentemente degeneram em hostilidades entre si, coexistem pacificamente em Belleville, embora atentas a seu espaço e, certamente, não sem tensões. Novas famílias de classe média, em geral de jovens, escolheram o bairro em razão de sua vitalidade urbana e contribuem de forma poderosa para sua sobrevivência, ao mesmo tempo que controlam os impactos da renovação urbana. Culturas e histórias em uma urbanidade realmente múltipla interagem no espaço, dotando-o de significado e ligando-o à "cidade de memória coletiva", à maneira de Christine Boyer.[89] O modelo paisagístico engole e digere modificações físicas substanciais, integrando-as em suas utilizações diversas e na vida ativa das ruas. Mas Belleville não é, em absoluto, a versão idealizada da comunidade perdida que provavelmente nunca existiu, como Oscar Lewis demonstrou em nova visita a Tepoztlan.

Figura 6.10 Las Ramblas, Barcelona, 1999: vida urbana em lugar habitável

Foto: Jordi Borja e Zaída Muxi

Lugares não são necessariamente comunidades, embora possam contribuir para sua formação. Todavia a vida dos habitantes é marcada por suas características, portanto são, na verdade, lugares bons ou ruins, dependendo do julgamento de valor do que seja uma boa vida (ver figura 6.10). Em Belleville, os moradores, sem se amarem e certamente sem serem amados pela polícia, construíram em toda a história um espaço interativo significativo, com uma diversidade de usos e ampla gama de funções e expressões. Eles mantêm uma interação ativa com seu ambiente físico diário. Entre a casa e o mundo, há um lugar chamado Belleville.

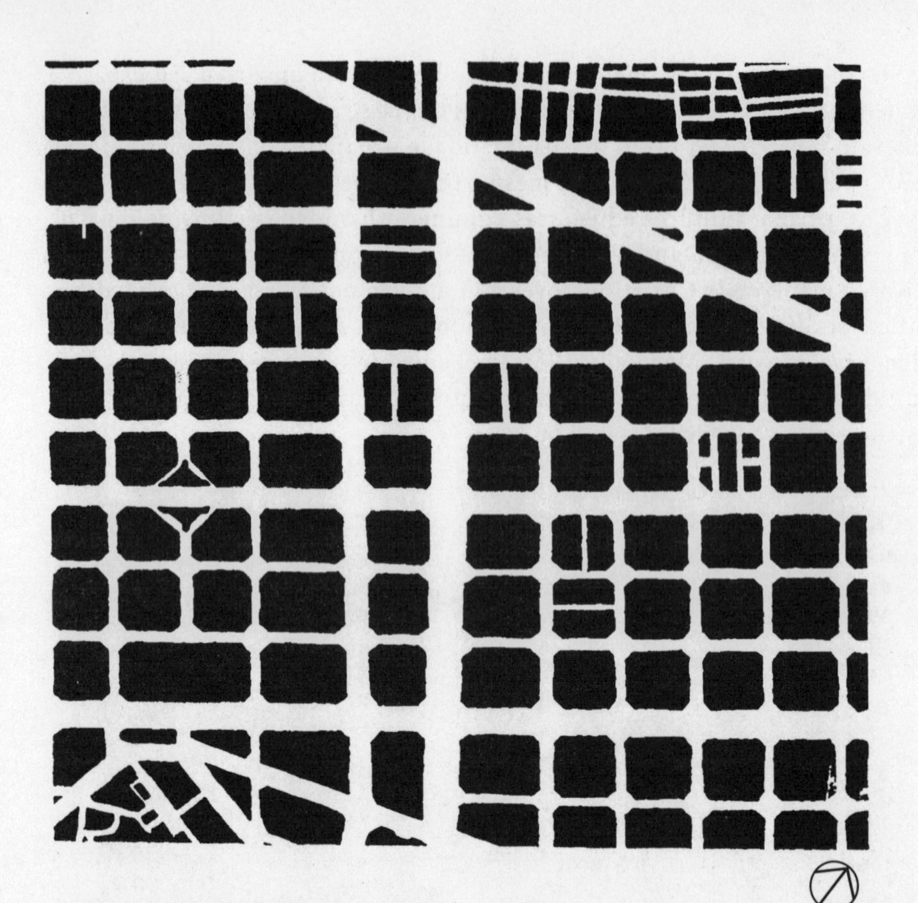

Figura 6.11 Barcelona: Paseo de Gracia

Fonte: Jacobs (1993).

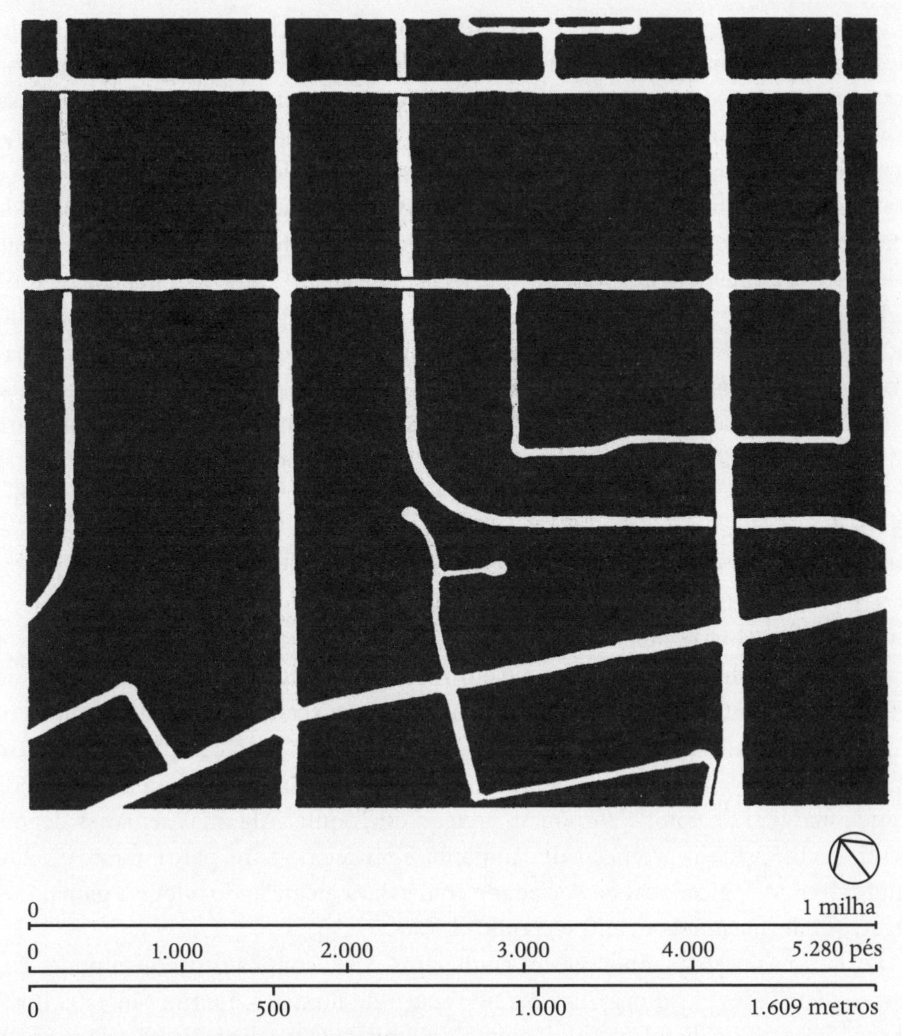

Figura 6.12 Irvine, Califórnia: complexo empresarial.

Fonte: Jacobs (1993).

Nem todos os lugares apresentam interação social e riqueza espacial. É exatamente porque suas qualidades físicas/simbólicas os tornam diferentes que eles são lugares. Assim, Allan Jacobs, em seu ótimo livro sobre "boas ruas" (*Great Streets*),[90] examina a diferença da qualidade urbana entre Barcelona e Irvine (o epítome dos subúrbios do sul da Califórnia) com base no número e na frequência de interseções no padrão de ruas: suas descobertas até ultrapassam o que qualquer urbanista bem informado poderia imaginar (ver figuras 6.11 e 6.12). Portanto, Irvine realmente é um lugar, embora de um tipo especial, onde o espaço da experiência se encolhe para dentro de casa, à medida que os fluxos assumem porções temporais e espaciais crescentes.

As relações entre o espaço de fluxos e o espaço de lugares, entre globalização e localização simultâneas não implicam um resultado determinado. Por exemplo, Tóquio passou por grande processo de reestruturação urbana durante os anos 1980 para fazer jus a seu papel de "cidade global", processo totalmente documentado por Machimura. O governo da cidade, sensível ao já arraigado medo japonês de perda de identidade, acrescentou à sua política de reestruturação voltada para os negócios uma política para formação de imagem, exaltando as virtudes de Edo, nome antigo de Tóquio no período pré-Meiji. Foi aberto um museu histórico (*Edo-Tokyo Hakubutsakan*) em 1993, publicou-se uma revista de relações públicas e organizaram-se exposições regulares. Como escreve Machimura, "Embora essas visões pareçam seguir em direções totalmente diferentes, ambas procuram a redefinição da imagem ocidentalizada da cidade em estilos mais nacionais. Agora, a 'niponização' da cidade ocidentalizada oferece um contexto importante para o discurso sobre Tóquio, 'a cidade global', após o modernismo".[91]

No entanto, os cidadãos de Tóquio não reclamavam somente da perda da essência histórica, mas da redução do espaço de sua vida cotidiana em função da lógica instrumental da cidade global. Um projeto simbolizava essa lógica: a comemoração da feira World City Fair em 1997, boa ocasião para construir outro grande complexo empresarial em área recuperada do Porto de Tóquio. As grandes construtoras ficaram gratas, e o trabalho já estava em curso em 1995. De repente, na eleição municipal de 1995, o comediante de televisão Aoshima lança-se como candidato independente sem o apoio de partidos políticos ou círculos financeiros, fazendo campanha com base em programa de um só tópico: cancelar a World City Fair. Ele ganhou a eleição por grande margem de votos e tornou-se prefeito de Tóquio. Algumas semanas depois Aoshima cumpriu sua promessa de campanha e cancelou a feira, para espanto da elite empresarial. A lógica local da sociedade civil estava alcançando a lógica global dos negócios internacionais e contradizendo-a.

Portanto as pessoas ainda vivem em lugares. Mas, como a função e o poder em nossas sociedades estão organizados no espaço de fluxos, a dominação estrutural de sua lógica altera de forma fundamental o significado e a dinâmica dos lugares. A experiência, por estar relacionada a lugares, fica abstraída do poder, e o significado é cada vez mais separado do conhecimento. Segue-se uma esquizofrenia estrutural entre duas lógicas espaciais que ameaça romper os canais de comunicação da sociedade. A tendência predominante é para um horizonte de espaço de fluxos a-histórico em rede, visando impor sua lógica nos lugares segmentados e espalhados, cada vez menos relacionados uns com os outros, cada vez menos capazes de compartilhar códigos culturais. A menos que, deliberadamente, se construam pontes culturais, políticas *e físicas* entre essas duas formas de espaço, poderemos estar rumando para a vida em universos paralelos, cujos tempos não conseguem encontrar-se porque são trabalhados em diferentes dimensões de um hiperespaço social.

Notas

1. Kaku (1994).
2. Para uma excelente visão da interação entre telecomunicações e processos espaciais, ver Graham e Marvin (1996). Para dados sobre o impacto das telecomunicações nos bairros comerciais, ver Moss (1987, 1991, 1992: 147-58). Para um resumo das informações sobre teletrabalho e telecomutação nas sociedades desenvolvidas, ver Korte *et al.* (1988); e Qvortup (1992).
3. Em grande parte, a base empírica e os fundamentos analíticos deste capítulo contam com o trabalho de pesquisa que fiz na década de 1980, resumido e aperfeiçoado em meu livro *The Informational City*: *Information Technology, Economic Restructuring, and the Urban-Regional Process* (Castells 1989b). Embora este capítulo contenha informações adicionais atualizadas sobre vários países, bem como mais desenvolvimento teórico, ainda indico a obra citada para que o leitor tenha um estudo mais detalhado e o apoio empírico da análise aqui apresentada. Assim, *aqui não repetirei as fontes empíricas usadas e citadas no livro anteriormente mencionado.* Esta nota deve ser considerada uma referência genérica às fontes e ao material contido em *The Informational City.* Para uma discussão atualizada sobre esses assuntos, ver Graham e Marvin (1996, 2000). Para um panorama histórico, analítico e cultural da evolução das cidades, ver a obra-prima de Sir Peter Hall (1998). Para uma perspectiva internacional acerca da urbanização, ver Borja e Castells (1997).
4. Para uma excelente visão das transformações atuais das formas e processos espaciais em âmbito global, ver Hall (1995: 3-32).
5. Daniels (1993).
6. Norman (1993).
7. Graham (1994).
8. Enderwick (1989).
9. Daniels (1993).
10. Thrift (1986); Thrift e Leyshon (1992).
11. Sassen (1991).
12. Daniels (1993).
13. Borja *et al.* (orgs.) (1991).
14. Para um resumo do relatório da pesquisa, ver Castells (1991).
15. Cappelin (1991): 237.
16. Davis (1994).
17. Cooke e Morgan (1993); Cooke (1994).
18. Michelson e Wheeler (1994).
19. Michelson e Wheeler (1994: 102-3).
20. Daniels (1993: 166).
21. Sassen (1991: 3-4).
22. Notas pessoais, relatadas por Sassen, acompanhadas de um copo de vinho argentino, na Harvard Inn, em 22 de abril de 1994.
23. Para uma ideia sobre a diferenciação de mundos sociais em cidades globais, usando Nova York como exemplo, ver os vários ensaios reunidos em Mollenkopf (1989); e Mollenkopf e Castells (1991); também Zukin (1992).

24. Para informações sobre descentralização espacial de serviços, ver Marshall *et al.* (1988); Castells (1989b: ch. 3); Daniels (1993: ch. 5).
25. Ver Castells (1989b: cap. 3); e Dunford e Kafkalas (1992).
26. Ver Henderson (1991); Kwok e So (1992, 1995).
27. Para um resumo analítico dos dados coletados por estes estudos sobre os novos modelos de localização de fábricas, ver Castells (1988a). Ver também Scott (1988); Henderson (1989).
28. Cooper (1994).
29. Chesnais (1994).
30. Castells e Hall (1994).
31. Aoyama (1995).
32. Castells (1989b: cap. 2).
33. O conceito de ambiente de inovação, como é aplicado para o desenvolvimento tecnológico/industrial, surgiu no início dos anos 1980 em uma série de intercâmbios, em Berkeley, entre mim, Peter Hall e o falecido Philippe Aydalot. Também fomos influenciados por alguns trabalhos econômicos sobre o assunto, escritos mais ou menos na mesma época por B. Arthur e A. E. Anderson. Peter Hall e eu, em trabalhos separados, tentamos formular o conceito em 1984 e nos anos subsequentes; e, na Europa, a rede de pesquisas originalmente organizada por Philippe Aydalot, o *Groupe de Recherche sur les Milieux Innovateurs* (*GREMI*), realizou pesquisa sistemática sobre o assunto, publicada em 1986 e nos anos subsequentes. Entre os pesquisadores do GREMI, na minha opinião, Roberto Camagni fez a análise mais precisa deste tópico.
34. Castells e Hall (1994).
35. Camagni (1991).
36. Amin e Robins (1991).
37. Ernst (1994c); Cohen and Borrus (1995a).
38. Gordon (1994: 46).
39. Para fontes sobre os tópicos tratados nesta seção, ver Graham e Marvin (1996); Wheeler e Aoyama (2000).
40. Steinle (1988:8).
41. Qvortup (1992:8).
42. Kraut (1989).
43. Nilles (1988); Rijn e Williams (1988); Huws *et al.* (1990).
44. Mokhtarian (1991a, 1991b); Handy e Mokhtarian (1995).
45. Mokhtarian (1991b).
46. Ver Lozano (1989); Gurstein (1990).
47. "Telecommuting data form link resources corporation", citado por Mokhtarian (1991b).
48. Mokhtarian (1992:12).
49. "The New Face of Business", *Business Week* (1994a: ff.).
50. Contei com uma avaliação equilibrada de impactos, feita por Vessali (1995).
51. Cervero (1989, 1991); Bendixon (1991).
52. Lo e Yeung (1996).
53. Miles (1988); Schoonmaker (1993); Menotti (1995).
54. *Business Week* (1999d).
55. Castano (1991); Silverstone (1991).

56. Fazy (1995).
57. Moran (1990); Lincoln *et al.* (1993); Miller e Swensson (1995).
58. Batty e Barr (1994); Graham e Marvin (1996); Wellman (1999).
59. Moran (1993).
60. Davis (1990).
61. Garreau (1991: 6-7).
62. Garreau (1991: 4).
63. Kunstler (1993).
64. Ver o conjunto de trabalhos reunidos em Caves (1994).
65. Goldsmith e Blakely (1992).
66. Gottdiener (1985); Fainstein *et al.* (1992).
67. Para mais informações sobre as cidades europeias, ver Borja *et al.* (1991); Deben *et al* (1993); Martinotti (1993); Siino (1994); Hall (1995); Borja e Castells (1997).
68. Dunford e Kafkalas (1992); Robson (1992).
69. Tarr e Dupuy (1988).
70. O conceito de megacidades foi popularizado por vários especialistas em urbanização que atuam no cenário internacional, principalmente Janice Perlman, fundadora e diretora do "Megacities Project" de Nova York. Para uma matéria jornalística sobre sua versão, ver *Time* (1993), que também fornece dados básicos a respeito do tema.
71. Ver Borja e Castells (1997).
72. Mollenkopf e Castells (1991); Lo e Yeung (1996).
73. Minha análise sobre a Metrópole que está surgindo no sul da China baseia-se, por um lado, em conhecimentos pessoais da área, em particular de Hong Kong e Shenzhen, onde conduzi uma pesquisa nos anos 1980; por outro, principalmente sobre a marcha dos acontecimentos na década de 1990, em várias fontes das quais as mais pertinentes são as seguintes: Sit (1991); Leung (1993); Lo (1994); Hsing (1995); Kwok e So (1995); Ling (1995).
74. Castells (1972: 152) (traduzido para o inglês pelo próprio Castells).
75. Harvey (1990: 204).
76. Arrieta *et al.* (1991); Laserna (1995).
77. Ver Zukin (1992).
78. Blakely e Snyder (1997).
79. Frase de abertura da autobiografia arquitetônica de Ricardo Bofill, *Espacio y Vida* (Bofill 1990).
80. Panofsky (1956); Lynch (1960); Tafuri (1971); Venturi *et al.* (1977); Harvey (1990).
81. Ver Burlen (1972).
82. Acho que meu entendimento do pós-modernismo e da arquitetura pós-moderna está muito próximo da análise de David Harvey. Não devo, contudo, assumir a responsabilidade de usar seu trabalho em defesa de meu ponto de vista.
83. Para uma discussão inteligente e equilibrada do significado social da arquitetura pós-moderna, ver Kolb (1990); para uma discussão mais ampla da interação entre os processos de globalização/informacionalização e a arquitetura, ver Saunders (1996).
84. Muschamp (1992).
85. Para a interpretação, feita pelo próprio Bofill, do aeroporto de Barcelona (cujo antecedente formal, acredito, está em seu projeto do Marché St Honoré de Paris), ver seu livro

(Bofill, 1990). Contudo, em uma longa conversa pessoal, após a leitura do rascunho de minha análise, ele não discordou de minha interpretação do projeto como uma "arquitetura da nudez", embora o tenha concebido mais como um tentativa inovadora de reunir alta tecnologia e design clássico. Ambos concordamos que os novos monumentos arquitetônicos de nossa época provavelmente serão construídos como "intercambiadores de comunicação" (aeroportos, estações ferroviárias, áreas de transferências intermodais, infraestruturas de telecomunicações, portos e centros informatizados de transações que envolvem mercadorias e papéis financeiros).

86. Para um debate útil sobre o assunto, ver Lillyman *et al.* (1994).
87. Castells (1972: 496ff.).
88. Para uma história social e espacial, atualizada e ilustrada de Belleville, ver o admirável livro de Morier (1994); sobre a renovação urbana em Paris na década de 1970, ver Godard *et al.* (1973).
89. Boyer (1994).
90. Jacobs (1994)
91. Machimura (1995: 16). Ver seu livro sobre as forças sociais e políticas que embasam a reestruturação de Tóquio: Machimura (1994).

7

O limiar do eterno: tempo intemporal

Somos tempo personificado, e também o são nossas sociedades, formadas pela história. Mas a simplicidade dessa afirmação esconde a complexidade do conceito de tempo, uma das categorias mais controversas em ciências naturais e também em ciências sociais, cuja centralidade é salientada pelos debates atuais de teoria social.[1] De fato, a transformação do tempo sob o paradigma da tecnologia da informação, delineado pelas práticas sociais, é um dos fundamentos de nossa nova sociedade, irremediavelmente ligada ao surgimento do espaço de fluxos. Além disso, de acordo com o ensaio elucidativo de Barbara Adam sobre tempo e teoria social, as pesquisas em física e biologia parecem convergir para as ciências sociais na adoção de um conceito contextual do tempo humano.[2] Todo tempo, na natureza como na sociedade, parece ser específico a um determinado contexto: o tempo é local. Enfocando a estrutura social emergente, afirmo, baseado em Harold Innis, que "a mente da atualidade é a mente que nega o tempo",[3] e que esse novo "sistema temporal" está ligado ao desenvolvimento das tecnologias de comunicação. Assim, para avaliar a transformação do tempo humano no novo contexto social sociotécnico talvez seja útil apresentar uma breve perspectiva histórica das mudanças da relação entre tempo e sociedade.

Tempo, história e sociedade

Em uma obra clássica, Whitrow mostrou como as concepções de tempo têm variado consideravelmente ao longo da história, indo da determinação do destino humano nos horóscopos babilônios à revolução newtoniana do tempo absoluto como princípio organizador da natureza.[4] E Nigel Thrift lembrou-nos de que tempo nas sociedades medievais era uma ideia solta, com alguns eventos importantes (comemorações religiosas, feiras, chegada das estações) no papel de marcadores temporais, enquanto a maior parte da vida diária passava desligada da noção exata de tempo.[5] Como ilustração da imensa variação contextual desse fato cotidiano aparentemente tão simples, usemos alguns parágrafos para nos lembrar da transformação do conceito de tempo na cultura russa, em dois períodos históricos cruciais: as reformas de Pedro, o Grande, e a ascensão e queda da União Soviética.[6]

A cultura popular tradicional russa achava que o tempo era eterno, sem começo nem fim. Na década de 1920, Andrey Platonov enfatizou essa ideia arraigada da Rússia como uma sociedade intemporal. No entanto, a Rússia era periodicamente sacudida por esforços estatistas de modernização com o objetivo de organizar a vida em torno do tempo. A primeira tentativa deliberada de ajuste da vida ao tempo originou-se com Pedro, o Grande. Ao voltar de uma longa viagem ao exterior para instruir-se sobre modos e meios dos países mais desenvolvidos, o czar decidiu levar a Rússia, literalmente, a um novo início, mudando para o calendário europeu ocidental (juliano) e começando o novo ano em janeiro em vez de setembro, como fora até então. Nos dias 19 e 20 de dezembro de 1699, Pedro, o Grande, emitiu dois decretos que iniciariam o século XVIII na Rússia alguns dias depois. Foram prescritas instruções minuciosas sobre a celebração do ano novo, inclusive com a adoção da árvore de Natal e acréscimo de um novo feriado para seduzir os tradicionalistas. Embora um grande número de pessoas estivesse maravilhado com o poder do czar de alterar o curso do sol, muitas outras preocupavam-se com a ofensa a Deus: afinal, 1º de setembro não era o dia da Criação no ano 5508 a.C.? E não deveria ser assim porque o ousado ato da Criação tinha de ocorrer em época de calor, fato muito improvável na Rússia em janeiro? Pedro, o Grande, respondeu pessoalmente aos críticos, em seu modo pedagógico habitual, ensinando-lhes a geografia do tempo global. Sua teimosia fundamentava-se na motivação reformista para igualar a Rússia à Europa e enfatizar as obrigações das pessoas em relação ao Estado sob a perspectiva do tempo. Embora esses decretos se concentrassem rigorosamente nas mudanças do calendário, as reformas de Pedro, o Grande, em termos mais amplos, introduziram a distinção entre o tempo do dever religioso e o tempo secular a ser dedicado ao Estado. Medindo e tributando o tempo das pessoas, bem como dando seu exemplo pessoal com intenso cronograma de trabalho baseado no tempo, esse czar inaugurou uma tradição secular de associação de serviço ao país, submissão ao Estado e ajuste da vida ao tempo.

No primeiro estágio da União Soviética, Lenin compartilhou com Henry Ford a admiração pelo taylorismo e pela "organização científica do trabalho", com base na medição do tempo de trabalho para o menor movimento da linha de montagem. Mas a compressão do tempo sob o comunismo surgiu com uma guinada ideológica decisiva.[7] Enquanto no fordismo a aceleração do trabalho estava associada a dinheiro com aumento de pagamento, no stalinismo não só o dinheiro era um mal segundo a tradição russa, mas o tempo deveria ser acelerado por motivação ideológica. Portanto, "stakhanovismo" significava trabalhar mais por unidade de tempo como um serviço para o país, e planos de cinco anos eram cumpridos em quatro como prova da capacidade da nova sociedade para a revolução temporal. Em maio de 1929, no Quinto Congresso dos Sovietes da União, que marcou o triunfo de Stalin, tentou-se uma aceleração ainda maior do tempo: jornada de trabalho sem direito a descanso semanal (*nepreryvka*). Embora o objetivo explícito da reforma fosse o aumento da produção na tradição da Revolução Francesa, a destruição do ritmo semanal da prática religiosa representava uma motivação ainda maior. Então, em novembro de 1931, introduziu-se um dia de descanso a cada seis dias, mas o ciclo tradicional de sete dias ainda era negado. Protestos de famílias separadas por diferenças de horários entre seus membros motivaram a volta da semana de sete dias em 1940, particularmente após ter-se percebido que as cidades adotavam o modelo de seis dias, mas a maior parte do interior ainda seguia a semana tradicional, introduzindo uma divisão cultural perigosa entre os camponeses e os trabalhadores industriais. Na verdade, embora a coletivização forçada da agricultura visasse a eliminação do conceito comunal de tempo em ritmo lento, enraizado na natureza, família e história, difundiu-se uma resistência social e cultural a essa imposição, demonstrando a profundidade do fundamento temporal da vida social. Mas, embora o tempo fosse reduzido no local de trabalho, o horizonte temporal do comunismo sempre era considerado no longo prazo e, em certa medida, eterno, como foi expresso na imortalidade personificada de Lenin e na tentativa de Stalin tornar-se um ídolo em vida. Assim, na década de 1990, a queda do comunismo deslocou os russos, em especial as novas classes profissionais, do horizonte de longo prazo do tempo histórico para o curto prazo do tempo monetizado característico do capitalismo, dessa forma pondo um fim à separação estatista secular entre tempo e dinheiro. Com isso, a Rússia uniu-se ao Ocidente no exato momento em que o capitalismo desenvolvido revolucionava sua estrutura temporal.

As sociedades contemporâneas ainda estão em grande parte dominadas pelo conceito do tempo cronológico, descoberta categórica/mecânica que E. P. Thompson,[8] entre outros, considera importantíssima para a constituição do capitalismo industrial. Em termos materiais, a modernidade pode ser concebida como o domínio do tempo cronológico sobre o espaço e a sociedade, tema desenvolvido por Giddens, Lash e Urry, e Harvey. O tempo — como repetição da rotina diária, de acordo com Giddens,[9] ou como "o domínio da natureza, quando todos os tipos de fenômenos, práticas e lugares ficam sujeitos à marcha centralizadora e universalizante do tempo", nas palavras de Lash e Urry[10] — está no âmago do capitalismo industrial e do estatismo. O maquinismo industrial trouxe o cronômetro para as linhas de montagem das fábricas fordistas e leninistas quase ao mesmo tempo.[11] As viagens para lugares distantes do Ocidente no final do século XIX passaram a ser organizadas com base no Horário Médio de Greenwich, como materialização da hegemonia do Império Britânico. No entanto, um século depois, a constituição da União Soviética foi marcada pela organização de um imenso território com base na hora de Moscou e fusos horários decididos de forma arbitrária pela conveniência dos burocratas, ignorando a distância geográfica. É importante notar que o primeiro ato de rebeldia das Repúblicas Bálticas durante a *perestroyka* de Gorbachov foi votar pela adoção do fuso horário finlandês para a hora oficial de seus territórios.

Esse tempo linear, irreversível, mensurável e previsível está sendo fragmentado na sociedade em rede, em um movimento de extraordinária importância histórica. No entanto, não estamos apenas testemunhando uma relativização do tempo de acordo com os contextos sociais ou, de forma alternativa, o retorno à reversibilidade temporal, como se a realidade pudesse ser inteiramente captada em mitos cíclicos. A transformação é mais profunda: é a mistura de tempos para criar um universo eterno que não se expande sozinho, mas que se mantém por si só, não cíclico, mas aleatório, não recursivo, mas incursor: tempo intemporal, utilizando a tecnologia para fugir dos contextos de sua existência e para apropriar, de maneira seletiva, qualquer valor que cada contexto possa oferecer ao presente eterno. James Gleick documentou a aceleração de "praticamente tudo" nas nossas sociedades, num empenho incansável de comprimir o tempo em todos os domínios das atividades humanas.[12] Comprimir o tempo até o limite equivale a fazer com que a sequência temporal, e, por conseguinte, o tempo, desapareça.

Afirmo que isso está acontecendo agora não apenas porque o capitalismo se esforça para libertar-se de todas as restrições, já que, apesar de não conseguir materializá-la totalmente, essa tem sido a tendência do sistema capitalista.[13] Nem é suficiente mencionar as revoltas culturais e sociais contra o tempo cronológico, visto que caracterizaram a história do último século sem realmente reverter seu domínio, na verdade desenvolvendo sua lógica mediante a inclusão da distribuição da vida no contrato social com base no tempo cronológico.[14] A libertação do capital em relação ao tempo e a fuga da cultura ao relógio são decisivamente facilitadas pelas novas tecnologias da informação e embutidas na estrutura da sociedade em rede.

Feitas essas considerações, prosseguirei com a especificação de seu significado, de forma que no fim deste capítulo a análise sociológica possa substituir as afirmações metafóricas. Para fazê-lo sem uma repetição aborrecida, contarei com as observações empíricas apresentadas em outros capítulos deste livro sobre a transformação dos vários domínios da estrutura social e acrescentarei as ilustrações ou análises necessárias para completar nosso entendimento. Dessa forma, examinarei sequencialmente os efeitos que as transformações em andamento nas esferas econômica, política, cultural e social têm sobre o tempo e terminarei com uma tentativa de reintegração do tempo e do espaço em sua nova relação contraditória. No estudo da atual transformação do tempo em esferas sociais muito diversas, serei um tanto esquemático em minhas afirmações, já que é materialmente impossível apresentar, em poucas páginas, um desenvolvimento total da análise de domínios tão complexos e diversos como sistema financeiro global, tempo de serviço, ciclo vital, morte, práticas de guerra e mídia. Contudo, ao lidar com tantos assuntos diferentes, tento extrair, além dessa diversidade, a lógica compartilhada da nova temporalidade que se manifesta em toda a gama da experiência humana. Portanto, o objetivo deste capítulo não é resumir a transformação da vida social em todas as suas dimensões, mas, ao contrário, mostrar a consistência dos padrões no surgimento de um novo conceito de temporalidade, que chamo de *tempo intemporal*.

Devo fazer outro alerta. A transformação do tempo, conforme foi pesquisada neste capítulo, não diz respeito a todos os processos, agrupamentos sociais e territórios de nossas sociedades, embora, sem dúvida, afete todo o planeta. O que chamo de *tempo intemporal* é apenas a forma *dominante* emergente do tempo social na sociedade em rede porque o espaço de fluxos não anula a existência de lugares. Afirmo que a dominação social é exercida por meio da inclusão seletiva e da exclusão de funções e pessoas em diferentes estruturas temporais e espaciais. Voltarei a esse tema no final do capítulo, após ter analisado o perfil do tempo em sua nova forma dominante.

Tempo como fonte de valor: o cassino global

David Harvey representa de forma apropriada as transformações atuais do capitalismo sob a fórmula de "compressão temporal e espacial".[15] Em nenhum lugar essa lógica é mais evidente que na circulação global de capital. Como analisamos no capítulo 2, durante a década de 1980 a convergência da desregulamentação global do sistema financeiro e a disponibilidade de novas tecnologias da informação e novas técnicas de gerenciamento transformaram a natureza dos mercados de capitais. Pela primeira vez na história, surgiu um mercado de capitais global unificado, *funcionando em tempo real*.[16] A explicação do volume fenomenal de fluxos financeiros transnacionais, como foi demonstrado no capítulo 2, está na *velocidade* das transações.[17] O mesmo capital é transportado de um lado para outro entre as economias em questão de horas, minutos e, às vezes, segundos.[18] Beneficiados pela desregulamentação, desintermediação e abertura dos mercados financeiros internos, poderosos programas computacionais e habilidosos especialistas em computadores/analistas financeiros a postos nos nós globais de uma rede seletiva de telecomunicações literalmente participam de jogos com bilhões de dólares.[19] A principal sala de carteado desse cassino eletrônico é o mercado monetário, que explodiu na última década, tirando vantagem das taxas de câmbio flutuantes. Em 1998, US$ 1,3 trilhão foram movimentados todos os dias no mercado monetário (ver figura 7.1).[20] Esses jogadores globais não são especuladores desconhecidos, mas grandes bancos de investimentos, fundos de pensão, empresas multinacionais (claro, inclusive indústrias) e fundos mútuos organizados exatamente para manipulação financeira.[21] François Chesnais identificou cerca de cinquenta grandes jogadores nos mercados financeiros globais.[22] No entanto, como afirmei anteriormente, uma vez que se gerem turbulências no mercado, os fluxos assumem, lição que os bancos centrais aprenderam à custa de repetidas grandes perdas. O tempo é crucial para a geração de lucros em todo o sistema. E a velocidade da transação, às vezes com programação computacional automática para tomadas de decisão quase instantâneas, que gera o ganho — ou a perda. Mas também é a circularidade temporal do processo, uma sequência implacável de compras e vendas, que caracteriza o sistema. A arquitetura do sistema financeiro global de fato é construída com base em fusos horários, com Londres, Nova York e Tóquio, ancorando os três turnos do capital, e vários centros financeiros não ortodoxos, influenciando as pequenas discrepâncias entre os valores de mercado na hora da abertura e do fechamento.[23] Além disso, um número significativo e crescente de transações financeiras baseia-se na geração de valor a partir da captação do tempo futuro nas transações presentes, como nos mercados de futuros, opções e outros mercados de capitais de derivativos.[24] Juntos, esses novos produtos financeiros aumentam drasticamente a massa de capital nominal *vis-à-vis* os depósitos e ativos bancários, de forma que é apropriado dizer que tempo gera dinheiro, à medida que todos apostam no/e com o dinheiro futuro previsto nas projeções dos computadores.[25] O próprio processo de negociação do desenvolvimento futuro afeta esses desenvolvimentos, de maneira que a estrutura temporal do capital é constantemente dissolvida em sua manipulação presente após receber um valor fictício para monetarizá-lo. Portanto, o capital não só comprime o tempo: absorve-o e vive da (isto é, gera renda econômica) digestão de seus segundos e anos. As consequências materiais dessa digressão aparentemente abstrata sobre tempo e capital são cada vez mais sentidas nas economias e na vida diária em todo o mundo: crises monetárias recorrentes, introduzindo uma era de instabilidade econômica estrutural e, sem dúvida, pondo em risco a integração europeia; a inabilidade de o investimento de capital prever o futuro, o que prejudica os incentivos para investimento produtivo; a destruição de empresas e seus empregos — independentemente do desempenho — em virtude de mudanças repentinas imprevistas no cenário financeiro em que operam; a lacuna progressiva entre os lucros na produção de bens e serviços e as rendas geradas na esfera de circulação, dessa forma transferindo uma parcela cada vez maior da poupança mundial para o jogo financeiro; os riscos crescentes para os fundos de pensão e passivos de seguros privados, assim introduzindo um ponto de interrogação na segurança (adquirida com sacrifícios) dos trabalhadores de todo o mundo; a dependência de economias inteiras — e particularmente as dos países em desenvolvimento — de movimentos de capital em grande parte determinados por percepção subjetiva e turbulência especulativa; a destruição, na experiência coletiva das sociedades, do padrão de comportamento de satisfação adiada, em benefício da ideologia comum do "dinheiro fácil" que enfatiza o jogo individual com a vida e a economia; e o prejuízo basilar à percepção social da correspondência entre produção e recompensa, trabalho e significado, ética e riqueza. Parece que o puritanismo foi enterrado em Cingapura em 1995 junto com o venerável Barings Bank.[26] E o confucionismo perdurará na nova economia apenas enquanto "o sangue for mais consistente que a água",[27] ou seja, enquanto os laços familiares continuarem promovendo a coesão social além da pura especulação no admirável mundo novo do sistema de jogos financeiros. A invalidação do conceito de tempo e a manipulação do tempo por mercados de capitais globais gerenciados eletronicamente são um componente da fonte de novas formas de devastadoras crises econômicas que adentram o século XXI.

A flexibilidade da jornada de trabalho e a empresa em rede

A suplantação do tempo também está no âmago das novas formas organizacionais de atividade econômica por mim identificadas como a *empresa em rede.* Formas flexíveis de gerenciamento, utilização contínua de capital fixo, desempenho intensificado de trabalhadores, alianças estratégicas e conexões interorganizacionais, tudo isso promove a compressão do tempo de cada operação e a aceleração da movimentação de recursos. Na verdade, o sistema de gerenciamento de estoque *just in time* foi o símbolo da produção enxuta, mesmo, como mencionei anteriormente, pertencendo à era pré-eletrônica da tecnologia industrial. Mas, na economia informacional, esta compressão temporal não depende principalmente de extrair mais tempo dos trabalhadores ou mais trabalho do tempo sob o imperativo do relógio. Como o potencial de realização de valor do trabalho e das organizações é muito dependente da autonomia de profissionais esclarecidos para tomadas de decisão em tempo real, o gerenciamento disciplinar tradicional de trabalhadores não se adapta ao novo sistema produtivo.[28] Em vez disso, há necessidade de mão de obra qualificada para gerenciar seu tempo de maneira flexível, algumas vezes acrescentando mais horas de trabalho, outras adaptando-se a cronogramas flexíveis, em alguns casos com redução de horas de trabalho e, consequentemente, de salário. Esse novo gerenciamento de trabalho com enfoque no tempo poderia chamar-se, como sugere John Urry, "trabalho *just in time*".[29]

Para a empresa em rede o período de adaptabilidade à demanda do mercado e às transformações tecnológicas também é fundamental a sua competitividade. Por isso, a vitrina da produção em rede, a multinacional italiana de artigos de malha Benetton, foi superada em 1995 pela concorrente norte-americana Gap, principalmente devido a sua incapacidade de acompanhar o ritmo da Gap na apresentação de modelos novos, segundo a evolução do gosto do consumidor: a cada dois meses, em comparação com as duas vezes por ano da Benetton.[30] Outro exemplo: no setor de software em meados dos anos 1990, as empresas começaram a distribuir seus produtos gratuitos on-line para atrair clientes em ritmo mais acelerado.[31] O fundamento lógico atrás dessa desmaterialização final dos produtos de software é que lucros devem ser obtidos a longo prazo, principalmente a partir de relacionamentos personalizados com os usuários sobre o desenvolvimento e as melhorias de um determinado programa. Mas a adoção inicial desse programa depende das vantagens das soluções oferecidas por um produto em relação aos outros produtos do mercado, o que valoriza a disponibilidade rápida de novas descobertas logo que são criadas por uma empresa ou pessoa física. O sistema de gerenciamento flexível da produção em rede depende da temporalidade flexível, da capacidade de acelerar ou desacelerar o produto e os ciclos de lucros, do tempo compartilhado por equipamentos e pessoal e do controle das defasagens de tempo da tecnologia disponível em relação à concorrência. O tempo é gerenciado como um recurso, não da maneira cronológica linear da produção em massa, mas como um fator diferencial em relação à temporalidade de outras empresas, redes, processos ou produtos. Apenas a forma de organização em rede e as máquinas de processamento de informação cada vez mais poderosas e móveis podem assegurar o gerenciamento flexível do tempo como a nova fronteira das empresas de alto desempenho.[32] Nessas condições, o tempo não é apenas comprimido: é processado.

O encolhimento e a alteração do tempo de serviço

O trabalho é, e será em um futuro previsível, o núcleo da vida das pessoas. Mais especificamente nas sociedades modernas, *a jornada de trabalho remunerado* estrutura o tempo social. O tempo de serviço nos países industrializados tem passado por uma queda secular nos últimos cem anos, medido em horas anuais de *trabalho por indivíduo*, conforme o estudo de Maddison[33] (ver tabela 7.1). Devo lembrar ao leitor que essa redução do tempo de serviço, na verdade, esconde um aumento substancial de mão de obra, em consequência do crescimento do número de empregos, visto que, como mostrei no capítulo 4, o emprego agregado é menos uma função da tecnologia que da expansão de investimento e demanda que depende da organização institucional e social. Os cálculos sobre as horas potenciais de trabalho durante a vida de um indivíduo também mostram uma redução significativa nas últimas quatro décadas, embora com importantes variações no número de horas entre os países (ver tabela 7.2).[34]

Tabela 7.1

Horas anuais trabalhadas por indivíduo, 1870-1979

	1870	1880	1890	1900	1913	1929	1938	1950	1960	1970	1979
Canadá	2.964	2.871	2.789	2.707	2.605	2.399	2.240	1.967	1.877	1.805	1.730
França	2.945	2.852	2.770	2.688	2.588	2.297	1.848	1.989	1.983	1.888	1.727
Alemanha	2.941	2.848	2.765	2.684	2.584	2.284	2.316	2.316	2.083	1.907	1.719
Itália[1]	2.886	2.795	2.714	2.634	2.536	2.228	1.927	1.997	2.059	1.768	1.556
Japão	2.945	2.852	2.770	2.688	2.588	2.364	2.391	2.272	2.432	2.252	2.129
Reino Unido	2.984	2.890	2.807	2.725	2.624	2.286	2.267	1.958	1.913	1.735	1.617
EUA	2.964	2.871	2.789	2.707	2.605	2.342	2.062	1.867	1.794	1.707	1.607

[1] Para a Itália, os números de 1978 são usados para 1979.

Fonte: Maddison (1982); Bosch *et al.* (1994: 8, Tabela 1).

Tabela 7.2

Horas potenciais de trabalho, 1950-1985

	1950	1960	1979	1980	1985
França	113.729	107.849	101.871	92.708	77.748
Alemanha Ocidental	114.170	104.076	93.051	87.367	85.015
Alemanha Oriental	108.252	n.d.	97.046	93.698	93.372
Hungria	97.940	96.695	92.918	85.946	78.642
Itália	n.d.	n.d.	n.d.	n.d.	82.584
Japão	109.694	109.647	100.068	95.418	93.796
Reino Unido	n.d.	n.d.	n.d.	n.d.	82.584
EUA	n.d.	n.d.	n.d.	n.d.	93.688
URSS	n.d.	n.d.	n.d.	n.d.	77.148

n.d. = não disponível

Fonte: Schuldt (1990: 43), citado em Bosch *et al.* (1994: 15).

O número de horas de trabalho e sua distribuição no ciclo vital e nos ciclos anuais, mensais e semanais da vida das pessoas constituem uma característica central de como elas se sentem, se divertem e sofrem. Sua evolução diferencial em vários países e períodos históricos reflete a organização econômica, o estado da tecnologia, a intensidade das lutas sociais e os resultados de contratos sociais e reformas institucionais.[35] Os trabalhadores franceses foram os primeiros europeus a conquistar a semana de quarenta horas de trabalho e o direito a férias remuneradas, após amargas lutas sociais e a eleição do governo da Frente Popular em 1936. O Reino Unido, os EUA e o Japão foram os baluartes do "stakhanovismo" imposto pelos negócios, com os trabalhadores tendo metade ou um terço a menos do período de férias em comparação aos trabalhadores da Alemanha, França ou Espanha, sem nenhum efeito aparente na produtividade (na verdade, em termos de crescimento de produtividade nos últimos trinta anos, se excluirmos o Japão, o tempo de férias parece manter relação positiva com o crescimento da produtividade dos trabalhadores). Entretanto, no geral, por mais de um século, entre 1870 e 1980, pudemos observar duas tendências conexas nas economias industrializadas: diminuição do tempo de serviço por indivíduo e por trabalhador e aumento da homogeneização e regulamentação do tempo de serviço como parte do contrato social que fundamenta o Estado de bem-estar social. Contudo recentemente essas tendências foram modificadas para um padrão cada vez mais complexo e variável (ver tabela 7.3).[36] O principal fenômeno parece ser a crescente diversificação do tempo e dos horários de trabalho que reflete a tendência à desagregação do trabalho no processo de trabalho, como já foi analisado no capítulo 4. Dessa maneira, a síntese do estudo conduzido pela OIT, em 1994, sobre a evolução do tempo de serviço em 14 países industrializados é a seguinte:

Tabela 7.3

Duração e redução do tempo de serviço, 1970-1987

	Horas de trabalho acordadas	Redução das horas acordadas (%)		Horas de trabalho reais por empregado		Alteração (%)	Horas de trabalho por indivíduo, idade 55-64 anos		Alteração (%)	Horas de trabalho por indivíduo
		1970-80	1980-7	1980	1987	1980-7	1980	1987	1980-7	
Suécia	1.796 (9)	−8,2 (3)	0 (8)	1.438 (1)	1.842 (1)	+3,1 (10)	1.133 (7)	1.188 (6)	+4,9 (8)	770 (6)
Noruega	1.714 (2)	−6,2 (4)	−6,6 (3)	1.563 (2)	1.537 (2)	−1,7 (7)	1.131 (6)	1.210 (7)	+7,0 (9)	788 (7)
Dinamarca	1.733 (4)	−2,6 (6)	−6,0 (4)	1.720 (4)	1.596 (4)	−7,2 (2)	1.246 (8)	1.211 (8)	−2,8 (4)	812 (8)
Finlândia	1.720 (3)	0 (8)	−7,5 (1)	1.818 (8)	1.782 (10)	−2,0 (6)	1.299 (9)	1.305 (10)	+0,5 (6)	890 (10)
Alemanha	1.712 (1)	−5,9 (5)	−4,7 (6)	1.736 (7)	1.672 (6)	−3,7 (4)	1.090 (3)	1.020 (4)	−6,4 (2)	712 (4)
Holanda	1.744 (5)	−9,1 (2)	−7,0 (2)	1.720 (4)	1.645 (5)	−4,5 (3)	881 (1)	864 (1)	−1,9 (5)	603 (2)
Bélgica	1.759 (6)	−9,2 (1)	−5,0 (5)	1.590 (3)	1.550 (3)	−3,0 (5)	925 (2)	875 (2)	−5,4 (3)	601 (1)
França	1.767 (7)	0 (8)	−4,6 (7)	1.850 (9)	1.696 (7)	−3,3 (1)	1.122 (5)	1.001 (3)	−10,8 (1)	672 (5)
Reino Unido	1.782 (8)	−2,1 (7)	−4,6 (7)	—	1.730 (8)	—	—	1.183 (5)	—	765 (5)
EUA	1.916 (10)	0 (8)	0 (8)	1.735 (6)	1.770 (9)	+2,0 (9)	1.106 (4)	1.231 (9)	+11,3 (10)	832 (9)
Japão	2.121 (11)	−5,9 (5)	0 (8)	2.113 (10)	2.085 (11)	−1,3 (11)	1.446 (10)	1.469 (11)	+ 1,6 (7)	1.020 (11)

A tabela é baseada em cifras do Eurostat. Admite-se que o número de horas de trabalhadores de meio expediente seja 25% menor que o dos empregados de horário integral e que o número de horas fora da empresa seja 2,5% maior que na empresa.

Fonte: Pettersson (1989).

> No longo prazo, a redução do tempo de serviço é obviamente a tendência predominante. Também, nos últimos vinte anos o número de horas de trabalho foi diminuído na maioria dos países, mas por diferentes combinações: aumento do trabalho de meio expediente, redução das horas de trabalho semanais e anuais acordadas e reais e redução do total de horas do tempo de serviço. Contudo, ao analisar essa grande tendência, é fácil descuidar de certas tendências manifestas para a extensão das horas, pelo menos em alguns países e para determinados grupos de trabalhadores dos diferentes países. *Essas tendências podem indicar a crescente diferenciação do número de horas de trabalho entre países e dentro deles, após um longo período de padronização e harmonização das horas de trabalho?*[37]

Quais são as fontes de tal diversidade? Por um lado, há diferenças institucionais na regulamentação dos mercados de trabalho, com os EUA, o Japão e a União Europeia exibindo lógicas nitidamente contrastantes. Por outro, nos países, as jornadas de trabalho mais longas estão concentradas em dois grupos: profissionais de alto nível e trabalhadores não qualificados do setor de serviços. Os primeiros, devido a sua contribuição para a realização de valor, e os últimos, em consequência de seu fraco poder de barganha, frequentemente associado à condição de imigrantes ou a esquemas de trabalho informal. Por sua vez, a jornada de trabalho mais curta e os horários atípicos estão ligados ao trabalho de meio expediente e ao temporário, envolvendo principalmente jovens com baixo nível de instrução e mulheres. A entrada maciça das mulheres na força de trabalho, em certa medida, está associada à diversificação das categorias e dos horários de trabalho. Consequentemente, como foi demonstrado no capítulo 4, entre um quarto e um terço da população empregada nos principais países industrializados (inclusive autônomos) não segue o modelo clássico de emprego de horário integral e regular. O número de pessoas que trabalha em projetos variáveis está crescendo rapidamente em todos os lugares. Além disso, uma proporção considerável de trabalhadores em horários integrais (provavelmente a maioria da força de trabalho liberal) está tendendo a adotar horários flexíveis, em geral com aumento de carga de trabalho. A capacidade tecnológica de reintegração das contribuições de vários trabalhadores em horários diversos em uma rede de informação armazenada ocasiona a variação constante do tempo real de desempenho do trabalho, abalando a capacidade de estruturação do tempo de trabalho na vida cotidiana. Assim, em sua ótima análise da transformação do mercado de trabalho e das empresas na França, Frederick de Conninck salienta o fato de que "a empresa é afetada por temporalidades múltiplas e divergentes", "a economia é cada vez mais dominada pela busca da flexibilidade, ou organizada com base no curto prazo" e consequentemente "hoje, o indivíduo é dominado pelas várias temporalidades que tem de enfrentar"; assim, embora o trabalho continue integrado, a sociedade tende a sua fragmentação em consequência do desenvolvimento incontrolável de temporalidades contraditórias dentro da mesma estrutura.[38]

Portanto, a questão real de nossas sociedades não é tanto o fato de a tecnologia nos permitir trabalhar menos para a mesma unidade de produção: isso é verdade, mas seu impacto no tempo real de trabalho e nos horários é indeterminado. O que está em jogo e parece ser a tendência predominante na maioria dos setores avançados da maior parte das sociedades desenvolvidas é a diversificação geral do tempo de trabalho, dependendo das empresas, redes, empregos, ocupações e características dos trabalhadores. Na verdade, essa diversidade acaba sendo medida em termos da capacidade diferencial de cada trabalhador e de cada emprego para a administração do tempo. Sem antecipar minha análise sobre a evolução da família (no volume II), parece que a heterogeneidade de horários, em uma sociedade com participação semelhante dos sexos na força de trabalho, impõe um reajuste drástico dos esquemas familiares. Não necessariamente para pior, uma vez que, de fato, a flexibilidade adicional do tempo de trabalho poderia propiciar a base para o tempo compartilhado em família. Mas novas parcerias familiares teriam que ser construídas sobre as ruínas das normas patriarcais.[39] Já que o horário flexível e o não integral penetraram nas estruturas contratuais do tempo de trabalho com base no trabalho feminino, em grande parte para acomodar as necessidades das mulheres de combinarem os esforços para a criação dos filhos com sua vida profissional, a extensão dessa lógica para os homens e outros domínios da vida social além da criação de filhos realmente poderia introduzir (de fato já está introduzindo em muitos casos)[40] uma nova articulação do tempo de vida e de serviço em diferentes idades e sob condições diversas, tanto para homens como para mulheres. Dessa forma, sob esses novos esquemas, o tempo de serviço poderá perder sua centralidade tradicional ao longo do ciclo de vida.

Uma tendência convergente que aponta para a mesma direção vem da diminuição drástica dos *anos* de serviço reais nos principais países industrializados, exatamente no momento de um aumento substancial da expectativa de vida. Isso ocorre, por um lado, porque a idade de entrada na força de trabalho, tanto para homens como para mulheres, está cada vez maior à medida que uma proporção maior da população frequenta universidades: tendência que resulta das expectativas culturais, do aperto dos mercados de trabalho e da crescente exigência, por parte dos empregadores, de força de trabalho com credenciais de instrução superior.[41] Por outro, Anne Marie Guillemard conduziu estudos comparativos que mostram a queda drástica do número real de empregos para trabalhadores com idade acima de 50 anos e especialmente acima de 55.[42]

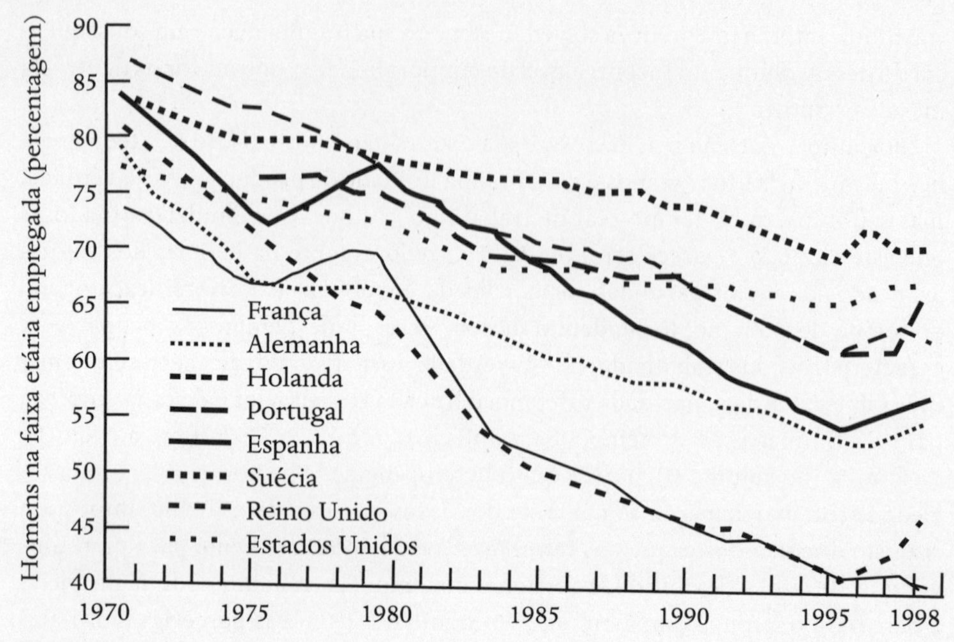

Figura 7.1 Taxa de participação da força de trabalho (%) para homens de 55-64 anos de idade, em oito países, 1970-1998

Fontes: Guillemard (1993); Carnoy (2000), reelaborada por Carnoy.

Como a figura 7.1 mostra, o índice de atividade de homens entre 55 e 65 anos baixou significativamente entre 1970 e 1998 nas principais economias industrializadas e, em 1998, havia caído para 68% nos EUA, 64% no Reino Unido, 56% na Alemanha, 48% na Holanda e 41% na França. Nesses países, seja por aposentadoria precoce, invalidez, desemprego permanente, desgaste ou desânimo, entre um terço e mais da metade da força de trabalho masculina abandona o mercado de trabalho *para sempre* no início de seus cinquenta. Guillemard apresenta argumentos sólidos no sentido de que essa tendência não é temporária, mas está enraizada nas políticas míopes de governos e empresários e na crença na incapacidade de adaptação do trabalhador idoso à velocidade atual das inovações tecnológica e organizacional.[43] Nessas circunstâncias, o tempo real de serviço poderia ser diminuído para cerca de trinta anos (dos 24 aos 54), para uma duração real de vida de aproximadamente 75-80 anos. Então, não apenas o tempo de serviço perde sua centralidade em relação à vida em geral, mas o sistema de contabilidade que calcula as aposentadorias e a assistência médica entra em colapso, não porque haja excesso de pessoas idosas, mas porque a proporção entre os contribuintes ativos e os beneficiários inativos torna-se insustentável, a menos que os aumentos de produtividade sejam enormes, e a sociedade aceite uma redistribuição intergeneracional maciça.[44]

Assim, o desafio real da nova relação entre trabalho e tecnologia não diz respeito ao desemprego em massa, como tentei discutir no capítulo 4, mas à diminuição geral do tempo de serviço para uma proporção substancial da população. A menos que se modifique a base de cálculo dos benefícios sociais mediante um novo contrato social, a diminuição do tempo de serviço válido e a acelerada obsolescência da mão de obra decretarão o fim das instituições de solidariedade social e a introdução das guerras etárias.

A indeterminação dos limites do ciclo de vida: tendência para a arritmia social?

Parece que todos os seres humanos, inclusive nós, são relógios biológicos.[45] Ritmos biológicos, sejam individuais, relacionados às espécies, ou mesmo cósmicos, são essenciais na vida humana. As pessoas e a sociedade os ignoram por sua conta e risco.[46] Durante milênios construiu-se o ritmo da vida humana em estreita relação com os ritmos da natureza, geralmente com pouco poder de barganha contra as forças naturais hostis. Portanto, parecia razoável acompanhar o fluxo e modelar o ciclo de vida com base em uma sociedade em que a maior parte das crianças morria ainda bebê; em que a energia reprodutiva das mulheres tinha de ser usada cedo; em que a juventude era efêmera (Ronsard); em que ficar velho era um privilégio tão grande que trazia consigo o respeito devido a uma rara fonte de experiência e sabedoria; e em que as pestes periodicamente devastavam boa parte da população.[47] No mundo desenvolvido, a Revolução Industrial, a constituição da ciência médica, o triunfo da razão e a afirmação dos direitos sociais alteraram esse padrão nos últimos dois séculos, prolongando a vida, superando doenças, controlando os nascimentos, diminuindo os óbitos, questionando a determinação biológica dos papéis sociais e construindo o ciclo vital em torno de categorias sociais, entre as quais a educação, o tempo de serviço, os padrões de carreiras e o direito à aposentadoria adquiriram extrema importância. Contudo, embora o princípio da vida sequencial tenha mudado de biossocial para sociobiológico, havia (na verdade, ainda há) um padrão de ciclo de vida que as sociedades desenvolvidas tendem a seguir, e que os países em desenvolvimento tentam alcançar. Agora os avanços organizacionais, tecnológicos e culturais característicos da nova sociedade emergente estão abalando definitivamente esse ciclo de vida regular sem substituí-lo por uma sequência alternativa. *Proponho a hipótese de que a sociedade em rede caracteriza-se pela ruptura do ritmo, ou biológico ou social, associado ao conceito de um ciclo de vida.*

Já examinei uma das razões dessa nova tendência, ou seja, a cronologia variável do tempo de serviço. Mas um fato ainda mais importante é a crescente capacidade de controle, dentro dos limites óbvios, da reprodução de nossa espécie e da duração média da vida dos indivíduos (ver capítulo 1). Embora o maior limite de longevidade tenha um limite biológico, o prolongamento da duração média da vida para o final da faixa dos setenta (início da faixa dos oitenta para mulheres) e a crescente parcela da população que ultrapassa a média e atinge a faixa etária dos oitenta trazem consequências consideráveis para nossas sociedades e nossa concepção de nós mesmos. Embora no passado fosse considerada um último estágio homogêneo da vida, dominado pela "morte social", como foi demonstrado no estudo francês que Anne Marie Guillemard conduziu muitos anos atrás com minha colaboração,[48] a velhice agora é um universo diversificadíssimo, composto de aposentados precoces e médios, idosos capazes e idosos com vários graus e formas de limitação. Então, de repente, a terceira idade se estende na direção de grupos mais jovens e mais velhos e redefine de forma substancial o ciclo de vida de três modos: contesta a saída do mercado de trabalho como critério definidor, visto que, para uma grande proporção da população, cerca de um terço da vida pode ocorrer depois disso; diferencia os idosos fundamentalmente em termos de seu nível de limitação, nem sempre relacionado à idade, portanto, de certa forma assimilando sua condição de inválidos a outros grupos de deficientes mais jovens, consequentemente produzindo uma nova categoria social; e obriga a distinção entre várias faixas etárias, cuja diferenciação real dependerá muito do capital social, cultural e relacional acumulado durante a vida.[49] Dependendo de cada uma das variáveis, os atributos sociais dessas diferentes terceiras idades apresentarão discrepâncias consideráveis, derrubando, portanto, a relação entre condição social e estágio biológico que fundamenta o ciclo de vida.

Ao mesmo tempo, essa relação é questionada na outra ponta: a reprodução está sendo cada vez mais controlada em todo o mundo. Nas sociedades desenvolvidas, a norma é o controle de natalidade, embora a marginalidade social e as crenças religiosas constituam áreas de resistência à maternidade planejada. Em estreita interação com a emancipação cultural e profissional das mulheres, o desenvolvimento dos direitos reprodutivos alterou a estrutura demográfica e os ritmos biológicos de nossas sociedades em apenas duas décadas (ver tabelas 7.4 e 7.5).

Tabela 7.4

Principais características demográficas por principais regiões do mundo, 1970-1995[a]

	Total da taxa de fertilidade			Expectativa de vida no nascimento			Mortalidade infantil		
	1970-5	1980-5	1990-5	1970-5	1980-5	1990-5	1970-5	1980-5	1990-5
Mundial	4,4	3,5	3,3	57	60	65	93	78	62
Regiões mais desenvolvidas	2,2	2,0	1,9	71	73	75	22	16	12
Regiões menos desenvolvidas	5,4	4,1	3,6	54	57	62	104	88	69
África	6,5	6,3	6,0	46	49	53	142	112	95
Ásia	5,1	3,5	3,2	56	59	65	97	83	62
Europa	2,2	1,9	1,7	71	73	75	24	15	10
Américas	3,6	3,1	—	64	67	68	64	49	—
Latina	—	—	3,1	—	—	—	—	—	47
do Norte	—	—	2,0	—	—	—	—	—	8
Oceania	3,2	2,7	2,5	66	68	73	39	31	22
URSS	2,4	2,4	2,3	70	71	70	26	25	21

[a] Dados para todas as projeções de 1990-5.

Fontes: ONU, *World Population Prospects*. Estimativas e projeções como foram avaliadas em 1984; ONU, *World Population at the Turn of the Century*, 1989, p. 9, Tabela 3; Fundo Populacional da ONU, *The State of World Population: Choices and Responsibilities*, 1994.

Tabela 7.5

Total das taxas de fertilidade de alguns países industrializados, 1901-1985

	Dinamarca	Finlândia	França	Alemanha[a]	Itália	Holanda	Portugal	Suécia	Suíça	Reino Unido	EUA
1901-05	4,04	4,22	2,78	4,74	—	4,48	—	3,91	3,82	3,40	—
1906-10	3,83	4,15	2,59	4,25	—	4,15	—	3,76	3,56	3,14	—
1911-15	3,44	3,68	2,26	3,19	—	3,79	—	3,31	3,02	2,84	—
1916-20	3,15	3,49	1,66	2,13	—	3,58	—	2,94	2,46	2,40	3,22
1921-25	2,85	3,33	2,43	2,49	—	3,47	—	2,58	2,43	2,39	3,08
1926-30	2,41	2,88	2,29	2,05	—	3,08	—	2,08	2,10	2,01	2,65
1931-35	2,15	2,41	2,18	1,86	3,06	2,73	3,88	1,77	1,91	1,79	2,21
1936-40	2,17	2,38	2,07	2,43	3,00	2,58	3,45	1,82	1,80	1,80	2,14
1941-45	2,64	2,60	2,11	2,05	2,56	2,85	3,43	2,35	2,38	2,00	2,45
1946-50	2,75	2,86	2,99	2,05	2,78	3,48	3,29	2,45	2,52	2,38	2,97
1951-55	2,55	2,99	2,73	2,09	2,30	3,05	3,05	2,23	2,30	2,19	3,27
1956-60	2,54	2,78	2,70	2,34	2,32	3,11	3,02	2,24	2,40	2,52	3,53
1961-65	2,59	2,58	2,83	2,50	2,56	3,15	3,10	2,33	2,61	2,83	3,16
1966-70	2,20	2,06	2,60	2,33	2,50	2,74	2,91	2,12	2,29	2,56	2,41
1971-75	1,96	1,62	2,26	1,62	2,31	1,99	2,64	1,89	1,82	2,06	1,84
1976-80	1,65	1,67	1,88	1,41	1,88	1,59	2,32	1,66	1,51	1,76	1,69
1981-85	1,38	1,74	1,82	1,32	1,53	1,47	1,97	1,61	1,50	1,75	1,66

Observação: [a] Os números alemães incluem RFA e RDA.

Fontes: J. Bourgeois-Pichat, "Comparative fertility trends in Europe", in *Causes and Consequences of Non-Replacement Fertility* (Hoover Institution, 1985); ONU, *World Population at the Turn of the Century*, 1989, p. 90, Tabela 21.

Tabela 7.6

Primeiros nascidos vivos por mil mulheres, EUA, por faixa etária da mãe (30-49 anos) e por raça, 1960 e 1990

	Faixa etária			
	30-34 anos	35-39 anos	40-44 anos	45-49 anos
Total				
1960	8,6	3,2	0,8	0,0
1990	21,2	6,7	1,0	0,0
Branca				
1960	8,9	3,3	0,8	0,0
1990	21,6	6,8	1,0	0,0
Todas as outras				
1960	6,9	2,9	0,7	0,1
1990	19,1	6,3	1,1	0,1
Negra				
1964	5,4	2,2	0,6	0,0
1990	12,9	4,0	0,7	0,0

Observar o aumento impressionante no índice dos primeiros nascidos vivos entre 1960 e 1990: aumento de 146,5% na faixa etária de 30-34 anos e de 109% na faixa etária de 30-39 anos.

Fontes: U.S. Bureau of the Census, *Historical Statistics of the United States: Colonial Times to 1970*, vol. l, p. 50, Série B 11-19, 1975; US Dept of Health and Human Services. *Vital Statistics of the United States: 1990*, vol. 1, section 1, Tabela 1.9, 1994

No geral, os países mais industrializados entraram na era da baixa natalidade (abaixo da taxa de reprodução da população nativa), do adiamento do casamento e reprodução, bem como dos estágios variáveis para as mulheres terem filhos durante seu ciclo de vida. Tudo isso em consequência do esforço feminino no sentido de combinar educação, trabalho, vida pessoal e filhos em um padrão decisório cada vez mais individualizado (ver tabela 7.6). Junto com a transformação da família e a crescente diversificação dos estilos de vida (ver volume II), observamos uma modificação substantiva da época e das formas de homens e mulheres serem pais durante o ciclo de vida, em que cada vez mais a nova regra é que haja poucas regras. Somando-se a isso, as novas tecnologias reprodutivas e os novos modelos culturais, em grande parte, possibilitam a desassociação da idade e condição biológica da reprodução e da paternidade e maternidade. Em termos estritamente técnicos, hoje é possível diferenciar os pais legais de uma criança; de quem é o esperma; de quem é o óvulo; onde e como a fertilização é realizada, em tempo real ou adiado, mesmo após a morte do pai; e de quem é o ventre que dá à luz a criança. *Todas as combinações são possíveis e socialmente decididas*. Nossa sociedade já alcançou a capacidade tecnológica para separar a reprodução social e a reprodução biológica da espécie. Obviamente, estou me referindo às exceções à regra, mas que somam dezenas de milhares de exceções em todo o mundo. Algumas representam exemplos da possibilidade de mulheres idosas (na faixa envolvendo o final dos cinquenta e início dos sessenta) darem à luz. Outras são cenas de novelas sobre algum amante morto cujo esperma congelado é disputado por herdeiros irados. Muitas são acontecimentos segregados, frequentemente sussurrados em jantares nas rodas "*high tech*" californianas ou da indiscreta Madri. Uma vez que esses fatos estão relacionados a tecnologias reprodutivas muito simples sem o envolvimento de engenharia genética, é razoável imaginar uma abrangência muito maior para a possível manipulação das idades reprodutivas e das condições de reprodução, quando a engenharia genética humana acabar encontrando uma acomodação legal e ética na sociedade, como, a longo prazo, acontece com todas as tecnologias.

Já que não estou especulando sobre futuras projeções, mas trabalhando com fatos conhecidos de nosso cotidiano, acredito ser legítimo pensar sobre as consequências atuais da marcha desses acontecimentos para a vida humana e, em especial, para o ciclo de vida. É muito simples: caminhamos para a eliminação definitiva dos nítidos limites do fundamento biológico contido no conceito de ciclo de vida. Pessoas de sessenta anos com bebês; filhos de diferentes casamentos com irmãos trinta anos mais velhos sem faixa etária intermediária; homens e mulheres que decidem procriar com ou sem cópula, em qualquer idade; avós dando à luz o bebê originado no óvulo de sua filha (também casos da vida real); bebês póstumos; e uma lacuna crescente entre as instituições sociais e as práticas reprodutivas (filhos fora do casamento representam cerca de 50% dos nascimentos na Suécia e, aproximadamente, 40% na França). É fundamental que não incluamos julgamento de valor nesta observação. O que para os tradicionalistas chega a desafiar a ira divina, para os revolucionários culturais é o triunfo do desejo individual e, na verdade, a afirmação final dos direitos femininos ao corpo e à vida. No entanto, o que é fundamental é que não estamos à margem da sociedade, mesmo que esses ainda sejam embriões de uma nova relação entre nossa condição social e biológica. São tendências sociais crescentes, cuja difusão tecnológica e cultural parece irreprimível, exceto sob as condições de uma nova teocracia. E a consequência direta é outra forma de invalidação do tempo, do tempo biológico humano, do ritmo temporal mediante o qual nossa espécie tem sido regulada desde suas origens. Independentemente de nossa opinião, talvez tenhamos que viver sem o relógio que avisava nossos pais quando deviam procriar-nos e que nos dizia quando e como legar nossa vida a nossos filhos, e se devíamos fazê-lo. Um ritmo biológico secular foi substituído por um momento de decisão existencial.

Negação da morte

> *A crença na probabilidade da morte com dignidade é a tentativa nossa e de nossa sociedade de lidar com a realidade do que frequentemente é uma série de acontecimentos destrutivos os quais, pela própria natureza, envolvem a desintegração da humanidade da pessoa moribunda. Não tenho visto com frequência muita dignidade no processo da nossa morte. A procura no sentido de alcançar a verdadeira dignidade fracassa quando nossos corpos falham... A maior dignidade a ser encontrada na morte é a dignidade da vida que a precedeu.*
>
> Sherwin B. Nuland[50]

O tempo na sociedade e na vida é medido pela morte. A morte é e foi o tema central das culturas ao longo da história, seja reverenciada como a vontade de Deus, seja afrontada como o último desafio humano.[51] Tem sido exorcizada nos ritos para acalmar os vivos, aceita com a resignação dos serenos, suavizada nas comemorações dos simples, combatida com o desespero dos românticos, mas nunca contestada.[52] É uma característica distintiva de nossa nova cultura, a tentativa de banir a morte de nossa vida. Embora a matriz dessa tentativa advenha da crença racionalista no progresso todo-poderoso, são as descobertas extraordinárias da tecnologia médica e da pesquisa biológica nas duas últimas décadas que fornecem base material para a mais antiga aspiração da humanidade: viver como se a morte não existisse, apesar de ser nossa única certeza. Com isso, realiza-se a subversão final do ciclo de vida, e a vida torna-se esta paisagem monótona entrecortada por selecionados momentos de experiências ricas e pobres na eterna butique dos sentimentos personalizados. Então, quando realmente ocorre, a morte é apenas mais uma mudança temporária na tela de espectadores distraídos. Se for verdade que, como disse Ionesco, "cada um de nós é o primeiro a morrer",[53] os mecanismos sociais asseguram que também somos os últimos, ou seja, que os mortos estão verdadeiramente sozinhos e não levam a energia dos vivos. Mas essa antiga e saudável aspiração à sobrevivência, que Philippe Aries documentou estar presente na cultura ocidental desde a Idade Média,[54] toma nova direção com a revolução biológica. Como estamos tão perto de desvendar os segredos da vida, duas grandes tendências difundiram-se das ciências médicas para o resto da sociedade: a prevenção obsessiva e a luta até o fim.

Segundo a primeira tendência, todos os estudos biológicos e investigações médicas que relacionam a saúde humana com o meio ambiente logo se transformam em guias de saúde ou receita obrigatória (por exemplo, a cruzada antitabagismo nos EUA, o mesmo país onde submetralhadoras podem ser compradas pelo correio), o que, com a plena cooperação da mídia, transforma cada vez mais a sociedade em um ambiente simbolicamente saneado. Na verdade, os apresentadores de telejornais encontraram na cruzada da saúde uma fonte infindável de atenção pública, principalmente porque os resultados de estudos são periodicamente refutados e substituídos por novas instruções específicas. Toda uma indústria da "vida saudável" está diretamente relacionada a essa cruzada e vai de comida higienizada, passando por roupas esportivas da moda e chegando, principalmente, a vitaminas inúteis. Esse uso deturpado da pesquisa médica é patético, em especial, quando comparado com a indiferença das seguradoras do setor de saúde e de grande parte das empresas em relação à assistência primária e à segurança ocupacional.[55] Dessa forma, uma proporção crescente das pessoas nas sociedades desenvolvidas e as classes de profissionais liberais em todo o mundo gastam bastante tempo, dinheiro e energia psicológica ao longo da vida, perseguindo modismos relacionados à saúde, utilizando-se de meios — e com resultados — pouco diferentes dos tradicionais rituais xamanísticos. Por exemplo, embora estudos recentes demonstrem que o peso está muito ligado ao metabolismo programado pela genética e que as pessoas oscilam em uma faixa de 10%-15% em torno de sua média de idade e tamanho independentemente de seus esforços,[56] a dieta é uma obsessão social, seja real, seja manipulada. Concordo que a estética pessoal e o relacionamento com o corpo também estão ligados à cultura do individualismo e do narcisismo, mas a visão higienista de nossas sociedades influencia de forma decisiva (na verdade, frequentemente está ligada à rejeição da transformação do corpo da mulher em objeto). A meta é adiar e combater a morte e o envelhecimento em cada minuto da vida, com o apoio da ciência médica, do setor de saúde e das informações via mídia.

Mas a ofensiva real contra a morte é a boa-fé, a incansável batalha médica para afastar o inevitável tanto quanto possa o ser humano. Sherwin B. Nuland, cirurgião e historiador de medicina, escreve em seu livro impressionante *How We Die*:

> Todo médico especialista deve admitir que, às vezes, convenceu pacientes a passarem por procedimentos diagnósticos ou terapêuticos em alguma fase da doença tão irracionalmente, que seria melhor que o Enigma tivesse permanecido sem solução. Muitas vezes próximo do fim, se o médico fosse capaz de lançar um olhar profundo para dentro de si mesmo, reconheceria que suas decisões e orientações são motivadas pela incapacidade de desistir do Enigma e admitir a derrota enquanto houver qualquer chance de decifrá-lo. Embora seja bondoso e atencioso com o paciente, ele se permite esquecer sua bondade, pois a sedução do Enigma é tão forte, e sua incapacidade de decifrá-lo torna-o tão fraco.[57]

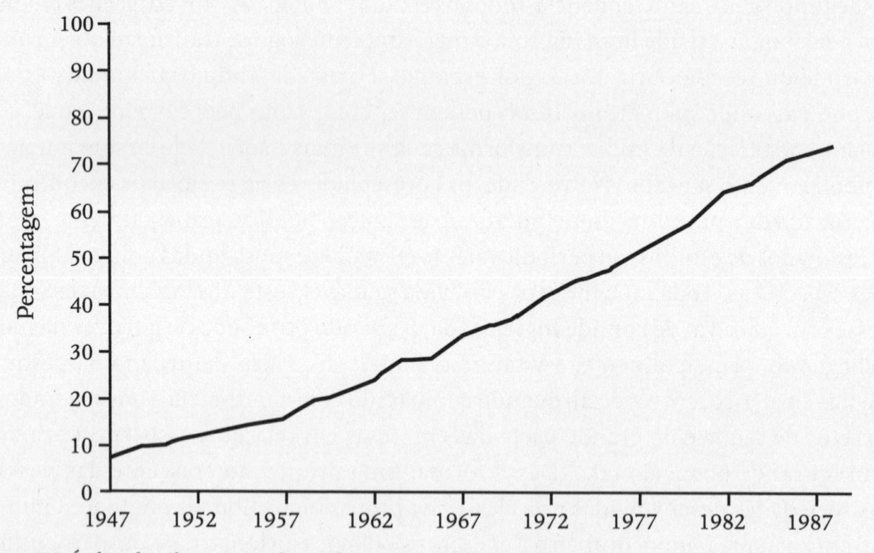

Figura 7.2 Índice dos óbitos ocorridos em hospitais em relação ao total de óbitos (%), por ano, 1947-87, Japão

Fonte: Koichiri Kuroda, "Medicalization of death: changes in site of death in Japan after World War Two", Hyogo: Kobe College, Department of Intercultural Studies, 1990, trabalho de pesquisa não publicado.

Esse impulso médico de repelir a morte nada tem a ver com o capitalismo. De fato, algumas seguradoras acolheriam a eutanásia de bom grado e gostariam de enviar os pacientes para casa o mais breve possível, uma visão céptica combatida diariamente pelos médicos. Sem essa vontade implacável de rejeitar o inevitável, seriam perdidas lições valiosas, e nossa capacidade coletiva de sobrevivência e superação do sofrimento seria prejudicada. Mas o impacto societal de tais esforços, juntamente com iniciativas menos nobres de usar pacientes terminais como cobaias experimentais, é equivalente à negação da morte até seu último ato. O confinamento temporal e espacial da morte é tão forte, que a grande maioria dos óbitos (80% nos Estados Unidos e uma proporção crescente em todos os países: ver a figura 7.2 para o Japão, uma sociedade com forte cultura familiar) ocorre no hospital, muitas vezes em unidades de terapia intensiva especiais, com os corpos já removidos de seus ambientes sociais e emocionais. Apesar de alguns poucos movimentos em defesa de instituições humanitárias para pacientes terminais e de tendências, ainda mais limitadas, para trazer os moribundos de volta para casa, o último ato de nossas vidas está cada vez mais saneado, e nossos entes queridos não têm a coragem de fazer objeção: é muito complicado, muito sujo, muito penoso, muito desumano, muito degradante, de fato. A vida é interrompida no limiar do último sorriso possível, e a morte se torna visível apenas por um breve momento cerimonial, após a *mise-en-scène* amenizadora dos maquiadores. Além disso, o luto está saindo de moda em nossas sociedades, tanto como reação contra a hipocrisia social tradicional quanto como filosofia realista de sobrevivência. No entanto, psicanalistas e antropólogos demonstraram as funções sociais e os benefícios individuais do ritual e do sentimento de luto.[58] Mas a privação do luto é o preço a pagar para alcançar a eternidade em nossa existência mediante a rejeição da morte.

A tendência predominante nas sociedades, como expressão de nossa ambição tecnológica e em concordância com nossa comemoração do efêmero, é apagar a morte da vida ou torná-la inexpressiva pela sua representação repetida na mídia, sempre como a morte do outro, de forma que a nossa própria seja recebida com a surpresa do inesperado. Separando a morte da vida e criando o sistema tecnológico para fazer com que esta crença dure o suficiente, construímos a eternidade durante nossa existência. Assim, tornamo-nos eternos exceto naquele breve momento quando somos rodeados pela luz.

Guerras instantâneas

A morte, a guerra e o tempo são sócios históricos seculares, e uma das características mais surpreendentes do paradigma tecnológico emergente é que essa associação seja fundamentalmente alterada, pelo menos para a guerra das potências dominantes. Na verdade, o advento da tecnologia nuclear e da possibilidade do holocausto planetário teve o efeito paradoxal de cancelar conflitos armados globais de grande escala entre as maiores potências, afastando uma condição que marcou a primeira metade do século XX como o período mais destrutivo e letal da história.[59] Contudo, interesses geopolíticos e confrontações societais continuam a fortalecer a hostilidade internacional, interétnica e ideológica ao limite de objetivar-se a destruição física:[60] as raízes da guerra, devemos reconhecer, estão na natureza humana, pelo menos segundo a experiência histórica.[61] Mas, nas duas últimas décadas, as sociedades democráticas tecnologicamente desenvolvidas da América do Norte, Europa ocidental, Japão e Oceania passaram a rejeitar a guerra e a opor extraordinária resistência à convocação governamental de cidadãos para o sacrifício final. A guerra argelina na França, a guerra do Vietnã nos Estados Unidos e a do Afeganistão na Rússia[62] representaram momentos cruciais da capacidade de Estados enviarem suas sociedades à destruição por razões não tão forçosas. Um vez que a luta armada e a provável ameaça de recorrer a ela continua no centro do poder estatal, desde o fim da guerra do Vietnã os estrategistas têm se esforçado para encontrar meios de ainda fazer guerra. Apenas nessas condições o poder econômico, tecnológico e demográfico pode ser transformado em dominação de outros Estados, o jogo mais antigo da humanidade. Os países democráticos desenvolvidos chegaram a três conclusões em relação às condições necessárias para tornar a guerra mais aceitável para a sociedade.[63]

1. Não deve envolver civis, portanto deve ser feita por um exército profissional, de modo que a convocação obrigatória fique reservada para circunstâncias realmente excepcionais, julgadas improváveis.
2. Deve ser curta, até mesmo instantânea, para que as consequências não persistam, consumindo os recursos humanos e econômicos e suscitando questões sobre justificativas para a ação militar.
3. Deve ser limpa, cirúrgica, com destruição até mesmo do inimigo, mantida dentro de limites razoáveis e escondida o máximo possível da visão pública, com a consequência de ligar intimamente manuseio de informações, formação de imagem e prática da guerra.

Avanços impressionantes da tecnologia militar nas duas últimas décadas propiciam as ferramentas para a implantação dessa estratégia sociomilitar. Forças armadas profissionais bem treinadas, bem equipadas e trabalhando em horário integral não requerem o envolvimento da população em geral no esforço da guerra, exceto sua participação em suas salas de estar, como incentivadores e espectadores de um show particularmente emocionante e marcado por profundos sentimentos patrióticos.[64] A administração profissional de noticiários em uma forma inteligente que entende as necessidades da mídia, enquanto as monitora, pode levar a guerra ao vivo às casas das pessoas com uma percepção limitada e saneada da matança e do sofrimento, tema exaustivamente desenvolvido por Baudrillard.[65] Mais importante:

as comunicações e a tecnologia das armas eletrônicas permitem ataques devastadores contra o inimigo em períodos de tempo extremamente breves. É evidente que a Guerra do Golfo foi o ensaio geral para um novo tipo de guerra, e seu desfecho em cem horas, contra um exército iraquiano grande e bem-equipado, foi uma demonstração de firmeza das novas potências militares, quando uma questão importante está em jogo (o fornecimento de petróleo para o Ocidente, naquele caso).[66] Claro, esta análise e a própria Guerra do Golfo exigiriam considerações mais longas. Os EUA e seus aliados enviaram meio milhão de soldados por vários meses para lançar um ataque terrestre. Entretanto muitos especialistas suspeitam que o verdadeiro motivo desse envio de tropas foi a política interna do Departamento de Defesa, ainda não preparado para admitir à Força Aérea que guerras podem ser ganhas a partir do ar e do mar. Sem dúvida foi o que aconteceu, já que as forças terrestres, na prática, não encontraram muita resistência após o castigo imposto a distância aos iraquianos. É verdade que os aliados não dirigiram seus esforços para Bagdá, porém essa decisão não foi tomada devido a grandes obstáculos militares, mas em razão de seus cálculos políticos com intenção de manter o Iraque como força militar na região para deter o Irã e a Síria. A falta de apoio de um Estado importante (Rússia ou China) tornou os iraquianos particularmente vulneráveis. Não obstante, pode haver "guerras quase instantâneas" contra países mais potentes, com apoio político mais forte. Assim, a guerra de 1999 contra a Iugoslávia (originalmente com duração pretendida de dois dias) prosseguiu com quase três meses de bombardeios diários de um país industrializado, apesar da forte oposição da Rússia e da China, porque as forças da OTAN não sofreram baixas em combate. As potências ocidentais venceram a batalha dos meios de comunicação de massa em seus países, e o poderio tecnológico dos EUA afastou qualquer refutação grave ao ataque aéreo. O segredo do êxito militar da OTAN foi sua capacidade de infligir danos substanciais à Iugoslávia sem envolver tropas terrestres no conflito.

Potências com tecnologias equivalentes teriam maior dificuldade de se atacarem. Contudo, dado o cancelamento mútuo do intercâmbio nuclear entre as maiores potências militares, suas guerras potenciais e as guerras entre seus Estados títeres provavelmente dependerão das rápidas transformações que estabelecem o verdadeiro estado de desequilíbrio tecnológico entre as forças conflitantes. A destruição maciça — ou uma breve demonstração de sua possibilidade — em tempo mínimo parece ser a estratégia aceita para a prática de guerras avançadas na era da informação.

Contudo essa estratégia militar poderá ser perseguida apenas pelas potências tecnológicas dominantes e contrasta profundamente com os numerosos conflitos internos e internacionais — violentos e intermináveis — que infestam o mundo desde 1945.[67] Essa diferença temporal na prática de guerras é uma das demonstrações mais surpreendentes da diferença de temporalidade que caracteriza nosso sistema global segmentado, tema que desenvolverei a seguir.

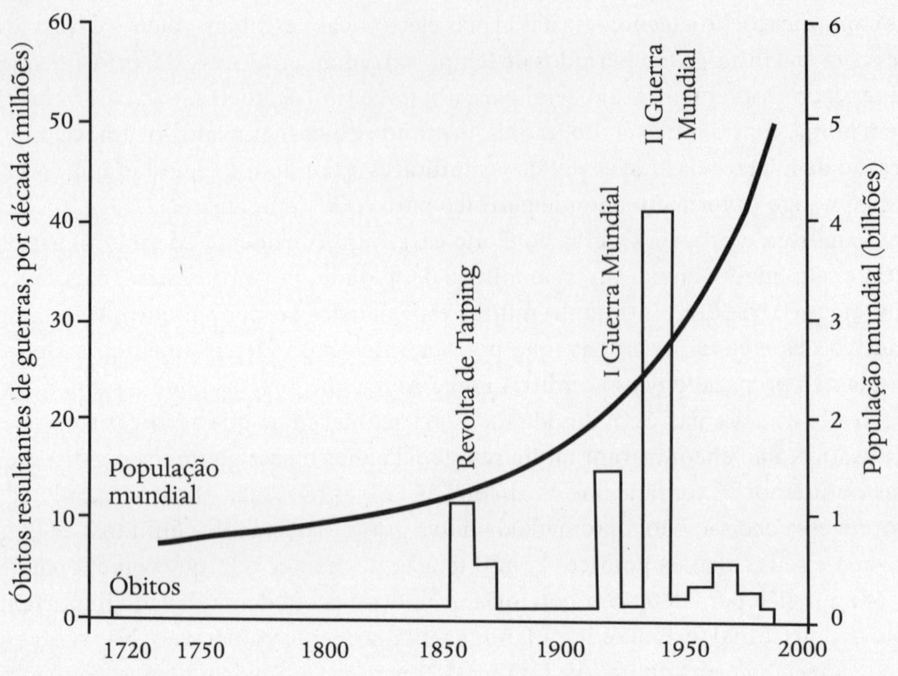

Figura 7.3 Óbitos resultantes de guerras em relação à população mundial, por década, 1720-2000
Fonte: Kaye *et al.* (1985)

Nas sociedades dominantes, esta nova era de conflitos armados tem impacto considerável no tempo e sobre o conceito de tempo vivenciado ao longo da história. Surgirão momentos marcantes de tomada de decisão militar extraordinariamente intensos durante os longos períodos de paz ou tensão reprimida. Por exemplo, segundo um estudo quantitativo histórico sobre conflitos armados, realizado para o Ministério da Defesa Canadense, a duração dos conflitos na primeira metade dos anos 1980 foi reduzida, na média, em mais da metade em comparação à década de 1970, e em mais de dois terços em relação aos anos 1960.[68] Com base na mesma fonte, a figura 7.3 mostra a diminuição da escala de óbitos resultantes de guerras *nos últimos anos*, em especial quando comparada ao tamanho da população mundial. Contudo a observação dos mesmos números revela o grau em que a guerra tem sido um estilo de vida ao longo da história, principalmente na primeira metade do século XX. Outras fontes indicam que os óbitos *per capita* resultantes de guerras na Europa ocidental, América do Norte, Japão e América Latina foram em número muito menor no período de 1945-89 que de 1815-1913.[69] Sob a nova temporalidade dos conflitos armados, ocasionada pela convergência da tecnologia e da pressão das sociedades civis nos países desenvolvidos, parece provável que a guerra recue ao segundo plano nas sociedades dominantes para periodicamente estourar como um lembrete repentino da natureza humana.

Em várias sociedades, o fato de a guerra ter desaparecido da vida da maioria das pessoas já causou impactos culturais e comportamentais decisivos. Nos países democráticos industrializados, se excluirmos uma minoria da população por um curto período de tempo na França, em Portugal e nos Estados Unidos, as gerações nascidas após a Segunda Guerra Mundial são as primeiras na história a não ter vivenciado uma guerra, com exceção dos afortunados suecos e suíços. Essa é uma descontinuidade fundamental na experiência humana. Na verdade, isso afeta de maneira essencial a masculinidade e a cultura da população masculina, por exemplo. Até essas gerações, supunha-se que em algum estágio da vida de todos os homens algo terrível aconteceria: seriam enviados para serem mortos, matarem, conviverem com a morte e a destruição de corpos, experimentarem a desumanização em grande escala e assim mesmo sentir-se-iam orgulhosos. Caso contrário, perderiam a estima da sociedade e, com frequência, das próprias famílias. É impossível entender a paciência extraordinária das mulheres da família patriarcal tradicional sem uma referência a esse momento da verdade, a esse destino masculino atroz que mães, esposas e filhas levavam em consideração, tema recorrente na literatura de todos os países.[70] Qualquer pessoa que tenha crescido, como eu, na primeira geração sem guerra em sua existência sabe quão decisiva foi a experiência de guerra para nossos pais, o quanto da infância e da vida familiar foi preenchido com feridas e lembranças reconstruídas daqueles anos, às vezes apenas meses, mas ainda marcando para sempre a personalidade dos homens e com ela a personalidade de suas famílias ao longo da vida. Essa aceleração do tempo mediante a convivência com a morte, regularmente vivenciada por geração após geração na maior parte da história humana, agora acabou em algumas sociedades.[71] Assim, uma nova era é introduzida em nossa experiência.

Contudo é extremamente necessário lembrar que guerras instantâneas, cirúrgicas, segregadas, com base na tecnologia são privilégio das nações tecnologicamente dominantes. Em todo o mundo, um tanto ignoradas, guerras cruéis estendem-se por anos e anos, muitas vezes praticadas com meios primitivos, embora a difusão global de armamento altamente tecnológico também esteja alcançando esse mercado. Apenas no período de 1989-92, os Estados Unidos contaram 82 conflitos armados no mundo, dos quais 79 eram internos.[72] Os guerrilheiros índios da Guatemala, as lutas revolucionárias intermináveis na Colômbia e no Peru, a rebelião cristã ao sul do Sudão, as lutas para libertação do povo curdo, a rebelião muçulmana de Mindanao, a mistura de tráfico de drogas e lutas nacionais em Myanmar e na Tailândia, as guerras ideológicas/tribais em Angola e Congo, as confrontações dos déspotas da Somália ou Libéria, as guerras civis étnicas de Ruanda e Burundi, a resistência do Saara contra Marrocos, a guerra civil na Argélia, a guerra civil no Afeganistão, a guerra civil em Sri Lanka, a guerra civil na Bósnia e no Kosovo, as guerras e lutas com décadas de duração entre árabes e israelenses, as guerras no

Cáucaso e tantas outras confrontações armadas e guerras, as quais duram anos e décadas, são claras demonstrações de que guerras debilitantes em câmara lenta ainda são — e serão no futuro previsível — o sinal hediondo de nossa capacidade destrutiva.[73] É exatamente a assimetria de vários países em sua relação com o poder, riqueza e tecnologia que determina as diferentes temporalidades e, em especial, o período de seus conflitos armados. Além disso, o mesmo país pode mudar das guerras em câmara lenta para guerras instantâneas, dependendo de sua relação com o sistema global e interesses das potências dominantes. Desse modo, durante sete anos o Irã e o Iraque lutaram uma guerra atroz, cuidadosamente alimentada pelos países ocidentais que apoiavam ambos os lados da carnificina (os EUA e a França ajudando o Iraque, Israel ajudando o Irã, a Espanha vendendo armas químicas para ambos), de forma que sua destruição recíproca abalaria a capacidade de ambos de colocar em risco o fornecimento de petróleo. Quando o Iraque, com um exército bem equipado, endurecido pelo combate, se propôs a afirmar sua liderança na região (na verdade, contando com a aquiescência das potências ocidentais), foi enfrentado pela tecnologia da guerra instantânea, em uma demonstração de força que funcionaria como alerta contra futura desordem mundial. Ou em outro lugar, a prolongada e atroz guerra da Bósnia, a vergonha da União Europeia, em poucos dias foi transformada, e um processo de paz foi imposto em Dayton, Ohio, em agosto de 1995, assim que os países da OTAN acertaram suas diferenças e mudaram seu método tecnológico para alguns dias de ataques seletivos devastadores que destruíram a capacidade de luta dos sérvios da Bósnia. Quando e se um conflito é incluído nos planos altamente prioritários das potências mundiais, ele muda para um ritmo diferente.

Com certeza, até nas sociedades dominantes, o fim da guerra não significa o fim da violência e da intensa confrontação com aparatos políticos de vários tipos. A transformação da guerra introduz novas formas de conflito violento, sendo o terrorismo a pior de todas. O terrorismo potencial nuclear, químico e bacteriológico, bem como massacres indiscriminados e tomadas de reféns, tendo a mídia como foco de atenção, provavelmente se tornarão as expressões dos conflitos armados nas sociedades desenvolvidas. No entanto, até esses atos violentos, suscetíveis de afetar a psique de todos, são vivenciados como instantes descontínuos no curso da normalidade pacífica. Com isso, há um contraste surpreendente com a generalização da violência provocada pelo Estado em boa parte do planeta.[74]

As guerras instantâneas e sua temporalidade tecnologicamente induzida são atributo das sociedades informacionais, mas, a exemplo de outras dimensões da nova temporalidade, caracterizam as formas de dominação do novo sistema, a ponto de excluir os países e acontecimentos não centrais para a lógica dominante emergente.

Tempo virtual

Escrevi no meu caderno naquele dezembro: "cada vez mais vejo que quero viver num Grande Aqui e num Longo Agora." Acho que essa ideia me atraiu em parte porque oferecia justificativa para o tipo de música que eu estava começando a compor na época — uma música que estava meio suspensa num eterno presente.

Brian Eno, citado por Brand.[75]

A cultura da virtualidade real associada a um sistema multimídia eletronicamente integrado, conforme foi exposto no capítulo 5, contribui para a transformação do tempo em nossa sociedade de duas formas diferentes: simultaneidade e intemporalidade. Por um lado, a informação instantânea em todo o globo, mesclada a reportagens ao vivo de lugares vizinhos, oferece instantaneidade temporal sem precedentes aos acontecimentos sociais e expressões culturais.[76] O acompanhamento em tempo real de todos os minutos do colapso do Estado soviético em agosto de 1991, com tradução simultânea dos debates políticos russos, introduziu uma nova era de comunicação em que o "fazer" história pode ser diretamente testemunhado, desde que seja considerado suficientemente interessante pelos controladores da informação. Também a comunicação mediada por computadores possibilita o diálogo em tempo real, reunindo pessoas com os mesmos interesses em conversa interativa multilateral, por escrito. Respostas adiadas pelo tempo podem ser superadas com facilidade, pois as novas tecnologias de comunicação oferecem um sentido de instantaneidade que derruba as barreiras temporais, como ocorreu com o telefone mas, agora, com maior flexibilidade, permitindo que as partes envolvidas na comunicação deixem passar alguns segundos ou minutos, para trazer outra informação e expandir a esfera de comunicação sem a pressão do telefone, não adaptado a longos silêncios.

Por outro lado, a mistura de tempos na mídia dentro do mesmo canal de comunicação, à escolha do espectador/interagente, cria uma colagem temporal em que não apenas se misturam gêneros, mas seus tempos tornam-se síncronos em um horizonte aberto sem começo, nem fim, nem sequência. A intemporalidade do hipertexto de multimídia é uma característica decisiva de nossa cultura, modelando as mentes e memórias das crianças educadas no novo contexto cultural. Primeiro, a história é organizada de acordo com a disponibilidade de material visual, depois submetida à possibilidade computadorizada de seleção de segundos de quadros a serem unidos ou separados de acordo com discursos específicos. Educação escolar, entretenimento na mídia, noticiários especiais ou publicidade organizam a temporalidade do melhor modo, para que o efeito geral seja um tempo não sequencial dos produtos culturais disponíveis em todo o domínio da experiência humana. Se as enciclopédias organizaram o conhecimento humano por ordem alfabética, a mídia eletrônica fornece acesso à informação, expressão e percepção de acordo com os impulsos do consumidor ou decisões do produtor. Com isso, toda a ordenação dos eventos significativos perde seu ritmo cronológico interno e fica organizada em sequências temporais condicionadas ao contexto social de sua utilização. Portanto, *é simultaneamente uma cultura do eterno e do efêmero*. É eterna porque alcança toda a sequência passada e futura das expressões culturais. E efêmera porque cada organização, cada sequência específica, depende do contexto e do objetivo da construção cultural solicitada. Não estamos em uma cultura de circularidade, mas em um universo de temporalidade não diferenciada de expressões culturais.

Analisei a relação entre a ideologia do fim da história, as condições materiais criadas sob a lógica do espaço de fluxos e o surgimento da arquitetura pós-moderna, em que todos os códigos culturais podem ser misturados sem sequência nem ordenação, já que estamos em um mundo de expressões culturais finitas. O tempo eterno/efêmero também se encaixa neste modo cultural específico, à medida que transcende qualquer sequência específica. David Harvey, usando tipos similares de argumento, mostrou de forma brilhante a interação entre a cultura pós-moderna — seja na arquitetura, cinema, arte ou filosofia — e o que ele chama de "condição pós-moderna" motivada pela compressão temporal/espacial. Embora acredite que Harvey atribua à lógica capitalista mais responsabilidade do que ela merece nos processos atuais de transformação cultural, sua análise revela as fontes sociais da convergência repentina de expressões culturais para a negação do significado e a afirmação da ironia como o valor supremo.[77] O tempo é comprimido e, em última análise, negado na cultura como uma réplica primitiva da rápida movimentação de produção, consumo, ideologia e políticas em que nossa sociedade é baseada. Uma velocidade só possibilitada pelas novas tecnologias de comunicação.

Mas a cultura, em todas as suas manifestações, não reproduz simplesmente a lógica do sistema econômico. A correspondência histórica entre a economia política de sinais e os sinais da economia política não constitui argumento suficiente para caracterizar o surgimento do tempo intemporal no pós-modernismo. Acho que devemos acrescentar algo mais: a especificidade das novas expressões culturais, sua liberdade ideológica e tecnológica de explorar o planeta e toda a história da humanidade e de integrar e misturar no supertexto qualquer sinal de qualquer lugar, da cultura rap dos guetos norte-americanos — imitadas após alguns meses pelos grupos pop de Taipé ou Tóquio — ao espiritualismo budista transformado em música eletrônica. O tempo eterno/efêmero da nova cultura adapta-se à lógica do capitalismo flexível e à dinâmica da sociedade em rede, mas acrescenta sua camada poderosa, instalando sonhos individuais e representações coletivas em um panorama mental atemporal.

Talvez a música New Age, tão característica do gosto dos profissionais liberais de hoje em todo o mundo, seja representativa da dimensão intemporal da cultura emergente, reunindo meditação budista reconstruída, produção de som eletrônico e composição californiana sofisticada. A harpa elétrica de Hillary Staggs, modulando o alcance das notas elementares na variação infinita de uma simples melodia ou as longas pausas e alterações repentinas de volume da serenidade entristecedora de Ray Lynch combinam no mesmo texto musical uma sensação de distância e repetição com o súbito surgimento de sentimento reprimido, como ecos de vida no oceano da eternidade, um sentimento frequentemente acentuado por fundo sonoro de ondas oceânicas ou de vento no deserto em muitas composições New Age. Supondo, como imagino, que New Age é a música clássica de nossa época e observando sua influência em tantos contextos diferentes, mas sempre entre os mesmos grupos sociais, pode-se sugerir que a manipulação do tempo é o tema recorrente das novas expressões culturais. Uma manipulação preocupada com a referência binária à instantaneidade e eternidade: eu e o universo, o Ser e a Rede. Essa conciliação, na verdade fundindo o indivíduo biológico no todo cosmológico, só pode ser alcançada com a fusão de todos os tempos, de nossa criação ao fim do universo. A intemporalidade é o tema recorrente das expressões culturais de nossa era, seja em flashes repentinos de videoclipes, seja nas ressonâncias eternas do espiritualismo eletrônico.

Tempo, espaço e sociedade: o limiar do eterno

Então, afinal, o que é tempo, este conceito de compreensão difícil que confundiu Santo Agostinho, desorientou Newton, inspirou Einstein, preocupou Heidegger? E como o tempo está sendo transformado em nossa sociedade?

É útil a minha investigação apelar a Leibniz, para quem tempo é a ordem de sucessão das "coisas", de forma que sem as "coisas" não existiria tempo.[78] O conhecimento atual sobre o conceito de tempo em física, biologia, história e sociologia não parece ser contestado por essa conceitualização sintética e clara. Além disso, podemos entender melhor a transformação atual da temporalidade recorrendo ao conceito leibniziano de tempo. Proponho a ideia de que o *tempo intemporal*, como chamo a temporalidade dominante de nossa sociedade, *ocorre quando as características de um dado contexto, ou seja, o paradigma informacional e a sociedade em rede, causam confusão sistêmica na ordem sequencial dos fenômenos sucedidos naquele contexto.* Essa confusão pode tomar a forma de compressão da ocorrência dos fenômenos, visando à instantaneidade, ou então de introdução de descontinuidade aleatória na sequência. A eliminação da sequência cria tempo não diferenciado, o que equivale à eternidade.

As análises específicas apresentadas neste capítulo oferecem exemplos das questões substantivas envolvidas nessa caracterização abstrata. Transações de capital realizadas em frações de segundo, empresas com jornada de trabalho flexível, tempo variável de serviço, indeterminação do ciclo de vida, busca da eternidade por intermédio da negação da morte, guerras instantâneas e cultura do tempo virtual, todos são fenômenos fundamentais característicos da sociedade em rede, que sistemicamente mistura a ocorrência dos tempos.

Contudo, essa caracterização não se refere a todo o tempo na experiência humana. De fato, em nosso mundo, a maioria das pessoas e lugares vivencia uma temporalidade diferente. Mencionei, por um lado, o enorme contraste entre as guerras instantâneas e a eliminação da guerra do horizonte de vida da maior parte das pessoas nos países dominantes e, por outro, a prática de eternas guerras diárias em lugares espalhados por todo o planeta. Raciocínio semelhante pode ser estendido a cada exemplo associado à nova temporalidade. A mortalidade infantil no Uruguai e na ex-URSS é mais alta que o dobro da média norte-americana, mas é igual à de Washington, D.C. (ver tabela 7.7). A morte e as doenças estão sendo afastadas em todo o mundo, contudo em 1990 esperava-se que os habitantes dos países menos desenvolvidos vivessem 25 anos menos que os das áreas mais desenvolvidas. A flexibilidade da jornada de trabalho, a produção em rede e o autogerenciamento do tempo ao norte da Itália ou no Vale do Silício têm muito pouco significado para os milhões de trabalhadores das linhas de montagem cronometradas, na China e no Sudeste Asiático. Para a grande maioria da população urbana mundial, horários flexíveis ainda significam sua sobrevivência em modelos de trabalho imprevisível da economia informal, sistema em que a noção de desemprego é desconhecida, pois aí o indivíduo trabalha ou morre. Por exemplo, a telefonia móvel acrescenta tempo/flexibilidade de espaço às relações pessoais e profissionais, mas nas ruas de Lima, em 1995, essa tecnologia propiciou uma nova forma de negócio informal apelidado *cholular*.[79] Nesse negócio, vendedores ambulantes de comunicação circulavam com telefones celulares, alugando o aparelho para chamadas momentâneas de transeuntes: flexibilidade máxima em dias intermináveis de trabalho de futuro imprevisível. Ou, então, a cultura virtual ainda está associada — para um grande segmento da população que assiste passivamente à TV no final de dias extenuantes — à mente concentrada em imagens de seriados sobre milionários texanos que, por estranho que pareça, são igualmente familiares a jovens de Marrakech e a donas de casa de Barcelona, as quais, naturalmente orgulhosas de sua identidade, as veem em catalão.

O *tempo intemporal pertence ao espaço de fluxos, ao passo que a disciplina tempo, o tempo biológico e a sequência socialmente determinada caracterizam os lugares em todo o mundo, estruturando e desestruturando materialmente nossas sociedades segmentadas.* O espaço modela o tempo em nossa sociedade, assim invertendo uma tendência histórica: fluxos induzem tempo intemporal, lugares estão presos ao tempo.[80] A ideia de progresso, nas raízes de nossa cultura e de nossa sociedade nos dois últimos séculos, fundamentou-se no movimento da história, de fato, na sequência predeterminada da história sob a liderança da razão e com o impulso das forças produtivas, escapando das restrições das sociedades e culturas ligadas ao espaço. O domínio do tempo e o controle do ritmo colonizaram territórios e transformaram o espaço no vasto movimento de industrialização e urbanização realizado pelos dois processos históricos de formação do capitalismo e estatismo. *A transformação* estruturou *o ser*, o tempo moldou o espaço.

Tabela 7.7
Comparações de taxas de mortalidade infantil, países selecionados, estimativas de 1990-1995

	Óbitos por 1.000 nascidos vivos
Total dos EUA	9
Brancos	8
Outros	16
Negros	18
Condados e cidades	
Cidade de Norfolk, Virgínia	20
Cidade de Portsmouth, Virgínia	19
Cidade de Suffolk, Virgínia	25
Cidade de Nova York, Nova York	12
Bronx	13
Orleans, Louisiana	17
Condado de Los Angeles, Califórnia	8
Condado de Wayne (Detroit), Michigan	16
Washington, D.C.	21
África	95
Argélia	61
Egito	57
Quênia	66
Marrocos	68
Nigéria	96
África do Sul	53
Tanzânia	102
Zaire	93
Ásia	62
Europa	10
América Latina	47
América do Norte	8
Oceania	22
Ex-URSS	21
Outros países	
Bulgária	14
Canadá	7
Chile	17
China	27
Costa Rica	14

(cont.)

	Óbitos por 1.000 nascidos vivos
França	7
Alemanha	7
Hong Kong	6
Jamaica	14
Japão	5
Coreia	21
Malásia	14
Polônia	15
Cingapura	8
Tailândia	26
Ucrânia	14
Uruguai	20
Reino Unido	7

Fontes: Fundo Populacional da ONU, *The State of World Population*, 1994; US Dept of Health and Human Services, *Vital Statistics of the United States*: *1990*, vol. II seção 2, Tabela 2-1, 1994.

A tendência predominante de nossa sociedade mostra a vingança histórica do espaço, estruturando a temporalidade em lógicas diferentes e até contraditórias de acordo com a dinâmica espacial. O espaço de fluxos, conforme a análise do capítulo anterior, dissolve o tempo desordenando a sequência dos eventos e tornando-os simultâneos, dessa forma instalando a sociedade na efemeridade eterna. O espaço de lugares múltiplos, espalhados, fragmentados e desconectados exibe temporalidades diversas, desde o domínio mais primitivo dos ritmos naturais até a estrita tirania do tempo cronológico. Funções e indivíduos selecionados transcendem o tempo,[81] ao passo que atividades depreciadas e pessoas subordinadas suportam a vida enquanto o tempo passa. Embora a lógica emergente da nova estrutura social vise a contínua suplantação do tempo como uma sequência ordenada de eventos, a maioria da sociedade em um sistema global interdependente permanece à margem do novo universo. A intemporalidade navega em um oceano cercado por praias ligadas ao tempo, de onde ainda se podem ouvir os lamentos de criaturas a ele acorrentadas.

Além disso, a lógica da intemporalidade não se apresenta sem resistência da sociedade. Como lugares e localidades visam recuperar o controle dos interesses sociais embutidos no espaço de fluxos, atores sociais preocupados com o tempo tentam controlar o domínio a-histórico da intemporalidade. Exatamente porque nossa sociedade chega ao entendimento de interações significativas para todo o meio ambiente, a ciência e a tecnologia fornecem-nos o potencial para prever um novo tipo de temporalidade, também colocado na estrutura da eternidade, mas levando em consideração as sequências históricas. É o que Lash e Urry chama de "tempo glacial", conceito em que "a relação entre os seres humanos e a natureza é de longuíssimo prazo e evolucionária. Retrocede da história humana imediata e avança para um futuro totalmente indeterminável".[82] De fato, conforme analisarei mais detalhadamente no volume II, a oposição entre o gerenciamento do tempo glacial e a busca pela intemporalidade mantém o movimento ambientalista e as diferentes formas de poder em nossa sociedade em posições contraditórias dentro da estrutura social.

Preocupado com o desaparecimento da visão a longo prazo do tempo na nossa cultura, em 1998 um grupo de cientistas, artistas e empresários da área da Baía de San Francisco fundou a The Long Now Foundation para promover um conceito alternativo do tempo fundamentado em duas perguntas principais: "Como tornar automático e comum o pensamento a longo prazo, em vez de difícil e raro? Como tornar inevitável que se assumam responsabilidades de longo prazo?"[83] Além de criar um sítio na internet, construir a biblioteca Long Now e organizar e manufaturar um novo tipo de relógio, com base na ideia do projetista de informática Daniel Hillis. Seria um relógio gigantesco e mecânico, o Clock of the Long Now, programado para registrar o tempo durante dez mil anos, emitindo seu sinal sonoro uma vez por ano, uma vez por século e uma vez por milênio. Talvez seja tão grande quanto Stonehenge, e poderia ser montado no deserto do oeste dos Estados Unidos. Em fins de 1999, estavam concluindo um protótipo de tamanho considerável, que estava programado para ser exibido no ano 2000 no Presidio International Center de San Francisco. Esse relógio foi idealizado explicitamente como artefato cultural, para reagir à ideia do tempo instantâneo, desacelerar nossa noção de tempo para que atinja o ritmo do nosso ser cosmológico e do nosso vir-a-ser histórico. Por fim, pretende materializar nossa responsabilidade temporal em relação às gerações futuras.

O que deve ser retido da discussão neste ponto é a diferenciação conflituosa de tempo, entendida como o impacto de interesses sociais opostos sobre a sequência dos fenômenos. Essa diferenciação afeta, por um lado, a lógica contrastante entre a intemporalidade estruturada pelo espaço de fluxos e as múltiplas temporalidades subordinadas, associadas ao espaço de lugares. Por outro lado, a dinâmica contraditória da sociedade estabelece uma oposição entre a busca da eternidade humana, mediante a invalidação do tempo da existência terrena, e a percepção da eternidade cosmológica, sob a ótica do tempo glacial. Entre as temporalidades subjugadas e a natureza evolucionária, surge a sociedade em rede no limiar do eterno.

Notas

1. A análise de tempo ocupa papel central no pensamento de Anthony Giddens, um dos principais teóricos de sociologia de nossa geração intelectual. Ver, em especial, Giddens (1981, 1984). Uma teorização extremamente estimulante da relação entre tempo, espaço e sociedade é o trabalho de Lash e Urry (1994); ver também Young (1988). Adam (2000) oferece uma análise bem inovadora das estruturas temporais com relação aos debates

sociais, conforme exemplificadas pelos conflitos sobre os alimentos geneticamente modificados. Para uma abordagem empírica mais tradicional da análise social do tempo, ver Kirsch *et al.* (1988). Quanto a debates recentes sobre perspectivas diversas, ver Friedland e Boden (1994). Naturalmente, para sociólogos, as referências clássicas sobre tempo social continuam sendo Durkheim (1912) e Sorokin e Merton (1937). Ver também o trabalho pioneiro de Innis (1950, 1951, 1952) sobre sistemas temporais e espaciais, definindo épocas históricas.

2. Adam (1990: 81, 87-90).
3. Innis (1951: 89 e as seguintes); ver também Innis (1950).
4. Whitrow (1988). Para um bom exemplo da variação cultural/histórica de tempo e medidas de tempo, ver a obra fascinante de Zerubavel (1985).
5. Thrift (1990).
6. A fonte múltipla para esta análise da evolução do tempo na cultura russa é o conjunto de apresentações e discussões não publicadas da "Conference on Time and Money in the Russian Culture", organizada pela Universidade da Califórnia no Centro de Estudos Eslavos e Europeus Orientais de Berkeley e pelo Centro de Estudos Russos e Europeus Orientais da Universidade de Stanford, realizado em Berkeley, no dia 17 de março de 1995 (resumo dos trabalhos e notas pessoais elaborados por Emma G. Kiselyova). Entre as várias contribuições significativas para esse congresso, usei Zhivov (1995). Além disso, sobre as consequências do tempo resultantes das reformas de Pedro, o Grande, ver Waliszewski (1990); Anisimov (1993); Kara-Murza e Polyakov (1994).
7. Para uma análise do tempo na União Soviética, ver Hanson (1991); Castillo (1994); sobre os fatos relacionados à "jornada de trabalho sem direito a descanso semanal" de Stalin, ver Zerubavel (1985: 35-43).
8. Thompson (1967).
9. Giddens (1984).
10. Lash e Urry (1994: 229).
11. Castillo (1994).
12. Gleick (1999).
13. Como mostra Harvey (1990).
14. Hinrichs *et al.* (1991); ver também Rifkin (1987).
15. Ver Harvey (1990: 284-5).
16. O'Brien (1992); Chesnais (1994); Held *et al.* (1999).
17. Reynolds (1992); Javetski e Glasgall (1994); Castells in Giddens e Hutton (2000).
18. Breeden (1993); Shirref (1994).
19. Jones (1993); *Time* (1994). Para uma alegoria esclarecedora da "ficção financeira", leia Kimsey (1994).
20. *The Economist* (1995b).
21. Heavey (1994); Giddens e Hutton (2000).
22. Chesnais (1994).
23. Lee e Schmidt-Marwede (1993).
24. *Asian Money Supplement* (1993-4); Fager (1994); Lee *et al.* (1994).
25. Chesnais (1994).
26. *The Economist* (1995a).
27. Hsing (1994).

28. Ver a discussão do tema em Freeman (1994).
29. Lash e Urry (1994).
30. *Business Week* (1995d).
31. *Business Week* (1995c).
32. Benveniste (1994).
33. Maddison (1982).
34. Schuldt (1990); citado em Bosch *et al.* (1994: 15).
35. Hinrichs *et al.* (1991).
36. Bosch *et al.* (1994).
37. Bosch *et al.* (1994: 19) (o grifo é meu).
38. De Conninck (1995); as citações são, em ordem sequencial, das pp. 200, 193 e 193 (traduzido para o inglês por Castells).
39. Martin Carnoy e eu, juntos, desenvolvemos este tema em Carnoy e Castells (1996).
40. Hewitt (1993).
41. Carnoy e Levin (1985).
42. Guillemard (1993).
43. Guillemard e Rein (1993).
44. Lenoir (1994).
45. Berger (1984); citado por Adam (1990).
46. Schor (1991).
47. McNeill (1977).
48. Castells e Guillemard (1971); Guillemard (1972).
49. Guillemard (1988).
50. Nuland (1994: xvii, 242).
51. Morin (1970).
52. Thomas (1985, 1988).
53. Citado por Thomas (1988: 17).
54. Aries (1977, 1983).
55. Navarro (1994a).
56. Kolata (1995).
57. Nuland (1994: 249).
58. Thomas (1975).
59. Van Creveld (1989); Tilly (1995).
60. Para algumas informações úteis, de conceitualização questionável, ver Câmara dos Deputados dos EUA, Committee on Armed Services, Readiness Subcommittee (1990). Ver também Harff (1986); Gurr (1993).
61. Devo confessar que minha compreensão da guerra e do contexto social de conflitos armados revela a influência do tratado militar provavelmente mais antigo sobre estratégia: *A arte da guerra*, de Sun Tzu (aproximadamente 505-496 a.C.). Caso o leitor suspeite que cultivo o exotismo, convido-o a lê-lo, com a condição de ter paciência para extrair a lógica contida na análise de seu contexto histórico. Eis uma amostra:
    "A arte da guerra tem importância vital para o Estado. É uma questão de vida ou morte, uma via para a segurança ou ruína. Por isso, é tema de investigação que não pode ser negligenciado sob nenhum pretexto. A arte da guerra é, então, regida por cinco fatores constantes a serem levados em consideração quando se delibera, quando se procura de-

terminar as condições do campo. Esses fatores são: (1) A Lei Moral (2) Céu (3) Terra (4) O Comandante (5) Método e Disciplina. A Lei Moral faz com que as pessoas concordem totalmente com seu governante, de modo que o seguirão independentemente de suas vidas. Céu significa noite e dia, frio e calor, tempos e estações. Terra engloba as distâncias, grandes e pequenas; perigo e segurança; área aberta e passagens estreitas; as chances de vida e a morte. O Comandante representa as virtudes da sabedoria, sinceridade, benevolência, coragem e rigor. Por Método e Disciplina devem ser entendidos a disposição do exército em suas subdivisões apropriadas, as graduações dos postos entre os oficiais, a manutenção das estradas que poderão ser utilizadas para envio de suprimentos ao exército e *o controle das despesas militares.*" (pp. 1-3; ênfase de Castells).

62. A opinião pública na Rússia provavelmente é, como no Japão e na Alemanha, uma das mais pacifistas do mundo, já que no século XX o povo russo sofreu mais que qualquer outro em consequência da guerra. Esse pacifismo não podia expressar-se livremente até a década de 1980 por razões óbvias, mas o descontentamento geral com a guerra no Afeganistão foi um fator importante para o surgimento da *perestroyka* de Gorbachov. Além disso, embora a guerra da Tchetchênia em 1994 parecesse refutar essa afirmação, na verdade provocou o descontentamento de uma grande parte da população em relação às políticas de Yeltsin e precipitou a divisão entre o presidente russo e muitos dos democratas que o haviam apoiado no passado. Com base em meu conhecimento pessoal sobre a Rússia e em alguns dados de pesquisa, eu proporia a hipótese confessamente otimista de que o *lobby* militar russo no futuro enfrentará uma oposição popular à participação em guerras tão ferrenha quanto as dos países ocidentais, consequentemente transferindo ênfase tecnológica para os conflitos armados. (*Nota do autor em dezembro de 1999*: Não modifiquei esta nota de rodapé, escrita em 1996, para demonstrar como são arriscadas certas previsões em assuntos políticos. Em fins de 1999, após uma série de misteriosos atentados com bomba em Moscou, os russos estavam dando apoio total a um ataque em massa das forças armadas federais à república russa da Tchetchênia. Contudo não alterei minha afirmação com uma nova previsão porque essa situação também pode mudar quando o número de vidas humanas perdidas começar a crescer.)
63. Ver a reavaliação da estratégia militar norte-americana — de fato iniciada no final da década de 1970 — em um importante relatório de uma Comissão altamente qualificada do Departamento de Defesa norte-americano: Ikle e Wohlsletter (1988). Ver meu trabalho sobre o impacto da tecnologia na estratégia militar, em Castells e Skinner (1988).
64. A maioria dos países da Europa ocidental não tinha forças armadas estritamente profissionais até meados da década de 1990. No entanto, embora ainda ocorresse uma convocação por tempo limitado (em geral, menos de um ano), as verdadeiras operações militares estavam nas mãos de um núcleo de soldados profissionais com treinamento tecnológico apropriado e disposição para a luta. Na verdade, dada a oposição geral ao risco de vida em benefício do país, quanto mais um exército depende da convocação de soldados menos provável é que estes se engajem no combate. A tendência geral aponta claramente para um serviço militar apenas simbólico para a grande maioria da população nas sociedades democráticas desenvolvidas.
65. Baudrillard (1991).
66. Ver, por exemplo, Morrocco (1991).
67. Carver (1980); Holsti (1991); Tilly (1995).

68. Kaye *et al.* (1985).
69. Tilly (1995), citando Derriennic (1990).
70. Este tema foi desenvolvido pela escritora feminista francesa Annie Leclerc. Embora eu tivesse descoberto essa ideia por intermédio de nossas conversas pessoais, o tema também consta de alguns de seus ensaios; ver em especial Leclerc (1975).
71. Em seu estudo cultural da juventude japonesa pós-Segunda Guerra Mundial, Inoue Syun descobriu que a geração "dos tempos de paz" se diferenciava muito de seus pais, pensando a vida separada da morte. Syun escreve: "Talvez pudéssemos rotular livremente a 'geração da guerra' de conformados com a morte e a 'geração dos tempos de paz' de contestadores da morte" (Syun 1975). Para uma análise mais abrangente do assunto, ver Freud (1947).
72. *The Economist* (1993).
73. Tillema (1991).
74. Tilly (1995).
75. Brand (1999: 28).
76. Wark (1994); Campo Vidal (1996).
77. Harvey (1990: 284 ss.).
78. Embora a análise de espaço e tempo esteja embutida em toda a visão filosófica de Leibniz, uma das formulações mais claras de seu pensamento é o seguinte parágrafo, extraído da correspondência do autor com Clark (1715-16): "Afirmei mais de uma vez que, a meu ver, *espaço é* algo meramente relativo como o *tempo*; *espaço é uma ordem de coexistências e tempo, uma ordem de sucessões.* Pois espaço denota, em termos de possibilidade, uma ordem das coisas que existem ao mesmo tempo, na medida em que elas existem juntas, e não diz respeito a seus modos específicos de ser: e, quando vemos várias coisas juntas, percebemos essa ordem das coisas entre si... Acontece o mesmo com o tempo... *Instantes separados das coisas não são nada e consistem apenas na ordem sucessiva das coisas.* (Citação de Parkinson 1973: 211-12, ênfase de Castells.)
79. "Cholo" é o nome comumente dado às pessoas do litoral peruano. "Cholular" brinca com a integração linguística entre a telefonia celular e a identidade de Lima.
80. Esta conceitualização tem alguma semelhança com a construção dos sistemas espaciais temporais propostos por Innis (1950, 1951). Não defendo, contudo, um parentesco intelectual com sua teoria, já que, na minha opinião, Innis provavelmente teria discordado do conjunto de minha análise do tempo.
81. Pareceria contraintuitivo argumentar que as elites profissionais de nossas sociedades transcendem o tempo. Elas (nós) não estão (estamos) sempre correndo contra o relógio? Meu raciocínio é que esse modelo comportamental é exatamente a consequência da busca pela contínua suplantação do tempo e do ritmo do ciclo de vida (envelhecimento, progresso na carreira), induzida por nossa cultura/organização e aparentemente facilitada pelos novos meios tecnológicos. O que pode ser mais estressante em relação ao tempo do que a própria batalha diária contra o tempo?
82. Lash e Urry (1994: 243).
83. Brand (1999: 2).

Conclusão
A sociedade em rede

Nosso estudo sobre as estruturas sociais emergentes nos domínios da atividade e experiência humana leva a uma conclusão abrangente: como tendência histórica, as funções e os processos dominantes na era da informação estão cada vez mais organizados em torno de redes. Redes constituem a nova morfologia social de nossas sociedades e a difusão da lógica de redes modifica de forma substancial a operação e os resultados dos processos produtivos e de experiência, poder e cultura. Embora a forma de organização social em redes tenha existido em outros tempos e espaços, o novo paradigma da tecnologia da informação fornece a base material para sua expansão penetrante em toda a estrutura social. Além disso, eu afirmaria que essa lógica de redes gera uma determinação social em nível mais alto que a dos interesses sociais específicos expressos por meio das redes: o poder dos fluxos é mais importante que os fluxos do poder. A presença na rede ou a ausência dela e a dinâmica de cada rede em relação às outras são fontes cruciais de dominação e transformação de nossa sociedade: uma sociedade que, portanto, podemos apropriadamente chamar de sociedade em rede, caracterizada pela primazia da morfologia social sobre a ação social.

Para esclarecer essa afirmação, tentarei ligar as linhas principais da análise apresentada neste volume com a perspectiva teórica mais ampla delineada no prólogo. Contudo é preciso lembrar que não poderei abordar toda a gama de questões teóricas introduzidas no início desta investigação antes de examinar (nos volumes II e III) questões fundamentais como relacionamentos entre os sexos, construção de identidade, movimentos sociais, transformação do processo político e crise do Estado na era da informação. Apenas após tratar desses assuntos e observar sua verdadeira expressão nos macroprocessos remodeladores das sociedades neste final de milênio é que tentarei propor algumas hipóteses exploratórias para interpretar a nova sociedade em formação. No entanto, o leitor já recebeu informações e ideias suficientes neste volume que o capacitam a chegar a algumas conclusões provisórias em relação à nova estrutura de funções e processos dominantes, ponto de partida necessário para entender a dinâmica geral da sociedade.

Primeiro, definirei o conceito de rede, visto que ela desempenha papel central em minha caracterização da sociedade na era da informação.[1] Rede é um conjunto de nós interconectados. Nó é o ponto no qual uma curva se entrecorta. Concretamente, o que um nó é depende do tipo de redes concretas de que falamos. São mercados de bolsas de valores e suas centrais de serviços auxiliares avançados na rede dos fluxos financeiros globais. São conselhos nacionais de ministros e comissários europeus da rede política que governa a União Europeia. São campos de coca e de papoula, laboratórios clandestinos, pistas de aterrissagem secretas, gangues de rua e instituições financeiras para lavagem de dinheiro na rede de tráfico de drogas que invade as economias, sociedades e Estados no mundo inteiro. São sistemas de televisão, estúdios de entretenimento, meios de computação gráfica, equipes para cobertura jornalística e equipamentos móveis gerando, transmitindo e recebendo sinais na rede global da nova mídia no âmago da expressão cultural e da opinião pública, na era da informação. A topologia definida por redes determina que a distância (ou intensidade e frequência da interação) entre dois pontos (ou posições sociais) é menor (ou mais frequente, ou mais intensa), se ambos os pontos forem nós de uma rede do que se não pertencerem à mesma rede. Por sua vez, dentro de determinada rede os fluxos não têm nenhuma distância, ou a mesma distância, entre os nós. Portanto a distância (física, social, econômica, política, cultural) para um determinado ponto ou posição varia entre zero (para qualquer nó da mesma rede) e infinito (para qualquer ponto externo à rede). A inclusão/exclusão em redes e a arquitetura das relações entre redes, possibilitadas por tecnologias da informação que operam à velocidade da luz, configuram os processos e funções predominantes em nossas sociedades.

Redes são estruturas abertas capazes de expandir de forma ilimitada, integrando novos nós desde que consigam comunicar-se dentro da rede, ou seja, desde que compartilhem os mesmos códigos de comunicação (por exemplo, valores ou objetivos de desempenho). Uma estrutura social com base em redes é um sistema aberto altamente dinâmico suscetível de inovação sem ameaças ao seu equilíbrio. Redes são instrumentos apropriados para a economia capitalista baseada na inovação, globalização e concentração descentralizada; para o trabalho, trabalhadores e empresas voltadas para a flexibilidade e adaptabilidade; para uma cultura de desconstrução e reconstrução contínuas; para uma política destinada ao processamento instantâneo de novos valores e humores públicos; e para uma organização social que vise a suplantação do espaço e invalidação do tempo. Mas a morfologia da rede também é uma fonte de drástica reorganização das relações de poder. As conexões que ligam as redes (por exemplo, fluxos financeiros assumindo o controle de impérios da mídia que influenciam os processos políticos) representam os instrumentos privilegiados do poder. Assim, os conectores são os detentores do poder. Uma vez que as redes são múltiplas, os códigos interoperacionais e as conexões entre redes tornam-se as fontes fundamentais da formação, orientação e desorientação das sociedades. A convergência da evolução social e das tecnologias da informação criou uma nova base material para o desempenho de atividades em toda a estrutura social. Essa base material construída em redes define os processos sociais predominantes, consequentemente dando forma à própria estrutura social.

Portanto, as observações e análises apresentadas neste volume parecem indicar que a nova economia está organizada em torno de redes globais de capital, gerenciamento e informação cujo acesso a *know-how* tecnológico é importantíssimo para a produtividade e competitividade. Empresas comerciais e, cada vez mais, organizações e instituições são estabelecidas em redes de geometria variável cujo entrelaçamento suplanta a distinção tradicional entre empresas e pequenos negócios, atravessando setores e espalhando-se por diferentes agrupamentos geográficos de unidades econômicas. Assim, o processo de trabalho é cada vez mais individualizado e a mão de obra está desagregada no desempenho e reintegrada no resultado através de uma multiplicidade de tarefas interconectadas em diferentes locais, introduzindo uma nova divisão de trabalho mais baseada nos atributos/capacidades de cada trabalhador que na organização da tarefa.

Contudo, essa evolução para as formas de gerenciamento e produção em rede não implica o fim do capitalismo. A sociedade em rede, em suas várias expressões institucionais, por enquanto é uma sociedade capitalista. Ademais, pela primeira vez na história, o modo capitalista de produção dá forma às relações sociais em todo o planeta. Mas esse tipo de capitalismo é profundamente diferente de seus predecessores históricos. Tem duas características distintas fundamentais: é global e está estruturado, em grande medida, em uma rede de fluxos financeiros. O capital funciona globalmente como uma unidade em tempo real; e é percebido, investido e acumulado principalmente na esfera de circulação, isto é, como capital financeiro. Embora o capital financeiro, em geral, estivesse entre as frações dominantes do capital, estamos testemunhando a emergência de algo diferente: a acumulação de capital prossegue e sua realização de valor é cada vez mais gerada nos mercados financeiros globais estabelecidos pelas redes de informação no espaço intemporal de fluxos financeiros. A partir dessas redes, o capital é investido por todo o globo e em todos os setores de atividade: informação, negócios de mídia, serviços avançados, produção agrícola, saúde, educação, tecnologia, indústria antiga e nova, transporte, comércio, turismo, cultura, gerenciamento ambiental, bens imobiliários, práticas de guerra e de paz, religião, entretenimento e esportes. Algumas atividades são mais lucrativas que outras, conforme vão passando por ciclos, altos e baixos do mercado e concorrência global segmentada. No entanto, qualquer lucro (de produtores, consumidores, tecnologia, natureza e instituições) é revertido para a metarrede de fluxos financeiros, na qual todo o capital é equalizado na democracia da geração de lucros transformada em *commodities*. Nesse cassino global eletrônico, capitais específicos elevam-se ou diminuem drasticamente, definindo o destino de empresas, poupanças familiares, moedas nacionais e economias regionais. O resultado na rede é zero: os perdedores pagam pelos ganhadores. Mas os ganhadores e os perdedores vão mudando a cada ano, a cada mês, a cada dia, a cada segundo e permeiam o mundo das empresas, empregos, salários, impostos e serviços públicos. O mundo daquilo que, às vezes, é chamado de "a economia real", e eu seria tentado a chamar de "a economia irreal", já que, na era do capitalismo em rede, a realidade fundamental em que o dinheiro é ganho e perdido, investido ou poupado, está na esfera financeira. Todas as outras atividades (exceto as do setor público em fase de enxugamento) são primariamente a base de geração do superávit necessário para o investimento nos fluxos globais ou o resultado do investimento originado nessas redes financeiras.

Contudo, para sua operação e concorrência, o capital financeiro depende do conhecimento e da informação gerados e aperfeiçoados pela tecnologia da informação. Esse é o significado concreto da articulação entre o modo capitalista de produção e o modo informacional de desenvolvimento. Assim, o capital que seria meramente especulativo é submetido a risco excessivo e, em última análise, removido pela simples probabilidade estatística dos movimentos aleatórios dos mercados financeiros. É na interação entre o investimento em empresas lucrativas e o uso dos lucros acumulados para fazê-los frutificar nas redes financeiras globais que o processo de acumulação se baseia. Portanto, depende da produtividade, da competitividade e da informação adequada sobre investimento e planejamento de longo prazo de cada setor. Empresas de alta tecnologia dependem de recursos financeiros para manter seu esforço contínuo pela inovação, produtividade e competitividade. O capital financeiro, atuando diretamente por meio de instituições financeiras ou de forma indireta mediante a dinâmica dos mercados das bolsas de valores, condiciona o destino das indústrias de alta tecnologia. Por sua vez, a tecnologia e a informação são ferramentas decisivas para a geração de lucros e apropriação de fatias do mercado. Assim, o capital financeiro e a alta tecnologia, o capital industrial, estão cada vez mais interdependentes, mesmo quando seus modos operacionais são específicos a cada setor. Hilferding e Schumpeter estavam certos, mas sua ligação histórica teve de esperar até que fosse sonhada em Palo Alto e consumada em Ginza.

Portanto, o capital é global ou se torna global para entrar no processo de acumulação da economia em rede eletrônica. As empresas, como tentei mostrar no capítulo 3, organizam-se cada vez mais em redes, tanto internamente como em seus relacionamentos. Então, o capital flui e suas atividades induzidas de produção/gerenciamento/distribuição espalham-se por redes interconectadas de geometria variável. Sob essas novas condições tecnológicas, organizacionais e econômicas, quem são os capitalistas? Certamente, não os donos legais dos meios de produção que abrangem do seu/meu fundo de pensão a algum transeunte em um caixa eletrônico de Cingapura o qual, de repente, decide comprar ações em um mercado emergente de Buenos Aires. Mas, em certa medida, tem sido assim desde os anos 1930, como Berle e Means demonstraram em seu estudo clássico sobre o controle e a propriedade nas empresas dos Estados Unidos. No entanto também não são os administradores corporativos, como o estudo e, depois dele, outros analistas sugeriram. Os administradores controlam empresas e segmentos específicos da economia global, mas não controlam nem sequer conhecem os movimentos sistêmicos reais de capital nas redes de fluxos financeiros, nem os movimentos de conhecimento nas redes de informação, nem os de estratégias no conjunto multifacetado de empresas integradas em rede. Alguns atores no topo deste sistema capitalista global, de fato, são administradores, como no caso das empresas japonesas. Outros ainda poderiam ser identificados na categoria tradicional da burguesia como nas redes de empresas chinesas no exterior, que mantêm ligação cultural, frequentemente por meio de relação pessoal ou familiar, compartilham valores e, às vezes, conexões políticas. Nos Estados Unidos, uma mistura de camadas históricas faz dos capitalistas um rico conjunto de banqueiros tradicionais, especuladores novos-ricos, empreendedores que se transformaram em gênios, magnatas globais e administradores de multinacionais. Em outros casos, empresas públicas (como no setor francês de bancos ou de produtos eletrônicos). Na Rússia, os sobreviventes da *nomenklatura* comunista competem com os jovens capitalistas selvagens na reciclagem da propriedade estatal na constituição da mais nova província capitalista. E em todo o mundo, a lavagem de dinheiro de negócios criminosos diversos flui para esta mãe de toda a acumulação que é a rede financeira global.

Assim, todos esses são capitalistas, norteando todos os tipos de economias e a vida das pessoas. Mas uma classe capitalista? Social e economicamente não existe uma classe capitalista global. Há, no entanto, uma rede integrada de capital global, cujos movimentos e lógica variável determinam as economias e influenciam as sociedades. Dessa forma, acima de vários capitalistas de carne e osso e grupos capitalistas, há uma entidade capitalista coletiva sem rosto, formada de fluxos financeiros operados por redes eletrônicas. Não é apenas a expressão da lógica abstrata do mercado porque, na realidade, não segue a lei da oferta e da procura: responde às turbulências e aos movimentos imprevisíveis, de expectativas não calculáveis induzidas pela psicologia e sociedade na mesma medida em que pelos processos econômicos. Essa rede das redes de capital unifica e comanda centros específicos de acumulação capitalista, estruturando o comportamento de capitalistas mediante sua submissão à rede global. Eles usam suas estratégias competitivas ou convergentes nos circuitos dessa rede global e, portanto, em última análise, dependem da lógica capitalista não humana de um processo de informação aleatório operado eletronicamente. Na verdade, é o capitalismo em sua pura expressão da busca constante do dinheiro pelo dinheiro por intermédio da produção de *commodities* por *commodities*. Mas o dinheiro tornou-se quase totalmente independente da produção, inclusive da produção de serviços, fugindo pelas redes de interações eletrônicas mais sofisticadas dificilmente entendidas pelos gerentes de produção. Embora o capitalismo ainda impere, os capitalistas em si estão distribuídos de forma aleatória, e as classes capitalistas ficam restritas às áreas específicas do mundo onde prosperam como apêndices de um poderoso turbilhão que manifesta sua vontade mediante pontos de *spread* e classificações de opções de futuros nos flashes globais das telas de computadores.

O que acontece à mão de obra e às relações sociais de produção neste admirável mundo novo do capitalismo informacional global? Trabalhadores não desaparecem no espaço de fluxos e, do ponto de vista prático, há muito trabalho. Na verdade, contradizendo profecias apocalípticas de análises simplistas, há mais empregos e uma proporção maior de pessoas com idade para o trabalho empregadas que em qualquer outra época da história. Isso ocorre principalmente por causa da incorporação maciça das mulheres no mercado de trabalho remunerado em todas as sociedades industrializadas, incorporação que, em geral, tem sido absorvida e, em grande medida, induzida pelo mercado de trabalho sem maiores rupturas. Portanto, a difusão das tecnologias da informação, embora, sem dúvida, dispense trabalhadores e elimine alguns postos de trabalho, não resultou e provavelmente não resultará em desemprego em massa no futuro previsível. Isto, apesar do aumento de desemprego nas economias europeias, tendência mais relacionada com as instituições sociais que com o novo sistema produtivo. Mas, se trabalho, trabalhadores e classes trabalhadoras existem e até se expandem em todo o mundo, as relações sociais entre capital e trabalho sofreram uma transformação profunda. Na essência, o capital é global. Via de regra, o trabalho é local. O informacionalismo, em sua realidade histórica, leva à concentração e globalização do capital exatamente pelo emprego do poder descentralizador das redes. A mão de obra está desagregada em seu desempenho, fragmentada em sua organização, diversificada em sua existência, dividida em sua ação coletiva. As redes convergem para uma metarrede de capital que integra os interesses capitalistas em âmbito global e por setores e esferas de atividades: não sem conflito, mas sob a mesma lógica abrangente. Os trabalhadores perdem sua identidade coletiva, tornam-se cada vez mais individualizados quanto a suas capacidades, condições de trabalho, interesses e projetos. Distinguir quem são os proprietários, os produtores, os administradores e os empregados está ficando cada vez mais difícil em um sistema produtivo de geometria variável, trabalho em equipe, atuação em redes, terceirização e subcontratação. Podemos afirmar que os produtores de valor são os gênios da informática que inventam novos instrumentos financeiros para serem privados de seu trabalho por corretores de empresas? Quem está contribuindo para a criação de valor no setor eletrônico: o técnico em design de chips no Vale do Silício ou a operadora da linha de montagem de uma fábrica no Sudeste Asiático? Com certeza, os dois, embora em proporções substancialmente diferentes. Então, os dois juntos constituem a nova classe trabalhadora? Por que não acrescentar o consultor de informática de Bombaim, subcontratado para programar esse projeto específico? Ou o gerente que viaja da Califórnia a Cingapura ou trabalha a distância, personalizando a produção de chips e o consumo de produtos eletrônicos? Há unidade no processo de trabalho em todas as complexas redes globais de interação. Mas, ao mesmo tempo, existe diferenciação de trabalho, segmentação de trabalhadores e desagregação de mão de obra em escala global. Portanto, embora as relações capitalistas de produção ainda persistam (na verdade, em muitas economias a lógica dominante é mais estritamente capitalista do que antes), capital e trabalho tendem cada vez mais a existir em diferentes espaços e tempos: o espaço dos fluxos e o dos lugares, tempo instantâneo de redes computadorizadas *versus* tempo cronológico da vida cotidiana. Dessa forma, eles vivem lado a lado sem se relacionarem, à medida que a existência do capital global depende cada vez menos do trabalho específico e cada vez mais do trabalho genérico acumulado, operado por um pequeno grupo de cérebros que habita os palácios virtuais das redes globais. Além dessa dicotomia fundamental, ainda existe muita diversidade social formada de ofertas de investidores, esforços de trabalhadores, ingenuidade e sofrimento humanos, contratações e dispensas de empregados, promoções e rebaixamentos, conflitos e negociações, concorrência e alianças: a vida ligada ao trabalho continua. Mas, em nível mais profundo da nova realidade social, as relações sociais de produção foram desligadas de sua existência real. O capital tende a fugir em seu hiperespaço de pura circulação, enquanto os trabalhadores dissolvem sua entidade coletiva em uma variação infinita de existências individuais. Nas condições da sociedade em rede, o capital é coordenado globalmente, o trabalho é individualizado. A luta entre diferentes capitalistas e classes trabalhadoras heterogêneas está incluída na oposição mais fundamental entre a lógica pura e simples dos fluxos de capital e os valores culturais da experiência humana.

Os processos de transformação social sintetizados no tipo ideal de sociedade em rede ultrapassam a esfera de relações sociais e técnicas de produção: afetam a cultura e o poder de forma profunda. As expressões culturais são retiradas da história e da geografia e tornam-se predominantemente mediadas pelas redes de comunicação eletrônica que interagem com o público e por meio dele em uma diversidade de códigos e valores, por fim incluídos em um hipertexto audiovisual digitalizado. Como a informação e a comunicação circulam basicamente pelo sistema de mídia diversificado, porém abrangente, a prática da política é crescente no espaço da mídia. A liderança é personalizada, e formação de imagem é geração de poder. Não que toda política possa ser reduzida a efeitos de mídia ou que valores e interesses sejam indiferentes para os resultados políticos. Mas sejam quais forem os atores políticos e suas preferências, eles existem no jogo do poder praticado através da mídia e por ela, nos vários e cada vez mais diversos sistemas de mídia que incluem as redes de comunicação mediada por computadores. O fato de a política precisar ser modelada na linguagem da mídia eletrônica tem consequências profundas sobre as características, organização e objetivos dos processos, atores e instituições políticas. Em última análise, os poderes contidos nas redes de mídia ficam em segundo lugar em relação ao poder dos fluxos incorporados na estrutura e na linguagem dessas redes.

Em nível mais profundo, as bases significativas da sociedade, espaço e tempo estão sendo transformadas, organizadas em torno do espaço de fluxos e do tempo intemporal. Além do valor metafórico dessas expressões apoiado por várias análises e ilustrações nos capítulos anteriores, há uma hipótese importante: as funções dominantes são organizadas em redes próprias de um espaço de fluxos que as liga em todo o mundo, ao mesmo tempo que fragmenta funções subordinadas e pessoas no espaço de lugares múltiplos, feito de locais cada vez mais segregados e desconectados uns dos outros. O tempo intemporal parece ser o resultado da negação do tempo — passado e futuro — nas redes do espaço de fluxos. Enquanto isso, o tempo cronológico, medido e avaliado diferencialmente para cada processo de acordo com sua posição na rede, continua a caracterizar as funções subordinadas e os locais específicos. O fim da história, estabelecido na circularidade dos fluxos financeiros computadorizados ou na instantaneidade das guerras cirúrgicas, domina o tempo biológico da pobreza ou o tempo mecânico do trabalho industrial. A construção social das novas formas dominantes de espaço e tempo desenvolve uma metarrede que ignora as funções não essenciais, os grupos sociais subordinados e os territórios desvalorizados. Com isso, gera-se uma distância social infinita entre essa metarrede e a maioria das pessoas, atividades e locais do mundo. Não que as pessoas, locais e atividades desapareçam. Mas seu sentido estrutural deixa de existir, incluído na lógica invisível da metarrede em que se produz valor, criam-se códigos culturais e decide-se o poder. Cada vez mais, a nova ordem social, a sociedade em rede, parece uma metadesordem social para a maior parte das pessoas. Ou seja, uma sequência automática e aleatória de eventos, derivada da lógica incontrolável dos mercados, tecnologia, ordem geográfica ou determinação biológica.

Sob perspectiva histórica mais ampla, a sociedade em rede representa uma transformação qualitativa da experiência humana. Se recorrermos à antiga tradição sociológica segundo a qual a ação social no nível mais fundamental pode ser entendida como o padrão em transformação das relações entre a Natureza e a Cultura, realmente estamos em uma nova era.

O primeiro modelo de relação entre esses dois polos fundamentais da existência humana foi caracterizado, há milênios, pela dominação da Natureza sobre a Cultura. Como a antropologia nos ensinou, remontando os códigos da vida social às raízes de nossa identidade biológica, os códigos de organização social expressavam quase diretamente a luta pela sobrevivência diante dos rigores incontroláveis da Natureza,

O segundo modelo de relação, estabelecido nas origens da Era Moderna e associado à Revolução Industrial e ao triunfo da Razão, presenciou a dominação da Natureza pela Cultura, formando a sociedade a partir do processo de trabalho por meio do qual a Humanidade encontrou tanto sua libertação das forças naturais quanto a submissão aos próprios abismos de opressão e exploração.

Estamos entrando em um novo estágio em que a cultura refere-se à cultura, tendo suplantado a natureza a ponto de a natureza ser renovada ("preservada") artificialmente como uma forma cultural: de fato, este é o sentido do movimento ambiental, reconstruir a Natureza como uma forma cultural ideal. Em razão da convergência da evolução histórica e da transformação tecnológica, entramos em um modelo genuinamente cultural de interação e organização social. Por isso é que a informação representa o principal ingrediente de nossa organização social, e os fluxos de mensagens e imagens entre as redes constituem o encadeamento básico de nossa estrutura social. Não quer dizer que a história terminou em uma feliz reconciliação da Humanidade consigo mesma. Na verdade, é o oposto: a história está apenas começando, se por história entendermos o momento em que, após milênios de uma batalha pré-histórica com a Natureza, primeiro para sobreviver, depois para conquistá-la, nossa espécie tenha alcançado o nível de conhecimento e organização social que nos permitirá viver em um mundo predominantemente social. É o começo de uma nova existência e, sem dúvida, o início de uma nova era, a era da informação, marcada pela autonomia da cultura *vis-à-vis* as bases materiais de nossa existência. Mas este não é necessariamente um momento animador porque, finalmente sozinhos em nosso mundo de humanos, teremos de olhar-nos no espelho da realidade histórica. E talvez não gostemos da imagem refletida.

Nota

1. Devo minha conceitualização de redes a um contínuo diálogo intelectual com François Bar. Há uma elaboração mais aprofundada acerca das redes e sobre a sociedade em rede em Castells (2000).

Índice dos volumes II e III de A Era da Informação: Economia, Sociedade e Cultura, de Manuel Castells

Neste primeiro volume de *A sociedade em rede: economia, sociedade e cultura*, houve menção aos temas apresentados nos volumes II e III da trilogia A Era da Informação. Veja, a seguir, um resumo do conteúdo desses volumes:

Volume II: *O poder da identidade*

Volume III: *Fim de milênio*

Bibliografia

Abbate, Janet (1999) *Inventing the Internet*, Cambridge, MA: MIT Press.

Abegglen, J. C. e Stalk, G. (1985) *Kaisha: The Japanese Corporation*, Nova York: Basic Books.

Abolaffia, Michael Y. e Biggart, Nicole W. (1991) "Competition and markets: an institutional perspective". *In* Amitai Etzioni e Paul R. Lawrence (orgs.), *Socioeconomics: Towards a New Synthesis*, Armonk, NY: M. E. Sharpe, pp. 211-31.

Abramson, Jeffrey B., Artertone, F. Christopher e Orren, Cary, R. (1988) *The Electronic Commonwealth: the Impact of New Media Technologies in Democratic Politics*, Nova York: Basic Books.

Adam, Barbara (1990) *Time and Social Theory*, Cambridge: Polity Press.

_______. (2000) "The temporal gaze: the challenge for social theory in the context of GM food", *British Journal of Sociology*, 51(1): 125-42.

Adler, Gerald (1999) "Relationships between Israel and Silicon Valley in the software industry", unpublished masters thesis, Berkeley, CA: University of California.

Adler, Glenn e Suarez, Doris (1993) *Union Voices: Labor's Response to Crisis*, Albany, NY: State University of New York Press.

Adler, Paul S. (1992) *Technology and the Future of Work*, Nova York: Oxford University Press.

Agence de l'Informatique (1986) *L'Etat d'informatisation de la France*, Paris: Economica.

Aglietta, Michel (1976) *Régulation et crise du capitalisme: l'expérience des Etats-Unis*, Paris: Calmann-Levy.

Alarcon, Rafael (1998) "Mexican engineers in Silicon Valley", dissertação de doutorado não publicada, Berkeley, CA: University of California.

Allen, G.C. (1981a) *The Japanese Economy*, Nova York: St Martin's Press.

_______. (1981b) *A Short Economic History of Modem Japan*, Londres: Macmillan.

Allen, Jane E. (1995) "New computers may use DNA instead of chips". *San Francisco Chronicle*, 13 de maio: B2.

Alvarado, Manuel (org.) (1988) *Video World-wide*, Londres e Paris: John Libbey.

Amin, Ash e Robins, Kevin (1991) "These are not Marshallian times". *In* Roberto Camagni (org.) *Innovation Networks: Spatial Perspectives*, Londres: Belhaven Press, pp. 105-20.

Amsdem, Alice (1979) "Taiwan's economic history: a case of étatisme and a challenge to dependency theory". *Modern China*, 5 (3): 341-80.

_______(1985) "The state and Taiwan's economic development". *In* Peter B. Evans, Dietrich Rueschemeyer e Theda Skocpol (orgs.), *Bringing the State Back in*, Cambridge: Cambridge University Press.

_______(1989) *Asia's Next Giant: South Korea and Late Industrialization*, Nova York: Oxford University Press.

_______(1992) "A theory of government intervention in late industrialization". *In* Louis Putterman e Dietrich Rueschemeyer (orgs.) *State and Market in Development: Synergy or Rivalry?*, Boulder, CO: Lynne Rienner.

Anderson, A. E. (1985) *Creativity and Regional Development*, Luxenburg: International Institute for Applied Systems Analysis, Trabalho 85/14.

Anderson, K. e Norheim, H. (1993) "Is world trade becoming more regionalized?", *Review of International Economics*, 1.

Anisimov, Evgenii (1993) *The Reforms of Peter the Great: Progress Through Coercion in Russia*, Armonk, NY: M. E. Sharpe.

Aoki, Masahiko (1988) *Information, incentives, and bargaining in the Japanese economy*, Cambridge: Cambridge University Press.

Aoyama, Yuko (1995) "Locational strategies of Japanese multinational corporations in electronics", tese de doutorado não publicada, Berkeley, CA: University of California. Appelbaum, Eileen (1984) *Technology and the Redesign of Work in the Insurance Industry*. Relatório de pesquisa, Stanford, CA: Stanford University Institute of Research on Educational Finance and Governance.

_______ e Schettkat, Ronald (orgs.) (1990) *Labor Market, Adjustments to Structural Change and Technological Progress*, Nova York: Praeger.

Appelbaum, Richard P. e Henderson, Jeffrey (orgs.) (1992) *States and Development in the Asian Pacific Rim*, Londres: Sage.

Archibugi, D. e Michie, J. (orgs.) (1997) *Technology, Globalization, and Economic Performance*, Cambridge: Cambridge University Press.

Aries, Philippe (1977) *L'homme devant la mort*, Paris: Seuil.

_______ (1983) *Images de L'homme devant la mort*, Paris: Seuil.

Armstrong, David (1994) "Computer sex: log on; talk dirty; get off". *San Francisco Examiner*, 10 de abril.

Aron, Raymond (1963) *Dix-huit leçons sur la société industrielle*, Paris: Idées-Gallimard.

Aronowitz, Stanley e Di Fazio, Williams (1994) *The Jobless Future*, Minneapolis: University of Minnesota.

Arrieta, Carlos G. *et al.* (1991) *Narcotráfico en Colombia. Dimensiones políticas, economicas, jurídicas y internacionales*, Bogotá: Tercer Mundo Editores.

Arthur, Brian (1985) *Industry Location and the Economics of Agglomeration: Why a Silicon Valley?*, Stanford, CA: Stanford University Center for Economic Policy Research, trabalho acadêmico.

_______ (1986) *Industry Location Patterns and the Importance of History*, Stanford, CA: Stanford University Food Research Institute. Trabalho de Pesquisa.

_______ (1989) "Competing technologies, increasing returns, and lock-in by historical events". *Economic Journal*, 99 (março): 116-31.

_______ (1998) *Increasing Returns and Path Dependence in the Economy*, Ann Arbor: University of Michigan Press.

Ashton, Thomas S. (1948) *The Industrial Revolution, 1760-1830*, Oxford: Oxford University Press.

Asian Money, Asian Issuers and Capital Markets Supplement (1993/1994) "Derivatives: making more room to manoeuvre", dez.-jan.: 30-2.

Aydalot, Philippe (1985) "L'aptitude des milieux locaux a promouvoir innovation technologique", comunicação no simpósio *Nouvelles technologies et regions en crise*, Association de Science Régionale de Langue Française, Brussels, 22-23 de abril.

Aznar, Guy (1993) *Travailler moins pour travailler tous*, Paris: Syros.

Bailey, Paul, Parisotto, Aurélio e Renshaw, Geoffrey (orgs.) (1993) *Multinationals and Employment: The Global Economy of the 1990s*, Genebra: International Labour Organization.

Baker, Hugh (1979) *Chinese Family and Kinship*, Nova York: Columbia University Press.

Balaji, R. (1994) "The formation and structure of the high technology industrial complex in Bangalore, Índia", tese de doutorado não publicada, Berkeley, CA: University of California.

Ball-Rokeach, Sandra J. e Cantor, Muriel (orgs.) *Media, Audience and Social Structure*, Beverly Hills, CA: Sage.

Banegas, Jesus (org.) (1993) *La industria de la información: situación actual y perspectivas*, Madri: Fundesco.

Bar, François (1990) "Configuring the Telecommunications Infrastructure for the Computer Age: The Economics of Network Control", tese de doutorado não publicada, Berkeley, CA: University of California.

_______ (1992) "Network flexibility: a new challenge for telecom policy". *Communications and Strategies*, edição especial, junho: 111-22.

_______ e Borrus, M. (1993) *The Future of Networking*, Berkeley, CA: University of California, trabalho acadêmico (BRIE).

_______ e _______. com Coriat, Benjamin (1991) *Information Networks and Competitive Advantage: Issues for Government Policy and Corporate Strategy Development*, Bruxelas: *Commission of European Communities*, Programa de pesquisa (DGIII-B RIE-OCDE).

Baran, Barbara (1985) "Office automation and women's work: the technological transformation of the insurance industry". *In* Manuel Castells (org.), *High Technology, Space, and Society*, Beverly Hills, CA: Sage, pp. 143-71.

_______ (1989) *Technological Innovation and Deregulation: The Transformation of the Labor Process in the Insurance Industry*, tese de doutorado não publicada, Berkeley, CA: University of California.
Baranano, Ana M. (1994) "La empresa española en los programas europeos de cooperación tecnológica", tese de doutorado não publicada, Madri: Universidad Autonoma de Madrid.

Barboza, David (1999a) "Measuring floorspace and cyberspace", *The New York Times*: 10 de janeiro (resenha de fim de semana): 4.

_______ (1999b) "Chicago faces the future, reluctantly: Board of Trade battles new electronic rivals", *The New York Times*, 23 de novembro: C1-C14.

Barglow, Raymond (1994) *The Crisis of the Self in the Age of Information: Computers*, Dolphins, and Dreams, Londres: Routledge.

Barlow, John Perry *et al.* (1995) "What are we doing on line?" *Harper's*, agosto: 40.

Barthes, Roland (1978) *Leçon inaugurale de la chaire de sémiologie littéraire du Collège de France, prononcée le 7 Janvier 1977*, Paris: Seuil.

Bassalla, George (1988) *The Evolution of Technology*, Cambridge: Cambridge University Press.

Batty, Michael e Barr, Bob (1994) "The electronic frontier: exploring and mapping cyberspace", *Futures*, 26 (7): 699-712.

Baudrillard, Jean (1972) *Pour une critique de l'économie politique du signe*, Paris: Gallimard.

_______ (1991) *La Guerre du Golfe n'a pas eu lieu*, Paris: Fayard.

Baumgartner, Peter e Payr, Sabine (orgs.) (1995) *Speaking Minds: Interviews with Twenty Eminent Cognitive Scientists*, Princeton, NJ: Princeton University Press.

Baumol, W. J., Blackman S. A. B. e Wolf, E. N. (1989) *Productivity and American Leadership: The Long View*, Cambridge, MA: MIT Press.

Baym, Nancy (1998) "The emergence of on-line community", *in* Steven G. Jones (org.), *Cybersociety 2.0: Revisiting Computer-mediated Communication and Community*, Thousand Oaks, CA: Sage, pp. 35-68.

Beasley, W. G. (1990) *The Rise of Modern Japan*, Londres: Weidenfeld & Nicolson.

Bedi, Hari (1991) *Understanding the Asian Manager*, Sydney: Allen & Unwin.

Belussi, Fiorenza (1992) "La flessibilita si fa gerarchia: la Benetton". *In* F. Belussi (org.), *Nuovi Modelli d'Impresa, Gerarchie Organizzative e Imprese Rete*, Milan: Franco Angeli.

Bendixon, Terence (1991) "El transporte urbano". *In* Jordi Borja *et al.* (orgs.), *Las grandes ciudades en la década de los noventa*, Madri: Editorial Sistema, pp. 427-53.

Beniger, James R. (1986) *The Control Revolution: Technological and Economic Origins of the Information Society*, Cambridge, MA: Harvard University Press.

Benner, Chris (2000) "Labor market intermediaries and flexible employment in Silicon Valley", tese de doutorado não publicada, Berkeley, CA: University of California.

———, Brownstein, Bob e Dean, Amy B. (1999) *Negotiating Work in the New Economy*, San Jose, CA: Working Partnerships USA and Economic Policy Institute.

Bennett, A. (1990) *The Death of Organization Man*, Nova York: William Morrow.

Benson, Rod (1994) "Telecommunications and society: a review on the research literature on computer-mediated communication", Berkeley, CA: University of California, Berkeley Roundtable on the International Economy, Compuscript.

Benveniste, Guy (1994) *Twenty-first Century Organization: Analyzing Current Trends, Imagining the Future*, São Francisco, CA: Jossey Bass.

Berger, J. (1984) *And Our Faces, My Heart, Brief as Photos*, Londres: Writers & Readers.

Berger, Peter (1987) *The Capitalist Revolution*, Londres: Wildwood.

——— e Hsiao, M. (orgs.) (1988) *In Search of an East Asian Development Model*, New Brunswick, NJ: Transaction Books.

Bernstein, Michael A. e Adler, David E. (1994) *Understanding American Economic Decline*, Nova York: Cambridge University Press.

Bertazzoni, F. *et al.* (1984) *Odissea Informatica. Alle soglie della nuova era: itinerario nelle societa informatiche*, Milão: Istituto A. Gemelli per I Problemi delia Comunicazione, Gruppo Editoriale Jackson.

Bessant, John (1989) *Microelectronics and Change at Work*, Genebra: International Labour Organization.

Bettinger, Cass (1991) *High Performance in the 1990s: Leading the Strategic and Cultural Revolution in Banking*, Homewood, IL: Business One Irwin.

Bianchi, Patrizio, Carnoy, Martin e Castells, Manuel (1988) *Economic Modernization and Technology Policy in the People's Republic of China*, Stanford, CA: Stanford University Center for Education Research. Monografia de Pesquisa.

Bielenski, Harald (org.) (1994) *New Forms of Work and Activity: Survey of Experience at Establishment Level in Eight European Countries*, Dublin: European Foundation for the Improvement of Living and Working Conditions.

Biggart, Nicole Woolsey (1990a) *Charismatic Capitalism*, Chicago, DL: University of Chicago Press.

——— (1990b) "Institutionalized patrimonialism in Korean business". *Comparative Social Research, 12: 113-33.*

——— (1991) "Explaining Asian economic organization: toward a Weberian institutional perspective". *Theory and Society*, 20: 199-232.

——— (1992) "Institutional logic and economic explanation". *In* Jane Marceau (org.), Reworking the World: Organizations, Technologies, and Cultures in Comparative Perspective, *Berlim: Walter de Gruyter*, pp. 29-54.

——— e Hamilton, G. G. (1992) "On the limits of a firm-based theory to explain business networks: the western bias of neoclassical economics". *In* Nitin Nohria e Robert G. Ecckles (orgs.), *Networks and Organizations: Structure, Form, and Action*, Boston, MA: Harvard Business School Press.

Bijker, Wiebe E., Hughes, Thomas P. e Pinch, Trevor (orgs.) (1987) *The Social Construction of Technological Systems: New Directions in the Sociology and History of Technology*, Cambridge, MA: MIT Press.

Birch, David L. (1987) *Job Generation in America*, Nova York: Free Press.

Bird, Jane (1994) "Dial M for multimedia". *Management Today*, julho: 50-3.

Bishop, Jerry E. e Waldholz, Michael (1990) *Genome*, Nova York: Simon & Schuster.

Bison, I. e Esping-Andersen, G. (2000) "Income packaging, poverty and unemployment in Europe", in D. Gallie e S. Paugham (orgs.), *The Experience of Unemployment in Oxford*, Oxford: Oxford University Press.

Blakely, Edward J. e Snyder, Mary Gail (1997) *Fortress America: Gated Communities in the United States*, Washington, DC: Brookings Institution Press.

_______ Scotchmer, S. e Levine, J. (1988) *The Locational and Economic Patterns of California's Biotech Industry*, Berkeley, CA: University of California Institute of Urban and Regional Development, Biotech Industry Research Group Report.

Blazejczak, Jurgen, Eber, Georg e Horn, Gustav A. (1990) "Sectoral and macroeconomic impacts of research and development on employment". *In* Egon Matzner e Michael Wagner (orgs.), *The Employment Impact of New Technology: The Case of West Germany*, Aldershot, Hants: Avebury, pp. 221-33.

Bluestone, Barry e Harrison, Bennett (1988) *The Great American Job Machine: The Proliferation of Low-wage Employment in the U.S. Economy*, Nova York: Basic Books.

Blumler, Jay C. e Katz, Elihu (orgs.) (1974) *The Uses of Mass Communications*, Newport Beach, CA: Sage.

Bofill, Ricardo (1990) *Espacio y Vida*, Barcelona: Tusquets Editores.

Booker, Ellis (1994) "Interactive TV comes to public broadcasting". *Computerworld*, 28 (3): 59.

Borja, Jordi e Castells, Manuel (1996) *The Local and the Global: Cities in the Information Age*, relatório encomendado pelo Habitat Center da ONU para seu congresso "Habitat II — *The City Summit*" em Istambul, 1996.

_______ e _______ (1997) *Local and Global: Management of Cities in the Information* Age, *Londres: Earthscan.*

_______ *et al.* (orgs.) (1991) *Las grandes ciudades en la década de los noventa*, Madri: Editorial Sistema.

Borjas, George F., Freeman, Richard B. e Katz, Lawrence F. (1991) *On the Labour Market Effects of Immigration and Trade*, Cambridge, MA: National Bureau of Economic Research.

Bornstein, Lisa (1993) "Flexible production in the unstable state: the Brazilian information technology industry", tese de doutorado não publicada. Berkeley, CA: University of California.

Borrus, Michael G. (1988) *Competing for Control: America's Stake in Microelectronics*, Cambridge, MA: Ballinger.

_______ e Zysman, John (1997) "Wintelism and the changing terms of global competition: prototype of the future", Berkeley, CA: University of California, trabalho científico (BRIE).

Bosch, Gerhard (1995) *Flexibility and Work Organization: Report of Expert Working Group*, Bruxelas: European Commission, Directorate General for Employment, Industrial Relations, and Social Affairs.

_______, Dawkins, Peter e Michon, François (orgs.) (1994) *Times Are Changing: Working Time in 14 Industrialised Countries*, Genebra: International Labour Organization.

Botein, Michael e Rice, David M. (orgs.) (1980) *Network Television and the Public Interest*, Lexington, MA: Lexington Books.

Boureau, Allain *et al.* (1989) *The Culture of Print: Power and the Uses of Print in Early Modern Europe*, org. Roder Chartier, Princeton, NJ: Princeton University Press.

Bouvier, Leon F. e Grant, Lindsay (1994) *How Many Americans? Population, Immigration, and the Environment*, San Francisco, CA: Sierra Club Books.

Bower, J. L. (1987) *When Markets Quake*, Boston, MA: Harvard Business School Press.

Boyer, Christine (1994) *The City of Collective Memory*, Cambridge, MA: MIT Press.

Boyer, Robert (org.) (1986) *Capitalismes fin de siècle*, Paris: Presses Universitaires de France.

_______ (1988a) "Is a new socio-technical system emerging?" Trabalho preparado para o congresso *Structural Change and Labour Market Policy*, Var, Gard, 6-9 de junho.

_______ (1988b) "Technical change and the theory of regulation". *In* G. Dosi, *et al.* (eds.), *Technical Change and Economic Theory*, Londres: Pinter, pp. 67-94.

_______ (1990) "Assessing the impact of R&D on employment: puzzle or consensus?", *in* E. Matzner e M. Wagner (orgs.), *The Employment Impact of New Technology: The Case of West Germany*, Aldershot, Hants: Avebury, pp. 234-54.

_______ e Mistral, J. (1988) "Le bout du tunnel? Stratégies conservatrices et nouveau régime d'accumulation". Trabalho apresentado na International Conference on the Theory of Regulation, Barcelona, 16-18 de junho.

_______ e Ralle, P. (1986a) "Croissances nationales et contrainte extérieure avant et après 1973". *Economie et société, nº P29.*

_______ e _______ (1986b) "L'Insertion internationale conditionne-t-elle les formes nationales d'emploi? Convergences ou différentiations des pays européens". *Economie et société*, nº P29.

Boyett, Joseph H. e Conn, Henry P. (1991) *Workplace 2000: The Revolution Reshaping American Business*, Nova York: Dutton.

Braddock, D. J. (1992) "Scientific and technical employment, 1900-2005". *Monthly Labor Review*, fevereiro: 28-41.

Brand, Stewart (1999) *The Clock of the Long Now: Time and Responsibility*, Nova York: Basic Books.

Braudel, Fernand (1967) *Civilisation matérielle et capitalisme. XVe-XVIIe siècle*, Paris: Armand Colin.

Braun, Ernest e Macdonald, Stuart (1982) *Revolution in Miniature: The History and Impact of Semiconductor Electronics Re-explored*, 2ª ed., Cambridge: Cambridge University Press.

Braverman, Harry (1973) *Labor and Monopoly Capital*, Nova York: Monthly Review Press.

Breeden, Richard C. (1993) "The globalization of law and business in the 1990s". *Wake Forest Law Review*, 28 (3): 509-17.

BRIE (1992) *Globalization and Production*, Berkeley, CA: University of California, Trabalho 45 (BRIE).

Broad, William J. (1985) *Star Warriors*, Nova York: Simon & Schuster.

Bronson, P. (1999) *Nudist on the Late Shift and Other True Tales of Silicon Valley*, Nova York: Random House.

Brooks, Harvey (1971) "Technology and the ecological crisis". Palestra proferida em Amherst, 9 de maio.

Brusco, S. (1982) "The Emilian model: productive decentralization and social integration". *Cambridge Journal of Economics*, 6 (2): 167-84.

Brynjolfsson, Erik (1997) "Information technology and the reorganization of work", trabalho apresentado em um congresso sobre "Vernetzung als Wettbewerbs-faktor", Johann Wolfgang Goethe Universitat, Frankfurt, 4 de setembro.

Buitelaar, Wout (org.) (1988) *Technology and Work: Labour Studies in England, Germany and the Netherlands*, Aldershot, Hants: Avebury.

Bunker, Ted (1994) "The multimedia infotainment I-way: telephone, cable, and media companies are pursuing video-on-demand, interactive education, multimedia politicking, and more". *LAN Magazine*, 9 (10): S24.

Burawoy, Michael (1979) *Manufacturing Consent*, Chicago: University of Chicago Press.

Bureau of Labor Statistics (1994) *Occupational Projections and Training Data*. Suplemento estatístico e de pesquisa do *Occupational Outlook Handbook*, 1994-95, Boletim 2451, maio.

Burlen, Katherine (1972) "La réalisation spatiale du désir et l'image spatialisée du besoin". *Espaces et sociétés*, nº 5: 145-59.

Bushnell, P. Timothy (1994) *The Transformation of the American Manufacturing Paradigm*, Nova York: Garland.

Business Week (1993) "The horizontal Corporation". 28 de outubro.

_______ (1993b) "Asia's wealth: special report". 29 de novembro.

_______ (1994a) "The information technology revolution: how digital technology is changing the way we work and live". Edição especial.

_______ (1994b) "The new face of business". Em edição especial sobre: The Information Revolution, pp. 99 ss.

_______ (1994c) "China: birth of a new economy". 31 de janeiro: 42-8.

_______ (1994d) "Sega: it's blasting beyond games and racing to build a high-tech entertainment empire". 21 de fevereiro, matéria de capa.
_______ (1994e) "Interactive TV: not ready for prime time". 14 de março: 30.
_______ (1994f) "The entertainment economy". 14 de março: 58-73.
_______ (1994g) "How the Internet will change the way you do business". 14 de novembro.
_______ (1994h) "Home computers: sales explode as new uses turn PCs into all-purpose information appliances". 28 de novembro: 89 ss.
_______ (1995a) "The networked Corporation". Edição especial.
_______ (1995b) "México: can it cope?" 16 de janeiro.
_______ (1995c) "Software industry". 27 de fevereiro: 78-86.
_______ (1995d) "Benetton's new age". 14 de abril.
_______ (1995e) "The gene kings". 8 de maio: 72 ss.
_______ (1996) "Sun's rise". 22 de janeiro.
_______ (1998) "Log on, link up, save big", 22 de junho: 132-8.
_______ (1999a) "Gene therapy", 12 de julho: 94-104.
_______ (1999b) "The great DNA chip derby", 25 de outubro: 90-2.
_______ (1999c) "The wild new workforce", 6 de dezembro: 39-44.
_______ (1999d) "The Internet age", 4 de outubro.
_______ (1999e) "Cisco: John Chambers' new plan to rale the Internet", matéria especial: 129-54.
Calderon, Fernando e Laserna, Roberto (1994) *Paradojas de la modernidad. Sociedad y câmbios en Bolívia*, La Paz: Fundacion Milênio.
Calhoun, Craig (org.) (1994) *Social Theory and the Politics of Identity*, Oxford: Blackwell.
Camagni, Roberto (1991) "Local milieu, uncertainty and innovation networks: towards a new dynamic theory of economic space". *In* Roberto Camagni (org.), *Innovation Networks: Spatial Perspectives*, Londres: Belhaven Press, pp. 121-44.
Campbell, Duncan (1994) "Foreign investment, labor immobility and the quality of employment". *International Labour Review*, 2: 185-203.
Campo Vidal, Manuel (1996) "La transición audiovisual". Madri: Antena-3 TV (não publicado).
Campos Alvarez, Tostado (1993) *El Fondo Monetário y la deuda externa mexicana*, México: Plaza y Valdes Editores.
Canals, Jordi (1997) *Universal Banking: International Comparisons and Theoretical Perspectives*, Oxford: Oxford University Press.
Canby, E. T. (1962) *A History of Electricity*, Englewood Cliffs, NJ: Prentice-Hall.
Cappelin, Riccardo (1991) "International networks of cities". *In* Roberto Camagni (org.), *Innovation Networks: Spatial Perspectives*, Londres: Belhaven Press.
Cappelli, Peter (1997) *Change at Work*, Nova York: Oxford University Press.
_______ e Rogovsky, Nicolai (1994) "New work systems and skill requirements". *International Labour Review*, 133 (2): 205-20.
Capra, Fritjof (1996) *The Web of Life*, Nova York: Random House.
_______ (1999a) Comunicação pessoal, Berkeley, outubro.
_______ (1999b) "Complexity theory", trabalho não publicado, apresentado na University of California, Berkeley, novembro.
Carey, M. e Franklin, J. C. (1991) "Outlook: 1990-2005 industry output and job growth continues slow into next century". *Monthly Labor Review*, novembro: 45-60.
Carnoy, Martin (1989) *The New Information Technology: International Diffusion and Its Impact on Employment and Skills. A Review of the Literature*, Washington, D.C.: World Bank, PHREE.

______ (1993) "Multinational corporations in the global economy", *in* Carnoy *et al.* (1993b).
______ (1994) *Faded Dreams: The Politics and Economics of Race in America*, Nova York: Cambridge University Press.
______ (2000) *Sustaining Flexibility: Work, Family and Community in the Information Age*, Cambridge, MA: Harvard University Press.
______ e Castells, Manuel (1996) "Sustainable flexibility: work, family, and society in the information age", Berkeley: University of California, Center for Western European Studies.
______ e Fluitman, Fred (1994) "Training and the reduction of unemployment in industrialized countries", Genebra: International Labour Organization. Relatório não publicado.
______ e Levin, Henry (1985) *Schooling and Work in the Democratic State*, Stanford, CA: *Stanford University Press.*
______, Pollack, Seth e Wong, Pia L. (1993a) *Labor Institutions and Technological Change: A Framework for Analysis and Review of the Literature*, Stanford, CA: Stanford University International Development Education Center. Relatório preparado para a International Labour Organization, Genebra.
______ *et al.* (1993b) *The New Global Economy in the Information Age*, University Park, PA: Penn State University Press.
Carre, Jean-Jacques, Dubois, Paul e Malinvaud, Edmond (1984) *Abrégé de la croissance française: un essai d'analyse économique causale de Vaprès guerre*, Paris: Éditions du Seuil.
Carver, M. (1980) *War since 1945*, Londres: Weidenfeld & Nicolson.
Case, Donald O. (1994) "The social shaping of videotex: how information services for the public have evolved". *Journal of the American Society for Information Science*, 45 (7): 483-9.
Castano, Cecilia (1991) *La informatización de la banca en España*, Madri: Ministério de Economia/ Universidad Autónoma de Madrid.
______ (1994a) *Nuevas tecnologias, trabajo y empleo en España*, Madri: Alianza Editorial.
______ (1994b) *Tecnologia, empleo y trabajo en España*, Madri: Alianza Editorial.
Castells, Manuel (1972) *La Question urbaine*, Paris: François Maspero.
______ (1976a) "The service economy and the postindustrial society: a sociological critique". International Journal of Health Services, 6 (4): 595-607.
______ (1976b) La crise economique et la société americaine, Paris: Presses Universitaires de France.
______ (1980) *The Economic Crisis and American Society*, Princeton, NJ: Princeton University Press, e Oxford: Blackwell.
______ (1985) *High Technology, Space and Society*, Beverley Hills, CA: Sage.
______ (1988a) "The new industrial space: information technology manufacturing and spatial structure in the United States". *In* G. Sternlieb e J. Hughes (orgs.), *America's New Market Geography: Nation, Region and Metropolis*, New Brunswick, NJ: Rutgers University.
______ (coord.) (1988b) *The State and Technology Policy: A Comparative Analysis of U.S. Strategic Defense Initiative, Informatics Policy in Brazil, and Electronics Policy in China*, Berkeley, CA: University of California. Mesa-redonda realizada em Berkeley sobre a Economia Internacional (BRIE). Monografia.
______ (1989a) "High technology and the new international division of labor". *Labour Studies*, outubro.
______ (1989b) *The Informational City: Information Technology, Economic Restructuring, and the Urban-Regional Process*, Oxford: Blackwell.
______ (1989c) "Notes of field work in the industrial areas of Taiwan" (não publicado).
______ (1991) "Estrategias de desarrollo metropolitano en las grandes ciudades españolas: la articulación entre crecimiento economico y calidad de vida". *In* Jordi Borja *et al.* (orgs.), *Las grandes ciudades en la década de los noventa*, Madri: Editorial Sistema, pp. 17-64.

_______ (1992) "Four Asian tigers with a dragon head: a comparative analysis of the state, economy, and society in the Asian Pacific Rim". *In* Richard Appelbaum e Jeffrey Henderson (orgs.), *States and Development in the Asian Pacific Rim*, Newbury Park, CA: Sage, pp. 33-70.

_______ (1993) "The informational economy and the new international division of labor", *in* Carnoy *et al.* (1993b): 15-45.

_______ (1994) "Paths towards the informational society: employment structure in G-7 countries, 1920-1990". *International Labour Review*, 133 (1): 5-33 (com Yuko Aoyma).

_______ (1996) "The net and the self: working notes for a critical theory of informational society". *Critique of Anthropology*, 16 (1): 9-38.

_______ (2000) "Materials for an exploratory theory of the network society", *British Journal of Sociology*, edição especial do milênio, 1.

_______ e Guillemard, Anne Marie (1971) "Analyse sociologique des pratiques sociales en situation de retraite". *Sociologie du travail*, 3: 282-307.

_______ e Hall, Peter (1994) *Technopoles of the World: The Makings of 21st Century Industrial Complexes*, Londres: Routledge.

_______ e Kiselyova, Emma (1998) "Russia as a network society", trabalho apresentado no Symposium on Russia at the End of the Twentieth Century, Stanford University, Stanford, 1-3 de novembro.

_______ e _______ (2000) "Russia in the information age", *in* Victoria Bonnell e George Breslauer (orgs.), *Rússia at the End ofthe 20th Century*, Boulder, CO: Westview Press.

_______ e Skinner, Rebecca (1988) "State and technological policy in the U.S.: the SDI program". *In* Manuel Castells (coord.) *The State and Technological Policy*: A Comparative Analysis, Berkeley, CA: University of California. Monografia (BRIE).

_______ e Tyson, Laura d'Andréa (1988) "High technology choices ahead: restructuring interdependence". *In* John W. Sewell and Stuart Tucker (orgs.) *Growth, Exports, and Jobs in a Changing World Economy*, New Brunswick, NJ: Transaction Books.

_______ e _______ (1989) "High technology and the changing international division of production: Implications for the U.S. economy". *In* Randall B. Purcell (org.) *The Newly Industrializing Countries in the World Economy*: *Challenges for U.S. Policy*, Boulder, CO: Lynne Rienner, pp. 13-50.

_______ *et al.* (1986) *Nuevas tecnologias, economia y sociedad en España*, 2 vols., Madri: Alianza Editorial.

_______ Gamella, Manuel, De la Puerta, Enrique, Ayala, Luis e Matias, Carmen (1991) *La industria de las tecnologias de información (1985-90)*. *España en el contexto mundial*, Madri: Fundesco.

_______ Goh, Lee e Kwok, R. W. Y. (1990) *The* Shek Kip Mei *Syndrome*: *Economic Development and Public Housing in Hong Kong and Singapore*, Londres: Pion.

_______, Yazawa, Shujiro e Kiselyova, Emma (1996) "Insurgents against the global order: a comparative analysis of Chiapas Zapatistas, American militia movement, and Aum Shinrikyo". *Berkeley Journal of Sociology*.

Castillo, Gregory (1994) "Henry Ford, Lenin, and the scientific organization of work in capitalist and soviet industrialization", Berkeley, CA: University of California Department of City and Regional Planning. Trabalho de seminário (CP 275), não publicado.

Cats-Baril, William L. e Jelassi, Tawfik (1994) "The French videotex system Minitel: a successful implementation of a national information technology infrastructure". *MIS Quarterly*, 18 (1): 1-20.

Caves, Roger W. (1994) *Exploring Urban America*, Thousand Oaks, CA: Sage.

Centre d'Etudes Prospectives et d'Informations Internationales (CEPII) (1992) *L'Economie mondiale 1990-2000*: *l'impératif de la croissance*, Paris: Economica.

_______ e OFCE (1990) Mimosa: une modelisation de l'économie mondiale, *Observations et diagnostics économiques*, 30 de janeiro.

Cerf, Vinton (1999) "History and future of the Internet", trabalho apresentado na University of Washington Conference on the Internet and Global Political Economy, Seattle, 19-20 de setembro.
Ceruzzi, Paul (1998) *A History of Modern Computing, 1945-1995*, Cambridge, MA: MIT Press.
Cervero, Robert (1989) *America's Suburban Centers: The Land Use-Transportation Link*, Boston, MA: Unwin Hyman.
_______ (1991) "Changing live-work spatial relationships: implications for metropolitan structure and mobility". *In* John Brotchie *et al.* (orgs.) *Cities in the 21 st Century: New Technologies and Spatial Systems*, Melbourne: Longman & Cheshire, pp. 330-47.
Chandler, Alfred D. (1977) *The Visible Hand: The Managerial Revolution in American Business*, Cambridge, MA: Harvard University Press.
_______ (1986) "The evolution of modern global competition". *In* M. E. Porter (org.) *Competition in Global Industries*, Boston, MA: Harvard Business School Press, pp. 405-48.
Chatterjee, Anshu (no prelo) "Globalization of media and cultural identity in India", tese de doutorado não publicada, Berkeley, CA: University of California.
Cheng, Edward K. Y. (1979) *Hypergrowth in Asian Economies: A Comparative Analysis of Hong Kong, Japan, Korea, Singapore and Taiwan*, Londres: Macmillan.
Chesnais, François (1994) *La Mondialisation du capital*, Paris: Syros.
Chida, Tomohei e Davies, Peter N. (1990) *The Japanese Shipping and Shipbuilding Industries: A History of Their Modern Growth*, Londres: Athlone Press.
Child, John (1986) "Technology and work: An outline of theory and research in the western social sciences". *In* Peter Grootings (org.), *Technology and Work: East-West Comparison*, Londres: Croom Helm, pp. 7-66.
Chin, Pei-Hsiung (1988) *Housing Policy and Economic Development in Taiwan*, Berkeley, CA: University of California, IURD.
Chizuko, Ueno (1987) "The position of Japanese women reconsidered". *Current Anthropology*, 28 (4): 75-84.
_______ (1988) "The Japanese women's movement: the counter-values to industrialism". *In* Grakan McCormack e Yoshio Sugimoto (orgs.), *Modernization and Beyond: The Japanese Trajectory*, Cambridge: Cambridge University Press, pp. 167-85.
Chung, K. H., Lee H. C. e Okumura, A. (1988) "The managerial practices of Korean, American, and Japanese firms". *Journal of East and West Studies*, 17: 45-74.
Cisco Systems (1999) "The global networked business: a model for success", relatório online, publicado no Cisco Systems' Web Site, 20 de julho.
Clark, R. (1979) *The Japanese Company*, New Haven, CT: Yale University Press.
Clegg, Stewart (1990) *Modern Organizations: Organization Studies in the Postmodern World*, Londres: Sage.
_______ (1992) "French bread, Italian fashions, and Asian enterprises: modern passions and postmodern prognoses". *In* Jane Marceau (org.) *Reworking the World*, Berlim: Walter de Gruyter, pp. 55-94.
_______ e Redding, S. Gordon (orgs.) (1990) *Capitalism in Contrasting Cultures*, Berlim: Walter de Gruyter.
Clow Archibald e Clow, Nan L. (1952) *The Chemical Revolution*, Londres: Batchworth Press.
Coclough, Christopher e Manor, James (orgs.) (1991) *States or Markets? Neoliberalism and the Development Policy Debate*, Oxford: Clarendon Press.
Cohen Stephen (1990) "Corporate nationality can matter a lot". Declarações para o Joint Economic Committee do Congresso norte-americano, setembro.
_______ (1993) "Geo-economics: lessons from America's mistakes". *In* Martin Carnoy *et al.*, *The New Global Economy in the Information Age*, University Park, PA: Penn State University Press, pp. 97-147.

_______ (1994) "Competitiveness: a reply to Krugman". *Foreign Affairs*, 73: 3.

_______ e Borras, Michael (1995a) *Networks of American and Japanese Electronics Companies in Asia*, Berkeley, CA: University of California. Trabalho de pesquisa (BRIE).

_______ e _______ (1995b) *Networks of Companies in Asia*, Berkeley, CA: University of California. Trabalho de pesquisa (BRIE).

_______ e Guerrieri, Paolo (1995) "The variable geometry of Asian Trade". *In* Eileen M. Doherty (org.) *Japanese Investment in Asia*, Berkeley, CA: University of California, BRIE-Asia Foundation, pp. 189-208.

_______ e Zysman, John (1987) *Manufacturing Matters: The Myth of Postindustrial Economy*, Nova York: Basic Books.

_______ *et al.* (1985) *Global Competition: The New Reality*, vol. III of John Young (presidente), *Competitiveness. The Report of the President's Commission on Industrial Competitiveness*, Washington, D.C.: Government Printing Office, p. 1.

Cohendet, P. e Llerena, P. (1989) *Flexibilité, information et décision*, Paris: Economica.

Colas, Dominique (1992) *La Glaive et le fléau. Genéalogie du fanatisme et de la société civile*. Paris: Grasset.

Collective Author (1994) *The State of Working Women: 1994 Edition*, Tóquio: 21 Seiki Zoidan (em japonês).

Comision de nuevas tecnologias de información y comunicación de la presidencia de la Republica de Chile (1999) *Chile: hacia la sociedad de la information, Informe al Presidente de la Republica*, Santiago de Chile.

Commission of the European Union (1994) *Growth, Competitiveness, Employment: The Challenges and Ways Forward into the 21st Century, White Paper*, Luxembourg: Office of the European Communities.

Conference on Time and Money in the Russian Culture (1995). Organizadores: Center for Slavic and Eastern European Studies, Berkeley, University of California e Center for Russian and Eastern European Studies, Stanford University. Congresso realizado no dia 17 de março de 1995 em Berkeley, cujas apresentações e discussões não foram publicadas (notas pessoais e resumo das atas: Emma G. Kiselyova).

Conseil d'État (1998) *The Internet and Digital Networks*, Paris: La Documentation Française.

Cooke, Philip (1994) "The cooperative advantage of regions", trabalho preparado para Congresso de Comemoração do Centenário de Harold Innis: *Regions, Institutions and Technology*, Universidade de Toronto, 23-25 de setembro.

_______ e Morgan, K. (1993) "The network paradigm: new departures in corporate and regional development". *Society and Space*, 11: 543-64.

Cooper, Charles (org.) (1994) *Technology and Innovation in the International Economy*, Aldershot, Hants.: Edward Elgar and United Nations University Press.

Cooper, James C. (1995) "The new golden age of productivity". *Business Week*, 26 de setembro: 62.

Coriat, Benjamin (1990) *L'Atelier et le robot*, Paris: Christian Bourgois Editeur.

_______ (1994) "Neither prenor post-fordism: an original and new way of managing the labour process". *In* K. Tetsuro e R. Steven (orgs.) *Is Japanese Management Post-Fordism?*, Tóquio: Mado-sha, p. 182.

Council of Economic Advisers (1995) *Economic Report to the President of the United States. Transmitted to the Congress, February 1995*, Washington, D.C.: Government Printing Office, pp. 95-127.

Crick, Francis (1994) *The Astonishing Hypothesis: The Scientific Search for the Soul*, Nova York: Charles Scribner's Sons.

CREC (Center for Research in Electronic Commerce) (1999a) "The Internet economy indicators — October 1999 report", Austin: University of Texas, Graduate School of Business (relatório online).

_______ (1999b) "The Internet economy indicators: key findings. November 17 report", Austin: University of Texas, Graduate School of Business (relatório online).

Croteau, David e Haynes, William (2000) *Media/Society: Industries, Images, and Audiences*, 2ª ed., Thousand Oaks, CA: Pine Forge Press.

Cuneo, Alice (1994) "Getting wired in the Gulch: creative and coding merge in San Francisco's multimedia community". *Advertising Age*, 65 (50).

Cusumano, M. (1985) *The Japanese Automobile Industry: Technology and Management at Nissan and Toyota*, Cambridge, MA: Harvard University Press.

Cyert, Richard M. e Mowery, David C. (orgs.) (1987) *Technology and Employment: Innovation and Growth in the U.S. Economy*, Washington, D.C.: National Academy Press.

Dalloz, Xavier e Portnoff, André-Yves (1994) "Les promesses de l'unimedia". *Futuribles*, n. 191: 11-36.

Daniel, W. (1987) *Workplace Survey of Industrial Relations*, Londres: Policy Studies Institute.

Daniels, P. W. (1993) *Service Industries in the World Economy*, Oxford: Blackwell.

Danton de Rouffignac, Peter (1991) *Europe's New Business Culture*, Londres: Pitman.

Darbon, Pierre e Robin, Jacques (orgs.) (1987) *Le Jaillissement des biotechnologies*, Paris: Fayard-Fondation Diderot.

David, P. A. (1975) *Technical Choice Innovation and Economic Growth: Essays on American and British Experience in the Nineteenth Century*, Londres: Cambridge University Press.

_______ e Bunn, J. A. (1988) "The economics of gateways' technologies and network evolution: lessons from the electricity supply industry". *Information Economics and Policy*, 3 (abril): 165-202.

David, Paul (1989) *Computer and Dynamo: the Modern Productivity Paradox in Historical Perspective*, Stanford, CA: Stanford University Center for Economic Policy Research, trabalho nº 172.

Davis, Diane (1994) *Urban Leviathan: Mexico in the 20th Century*, Filadélfia, PA: Temple University Press.

Davis, Mike (1990) *City of Quartz*, Londres: Verso.

Dean, James W., Yoon, Se Joon e Susman, Gerald I. (1992) "Advanced manufacturing technology and organization structure: empowerment or subordination?" *Organization Science*, 3 (2): 203-29.

De Anne, Julius (1990) *Global Companies and Public Policy: The Growing Challenge of Foreign Direct Investment*, Nova York: Council of Foreign Relations Press.

De Bandt, J. (org.) (1985) *Les Services dans les sociétés industrielles avancées*, Paris: Economica.

Deben, Leon *et al.* (orgs.) (1993) *Understanding Amsterdam: Essays on Economic Vitality, City Life, and Urban Form*, Amsterdã: Het Spinhuis.

December, John (1993) "Characteristics of oral culture in discourse on the Net", trabalho não publicado.

De Conninck, Frederic (1995) *Société éclatée. Travail intégré*, Paris: Presses Universitaires de France.

De Kerckhove, Derrick (1997) *Connected Intelligence: The Arrival of the Web Society*, Toronto: Somerville.

Denison, Edward F. (1967) *Why Growth Rates differ: Postwar Experience in Nine Western Countries*, Washington, D.C.: Brookings Institution.

_______ (1974) *Accounting for United States Economic Growth, 1929-1969*, Washington, D.C.: Brookings Institution.

_______ (1979) *Accounting for Slower Economic Growth: The United States in the 1970s*, Washington, D.C.: Brookings Institution.

Dentsu Institute for Human Studies/DataFlow International (1994) *Media in Japan*, Tóquio: DataFlow International.

Derriennic, J. P. (1990) "Tentative de polémologie nécrométrique", Quebec: Université Lavai. Trabalho não publicado.

Deyo, Frederick (org.) (1987) *The Political Economy of New Asian Industrialism*, Ithaca, NY: Cornell University Press.

Dicken, Peter (1992) *Global Shift, Londres: Chapman.*

Dickens, William T., Tyson, Laura D'Andrea e Zysman, John (orgs.) (1988) *The Dynamics of Trade and Employment*, Cambridge, MA: Ballinger Press.

Dickinson, H. W. (1958) "The steam engine to 1830". *In* C. Singer (org.) A *History of Technology*, vol. 4: *The Industrial Revolution, 1750-1850*, Oxford: Oxford University Press, pp. 168-97.

Dizard, Wilson P. (1982) *The Coming Information Age*, Nova York: Longman.

Dodgson, M. (org.) (1989) *Technology Strategy and the Firm: Management and Public Policy*, Harlow, Essex: Longman.

Dohse, K., Jurgens, V. e Malsch, T. (1985) "From Fordism to Toyotism? The social organization of the labour process in the Japanese automobile industry". *Politics and Society*, 14(2): 115-46.

Dondero, George (1995) "Information, communication, and vehicle technology", Berkeley, CA: University of California, Department of City and Regional Planning (abr.-jun.). Trabalho de seminário (CP-2981), não publicado.

Dordick, Herbert S. e Wang, Georgette (1993) *The Information Society: A Retrospective View*, Newbury Park, CA: Sage.

Dosi, Giovanni (1988) "The nature of the innovative process". *In* G. Dosi *et al*, *Technical Change and Economic Theory*, Londres: Pinter, 221-39.

________, Freeman, Christopher, Nelson, Richard, Silverberg, Gerald e Soete Luc (orgs.) (1988a) *Technical Change and Economic Theory*, Londres: Pinter.

________ Pavitt, K e Soete, L. (1988a) *The Economics of Technical Change and International Trade*, Brighton, Sussex: Wheatsheaf.

Dower, John W. (org.) (1975) *Origins of the Modern Japanese State: Selected Writings of E. H. Norman*, Nova York: Pantheon Books.

Doyle, Marc (1992) *The Future of Television: A Global Overview of Programming, Advertising, Technology and Growth*, Lincolnwood, IL: NTC Business Books.

Drexler, K. Eric e Peterson, Chris (1991) *Unbounding the Future: The Nanotechnology Revolution*, Nova York: Quill/William Morrow.

Drucker, Peter F. (1988) "The coming of the new organization". *Harvard Business Review*, 88: 45-53.

Duarte, Fábio (1998) *Global e local no mundo contemporâneo*, São Paulo: Editora Moderna.

Dubois, Pierre (1985) "Rupture de croissance et progrès technique". *Economie et statistique*, 181.

Dunford, M. e Kafkalas, G. (orgs.) (1992) *Cities and Regions in the New Europe: The Global-Local Interplay and Spatial Development Strategies*, Londres: Belhaven Press.

Dunning, John (1993) *Multinational Enterprises and the Global Economy*, Reading, MA: Addison-Wesley.

________ (1997) *Alliance Capitalism and Global Business*, Londres: Routledge.

Dupas, Gilberto (1999) *Economia global e exclusão social*, São Paulo: Paz e Terra.

Durlabhji, Subhash e Marks, Norton (orgs.) (1993) *Japanese Business: Cultural Perspectives*, Albany, NY: State University of New York Press.

Dutton, William (1999) *Society on the Line: Information Politics and the Digital Age*, Oxford: Oxford University Press.

Dy, Josefina (org.) (1990) *Advanced Technology in Commerce, Offices, and Health Service*, Aldershot, Hants: Avebury.

Dyson, Esther (1998) *Release 2.1: A Design for Living in the Digital Age*, Londres: Penguin.

Ebel, K. e Ulrich, E. (1987) *Social and Labour Effects of CAD/CAM*, Genebra: International Labour Organization.

Eco, Umberto (1977) "Dalla periferia dell'impero", citado na tradução para o inglês como Eco, Umberto, "Does the audience have bad effects on televison?" *In* Umberto Eco, *Apocalypse Postponed*, Bloomington: Indiana University Press, 1994, pp. 87-102.

Edquist, Charles e Jacobsson, Stefan (1989) *Flexible Automation: The Global Diffusion of New Technologies in the Engineering Industry*, Oxford: Blackwell.

Egan, Ted (1995) "The development and location patterns of software industry in the U.S.", tese de doutorado não publicada, Berkeley, CA: University of California. Eichengreen, Barry (1996) *Globalizing Capital: A History of the International Monetary System*, Princeton, NJ: Princeton University Press.

Elkington, John (1985) *The Gene Factory: Inside the Business and Science of Biotechnology*, Nova York: Carroll & Graf.

Elmer-Dewwit, Philip (1993) "The amazing video game boom". *Time*, 27 de setembro: 67-72.

El Pais/World Media (1995) "Habla el futuro". 9 de março (suplemento).

Enderwick, Peter (org.) (1989) *Multinational Service Firms*, Londres: Routledge.

Epstein, Edward (1995) "Presidential contender's campaign online". *San Francisco Chronicle*, 27 de novembro.

Ernst, Dieter (1994a) *Carriers of Regionalization? The East Asian Production Networks of Japanese Electronics Firms*, Berkeley, CA: University of California, Trabalho 73 (BRIE).

_______ (1994b) *Inter-Firms Networks and Market Structure: Driving Forces, Barriers and Patterns of Control*, Berkeley, CA: University of California. Trabalho de pesquisa (BRIE).

_______ (1994c) *Networks in Electronics*, Berkeley, CA: University of California. Monografia (BRIE).

_______ (1995) "International production networks in Asian electronics: how do they differ and what are their impacts?". Trabalho não publicado apresentado na BRIE-Asia Foundation Conference on Competing Production Networks in Asia, San Francisco, 27-28 de abril.

_______ (1997) "From partial to systemic globalization: international production networks in the electronic industry", Berkeley: University of California, trabalho (BRIE).

_______ e O'Connor, David (1992) *Competing in the Electronics Industry: The Experience of Newly Industrializing Economies*, Paris: OCDE.

Esping-Andersen, G. (org.) (1993) *Changing Classes*, Londres: Sage.

_______ (1999) *Social Foundations of Postindustrial Economies*, Oxford: Oxford University Press.

Estefania, Joaquin (1996) *La nueva economia: La globalization*, Madri: Editorial Debate.

Evans, Peter (1995) *Embedded Autonomy: States and Industrial Transformation*, Princeton, NJ: Princeton University Press.

Fager, Gregory (1994) "Financial flows to the major emerging markets in Asia". *Business Economics*, 29 (2): 21-7.

Fainstein, Susan S., Gordon, Ian e Harloe, Michael (orgs.) (1992) *Divided Cities*, Oxford: Blackwell.

Fajnzylber, Fernando (1990) *Unavoidable Industrial Restructuring in Latin America*, Durham, NC: Duke University Press.

Fassmann H. e Münz, R. (1992) "Patterns and trends of international migration in Western Europe". *Population and Development Review*, 18 (3).

Fazy, Ian Hamilton (1995) "The superhighway pioneers". *The Financial Times*, 20 de junho.

Ferguson, Marjorie (org.) (1986) *New Communications Technologies and the Public Interest: Comparative Perspectives on Policies and Research*, Newbury Park, CA: Sage.

Feuerwerker, Albert (1984) "The state and economy in late imperial China". *Theory and Society*, 13: 297-326.

Fischer, Claude (1982) *To Dwell Among Friends*, Berkeley, CA: University of California Press.

_______ (1985) "Studying technology and social life". *In* Manuel Castells (org.), *High Technology, Space, and Society*, Beverly Hills, CA: Sage (*Urban Affairs Annual Reviews*, 28: 284-301).

_______ (1992) *America Calling: A Social History of the Telephone to 1940*, Berkeley, CA: University of California Press.

Flynn, P. M. (1985) *The Impact of Technological Change on Jobs and Workers*, trabalho preparado para o Department of Labor, Employment Training Administration, EUA.

Fontana, Josep (1988) *La fin de l'Antic Regim i l'industrialitzacio, 1787-1868*, vol. V de Pierre Vilar (diretor), *Historia de Catalunya*, Barcelona: Edicions 62.

Foray, Dominique (1999) "Science, technology and the market", *in World Social Science Report 1999*, Paris: Unesco, pp. 246-56.
_______ e Freeman, Christopher (orgs.) (1992) *Tecnologie et richesse des nations*, Paris: Economica.
Forbes, R. J. (1958) "Power to 1850". *In* C. Singer (org.) *A History of Technology*, vol. 4: *The Industrial Revolution, 1750-1850*, Oxford: Oxford University Press.
Forester, Tom (org.) (1980) *The Microelectronics Revolution*, Oxford: Blackwell.
_______ (org.) (1985) *The Information Technology Revolution*, Oxford: Blackwell.
_______ (org.) (1987) *High-tech Society*, Oxford: Blackwell.
_______ (org.) (1988) *The Materials Revolution*, Oxford: Blackwell Business.
_______ (org.) (1989) Computers in the Human Context, Oxford: Blackwell.
_______ (1993) Silicon Samurai: How Japan Conquered the World Information Technology Industry, Oxford: Blackwell.
_______ (org.) (1989) *Computers in the Human Context*, Oxford: Blackwell.
Fouquin, Michel, Dourille-Feer, Evelyne e Oliveira-Martins, Joaquim (1992) *Pacifique: le recentrage asiatique*, Paris: Economica.
Frankel, J.A. (1991) "Is a yen bloc forming in Pacific Asia?", *in* R. O'Brien (ed.) *Finance and the International Economy, 5*, Nova York: Oxford University Press.
_______ (org.) (1994) *The Internationalization of Equity Markets*, Chicago: University of Chicago Press.
Freeman, Christopher (1982) *The Economies of Industrial Innovation*, Londres: Pinter.
_______ (org.) (1986) *Design, Innovation, and Long Cycles in Economic Development*, Londres: Pinter.
_______ e Soete, Luc (1994) *Work for All or Mass Unemployment*? Londres: Pinter.
_______ Sharp, Margaret e Walker, William (orgs.) (1991) *Technology and the Future of Europe*, Londres: Pinter.
Freeman, Richard (org.) (1994) *Working Under Different Rules*, Cambridge, MA: Harvard University Press.
French, W. Howard (1999) "Economy's ebb in Japan spurs temporary jobs", *The New York Times*, 12 de agosto: A1-A4.
Freud, Sigmund (1947) "Thoughts for the times on war and death". *In On War, Sex, and Neurosis*, Nova York: Arts and Science Press, pp. 243-76.
Friedland, Roger e Boden, Deirdre (orgs.) (1994) *Nowhere: Space, Time, and Modernity*, Berkeley, CA: University of California Press.
Friedman, D. (1988) *The Misunderstood Miracle*, Ithaca, NY: Cornell University Press.
Friedman, Milton (1968) *Dollars and Deficits: Living with America's economic problems*, Englewood Cliffs, N. J.: Prentice-Hall.
Friedmann, Georges (1956) *Le Travail en miettes*, Paris: Gallimard.
_______ (1957) Countries in the World Economy: Challenges for US Policy, Boulder, CO: Lynne Reinner, pp. 159-86.
_______ e Naville, Pierre (orgs.) (1961) *Traité de sociologie du travail*, Paris: Armand Colin.
Friedmann, Thomas L. (1999) *The Lexus and the Olive Tree*, Nova York: Times Books.
Fulk, J. e Steinfield, C. (orgs.) (1990) *Organizations and Communication Technology*, Newbury, CA: Sage.
Gallie, D. e Paugham, S. (orgs.) (2000) *The Experience of Unemployment in Oxford*, Oxford: Oxford University Press.
Ganley, Gladys D. (1991) "Power to the people via electronic media". *Washington Quarterly* (abr.-jun.), 5-22.
Garrat, G. R. M. (1958) "Telegraphy". *In* C. Singer (org.) *A History of Technology*, vol. 4: *The Industrial Revolution, 1750-1850*, Oxford: Oxford University Press, pp. 644-62.
Garreau, Joel (1991) *Edge City: Life on the New Frontier*, Nova York: Doubleday.

Garton, Laura e Wellman, Barry (1995) "Social impacts of electronic mail in organizations: a review of the research literature", *in* Brant E. Burleson (org.) *Communications Yearbook*, 18, Thousand Oaks, CA: Sage, pp. 434-53.

GATT (General Agreement on Tariffs and Trade) (1994) *International Trade*, Genebra: GATT, Trends and Statistics.

Gelb, Joyce e Lief Palley, Marian (orgs.) (1994) *Women of Japan and Korea: Continuity and Change*, Filadélfia, PA: Temple University Press.

Gelernter, David (1991) *Mirror Worlds*, Nova York: Oxford University Press.

Gereffi, Gary (1993) *Global Production Systems and Third World Development*, Madison: University of Wisconsin Global Studies Research Program. Série de Trabalhos, agosto.

_______ (1999) "International trade and industrial upgrading in the apparel commodity chain", *Journal of International Economics*, 48: 37-70.

_______ e Wyman, Donald (orgs.) (1990) *Manufacturing Miracles: Paths of Industrialization in Latin America and East Asia*, Princeton, NJ: Princeton University Press.

Gerlach, Michael L. (1992) *Alliance Capitalism: The Social Organization of Japanese Business*, Berkeley, CA: University of California Press.

Geroski, P. (1995) "Markets for technology: knowledge, innovation and appropriability", in P. Stoneman (org.) *Handbook of the Economics of Innovation and Technological Change*, Oxford: Blackwell, pp. 91-131.

Gershuny, J. I. e Miles, I. D. (1983) *The New Service Economy: The Transformation of Employment in Industrial Societies*, Londres: Pinter.

Ghoshal, Sumantra e Bartlett, Christopher (1993) "The multinational corporation as an Inter-organizational network". *In* Sumantra Ghoshal e D. Eleanor Westney (orgs.) *Organization Theory and Multinational Corporations*, Nova York: St Martin's Press, pp. 77-104.

_______ e Westney, E. Eleanor (orgs.) (1993) *Organization Theory and Multinational Corporations*, Nova York: St Martin's Press.

Gibson, David G. e Rogers, Everett (1994) *R&D: Collaboration on Trial. The Microelectronics Computer Technology Corporation*, Boston, MA: Harvard Business School Press.

Giddens, A. (1981) A *Contemporary Critique of Historical Materialism*, Berkeley, CA: University of California Press.

_______ (1984) *The Constitution of Society: Outline of a Theory of Structuration*, Cambridge: Polity Press.

_______ (1998) *The Third Way: the Renewal of Social Democracy*, Oxford: Blackwell.

Gille, Bertrand (1978) *Histoire des techniques: technique et civilisations, technique et sciences*, Paris: Gallimard.

Gitlin, Todd (1987) *The Sixties: Years of Hope, Days of Rage*, Toronto e Nova York: Bantam Books.

Gleick, James (1987) *Chaos*, Nova York: Viking Penguin.

_______ (1999) *Faster: The Acceleration of Just About Everything*, Nova York: Pantheon.

Godard, Francis *et al.* (1973) *La Renovation urbaine à Paris*, Paris: Mouton.

Gold, Thomas (1986) *State and Society in the Taiwan Miracle*, Armonk, NY: M. E. Sharpe.

Goldsmith, William W. e Blakely, Edward J. (1992) *Separate Societies: Poverty and Inequality in U.S. cities*, Filadélfia, PA: Temple University Press.

Goodman, P. S., Sproull, L. S. *et al.* (1990) *Technology and Organization*, San Francisco, CA: Jossey-Bass.

Gordon, Richard (1994) *Internationalization, Multinationalization, Globalization: Contradictory World Economies and New Spatial Divisions of Labor*, Santa Cruz, CA: University of California Center for the Study of Global Transformations, Trabalho 94.

Gordon, Robert (1999) "Has the 'new economy' rendered the productivity slow-down obsolete?", Northwestern University, Department of Economics, relatório online.

Gorgen, Armelle e Mathieu, Rene (1992) "Developing partnerships: new organizational practices in manufacturer-supplier relationships in the French automobile and aerospace industry". *In* Jane Marceau (org.) *Reworking the World: Organizations, Technologies, and Cultures in Comparative Perspective*, Berlim: Walter de Gruyter, pp. 171-80.

Gottdiener, Marc (1985) *The Social Production of Urban Space*, Austin TX: University of Texas Press.

Gould, Stephen J. (1980) *The Panda's Thumb: More Reflections on Natural History*, Nova York: W. W. Norton.

Gourevitch, Peter A. (org.) (1984) *Unions and Economic Crisis: Britain, West Germany and Sweden*, Boston, MA: Allen & Unwin.

Graham, E. (1996) *Global Corporations and National Governments*, Washington, DC: Institute for International Economics.

Graham, Stephen (1994) "Networking cities: telematics in urban policy — a critical review". *International Journal of Urban and Regional Research*, 18 (3): 416-31.

________ e Marvin, Simon (1996) *Telecommunications and the City: Electronic Spaces, Urban Places*, Londres: Routledge.

________ e ________ (2000) *Splintering Networks, Fragmenting Cities: Urban Infrastructure in a Global-Local Age*, Londres: Routledge.

Granovetter, M. (1985) "Economic action and social structure: the problem of embeddedness". *American Journal of Sociology*, 49: 323-34.

Greenhalgh, S. (1988) "Families and networks in Taiwan's economic development". *In* E. A. Winckler e S. Greenhalgh (orgs.) *Contending Approaches to the Political Economy of Taiwan*, Armonk, NY: M. E. Sharpe.

Greenspan, Alan (1998) "The semi-annual monetary policy report before the Committee on Banking and Financial Services of the US House of Representatives", 24 de fevereiro.

Guerrieri, Paolo (1993) "Patterns of technological capability and international trade performance: an empirical analysis". *In* M. Kreinin (org.), *The Political Economy of International Commercial Policy: Issues for the 1990s*, Londres: Taylor & Francis.

Guille, Bruce R. (org.) (1985) *Information Technologies and Social Transformation*, Washington, D.C.: National Academy of Engineering, National Academy Press.

________ e Brooks, Harvey (orgs.) (1987) *Technology and Global Industry: Companies and Nations in the World Economy*, Washington, D.C.: National Academy of Engineering.

Guillemard, Anne Marie (1972) *La Retraite: une mort sociale*, Paris: Mouton.

________ (1988) *Le Déclin du social*, Paris: Presses Universitaires de France.

________ (1993) "Travailleurs vieillissants et marché du travail en Europe". *Travail et emploi*, setembro: 60-79.

________ e Rein, Martin (1993) "Comparative patterns of retirement: recent trends in developed societies". *Annual Review of Sociology*, 19: 469-503.

Gurr, T. R. (1993) *Minorities at Risk: A Global View of Ethnopolitical Conflicts*, Washington, D.C.: US Institute of Peace Press.

Gurstein, Penny (1990) "Working at home in the live-in office: computers, space, and the social life of household", Berkeley, CA: University of California. Tese de doutorado não publicada.

Gutner, Todi (1999) "Special report: the e-bond revolution", *Business Week*, 15 de novembro: 270-80.

Hafner, Katie e Markoff, John (1991) *Cyberpunk: Outlaws and Hackers in the Computer Frontier*, Nova York: Touchstone.

Hall, Carl (1999a) "Tiny switch could shrink computers: microscopic machines with the power of a billion PCs", *San Francisco Chronicle*, 16 de julho: 1-8.

_______(1999b) "Brave new nano-world lies ahead", *San Francisco Chronicle*, 19 de julho: 1-8.

Hall, Nina (org.) (1991) *Exploring Chaos: A Guide to the New Science of Disorder*, Nova York: W. W. Norton.

Hall, Peter (1995) "Towards a general urban theory". *In* John Brotchie *et al.* (orgs.) *Cities in Competition: Productive and Sustainable Cities for the 21st Century*, Sydney: Longman Australia, pp. 3-32.

_______(1998) *Cities in Civilization*, Nova York: Pantheon Books.

_______e Preston, Pascal (1988) *The Carrier Wave: New Information Technology and the Geography of Innovation, 1846-2003*, Londres: Unwin Hyman.

_______*et al.* (1987) *Western Sunrise: The Genesis and Growth of Britain's Major High Technology Corridor*, Londres: Allen & Unwin.

_______Bornstein, Lisa, Grier, Reed e Webber, Melvin (1988) *Biotechnology: The Next Industrial Frontier*, Berkeley, CA: University of California Institute of Urban and Regional Development. Relatório do grupo de pesquisa sobre a indústria biotécnica.

Hall, Stephen S. (1987) *Invisible Frontiers: The Race to Synthesize a Human Gene*, Nova York: Atlantic Monthly Press.

Hamelink, Cees (1990) "Information imbalance: core and periphery". *In* C. Downing *et al. Questioning the Media*, Newbury Park: Sage, pp. 217-28.

Hamilton, Gary G. (1984) "Patriarchalism in Imperial China and Western Europe", *Theory and Society*, 13: 293-426.

_______(1985) "Why no capitalism in China? Negative questions in historical comparative research", *Journal of Asian Perspectives*, 2: 2.

_______(1991) *Business Networks and Economic Development in East and Southeast Asia*, Hong Kong: University of Hong Kong, Centre of Asian Studies.

_______e Biggart, N. W. (1988) "Market, culture, and authority: a comparative analysis of management and organization in the Far East". *In* C. Winship e S. Rosen (orgs.) *Organization and Institutions: Sociological Approaches to the Analysis of Social Structure*, Chicago, IL: University of Chicago Press, Suplemento do American Journal of Sociology, pp. S52-S95.

_______e Kao, C.S. (1990) "The institutional foundation of Chinese business: the family firm in Taiwan", *Comparative Social Research*, 12: 95-112.

_______Zeile, W. e Kim, W. J. (1990) "The networks structures of East Asian economies". *In* Stewart R. Clegg e S. Gordon Redding (orgs.) *Capitalism in Contrasting Cultures*, Berlim: Walter de Gruyter.

Hammer, M. e Camphy, J. (1993) *Re-engineering the Corporation*, Nova York: The Free Press.

Handelman, Stephen (1995) *Comrade Criminal: Russia's New Mafiya*, New Haven, CT: Yale University Press.

Handinghaus, Nicolas H. (1989) "Droga y crecimiento economico: el narcotráfico en las cuentas nationales". *Nueva Sociedad* (Bogotá), nº 102.

Handy, Susan e Mokhtarian, Patrícia L. (1995) "Planning for telecommuting". *Journal of the American Planning Association*, 61 (1): 99-111.

Hanks, Roma S. e Sussman, Marvin B. (orgs.) (1990) *Corporations, Businesses and Families*, Nova York: Haworth Press.

Hanson, Stephen E. (1991) "Time and Soviet Industrialization", tese de doutorado não publicada, Berkeley, CA: University of California. Harff, B. (1986) "Genocide as state terrorism". *In* Michael Stohl e George A. Lopez, *Government Violence and Repression*, Westport, CT: Greenwood Press.

Harmon, Amy (1999) "The rebel code", *The New York Times Magazine*, 21 de fevereiro: 34-7.

Harper-Anderson, Elsie (no prelo) "Differential career patterns of the professional labor force in the new economy: the case of the San Francisco Bay Area", tese de doutorado não publicada, Berkeley, CA: University of California.

Harrington, Jon (1991) *Organizational Structure and Information Technology*, Nova York: Prentice-Hall.
Harris, Nigel (1987) *The End of the Third World*, Harmondsworth, Middx.: Penguin.
Harrison, Bennett (1994) *Lean and Mean: The Changing Landscape of Corporate Power in the Age of Flexibility*, Nova York: Basic Books.
Hart, Jeffrey A., Reed, Robert R. e Bar, François (1992) *The Building of Internet*, Berkeley, CA: University of California, trabalho acadêmico (BRIE).
Hartman, Amir e Sifonis, John, com Kador, John (2000) *Net Ready*, Nova York: McGraw-Hill.
Hartmann, Heidi (org.) (1987) *Computer Chips and Paper Clips: Technology and Women's Employment*, Washington D.C.: National Academy Press.
Harvey, David (1990) *The Condition of Postmodernity*, Oxford: Blackwell.
Havelock, Eric A. (1982) *The Literate Revolution in Greece and its Cultural Consequences*, Princeton, NJ: Princeton University Press.
Heavey, Laurie (1994) "Global integration". *Pension World*, 30 (7): 24-7.
Held, David, McGrew, Anthony, Goldblatt, David e Perraton, Jonathan (1999) *Global Transformations: Politics, Economics and Culture*, Stanford, CA: Stanford University Press.
Henderson, Jeffrey (1989) *The Globalisation of High Technology Production: Society, Space and Semiconductors in the Restructuring of the Modern World*, Londres: Routledge.
________ (1990) *The American Semiconductors Industry and the New International Division of Labor*, Londres: Routledge.
________ (1991) "Urbanization in the Hong Kong-South China region: an introduction to dynamics and dilemmas". *International Journal of Urban and Regional Research*, 15 (2): 169-79.
Herman, Robin (1990) *Fusion: The Searchfor Endless Energy*, Cambridge: Cambridge University Press.
Herther, Nancy K. (1994) "Multimedia and the 'information superhighway'". Online, 18 (5): 24.
Hewitt, P. (1993) *About Time: The Revolution in Work and Family Life*, Londres: IPPR/Rivers Oram Press.
Hill, Christopher (org.) (1996) *The Actors in Europe's Foreign Policy*, Londres: Routledge.
Hiltz, Starr Roxanne e Turoff, Murray (1993) *The Network Nation: Human Communication via Computer*, Cambridge, MA: MIT Press.
Hiltzik, Michael (1999) *Dealers of Lightning: Xerox Pare and the Dawn of the Computer Age*, Nova York: Harper.
Himannen, Pekka (2001) *The Hackers' Ethic and the Spirit of Informationalism*, New Haven: Yale University Press (no prelo).
Hinrichs, Karl, Roche, William e Sirianni, Carmen (orgs.) (1991) *The Political Economy of Working Hours in Industrial Nations*, Filadélfia, PA: Temple University Press.
Hirschhorn, Larry (1984) *Beyond Mechanization: Work and Technology in a Postindustrial Age*, Cambridge, MA: MIT Press.
________ (1985) "Information technology and the new services game". *In* Manuel Castells (org.) *High Technology, Space and Society*, Beverly Hills, CA: Sage, pp. 172-90.
Ho, H. C. Y. (1979) *The Fiscal System of Hong Kong*, Londres: Croom Helm.
Hockman, E. e Kostecki, G. (1995) *The Political Economy of the World Trading System: From GATT to WTO*, Oxford: Oxford University Press.
Hoffman, Abbie (1999) "Globalization and networking: the Cisco Systems' strategy", Berkeley, CA: Califórnia, Department of City and Regional Planning, trabalho de pesquisa de CP 229.
Hohenberg, Paul (1967) *Chemicals in Western Europe, 1850-1914*, Chicago, IL: Rand-McNally.
Holsti, K. J. (1991) *Peace and War: Armed Conflicts and International Order, 1648-1989*, Cambridge: Cambridge University Press.
Honigsbaum, Mark (1988) "Minitel loses fads image, moves toward money". *MIS Week*, 9(36): 22.

Hoogvelt, Ankie (1997) *Globalisation and the Postcolonial World: The New Political Economy of Development*, Londres: Macmillan.

Howell, David (1994) "The skills myth". *American Prospect*, 18 (jul.-set.): 81-90.

_______ e Wolff, Edward (1991) "Trends in the growth and distribution of skills in the U. S. workplace, 1960-85". *Industrial and Labor Relations Review*, 44 (3): 486-502.

Howell, J. e Woods, M. (1993) *The Globalization of Production and Technology*, Londres: Belhaven Press.

Hsing, You-tien (1994) "Blood thickerthan water: networks of local Chinese officials and Taiwanese investors in Southern China". Trabalho apresentado no congresso patrocinado pela Universidade da Califórnia (Institute on Global Conflict and Cooperation), *The Economies of the China Circle*, Hong Kong, 1-3 de setembro.

_______ (1995) *Migrant Workers, Foreign Capital, and Diversification of Labor Markets in Southern China*, Vancouver: University of British Columbia, Asian Urban Research Networks. Série de Trabalhos.

_______ (1996) *Making Capitalism in China: The Taiwan Connection*, Nova York: Oxford University Press.

Hutton, Will (1995) *The State We Are In*, Londres: Jonathan Cape.

_______ e Giddens, A. (orgs.) (2000) *On the Edge*, Londres: Jonathan Cape.

Huws, U., Korte, W. B. e Robinson, S. (1990) *Telework: Towards the Elusive Office*, Chichester, Sussex: John Wiley.

Hyman, Richard e Streeck, Wolfgang (orgs.) (1988) *New Technology and Industrial Relations*, Oxford: Blackwell.

Ikle, Fred C. e Wohlsletter, Albert (copresidentes) (1988) *Discriminate Deterrence: Report of the Commission on Integrated Long-term Strategy to the Secretary of Defense*, Washington, D.C.: US Government Printing Office.

Imai, Ken'ichi (1980) *Japan's Industrial Organization and its Vertical Structure*, Kunitachi: Hitotsubashi University, Institute of Business Research. Trabalho para discussão nº 101.

_______ (1990a) *Joho netto waku shakai no tenbo* [The information network society], Tóquio: Chikuma Shobo.

_______ (1990b) *Jouhon Network Shakai no Tenkai* [The development of information network society], Tóquio: Tikuma Shobou.

_______ e Yonekura, Seiichiro (1991) "Network and network-in strategy". Trabalho apresentado no congresso internacional realizado pelas universidades Bocconi e Hitotsubashi em Milão, no dia 20 de setembro.

Innis, Harold A. (1950) *Empire and Communications*, Oxford: Oxford University Press.

_______ (1951) *The Bias of Communication*, Toronto: University of Toronto Press.

_______ (1952) *Changing Concepts of Time*, Toronto: University of Toronto Press.

Inoki, Takenori e Higuchi, Yoshio (orgs.) (1995) *Nihon no Koyou system to lodo shijo* [Japanese employment system and labor market], Tóquio: Nihon Keizai Shinbunsha.

International Labor Organization (ILO) (1988) *Technological Change, Work Organization and Pay: Lessons from Asia*, Genebra: ILO Labor-Management Relations Series, nº 68.

_______ (1993 e 1994) *World Labor Report*, Genebra: International Labor Organization. Ito, Youichi (1991a) "Birth of *Joho Shakai* and *Johoka* concepts in Japan and their diffusion outside Japan". *Keio Communication Review*, nº 13: 3-12.

_______ (1991b) "*Johoka* as a driving force of social change". *Keio Communication Review*, nº 12: 33-58.

_______ (1993) "How Japan modernised earlier and faster than other non-western countries: an information sociology approach". *Journal of Development Communication*, 4 (2).

_______ (1994) "Japan". *In* Georgette Wang (org.) *Treading Different Paths: Information in Asian Nations*, Norwood, NJ: Ablex, pp. 68-97.

Jackson, John H. (1989) *The World Trading System*, Cambridge, MA: MIT Press.
Jacobs, Allan (1993) *Great Streets*, Cambrigde, MA: MIT Press.
Jacobs, N. (1985) *The Korean Road to Modernization and Development*, Urbana, IL: University of Illinois Press.
Jacoby, S. (1979) "The origins of internal labor markets in Japan". *Industrial Relations*, 18: 184-96.
James, William E., Naya, Seiji e Meier, Gerald M. (1989) *Asian Development: Economic Success and Policy Lessons*, Madison, WIS: University of Wisconsin Press.
Janelli, Roger with Yim, Downhee (1993) *Making Capitalism: The Social and Cultural Construction of a South Korean Conglomerate*, Stanford, CA: Stanford University Press.
Japan Informatization Processing Center (1994) *Informatization White Paper*, Tóquio: JIPDEC.
Japan Institute of Labour (1985) *Technological Innovation and Industrial Relations*, Tóquio: JIL.
Jarvis, C. M. (1958) "The distribution and utilization of electricity". *In* Charles Singer *et al.*, *A History of Technology*, vol. 5: *The Late Nineteenth Century*, Oxford: Clarendon Press, pp. 177-207.
Javetski, Bill e Glasgall, William (1994) "Borderless finance: fuel for growth". *Business Week*, 18 de novembro: 40-50.
Jewkes, J., Sawers, D. e Stillerman, R. (1969) *The sources of invention*, Nova York: W. W. Norton.
Johnson, Chalmers (1982) *M/77 and the Japanese Miracle*, Stanford, CA: Stanford University Press.
_______ (1985) "The institutional foundations of Japanese industrial policy". *California Management Review, 27 (4)*.
_______ (1987) "Political institutions and economic performance: the government-business relationship in Japan, South Korea, and Taiwan". *In* Frederick Deyo (org.) *The Political Economy ofNew Asian Industrialism*, Ithaca, NY: Cornell University Press, pp. 136-64.
_______ (1995) *Japan: Who Governs? The Rise of the Developmental State*, Nova York: W. W. Norton.
_______ Tyson, L. e Zysman, J. (orgs.) (1989) *Politics and Productivity: How Japan's Development Strategy Works*, Nova York: Harper Business.
Johnston, William B. (1991) "Global labor force 2000: the new world labor market". *Harvard Business Review*, março-abril.
Jones, Barry (1982) *Sleepers, Wake! Technology and the Future of Work*, Melbourne: Oxford University Press (referências, org. rev. de 1990).
Jones, David (1993) "Banks move to cut currency dealing costs". *Financial Technology International Bulletin*, 10(6): 1-3.
Jones, Eric L. (1981) *The European Miracle*, Cambridge: Cambridge University Press.
_______ (1988) *Growth Recurring: Economic Change in World History*, Oxford: *Clarendon Press.*
Jones, L. P. e Sakong, I. (1980) *Government Business and Entrepreneurship in Economic Development: The Korean Case*, Cambridge, MA: Council on East Asian Studies.
Jones, Steven G. (org.) (1995) *Cybersociety: Computer Mediated Communication and Community*, Thousand Oaks, CA: Sage.
_______ (org.) (1997) *Virtual culture*, Londres: Sage.
_______ (org.) (1998) *Cybersociety 2.0: Revisiting Computer-mediated Communication and Community*, Thousand Oaks, CA: Sage.
Jorgerson, Dale W. e Griliches, Z. (1967) "The explanation of productivity growth". *Review of Economic Studies*, 34, julho: 249-83.
Jost, Kennet (1993) "Downward mobility". *CQ Researcher*, 3 (27): 627-47.
Joussaud, Jacques (1994) "Diversité des status des travailleurs et flexibilité des entreprises au Japon". *Japan in Extenso*, nº 31: 49-53.
Kahn, Robert E. (1999) "Evolution of Internet", *in* Unesco (1999): 157-64.

Kaku, Michio (1994) *Hyperspace: A Scientific Odyssey Through Parallel Universes, Time Warps, and the 10th Dimension*, Nova York: Oxford University Press.

Kamatani, Chikatoshi (1988) *Gijutsu Taikoku Hyakunen no Kei: Nippon no Kindaika to Kokuritsu Kenkyu Kikan* [The road to techno-nationalism: Japanese modernization and national research institutes from the Meiji era], Tóquio: Heibonsha.

Kaplan, David (1999) *The Silicon Boys and their Valley of Dreams*, San Francisco: McGraw-Hill.

Kaplan, Rachel (1992) "Video on demand". *American Demographics*, 14 (6): 38-43.

Kaplinsky, Raphael (1986) *Microelectronics and Work Revisited: A Review*. Relatório preparado para a Organização Internacional do Trabalho, Brighton: University of Sussex Institute of Development Studies.

Kara-Murza, A. A. e Polyakov, L. V. (1994) *Reformator. Opyt analiticheskoy antologii*, Moscou: Institut Filosofii Rossiiskoi Akademii Nauk, Flora.

Katz, Jorge (1994) "Industrial organization, international competitiveness and public policy". *In* Colin I. Bradford (org.), The New Paradigm of Systemic Competitiveness: Toward More Integrated Policies in Latin America, Paris: OCDE Development Center.

Katz, Jorge (org.) (1987) *Technology Generation in Latin American Manufacturing Industries*, Londres: Macmillan.

Katz, Raul L. (1988) *The Information Society: An International Perspective*, Nova York: Praeger.

Kay, Ron (1990) *Managing Creativity in Science and High-tech*, Berlim: Springer Verlag.

Kaye, G. D., Grant, D. A. e Emond, E. J. (1985) *Major Armed Conflicts: A Compendium of Interstate and Intrastate Conflict, 1720 to 1985*, Ottawa: Operational Research and Analysis Establishment. Relatório para o Dep. de Defesa Nacional, Canadá.

Keck, Margaret E. e Sikkink, Kathryn (1998) *Activists beyond Borders*, Ithaca e Londres: Cornell University Press.

Kelley, Maryellen (1986) "Programmable automation and the skill question: a re-interpretation of the cross-national evidence". *Human Systems Management*, 6.

_______ (1990) "New process technology, job design and work organization: a contingency model". *American Sociological Review*, 55 (abril): 191-208.

Kelly, Kevin (1995) *Out of Control: The Rise of Neo-biological Civilization*, Menlo Park, CA: Addison-Wesley.

Kendrick, John W. (1961) *Productivity Trends in the United States*, National Bureau of Economic Research, Princeton, NJ: Princeton University Press.

_______ (1973) *Postwar Productivity Trends in the United States, 1948-69*, National Bureau of Economic Research, Nova York: Columbia University Press.

_______ (1984) *International Comparisons of Productivity and Causes of the Slowdown*, Cambridge, MA: Ballinger.

_______ e Grossman, E. (1980) *Productivity in the United States: Trends and Cycles*, Baltimore, MD: Johns Hopkins University Press.

Kenney, Martin (1986) *Biotechnology: The University-Industrial Complex*, New Haven, CT: Yale University Press.

Kepel, G. (org.) (1993) *Les Politiques de Dieu*, Paris: Seuil.

Khoury, Sarkis e Ghosh, Alo (1987) *Recent Developments in International Banking and Finance*, Lexington, MA: D. C. Heath.

Kiesler, Sara (org.) (1997) *The Culture of the Internet*, Hillsdale, NJ: Erlbaum.

Kim, E. M. (1989) "From domination to symbiosis: state and chaebol in Korea". *Pacific Focus*, 2: 105-21.

Kim, Jong-Cheol (1998) "Asian financial crisis and the state", tese de mestrado não publicada, Berkeley, CA: University of California, Department of Sociology.

Kim, Kyong-Dong (org.) (1987) *Dependency Issues in Korean Development*, Seoul: Seoul National University Press.

Kimsey, Stephen (1994) "The virtual flight of the cyber-trader". *Euromoney*, junho: 45-6.

Kincaid, A. Douglas e Portes, Alejandro (orgs.) (1994) *Comparative National Development: Society and Economy in the New Global Order*, Chapei Hill, NC: University of North Carolina Press.

Kindleberger, Charles (1964) *Economic Growth in France and Britain, 1851-1950*, Cambridge, MA: Harvard University Press.

King, Alexander (1991) *The First Global Revolution: A Report by the Council of the Club of Rome*, Nova York: Pantheon Books.

Kirsch, Guy, Nijkamp, Peter e Zimmermann, Klaus (orgs.) (1988) *The Formulation of Time Preferences in a Multidisciplinary Perspective*, Aldershot, Hants: Gower.

Klam, Matthew (1999) "The solitary obsessions of a day trader", *New York Times Sunday Magazine*, 21 de novembro: 72-92.

Koike, Kazuo (1988) *Understanding Industrial Relations in Modern Japan*, Londres: Macmillan.

Kolata, Gina (1995) "Metabolism found to adjust for a body's natural weight". *New York Times*, 9 de março: A l/A 11.

Kolb, David (1990) *Postmodern Sophistications: Philosophy, Architecture and Tradition*, Chicago, IL: University of Chicago Press.

Koo, H. e Kim, E. M. (1992) "The developmental state and capital accumulation in South Korea". *In* Richard P. Appelbaum e Jeffrey Henderson (orgs.) *States and Development in the Asian Pacific Rim*, Londres: Sage, pp. 121-49.

Korte, W. B., Robinson, S. e Steinle, W. K. (orgs.) (1988) *Telework: Present Situation and Future Development of a New Form of Work Organization*, Amsterdã: North-Holland.

Kotter, John R e Heskett, James L. (1992) *Corporate Culture and Performance*, Nova York: Free Press.

Kovalyova, Galina (1995) *Sibir' na mirovom rynke: Tekyshchyi obzor vneshney torgovli* [Sibéria in the world market: current survey of foreign trade], Novosibirsk: Institute of Economics and Industrial Engineering, Russian Academy of Sciences, Siberian Branch. Relatório de pesquisa.

Kranzberg, M. (1985) "The information age: evolution or revolution?" *In* Bruce R. Guile (org.) *Information Technologies and Social Transformation*, Washington, D.C.: National Academy of Engineering.

_______ (1992) "The scientific and technological age". *Bulletin of Science and Technology Society*, 12: 63-5.

_______ e Pursell, Carroll W. Jr (orgs.) (1967) *Technology in Western Civilization*, 2 vols., Nova York: Oxford University Press.

Kraut, R. E. (1989) "Tele-commuting: the trade-offs of home-work". *Journal of Communications*, 39: 19-47.

Kraut, Robert, Patterson, Michael, Lundmark, Vicki, Kiesler, Sara, Mukopadhyay, Tridas e Scherlis, William (1998) "Internet paradox: a social technology that reduces social involvement and psychological wellbeing?", *American Psychologist*, setembro: 1017-31.

Kristoff, Nicholas (1999) "World ills are obvious, the cures much less so", *The New York Times*, 18 de fevereiro: 1 e 14-15.

_______ e Sanger, David E. (1999) "How US wooed Asia to let cash flow in", *The New York Times*, 16 de fevereiro: 1 e 10-11.

_______ e WuDunn, Sheryl (1999) "Of world markets, none an island", *The New York Times*, 17 de fevereiro: 1 e 8-9.

_______ e Wyatt, Edward (1999) "Who went under in the world's sea of cash", *The New York Times*, 15 de fevereiro: 1 e 10-11.

Krugman, Paul (1990) *The Age of Diminished Expectations*, Cambridge, MA: MIT Press.

_______ (1994a) *Peddling Prosperity: Economic Sense and Nonsense in the Age of Diminished Expectations*, Nova York: W. W. Norton.

_______ (1994b) "Competitiveness: a dangerous obsession". *Foreign Affairs*, 73 (2): 28-44.

_______ (1995) "Growing world trade: causes and consequences", *Brookings Papers on Economic Activity*: 327-62.

_______ e Lawrence, Robert Z. (1994) "Trade, jobs and wages". *Scientific American*, abril: 44-9.

Kuhn, Thomas (1962) *The Structure of Scientific Revolutions*, Chicago, IL: University of Chicago Press.

Kumazawa, M. e Yamada, J. (1989) "Jobs and skills under the lifelong Nenko employment practice". *In* Stephen Wood (org.) *The Transformation of Work?: Skill, Flexibility and the Labour Process*, Londres: Unwin Hyman.

Kunsler, James Howard (1993) *The Geography of Nowhere: The Rise and Decline of America's Man Made Landscape*, Nova York: Simon & Schuster.

Kuo, Shirley W. Y. (1983) *The Taiwan Economy in Transition*, Boulder, CO: Westview Press.

Kutscher, R. E. (1991) "Outlook 1990-2005. New BLS projections: findings and implications". *Monthly Labor Review*, novembro: 3-12.

Kuttner, Robert (1983) "The declining middle". *Atlantic Monthly*, julho: 60-72.

Kuwahara, Yasuo (1989) *Japanese Industrial Relations System: A New Interpretation*, Tóquio: Japan Institute of Labour.

Kwok, R. e So, Alvin (orgs.) (1995) *The Hong Kong-Guandong Link: Partnership in Flux*, Armonk, NY: M.E. Sharpe.

_______ Yin-Wang e So, Alvin (1992) *Hong Kong-Guandong Interaction: Joint Enterprise of Market Capitalism and State Socialism*, Manoa: University of Hawaii. Trabalho de pesquisa.

Landau, Ralph e Rosenberg, Nathan (orgs.) (1986) *The Positive Sum Strategy: Harnessing Technology for Economic Growth*, Washington, D.C.: National Academy Press.

Landes, David (1969) *The Unbound Prometheus: Technical Change and Industrial Development in Western Europe from 1750 to the Present*, Londres: Cambridge University Press.

Lanham, Richard A. (1993) *The Electronic Ward*, Chicago, IL: University of Chicago Press.

Laserna, Roberto (1995) "Regional development and coca production in Cochabamba, Bolivia", tese de doutorado não publicada, Berkeley, CA: University of California.

_______ (1996) "El circuito coca-cocaine y sus implicaciones", La Paz: ILDIS.

Lash, Scott (1990) *Sociology of Postmodernism*, Londres: Routledge.

_______ e Urry, John (1994) *Economies of Signs and Space*, Londres: Sage.

Lawrence, Robert Z. (1984) "The employment effects of information technologies: an optimistic view". Trabalho apresentado no congresso *Conference on the Social Challenge of Information Technologies* da OCDE, em Berlim, de 28 a 30 de novembro.

Leal, Jesus (1993) *La desigualdad social en España*, 10 vols., Madri: Universidad Autonoma de Madrid, Instituto de Sociologia de Nuevas Tecnologias. Monografia.

Leclerc, Annie (1975) *Parole de femme*, Paris: Grasset.

Lee, Peter e Townsend, Peter (1993) *Trends in Deprivation in the London Labour Market: A Study of Low-Incomes and Unemployment in London between 1985 and 1992*, Genebra: International Institute of Labour Studies. Trabalho 59/ 1993.

_______ King, Paul, Shirref, David e Dyer, Geof (1994) "Ali change". *Euromoney*, junho: 89-101.

Lee, Roger e Schmidt-Marwede, Ulrich (1993) "Interurban competition? Financial centres and the geography of financial production". *International Journal of Urban and Regional Research*, 17 (4): 492-515.

Lehman, Yves (1994) "Videotex: a Japanese lesson". *Telecommunications*, 28 (7): 53-4.

Lenoir, Daniel (1994) *L'Europe sociale*, Paris: La Découverte.

Leo, P. Y. e Philippe, J. (1989) "Réseaux et services aux entreprises. Marchés locaux et développement global". Seminar 32, 1989-11, CEP, pp. 79-103. Trabalhos.

Leontieff, Wassily e Duchin, Faye (1985) *The Future Impact of Automation on Workers*, Nova York: Oxford University Press.

Lethbridge, Henry J. (1978) *Hong Kong: Stability and Change*, Hong Kong: Oxford University Press.

Leung, Chi Kin (1993) "Personal contacts, subcontracting linkages, and development in the Hong Kong-Zhujiang Delta Region". *Annals of the Association of American Geographers*, 83 (2): 272-302.

Levy, Pierre (1994) *L'Intelligence collective: pour une anthropologie du cyberspace*, Paris: La Découverte.

Levy, R. A., Bowes, M. e Jondrow, J. M. (1984) "Technical advance and other sources of employment change in basic industry". *In* E. L. Collins e L. D. Tanner (orgs.) *American Jobs and the Changing Industrial Base*, Cambridge, MA: Ballinger, pp. 77-95.

Levy, Stephen (1984) *Hackers: Heroes of the Computer Revolution*, Garden City, NY: Doubleday.

Lewis, Michael (2000) *The New New Thing: a Silicon Valley Story*, Nova York: W. W. Norton.

Lichtenberg, Judith (org.) (1990) *Democracy and Mass Media*, Nova York: Cambridge University Press.

Lillyman, William, Moriarty, Marilyn F. e Neuman, David J. (orgs.) (1994) *Critical Architecture and Contemporary Culture*, Nova York: Oxford University Press.

Lim, Hyun-Chin (1982) *Dependent Development in Korea (1963-79)*, Seoul: Seoul National University Press.

Lin, T. B., Mok, V. e Ho, Y. P. (1980) *Manufactured Exports and Employment in Hong Kong*, Hong Kong: Chinese University Press.

Lincoln, Edward J. (1990) *Japan's Unequal Trade*, Washington, D.C.: Brookings Institution.

Lincoln, Thomas L. e Essin, Daniel J. (1993) "The electronic medical record: a challenge for computer science to develop clinically and socially relevant computer systems to coordinate information for patient care and analysis". *Information Society*, 9: 157-88.

________, ________ e Ware, Willis H. (1993) "The electronic medical record". *Information Society*, 9 (2): 157-88.

Ling, K. K. (1995) "A case for regional planning: the Greater Pearl River Delta: a Hong Kong perspective", Berkeley, CA: University of California Department of City and Regional Planning. Trabalho de seminário sobre pesquisa (CP 229), não publicado.

Lizzio, James R. (1994) "Real-time RAID storage: the enabling technology for video on demand". *Telephony*, 226 (21): 24-32.

Lo, C. P. (1994) "Economic reforms and socialist city structure: a case study of Guangzhou, China". *Urban Geography*, 15 (2): 128-49.

Lo, Fu-chen e Yeung, Yue-man (orgs.) (1996) *Emerging World Cities in the Pacific Asia*, Tokyo: United Nations University Press.

Lorenz, E. (1988) "Neither friends nor strangers: informal networks of subcontracting in French industry". *In* D. Gambetta (org.) *Trust: Making and Breaking Cooperative Relations*, Oxford: Blackwell, pp. 194-210.

Lovins, Amory B. e Lovins, L. Hunter (1995) "Reinventing the wheels". *Atlantic Monthly*, janeiro: 75-86.

Lozano, Beverly (1989) *The Invisible Work Force: Transforming American Business with Outside and Home-based Workers*, Nova York: Free Press.

Lynch, Kevin (1960) *The Image of the City*, Cambridge, MA: MIT Press.

Lyon, David (1988) *The Information Society: Issues and Illusions*, Cambridge: Polity Press.

________ (1995) *Postmodernity*, Oxford: Blackwell.

Lyon, Jeff e Gorner, Peter (1995) *Altered Fates: Gene Therapy and the Retooling of Human Life*, Nova York: W. W. Norton.

Machimura, T. (1994) *Sekai Toshi Tokyo no Kozo* [The structural transformation of a global city Tokyo], Tóquio: Tokyo University Press.

_______ (1995) *Symbolic Use of Globalization in Urban Politics in Tokyo*, Kunitachi: Hitotsubashi University Faculty of Social Sciences. Trabalho de Pesquisa.

McGowan, James (1988) "Lessons learned from the Minitel phenomenon", *Network World*, 5(49): 27.

_______ e Compaine, Benjamin (1989) "Is Minitel a good model for the North American market?", *Network World*, 6(36).

McGuire, William J. (1986) "The myth of massive media impact: savagings and salvagings", *in* George Comstock (ed.), *Public Communication and Behavior*, Orlando, FLA: Academic Press, pp. 173-257.

Machlup, Fritz (1962) *The Production and Distribution of Knowledge in the United States*, Princeton, NJ: Princeton University Press.

_______ (1980) *Knowledge: Its Creation, Distribution, and Economic Significance*, vol. I: *Knowledge and Knowledge Production*, Princeton, NJ: Princeton University Press.

_______ (1982) *Knowledge: Its Creation, Distribution, and Economic Significance*, vol. II: *The Branches of Learning*, Princeton, NJ: Princeton University Press.

_______ (1984) *Knowledge: Its Creation, Distribution, and Economic Significance*, vol. III: *The Economics of Information and Human Capital*, Princeton, NJ: Princeton University Press.

Mackie, J. A. C. (1992a) "Changing patterns of Chinese big business in Southeast Asia". *In* Ruth McVey (org.) *Southeast Asian Capitalists*, Ithaca, N.Y.: Cornell University, Southeast Asian Program.

_______ (1992b) "Overseas Chinese entrepreneurship". *Asian Pacific Economic Literature*, 6 (1): 41-64.

McKinsey Global Institute (1992) *Service Sector Productivity*, Washington, DC: McKinsey Global Institute.

_______ (1993) *Manufacturing Productivity*, Washington, DC: McKinsey Global Institute.

McLeod, Roger (1996) "Internet users abandoning TV, survey finds", *San Francisco Chronicle*, 12 de janeiro: 1, 17.

McLuhan, Marshall (1962) *The Gutenberg Galaxy: the Making of Typographic Man*, Toronto: University of Toronto Press.

_______ (1964) *Understanding Media: the Extensions of Man*, Nova York: Macmillan.

_______ e Powers, Bruce R. (1989) *The Global Village: Transformations in World Life and Media in the 21st Century*, Nova York: Oxford University Press.

McMillan, C. (1984) *The Japanese Industrial System*, Berlim: Walter De Gruyter.

McNeill, William H. (1977) *Plagues and People*, Nova York: Doubleday.

_______ (1982) *Phases of Capitalised Development*, Nova York: Oxford University Press.

Maddison, Angus (1984) "Comparative analysis of the productivity situation in the advanced capitalist countries". *In* John W. Kendrick (org.), *International Comparisons of Productivity and Causes of the Slowdown*, Cambridge, MA: Ballinger.

Maital, Shlomo (1991) "Why the French do it better". *Across the Board*, 28 (11): 7-10.

Malinvaud, Edmond *et al.* (1974) *Fresque historique du système productif français*, Paris: Collections de l'INSEE, Série E, 27, outubro.

Mallet, Serge (1963) *La Nouvelle Classe ouvrière*, Paris: Seuil.

Malone, M. S. (1985) *The Big Score: The Billion-dollar Story of Silicon Valley*, Garden City, NY: Doubleday.

Mandel, Michael J. (1999a) "Handling the hot-rod economy", *Business Week*, 12 de julho: 30-2.

_______ (1999b) "Meeting the challenge of the new economy", *in Blueprint: Ideas for a New Century*, edição de inverno (edição online): 1-14.

Mander, Jerry (1978) *Four Arguments for the Elimination of Television*, Nova York: William Morrow.

Mankiewicz, Frank e Swerdlow, Joel (orgs.) (1979) *Remote Control: Television and the Manipulation of American Life*, Nova York: Ballantine.

Mansfield, Edwin (1982) *Technology Transfer, Productivity, and Economic Policy*, Englewood Cliffs, NJ: Prentice-Hall.

Marceau, Jane (org.) (1992) *Reworking the World: Organisations, Technologies, and Cultures in Comparative Perspective*, Berlim: Walter De Gruyter.

Markoff, John (1995) "If the medium is the message, the message is the Web". *The New York Times*, 20 de novembro: AL, C5.

_______ (1999a) "Tiniest circuits hold prospects of explosive computer speeds", *The New York Times*, 16 de julho: A1-C17.

_______ (1999b) "A renaissance in computer science: chip designers search for life after silicon", *The New York Times*, 19 de julho: C1-C8.

Marshall, Alfred (1919) *Industry and Trade*, Londres: Macmillan.

Marshall, J.N. *et al.* (1988) *Services and Uneven Development*, Oxford: Oxford University Press.

Marshall, Jonathan (1994) "Contracting out catching on: firms find it's more efficient to farm out jobs". *San Francisco Chronicle*, 22 de agosto, D2-D3.

Martin, L. John e Chaudhary, Anja Grover (orgs.) (1983) *Comparative Mass Media Systems*, Nova York: Longman.

Martin, Patricia (1994) "The consumer market for interactive services: observing past trends and current demographics". *Telephony*, 226 (18): 126-30.

Martinotti, Guido (1993) *Metropoli. La nuova morfologia sociale delia citta*, Bologna: II Mulino.

Marx, Jean L. (org.) (1989) A *Revolution in Biotechnology*, Cambridge: Cambridge University Press for the International Council of Scientific Unions.

Massey, Douglas R. *et al.* (1999) *Worlds in Motion: Understanding International Migration at the End of the Millennium*, Oxford: Clarendon Press.

Matsumoto, Miwao e Sinclair, Bruce (1994) "How did Japan adapt itself to scientific and technological revolution at the turn of the 20th Century?" *Japan Journal for Science, Technology, and Society*, 3: 133-55.

Mattelart, Armand e Stourdze, Yves (1982) *Technologie, culture et communication*, Paris: La Documentation française.

Matzner, Egon e Wagner, Michael (orgs.) (1990) *The Employment Impact of New Technology: The Case of West Germany*, Aldershot, Hants.: Avebury.

Mazlish, Bruce (1993) *The Fourth Discontinuity: The Co-evolution of Humans and Machines*, New Haven, CT: Yale University Press.

Mehta, Suketu (1993) "The French connection". *LAN Magazine*, 8 (5).

Menotti, Val (1995) "The transformation of retail social space: an analysis of virtual shopping's impact on retail centers", Berkeley, CA: University of California Department of City and Regional Planning. Trabalho de seminário sobre pesquisa (CP 2981), não publicado.

Michelson, Ronald L. e Wheeler, James O. (1994) "The flow of information in a global economy: the role of the American urban system in 1990". *Annals of the Association of American Geographers*, 84 (1): 87-107.

Miles, Ian (1988) *Home Informatics: Information Technology and the Transformation of Everyday Life*, Londres: Pinter.

Millan, Jose del Rocio *et al.* (2000) "Robust EEG-based recognition of mental tasks", *Clinical Neuropsychology* (no prelo).

Miller, Richard L. e Swensson, Earl S. (1995) *New Directions in Hospital and Health Care Facility Design*, Nova York: McGraw-Hill.

Miller, Steven, M. (1989) *Impacts of Industrial Robotics: Potential Effects of Labor and Costs within the Metalworking Industries*, Madison, WIS: University of Wisconsin Press.

Miners, N. (1986) *The Government and Politics of Hong Kong*, Hong Kong: Oxford University Press.

Mingione, Enzo (1991) *Fragmented Societies*, Oxford: Blackwell.

Ministry of Labor [Japan] (1991) *Statistical Yearbook*, Tóquio: Government of Japan.

Ministry of Posts and Telecommunications (Japão) (1994) *Communications in Japan 1994, Part 3: Multimedia: Opening up a New World of Infocommunication*, Tóquio: Ministry of Posts and Telecommunications.

_______ (1995) *Tsushin Hakusho Heisei 7 nenban* [White Paper on Communication in Japan], Tóquio: Yusei shou.

Mishel, Lawrence e Bernstein, Jared (1993) *The State of Working America*, Nova York: M. E. Sharpe.

_______ e _______ (1994) *The State of Working America 1994-95*, Washington, D.C.: *Economic Policy Institute*.

_______ e Teixeira, Ruy A. (1991) *The Myth of the Corning Labor Shortage*: Jobs, Skills, and Incomes of America's Workforce 2000, *Washington, D.C.: Economic Policy Institute Report*.

_______, Bernstein, Jared e Schmitt, John (1999) *The State of Working America, 1998-1999*, Ithaca, NY: Cornell University Press.

Mitchell, William J. (1995) *City of Bits: Space, Place and the Infobahn*, Cambridge, MA: MIT Press.

_______ (1999) *E-topia: Urban Life, Jim — But Not as We Know It*, Cambridge, MA: MIT Press.

Mokhtarian, Patricia L. (1991 a) "Defining telecommuting". *Transportation Research Record*, 1305: 273-81.

_______ (1991b) "Telecommuting and travel: state of the practice, state of the art". *Transportation*, 18: 319-42.

_______ (1992) "Telecommuting in the United States: letting our fingers do the commuting". *Telecommuting Review: the Gordon Report*, 9 (5): 12.

Mokyr, Joel (1990) *The Lever of Riches: Technological Creativity and Economic Progress*, Nova York: Oxford University Press.

_______ (org.) (1985) *The Economics of the Industrial Revolution*, Totowa, NJ: Rowman and Allanheld.

Mollenkopf, John (org.) (1989) *Power, Culture, and Place: Essays on New York City*, Nova York: Russell Sage Foundation.

_______ e Castells, Manuel (orgs.) (1991) *Dual City: Restructuring New York*, Nova York: Russell Sage Foundation.

Monk, Peter (1989) *Technological Change in the Information Economy*, Londres: Pinter.

Montgomery, Alesia F. (1999) "New metropolis? online use, work, space and social ties", dissertação de mestrado não publicada, Berkeley, CA: University of California.

Moran, R. (1990) "Health environment and healthy environment". *In* R. Moran, R. Anderson e P. Paoli (orgs.) *Building for People in Hospitais, Workers, and Consumers*, Dublin: European Foundation for the Improvement of Living and Working Conditions.

_______ (1993) *The Electronic Home: Social and Spatial Aspects. A Scoping Report, Dublin: European Foundation for the Improvement of Living and Working Conditions*.

Morier, Françoise (org.) (1994) *Belleville, Belleville. Visages d'un planète*, Paris: Editions Creaphis.

Morin, Edgar (1970) *L'homme et la mort*, Paris: Seuil.

Morrocco, John D. (1991) "Gulf War boosts prospects for high-technology weapons". *Aviation Week & Space Technology*, 134 (11): 45-7.

Moss, Mitchell (1987) "Telecommunications, world cities, and urban policy". *Urban Studies*, 24: 534-46.

_______ (1991) "The new fibers of economic development". *Portfolio*, 4: 11-18.

_______ (1992) "Telecommunications and urban economic development". *In* OECD, *Cities and New Technologies*, Paris: OECD, pp. 147-58.

Mowery, David (org.) (1988) *International Collaborative Ventures in U.S. Manufacturing*, Cambridge, MA: Ballinger.

_______ e Henderson, Bruce E. (orgs.) (1989) *The Challenge of New Technology to Labor-Management Relations*, Washington, D.C.: Dept of Labor, Bureau of Labor Management Relations.

_______ e Rosenberg, Nathan (1998) *Paths of Innovation: Technological Change in 20th Century America*, Cambridge: Cambridge University Press.

Mowshowitz, Abbe (1986) "Social dimensions of office automation". *In Advances in Computers*, vol. 25, Nova York: Academic Press.

Mulgan, G. J. (1991) *Communication and Control: Networks and the New Economies of Communication*, Nova York: Guilford Press.

Murphy, Kevin M. e Welch, Finis (1993) "Inequality and relative wages". *American Economic Review*, maio.

Muschamp, Herbert (1992) "A design that taps into the 'Informational City'". *Sunday New York Times*, 9 de agosto, Architecture View Section: 32.

Mushkat, Miron (1982) *The Making of the Hong Kong Administrative Class*, Hong Kong: University of Hong Kong Centre of Asian Studies.

Myers, Edith (1981) "*In* France it's Teletel". *Datamation*, 27 (10): 78-88

Nadal, Jordi e Carreras, Albert (orgs.) (1990) *Pautas regionales de la industrialización española. Siglos XIX y XX*, Barcelona: Ariel.

National Science Board (1991) *Science and Engineering Indicators, 1991*, 10ª ed. (NSB 91-1), Washington, D.C.: US Government Printing Office.

Naughton, John (1999) *A Brief History of the Future: The Origins of the Internet*, Londres: Weidenfeld and Nicolson.

Navarro, Vicente (1994a) *The Politics of Health Policy*, Oxford: Blackwell.

_______ (1994b) "La economia y el Estado de bienestar". Trabalho não publicado, apresentado no encontro "10th Meeting on the Future of the Welfare State" em Madri.

Needham, Joseph (1954-88) *Science and Civilization in China*, Cambridge: Cambridge University Press.

_______ (1969) *The Grand Titration*, Toronto: Toronto University Press.

_______ (1981) *Science in Traditional China*, Cambridge, MA: Harvard University Press.

Negroponte, Nicholas (1995) *Being Digital*, Nova York: Alfred A. Knopf.

Nelson, Richard (1980) "Production sets, technological knowledge, and R&D: fragile and overworked constructs for analysis of productivity growth?" *American Economic Review*, 70 (2): 62-7.

_______ (1981) "Research on productivity growth and productivity differences: dead ends and new departures". *Journal of Economic Literature*, 19 (3): 1029-64.

_______ (1984) *High Technology Policies: A Five Nations Comparison*, Washington, D.C.: American Enterprise Institute.

_______ (1988) "Institutions supporting technical change in the United States". *In* G. Dosi *et al. Technical Change and Economic Theory*, Londres: Pinter, pp. 312-29.

_______ (1994) "An agenda for formal growth theory", Nova York: Columbia University Department of Economics. Trabalho não publicado, transmitido pelo autor.

_______ e Winter, S. G. (1982) *An Evolutionary Theory of Economic Change*, Cambridge, MA: Harvard University Press.

Neuman, W. Russell (1991) *The Future of Mass Audience*, Nova York: Cambridge University Press.

New Media Markets (1993) "Video on demand will provide Hollywood studios with much-needed boost". 11 (10): 13-15.

_______ (1994) "Video-on-demand trials planned across Europe". 12 (1): 8.

Newsweek (1993) "Jobs". Edição especial, 14 de junho.

Nicol, Lionel (1985) "Communications technology: economic and social impacts". *In* Manuel Castells (org.) *High Technology, Space and Society*, Beverly Hills, CA: Sage.

NIKKEIREN [Japan Federation of Employers Associations] (1993) *The Current Labor Economy in Japan*, Tóquio: NIKKEIREN. Relatório informativo.

Nilles, J. M. (1988) "Traffic reduction by telecommuting: a status review and selected bibliography". *Transportation Research A*, 22A (4): 301-17.

Noble, David F. (1984) *Forces of Production: A Social History of Industrial Automation*, Nova York: Alfred A. Knopf.

Nolan, Peter e Furen, Dong (orgs.) (1990) *The Chinese Economy and its Future: Achievements and Problems of Post-Mao Reform*, Cambridge: Polity Press.

Nomura, Masami (1994) *Syushin Koyo*, Tóquio: Iwanami Shoten.

Nonaka, Ikujiro (1990) *Chisiki souzou no keiei* [Knowledge creation: epistemology of the Japanese firms], Tóquio: Nikkey shinbunsha.

_______ (1991) "The knowledge-creating company". *Harvard Business Review*, nov.-dez.: 96-104.

_______ (1994) "A dynamic theory of organizational knowledge creation", *Organization Science*, 5(1): 14-37.

_______ e Takeuchi, Hirotaka (1994) *The Knowledge-creating Company: How Japanese Companies Created the Dynamics of Innovation*, Nova York: Oxford University Press.

Nora, Simon e Mine, Alain (1978) *L'Informatisation de la société*, Paris: La Documentation française.

Norman, Alfred Lorn (1993) *Informational Society: An Economic Theory of Discovery, Invention and Innovation*, Boston/Dordrecht/Londres: Kluwer Academic Publishers.

Norman, E. Herbert (1940) *Japan's Emergence as a Modem State: Political and Economic Problems of the Meiji Period*, Nova York: Institute of Pacific Relations.

North, Douglas (1981) *Structure and Change in Economic History*, Nova York: W. W. Norton.

Northcott, J. (1986) *Microelectronics in Industry*, Londres: Policy Studies Institute.

Nuland, Sherwin B. (1994) *How We Die: Reflections on Life's Final Chapter*, Nova York: Alfred A. Knopf.

O'Brien, Richard (1992) *Global Financial Integration: The End of Geography*, Londres: Pinter.

OECD (1994a) *Employment Outlook*, julho, Paris: OCDE.

_______ (1994b) *Employment/Unemployment Study: Policy Report*, Paris: OCDE.

_______ (1994c) *The OECD Jobs Study*, Paris: OCDE.

_______ (1994d) *The Performance of Foreign Affiliates in OCDE Countries*, Paris: OCDE.

_______ (1995) *Economic Outlook*, junho, Paris: OCDE.

_______ (1997) Second European Report on Scientific and Technological Indicators, Paris: OCDE.

Office of Technology Assessment (OTA) (US Congress) (1984) *Computerized Manufacturing Automation: Employment, Education, and the Workplace*, Washington, D.C.: US Government Printing Office.

_______ (1986) *Technology and Structural Unemployment*, Washington, D.C.: US *Government Printing Office*.

Ohmae, Kenichi (1990) *The Borderless World: Power and Strategy in the Interlinked Economy*, Nova York: Harper.

Osterman, Paul (1999) *Securing Prosperity. The American Labor Market: How it has Changed and What to do About it*, Princeton, NJ: Princeton University Press.

Owen, Bruce M. (1999) *The Internet Challenge to Television*, Cambridge, MA: Harvard University Press.

Ozaki, Muneto *et al.* (1992) *Technological Change and Labour Relations*, Genebra: International Labour Organization.

Pahl, Ray (org.) (1988) *On Work: Historical, Comparative, and Theoretical Approaches*, Oxford: Blackwell.

Panofsky, Erwin (1957) *Gothic Architecture and Scholasticism*, Nova York: Meridian Books.

Park, Young-bum (1992) *Wage-fixing Institutions in the Republic of Korea*, Genebra: International Institute of Labour Studies. Trabalho 51/1992.

Parkinson, G. H. R. (org.) (1973) *Leibniz: Philosophical Writings*, Londres: J. M. Dent.
Parsons, Carol A. (1987) *Flexible production technology and industrial restructuring: case studies of the metalworking, semiconductor, and apparel industries*, tese de doutorado não publicada, Berkeley, CA: University of California. Tese de doutorado.
Patel, S. J. (1992) "*In* tribute to the Golden Age of the South's development". *World Development*, 20 (5): 767-77.
Perez, Carlotta (1983) "Structural change and the assimilation of new technologies in the economic and social systems". *Futures*, 15: 357-75.
Petrella, Ricardo (1993) *Un techno-monde en construction. Synthèse des résultats et des recommendations FAST1989-1992/93*, Bruxelas: European Commission: FAST Programme.
Petterson, L. O. (1989) "Arbetstider i tolv Lander". *Statens offentliga utrednigar*, 53: citado em Bosch *et al.* (orgs.) (1994).
Pfeffer, Jeffrey (1998) *The Human Equation: Building Profits by Putting People First*, Cambridge, MA: Harvard Business School Press.
Picciotto, Sol e Mayne, Ruth (orgs.) (1999) *Regulating International Business: Beyond the MAI*, Oxford: Oxfam.
Piller, Charles (1994) "Dreamnet". *Macworld*, 11 (10): 96-9.
Piore, Michael J. e Sabel, Charles F. (1984) *The Second Industrial Divide: Possibilities for Prosperity*, Nova York: Basic Books.
PNUD (Programa de Naciones Unidas para el Desarrollo) (1998a) *Desarrollo humano en Chile*, Santiago de Chile: Naciones Unidas.
_______ (1998b) *Desarrollo humano en Bolivia*, La Paz: Naciones Unidas.
Poirier, Mark (1993) "The multimedia trail blazers". *Catalog Age*, 10 (7): 49.
Pool, Ithiel de Sola (1983) *Technologies of Freedom: On Free Speech in the Electronic Age*, Cambridge, MA: Belknap Press of Harvard University Press.
_______ (1990) *Technologies Without Boundaries*, org. Eli M. Noam, Cambridge, MA: Harvard University Press.
Porat, Marc (1977) *The Information Economy: Definition and Measurement*, Washington, D.C.: US Department of Commerce, Office of Telecommunications. Publicação 77-12 (1).
Porter, Michael (1990) *The Competitive Advantage of Nations*, Nova York: Free Press.
Portes, Alejandro, Castells, Manuel e Benton, Lauren (orgs.) (1989) *The Informal Economy: Studies on Advanced and Less Developed Countries*, Baltimore, MD: Johns Hopkins University Press.
Postman, Neil (1985) *Amusing Ourselves to Death: Public Discourse in the Age of Show Business*, Nova York: Penguin Books.
_______ (1992) *Technopoly*, Nova York: Pantheon.
Poulantzas, Nicos (1978) *L'Etat, le pouvoir, le socialisme*, Paris: Presses Universitaires de France.
Powell, Walter W. (1990) "Neither market nor hierarchy: network forms of organization". *In* Barry M. Straw e Larry L. Cummings (orgs.), *Research in Organizational Behavior*, Greenwich, CT: JAI Press, pp. 295-336.
Preston, Holly H. (1994) "Minitel reigns in Paris with key French connection". *Computer Reseller News*, nº 594: 49-50.
Putnam, Robert (1995) "Bowling alone: America's declining social capital", *Journal of Democracy*, 6: 65-78.
Pyo, H. (1986) *The Impact of Microelectronics and Indigenous Technological Capacity in the Republic of Korea*, Genebra: International Labour Organization.
Qian, Wen-yuan (1985) *The Great Inertia: Scientific Stagnation in Traditional China*, Londres: Croom Helm.

Qingguo Jia (1994) "Threat or opportunity? Implications of the growth of the China Circle for the distribution of economic and political power in the Asia Pacific Region". Trabalho apresentado no congresso patrocinado pela Universidade da Califórnia (Institute on Global Conflict and Cooperation), *The Economics of the China Circle*, Hong Kong, 1-3 de setembro.

Quinn, James Brian (1987) "The impacts of technology in the services sector". *In* Bruce R. Guile e Harvey Brooks (orgs.), *Technology and Global Industry: Companies and Nations in the World Economy*, Washington, D.C.: National Academy of Engineering: National Academy Press, pp. 119-159.

_______ (1988) "Technology in services: past myths and future challenges". *In* Bruce R. Guile e James B. Quinn (orgs.), *Technology in Services*, Washington, D.C.: National Academy Press, pp. 16-46.

Qvortup, Lars (1992) "Telework: visions, definitions, realities, barriers". *In* OECD *Cities and New Technologies*, Paris: OCDE, pp. 77-108.

Ramamurthy, K. (1994) "Moderating influences of organizational attitude and compatibility on implementation success from computer-integrated manufacturing technology". *International Journal of Production Research*, 32 (10): 2251-73.

Rand Corporation (1995) *Universal Access to E-Mail: Feasibility and Social Implications*, World Wide Web, (http://www.rand.org/publications/MR/MR650/).

Randlesome, Collin, Brierly, William, Bruton, Kevin, Gordon, Colin e King, Peter (1990) *Business Cultures in Europe*, Oxford: Heinemann.

Redding, S. Gordon (1990) *The Spirit of Chinese Capitalism*, Berlim: Walter de Gruyter.

Rees, Teresa (1992) *Skill Shortages, Women, and the New Information Technologies*, Task Force of Human Resources, Education, Training, and Youth, Bruxelas: Commission of the European Communities, janeiro. Relatório.

Reich, Robert (1991) *The Work of Nations*, Nova York: Random House.

Reid, Robert H. (1997) *Architects of the Web*, Nova York: John Wiley.

Reynolds, Larry (1992) "Fast money: global markets change the investment game". *Management Review*, 81 (2): 60-1.

Rheingold, Howard (1993) *The Virtual Community*, Reading, MA: Addison-Wesley.

Rice, Ronald E. "Issues and concepts on research on computer-mediated communication systems". *Communication Yearbook*, 12: 436-76.

Rifkin, Jeremy (1987) *Time Wars: The Primary Conflict in Human History*, Nova York: Henry Holt.

_______ (1995) *The End of Work*, Nova York: Putnam.

Rijn, F. V. e Williams, R. (orgs.) (1988) *Concerning Home Telematics*, Amsterdã: North-Holland.

Roberts, Edward B. (1991) *Entrepreneurs in High Technology: MIT and Beyond*, Nova York: Oxford University Press.

Robinson, Olive (1993) "Employment in services: perspectives on part-time employment growth in North America". *Service Industries Journal*, 13 (3): 1-18.

Robson, B. (1992) "Competing and collaborating through urban networks". *Town and Country Planning*, setembro: 236-8.

Rodgers, Gerry (org.) (1994) *Workers, Institutions, and Economic Growth in Asia*, Genebra: International Institute of Labour Studies.

Rogers, Everett M. (1986) *Communication Technology: The New Media in Society*, Nova York: Free Press.

_______ e Larsen, Judith K. (1984) *Silicon Valley Fever: Growth of High Technology Culture, Nova York: Basic Books.*

Rohozinski, Rafal (1998) "Mapping Russian cyberspace: a perspective on democracy and the Net", trabalho apresentado no United Nations Research Institute on Social Development Conference on Globalization and Inequality, Genebra, 22 de junho.

Rosen, Ken *et al.* (1999) "The multimedia industry in San Francisco's South of Market area", Berkeley, University of California, Haas School of Business, Centre for Real Estate Economics, relatório de pesquisa.

Rosenbaum, Andrew (1992) "France's Minitel has finally grown up". *Electronics*, 65 (6).

Rosenberg, Nathan (1976) *Perspectives on Technology*, Cambridge: Cambridge University Press.

_______ (1982) *Inside the Black Box: Technology and Economics*, Cambridge: Cambridge University Press.

_______ e Birdzell, L. E. (1986) *How the West Grew Rich: The Economic Transformation of the Industrial World*, Nova York: Basic Books.

Rostow, W. W. (1975) *How It Ali Began*, Nova York: McGraw Hill.

Roszak, Theodore (1986) *The Cult of Information*, Nova York: Pantheon.

Rothstein, Richard (1993) *Workforce Globalization: A Policy Response*, Washington, D.C.: Economic Policy Institute. Relatório preparado para o órgão que trata de questões femininas no Departamento do Trabalho norte-americano.

_______ (1994) "The global hiring hall: why we need woridwide labor standards". *American Prospect*, nº 17: 54-61.

Rumberger, R. W. e Levin, H. M. (1984) *Forecasting the Impact of New Technologies on the Future Job Market*, Stanford, CA: Stanford University School of Education. Relatório de pesquisa.

Russell, Alan M. (1988) *The Biotechnology Revolution: An International Perspective*, Brighton, Sussex: Wheatsheaf Books.

Sabbah, Françoise (1985) "The new media". *In* Manuel Castells (org.), *High Technology, Space, and Society*, Beverly Hills, CA: Sage.

Sabel, C. e Zeitlin, J. (1985) "Historical alternatives to mass production: politics, markets, and technology in 19th century industrialization". *Past and Present*, 108 (agosto): 133-76.

Sachs, Jeffrey (1998a) "International economics: unlocking the mysteries of globalization", *Foreign Policy*, primavera: 97-111.

_______ (1998b) "Proposals for reform of the global financial architecture", trabalho preparado para a reunião do United Nations Development Programme sobre a reforma da arquitetura financeira global, Nova York, 8 de dezembro.

_______ (1998c) "The IMF and the Asian flu", *The American Prospect*, março-abril: 16-21.

_______ (1999) "Helping the world's poorest", *The Economist*, 14 de agosto: 17-20.

Saez, Felipe *et al.* (1991) *Tecnologia y empleo en España: situación y perspectivas*, Madri: Universidad Autónoma de Madrid-Znstituto de Sociologia de Nuevas Tecnologias y Ministério de Economia-Instituto de Estúdios de Prospectiva.

Salomon, Jean-Jacques (1992) *Le Destin technologique*, Paris: Éditions Balland.

Salvaggio, Jerry L. (org.) (1989) *The Information Society: Economic, Social, and Structural Issues*, Hillsdale, NJ: Lawrence Erlbaum.

Sandholtz, Wayne *et al.* (1992) *The Highest Stakes: The Economic Foundations of the Next Security System*, Nova York: Oxford University Press. Projeto (BRIE).

Sandkull, Bengdt (1992) "Reorganizing labour: the Volvo experience". *In* Jane Marceau (org.) *Reworking the World: Organisations, Technologies, and Cultures in Comparative Perspective*, Berlim: Walter de Gruyter, pp. 399-409.

Sapolsky, Robert (2000) "It's not 'all in the genes'" *Newsweek*, 10 de abril: 68.

Sassen, Saskia (1991) *The Global City: New York, London, Tokyo*, Princeton, NJ: Princeton University Press.

Sato, Takeshi *et al.* (1995) *Johoza to taisyu bunka* [Informationalization and mass culture], Kunitachi: Hitotsubashi University Department of Social Psychology. Relatório de pesquisa.

Saunders, William (org.) (1996) *Architectural Practices in the 1990s*, Princeton, NJ: Princeton University Press.

Saussois, Jean-Michel (1998) "Knowledge production, mediation and use in learning economies and societies", relatório preparado para reunião do OCDE-CERI, Centre for Educational Research and Innovation, Stanford University, 10-11 de setembro.
Sautter, Christian (1978) "L'efficacité et la rentabilité de l'économie française de 1954 à 1976". *Economie et statistique*, 68.
Saxby, Stephen (1990) *The Age of Information*, Londres: Macmillan.
Saxenian, Anna L. (1994) *Regional Advantage: Culture and Competition in Silicon Valley and Route 128*, Cambridge, MA: Harvard University Press.
_______ (1999) *Silicon Valley's New Immigrant Entrepreneurs*, San Francisco: Public Policy Institute of California.
Sayer, Andrew e Walker, Richard (1992) *The New Social Economy: Reworking the Division of Labor*, Oxford: Blackwell.
Schaff, Adam (1992) *El Socialismo del Futuro*, nº 4 (edição especial sobre o futuro do trabalho).
Scheer, Leo (1994) *La Démocratie virtuelle*, Paris: Flammarion.
Schettkat, R. e Wagner, M. (orgs.) (1990) *Technological Change and Employment Innovation in the German Economy*, Berlim: Walter De Gruyter.
Schiatarella, R. (1984) *Mercato di Lavoro e struttura produttiva*, Milão: Franco Angeli.
Schiffer, Jonathan (1983) *Anatomy of a Laissez-faire Government: The Hong Kong Growth Model Reconsidered*, Hong Kong: University of Hong Kong Centre for Asian Studies.
Schiller, Dan (1999) *Digital Capitalism: Networking in the Global Market System*, Cambridge, MA: MIT Press.
Schoettle, Enid C.B. e Grant, Kate (1998) *Globalisation: A Discussion Paper*, Nova York: The Rockefeller Foundation.
Schofield Clark, Nancy (1998) "Dating on the net: teens and the rise of 'pure relationships'", *in* Jones (1998): 159-83.
Schon, Don, Sanyal, Bishmal, e Mitchell, William J. (orgs.) (1998) *High Technology and Low Income Communities*, Cambridge, MA: MIT Press.
Schoonmaker, Sara (1993) "Trading on-line: information flows in advanced capitalism". *Information Society*, 9 (1): 39-49.
Schor, Juliet (1991) *The Overworked American*, Nova York: Basic Books.
Schuldt, K. (1990) *Soziale und ökonomische Gestaltung der Elemente der Lebensarbeitzeit der Werktütigen*, Berlim: Tese citada em Bosch *et al.* (orgs.) (1994).
Schuler, Douglas (1996) *New Community Networks: Wired for Change*, Nova York: ACM Press.
Schumpeter, J. A. (1939) *Business Cycles: A Theoretical, Historical, and Statistical Analysis of the Capitalist Process*, Nova York: McGraw-Hill.
Schweitzer, John C. (1995) "Personal computers and media use". *Journalism Quarterly*, 68 (4): 689-97.
Schwitzer, Glenn E. (1995) "Can research and development recover in Rússia?" *Business World of Rússia Weekly*, 15-20 de maio: 10-12; reimpresso da publicação *Journal of Technology and Society*, 17 (2).
Scott, Allen (1988) *New Industrial Spaces*, Londres: Pion.
_______ (1998) *Regions in the World Economy*, Oxford: Oxford University Press.
Seidman, Steven e Wagner, David G. (orgs.) (1992) *Postmodernism and Social Theory*, Oxford: Blackwell.
Seki, Kiyohide (1988) *Summary of the National Opinion Survey of Family in Japan*, Tóquio: Nihon University Research Center. Trabalho de pesquisa.
Sellers, Patrícia (1993) "The best way to reach buyers". *Fortune*, 128 (13): 14-17.
Sengenberger, Werner e Campbell, Duncan (orgs.) (1992) *Is the Single Firm Vanishing? Inter-enterprise Networks, Labour, and Labour Institutions*, Genebra: International Institute of Labour Studies.

_______ e _______ (orgs.) (1994) *International Labour Standards and Economic Interdependence*, Genebra: International Institute of Labour Studies.

_______, Loveman, Gary e Piore, Michael (orgs.) (1990) *The Re-emergence of Small Enterprises: Industrial Restructuring in Industrialized Countries*, Genebra: International Institute of Labour Studies.

Servon, Lisa e Horrigan, John B. (1998) "Urban poverty and access to information technology: a role for local government", *Journal of Urban Technology*, 4(3): 61-81.

Shaiken, Harley (1985) *Work Transformed: Automation and Labor in the Computer Age*, Nova York: Holt, Rinehart & Winston.

_______ (1990) *Mexico in the Global Economy: High Technology and Work Organization in Export Industries*, La Jolla, CA: University of California, San Diego, Center for US-Mexican Studies.

_______ (1993) "Beyond lean production". *Stanford Law & Policy Review*, 5 (1): 41-52.

_______ (1995) "Experienced workers and high performance work organization: a case study of two automobile assembly plants". Trabalho não publicado, apresentado no encontro anual da Industrial Relations Research Association, em Washington, D.C., em 6 de janeiro.

Shapira, Phillip (1990) *Modernizing Manufacturing*, Washington, D.C.: Economic Policy Institute.

Shapiro, Carl e Varian, Hal (1999) *Information Rules: A Strategic Guide to the Network Economy*, Cambridge, MA: Harvard Business School Press.

Sharlin, Harold I. (1967) "Electrical generation and transmission". *In* Melvin Kranzberg e Carroll W. Pursell Jr. (orgs.) *Technology in Western Civilization*, 2 vols., Nova York: Oxford University Press, vol. 2, pp. 578-91.

Shin, E. H. e Chin S. W. (1989) "Social affinity among top managerial executives of large corporations in Korea". *Sociological Forum*, 4: 3-26.

Shinotsuka, Eiko (1994) "Women workers in Japan: past, present, and future". *In* Joyce Gelb e Marian Lief Palley (orgs.) *Women of Japan and Korea: Continuity and Change*, Filadélfia, PA: Temple University Press, pp. 95-119.

Shirref, David (1994) "The metamorphosis of finance". *Euromoney*, junho: 36-42.

Shoji, Kokichi (1990) *Le Nipponisme comme méthode sociologique. Originalité, particularité, universalité*, Tóquio: Tokyo University Department of Sociology. Trabalho.

Shujiro, Urata (1993) "Changing patterns of direct investment and its implications for trade and development". *In* C. Fred Bergsten e Marcus Noland (orgs.) *Pacific Dynamism and the International Economic System*, Washington, D.C.: Institute for International Economics, pp. 273-99.

Siddell, Scott (1987) *The IMF and Third World Political Instability*, Londres: Macmillan.

Siino, Corinne (1994) "La ville et le chomage". *Revue d'économie régionale et urbaine*, 3: 324-52.

Silverstone, R. (1991) *Beneath the bottom line: households and information and communication technologies in the age of the consumer*, Londres: Brunel University Center for Research on Innovation, Culture, and Technology.

Silvestri, George T. (1993) "The American work force, 1992-2005: occupational employment, wide variations in growth". *Monthly Labor Review*, novembro: 58-86.

_______ e Lukasiewicz, J. (1991) "Outlook 1990-2005: occupational employment projections". *Monthly Labor Review*, novembro.

Singleman, Joachim (1978) *The Transformation of Industry: From Agriculture to Service Employment*, Beverly Hills, CA: Sage.

Singer, Charles *et al.* (1957) *A History of Technology*, vol. 3: *From the Renaissance to the Industrial Revolution*, Oxford: Clarendon Press.

_______, Holmyard, E. J. Hall, A. R. e Williams, Trevor I. (orgs.) (1958) *A History of Technology*, vol. 4: *The Industrial Revolution, c.1750 to c.1850*, Oxford: Clarendon Press.

Singh, Ajit (1994) "Global economic changes, skills, and international competitiveness". *International Labour Review*, 133 (2): 107-83.

Sit, Victor Fueng-Shuen (1991) "Transnational capital flows and urbanization in the Pearl River Delta, China". *Southeast Asian Journal of Social Science*, 19(1-2): 154-79.

_______ e Wong, S. L. (1988) *Changes in the Industrial Structure and the Role of Small and Medium Industries in Asian Countries: The Case of Hong Kong*, Hong Kong: University of Hong Kong Centre of Asian Studies.

_______, Sin Lun e Kiang, Tsiu-Sing (1979) *Small-scale Industry in a Laissez-faire Economy: A Hong Kong Case Study*, Hong Kong: University of Hong Kong Centre of Asian Studies.

Slouka, Mark (1995) *War of the Worlds: Cyberspace and the High-tech Assault on Reality*, Nova York: Basic Books.

Smith, Merrit Roe e Marx, Leo (orgs.) (1994) *Does Technology Drive History? The Dilemma of Technological Determinism*, Cambridge, MA: MIT Press.

Smith, Michael P. e Guarnizo, Luis E. (orgs.) (1998) *Transnationalism from Below*, New Brunswick, NJ: Transaction Books.

Solow, Robert M. (1956) "A contribution to the theory of economic growth". *Quarterly Journal of Economics*, 70, fevereiro: 65-94.

_______ (1957) "Technical change and the aggregate production function". *Revue of Economics and Statistics*, 39, agosto: 214-31.

Sorlin, Pierre (1994) *Mass Media*, Londres: Routledge.

Sorokin, P. A. e Merton, R. K. (1937) "Social time: a methodological and functional analysis". *American Journal of Sociology*, 42: 615-29.

Soros, George (1998) *The Crisis of Global Capitalism: Open Society Endangered*, Nova York: Perseus.

Southern, R. W. (1995) *Scholastic Humanism and the Unification of Europe*, vol. 1: *Foundations*, Oxford: Blackwell Publishers.

Soysal, Yasemin Nuhoglu (1994) *Limits of citizenship: Migrants and Postnational Membership in Europe*, Chicago, IL: University of Chicago Press.

Specter, Michael (1994) "Russians' newest space adventure: cyberspace". *New York Times*, 9 de março: C1-C2.

Sproull, Lee e Kiesler, Sara (1991) *Connections: New Ways of Working in the Networked Organization*, Cambridge, MA: MIT Press.

Stalker, Peter (1994) *The Work of Strangers: A Survey of International Labour Migration*, Genebra: International Labour Organization.

_______ (1997) *Global Nations: The Impact of Globalization on International Migration*, Genebra: International Labour Office, Employment and Training Department.

Stanback, T. M. (1979) *Understanding the Service Economy: Employment, Productivity, Location*, Baltimore, MD: Johns Hopkins University Press.

Steers, R. M., Shin, Y. K. e Ungson, G. R. (1989) *The Chaebol*, Nova York: Harper and Row.

Steinle, W. J. (1988) "Telework: opening remarks and opening debate". *In* W. B. Korte, S. Robinson e W. K. Steinle (orgs.) *Telework: Present Situation and Future Development of a New Form of Work Organization*, Amsterdã: North-Holland.

Stevens, Barrie e Michalski, Wolfgang (1994) *Long-term Prospects for Work and Social Cohesion in OCDE Countries: An Overview of the Issues*, Paris: OCDE Forum for the Future. Relatório.

Stevenson, Richard W. (1999) "Greenspan calls recent rate of US growth unsustainable", *The New York Times*, 29 de outubro: C6.

Stonier, Tom (1983) *The Wealth of Information*, Londres: Methuen.

Stourdze, Yves (1987) *Pour une poignée d'électrons*, Paris: Fayard.

Stowsky, Jay (1992) "From spin-off to spin-on: redefining the military's role in American technology development". *In* Wayne Sandholtz, Michael Borras e John Zysman *et al. The Highest Stakes: The Economic Foundations of the Next Security System*, Nova York: Oxford University Press.

Strange, S. (1996) *The Retreat of the State: The Diffusion of Power in the World Economy*, Cambridge: Cambridge University Press.

Strassman, Paul A. (1985) *Information Payoff: The Transformation of Work in the Electronic Age*, Nova York: Free Press.

Sullivan-Trainor, Michael (1994) *Detour: The Truth about the Information SuperHighway*, San Mateo, CA: IDG Books.

Sun Tzu (c.505-496 a.C.) *On the Art of War*. Tradução do chinês com observações críticas por Lionel Giles, Cingapura: Graham Brash, 1988 (primeira publicação em inglês em 1910).

Swann, J. (1986) *The Employment Effects of Microelectronics in the UK Service Sector*, Genebra: International Labour Organization.

Syun, Inoue (1975) The loss of meaning in death. *Japan Interpreter*, 9 (3): 336.

Tafuri, Manfredo (1971) *L'urbanística dei riformismo*, Milan: Franco Angeli.

Takenori, Inoki e Higuchi, Yoshio (orgs.) (1995) *Nihon no Koyou system to lodo shijo* [Japanese employment system and labour market], Tóquio: Nihon Keizai Shinbunsha.

Tan, Augustine H. H. e Kapur, Basant (orgs.) (1986) *Pacific Growth and Financial Interdependence*, Sydney: Allen & Unwin.

Tapscott, Don (org.) (1998) *Blueprint to the Digital Economy: Wealth Creation in the Era of E-business*, Nova York: McGraw-Hill.

Tardanico, Richard e Rosenberg, Mark B. (orgs.) (2000) *Poverty of Development: Global Restructuring and Regional Transformations in the US South and the Mexican South*, Nova York: Routledge.

Tarr, J. e Dupuy, G. (orgs.) (1988) *Technology and the Rise of the Networked City in Europe and North America*, Filadélfia, PA: Temple University Press.

Teitelman, Robert (1989) *Gene Dreams: Wall Street, Academia, and the Rise of Biotechnology*, Nova York: Basic Books.

Teitz, Michael B., Glasmeier, Amy e Shapira, Philip (1981) *Small Business and Employment Growth in California*, Berkeley, CA: Institute of Urban and Regional Development. Trabalho nº 348.

Telecommunications Council (Japão) (1994) *Reforms Toward the Intellectually Creative Society of the 21st Century: Program for the Establishment of High-performance Info-communications Infrastructure*, Relatório em resposta à Consulta nº 5, 1993, Tóquio: 31 de maio (tradução não oficial, julho de 1994).

Tetsuro, Kato e Steven, Rob (orgs.) (1994) *Is Japanese Management Post-Fordism?*, Tóquio: Mado-sha.

Thach, Liz e Woodman, Richard W. (1994) "Organizational change and information technology: managing on the edge of cyberspace". *Organizational Dynamics*, 1: 30-46.

The Economist, (1993) 9 27 de julho.

________(1994a) "Feeling for the future: survey of television", 12 de fevereiro: reportagem especial.

________(1994b) "Sale of the century", 14 de maio: 67-9.

________(1995a) "The bank that disappeared", 27 de fevereiro.

________(1995b) "Currencies in a spin", 11 de março: 69-70.

________(1997) "A connected world: survey of telecommunications", 13 de setembro: 1-14.

________(1999a) "The new economy: work in progress", 24 de julho: 21-4.

________(1999b) "Share without the other bit: in corporate America paying dividends has gone out of fashion", 20 de novembro: 93.

________(1999c) "European media: flirtation and frustration", 11 de dezembro: 61-3.

Thery, Gérard (1994) *Les autoroutes de l'information. Rapport au Premier Ministre*, Paris: La Documentation française.
Thomas, Hugh (1993) *The Conquest of México*, Londres: Hutchinson.
Thomas, Louis-Vincent (1975) *Anthropologie de la mort*, Paris: Payot.
_______ (1985) *Rites de mort pour la paix des vivants*, Paris: Fayard.
_______ (1988) *La Mort*, Paris: Presses Universitaires de France.
Thompson, E. P. (1967) "Time, work-discipline, and industrial capitalism". *Past and Present*, 36: 57-97.
Thrift, Nigel J. (1986) *The "Fixers": The Urban Geography of International Financial Capital*, Lampeter: University of Wales Department of Geography.
_______ (1990) "The making of capitalism in time consciousness". *In* J. Hassard (org.) *The Sociology of Time*, Londres: Macmillan, pp. 105-29.
_______ e Leyshon, A. (1992) "In the wake of money: the City of London and the accumulation of value". *In* L. Budd e S. Whimster (orgs.) *Global Finance and Urban Living: A Study of Metropolitan Change*, Londres: Routledge, pp. 282-311.
Thurow, Lester (1992) *Head to Head: The Corning Economic Battle among Japan, Europe, and America*, Nova York: William Morrow.
_______ (1995) "How much inequality can a democracy take?" *New York Times Magazine*, edição especial: *The Rich*, 19 de novembro: 78.
Tichi, Cecilia (1991) *Electronic Hearth: Creating an American Television Culture*, Nova York: Oxford University Press.
Tillema, H. K. (1991) *International Armed Conflict Since 1945: A Bibliographic Handbook of Wars and Military Intervention*, Boulder, CO: Westview Press.
Tilly, Charles (1995) "State-incited violence, 1900-1999". *Political Power and Social Theory*, 9: 161-79.
Time (1993) Edição especial sobre megacidades (Megacities), 11 de janeiro.
_______ (1994) "Risky business in Wall Street: high-tech supernerds are playing dangerous games with money". Reportagem especial, 11 de abril: 24-35.
Tirman, John (org.) (1984) *The Militarization of High Technology*, Cambridge, MA: Ballinger.
Tobenkin, David (1993) "Customers respond to video on demand". *Broadcasting & Cable*, 123 (48): 16.
Touraine, Alain (1995) *L'Evolution du travail ouvrier aux usines Renault*, Paris: Centre National de la Recherche Scientifique.
_______ (1959) "Entreprise et bureaucratie". *Sociologie du travail*, nº 1: 58-71.
_______ (1969) *La Société post-industrielle*, Paris: Denoel.
_______ (1987) *La Parole et le sang. Politique et société en Amerique Latine*, Paris: Odile Jacob.
_______ (1991) "Existe-t-il encore une société française?" *Contemporary French Civilization*, 15: 329-52.
_______ (1992) *Critique de la modernité*, Paris: Fayard.
_______ (1994) *Qu'est-ce que la démocratie?*, Paris: Fayard.
Trejo Delarbre, Raul (1992) *La Sociedad Ausente. Comunicacion, democracia y modernidad*, México: Cal y Arena.
_______ (org.) (1988) *Las Redes de Televisa*, México: Como/Rotativo.
Tuomi, Ilkka (1999) *Corporate Knowledge: Theory and Practice of Intelligent Organizations*, Helsinki: Metaxis.
Turkle, Sherry (1995) *Life on the Screen: Identity in the Age of the Internet*, Nova York: Simon & Schuster.
Tyson, Laura D'Andrea (1992) *Who's Bashing Whom? Trade Conflict in High-technology Industries*, Washington, D.C.: Institute of International Economics.
_______ e Zysman, John (1983) *American Industry in International Competition*, Ithaca, NY: Cornell University Press.

_______, Dickens, William T. e Zysman, John (orgs.) (1988) *The Dynamics of Trade and Employment*, Cambridge, MA: Ballinger.

Ubbelhode, A. R. J. P. (1958) "The beginnings of the change from craft mystery to science as a basis for technology". *In* C. Singer *et al. A History of Technology*, vol. 4: *The Industrial Revolution, 1750-1850*, Oxford: Clarendon Press.

Uchida, Hoshimi (1991) "The transfer of electrical technologies from the U. S. and Europe do Japan, 1869-1914". *In* David J. Jeremy (org.) *International Technology Transfer: Europe, Japan, and the USA, 1700-1914*, Aldershot, Hants: Edward Elgar, pp. 219-41.

Uchitelle, Louis (1999) "Big increases in productivity by workers", *The New York Times*, 13 de novembro: B1-B14.

UCSF/Field Institute (1999) *The 1999 California Work and Health Survey*, San Francisco, CA: Institute for Health Policy Studies, University of California at San Francisco e The Field Institute.

Unesco (1999) *World Communication and Information Report, 1999-2000*, Paris: Unesco.

United Nations Center on Transnational Corporations (1991) *Transnational Banks and the External Indebtedness of Developing Countries*, Nova York: United Nations, UNCTC Current Studies, Série A, nº 22.

United Nations Conference on Trade and Development (UNCTAD) (1993) *World Investment Report 1993: Transnational Corporations and Integrated International Production*, Nova York: United Nations.

_______ (1994) *World Investment Report 1994: Transnational Corporations, Employment and the Workplace*. Relatório feito pela secretaria do congresso UNCTAD para a Commission on Transnational Corporations, 2-11 de maio.

_______ (1995) *World Investment Report 1995: Transnational Corporations and Competitiveness*, Nova York: United Nations.

_______ (1996) World Investment Report 1996: Investment, Trade, and International Policy Arrangements, Nova York: United Nations.

_______ (1997) *World Investment Report 1997: Transnational Corporations, Market Structure and Competition Policy*, Nova York: United Nations.

United Nations Development Program (UNDP) (1999) Human Development Report 1999: Globalization with a Human Face, Nova York: United Nations.

UNISDR (United Nations Institute for Social Development Research) (1998) "Proceedings of the International Conference on Globalization and Inequality", Genebra, junho (publicado online).

US Congress, Office of Technology Assessment (1991) *Biotechnology in a Global Economy*, Washington, D.C.: US Government Printing Office.

US Department of Commerce (1999a) "The emerging digital economy", Washington, D.C.: National Technical Information Service (relatório online).

_______ (1999b) "The emerging digital economy II", Washington, D.C.: National Technical Information Service (relatório online).

US House of Representatives, Committee on Armed Services, Readiness Subcommittee (1990) *U.S. Low-intensity Conflicts, 1899-1990*. Estudo conduzido pelo Congressional Research Service, Library of Congress, Washington, D.C.: US Government Printing Office.

US Library of Congress (1999) "Proceedings of the Conference on Frontiers of the Mind in the 21 st Century", publicado no sítio da biblioteca na internet.

US National Science Board (1991) *Science and Engineering Indicators: 1991*, 10ª ed., Washington, D.C.: US Government Printing Office.

Vaill, P. B. (1990) *Managing as a Performing Art: New Ideas for a World of Chaotic Change*, São Francisco, CA: Jossey-Bass.

Van Creveld, Martin (1989) *Technology and Warfrom 2000 BC to the Present*, Nova York: Free Press.

Van der Haak, Bregtje (1999) "Television and the digital revolution", *Archis*, 6: 12-18.
Van Tulder, Rob e Junne, Gerd (1988) *European Multinationals in Core Technologies*, Nova York: John Wiley.
Varley, Pamela (1991) "Electronic democracy". *Technology Review*, nov.-dez.: 43-51.
Velloso, João Paulo dos Reis (1994) "Innovation and society: the modern bases for development with equity". *In* Colin I. Bradford (org.) *The New Paradigm of Systemic Competitiveness: Toward More Integrated Policies in Latin America*, Paris: OCDE pp. 97-118.
Venturi, Robert *et al.* (1977) *Learning from Las Vegas: The Forgotten Symbolism of Architectural Form*, Cambridge, MA: MIT Press.
Vessali, Kaveh V. (1995) "Transportation, urban form, and information technology", Berkeley, CA: University of California. Trabalho de seminário (CP 298 I), não publicado.
Wade, Richard (1990) *Governing the Market: Economic Theory and the Role of Government in East Asian Industrialization*, Princeton, NJ: Princeton University Press.
Waldrop, M. Mitchell (1992) *Complexity: The Emerging Science at the Edge of Order and Chaos*, Nova York: Simon & Schuster.
Waliszewski, Kasimierz (1900) *Peter the Great*, Nova York: D. Appleton and Co.
Wall, Toby D. *et al.* (orgs.) (1987) *The Human Side of Advanced Manufacturing Technology*, Chichester, Sussex: John Wiley.
Wallerstein, Immanuel (1974) *The Modern World System*, Nova York: Academic Press.
Wang, Georgette (org.) (1994) *Treading Different Paths: Informatization in Asian Nations*, Norwood, NJ: Ablex.
Wang, Yeu-fain (1993) *China's Science and Technology Policy, 1949-1989*, Brookfield, VT: Avebury.
Wark, McKenzie (1994) *Virtual Geography: Living with Global Media Events*, Bloomington, IND: Indiana University Press.
Warme, Barbara *et al.* (orgs.) (1992) *Working Part-time: Risks and Opportunities*, Nova York: Praeger.
Warnken, Jurgen e Ronning, Gerd (1990) "Technological change and employment structures". *In* R. Schettkat e M. Wagner (orgs.) *Technological Change and Employment Innovation in the German Economy*, Berlim: Walter De Gruyter, pp. 214-53.
Watanabe, Susumu (1986) "Labour-saving versus work-amplifying effects of microelectronics". *International Labour Review*, 125 (3): 243-59.
_______ (org.) (1987) *Microelectronics, Automation, and Employment in the Automobile Industry*, Chichester, Sussex: John Wiley.
Watanuki, Joji (1990) *The Development of Information Technology and its Impact on Japanese Society*, Tóquio: Sophia University Institute of International Relations. Trabalho de Pesquisa.
Watts, Duncan J. (1999) *Small Worlds: The Dynamics of Networks between Order and Randomness*, Princeton, NJ: Princeton University Press.
Weber, Marx (1958) *The Protestant Ethic and the Spirit of Capitalism*. Trad. Talcott Parsons, Nova York: Charles Scribner's Sons. Primeira publicação em 1904-5.
Webster, Andrew (1991) *Science, Technology, and Society: New Directions*, Londres: Macmillan.
Weiss, Linda (1988) *Creating Capitalism: The State and Small Business since 1945*, Oxford: Blackwell.
_______ (1992) "The politics of industrial organization: a comparative view", in Jane Marceau (org.) *Reworking the World: Organizations, Technologies, and Cultures in Comparative Perspective*, Berlim: Walter De Gruyter, pp. 95-124.
Wellman, Barry (1979) "The community question", *American Journal of Sociology*, 84: 1201-31.
_______ (1997) "An electronic group is virtually a social network", *in* Kiesler (org.) (1997): 179-205.
_______ (org.) (1999) *Networks in the Global Village*, Boulder, CO: Westview Press.

_______ e Gulia, Milena (1999) "Netsurfers don't ride alone: virtual communities as communities", *in* Barry Wellman (org.), *Networks in the Global Village*, Boulder, CO: Westview Press, pp. 331-66.
_______ *et al.* (1996) "Computer networks as social networks: collaborative work, telework and virtual community", *Annual Reviews of Sociology*, 22: 213-38.
Wexler, Joanie (1994) "ATT preps service for video on demand". *Network World*, 11 (25): 6.
Wheeler, James O. e Aoyama, Yuko (orgs.) (2000) *Cities in the Telecommunications Age*, Londres: Routledge.
Whightman, D. W. (1987) "Competitive advantage through information technology". *Journal of General Management*, 12 (4).
Whitaker, D. H. (1990) "The end of Japanese-style employment". *Work, Employment & Society*, 4(3): 321-47.
Whitley, Richard (1993) *Business Systems in East Asia: Firms, Markets, and Societies*, Londres: Sage.
Whitrow, G. J. (1988) *Time in History: The Evolution of our General Awareness of Time and Temporal Perspective*, Oxford: Oxford University Press.
Wieczorek, Jaroslaw (1995) *Sectoral Trends in World Employment*, Trabalho 82, Genebra: International Labour Organization, Industrial Activities Branch.
Wieviorka, Michel (1993) *La Démocratie a l'épreuve. Nationalisme, populisme, ethnicité*, Paris: La Découverte.
Wilkinson, B. (1988) "A comparative analysis". *In Technological Change, Work, Organization and Pay: Lessons from Asia*, Genebra: International Labour Organization.
Wilkinson, Barry, Morris, Jonathan e Nich, Oliver (1992) "Japanizing the world: the case of Toyota". *In* Jane Marceau (org.) *Reworking the World: Organizations, Technologies, and Cultures in Comparative Perspective*, Berlim: Walter de Gruyter, pp. 133-50.
Williams, Frederick (1982) *The Communications Revolution*, Beverly Hills, CA: Sage.
_______ (org.) (1988) *Measuring the Information Society*, Beverly Hills, CA: Sage.
_______ (1991) *The New Telecommunications: Infrastructure for the Information Age*, Nova York: Free Press.
_______, Rice, Ronald E. e Rogers, Everett M. (1988) *Research Methods and the New Media*, Nova York: Free Press.
Williams, Raymond (1974) *Television: Technology and Cultural Form*, Nova York: Schocken Books.
Williamson, Oliver E. (1975) *Markets and Hierarchies: Analysis and Anti-trust Implications*, Nova York: Free Press.
_______ (1985) *The Economic Institutions of Capitalism*, Nova York: Free Press.
Willmott, W. E. (org.) (1972) *Economic Organization in Chinese Society*, Stanford, CA: Stanford University Press.
Wilson, Carol (1991) "The myths and magic of Minitel". *Telephony*, 221 (23): 52.
Withey, Stephen B. e Abeles, Ronald P. (orgs.) (1980) *Television and Social Behavior*, Hillsdale, NJ: Lawrence Erlbaum.
Wolton, Dominique (1998) *Au dela de l'lnternet*, Paris: La Decouverte.
Wong, Siulun (1988) *Emigrant Entrepreneurs: Shanghai Industrialists in Hong Kong*, Hong Kong: Oxford University Press.
Wong, S. L. (1985) "The Chinese family firm: a model". *British Journal of Sociology*, 36: 58-72.
Woo, Edward S. W. (1994) "Urban development". *In* Y. M. Yeung e David K. Y. Chu, *Guandong: Survey of a Province Undergoing Rapid Change*, Hong Kong: Chinese University Press.
Wood, Adrian (1994) *North-South Trade, Employment and Inequality*, Oxford: Clarendon Press.
Wood, Stephen (org.) (1989) *The Transformation of Work*, Londres: Unwin Hyman.
Woodward, Kathleen (org.) (1980) *The Myths of Information: Technology and Postindustrial Culture*, Londres: Routledge & Kegan Paul.
World Bank (1995) *World Development Report, 1995*, Washington, D.C.: World Bank.

_______ (1998) *World Development Report, 1998/99: Knowledge and Development*, Washington, D.C.: The World Bank.

World Trade Organization (WTO) (1997) *Annual Report*, Genebra: WTO.

_______ (1998) *Annual Report*, Genebra: WTO.

Ybarra, Josep-Antoni (1989) "Informationalization in the Valencian economy: a model for underdevelopment". *In* A. Portes, M. Castells e L. Benton (orgs.) *The Informal Economy*, Baltimore, MD: Johns Hopkins University Press.

Yergin, Daniel e Stanislaw, Joseph (1998) The Commanding Heights: The Battle between Goverment and the Marketplace that is Remaking the Modern World, Nova York: Simon and Schuster.

Yoo, S. e Lee, S. M. (1987) "Management style and practice in Korean chaebols". *California Management Review*, 29: 95-110.

Yoshihara, K. (1988) *The Rise of Ersatz Capitalism in South East Asia*, Oxford: Oxford University Press.

Yoshino, Kosaku (1992) *Cultural Nationalism in Contemporary Japan*, Londres: Routledge.

Yoshino, M. Y. e Lifson, T. B. (1986) *The Invisible Link: Japan's Sogo Shosha and the Organization of Trade*, Cambridge, MA: MIT Press.

Young, K. e Lawson, C. (1984) "What fuels U.S. job growth? Changes in technology and demand on employment growth". Trabalho preparado para o painel: Panel on Technology and Employment of the National Academy of Sciences, Washington, D.C.

Young, Michael (1988) *The Metronomic Society*, Cambridge, Mass.: Harvard University Press.

Youngson, A. J. (1982) *Hong Kong: Economic Growth and Policy*, Hong Kong: Oxford University Press.

Zaldivar, Carlos Alonso e Castells, Manuel (1992) *España, fin de siglo*, Madri: Alianza Editorial.

_______ e Castells, Manuel (1992) *España, fin de siglo*, Madri: Alianza Editorial.

Zaloom, Caitlin (no prelo) "Risk, rationality and technology: prediction and calculative rationality in global financial markets", tese de doutorado não publicada, Berkeley, CA: University of California.

Zerubavel, Eviatar (1985) *The Seven Day Circle: The History and Meaning of the Week*, Nova York: Free Press.

Zhivov, Victor M. (1995) "Time and money in Imperial Russia". Trabalho não publicado, apresentado no congresso *Time and Money in the Russian Culture*, Berkeley, CA: University of California, Center for Slavic and Eastern European Studies, 17 de março.

Zook, Matthew (1998) "The web of consumption: the spatial organization of the Internet industry in the United States", trabalho apresentado no congresso Association of Collegiate Schools of Planning Conference, Pasadena, Califórnia, 5-8 de novembro (está disponível em: http:// www.socrates.berkeley.edu/-zook/pubs/acspl998.html).

_______ (2000a) "The web of production: the economic geography of comercial Internet content production in the United States", *Environment and Planning A*, 32.

_______ (2000b) "Old hierarchies or new networks of centrality: the global geography of the Internet content market", apresentado para edição especial de *American Behavioral Scientist*.

_______ (2000c) "The role of regional venture capital in the development of the Internet commerce industry: the San Francisco Bay region and the New York Metropolitan area", tese de doutorado não publicada, Berkeley, CA: University of California.

Zuboff, Shoshana (1988) *In the Age of the Smart Machine*, Nova York: Basic Books.

Zukin, Sharon (1992) *Landscapes of Power*, Berkeley, CA: University of California Press.

Índice remissivo

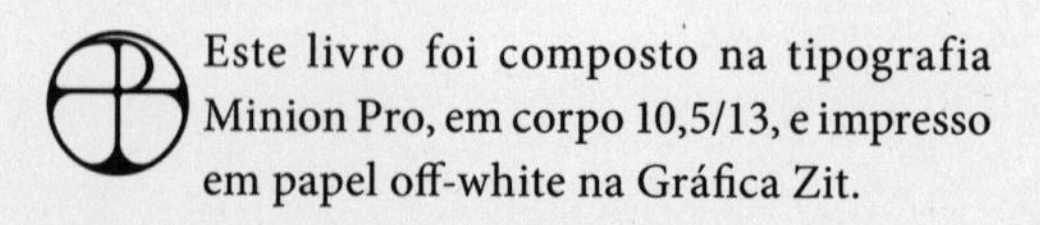
Este livro foi composto na tipografia
Minion Pro, em corpo 10,5/13, e impresso
em papel off-white na Gráfica Zit.